中国冬油菜新品种动态

2012—2013 年度国家冬油菜品种区域试验汇总报告

全国农业技术推广服务中心
中国农业科学院油料作物研究所 编

中国农业科学技术出版社

图书在版编目（CIP）数据

中国冬油菜新品种动态：2012~2013年度国家冬油菜品种区域试验汇总报告／全国农业技术推广服务中心，中国农业科学院油料作物研究所编 . —北京：中国农业科学技术出版社，2014.5

ISBN 978 – 7 – 5116 – 1634 – 0

Ⅰ . ①中…　Ⅱ . ①全…　Ⅲ . ①油菜 – 品种 – 研究报告 – 中国 – 2012—2013
Ⅳ . ①S634.303.7

中国版本图书馆 CIP 数据核字（2014）第 082062 号

责任编辑	王更新
责任校对	贾晓红

出 版 者	中国农业科学技术出版社
	北京市中关村南大街 12 号　邮编：100081
电　　话	（010）82109702（发行部）　（010）82106639（编辑室）
	（010）82109709（读者服务部）
传　　真	（010）82106650
网　　址	http://www.castp.cn
经 销 者	各地新华书店
印 刷 者	北京富泰印刷有限责任公司
开　　本	880 mm×1 230 mm　　1/16
印　　张	26.25
字　　数	810 千字
版　　次	2014 年 5 月第 1 版　2014 年 5 月第 1 次印刷
定　　价	90.00 元

《中国冬油菜新品种动态》编辑委员会

前　　言

农作物品种区域试验是品种审定和推广的基础和依据，对促进种植业结构调整、实施农产品优势区域布局具有重要意义，油菜是我国主要的食用植物油料作物之一，积极开展国家级油菜新品种试验、审定、展示和示范工作，对促进全国油菜科研成果转化，加快优良品种的推广步伐，确保国家粮油生产安全具有重要作用。

根据《主要农作物品种审定办法》的有关规定，2012—2013 年度全国农业技术推广服务中心在全国 14 个省（市）共安排了 15 个组别的国家冬油菜品种区域试验任务，其中长江上游区 4 组、长江中游区 4 组、长江下游 4 组、黄淮区 2 组、早熟 1 组，参试品种 181 个（含对照），144 个试验点次；另外，还安排了 6 个组别的生产试验任务，其中，长江上游区 1 组、长江中游区 2 组、长江下游区 2 组、黄淮区 1 组，参试品种 33 个（含对照），38 个试验点次。

根据试验汇总结果、审定标准，区试年会对所有参试品种作出了评价结论，23 个品种完成了试验程序推荐国家审定，47 个品种继续进行区域试验，22 个品种进入生产试验，其他品种终止试验。

本书汇编了 2012—2013 年度国家冬油菜品种区域试验、生产试验、抗菌核病鉴定、品质检测、DNA 指纹鉴定等报告，反映了我国冬油菜新品种的选育水平和发展动态，可供油菜科研、教学、种子管理、品种推广、种子企业等有关人士参考。

本书是国家冬油菜品种区域试验全体人员辛勤劳动的结晶，在此，对长期辛勤工作在国家冬油菜品种区域试验第一线的广大科技工作者和对多年来一直关心、支持国家冬油菜品种区域试验工作的领导和专家表示衷心的感谢！

由于时间仓促，错误之处在所难免，敬请读者批评指正。

目　　录

2012—2013 年度国家冬油菜品种区域试验汇总简表

组别	参试品种数	续试品种	合计	同步生产试验品种	合计	生产试验品种	合计	符合审定标准	合计
上游 A 组	12	宜油 24 绵杂 07－55		12 杂 683				正油 319 D257	
上游 B 组	12	08 杂 621 D57（常规）	7	D57（常规）	4	Zn1102	1	07 杂 696 SWU09V16	4
上游 C 组	12	圣光 128		圣光 128					
上游 D 组	12	新油 418 12 杂 683		新油 418					
中游 A 组	12	T5533 赣油杂 50 常杂油 3 号				F8569 新油 842 中农油 11 号 丰油 10 号 GS50 T2159		同油杂 2 号 F0803	
中游 B 组	12	华 108（常规） 德齐 12 秦优 28		赣油杂 50 7810				圣光 87 国油杂 101 H29J24	
中游 C 组	12	7810 11606（常规） 徽杂油 9 号	11	卓信 012	3		6	C1679 CE5 699（常规）	9
中游 D 组	13	12X26（常规） 卓信 012						德齐油 518	
下游 A 组	12	绿油 218 徽豪油 12 F219（常规）						中 11-ZY293 沪油 039（常规） 浙杂 0903	
下游 B 组	12	瑞油 12 2013 10HPB7		2013 10HPB7 创优 9 号（常规）		JH0901		98033 M417（常规） 绵新油 38	
下游 C 组	12	创优 9 号（常规） 18C（常规） 106047	11	凡 341（常规） 优 0737	5		1	FC03（常规） 86155	9
下游 D 组	12	凡 341（常规） 优 0737						卓信 058	
黄淮 A 组	12	HL1209	3	HL1209	2			2013	1
黄淮 B 组	12	H1608 H1609		H1608					
早熟组	12	554	1						
合计	181		33		14	生产试验总数	22		23

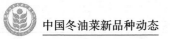

2012—2013 年度国家冬油菜品种区域试验参试品种汇总综合表

长江上游区 A 组（SQ101-112）

编号	品种名称	参试年份	株高(cm)	分枝部位(cm)	单株有效角果数	每角粒数	千粒重(g)	全生育期(天)	比CK±天数	菌核病指	病毒病指	菌核病抗性鉴定	不育株率(%)	芥酸(%)	硫苷(μmol/g)	含油量(%)	产量(kg/亩)	比CK±%	产油量(kg/亩)	比均值CK油±%	产量±点次	产油量±点次	建议
SQ101	18C(常规)	2013	198.52	94.69	318.81	18.85	3.26	211.0	2.3	2.36	0.08	中感	0.05	0.4	26.73	43.74	181.34	-3.74	79.32	-2.70	+4/6	+5/5	终止
SQ102	滁核0602	2013	180.74	77.14	339.00	15.99	3.38	211.7	3.0	1.11	0.23	低感	0.44	0.2	29.31	39.81	164.15	-12.87	65.35	-19.84	+1/9	-10	终止
SQ103	宣油24	2013	180.59	74.16	324.00	19.98	3.42	208.5	-0.2	1.52	0.04	低感	0.61	0.5	29.64	42.12	198.56	5.40	83.63	2.59	+7/3	+8/2	续试
SQ104	南油12号(CK)	2012	195.73	94.27	327.92	20.74	3.10	208.7	—	2.12	0.17	低感	0.60	0	17.37	39.73	188.39	—	74.85	-8.19			
		2013	209.79	101.22	396.83	22.04	2.87	223.8	—	0.9	0.20	低感	0.57	0	16.52	40.13	177.25	—	71.13				
		平均	202.76	97.75	362.38	21.39	2.98	216.3	—	1.53	0.18	低感	0.58	0	16.95	39.93	182.82	—	72.99	-8.19			—
SQ105	D257*	2012	190.82	81.59	316.40	19.66	3.72	209.4	0.7	1.81	0.30	低抗	0.72	0	26.33	47.14	198.94	5.60	93.78	15.04	+9/1	+10/2	
		2013	195.77	90.07	379.43	20.20	3.30	226.0	2.2	2.27	0.47		1.31	0.7	25.38	45.74	178.32	0.60	81.56	10.44	+8/4	+9/1	
		平均	193.29	85.83	347.92	19.93	3.51	217.7	1.4	2.04	0.39	中感	1.02	0.35	25.86	46.44	188.63	3.10	87.67	12.74	+17/5	+19/3	达标
SQ106	绵杂07-55	2013	184.32	82.32	308.40	20.33	3.73	210.1	1.4	1.84	0.04	中感	0.61	0.6	29.86	43.38	197.90	5.05	85.85	5.31	+7/3	+8/2	续试
SQ107	黔杂ZW1281	2013	193.14	89.99	289.08	19.10	3.55	208.3	-0.4	2.20	0.33	低感	4.03	0	29.95	44.44	173.47	-7.92	77.09	-5.44	+1/9	+3/7	终止
SQ108	大地19(常规)	2013	163.82	75.08	273.70	19.85	3.36	209.8	1.1	2.93	0.03	中感	0.20	0	17.59	44.78	148.65	-21.09	66.57	-18.34	+8/2	-10	终止
SQ109	正油319*	2012	181.89	77.83	299.13	17.05	4.43	209.1	0.4	1.84	0.01	中感	0.39	0.4	29.86	47.18	196.57	4.34	92.74	13.77	+8/4	+10	
		2013	198.01	90.96	379.48	17.69	3.95	223.3	0.7	1.67	0.20		1.12	0.3	28.98	44.05	183.44	4.67	80.81	13.74	+8/2	+10/2	
		平均	189.95	84.40	339.31	17.37	4.19	216.2	0.5	1.75	0.10	低感	0.75	0.35	29.42	45.62	190.01	4.51	86.78	13.75	+16/6	+20/2	达标
SQ110	杂1249	2013	190.22	88.94	283.55	20.12	3.68	209.2	0.5	2.53	0.13	低感	3.95	0.2	18.66	43.36	186.05	-1.24	80.67	-1.04	+5/5	+4/6	终止
SQ111	YG268	2013	189.28	82.05	328.14	20.18	3.05	209.2	0.5	3.02	0.12	低感	4.79	0	29.94	47.44	184.17	-2.24	87.37	7.17	+4/6	+9/1	终止
SQ112	12杂683	2013	189.62	81.10	350.89	19.85	3.30	208.8	0.1	2.49	0.00	低感	0.77	0	24.01	44.57	206.41	9.56	92.00	12.85	+10	+10	同步
	总平均值(CK)	2013														43.97	185.38		81.52				

长江上游区 B 组 (SQ201-212)

编号	品种名称	参试年份	株高(cm)	分枝部位(cm)	单株有效角果数	每角粒数	千粒重(g)	全生育期(天)	比CK±天数	菌核病病指	病毒病病指	菌核病抗性鉴定	不育株率(%)	芥酸(%)	硫苷(μmol/g)	含油量(%)	产量(kg/亩)	比CK±%	产油量(kg/亩)	比均值CK油±%	产量±点次	产油量±点次	建议
SQ201	两优389	2013	180.49	73.64	332.03	17.73	3.53	209.0	-0.2	2.21	0.10	中感	0.22	0	19.72	40.30	186.78	-4.20	75.27	-6.04	+3/7	+2/8	终止
SQ202	黔杂 ZW11-5*	2013	190.21	87.71	321.95	18.99	3.63	210.1	0.9	1.39	0.04	中感	0.89	0	29.14	43.70	189.91	-2.60	82.99	3.59	+5/5	+8/2	完成
		2012	209.75	103.6	403.72	18.32	3.61	224.8	1.1	1.99	0.24	低感	0.80	0.1	22.84	42.26	173.88	4.98	73.48	12.45	+7/5	+9/3	
		平均	199.98	95.65	362.84	18.66	3.62	217.5	1.0	1.69	0.14	—	0.85	0.05	25.99	42.98	181.89	1.19	78.23	8.02	+12/-10	+17/5	—
SQ203	瑞油58-2350	2013	187.78	88.45	358.53	17.32	3.55	209.4	0.2	1.41	0.01	低感	0.39	0	25.58	41.26	189.65	-2.73	78.25	-2.33	+5/5	+5/5	终止
SQ204	渝油27	2013	187.69	69.77	383.13	16.74	3.17	209.5	0.3	1.48	0.11	中感	2.24	0.2	24.20	42.67	174.23	-10.64	74.34	-7.21	+1/9	+1/9	终止
SQ205	南油12号 (CK)	2013	191.13	84.74	346.45	21.90	3.06	209.2	—	1.34	0.09	低感	0.77	0	19.76	40.04	194.97	—	78.07	—	—	—	—
		2012	212.53	103.56	405.17	21.52	2.96	222.6	—	1.80	0.29	低感	0.41	0	17.47	40.54	175.25	—	71.05	—	—	—	
		平均	201.83	94.15	375.81	21.71	3.01	215.9	—	1.57	0.19	—	0.59	0	18.62	40.29	185.11	—	74.56	—	—	—	
SQ206	D57 (常规)	2013	190.65	90.18	282.79	20.80	3.76	213.0	3.8	0.55	0.11	中抗	0.25	0	29.46	43.78	190.12	-2.49	83.23	3.89	+6/4	+7/3	同步
SQ207	Njnky11-83/0603	2013	175.46	70.12	352.59	21.34	3.11	208.2	-1.0	1.55	0.00	高感	1.26	0.5	25.95	44.12	205.61	5.46	90.71	13.23	+9/1	+10	终止
SQ208	98P37	2013	176.08	75.46	328.24	18.44	3.51	208.0	-1.2	2.03	0.18	低感	1.36	0.2	20.96	43.60	186.64	-4.27	81.37	1.57	+3/7	+6/4	终止
SQ209	汉油9号	2013	180.61	75.50	313.90	18.19	3.35	210.7	1.5	0.97	0.00	低感	0.39	0.2	22.10	41.72	181.20	-7.06	75.60	-5.64	+2/8	+1/9	终止
SQ210	H82J24	2013	194.63	92.79	307.18	17.56	3.56	211.9	2.7	1.07	0.17	低感	1.23	0.4	21.95	45.04	177.22	-9.11	79.82	-0.37	+2/8	+7/3	终止
SQ211	双油119	2013	177.67	84.29	290.85	18.37	3.61	210.0	0.8	0.99	0.00	低抗	1.19	0.4	25.94	43.58	176.39	-9.53	76.87	-4.05	-10	+3/7	终止
SQ212	08杂621	2013	184.90	75.31	361.28	19.46	3.20	208.1	-1.1	1.79	0.00	低感	0.47	0	20.61	40.83	206.53	5.93	84.33	5.26	+8/2	+7/3	续试
	总平均(CK)	2013														42.55	188.27		80.12				

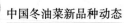

长江上游区 C 组（SQ301-312）

编号	品种名称	参试年份	株高 (cm)	分枝部位 (cm)	单株有效角果数	每角粒数	千粒重 (g)	全生育期 (天)	比CK ±天数	菌核病指	病毒病指	菌核病抗性鉴定	不育株率 (%)	芥酸 (%)	硫苷 (μmol/g)	含油量 (%)	产量 (kg/亩)	比CK ±%	产油量 (kg/亩)	比均值油±%	产量 ±点次	产油量 ±点次	建议
SQ301	双油118	2013	194.76	95.23	274.78	22.35	2.95	213.4	2.8	0.88	0.07	低感	0.60	0.2	23.81	40.76	155.03	-17.25	63.19	-19.09	-10	-10	终止
SQ302	Zn1102*	2013	196.34	86.08	326.31	19.80	3.91	209.8	-0.8	2.40	0.00	低抗	0.03	0.1	21.08	43.12	207.85	10.94	89.62	14.76	+9/-1	+10	
		2012	207.12	97.14	361.95	19.90	3.80	220.8	-1.8	1.98	0.12	低感	0.52	0.2	20.73	40.74	188.14	7.35	76.65	7.88	+8/4	+8/4	生试
		平均	201.73	91.61	344.13	19.85	3.86	215.3	-1.3	2.19	0.06		0.27	0.15	20.91	41.93	197.99	9.15	83.13	11.32	+17/5	+18/4	
SQ303	圣光128	2013	193.05	79.03	366.36	19.67	3.26	211.0	0.4	1.29	0.00	低感	0.49	0	29.97	40.75	201.98	7.81	82.31	5.39	+9/-1	+8/-2	同步
SQ304	YG126	2013	199.74	82.46	365.20	17.71	3.44	210.7	0.1	3.68	0.02	低感	5.54	0	23.23	41.40	177.01	-5.52	73.28	-6.17	+5/5	+2/8	终止
SQ305	DF1208	2013	208.43	98.32	338.74	19.22	3.37	210.8	0.2	4.36	0.01	低感	4.25	0.1	26.34	42.20	186.65	-0.37	78.77	0.86	+5/5	+5/5	终止
SQ306	152C200	2013	194.83	87.44	340.56	16.48	4.22	211.6	1.0	3.05	0.15	中感	0.69	0	18.55	45.75	183.45	-2.08	83.93	7.47	+5/5	+9/-1	终止
SQ307	川杂09NH01	2013	195.01	85.08	358.81	18.35	3.45	210.7	0.1	3.52	0.01	低感	0.84	0.1	19.21	44.15	183.11	-2.26	80.84	3.51	+4/6	+6/4	终止
SQ308	南油12号(CK)	2013	191.56	88.33	320.45	22.06	3.12	210.6	—	3.10	0.25	低感	0.35	0	18.55	39.20	187.35	—	73.44	—	—	—	—
		2012	205.86	101.4	382.36	22.44	2.96	223.8	—	2.29	0.76	低感	0.86	0	16.67	39.45	165.63	—	65.34	—	—	—	
		平均	198.71	94.86	351.41	22.25	3.04	217.2	—	2.70	0.51		0.60	0	17.61	39.33	176.49	—	69.39	—	—	—	
SQ309	黔杂2011-2	2013	195.62	84.35	314.78	20.31	3.49	210.1	-0.5	3.32	0.10	中感	1.69	0.1	17.80	39.83	191.51	2.22	76.28	-2.33	+6/4	+2/8	终止
SQ310	H29J24	2013	203.01	95.44	349.91	19.25	3.39	212.5	1.9	1.48	0.28	低抗	0.99	0.2	25.18	43.56	181.52	-3.11	79.07	1.24	+4/6	+7/3	终止
SQ311	H2108	2013	194.71	92.04	383.24	17.70	3.11	213.3	2.7	4.24	0.00	低感	1.78	0.1	24.66	43.65	167.14	-10.79	72.96	-6.58	+2/8	+3/7	终止
SQ312	SWU09V16*	2013	183.03	81.02	320.43	19.02	3.74	213.2	2.6	2.16	0.00	低感	0.07	0	20.51	43.34	192.48	2.74	83.42	6.81	+7/3	+8/2	达标
		2012	195.72	88.29	358.37	19.59	3.75	225.5	1.8	0.76	0.22	低感	0.49	0	22.57	43.36	166.14	0.31	72.05	10.26	+7/5	+11/-1	
		平均	189.38	84.66	339.40	19.30	3.74	219.4	2.2	1.46	0.11		0.28	0	21.54	43.35	179.31	1.52	77.73	8.54	+14/8	+19/3	
总平均值 (CK)		2013														42.31	184.59		78.10				

长江上游区 D 组（SQ401-412）

编号	品种名称	参试年份	株高(cm)	分枝部位(cm)	单株有效角果数	每角粒数	千粒重(g)	全生育期(天)	比CK±天数	菌核病指	病毒病指	菌核病抗性鉴定	不育株率(%)	芥酸(%)	硫苷(μmol/g)	含油量(%)	产量(kg/亩)	比CK±%	产油量(kg/亩)	比均值油±%	产量±点次	产油量±点次	建议
SQ401	天禾油1201	2013	183.31	91.68	334.64	17.35	3.59	218.6	2.3	2.44	0.08	低感	0.42	0	26.15	46.66	168.22	-11.04	78.49	-1.47	+1/-9	+4/-6	终止
SQ402	锦杂06-322*	2013	179.18	66.45	342.21	18.77	3.70	213.9	-2.4	3.75	0.04	低感	0.44	50.2	29.50	41.59	191.44	1.24	79.62	-0.05	+4/-6	+5/-5	
		2012	197.74	77.26	404.49	17.75	3.45	222.4	-1.3	0.98	0.58	低感	0.50	50.2	34.33	41.36	173.65	4.84	71.82	9.91	+9/-3	+9/-3	完成
		平均	188.46	71.85	373.35	18.26	3.58	218.2	-1.9	2.36	0.31		0.47	50.2	31.92	41.47	182.55	3.04	75.72	4.93	+13/-9	+14/-8	
SQ403	双油杂1号	2013	177.34	70.78	332.69	19.46	3.87	215.6	-0.7	4.24	0.17	高感	0.10	0.1	19.96	41.00	196.55	3.94	80.59	1.16	+9/-1	+6/4	终止
SQ404	华11崇32	2013	182.80	80.73	332.33	18.28	3.61	215.4	-0.9	5.72	1.17	中感	0.74	0.6	27.47	40.38	176.94	-6.43	71.45	-10.31	+2/-8	-10	终止
SQ405	蓉油14	2013	186.72	82.29	340.30	19.80	3.43	216.9	0.6	2.65	0.01	中抗	0.75	0.2	23.38	42.13	193.61	2.39	81.57	2.39	+6/-4	+5/-5	终止
SQ406	12杂656	2013	179.50	81.19	357.67	19.09	3.59	216.9	0.6	3.53	0.15	低感	1.79	0	17.00	41.27	192.48	1.79	79.44	-0.28	+8/-2	+5/-5	终止
SQ407	杂0982*	2013	191.64	78.32	348.16	18.71	3.73	215.5	-0.8	3.91	0.09	低抗	3.43	0.1	17.47	42.40	194.44	2.82	82.44	3.49	+7/-3	+6/4	
		2012	204.45	84.13	404.52	19.51	3.43	222.3	-1.5	1.73	0.41	中感	1.06	0.2	17.37	42.44	184.49	4.09	78.30	6.02	+8/4	+10/-2	完成
		平均	198.04	81.23	376.34	19.11	3.58	218.9	-1.2	2.82	0.25		2.25	0.15	17.42	42.42	189.46	3.45	80.37	4.75	+15/-7	+16/-6	
SQ408	SWU10V01	2013	179.93	70.62	327.98	19.65	3.82	217.8	1.5	3.38	0.17	低抗	0.15	0	27.04	42.76	189.24	0.08	80.92	1.58	+7/-3	+8/-2	终止
SQ409	南油12号(CK)	2013	192.82	84.83	354.99	20.69	3.40	216.3	—	5.19	0.10	低感	0.50	0	20.22	40.00	189.10	—	75.64	—	—	—	
		2012	213.25	99.58	397.41	19.39	3.20	222.3	—	1.53	0.48	低感	0.61	0	16.68	39.32	167.68	—	65.92	—	—	—	
		平均	203.04	92.20	376.20	20.04	3.30	219.3	—	3.36	0.29		0.56	0	18.45	39.66	178.39	—	70.78	—	—	—	
SQ410	新油418	2013	179.36	73.43	369.33	19.46	3.86	216.8	0.5	1.62	0.00	低感	0.48	0.3	29.88	40.78	213.09	12.69	86.90	9.08	+10	+10	同步
SQ411	ST09-6	2013	192.44	90.97	359.46	18.06	3.54	218.5	2.2	1.33	0.12	中抗	3.79	0	29.30	41.15	185.07	-2.13	76.16	-4.40	+3/-7	+2/-8	终止
SQ412	川杂NH219	2013	176.82	59.28	368.73	17.51	3.62	215.6	-0.7	3.90	0.01	中感	3.19	0	29.48	45.48	178.67	-5.51	81.26	2.01	+3/-7	+6/4	终止
	总平均值（CK）	2013														42.13	189.07		79.66				

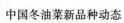

长江中游区 A 组 (ZQ101-112)

编号	品种名称	参试年份	株高(cm)	分枝部位(cm)	单株有效角果数	每角粒数	千粒重(g)	全生育期(天)	比CK±天数	菌核病指	病毒病指	菌核病抗性鉴定	不育株率(%)	芥酸(%)	硫苷(μmol/g)	含油量(%)	产量(kg/亩)	比均值CK±%	产油量(kg/亩)	比均值CK油±%	产量±点次	产油量±点次	建议
ZQ101	152GP36	2013	164.76	83.21	199.78	16.64	4.84	214.3	-2.2	2.72	0.00	中感	0.16	0	23.54	47.02	187.82	-7.34	88.31	-0.87	+2/5	+4/3	终止
		2013	174.95	91.64	191.98	19.67	4.04	216.6	—	1.57	0.20	低感	2.89	0	21.78	40.59	192.45	—	78.12	—	—	—	
ZQ102	中油杂2号(CK)	2012	167.21	77.04	219.00	20.63	3.63	221.6	—	7.40	2.01	低感	4.50	0.1	17.00	40.35	135.37	—	54.62	—	—	—	—
	平均		171.08	84.34	205.49	20.15	3.84	219.1	—	4.48	1.10		3.70	0.05	19.39	40.47	163.91	—	66.37	—	—	—	
ZQ103	双油116	2013	185.09	98.69	169.06	21.58	3.35	218.7	2.1	0.87	0.00	低感	12.04	0.2	20.86	42.48	160.43	-20.85	68.15	-23.51	-7	-7	终止
		2013	179.78	101.86	226.34	21.01	3.22	216.7	0.1	1.10	0.02	低感	1.46	0.4	26.02	42.64	220.53	8.80	94.03	5.55	+6/1	+6/1	达标
ZQ104	同油杂2号*	2012	188.01	92.55	268.20	21.43	3.27	218.9	0.4	6.10	0.64	低感	0.78	0.2	23.55	40.30	167.51	9.11	67.51	8.86	+9	+9	
	平均		183.89	97.20	247.27	21.22	3.25	217.8	0.3	3.60	0.33		1.12	0.30	24.78	41.47	194.02	8.95	80.77	7.20	+15/1	+15/1	
ZQ105	华12崇45	2013	184.00	99.24	211.46	20.03	4.21	215.3	-1.3	1.22	0.00	低感	0.26	0.5	22.21	43.61	206.38	1.81	90.00	1.02	+5/2	+5/2	终止
		2013	174.66	88.28	210.01	21.30	3.93	215.7	-0.9	0.99	0.00	低抗	2.72	0.2	17.84	44.30	210.44	3.82	93.23	4.64	+4/3	+5/2	达标
ZQ106	F0803*	2012	172.70	82.65	262.18	20.50	3.57	220.9	-0.7	8.31	0.58	低抗	1.81	0.1	17.71	42.10	154.86	8.54	65.20	6.46	+8/2	+8/2	终止
	平均		173.68	85.46	236.10	20.90	3.75	218.3	-0.8	4.65	0.29		2.26	0.15	17.78	43.20	182.65	6.18	79.21	5.55	+12/5	+13/4	
ZQ107	赣油杂2000	2013	170.62	90.24	207.02	21.02	4.45	214.7	-1.9	1.56	0.08	高感	1.25	0.2	24.21	40.44	211.72	4.45	85.62	-3.90	+3/4	+1/6	终止
ZQ108	正油319	2013	166.46	84.74	210.30	19.41	4.89	216.4	-0.1	1.41	0.08	低感	0.14	0.5	31.05	46.46	214.53	5.84	99.67	11.88	+5/2	+6/1	终止
		2013	161.93	81.88	183.65	20.39	4.06	217.0	0.4	0.16	0.00	低感	0.00	0	25.07	45.74	195.45	-3.57	89.40	0.35	+4/3	+4/3	完成
ZQ109	SWU09Y16*	2012	166.71	73.91	257.09	17.04	4.05	222.9	1.3	4.99	0.65	低感	0.10	0	21.69	43.72	153.57	7.63	67.13	9.62	+8/2	+8/2	
	平均		164.32	77.89	220.37	18.72	4.06	219.9	0.9	2.58	0.33		0.05	0	23.38	44.73	174.51	2.03	78.27	4.98	+12/5	+12/5	
		2013	182.78	86.86	233.83	21.75	3.64	215.0	-1.6	3.52	0.83	低感	3.66	0	20.99	42.83	219.21	8.15	93.89	5.38	+7	+6/1	生试
ZQ110	F8569*	2012	186.56	89.64	239.95	20.89	3.33	221.2	-0.5	8.86	0.58	中感	5.49	0	22.26	40.96	153.64	7.58	62.93	4.76	+9/1	+7/3	
	平均		184.67	88.25	236.89	21.32	3.49	218.1	-1.0	6.19	0.71		4.58	0	21.63	41.89	186.43	7.86	78.41	5.07	+16/1	+13/4	
ZQ111	赣油杂50	2013	178.19	91.97	231.10	22.60	3.81	217.1	0.6	1.04	0.00	低感	0.19	0.9	21.46	47.09	204.27	0.78	96.19	7.97	+3/4	+7	同步
ZQ112	TS533	2013	174.91	89.22	234.81	20.12	3.71	216.0	-0.6	0.95	0.00	低抗	2.71	0	29.81	44.24	209.14	3.18	92.52	3.85	+5/2	+7	续试
总平均(CK)		2013															43.95	202.70	—	89.09	—	—	—	

长江中游区 B 组（ZQ201-212）

编号	品种名称	参试年份	株高(cm)	分枝部位(cm)	单株有效角果数	每角粒数	千粒重(g)	全生育期	比CK±天数	菌核病指	病毒病指	菌核病鉴定	不育株率(%)	芥酸(%)	硫苷(μmol/g)	含油量(%)	产量(kg/亩)	比均值CK±%	产油量(kg/亩)	比均值油±%	产量±点次	产油量±点次	建议
ZQ201	宁杂21号	2013	175.80	83.29	211.54	21.23	3.67	217.6	1.3	1.72	0.04	低感	6.93	0.4	23.16	43.48	197.92	-2.80	86.05	-5.35	+1/6	+1/6	终止
ZQ202	圣光87*	2013	180.71	90.03	222.95	20.35	3.59	214.3	-2.0	2.96	0.00	低感	0.14	0	22.02	43.00	216.48	6.32	93.09	2.38	+4/3	+4/3	达标
		2012	179.87	86.89	246.08	20.32	3.45	221.1	-0.5	6.96	0.46	低感	2.99	0	23.45	40.76	157.47	10.37	64.19	4.81	+9/1	+8/2	
		平均	180.29	88.46	234.51	20.34	3.52	217.7	-1.3	4.96	0.23		1.57	0	22.74	41.88	186.98	8.34	78.64	3.60	+13/4	+12/5	
ZQ203	新油842*	2013	181.00	95.88	240.03	19.74	3.69	218.1	1.9	0.78	0.04	低抗	1.70	0.5	29.92	45.94	209.41	2.85	96.20	5.81	+6/1	+6/1	生试
		2012	184.37	86.41	277.14	18.20	3.50	220.2	1.8	5.89	0.86	低感	2.06	0.4	20.17	40.96	159.48	3.87	65.32	5.33	+8/1	+8/1	
		平均	182.68	91.14	258.59	18.97	3.60	219.2	1.8	3.34	0.45		1.88	0.45	25.05	43.45	184.45	3.36	80.76	5.57	+14/2	+14/2	
ZQ204		2013	185.20	91.04	209.10	20.31	3.90	219.0	2.7	0.85	0.04	低感	0.50	0	20.26	46.75	187.17	-8.08	87.50	-3.76	+2/5	+2/5	完成
ZQ205	9M415*	2013	180.71	87.61	190.72	21.77	4.15	218.0	1.7	0.69	0.08	低感	0.29	0.8	29.93	44.16	200.32	-1.62	88.46	-2.71	+3/4	+2/5	
		2012	181.94	82.80	266.49	18.21	3.97	223.3	1.6	6.51	0.89	低感	0.00	0.1	21.36	44.53	153.83	7.71	68.50	14.04	+9/1	+10	
		平均	181.33	85.21	228.61	19.99	4.06	220.7	1.7	3.60	0.49		0.14	0.45	25.65	44.34	177.07	3.04	78.48	5.67	+12/6	+12/5	
ZQ206	国油杂101*	2013	175.52	93.18	208.66	20.32	4.03	217.0	0.7	0.93	0.02	低感	0.14	0.2	23.33	45.12	213.23	4.72	96.21	5.81	+6/1	+6/1	达标
		2012	206.36	96.17	248.99	20.11	3.73	221.9	1.1	6.94	0.33	低抗	0.19	0.4	17.70	42.46	159.26	6.46	67.62	12.09	+7/3	+9/1	
		平均	190.94	94.68	228.83	20.21	3.88	219.5	0.9	3.94	0.18		0.17	0.30	20.52	43.79	186.24	5.59	81.91	8.95	+13/4	+15/2	
ZQ207	常杂油3号	2013	171.56	86.40	207.24	21.96	3.56	216.9	0.6	1.14	0.04	低感	3.75	0.9	24.22	46.28	203.30	-0.15	94.09	3.48	+3/4	+5/2	续试
ZQ208	华11P69东	2013	179.87	81.05	173.98	20.77	4.36	215.7	-0.6	1.64	0.52	低感	1.51	0	17.93	44.08	189.21	-7.07	83.41	-8.27	+1/6	+1/6	终止
ZQ209	丰油10号*	2013	172.35	92.40	220.05	20.88	4.04	216.7	0.4	1.07	0.08	低感	0.11	0.3	20.07	43.12	217.29	6.72	93.69	3.05	+6/1	+5/2	生试
		2012	176.88	85.74	239.02	20.89	3.50	220.3	1.9	5.89	1.25	低感	0.22	0.5	22.43	40.34	165.60	7.86	66.81	7.73	+8/1	+8/1	
		平均	174.62	89.07	229.54	20.89	3.77	218.5	1.2	3.48	0.67		0.17	0.40	21.25	41.73	191.44	7.29	80.25	5.39	+14/2	+13/3	
ZQ210	中油杂2号（CK）	2013	169.62	87.98	192.02	20.34	4.02	216.3	—	1.51	0.00	低感	3.25	0	18.01	42.00	194.81	—	81.82	—	—	—	—
		2012	174.99	79.24	232.19	19.63	3.72	221.7	—	7.50	3.42	低感	4.63	0.1	21.37	40.66	135.45	—	55.07	—	—	—	
		平均	172.31	83.61	212.10	19.98	3.87	219.0	—	4.51	1.71		3.94	0.05	19.69	41.33	165.13	—	68.45	—	—	—	
ZQ211	华108（常规）	2013	163.40	86.20	215.12	18.30	3.99	216.9	0.6	1.69	0.08	低抗	0.50	0	17.86	46.40	193.18	-5.12	89.64	-1.41	+4/3	+5/2	续试
ZQ212	中农油11号*	2013	173.97	89.25	220.91	20.84	3.96	216.9	0.6	0.73	0.00	低抗	0.93	0	21.77	45.52	221.03	8.55	100.61	10.66	+7	+7	生试
		2012	187.36	84.38	275.77	18.14	3.71	221.7	0.9	5.63	0.18	低抗	1.42	0.2	19.08	42.74	156.85	4.85	67.04	11.11	+8/2	+10	
		平均	180.67	86.81	248.34	19.49	3.83	219.3	0.7	3.18	0.09		1.17	0.10	20.42	44.13	188.94	6.70	83.82	10.88	+15/2	+17	
总平均（CK）		2013														44.65	203.61	—	90.92	—			

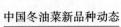

长江中游区 C 组 （ZQ301-312）

编号	品种名称	参试年份	株高 (cm)	分枝部位 (cm)	单株有效角果数	每角粒数	千粒重 (g)	全生育期 (天)	比CK ±天数	菌核病指	病毒病指	菌核病抗性鉴定	不育株率 (%)	芥酸 (%)	硫苷 (μmol/g)	含油量 (%)	产量 (kg/亩)	比均值CK ±%	产油量 (kg/亩)	比均值CK油 ±%	产量 ±点次	产油量 ±点次	建议
ZQ301	科乐油1号	2013	175.60	91.68	176.79	21.29	3.91	216.5	0.0	0.92	0.45	低抗	0.30	0.2	18.75	44.26	202.75	1.06	89.74	0.73	+4/4	+4/4	终止
ZQ302	98P37	2013	161.50	76.97	204.00	19.38	3.71	214.8	-1.8	1.25	0.14	低感	3.36	0	17.81	44.42	201.73	0.55	89.61	0.59	+4/4	+4/4	终止
		2013	165.66	78.29	207.24	18.51	4.06	215.1	-1.4	2.63	0.31	低感	4.79	0	26.58	44.79	205.47	2.41	92.03	3.30	+5/3	+6/2	
ZQ303	两优669*	2012	178.51	78.88	274.45	17.46	3.70	217.7	-0.8	7.64	1.25	低感	2.82	0	19.28	40.97	157.68	2.70	64.60	4.17	+6/3	+7/2	完成
		平均	172.08	78.58	240.84	17.99	3.88	216.4	-1.1	5.14	0.78	低感	3.81	0	22.93	42.88	181.58	2.56	78.31	3.74	+11/6	+13/4	
		2013	167.30	82.29	189.38	20.04	3.96	216.5	—	0.66	0.38	低感	2.80	0	17.64	42.22	193.49	—	81.69	—	—	—	
ZQ304	中油杂2号 (CK)	2012	175.73	86.88	220.04	18.67	3.71	220.8	—	6.62	0.90	低感	3.17	0.1	16.88	40.03	138.15	—	55.30	—	—	—	
		平均	171.52	84.58	204.71	19.35	3.83	218.7	—	3.64	0.64	低感	2.98	0.05	17.26	41.13	165.82	—	68.50	—	—	—	
		2013	171.36	89.49	207.61	21.13	3.65	214.8	-1.8	0.80	0.00	低感	2.90	0	22.82	42.96	212.86	6.09	91.44	2.65	+7/1	+6/2	生试
ZQ305	GS50*	2012	175.32	83.70	275.98	19.28	3.33	217.7	-0.8	8.12	1.54	中感	2.42	0	22.33	40.44	165.47	7.78	66.92	7.91	+8/1	+8/1	生试
		平均	173.34	86.60	241.80	20.21	3.49	216.2	-1.3	4.46	0.77	低感	2.66	0	22.58	41.70	189.16	6.94	79.18	5.28	+15/2	+14/3	
ZQ306	大地89	2013	169.19	82.81	202.99	19.88	3.97	215.1	-1.4	1.09	0.23	低感	1.00	0	17.84	44.12	188.97	-5.81	83.37	-6.41	+1/7	+1/7	终止
ZQ307	鹰齐12	2013	166.78	79.06	203.01	21.43	4.26	213.3	-3.3	1.27	0.11	低感	0.08	0	21.33	41.76	209.46	4.40	87.47	-1.82	+7/1	+2/6	续试
ZQ308	9M049*	2013	175.48	90.19	207.38	21.48	3.62	216.1	-0.4	1.12	0.11	低感	0.32	1.4	22.79	45.02	190.68	-4.96	85.84	-3.64	+6/2	+3/5	
		2012	192.66	91.75	285.99	19.70	3.39	221.1	0.3	5.36	0.51	低感	0.46	0.1	17.65	40.97	156.33	4.50	64.05	6.17	+6/4	+7/3	完成
		平均	184.07	90.97	246.69	20.59	3.51	218.6	0.0	3.24	0.31	低感	0.39	0.75	20.22	43.00	173.50	-0.23	74.95	1.26	+12/6	+10/8	
ZQ309	秦优28	2013	174.04	87.68	202.95	21.90	3.50	216.5	0.0	0.47	0.04	低抗	1.26	0	21.86	43.68	206.97	3.16	90.41	1.48	+6/2	+4/4	续试
ZQ310	油982	2013	169.98	83.50	183.15	21.06	3.65	217.0	0.5	1.39	0.12	低感	0.93	0	22.82	44.52	179.37	-10.60	79.85	-10.36	-8	-8	终止
ZQ311	7810	2013	168.23	84.79	253.03	20.75	3.52	215.6	-0.9	0.96	0.00	低感	0.50	0	18.83	46.51	211.42	5.38	98.33	10.38	+7/1	+7/1	同步
		2013	174.43	89.49	185.49	21.24	3.93	217.3	0.8	0.91	0.24	低抗	0.48	0.2	22.21	48.58	204.41	1.88	99.30	11.47	+4/4	+7/1	
ZQ312	H29J24*	2012	185.03	88.74	248.99	18.48	3.58	223.4	1.7	5.64	0.50	低感	1.20	0.3	18.33	44.68	155.06	8.57	69.28	15.33	+9/1	+10	达标
		平均	179.73	89.11	217.24	19.86	3.76	220.3	1.2	3.28	0.37		0.84	0.25	20.27	46.63	179.73	5.22	84.29	13.40	+13/5	+17/1	
总平均值 (CK)		2013														44.40	200.63		89.09				

长江中游区 D 组（ZQ401-413）

编号	品种名称	参试年份	株高(cm)	分枝部位(cm)	单株有效角果数	每角粒数	千粒重(g)	全生育期(天)	比CK±天数	菌核病病指	病毒病指	菌核病抗性鉴定	不育株率(%)	芥酸(%)	硫苷(μmol/g)	含油量(%)	产量(kg/亩)	比均值CK±%	产油量(kg/亩)	比均值CK油±%	产量±点次	产油量±点次	建议
ZQ401	C1679*	2013	161.95	79.36	223.66	20.37	3.91	214.9	-3.4	1.87	0	低感	5.08	0	18.38	43.47	201.76	5.05	87.71	5.83	+6/-1	+7	
		2012	173.43	77.74	305.72	19.07	3.70	219.4	-1.4	9.91	1.09	中感	5.08	0	16.26	40.86	160.96	7.60	65.76	9.00	+9/-1	+9/-1	达标
		平均	167.69	78.55	264.69	19.72	3.80	217.1	-2.4	5.89	0.545		5.08	0	17.32	42.16	181.36	6.32	76.73	7.41	+15/-2	+16/-1	
ZQ402	ZY200（常规）	2013	163.69	85.06	174.81	20.91	4.63	216.7	-1.6	3.19	0	低感	0.33	0	19.13	44.53	172.92	-9.97	77.00	-7.09	+1/-6	+1/-6	终止
ZQ403	华齐油3号	2013	166.30	81.44	229.43	21.77	3.57	215.9	-2.4	2.18	0.25	低感	0.11	0.1	20.46	39.15	194.81	1.43	76.27	-7.97	+5/-2	-7	终止
ZQ404	华2010-P64-7	2013	170.49	89.69	204.11	22.43	3.79	216.7	-1.6	4.01	0.10	低感	0.22	0.4	17.61	47.70	180.53	-6.01	86.11	3.90	+3/-4	+6/-1	终止
ZQ405	F1548	2013	161.04	67.29	235.61	19.79	3.76	215.1	-3.1	1.85	0.05	低抗	5.09	0	29.05	41.86	192.94	0.45	80.76	-2.55	+4/-3	+3/-4	终止
ZQ406	11611（常规）*	2013	173.13	81.99	216.61	19.69	4.28	217.1	-1.1	1.91	0	低感	2.57	0.5	29.91	42.80	181.12	-5.70	77.52	-6.46	+1/-6	+1/-6	
		2012	192.16	88.87	273.04	16.66	3.96	221.6	0.8	6.98	0.88	低感	0.96	0	22.95	40.80	151.17	1.05	61.68	2.23	+9/-1	+7/-3	完成
		平均	182.65	85.43	244.83	18.17	4.12	219.4	-0.2	4.45	0.44		1.76	0.25	26.43	41.80	166.15	-2.32	69.60	-2.12	+10/-7	+8/-9	
ZQ407	T159*	2013	161.86	81.06	238.91	23.41	3.25	217.3	-1.0	4.56	0.20	低感	1.22	0.1	29.64	42.56	204.67	6.56	87.11	5.10	+7	+6/-1	
		2012	179.20	88.26	220.25	22.50	3.30	222.1	0.5	10.08	0.36	低感	0.80	0.1	20.12	41.10	150.26	5.31	61.76	0.84	+7/-3	+5/-5	生试
		平均	170.53	84.66	229.58	22.96	3.27	219.7	-0.3	7.32	0.28		1.01	0.1	24.88	41.83	177.46	5.94	74.43	2.97	+14/-3	+11/-6	
ZQ408	CE5*	2013	166.37	89.66	217.93	21.61	3.79	218.3	0.0	1.18	0.20	低抗	2.91	0.6	26.50	45.02	209.45	9.05	94.30	13.78	+7	+7	
		2012	185.94	89.97	245.71	20.89	3.65	222.6	1.0	4.46	0.55	低感	0.47	1.0	29.66	44.12	152.39	6.81	67.24	9.79	+9/-1	+10	达标
		平均	176.16	89.81	231.82	21.25	3.72	220.4	0.5	2.82	0.375		1.69	0.8	28.08	44.57	180.92	7.93	80.77	11.78	+16/-1	+17	
ZQ409	1606（常规）	2013	155.36	84.87	201.44	20.50	3.67	219.1	0.9	1.57	0.20	低抗	0.19	0	21.99	43.66	186.14	-3.09	81.27	-1.94	+4/-3	+4/-3	续试
ZQ410	中油杂2号（CK）	2013	165.93	80.47	195.19	21.23	3.81	218.3		3.05	0.15	低感	4.89	0	17.73	40.31	187.48		75.57		—	—	
		2012	168.46	77.57	218.40	20.57	3.48	218.4		7.09	0.89	低感	3.61	0.1	16.00	39.07	141.88		55.43		—	—	
		平均	167.19	79.02	206.79	20.90	3.65	218.4		5.07	0.52		4.25	0.05	16.86	39.69	164.68		65.50		—	—	
ZQ411	皖油9号	2013	171.43	87.70	197.71	21.76	3.91	215.6	-2.7	1.01	0	低抗	1.82	0.2	21.01	43.09	200.71	4.50	86.49	4.35	+6/-1	+6/-1	续试
ZQ412	阜信012	2013	159.67	77.74	184.16	22.43	3.97	218.7	0.4	2.57	0.3	低感	2.24	0.3	22.17	45.38	195.50	1.79	88.72	7.05	+5/-2	+7	同步
ZQ413	12X26（常规）	2013	171.29	84.32	217.51	20.57	3.61	218.0	-0.3	2.50	0.20	低感	0.42	0.1	20.81	41.41	188.88	-1.66	78.21	-5.63	+4/-3	+2/-5	续试
	总平均值（CK）	2013														43.15	192.07		82.88				

长江下游区 A 组（XQ101-112）

编号	品种名称	参试年份	株高(cm)	分枝部位(cm)	单株有效角果数	每角粒数	千粒重(g)	全生育期(天)	比CK±天数	菌核病病指	病毒病病指	菌核病抗性鉴定	不育株率(%)	芥酸(%)	硫苷(μmol/g)	含油量(%)	产量(kg/亩)	比均值CK产量±%	产油量(kg/亩)	比均值CK油±%	产量±点次	产油量±点次	建议
XQ101	秦优507	2013	165.24	52.93	345.41	22.16	3.36	230.0	0.9	12.90	0.25	低感	1.70	0	29.80	46.66	190.17	-3.62	88.74	-2.01	+3/4	+3/4	终止
XQ102	绿油218	2013	162.76	50.95	335.36	23.23	3.60	228.4	-0.7	13.50	1.25	中抗	2.17	0	26.64	45.09	208.32	5.57	93.93	3.73	+7	+6/-1	续试
XQ03	徽豪油12	2013	152.76	37.67	390.07	21.04	3.31	227.0	-2.1	12.86	0	低抗	0.88	0	25.95	45.52	204.75	3.77	93.20	2.93	+6/-1	+5/-2	续试
XQ104	黔杂J1208	2013	154.76	45.00	328.34	21.64	3.52	228.9	-0.3	18.74	0.17	低感	0.57	0.1	18.40	45.44	190.07	-3.68	86.37	-4.62	+2/-5	+2/-5	终止
XQ105	沪油039*（常规）	2013	144.61	42.50	311.64	20.50	4.37	230.9	1.7	10.58	0	低感	0.69	0	20.85	45.30	202.47	2.61	91.72	1.29	+5/-2	+5/-2	达标
		2012	150.09	53.45	285.86	24.00	3.96	224.7	0.2	18.14	2.67	低感	0.37	0	16.55	43.42	184.03	3.15	79.91	3.50	+4/-2	+4/-2	
		平均	147.35	47.97	298.75	22.25	4.17	227.8	0.9	14.36	1.335		0.53	0	18.70	44.36	193.25	2.88	85.81	2.39	+9/-4	+9/-4	—
XQ106	秦优10号（CK）	2013	167.60	57.92	294.31	23.90	3.34	229.1	—	15.42	0.33	低抗	1.26	0	26.59	46.13	195.57	—	90.22	—	—	—	
		2012	173.27	70.45	308.13	23.20	3.19	225.5	—	17.21	3.05	低感	2.57	0.0	23.58	43.05	192.33	—	82.79	—	—	—	
		平均	170.43	64.18	301.22	23.55	3.27	227.3	—	16.31	1.69		1.91	0	25.09	44.59	193.95	—	86.51	—	—	—	—
XQ107	9M050	2013	154.77	48.53	326.01	22.40	4.15	230.7	1.6	10.21	0	低抗	0.64	0	24.30	45.69	197.82	0.25	90.38	-0.19	+5/-2	+5/-2	终止
XQ108	F1529	2013	145.56	30.95	381.09	20.99	3.30	227.7	-1.4	19.26	0.25	低感	3.54	0	29.72	44.07	193.00	-2.19	85.06	-6.07	+2/-5	-7	终止
XQ109	中11-ZY293*	2013	156.73	50.50	301.64	21.96	4.13	231.3	2.1	13.17	0	低抗	1.55	0	22.64	50.32	197.75	0.22	99.51	9.89	+5/-2	+7	达标
		2012	168.62	70.21	253.68	22.64	4.05	227.8	2.3	19.13	5.65	低感	0.00	0.3	19.45	49.57	192.94	0.31	95.64	15.51	+3/-3	+6	
		平均	162.67	60.35	277.66	22.30	4.09	229.6	2.2	16.15	2.825		0.78	0.15	21.05	49.95	195.34	0.27	97.57	12.70	+8/-5	+13	
XQ110	HQ355*	2011	181.26	76.10	328.50	24.10	3.27	230.4	1.3	11.67	0	低感	1.32	0	20.22	44.29	188.74	-4.35	83.59	-7.69	-7	-7	完成
		平均	176.84	59.71	269.14	25.47	3.87	225.6	-1.6	5.95	0.89		0.29	0	24.21	47.28	170.52	-0.92	80.62	9.98	+7/-1	+7/-1	
XQ111	F219（常规）	2013	179.05	67.91	298.82	24.79	3.57	228.0	-0.2	8.81	0.445	低感	0.81	0	22.22	45.79	179.63	-2.64	82.11	1.15	+8/-7	+8/-7	续试
		平均	162.01	49.93	348.59	20.79	3.61	229.0	-0.1	17.31	0	中感	0.53	0	23.47	47.76	188.43	-4.51	90.00	-0.62	+2/-5	+5/-2	
XQ112	JH0901*	2013	160.01	43.97	355.69	23.47	3.89	228.0	-1.1	17.91	0.42	低感	3.54	0.2	21.36	44.42	210.78	6.82	93.63	3.40	+5/-2	+5/-2	生试
		2012	167.63	58.67	339.55	23.24	3.52	229.1	0.0	19.67	5.82	低感	1.10	0.1	17.62	41.64	194.30	3.67	80.91	1.81	+5/-3	+5/-3	
		平均	163.82	51.32	347.62	23.36	3.71	228.6	-0.6	18.79	3.12	低感	2.32	0.15	19.49	43.03	202.54	5.24	87.27	2.60	+10/-5	+10/-5	终试
总平均值（CK）		2013														45.89	197.32	—	90.55	—	—		

长江下游区 B 组（XQ201-212）

编号	品种名称	参试年份	株高(cm)	分枝部位(cm)	单株有效角果数	每角粒数	千粒重(g)	全生育期(天)	比CK±天数	菌核病病指	病毒病病指	菌核病抗性鉴定	不育株率(%)	芥酸(%)	硫苷(μmol/g)	含油量(%)	产量(kg/亩)	比均值CK±%	产油量(kg/亩)	比均值CK油±%	产量±点次	产油量±点次	建议
XQ201	YGI28	2013	154.01	48.84	369.99	22.09	3.71	230.6	-0.5	17.94	0.84	低感	10.04	0	21.84	45.81	188.45	-6.14	86.33	-4.99	+1/7	+1/7	终止
XQ202	2013	2013	164.21	44.94	361.89	21.70	3.83	232.6	1.5	10.52	0	低感	0.89	0	23.70	47.95	211.42	5.30	101.38	11.56	+6/2	+7/1	同步
XQ203	陕西19	2013	160.48	38.80	349.71	23.09	4.14	230.5	-0.6	16.24	1.04	中感	0.60	0	28.73	45.02	178.52	-11.08	80.37	-11.55	-8	-8	终止
XQ204	6-22	2013	144.56	34.23	346.50	20.85	4.21	231.3	0.1	11.05	0	高感	1.37	0	18.56	42.78	199.19	-0.79	85.21	-6.22	+5/3	-8	终止
XQ205	核杂12号*	2013	149.85	50.86	287.90	21.11	4.69	232.6	1.5	12.74	0.70	低感	1.87	0.2	21.78	44.42	206.42	2.81	91.69	0.90	+6/2	+5/3	完成
		2012	159.80	58.68	256.18	24.60	4.32	228.5	-0.2	19.11	2.41	中感	2.18	0.6	22.29	43.42	191.36	6.43	83.10	6.01	+7/1	+7/1	
		平均	154.82	54.77	272.04	22.86	4.50	230.6	0.7	15.93	1.56		2.03	0.4	22.04	43.92	198.89	4.62	87.39	3.46	+13/3	+12/4	
XQ206	10HPB7	2013	164.66	54.41	308.29	23.58	4.06	233.8	2.6	11.80	0.21	中感	0.00	0.4	25.68	44.00	215.03	7.10	94.61	4.12	+6/2	+6/2	同步
XQ207	创油9号（常规）	2013	159.91	43.89	324.58	22.18	4.47	233.6	2.5	13.31	0.41	中感	1.41	0.2	23.94	46.84	208.06	3.63	97.46	7.25	+7/1	+7/1	同步
XQ208	08杂621*	2013	152.16	42.51	387.48	23.56	3.34	229.0	-2.1	18.68	0	低感	2.16	0	17.41	42.34	195.83	-2.46	82.92	-8.75	+3/5	-8	完成
		2012	156.35	49.71	282.31	23.69	3.24	223.5	-2.0	17.11	2.63	中感	0.48	0.1	17.09	40.44	201.20	4.61	81.36	-1.73	+5/1	+2/4	
		平均	154.25	46.11	334.89	23.63	3.29	226.3	-2.1	17.89	1.32		1.32	0.05	17.25	41.39	198.52	1.08	82.14	-5.24	+8/6	+2/-12	
XQ209	秦优10号(CK)	2013	171.51	46.86	349.64	23.75	3.35	231.1	—	13.61	0	低抗	0.69	0	29.81	44.18	197.88	—	87.42	—	—	—	—
		2012	175.54	65.45	360.86	23.01	3.17	229.1	0.0	13.41	1.55	低感	2.55	0	26.32	42.40	187.43	—	79.47	—	—	—	
		平均	173.53	56.16	355.25	23.38	3.26	230.1	0.0	13.51	0.78		1.62	0	28.07	43.29	192.66	—	83.45	—	—	—	
XQ210	浙杂0903*	2013	162.20	54.61	317.69	24.23	4.01	231.1	0.0	12.84	0	低感	1.60	0.4	25.60	49.01	208.20	3.70	102.04	12.29	+8	+8	达标
		2012	169.06	63.38	324.61	24.83	3.74	229.8	0.6	12.94	2.96	低感	2.20	0.3	16.99	45.84	193.58	3.28	88.74	11.66	+5/3	+8	
		平均	165.63	59.00	321.15	24.53	3.88	230.4	0.3	12.89	1.48		1.90	0.35	21.30	47.42	200.89	3.49	95.39	11.98			
XQ211	瑞油12	2013	157.70	40.54	384.49	22.78	3.19	229.8	-1.4	13.36	0.41	低感	0.89	0	28.68	47.88	199.76	-0.50	95.64	5.26	+4/4	+6/2	续试
XQ212	圣光87	2013	155.88	38.17	383.38	23.19	3.45	228.8	-2.4	15.06	0.83	低感	0.68	0	25.88	42.88	200.51	-0.13	85.98	-5.38	+4/4	+1/7	终止
总平均值(CK)		2013														45.26	200.77		90.87				

长江下游区 C 组（XQ301-312）

编号	品种名称	参试年份	株高(cm)	分枝部位	有效角果数	每角籽数	千粒重(g)	全生育期(天)	CK±天数	菌核病病指	病毒病病指	菌核病鉴定	不育株率	芥酸(%)	硫苷(μmol/g)	含油量(%)	产量(kg/亩)	比CK±%	产油量(kg/亩)	比均值油±%	产量±点次	产油量±点次	建议
XQ301	F003(常规)*	2013	154.66	58.53	244.00	21.53	4.37	229.6	1.6	11.46	0	低感	0.33	0	21.28	44.64	213.12	3.51	95.14	1.83	+7/2	+8/1	达标
		2012	166.59	59.53	300.51	23.54	4.17	230.9	1.8	13.55	4.75	中感	1.86	0.1	20.88	42.86	192.26	2.58	82.40	3.69	+5/3	+5/3	
		平均	160.62	59.03	272.26	22.54	4.27	230.2	1.7	12.50	2.38		1.09	0.05	21.08	43.75	202.69	3.05	88.77	2.76	+12/5	+13/4	
XQ302	秦优10号(CK)	2013	169.20	60.40	281.67	23.53	3.28	228.0	—	11.81	0	低抗	0.91	0	27.19	44.10	205.88	—	90.79	—	—	—	—
		2012	174.85	67.47	288.99	23.00	3.28	227.9	—	18.00	3.51	低感	2.06	0	20.53	43.60	179.80	—	78.39	—	—	—	
		平均	172.02	63.93	285.33	23.27	3.28	227.9	—	14.91	1.76		1.49	0	23.86	43.85	192.84	—	84.59	—	—	—	
XQ303	中11R1927	2013	148.98	54.56	304.23	20.27	3.37	229.6	1.6	14.04	0.59	中感	1.18	0	22.36	50.34	193.82	-5.86	97.57	4.43	+3/6	+9	终止
XQ304	M417(常规)*	2013	150.60	63.77	262.46	21.00	4.09	230.1	2.1	10.67	0	中感	0.15	0.6	21.94	49.22	217.55	5.67	107.08	14.61	+8/1	+9	达标
		2012	152.27	55.34	296.62	21.41	3.76	230.8	1.6	16.07	1.62	中感	0.04	0	23.42	47.86	185.93	-0.80	88.99	11.98	+4/4	+7/1	
		平均	151.44	59.56	279.54	21.21	3.93	230.4	1.9	13.37	0.81		0.10	0.3	22.68	48.54	201.74	2.43	98.03	13.29	+12/5	+16/1	
XQ305	华油杂87*	2013	156.32	57.35	272.14	22.28	3.89	227.6	-0.4	10.56	0	低抗	2.65	0.1	18.90	43.99	216.48	5.15	95.23	1.93	+6/3	+6/3	完成
		2012	167.32	50.18	375.64	22.67	3.64	228.8	-0.4	15.03	1.73	低抗	8.41	0.2	19.62	42.00	194.35	3.69	81.63	2.71	+5/3	+5/3	
		平均	161.82	53.77	323.89	22.47	3.77	228.2	-0.4	12.79	0.87		5.53	0.15	19.26	43.00	205.41	4.42	88.43	2.32	+11/6	+11/6	
XQ306	沪油065(常规)	2013	148.67	50.58	250.09	20.22	4.17	229.1	1.1	10.94	0.48	低感	0.09	0	24.08	44.32	185.18	-10.05	82.07	-12.15	+3/6	+3/6	终止
XQ307	绵新油38*	2013	164.42	63.40	290.91	22.49	3.82	228.2	0.2	10.98	0.24	低感	0.96	0	23.86	44.38	212.74	3.33	94.41	1.05	+7/2	+7/2	达标
		2012	178.58	66.57	319.10	23.29	3.56	228.9	-0.3	13.66	1.74	低感	0.21	0	23.88	43.29	211.19	12.68	91.42	15.04	+8	+8	
		平均	171.50	64.99	305.01	22.89	3.69	228.5	0.0	12.32	0.99		0.59	0	23.87	43.83	211.96	8.00	92.92	8.05	+15/2	+15/2	
XQ308	T1208	2013	154.36	56.73	277.57	23.92	3.26	226.6	-1.4	14.52	0	中感	2.53	0.1	21.75	44.53	212.91	3.42	94.81	1.48	+7/2	+8/1	终止
XQ309	核优218	2013	154.69	52.46	288.00	19.80	3.74	229.0	1.0	9.09	0	中感	1.33	0	18.93	44.12	197.08	-4.27	86.95	-6.93	+2/7	+2/7	终止
XQ310	98033*	2013	172.41	71.91	249.21	21.50	4.24	230.4	2.4	6.80	0.36	低感	0.17	0	22.51	45.48	214.78	4.32	97.68	4.55	+8/1	+9	达标
		2012	185.05	88.23	265.99	22.59	3.94	227.7	2.2	8.06	0.54	低抗	0.45	1.0	24.38	45.60	199.93	3.95	91.16	10.10	+4/2	+6	
		平均	178.73	80.07	257.60	22.05	4.09	229.1	2.3	7.43	0.45		0.31	0.5	23.44	45.54	207.36	4.14	94.42	7.33	+12/3	+15	
XQ311	18C(常规)	2013	158.53	59.78	269.27	21.58	3.58	228.7	0.7	10.72	0.24	中感	0.40	0.2	21.49	44.54	202.77	-1.51	90.32	-3.33	+5/4	+3/6	续试
XQ312	苏ZJ-5(常规)	2013	154.73	54.66	234.91	22.04	4.72	228.8	0.8	11.78	0.00	低感	0.47	0	18.26	45.26	196.64	-4.49	89.00	-4.74	+4/5	+5/4	终止
总平均值(CK)		2013														45.41	205.75		93.43				

长江下游区 D 组（XQ401-412）

编号	品种名称	参试年份	株高(cm)	分枝部位(cm)	单株有效角果数	每角粒数	千粒重(g)	全生育期(天)	比CK±天数	菌核病病指	病毒病病指	菌核病抗性鉴定	不育株率(%)	芥酸(%)	硫甙(μmol/g)	含油量(%)	产量(kg/亩)	比均值CK±%	产油量(kg/亩)	比均值CK油±%	产量±点次	产油量±点次	建议
XQ401	106047	2013	153.09	53.68	328.24	20.39	4.84	232.3	0.8	12.88	0	中感	1.79	0	20.75	43.78	210.40	3.38	92.11	0.87	+7/-2	+5/-4	续试
XQ402	亿油8号*	2013	147.10	40.93	396.26	19.70	3.68	229.1	-2.4	14.21	0.90	低感	0.84	0	23.61	42.30	209.62	2.99	88.67	-2.90	+7/-2	+4/-5	
		2012	151.95	55.64	304.49	20.78	3.24	221.7	-2.8	17.81	4.92	低感	0.55	0	19.19	41.04	187.14	4.90	76.80	-0.53	+5/-1	+5/-1	
		平均	149.53	48.28	350.37	20.24	3.46	225.4	-2.6	16.01	2.91		0.69	0	21.40	41.67	198.38	3.94	82.73	-1.71	+12/-3	+9/-6	完成
XQ403	秦油876*	2013	142.51	38.83	374.91	21.57	4.08	230.9	-0.7	10.90	0.21	低感	0.43	0.5	34.87	42.49	215.71	5.99	91.66	0.37	+8/-1	+5/-4	
		2012	149.45	49.59	268.29	22.74	3.78	226.9	-1.8	18.51	1.85	低感	0.42	0.1	29.46	41.31	187.37	4.21	77.40	-1.27	+5/-3	+5/-3	
		平均	145.98	44.21	321.60	22.15	3.93	228.9	-1.2	14.71	1.03		0.43	0.3	32.17	41.90	201.54	5.10	84.53	-0.45	+13/-4	+10/-7	完成
XQ404	向农08	2013	157.79	44.95	352.67	20.72	3.84	231.1	-0.4	11.95	0.42	低感	2.06	0.3	24.47	44.16	191.02	-6.15	84.35	-7.62	+1/-8	+1/-8	终止
XQ405	浙荥0902	2013	152.88	45.53	350.07	20.97	4.04	231.8	0.2	9.87	0	低感	0.33	0.2	25.81	45.10	203.76	0.11	91.89	0.63	+4/-5	+4/-5	终止
XQ406	福油23	2013	159.24	50.73	373.63	21.74	3.28	233.6	2.0	12.33	0.21	低感	25.33	0.6	39.62	44.76	190.73	-6.29	85.37	-6.51	+2/-7	+2/-7	终止
XQ407	D157	2013	163.03	47.98	334.51	22.92	3.84	233.2	1.7	12.01	0.42	低感	0.97	0.1	21.56	48.36	199.22	-2.12	96.34	5.51	+4/-5	+8/-1	终止
XQ408	徽豪油28*	2013	155.63	49.65	359.60	22.33	3.66	230.1	-1.4	11.35	0.21	低感	1.67	0	25.90	45.06	205.44	0.94	92.57	1.37	+5/-4	+6/-3	
		2012	166.50	65.57	288.93	23.97	3.41	226.6	-2.0	15.34	3.16	低感	0.50	0.4	24.16	42.50	190.31	5.84	80.88	3.18	+6/-2	+6/-2	
		平均	161.06	57.61	324.27	23.15	3.53	228.4	-1.7	13.34	1.68		1.08	0.2	25.03	43.78	197.87	3.39	86.73	2.28	+11/-6	+12/-5	完成
XQ409	核杂14号	2013	147.91	46.91	337.04	21.23	4.21	232.1	0.6	12.14	0.28	中感	2.41	0.4	23.41	42.68	203.04	-0.24	86.66	-5.10	+4/-5	+2/-7	终止
XQ410	秦优10号(CK)	2013	166.78	53.69	348.32	22.97	3.33	231.6	—	10.11	0	低抗	0.47	0	26.01	45.32	200.36	—	90.80	—	—	—	
		2012	166.32	65.80	284.38	24.54	3.21	224.5	—	16.97	1	低感	1.08	0	24.42	43.28	178.41	—	77.21	—	—	—	
		平均	166.55	59.74	316.35	23.75	3.27	228.0	—	13.54	0.50		0.77	0.3	25.22	44.30	189.38	—	84.01	—	—	—	—
XQ411	凡341(常规)	2013	150.70	52.88	332.58	21.01	3.37	234.9	3.3	8.28	0.42	低感	0.00	0	21.10	48.86	196.10	-3.65	95.81	4.93	+5/-4	+8/-1	同步
XQ412	优0737	2013	153.72	51.68	336.48	20.40	4.10	233.0	1.4	9.96	0.00	低感	0.60	0	25.23	45.52	216.95	6.60	98.76	8.15	+7/-2	+8/-1	同步
	总平均值(CK)	2013														44.87	203.53		91.32				

黄淮区A组（HQI101-112）

编号	品种名称	参试年份	株高(cm)	分枝部位(cm)	单株有效角果数	每角粒数	千粒重(g)	全生育期(天)	比CK±天数	冻害指数	菌核病病指	菌核病抗性鉴定率	不育株率(%)	芥酸(%)	硫苷(µmol/g)	含油量(%)	产量(kg/亩)	比均值CK±%	产油量(kg/亩)	比均值CK油±%	产量±点次	产油量±点次	建议
HQI101	YC1115	2013	181.85	71.00	271.26	22.04	3.26	244.1	-0.8	34.98	3.02	低抗	2.99	0	25.12	39.69	231.76	1.73	91.98	-2.61	+7/4	+1/-10	终止
HQI102	HLI209	2013	169.76	68.30	249.04	22.91	3.67	244.9	0.0	36.95	1.33	低感	0.00	0	29.91	43.12	238.48	4.68	102.83	8.88	+8/3	+10/-1	同步
HQI103	秦优2177	2013	160.91	57.37	252.43	23.18	3.29	245.5	0.5	34.42	3.33	低感	0.29	0	21.38	44.36	204.04	-10.44	90.51	-4.16	-10	+5/-6	终止
HQI104	DX015	2013	161.69	58.76	271.09	22.34	3.40	242.7	-2.2	33.62	4.34	低感	1.01	0.1	24.51	38.57	243.00	6.66	93.72	-0.76	+10/-1	+4/7	终止
HQI105	晋杂优1号*	2013	174.74	68.52	283.75	23.90	3.24	244.9	0.0	34.08	6.01	中感	9.21	0	25.81	39.18	225.52	-1.01	88.36	-6.45	+5/6	+1/-10	完成
		2012	174.60	64.03	280.97	25.34	3.42	242.5	-0.1	37.91	11.48	中感	6.7	0.5	22.32	41.20	217.17	3.65	89.47	-1.83	+8/3	+8/3	
		平均	174.67	66.27	282.36	24.62	3.33	243.7	0.0	36.00	8.74		7.96	0.25	24.06	40.19	221.34	1.32	88.91	-4.14	+13/9		
HQI106	秦优7号(CK)	2013	175.35	69.72	225.65	24.07	3.30	244.9	—	32.93	1.38	低感	0.32	0.4	25.20	41.80	226.10	-0.76	94.51	—	—	—	
		2012	174.45	66.42	277.92	24.06	3.20	242.6	—	36.29	17.17	低抗	1.88	0.6	16.15	42.50	204.12	—	86.74	—	—	—	
		平均	174.90	68.07	251.78	24.06	3.25	243.8	—	34.61	9.27		1.10	0.5	20.67	42.15	215.11	-0.76	90.63	—	—	—	
HQI107	秦优188	2013	171.39	67.35	299.28	23.23	3.22	243.9	-1.0	34.28	2.45	低感	1.91	0	37.20	40.96	233.06	2.30	95.46	1.07	+7/4	+7/4	终止
HQI108	2013*	2013	180.32	72.72	249.13	22.40	3.70	244.5	-0.4	35.74	1.48	低感	2.22	0	20.85	45.36	234.14	2.77	106.21	12.45	+7/4	+10/-1	达标
		2012	169.22	61.38	258.46	23.74	3.66	243.0	0.4	36.10	14.72	低感	0.9	0.1	16.44	47.38	214.86	2.55	101.80	11.69	+8/3	+9/2	
		平均	174.77	67.05	253.79	23.07	3.68	243.8	0.0	35.92	8.10		1.55	0.05	18.65	46.37	224.50	2.66	104.00	12.07	+15/7	+19/3	
HQI109	ZYI014	2013	171.94	64.39	267.15	22.90	3.28	243.7	-1.2	34.21	4.11	高感	1.23	0	21.93	38.82	233.12	2.32	90.50	-4.18	+8/3	+2/9	终止
HQI110	川NH2993	2013	145.73	43.05	289.74	20.04	3.42	244.5	-0.4	43.15	4.09	高感	1.16	0	23.53	42.08	195.86	-14.03	82.42	-12.73	+1/-10	+1/-10	终止
HQI111	ZYI011*	2013	161.66	64.10	281.46	20.44	3.64	244.3	-0.6	33.37	6.18	中感	2.05	0.2	19.92	41.41	241.33	5.93	99.94	5.81	+10/-1	+10/-1	完成
		2012	156.21	55.05	315.33	22.00	3.49	242.4	-0.3	36.25	12.47	中感	3.88	0.3	16.98	42.49	210.78	3.27	89.56	3.26	+9/2	+9/2	
		平均	158.94	59.57	298.40	21.22	3.57	243.3	-0.5	34.81	9.32		2.96	0.25	18.45	41.95	226.06	4.60	94.75	4.54	+19/3	+19/3	
HQI112	绵新油38	2013	165.76	61.69	259.72	22.76	3.45	243.9	-1.0	36.70	2.63	低感	0.10	0.1	20.17	42.11	227.50	-0.14	95.80	1.44	+6/5	+7/4	终止
总平均值(CK)		2013														41.46	227.83		94.45				

黄淮区 B 组（HQ201-212）

编号	品种名称	参试年份	株高(cm)	分枝部位(cm)	单株有效角果数	每角粒数	千粒重(g)	全生育期(天)	比CK±天数	冻害指数	菌核病病指	菌核病抗性鉴定	不育株率(%)	芥酸(%)	硫苷(μmol/g)	含油量(%)	产量(kg/亩)	比均值CK±%	产油量(kg/亩)	比均值CK油±%	产量±点次	产油量±点次	建议
HQ201	陕油19*	2013	165.81	54.29	270.25	21.78	3.69	243.0	-1.6	32.87	2.61	中感	0.20	0	21.11	43.20	236.37	3.69	102.11	4.66	+10/-1	+10/-1	
		2012	160.96	54.14	266.55	23.32	3.77	241.5	-1.1	37.39	16.58	低抗	0.29	0	23.80	43.02	209.06	2.42	89.95	3.70	+10/-1	+10/-1	完成
		平均	163.38	54.21	268.40	22.55	3.73	242.3	-1.4	35.13	9.60		0.24	0	22.46	43.11	222.71	3.05	96.03	4.18	+20/-2	+20/-2	
HQ202	H1609	2013	159.53	60.99	243.81	24.90	3.45	245.2	0.5	35.96	3.66	低感	0.16	0	19.02	43.32	234.49	2.87	101.58	4.11	+8/-3	+8/-3	续试
HQ203	CH15	2013	177.33	68.74	261.78	23.40	3.30	243.7	-0.9	34.28	2.81	低感	1.61	0	21.07	43.09	228.11	0.06	98.29	0.74	+4/-7	+5/-6	终止
HQ204	H1608	2013	173.36	68.46	259.19	22.47	3.44	244.6	0.0	34.84	2.65	中感	0.43	0	22.22	44.73	241.97	6.15	108.23	10.93	+11	+11	同步
HQ205	高科油1号	2013	167.97	64.92	280.92	22.37	3.39	243.5	-1.2	37.61	6.29	低感	8.66	0	21.10	40.54	220.57	-3.24	89.42	-8.35	+3/-8	+1/-10	终止
HQ206	XN1201	2013	177.57	70.03	284.71	20.87	3.12	243.6	-1.0	34.03	7.09	低感	1.44	0	18.92	40.55	230.30	1.03	93.39	-4.29	+6/-5	+3/-8	终止
HQ207	双油116	2013	175.02	64.25	281.96	22.50	3.26	245.3	0.6	37.55	2.38	低感	9.20	0.2	19.13	43.86	227.64	-0.14	99.84	2.33	+6/-5	+8/-3	终止
HQ208	秦优7号(CK)	2013	175.55	68.88	255.86	23.20	3.28	244.6	—	35.24	1.52	低感	0.49	0.2	20.39	41.98	225.04	—	94.47	—	—	—	
		2012	169.67	62.65	259.29	24.97	3.21	242.6	—	37.78	13.46	低抗	1.2	0.6	18.4	43.50	209.51	—	91.14	—	—	—	—
		平均	172.61	65.77	257.58	24.09	3.25	243.6	—	36.51	7.49		0.83	0.4	19.41	42.74	217.28	—	92.81	—	—	—	
HQ209	杂03-92	2013	161.64	58.80	280.24	21.84	3.40	243.3	-1.4	33.44	4.32	中感	0.99	0	24.18	43.50	214.95	-5.71	93.50	-4.17	+2/-9	+3/-8	终止
HQ210	双油118	2013	167.46	68.97	257.39	25.23	3.12	245.0	0.4	36.72	3.23	低感	0.94	0.2	19.26	42.54	223.93	-1.77	95.26	-2.37	+6/-5	+5/-6	终止
HQ211	盐油杂3号	2013	160.93	65.15	279.54	23.04	3.39	245.1	0.5	36.55	2.22	低感	1.33	0	24.74	44.82	218.33	-4.22	97.86	0.30	+3/-8	+7/-4	终止
HQ212	BY03	2013	173.11	68.27	246.51	24.77	3.24	244.1	-0.5	34.95	1.96	中感	1.51	0	21.20	41.48	233.83	2.58	96.99	-0.59	+8/-3	+5/-6	终止
总平均值(CK)		2013														42.80	227.96		97.57				

早熟组（JQ101-112）

编号	品种名称	参试年份	株高(cm)	分枝部位(cm)	单株有效角果数	每角粒数	千粒重(g)	全生育期(天)	比CK±天数	菌核病指	病毒病指	菌核病抗性鉴定	不育株率(%)	芥酸(%)	硫苷(μmol/g)	含油量(%)	产量(kg/亩)	比CK±%	产油量(kg/亩)	比CK油±%	产量±点次	产油量±点次	建议
JQ101	S0016	2013	171.06	71.62	184.76	21.58	3.80	174.6	1.2	0.05	0.00	中感	0.91	0.6	34.55	41.80	212.48	17.69	88.82	11.96	+5	+5	终止
		2013	185.98	75.98	183.70	20.86	3.81	173.4	—	0.06	0.02	中感	1.05	0.2	18.42	43.94	180.54	—	79.33	—	—	—	
JQ102	青杂10号(CK)	2012	183.55	70.88	201.98	19.42	3.34	188.8		2.54	0.00	中感	0.77	0.3	21.14	42.34	168.11	—	71.18	—	—	—	—
	平均		184.77	73.43	192.84	20.14	3.58	181.1	—	1.30	0.01		0.91	0.25	19.78	43.14	174.32	—	75.25	—	—	—	
JQ103	早油1号(常规)	2013	174.22	78.72	192.18	19.88	3.54	183.0	9.6	0.04	0.00	低抗	0.51	0.1	20.82	42.13	157.72	-12.64	66.45	-16.24	+3/2	+2/3	终止
JQ104	07杂696	2013	178.52	82.26	184.94	22.00	3.57	182.0	8.6	0.03	0.00	低感	0.37	0	17.62	40.34	196.40	8.78	79.23	-0.13	+4/1	+3/2	终止
JQ105	早619	2013	175.98	80.22	162.08	19.27	3.76	177.8	4.4	0.03	0.00	低抗	1.02	0	20.68	42.06	176.76	-2.09	74.35	-6.28	+3/2	+2/3	终止
JQ106	川杂NH017	2013	176.16	79.24	182.14	19.80	3.64	181.0	7.6	0.03	0.03	低感	0.03	0	22.84	45.97	194.78	7.88	89.54	12.87	+4/1	+4/1	终止
JQ107	C117	2013	177.60	72.92	191.96	20.62	3.61	182.2	8.8	0.02	0.00	低感	0.72	0	28.74	41.11	184.49	2.19	75.84	-4.40	+4/1	+3/2	终止
JQ108	DH1206	2013	194.12	90.08	179.36	20.42	3.94	179.2	5.8	0.03	0.01	中感	17.17	0	19.08	41.90	183.25	1.50	76.78	-3.21	+3/2	+2/3	终止
JQ109	E05019	2013	192.60	79.02	182.78	17.56	3.60	180.6	7.2	0.05	0.02	中感	27.48	0	25.24	40.04	164.92	-8.66	66.03	-16.76	+4/1	+2/3	终止
JQ110	黔杂J1201	2013	181.66	73.66	188.92	18.70	3.56	180.2	6.8	0.07	0.01	低感	0.65	0.1	19.95	40.92	190.31	5.41	77.88	-1.83	+4/1	+3/2	终止
JQ111	早0J4	2013	184.98	90.34	186.76	19.96	3.57	182.6	9.2	0.03	0.00	低感	1.19	0.2	37.06	41.79	171.45	-5.04	71.65	-9.68	+2/3	+3/2	终止
JQ112	554	2013	177.50	70.02	143.16	20.86	3.69	170.6	-2.8	0.10	0.03	中感	0.51	0	17.68	43.49	174.49	-3.35	75.89	-4.34	+2/3	+2/3	续试
总平均(CK)		2013														42.12	182.30		76.79				

2012—2013 年度国家冬油菜品种区域试验汇总报告（长江上游 A 组）

一、试验概况

（一）供试品种

本轮参试品种包括对照共 12 个。

编号	品种名称	申报类型	芥酸（%）	硫苷（μmol/g）	含油量（%）	供种单位
SQ101	18C（常规）	常规双低	0.4	26.73	43.74	绵阳新宇种业有限公司
SQ102	滁核 0602	双低杂交	0.2	29.31	39.81	滁州市农业科学研究所
SQ103	宜油 24	双低杂交	0.5	29.64	42.12	宜宾市农业科学院
SQ104	南油 12 号（CK）	双低杂交	0.0	17.37	39.73	四川省南充市农科所
SQ105	D257 *	双低杂交	0.0	26.33	47.14	贵州油研种业有限公司
SQ106	绵杂 07－55	双低杂交	0.6	29.86	43.38	四川国豪种业股份有限公司
SQ107	黔杂 ZW1281	双低杂交	0.0	29.95	44.44	贵州省油料研究所
SQ108	大地 19（常规）	常规双低	0.0	17.59	44.78	中国农业科学院油料作物研究所
SQ109	正油 319 *	双低杂交	0.4	29.86	47.18	四川正达农业科技有限公司
SQ110	杂 1249	双低杂交	0.2	18.66	43.36	成都市农林科学院作物所
SQ111	YG268	双低杂交	0.0	29.94	47.44	中国农业科学院油料研究所
SQ112	12 杂 683	双低杂交	0.0	24.01	44.57	重庆市农业科学院/南充市农科院

注：（1） * 为参加两年区试品种（系）；（2）品质检测由农业部油料及制品质量监督检验测试中心检测，芥酸于 2012 年 8 月测播种前各育种单位参试品种的种子；硫苷、含油量于 2013 年 7 月测收获后各抽样试点的混合种子

（二）参试单位

组别	参试单位	参试地点	联系人
长江上游 A 组	四川省原良种试验站	四川省双流县	赵银春
	四川省内江市农科院	四川省内江市	王仕林
	四川省南充市农科所	四川省南充市	邓武明
	四川省绵阳市农科所	四川省绵阳市	李芝凡
	重庆三峡农科院	重庆市万州区	伊淑丽
	云南罗平县种子管理站	云南省罗平县	李庆刚
	云南泸西县农技推广站	云南省泸西县	王绍能
	贵州省油料研究所	贵州省贵阳市	黄泽素
	贵州省遵义市农科所	贵州省遵义县	钟永先
	贵州铜仁地区农科所	贵州省铜仁市	吴兰英
	陕西省勉县良种场	陕西省勉县	许伟
	西南大学农学科技学院	重庆市北碚区	谌利

（三）试验设计及田间管理

各试点均能按统一试验方案严格执行，采用随机区组排列，3 次重复，小区净面积为 20m²。直播种植密度要求 2.3 万~2.7 万株/亩（1 亩≈667m²，全书同），移栽密度 0.8 万/亩。各试点均按实施方案进行田间调查、记载和室内考种，数据记录完整（极少数试点数据不全）。各点试验地前作有水稻、大豆、玉米、烤烟等，土壤肥力水平中等以上，栽培管理水平同当地大田生产或略高于当地生产水平。

（四）气候特点

长江上游试验区域主要包括四川盆地和云贵高原地区，因此各地小气候差别很大。播种至出期间，大部分试点雨水偏多，出苗普遍较好。苗期气候适宜油菜生长发育，各品种长势良好。苗期少有病害发生，低温出现持续时间短，未对油菜形成不利影响。部分试点有干旱发生，导致油菜生长量减少及蚜虫危害。初花以后，天气晴好，气温、光照、水分对油菜开花结实、籽粒形成十分有利，菌核病发病率极低，后期风雨造成少数试点部分品种倒伏，但由于是青荚末期，对产量影响不大。极少数试点因气候或试验地选址等原因导致试验报废，如罗平点因受干旱影响致试验产量严重下降。

总体来说，本年度本区域气候条件对油菜生长发育较为有利，大部分试点严格按方案要求进行操作，管理及时，措施得当，试验水平和产量水平均高于往年。

二、试验结果*

（一）产量结果

1. 方差分析表（试点效应固定）

变异来源	自由度	平方和	均方	F 值	概率（小于 0.05 显著）
试点内区组	20	5 076.06250	253.80313	2.78831	0.000
品种	11	91 531.02222	8 321.00202	91.41542	0.000
试点	9	325 955.02222	36 217.22469	397.88630	0.000
品种×试点	99	83 542.62329	843.86488	9.27079	0.000
误差	220	20 025.29199	91.02405		
总变异	359	526 130.02222			

试验总均值 = 185.383485243056

误差变异系数 CV（%）= 5.146

多重比较结果（LSD 法） LSD0 0.05 = 4.8775 LSD0 0.01 = 6.4048

品种	品种均值	比对照（%）	0.05 显著性	0.01 显著性
12 杂 683	206.41010	9.56462	a	A
D257 *	198.93900	5.59887	b	B
宜油 24	198.56240	5.39896	b	B
绵杂 07	197.90120	5.04800	b	B
正油 319 *	196.57120	4.34203	b	B
南油 12 号（CK）	188.39120	0.00000	c	C
杂 1249	186.05340	1.24092	cd	CD

---

* 云南罗平、贵州遵义点报废，未纳入汇总

（续表）

品种	品种均值	比对照（%）	0.05 显著性	0.01 显著性
YG268	184.16790	2.24179	cd	CD
18C（常规）	181.34010	3.74280	d	D
黔杂 ZW1281	173.46680	7.92205	e	E
滁核 0602	164.14570	12.86979	f	F
大地 19（常规）	148.65340	21.09324	g	G

2. 品种稳定性分析（Shukla 稳定性方差）

变异来源	自由度	平方和	均方	F 值	概率（小于 0.05 显著）
区组	20	5 076.88900	253.84440	2.78897	0.000
环境	9	325 954.10000	36 217.13000	397.91530	0.000
品种	11	91 531.00000	8 321.00000	91.42233	0.000
互作	99	83 543.21000	843.87080	9.27156	0.000
误差	220	20 023.78000	91.01716		
总变异	359	526 129.00000			

各品种 Shukla 方差及其显著性检验（F 测验）

品种	DF	Shukla 方差	F 值	概率	互作方差	品种均值	Shukla 变异系数（%）
18C（常规）	9	154.83580	5.1035	0.000	124.4967	181.3401	6.8619
滁核 0602	9	741.98860	24.4566	0.000	711.6495	164.1456	16.5947
宜油 24	9	189.49190	6.2458	0.000	159.1528	198.5623	6.9326
南油 12 号（CK）	9	53.07309	1.7493	0.079	22.7340	188.3912	3.8670
D257 *	9	323.47610	10.6620	0.000	293.1370	198.9390	9.0407
绵杂 07 – 55	9	144.28600	4.7558	0.000	113.9469	197.9012	6.0697
黔杂 ZW1281	9	233.03190	7.6809	0.000	202.6929	173.4668	8.8002
大地 19（常规）	9	846.34080	27.8961	0.000	816.0017	148.6534	19.5703
正油 319 *	9	312.79040	10.3098	0.000	282.4513	196.5712	8.9972
杂 1249	9	187.56870	6.1824	0.000	157.2296	186.0535	7.3611
YG268	9	36.24957	1.1948	0.299	5.9105	184.1679	3.2692
12 杂 683	9	152.52780	5.0274	0.000	122.1887	206.4101	5.9833
误差	220	30.33905					

各品种 Shukla 方差同质性检验（Bartlett 测验）Prob. = 0.00012 极显著，不同质，各品种稳定性差异极显著。

各品种 Shukla 方差的多重比较（F 测验）

大地 19（常规）	846.340 80	a	A
滁核 0602	741.98860	a	AB
D257 *	323.47610	ab	AB
正油 319 *	312.79040	ab	AB
黔杂 ZW1281	233.03190	b	ABC
宜油 24	189.49190	b	ABCD
杂 1249	187.56870	b	ABCD
18C（常规）	154.83580	bc	BCD

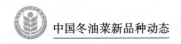

（续表）

大地 19（常规）	846. 34080	a	A
12 杂 683	152. 52780	bc	BCD
绵杂 07 - 55	144. 28600	bc	BCD
南油 12 号（CK）	53. 07309	cd	CD
YG268	36. 24957	d	D

（二）主要经济性状（详见经济性状表）

各试点详细调查记载了油菜参试品种的主要经济性状、农艺性状和抗逆性，具体包括单株有效角果数、每角粒数、千粒重、单株产量、株高、有效分枝部位、分枝数、结荚密度、主花序有效长、主花序有效角、不育株率、生育期、菌核病（发病率、病情指数）、病毒病（发病率、病情指数）、抗寒性（冻害率、冻害指数）、苗期生长势和成熟期一致性、抗倒性等，详见各相关附表。主要产量构成情况如下。

1. 单株有效角果数

单株有效角果数平均幅度为 273. 70 ~ 350. 89 个。12 杂 683 最多，大地 19 最小，南油 12（CK）327. 94，2011—2012 年为 396. 83 个。

2. 每角粒数

每角粒数平均幅度 15. 99 ~ 20. 74 粒。南油 12（CK）最高，比 2011—2012 年有所下降。

3. 千粒重

千粒重平均幅度为 3. 05 ~ 4. 43g。正油 319 最大，YG268 最小，南油 12 3. 10g，比 2011—2012 年的 2. 85g 略增加。

（三）成熟期比较

在参试品种（系）中，各品种生育期在 208. 3 ~ 211. 7 天，品种熟期相差不大。对照南油 12（CK）生育期 208. 7 天，比 2011—2012 年的 223. 8 天缩短 15. 1 天。

（四）抗逆性比较

1. 菌核病

菌核病平均发病率幅度 1. 72% ~ 6. 66%，病情指数幅度为 1. 11 ~ 3. 02。南油 12（CK）发病率为 3. 31%，病情指数为 2. 12，2011—2012 年二指标分别为 2. 32%、0. 94。

2. 病毒病

病毒病发病率平均幅度为 0. 01% ~ 0. 25%。病情指数幅度为 0. 00 ~ 0. 30。南油 12（CK）发病率为 0. 25%，病情指数为 0. 17，2011—2012 年分别为 0. 53%、0. 20，略有下降。

（五）不育株率

变幅 0. 05% ~ 4. 79%，其中，YG268 最高，其次是黔杂 ZW1281，其余品种均在 4% 以下。南油 12（CK）0. 60%。

三、品种综述

本组试验以南油 12（CK）为产量对照，以试验平均产油量为产油量对照（简称对照）进行数据处理和分析，并以此为依据对品种进行评价。

1. 12 杂 683

重庆市农业科学院选育/南充市农科院，试验编号 SQ112

该品种植株较高，生长势较强，一致性较好。10 个试点全部增产，平均亩产 206. 41kg，比对照南油 12 号增产 9. 56%，达极显著水平，居试验第 1 位。平均产油量 92. 00kg/亩，比对照增产 12. 85%，10 个试点全部增产（比对照，下同）。株高 189. 62cm，分枝数 7. 13 个，生育期平均 208. 8

天，与 CK 相当。单株有效角果数为 350.89 个，每角粒数 19.85 粒，千粒重 3.30g，不育株率 0.77%。菌核病发病率 4.44%，病情指数 2.49，病毒病发病率 0.01%，病情指数 0.00，菌核病鉴定结果为低感，受冻率 1.36%，冻害指数 0.34，抗倒性强 –。芥酸含量 0.0，硫苷含量 24.01μmol/g（饼），含油量 44.57%。

主要优缺点：丰产性好，产油量高，品质达双低标准，抗倒性强，低感菌核病，熟期适中。

结论：继续试验并同步进入生产试验。

2. D257

贵州油研种业有限公司提供，试验编号 SQ105

该品种该品种植株较高，生长势强，一致性较好。10 个试点 9 点增产，一个点减产，平均亩产 198.94kg，比对照增产 5.60%，居试验第 2 位。平均产油量 93.78kg/亩，比对照增产 15.04%，10 个试点中，9 个点增产，1 个点减产。株高 190.82cm，分枝数 7.70 个，生育期平均 209.4 天，比对照迟熟 0.7 天。单株有效角果数为 316.4 个，每角粒数 19.66 粒，千粒重 3.72g，不育株率 0.72%。菌核病发病率 2.96%，病情指数 1.81，病毒病发病率 0.25%，病情指数 0.30，菌核病鉴定结果为低感，受冻率 2.73%，冻害指数 0.68，抗倒性强 –。芥酸含量 0.0，硫苷含量 26.33μmol/g（饼），含油量 47.14%。

2011—2012 国家区域试验（上游 A 组试验编号 SQ103）：12 个点试验 8 个点增产，4 个点减产，平均亩产 178.32kg，比对照增产 0.60%，居试验第 3 位。平均产油量 81.56kg/亩，比对照增产 10.44%，12 个试点中，10 个点增产，2 个点减产。株高 195.77cm，分枝数 7.73 个，生育期平均 226.0 天，比对照迟熟 2.2 天。单株有效角果数为 379.43 个，每角粒数 20.20 粒，千粒重 3.30g，不育株率 1.31%。菌核病发病率 4.59%，病情指数 2.27，病毒病发病率 1.65%，病情指数 0.47，菌核病鉴定结果为低抗，受冻率 1.10%，冻害指数 0.10，抗倒性强。芥酸含量 0.7%，硫苷含量 25.38μmol/g（饼），含油量 45.74%。

综合 2011—2013 两年试验结果：共 22 个试验点，17 个点增产，5 个点减产，平均亩产 188.63kg，比对照南油 12 号增产 3.10%。单株有效角果数 347.92 个，每角粒数 19.93 粒，千粒重为 3.51g。菌核病发病率 3.78%，病情指数为 2.04，病毒病发病率 0.95%，病情指数为 0.39，菌核病鉴定结果为低抗，抗倒性强 –，不育株率平均为 1.02%。含油量平均为 46.44%，2 年芥酸含量分别为 0.0 和 0.7%，硫苷含量分别为 26.33μmol/g（饼）和 25.38μmol/g（饼），两年平均产油量 87.67kg/亩，比对照增加 12.74%，19 个点增产，3 个点减产。

主要优缺点：品质达双低标准，丰产性较好，产油量高，抗倒性较强，抗病性一般，抗寒性好，熟期适中。

结论：各项试验指标达国家品种审定标准。

3. 宜油 24

宜宾市农业科学院选育，试验编号 SQ103

该品种该品种植株较高，生长势较强，一致性较好。10 个试点 7 点增产，3 个点减产，平均亩产 198.56kg，比对照 CK12 号增产 5.40%，达极显著水平，居试验第 3 位。平均产油量 83.63kg/亩，比对照增产 2.59%，10 个试点中有 8 个点增产，2 个点减产。株高 180.59cm，分枝数 7.96 个，生育期平均 208.5 天，与 CK 相当。单株有效角果数为 324.0 个，每角粒数 19.98 粒，千粒重 3.42g，不育株率 0.61%。菌核病发病率 2.59%，病情指数 1.52，病毒病发病率 0.08%，病情指数 0.04，菌核病鉴定结果为低感，受冻率 0.68%，冻害指数 0.17，抗倒性强 –。芥酸含量 0.5%，硫苷含量 29.64μmol/g（饼），含油量 42.12%。

主要优缺点：丰产性好，产油量一般，品质达双低标准，抗倒性强，中感菌核病，熟期适中。

结论：继续试验。

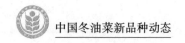

4. 绵杂 07 – 55

绵阳市农科院选育，试验编号 SQ106

该品种植株较高，生长势较强，一致性较好，分枝性一般。10 个试点 7 点增产，3 个点减产，平均亩产 197.90kg，比对照南油 12 号增产 5.05%，达极显著水平，居试验第 4 位。平均产油量 85.85kg/亩，比对照增产 5.31%，10 个试点中有 8 个点增产，2 个点减产。株高 184.32cm，分枝数 7.13 个，生育期平均 210.1 天，比 CK 迟熟 1.4 天。单株有效角果数为 308.4 个，每角粒数 20.33 粒，千粒重 3.73g，不育株率 0.61%。菌核病发病率 4.07%，病情指数 1.84，病毒病发病率 0.17%，病情指数 0.04，菌核病鉴定结果为中感，受冻率 1.08%，冻害指数 0.27，抗倒性强 –。芥酸含量 0.35%，硫苷含量 25.86μmol/g（饼），含油量 46.44%。

主要优缺点：丰产性好，产油量高，品质达双低标准，抗倒性强，中感菌核病，熟期适中。

结论：继续试验。

5. 正油 319 ∗

四川正达农业科技有限公司提供，试验编号 SQ109

该品种植株较高，生长势较强，一致性较好，分枝性中等。10 个试点 8 点增产，2 个点减产，平均亩产 196.57kg，比对照南油 12 号增产 4.34%，达极显著水平，居试验第 5 位。平均产油量 92.74kg/亩，比对照增产 13.77%，10 个试点全部增产。株高 181.89cm，分枝数 7.20 个，生育期平均 209.1 天，与对照相当。单株有效角果数为 299.13 个，每角粒数 17.05 粒，千粒重 4.43g，不育株率 0.39%。菌核病发病率 2.97%，病情指数 1.84，病毒病发病率 0.02%，病情指数 0.01，菌核病鉴定结果为低感，受冻率 0.49%，冻害指数 0.12，抗倒性强。芥酸含量 0.4%，硫苷含量 29.86μmol/g（饼），含油量 47.18%。

2011—2012 国家区域试验（上游 B 组试验编号 SQ209）中，12 个点试验 8 个点增产，4 个点减产，平均亩产 183.44kg，比对照南油 12 增产 4.67%，达显著水平，居试验第 4 位。平均产油量 80.81kg/亩，比对照增产 13.74%，12 个试点中，9 个点增产，3 个点减产。株高 198.01cm，分枝数 7.97 个，全生育期平均 223.3 天，比对照迟熟 0.7 天。单株有效角果数为 379.48 个，每角粒数 17.69 粒，千粒重 3.95g，不育株率 1.12%。菌核病发病率 4.90%，病情指数 1.67，病毒病发病率 0.37%，病情指数 0.20，菌核病鉴定结果为中感，受冻率 0.49%，冻害指数 0.05，抗倒性强。芥酸含量 0.3%，硫苷含量 28.98μmol/g（饼），含油量 44.05%。

综合 2011—2013 两年试验结果，共 22 个试验点，16 个点增产，6 个点减产，平均亩产 190.01kg，比对照南油 12 增产 4.51%。单株有效角果数 339.31 个，每角粒数为 17.37 粒，千粒重为 4.19g。菌核病发病率 3.94%，病情指数为 1.76，病毒病发病率 0.20%，病情指数为 0.11，菌核病鉴定结果为低感，抗倒性强，不育株率平均为 0.76%。含油量平均为 45.62%，2 年芥酸含量分别为 0.4% 和 0.3%，硫苷含量分别为 29.86μmol/g（饼）和 28.98μmol/g（饼），两年平均产油量 86.78kg/亩，比对照增加 13.75%。

主要优缺点：品质达双低标准，丰产性较好，产油量高，抗倒性较强，抗病性中等，抗寒性好，熟期适中。

结论：各项试验指标达国家品种审定标准。

6. 杂 1249

成都市农林科学院作物所选育，试验编号 SQ110

该品种植株较高，生长势较强，一致性较好，分枝性一般。10 个试点 5 点增产，5 个点减产，平均亩产 186.05kg，比对照南油 12 号减产 1.24%，达显著水平，居试验第 7 位。平均产油量 80.67kg/亩，比对照减产 1.04%，10 个试点中有 4 个点增产，5 个点减产。株高 190.22cm，分枝数 7.06 个，生育期平均 209.2 天，比 CK 迟熟 0.5 天。单株有效角果数为 283.55 个，每角粒数 20.12 粒，千粒重 3.68g，不育株率 3.95%。菌核病发病率 4.72%，病情指数 2.53，病毒病发病率 0.12%，病情指数

0.13，菌核病鉴定结果为低感，受冻率 2.30%，冻害指数 0.99，抗倒性强－。芥酸含量 0.2%，硫苷含量 18.66μmol/g（饼），含油量 43.36%。

主要优缺点：丰产性一般，产油量一般，品质达双低标准，抗倒性强，低感菌核病，熟期适中。

结论：产量、产油量指标未达标，终止试验。

7. YG268

中国农业科学院油料研究所选育，试验编号 SQ111

该品种植株较高，生长势较强，一致性较好，分枝性中等。10 个试点 4 点增产，6 个点减产，平均亩产 184.17kg，比对照南油 12 号减产 2.24%，未达显著水平，居试验第 8 位。平均产油量 87.37kg/亩，比对照增产 7.17%，10 个试点中有 9 个点增产，1 个点减产。株高 189.28cm，分枝数 7.22 个，生育期平均 209.2 天，比 CK 迟熟 0.5 天。单株有效角果数为 328.14 个，每角粒数 20.18 粒，千粒重 3.05g，不育株率 4.79%。菌核病发病率 6.66%，病情指数 3.02，病毒病发病率 0.25%，病情指数 0.12，菌核病鉴定结果为低感，受冻率 1.77%，冻害指数 0.63，抗倒性中＋。芥酸含量 0.0，硫苷含量 29.94μmol/g（饼），含油量 47.44%。

主要优缺点：丰产性一般，产油量高，品质达双低标准，抗倒性强，中感菌核病，熟期适中。

结论：产量未达标，终止试验。

8. 18C（常规）

绵阳新宇种业有限公司选育，试验编号 SQ101

该品种植株较高，生长势一般，一致性好，分枝性中等。10 个试点 4 点增产，6 个点减产，平均亩产 181.34kg，比对照南油 12 号减产 3.74%，达极显著水平，居试验第 9 位。平均产油量 79.32kg/亩，比对照减产 2.70%，10 个试点中有 5 个点增产，5 个点减产。株高 198.52cm，分枝数 7.11 个，生育期平均 211.0 天，比 CK 迟熟 2.3 天。单株有效角果数为 318.81 个，每角粒数 18.85 粒，千粒重 3.26g，不育株率 0.05%。菌核病发病率 4.30%，病情指数 2.36，病毒病发病率 0.05%，病情指数 0.08，菌核病鉴定结果为中感，受冻率 3.24%，冻害指数 0.81，抗倒性强－。芥酸含量 0.4%，硫苷含量 26.73μmol/g（饼），含油量 43.74%。

主要优缺点：丰产性较差，产油量较低，品质达双低标准，抗倒性强，低感菌核病，熟期较迟。

结论：产量、产油量未达标，终止试验。

9. 黔杂 ZW1281

贵州省油料研究所选育，试验编号 SQ107

该品种植株较高，生长势较强，一致性好，分枝性中等。10 个试点 1 点增产，9 个点减产，平均亩产 173.47kg，比对照南油 12 号减产 7.92%，达极显著水平，居试验第 10 位。平均产油量 77.09kg/亩，比对照减产 5.44%，10 个试点中有 3 个点增产，7 个点减产。株高 193.14cm，分枝数 7.06 个，生育期平均 208.3 天，比 CK 早熟 0.4 天。单株有效角果数为 289.08 个，每角粒数 19.10 粒，千粒重 3.55g，不育株率 4.03%。菌核病发病率 5.90%，病情指数 2.22，病毒病发病率 0.20%，病情指数 0.33，菌核病鉴定结果为低感，受冻率 3.64%，冻害指数 0.91，抗倒性强－。芥酸含量 0.0，硫苷含量 29.95μmol/g（饼），含油量 44.44%。

主要优缺点：丰产性较差，产油量低，品质达双低标准，抗倒性强，低感菌核病，熟期适中。

结论：产量、产油量未达标，终止试验。

10. 滁核 0602

滁州市农业科学研究所选育，试验编号 SQ102

该品种植株较高，生长势较强，一致性较好，分枝性一般。10 个试点 1 点增产，9 个点减产，平均亩产 164.15kg，比对照南油 12 号减产 12.87%，达极显著水平，居试验第 11 位。平均产油量 65.35kg/亩，比对照减产 19.84%，10 个试点全部减产。株高 180.74cm，分枝数 7.13 个，生育期平均 211.7 天，比 CK 迟熟 3.0 天。单株有效角果数为 339.0 个，每角粒数 15.99 粒，千粒重 3.38g，不育株率 0.44%。菌核病发病率 1.72%，病情指数 1.11，病毒病发病率 0.24%，病情指数 0.23，菌核病鉴定结果为低感，受冻率 0.53%，冻害指数 0.13，抗倒性中。芥酸含量 0.2%，硫苷含量 29.31μmol/g（饼），含油量 39.81%。

主要优缺点：丰产性差，产油量低，品质达双低标准，抗倒性中，低感菌核病，熟期较迟。

结论：产量未达标，终止试验。

11. 大地 19（常规）

中国农业科学院油料作物研究所选育，试验编号 SQ108

该品种植株高度中等，生长势一般，一致性好，分枝性一般。10 个试点 1 点增产，9 个点减产，平均亩产 148.65kg，比对照南油 12 号减产 21.09%，达极显著水平，居试验第 12 位。平均产油量 66.57kg/亩，比对照减产 18.34%，10 个试点全部减产。株高 163.82cm，分枝数 6.61 个，生育期平均 209.8 天，比 CK 迟熟 1.1 天。单株有效角果数为 273.70 个，每角粒数 19.85 粒，千粒重 3.36g，不育株率 0.20%。菌核病发病率 2.93%，病情指数 0.05，病毒病发病率 0.03%，病情指数 0.20，菌核病鉴定结果为中感，受冻率 0.57%，冻害指数 0.14，抗倒性强 –。芥酸含量 0.0，硫苷含量 17.59μmol/g（饼），含油量 44.78%。

主要优缺点：丰产性差，产油量低，品质达双低标准，抗倒性强 –，低感菌核病，熟期适中。

结论：该品种不适宜该区域，产量未达标，终止试验。

2012—2013 年全国冬油菜品种区域试验（上游 A 组）原始产量表

试点	品种名	小区产量（kg）				试点	品种名	小区产量（kg）			
		I	II	III	平均值			I	II	III	平均值
重庆西南大学	18C（常规）	6.253	6.484	6.671	6.469	重庆西三峡	18C（常规）	6.260	6.060	6.639	6.320
	滁核 0602	5.321	5.747	5.181	5.416		滁核 0602	6.160	5.500	6.449	6.036
	宜油 24	7.947	7.284	6.955	7.395		宜油 24	7.180	6.980	7.420	7.193
	南油 12 号（CK）	7.124	6.129	7.129	6.794		南油 12 号（CK）	6.160	6.300	6.661	6.374
	D257 *	7.036	7.179	7.522	7.246		D257 *	6.730	6.300	7.342	6.791
	绵杂 07 - 55	7.357	8.006	7.293	7.552		绵杂 07 - 55	6.870	7.040	7.277	7.062
	黔杂 ZW1281	6.240	5.891	6.165	6.099		黔杂 ZW1281	6.090	6.380	6.566	6.345
	大地 19（常规）	5.280	5.725	5.153	5.386		大地 19（常规）	6.110	6.050	6.472	6.211
	正油 319 *	7.126	7.527	7.031	7.228		正油 319 *	6.100	5.880	6.641	6.207
	杂 1249	7.493	7.566	7.219	7.426		杂 1249	6.970	6.270	7.587	6.942
	YG268	6.540	7.096	6.470	6.702		YG268	6.860	6.420	6.958	6.746
	12 杂 683	6.893	8.054	6.791	7.246		12 杂 683	7.290	6.700	8.001	7.330
云南泸西	18C（常规）	5.300	4.300	5.600	5.067	四川双流	18C（常规）	4.880	5.060	4.900	4.947
	滁核 0602	3.300	3.500	3.100	3.300		滁核 0602	4.060	4.300	4.540	4.300
	宜油 24	5.500	6.100	5.600	5.733		宜油 24	5.100	5.180	5.040	5.107
	南油 12 号（CK）	6.200	6.100	6.600	6.300		南油 12 号（CK）	4.240	4.080	4.360	4.227
	D257 *	7.500	7.200	7.400	7.367		D257 *	4.660	4.610	4.730	4.667
	绵杂 07 - 55	6.100	5.800	6.100	6.000		绵杂 07 - 55	5.360	5.040	5.480	5.293
	黔杂 ZW1281	6.600	5.400	5.700	5.900		黔杂 ZW1281	3.860	3.720	3.880	3.820
	大地 19（常规）	5.900	5.300	5.100	5.433		大地 19（常规）	3.280	3.720	3.220	3.407
	正油 319 *	7.500	7.100	7.300	7.300		正油 319 *	4.490	4.880	4.640	4.670
	杂 1249	5.000	4.300	5.500	4.933		杂 1249	4.630	4.500	4.340	4.490
	YG268	6.200	5.700	5.300	5.733		YG268	4.680	4.660	4.480	4.607
	12 杂 683	7.000	7.300	6.900	7.067		12 杂 683	4.420	4.660	4.380	4.487
四川内江	18C（常规）	4.237	4.849	4.428	4.505	陕西勉县	18C（常规）	5.487	5.526	5.419	5.477
	滁核 0602	3.776	3.851	4.303	3.977		滁核 0602	5.693	5.498	5.197	5.463
	宜油 24	4.543	4.462	4.718	4.574		宜油 24	6.178	6.043	6.451	6.224
	南油 12 号（CK）	4.230	4.774	4.112	4.372		南油 12 号（CK）	6.180	5.179	5.510	5.623
	D257 *	4.921	4.691	4.261	4.624		D257 *	5.674	6.332	5.982	5.996
	绵杂 07 - 55	4.177	3.536	4.048	3.920		绵杂 07 - 55	5.908	5.453	6.153	5.838
	黔杂 ZW1281	4.379	4.543	3.876	4.266		黔杂 ZW1281	4.823	5.194	4.437	4.818
	大地 19（常规）	3.620	3.713	3.356	3.563		大地 19（常规）	2.725	1.968	2.653	2.449
	正油 319 *	4.870	4.315	4.699	4.628		正油 319 *	6.411	5.550	5.796	5.919
	杂 1249	4.114	4.054	4.447	4.205		杂 1249	5.195	5.692	6.175	5.687
	YG268	3.581	3.989	3.562	3.711		YG268	5.252	6.026	5.831	5.703
	12 杂 683	4.289	4.858	5.129	4.759		12 杂 683	5.945	6.622	6.052	6.206

（续表）

试点	品种名	小区产量（kg）				试点	品种名	小区产量（kg）			
		I	II	III	平均值			I	II	III	平均值
四川南充	18C（常规）	5.726	6.118	5.919	5.921	贵州铜仁	18C（常规）	4.526	4.632	4.071	4.410
	滁核0602	6.092	5.912	6.337	6.114		滁核0602	4.467	3.796	4.184	4.149
	宜油24	6.836	6.964	6.756	6.852		宜油24	3.832	3.625	4.156	3.871
	南油12号（CK）	6.643	7.031	6.959	6.878		南油12号（CK）	4.121	4.670	4.553	4.448
	D257*	7.199	6.928	7.133	7.087		D257*	4.872	5.216	5.024	5.037
	绵杂07-55	7.138	7.031	7.245	7.138		绵杂07-55	4.175	4.632	4.330	4.379
	黔杂ZW1281	5.183	5.527	5.212	5.307		黔杂ZW1281	3.834	4.521	4.260	4.205
	大地19（常规）	4.615	4.727	4.807	4.716		大地19（常规）	3.786	4.218	4.031	4.012
	正油319*	7.017	7.128	7.130	7.092		正油319*	4.810	4.215	4.514	4.513
	杂1249	6.290	6.626	6.549	6.488		杂1249	4.146	4.539	4.611	4.432
	YG268	6.412	6.462	6.826	6.567		YG268	4.337	3.762	4.474	4.191
	12杂683	7.720	7.579	7.710	7.670		12杂683	4.981	4.614	4.785	4.793
四川绵阳	18C（常规）	4.980	5.152	5.140	5.091	平均值	18C（常规）				5.440
	滁核0602	4.550	5.240	4.510	4.767		滁核0602				4.924
	宜油24	5.935	6.062	5.655	5.884		宜油24				5.957
	南油12号（CK）	5.280	5.514	5.650	5.481		南油12号（CK）				5.652
	D257*	4.925	4.712	4.795	4.811		D257*				5.968
	绵杂07-55	5.465	6.111	5.725	5.767		绵杂07-55				5.937
	黔杂ZW1281	5.090	4.484	4.940	4.838		黔杂ZW1281				5.204
	大地19（常规）	4.550	4.107	4.725	4.461		大地19（常规）				4.460
	正油319*	5.400	5.617	5.515	5.511		正油319*				5.897
	杂1249	5.100	5.193	5.130	5.141		杂1249				5.582
	YG268	4.825	5.597	5.340	5.254		YG268				5.525
	12杂683	5.480	5.684	5.725	5.630		12杂683				6.192
贵州贵阳	18C（常规）	6.085	6.371	6.133	6.196						
	滁核0602	5.652	5.919	5.596	5.722						
	宜油24	6.974	6.715	6.515	6.735						
	南油12号（CK）	5.988	6.208	5.867	6.021						
	D257*	6.095	6.003	6.073	6.057						
	绵杂07-55	6.669	6.549	6.043	6.420						
	黔杂ZW1281	6.552	6.485	6.288	6.442						
	大地19（常规）	4.919	5.325	4.633	4.959						
	正油319*	5.845	5.879	5.988	5.904						
	杂1249	6.173	5.949	6.090	6.071						
	YG268	6.305	5.667	6.139	6.037						
	12杂683	7.008	6.622	6.577	6.736						

上游 A 组经济性状表（1）

试点单位	编号 品种名	株高 （cm）	分枝部位 （cm）	有效分 枝数 （个）	主花序 有效长度 （cm）	主花序 有效角 果数	主花序 角果 密度	单株有效 角果数	每角 粒数	千粒重 （g）	单株产量 （g）
贵州铜仁农科所		200.7	80.6	6.7	52.4	84.3	1.6	335.1	18.4	3.94	19.1
贵州油料研究所		167.5	80.2	4.5	42.0	54.2	1.4	135.1	19.2	3.31	8.2
陕西勉县原种场		175.0	77.5	6.6	58.3	76.1	1.3	283.7	24.8	3.20	22.5
四川绵阳农科所		192.4	73.8	7.8	70.3	108.1	1.5	409.1	13.1	3.16	17.0
四川内江农科院	SQ101	151.7	59.8	7.8	48.2	61.1	1.3	262.8	9.5	3.22	8.0
四川南充农科所	18C	216.2	113.8	6.8	67.0	107.6	1.6	396.6	17.4	3.58	24.7
四川原良种站	（常规）	220.0	106.7	8.7	68.3	111.7	1.6	434.3	20.5	2.80	24.9
云南泸西农技站		215.0	116.0	7.3	66.4	105.0	1.6	302.2	22.8	2.91	20.1
重庆三峡农科院		216.6	104.4	7.2	64.8	96.8	1.5	282.4	21.8	3.82	23.8
重庆西南大学		230.1	134.1	7.7	54.6	95.0	1.7	346.8	21.0	2.67	17.4
平 均 值		198.52	94.69	7.11	59.23	89.99	1.52	318.81	18.85	3.26	18.57
贵州铜仁农科所		181.3	54.3	8.2	45.3	58.6	1.3	365.2	16.5	3.56	18.1
贵州油料研究所		161.0	84.5	5.1	42.3	57.0	1.4	159.6	15.4	3.29	8.8
陕西勉县原种场		168.6	75.3	7.1	57.6	84.3	1.5	330.9	19.4	3.33	21.4
四川绵阳农科所		183.7	65.1	8.2	69.7	98.6	1.4	470.3	9.9	3.40	15.9
四川内江农科院	SQ102	145.2	56.7	6.4	40.7	51.5	1.3	228.5	10.7	3.00	7.3
四川南充农科所	滁核	205.0	88.4	7.8	67.0	102.4	1.5	450.0	16.3	3.49	25.5
四川原良种站	0602	198.3	71.7	8.7	73.3	109.0	1.5	350.3	20.0	3.27	22.9
云南泸西农技站		167.4	58.3	7.5	58.5	72.8	1.2	299.8	15.8	3.00	14.2
重庆三峡农科院		190.0	109.8	5.0	55.2	70.0	1.3	282.0	19.6	3.69	14.8
重庆西南大学		206.9	107.3	7.3	50.6	80.1	1.6	453.4	16.3	3.79	21.7
平 均 值		180.74	77.14	7.13	56.02	78.43	1.40	339.00	15.99	3.38	17.06
贵州铜仁农科所		178.2	58.3	9.5	53.9	92.2	1.7	321.9	20.1	3.68	16.3
贵州油料研究所		154.2	69.1	4.8	44.6	52.1	1.3	133.6	18.7	3.64	8.8
陕西勉县原种场		146.9	52.8	6.5	47.9	67.3	1.4	354.4	23.9	3.44	29.1
四川绵阳农科所		169.9	58.4	7.7	68.0	90.8	1.3	401.5	13.8	3.53	19.6
四川内江农科院		157.4	68.4	7.8	51.3	61.2	1.2	256.3	9.4	3.24	7.8
四川南充农科所	SQ103	201.2	84.8	8.2	56.8	100.4	1.8	389.6	20.1	3.66	28.6
四川原良种站	宜油	200.0	55.0	10.3	71.7	107.7	1.5	435.3	23.3	2.60	26.4
云南泸西农技站		196.0	99.3	8.8	58.3	90.4	1.6	333.6	23.7	2.83	22.4
重庆三峡农科院		193.8	84.2	8.4	59.4	75.2	1.3	318.0	23.5	3.76	26.0
重庆西南大学		208.3	111.3	7.6	49.8	80.2	1.6	295.8	23.2	3.83	22.1
平 均 值		180.59	74.16	7.96	56.17	81.75	1.48	324.00	19.98	3.42	20.71

上游 A 组经济性状表（2）

试点单位	编号 品种名	株 高 （cm）	分枝部位 （cm）	有效分 枝数 （个）	主花序			单株有效 角果数	每角 粒数	千粒重 （g）	单株产量 （g）
					有效长度 （cm）	有效角 果数	角果 密度				
贵州铜仁农科所		197.6	75.1	9.9	62.4	84.4	1.4	365.6	22.1	3.34	21.3
贵州油料研究所		159.3	82.8	4.9	42.7	47.1	1.3	134.1	18.1	3.50	8.1
陕西勉县原种场		158.6	54.7	6.6	65.1	72.0	1.1	302.2	26.5	3.06	24.5
四川绵阳农科所		195.5	83.0	7.4	65.3	94.3	1.4	412.2	14.1	3.15	18.3
四川内江农科院	SQ104 南油 12 号 （CK）	162.2	73.0	7.0	54.1	62.3	1.2	284.5	9.4	2.88	7.7
四川南充农科所		211.6	106.8	6.4	84.8	94.8	1.1	354.6	25.7	3.15	28.7
四川原良种站		206.7	91.7	7.7	70.0	95.7	1.4	364.3	24.2	2.53	22.3
云南泸西农技站		212.3	132.5	6.6	53.5	84.8	1.6	360.5	24.0	2.66	23.8
重庆三峡农科院		219.0	115.2	7.4	63.6	75.2	1.2	358.4	25.5	3.37	28.4
重庆西南大学		234.5	127.9	7.0	58.4	83.2	1.4	342.8	17.1	3.31	19.3
平 均 值		195.73	94.27	7.09	61.99	79.44	1.32	327.92	20.74	3.10	20.23
贵州铜仁农科所		185.3	43.6	9.3	56.2	79.5	1.4	380.2	24.5	3.83	22.9
贵州油料研究所		165.7	82.6	4.4	47.2	46.3	1.0	118.7	18.5	3.84	8.2
陕西勉县原种场		163.2	71.9	7.9	53.0	69.4	1.3	333.5	23.4	3.55	27.7
四川绵阳农科所		193.5	58.8	9.4	66.5	82.0	1.2	409.0	10.1	3.87	16.0
四川内江农科院	SQ105 D257 *	165.0	68.8	7.1	54.9	67.1	1.2	241.4	10.6	3.44	8.8
四川南充农科所		213.2	98.0	7.6	59.2	81.2	1.4	372.4	19.4	4.1	29.6
四川原良种站		195.0	68.3	8.3	70.0	92.7	1.3	316.0	20.1	3.80	24.1
云南泸西农技站		196.0	102.2	8.7	68.4	76.3	1.1	384.1	22.8	3.40	29.8
重庆三峡农科院		201.8	103.2	6.4	65.2	82.0	1.3	272.8	25.2	4.22	22.2
重庆西南大学		229.5	118.5	7.9	55.8	79.3	1.4	335.9	22.0	3.19	22.3
平 均 值		190.82	81.59	7.70	59.64	75.60	1.27	316.40	19.66	3.72	21.17
贵州铜仁农科所		189.8	75.3	7.9	59.6	71.2	1.2	331.7	23.3	3.78	20.5
贵州油料研究所		154.6	66.9	4.0	43.0	45.8	1.3	116.6	19.0	4.00	8.3
陕西勉县原种场		153.5	58.7	6.3	59.7	70.8	1.2	301.0	23.9	3.68	26.5
四川绵阳农科所		185.4	65.3	8.1	67.3	90.3	1.3	435.9	11.9	3.72	19.2
四川内江农科院	SQ106 绵杂 07－55	139.9	51.7	7.8	39.4	47.2	1.2	258.6	7.1	3.58	6.6
四川南充农科所		212.0	100.2	6.8	61.0	88.8	1.5	330.2	22.1	4.08	29.8
四川原良种站		181.7	68.3	7.7	63.3	84.7	1.3	344.7	21.5	3.60	26.7
云南泸西农技站		207.3	122.0	7.8	53.0	88.0	1.7	293.5	23.7	3.26	22.7
重庆三峡农科院		199.2	101.2	7.6	55.0	65.4	1.2	292.8	25.3	3.92	25.4
重庆西南大学		219.8	113.6	7.3	55.6	84.7	1.5	379.0	25.5	3.70	31.3
平 均 值		184.32	82.32	7.13	55.69	73.69	1.35	308.40	20.33	3.73	21.70

上游 A 组经济性状表（3）

试点单位	编号 品种名	株高 (cm)	分枝部位 (cm)	有效分枝数 (个)	主花序 有效长度 (cm)	主花序 有效角果数	主花序 角果密度	单株有效角果数	每角粒数	千粒重 (g)	单株产量 (g)
贵州铜仁农科所		190.1	76.5	8.7	47.9	72.1	1.5	341.4.	22.1	3.69	19.8
贵州油料研究所		161.7	81.5	3.9	39.7	44.6	1.2	119.3	20.4	3.59	8.7
陕西勉县原种场		165.1	62.8	7.0	55.9	62.2	1.1	259.5	24.1	3.36	21.0
四川绵阳农科所		188.5	73.2	8.0	66.6	97.4	1.5	382.1	11.8	3.59	16.1
四川内江农科院	SQ107 黔杂 ZW 1281	162.9	62.5	7.8	50.4	57.5	1.1	257.4	7.7	3.16	6.3
四川南充农科所		211.6	101.0	7.2	61.0	86.8	1.4	287.0	20.9	3.69	22.2
四川原良种站		193.3	78.3	8.0	63.3	99.7	1.6	347.0	17.0	3.47	20.5
云南泸西农技站		235.0	140.8	5.5	53.5	88.2	1.6	300.4	20.5	3.30	20.3
重庆三峡农科院		206.8	111.4	7.4	57.4	68.8	1.2	281.8	22.2	3.93	21.2
重庆西南大学		216.4	111.9	7.1	52.9	83.5	1.6	367.2	24.4	3.75	29.7
平　均　值		193.14	89.99	7.06	54.86	76.11	1.38	289.08	19.10	3.55	18.58
贵州铜仁农科所		166.5	66.6	8.2	40.9	53.9	1.3	326.9	21.6	3.65	17.6
贵州油料研究所		135.3	60.1	3.9	37.4	48.3	1.3	119.6	17.5	3.44	7.0
陕西勉县原种场		126.1	62.8	5.6	37.3	60.1	1.6	188.3	27.8	3.40	17.8
四川绵阳农科所		155.5	65.7	7.2	56.1	74.7	1.3	289.5	14.8	3.47	14.9
四川内江农科院	SQ108 大地 19 （常规）	145.7	47.2	7.0	42.8	49.8	1.2	215.1	10.5	3.14	7.1
四川南充农科所		191.4	91.2	7.4	54.0	81.6	1.5	335.8	16.7	3.51	19.7
四川原良种站		166.7	63.3	8.7	53.3	79.7	1.5	300.3	20.5	3.07	18.9
云南泸西农技站		186.6	98.2	4.6	74.4	126.0	1.7	364.2	18.8	2.93	20.1
重庆三峡农科院		173.4	86.4	6.4	60.4	66.6	1.1	301.0	23.0	3.94	26.4
重庆西南大学		191.0	109.3	7.1	45.1	72.3	1.6	296.3	27.3	3.07	20.5
平　均　值		163.82	75.08	6.61	50.17	71.30	1.42	273.70	19.85	3.36	16.99
贵州铜仁农科所		188.7	77.4	7.0	52.8	92.5	1.8	362.2	21.7	4.13	23.1
贵州油料研究所		147.5	63.6	3.8	44.6	50.8	1.1	125.3	14.9	4.58	8.1
陕西勉县原种场		151.3	55.2	6.5	55.6	71.9	1.3	299.7	21.7	4.17	27.1
四川绵阳农科所		183.9	66.4	9.3	62.1	87.8	1.4	389.8	10.3	4.59	18.4
四川内江农科院	SQ109 正油 319 *	157.4	63.9	6.6	55.6	67.4	1.2	252.3	7.2	4.24	7.8
四川南充农科所		206.4	82.6	8.6	64.0	103.0	1.6	418.0	14.1	5.02	29.6
四川原良种站		186.7	56.7	9.7	68.3	104.0	1.5	302.7	19.1	4.20	24.3
云南泸西农技站		209.3	117.0	7.6	64.4	92.2	1.4	313.2	21.4	3.77	25.3
重庆三峡农科院		186.2	92.6	6.8	60.0	78.4	1.3	253.6	20.6	5.23	14.2
重庆西南大学		201.5	102.9	6.1	53.5	88.3	1.7	274.5	19.5	4.38	20.4
平　均　值		181.89	77.83	7.20	58.09	83.63	1.43	299.13	17.05	4.43	19.83

中国冬油菜新品种动态

试点单位	编号品种名	株高(cm)	分枝部位(cm)	有效分枝数(个)	主花序 有效长度(cm)	主花序 有效角果数	主花序 角果密度	单株有效角果数	每角粒数	千粒重(g)	单株产量(g)
贵州铜仁农科所		195.4	79.1	8.4	55.6	69.7	1.3	345.3	22.2	3.72	20.1
贵州油料研究所		161.5	86.9	5.3	38.8	43.2	1.3	126.2	16.7	3.99	8.6
陕西勉县原种场		161.8	73.7	6.1	48.5	58.2	1.2	256.8	26.2	3.63	24.4
四川绵阳农科所		188.4	64.6	8.3	60.9	75.1	1.2	315.5	15.1	3.59	17.1
四川内江农科院		151.3	63.7	5.7	50.6	55.3	1.1	271.0	8.5	3.48	8.0
四川南充农科所	SQ110 杂1249	209.4	99.6	7.4	55.8	75.0	1.3	379.8	18.3	3.9	27.1
四川原良种站		200.0	80.0	7.7	65.0	84.3	1.3	328.0	19.2	3.47	21.9
云南泸西农技站		206.0	112.5	6.3	54.3	69.7	1.3	236.1	25.4	3.10	18.6
重庆三峡农科院		213.8	105.8	8.0	56.0	66.2	1.2	317.0	25.2	4.06	31.4
重庆西南大学		214.6	123.5	7.4	40.1	63.3	1.6	259.8	24.4	3.86	22.3
平均值		190.22	88.94	7.06	52.56	66.00	1.28	283.55	20.12	3.68	19.95
贵州铜仁农科所		212.3	81.5	8.9	53.3	71.5	1.3	336.4	23.3	3.64	18.4
贵州油料研究所		167.0	90.5	5.3	40.6	52.7	1.3	162.7	18.3	2.99	7.4
陕西勉县原种场		168.4	29.7	7.1	59.2	72.5	1.2	339.6	25.9	2.97	26.1
四川绵阳农科所		194.5	65.2	8.9	68.1	89.3	1.3	440.9	12.9	3.07	17.5
四川内江农科院	SQ111 YG268	146.6	52.7	6.3	44.4	51.7	1.2	265.6	8.9	2.82	6.7
四川南充农科所		208.4	94.0	7.6	63.0	90.8	1.4	445.0	19.7	3.13	27.4
四川原良种站		195.0	73.3	8.7	65.0	86.7	1.3	363.3	26.7	2.53	24.5
云南泸西农技站		204.2	116.2	6.7	65.2	87.3	1.3	342.5	21.9	2.93	21.9
重庆三峡农科院		174.8	79.2	6.2	52.8	62.0	1.2	271.0	22.4	3.59	21.6
重庆西南大学		221.6	137.6	6.5	43.1	63.1	1.5	314.4	21.7	2.86	16.6
平均值		189.28	82.05	7.22	55.47	72.76	1.30	328.14	20.18	3.05	18.81
贵州铜仁农科所		182.6	53.9	7.9	54.1	71.2	1.3	361.7	22.6	3.68	21.5
贵州油料研究所		158.1	68.1	4.2	46.6	48.0	1.1	133.7	20.7	3.42	9.2
陕西勉县原种场		164.0	60.6	7.0	62.6	70.2	1.1	372.7	25.5	3.03	28.8
四川绵阳农科所		197.5	72.1	8.3	73.4	87.5	1.2	428.7	13.9	3.16	18.8
四川内江农科院	SQ112 12杂683	158.8	67.5	7.1	53.3	63.9	1.2	272.7	8.4	2.98	6.8
四川南充农科所		222.8	103.6	7.6	68.0	94.6	1.4	440.4	21.6	3.37	32.0
四川原良种站		191.7	66.7	8.3	75.0	89.7	1.2	351.7	21.1	3.20	23.7
云南泸西农技站		196.5	102.0	6.8	74.0	90.8	1.2	418.2	20.0	3.13	26.2
重庆三峡农科院		206.0	102.4	6.8	64.6	75.2	1.2	361.2	21.9	3.47	26.2
重庆西南大学		218.2	114.1	7.3	59.1	85.3	1.4	367.9	22.8	3.57	23.6
平均值		189.62	81.10	7.13	63.07	77.64	1.24	350.89	19.85	3.30	21.68

上游 A 组生育期及抗性表（1）

试点单位	编号品种名称	播种期(月/日)	成熟期(月/日)	全生育期(天)	比对照(±天数)	苗期生长势	成熟一致性	耐旱渍性(强、中、弱)	抗倒性(直、斜、倒)	抗寒性 冻害率(%)	抗寒性 冻害指数	菌核病 病害率(%)	菌核病 病害指数	病毒病 病害率(%)	病毒病 病害指数	不育株率(%)
贵州铜仁农科所		9/18	5/13	237	3	强	齐	强	直	—	—	2.4	1.8	0	0	0
贵州油料研究所		10/3	5/4	213	4	强	齐	强	斜	0	0	0.1	0.1	0.1	0.1	0.1
陕西勉县原种场		9/26	5/14	230	4	强	齐	—	斜	—	—	6.38	4.85	0	0	0
四川绵阳农科所	SQ101	9/17	4/24	219	3	中	齐	—	直	0	0	0.33	0.33	0	0	0.42
四川内江农科院	18C(常规)	10/17	4/12	177	-2	中	齐	中	直	0	0	3.78	4.83	0.44	0.67	0
四川南充农科所		9/14	4/26	224	2	中	齐	中	倒	25.91	6.48	13.64	6.82	0	0	0
四川原良种站		9/21	4/20	211	0	强	齐	强	直	0	0	1	1	0	0	0
云南泸西农技站		9/18	4/2	196	0	强	齐	中	直	0	0	0	0	0	0	0
重庆三峡农科院		9/29	5/1	214	7	强	齐	强	斜	0	0	0	0	0	0	0
重庆西南大学		10/15	4/22	189	2	强	齐	强	折倒	0	0	15.38	3.85	0	0	0
平 均 值				211.0	2.3	强	齐	强-	强-	3.24	0.81	4.30	2.36	0.05	0.08	0.05
贵州铜仁农科所		9/18	5/15	239	5	中	中	强	倒	—	—	2.4	1.4	1.2	0.9	0
贵州油料研究所		10/3	5/3	212	3	中	齐	强	倒	0	0	0	0	0.1	0.1	0.5
陕西勉县原种场		9/26	5/13	229	3	强	齐	—	斜	—	—	2.5	1.5	0	0	1
四川绵阳农科所	SQ102	9/17	4/24	219	3	中	齐	—	直	0	0	0.11	0.03	0	0	1.11
四川内江农科院	滁核0602	10/17	4/13	178	-1	强	齐	中	直	0	0	3.11	4.17	1.11	1.33	1.30
四川南充农科所		9/14	4/26	224	2	中	齐	中	斜	2.27	0.57	9.09	3.98	0	0	0.45
四川原良种站		9/21	4/20	211	0	强	齐	强	直	0	0	0	0	0	0	0
云南泸西农技站		9/18	4/8	202	6	强	齐	中	直	0	0	0	0	0	0	0
重庆三峡农科院		9/29	4/28	211	4	强	齐	强	直	2	0.5	0	0	0	0	0
重庆西南大学		10/15	4/25	192	5	强	齐	强	折倒	0	0	0	0	0	0	0
平 均 值				211.7	3.0	强	齐	强-	中	0.53	0.13	1.72	1.11	0.24	0.23	0.44

上游 A 组生育期及抗性表（2)

试点单位	编号品种名称	播种期（月/日）	成熟期（月/日）	全生育期（天）	比对照（±天数）	苗期生长势	成熟一致性	耐旱性（强、中、弱）	抗倒性（直、斜、倒）	抗寒性 冻害率（%）	冻害指数	菌核病 病害率（%）	病害指数	病毒病 病害率（%）	病害指数	不育株率（%）
贵州铜仁农科所		9/18	5/11	235	1	强	齐	强	直	—	—	2	1.4	0.8	0.4	0
贵州油料研究所		10/3	4/30	209	0	强	齐	强	直	0	0	0.2	0.1	0	0	1
陕西勉县原种场		9/26	5/8	224	-2	强	齐	—	斜	—	—	4	3.38	0	0	1.5
四川绵阳农科所		9/17	4/20	215	-1	强	齐	—	直	0	0	0.11	0.08	0	0	1.25
四川内江农科院	SQ103	10/17	4/15	180	1	强	齐	强	直	0	0	2.67	4.17	0	0	0
四川南充农科所	宜油 24	9/14	4/19	217	-5	强	齐	强	倒	5.45	1.36	15.91	5.11	0	0	0
四川原良种站		9/21	4/22	213	2	强	齐	强	直	0	0	1	1	0	0	0
云南泸西农技站		9/18	4/1	195	-1	强	齐	中	直	0	0	0	0	0	0	0
重庆三峡农科院		9/29	4/27	210	3	强	齐	强	直	0	0	0	0	0	0	0.67
重庆西南大学		10/15	4/20	187	0	强	齐	强	折倒	0	0	0	0	0	0	1.7
平均值				208.5	-0.2	强+	齐	强	强-	0.68	0.17	2.59	1.52	0.08	0.04	0.61
贵州铜仁农科所		9/18	5/10	234	—	强	中	强	倒	—	—	3.2	2.9	2	1	0.8
贵州油料研究所		10/3	4/30	209	—	强	齐	强	斜	0	0	0	0	0.1	0	1.6
陕西勉县原种场		9/26	5/10	226	—	强	齐	—	斜	—	—	2.75	1.63	0	0	0.25
四川绵阳农科所		9/17	4/21	216	—	强	齐	—	直	0	0	0.22	0.14	0	0	0.14
四川内江农科院	SQ104	10/17	4/14	179	—	强	中	中	直	0	0	6.44	8.17	0.44	0.67	2.70
四川南充农科所	南油 12 号（CK）	9/14	4/24	222	—	强	齐	中	斜	1.82	0.45	13.64	5.11	0	0	0
四川原良种站		9/21	4/20	211	—	强	齐	强	直	0	0	0	0	0	0	0.48
云南泸西农技站		9/18	4/2	196	—	强	齐	中	直	0	0	0	0	0	0	0
重庆三峡农科院		9/29	4/24	207	—	强	齐	强	斜	0	0	1	0.31	0	0	0
重庆西南大学		10/15	4/20	187	—	强	齐	强	折倒	0	0	5.88	2.94	0	0	0
平均值				208.7	——	强-	齐-	强-	强-	0.23	0.06	3.31	2.12	0.25	0.17	0.60

上游A组生育期及抗性表（3）

试点单位	编号品种名称	播种期（月/日）	成熟期（月/日）	全生育期（天）	比对照（±天数）	苗期生长势	成熟一致性	耐旱性（强、中、弱）	抗倒性（直、斜、倒）	抗寒性 冻害率（%）	抗寒性 冻害指数	菌核病 病害率（%）	菌核病 病害指数	病毒病 病害率（%）	病毒病 病害指数	不育株率（%）
贵州铜仁农科所		9/18	5/14	238	4	强	齐	强	直	—	—	2.8	1.8	1.2	0.7	0
贵州油料研究所		10/3	5/2	211	2	中	齐	强	直	0	0	0.3	0.2	0	0	0.6
陕西勉县原种场		9/26	5/13	229	3	强	中	—	斜	—	—	2	1.47	0	0	1.25
四川绵阳农科所		9/17	4/22	217	1	中	齐	—	直	0	0	0.56	0.50	0	0	1.11
四川内江农科院	SQ105	10/17	4/9	174	-5	强	齐	强	直	0	0	5.78	7.83	1.33	2.33	0
四川南充农科所	D257*	9/14	4/27	225	3	强	中	中	倒	21.82	5.45	18.18	6.25	0	0	0
四川原良种站		9/21	4/20	211	0	强	齐	强	直	0	0	0	0	0	0	0
云南泸西农技站		9/18	3/30	193	-3	强	齐	中	直	0	0	0	0	0	0	0.3
重庆三峡农科院		9/29	4/26	209	2	强	齐	强	斜	0	0	0	0	0	0	0.67
重庆西南大学		10/15	4/20	187	0	强	齐	强	折倒	0	0	0	0	0	0	3.3
平均值				209.4	0.7	强-	齐	强-	强-	2.73	0.68	2.96	1.81	0.25	0.30	0.72
贵州铜仁农科所		9/18	5/15	239	5	强	齐	强	直	—	—	2.4	1.6	1.6	0.4	0
贵州油料研究所		10/3	5/2	211	2	强	齐	强	直	0	0	0.2	0.1	0.1	0	0.5
陕西勉县原种场		9/26	5/11	227	1	强	齐	—	斜	—	—	4.63	3	0	0	1.75
四川绵阳农科所		9/17	4/22	217	1	中	齐	—	直	0	0	0.33	0.22	0	0	1.67
四川内江农科院	SQ106	10/17	4/14	179	0	弱	中	中	直	0	0	2.89	3.83	0	0	0
四川南充农科所	绵杂	9/14	4/24	222	0	中	齐	中	倒	8.64	2.16	29.55	9.09	0	0	0.45
四川原良种站	07-55	9/21	4/20	211	0	强	中	强	直	0	0	0	0	0	0	0.48
云南泸西农技站		9/18	4/3	197	1	强	齐	中	直	0	0	0	0	0	0	0.6
重庆三峡农科院		9/29	4/28	211	4	强	齐	强	直	0	0	0.67	0.58	0	0	0.67
重庆西南大学		10/15	4/20	187	0	强	齐	强	折倒	0	0	0	0	0	0	0
平均值				210.1	1.4	强-	齐	强-	强-	1.08	0.27	4.07	1.84	0.17	0.04	0.61

上游 A 组生育期及抗性性表（4）

试点单位	编号品种名称	播种期(月/日)	成熟期(月/日)	全生育期(天)	比对照(±天数)	苗期生长势	成熟一致性	耐旱性(强、中、弱)	抗倒性(直、斜、倒)	抗寒性 冻害率(%)	冻害指数	菌核病 病害率(%)	病害指数	病毒病 病害率(%)	病害指数	不育株率(%)
贵州铜仁农科所		9/18	5/13	237	3	强	齐	强	直	—	—	0	0	0	0	0
贵州油料研究所		10/3	4/30	209	0	中	齐	强	斜	0	0	0.1	0	0	0	10.3
陕西勉县原种场		9/26	5/11	227	1	强	齐	—	斜	—	—	3.5	2.5	0	0	2.5
四川绵阳农科所		9/17	4/20	215	-1	弱	齐	—	直	0	0	0.89	0.61	0	0	13.75
四川内江农科院	SQ107	10/17	4/9	174	-5	强	齐	中	直	0	0	1.56	2.33	2.00	3.33	1.00
四川南充农科所	黔杂ZW1281	9/14	4/22	220	-2	中	中	中	直	29.09	7.27	52.27	15.91	0	0	1.36
四川原良种站		9/21	4/20	211	0	强	中	强	直	0	0	0	0	0	0	0
云南泸西农技站		9/18	3/30	193	-3	强	齐	中	直	0	0	0	0	0	0	0
重庆三峡农科院		9/29	4/27	210	3	强	齐	强	斜	0	0	0.67	0.67	0	0	4.67
重庆西南大学		10/15	4/20	187	0	中	齐	强	折倒	0	—	0	0	0	0	6.7
平　均　值				208.3	-0.4	强-	齐	中+	强-	3.64	0.91	5.90	2.20	0.20	0.33	4.03
贵州铜仁农科所		9/18	5/12	236	2	中	齐	强	直	—	—	0	0	0	0	0
贵州油料研究所		10/3	4/30	209	0	中	齐	强	直	0	0	1.3	0.7	0.2	0.1	0.8
陕西勉县原种场		9/26	5/15	231	5	中	齐	—	斜	—	—	2.63	1.91	0	0	0
四川绵阳农科所		9/17	4/23	218	2	弱	齐	—	直	0	0	1.00	0.75	0.33	0.19	0.28
四川内江农科院	SQ108	10/17	4/13	178	-1	弱	齐	弱	直	0	0	7.33	9.83	0	0	0.90
四川南充农科所	大地19(常规)	9/14	4/25	223	1	强	齐	中	直	4.55	1.14	40.91	13.64	0	0	0
四川原良种站		9/21	4/20	211	0	强	中	强	斜	0	0	0	0	0	0	0
云南泸西农技站		9/18	3/28	191	-5	强	中	中	直	0	0	0	0	0	0	0
重庆三峡农科院		9/29	5/1	214	7	强	齐	强	直	0	0	1	1	0	0	0
重庆西南大学		10/15	4/20	187	0	中	齐	强	折倒	0	0	5.88	1.47	0	0	0
平　均　值				209.8	1.1	中+	齐	中+	强-	0.57	0.14	6.01	2.93	0.05	0.03	0.20

上游 A 组生育期及抗性表（5）

试点单位	编号品种名称	播种期(月/日)	成熟期(月/日)	全生育期(天)	比对照(±天数)	苗期生长势	成熟一致性	耐旱性渍性(强、中、弱)	抗倒性(直、斜、倒)	抗寒性 冻害率(%)	抗寒性 冻害指数	菌核病 病害率(%)	菌核病 病害指数	病毒病 病害率(%)	病毒病 病害指数	不育株率(%)
贵州铜仁农科所		9/18	5/10	234	0	中	齐	强	直	—	—	0	0	0	0	0
贵州油料研究所		10/3	5/3	212	3	强	齐	强	直	0	0	0.2	0.1	0.1	0	1.3
陕西勉县原种场		9/26	5/13	229	3	强	齐	—	斜	—	—	3.25	2.25	0	0	1
四川绵阳农科所		9/17	4/21	216	0	中	齐	—	直	0	0	0.33	0.19	0.11	0.06	1.25
四川内江农科院	SQ109	10/17	4/10	175	-4	强	齐	强	直	0	0	4.22	3.17	0	0	0
四川南充农科所	正油319*	9/14	4/26	224	2	强	齐	强	斜	0.91	0.23	15.91	10.80	0	0	0
四川原良种站		9/21	4/20	211	0	强	齐	强	直	0	0	0	0	0	0	0
云南泸西农技站		9/18	3/28	191	-5	强	齐	中	直	3	0.75	0	0	0	0	0.3
重庆三峡农科院		9/29	4/29	212	5	强	齐	强	直	0	0	0	0	0	0	0
重庆西南大学		10/15	4/20	187	0	强	中	强	折倒	0	0	5.79	1.84	0	0	0
平 均 值				209.1	0.4	强-	齐-	强-	强	0.49	0.12	2.97	1.84	0.02	0.01	0.39
贵州铜仁农科所		9/18	5/13	237	3	强	中	强	斜	—	—	2	1.9	0	0	0
贵州油料研究所		10/3	4/30	209	0	中	齐	强	直	0	0	0.2	0.1	0.1	0	11.6
陕西勉县原种场		9/26	5/12	228	2	强	齐	—	斜	—	—	2.25	1.32	0	0	7.5
四川绵阳农科所		9/17	4/19	214	-2	中	齐	—	直	0	0	0.22	0.06	0	0	6.81
四川内江农科院	SQ110	10/17	4/16	181	2	强	中	中	直	0	0	6.67	9.33	1.11	1.33	2.70
四川南充农科所	杂1249	9/14	4/24	222	0	强	中	中	直	6.36	1.59	18.18	7.39	0	0	0.91
四川原良种站		9/21	4/20	211	0	强	中	强	斜	0	0	1	1	0	0	0
云南泸西农技站		9/18	3/30	193	-3	强	齐	中	直	0	0	0	0	0	0	0
重庆三峡农科院		9/29	4/27	210	3	强	齐	强	斜	12	6.3	1.67	0.42	0	0	6.67
重庆西南大学		10/15	4/20	187	0	强	齐	强	折倒	0	0	15	3.75	0	0	3.3
平 均 值				209.2	0.5	强-	齐-	强-	强-	2.30	0.99	4.72	2.53	0.12	0.13	3.95

上游A组生育期及抗性表（6）

试点单位	编号品种名称	播种期(月/日)	成熟期(月/日)	全生育期(天)	比对照(±天数)	苗期生长势	成熟一致性	耐旱、渍性(强、中、弱)	抗倒性(直、斜、倒)	抗寒性 冻害率(%)	冻害指数	菌核病 病害率(%)	病害指数	病毒病 病害率(%)	病害指数	不育株率(%)
贵州铜仁农科所	SQ111	9/18	5/12	236	2	强	中	强	斜	—	—	3.2	2.9	2.4	1.2	0
贵州油料研究所		10/3	5/2	211	2	强	齐	强	倒	0	0	0	0	0.1	0	11
陕西勉县原种场		9/26	5/12	228	2	强	齐	—	斜	—	—	4	2.97	0	0	12.75
四川绵阳农科所		9/17	4/21	216	0	弱	齐	—	直	0	0	0.67	0.64	0	0	12.64
四川内江农科院		10/17	4/9	174	-5	中	齐	弱	直	0	0	5.56	7.00	0	0	0.00
四川南充农科所	YG268	9/14	4/25	223	1	强	中	中	直	8.18	2.05	43.18	14.20	0	0	0.45
四川原良种站		9/21	4/20	211	0	强	中	强	斜	0	0	0	0	0	0	0
云南泸西农技站		9/18	3/31	194	-2	强	齐	中	直	0	0	0	0	0	0	4.33
重庆三峡农科院		9/29	4/27	210	3	强	齐	强	斜	6	3	0	0	0	0	6.7
重庆西南大学		10/15	4/22	189	2	强	齐	强	折倒	0	0	10	2.5	0	0	
平　均　值				209.2	0.5	强-	齐-	中+	中+	1.77	0.63	6.66	3.02	0.25	0.12	4.79
贵州铜仁农科所	12杂683 SQ112	9/18	5/14	238	4	强	齐	强	直	—	—	0	0	0	0	0.4
贵州油料研究所		10/3	4/30	209	0	强	齐	强	直	0	0	0.8	0.5	0.1	0	1
陕西勉县原种场		9/26	5/11	227	1	强	齐	—	斜	—	—	5.13	3.41	0	0	0.75
四川绵阳农科所		9/17	4/20	215	-1	强	齐	—	直	0	0	0.89	0.69	0	0	0.97
四川内江农科院		10/17	4/11	176	-3	强	中	强	直	0	0	6.22	7.83	0	0	4.30
四川南充农科所		9/14	4/25	223	1	中	中	中	斜	0.91	0.23	22.73	9.09	0	0	0
四川原良种站		9/21	4/20	211	0	强	齐	强	直	0	0	2	1.6	0	0	0
云南泸西农技站		9/18	3/30	193	-3	强	不齐	中	直	0	0	0	0	0	0	0
重庆三峡农科院		9/29	4/26	209	2	强	齐	强	斜	10	2.5	1.33	0.5	0	0	0.3
重庆西南大学		10/15	4/20	187	0	强	齐	强	折倒	0	0	5.26	1.32	0	0	0
平　均　值				208.8	0.1	强-	齐-	强-	强-	1.36	0.34	4.44	2.49	0.01	0.00	0.77

2012—2013 年度国家冬油菜品种区域试验汇总报告（长江上游 B 组）

一、试验概况

（一）供试品种

本轮参试品种包括对照共 12 个。

编号	品种名称	申报类型	芥酸（%）	硫苷（μmol/g）	含油量（%）	供 种 单 位
SQ201	两优 589	双低杂交	0.0	19.72	40.30	江西省宜春市农业科学研究所
SQ202	黔杂 ZW11-5 *	双低杂交	0.0	29.14	43.70	贵州省油料研究所
SQ203	瑞油 58－2350	双低杂交	0.0	25.58	41.26	贵州省油料研究所
SQ204	渝油 27	双低杂交	0.2	24.20	42.67	西南大学
SQ205	南油 12 号（CK）	双低杂交	0.0	19.76	40.04	四川省南充市农科所
SQ206	D57（常规）	常规双低	0.0	29.46	43.78	贵州禾睦福种子有限公司
SQ207	Njnky11－83/0603	双低杂交	0.5	25.95	44.12	内江市农科院、重庆中一种业公司联合
SQ208	98P37	双低杂交	0.0	20.96	43.60	武汉中油种业科技有限公司
SQ209	汉油 9 号	双低杂交	0.2	22.10	41.27	陕西汉中市农业科学研究所
SQ210	H82J24	双低杂交	0.4	21.95	45.04	贵州省油菜研究所
SQ211	双油 119	双低杂交	0.4	25.94	43.58	河南省农业科学院经济作物研究所
SQ212	08 杂 621	双低杂交	0.0	20.61	40.83	四川南充市农业科学院

注：（1）＊为参加两年区试品种（系）；（2）品质检测由农业部油料及制品质量监督检验测试中心检测，芥酸于 2012 年 8 月测播种前各育种单位参试品种的种子；硫苷、含油量于 2013 年 7 月测收获后各抽样试点的混合种子

（二）参试单位

组别	参试单位	参试地点	联系人
长江上游 B 组	四川省原良种试验站	四川省双流县	赵迎春
	四川省内江市农科院	四川省内江市	王仕林
	四川省南充市农科所	四川省南充市	邓武明
	四川省绵阳市农科所	四川省绵阳市	李芝凡
	重庆三峡农科院	重庆市万州区	伊淑丽
	罗平县种子管理站	云南省罗平县	李庆刚
	云南泸西县农技推广站	云南省泸西县	王绍能
	贵州省油料研究所	贵州省贵阳市	黄泽素
	贵州省遵义市农科所	贵州省遵义县	钟永先
	贵州铜仁地区农科所	贵州省铜仁市	吴兰英
	陕西省勉县良种场	陕西省勉县	许 伟
	西南大学	重庆市北碚区	谌 利

（三）试验设计及田间管理

各试点均能按统一试验方案严格执行，采用随机区组排列，3 次重复，小区净面积为 20m^2。各试

点种植密度为2.3万~2.7万株。大部分试点均按实施方案进行田间调查、记载和室内考种，数据记录完整（少数试点数据不全）。各点试验地前作有水稻、大豆、玉米、烤烟，土壤肥力中等偏上，栽培管理水平同当地大田生产或略高于当地生产水平，防虫不治病。基肥或追肥以复合肥、鸡粪、过磷酸钙、碳铵、尿素、硼砂拌均匀进行撒施。

（四）气候特点

长江上游试验区域主要包括四川盆地和云贵高原地区，因此各地小气候差别很大。播种至出期间，大部分试点雨水偏多，出苗普遍较好。苗期气候适宜油菜生长发育，各品种长势良好。苗期病害少有病害发生，低温出现持续时间短，未对油菜形成不利影响。部分试点有干旱发生，导致油菜生长量减少及蚜虫危害。初花以后，天气晴好，气温、光照、水分对油菜开花结实、籽粒形成十分有利，菌核病发病率极低，后期风雨造成少数试点部分品种倒伏，但由于是青荚末期，对产量影响不大。极少数试点因气候或试验地选址不当等原因导致试验报废，罗平点因干旱致试验产量严重减产，未纳入汇总。

总体来说，本年度本区域气候条件对油菜生长发育较为有利，大部分试点严格按方案要求进行操作，管理及时，措施得当，试验水平和产量水平均高于往年。

二、试验结果*

（一）产量结果

1. 方差分析表（试点效应固定）

变异来源	自由度	平方和	均方	F值	概率（小于0.05显著）
试点内区组	20	6 796.72917	339.83646	3.08748	0.000
品种	11	36 082.84444	3 280.25859	29.80176	0.000
试点	9	336 096.71111	37 344.07901	339.27788	0.000
品种×试点	99	73 110.17997	738.48667	6.70929	0.000
误差	220	24 215.24642	110.06930		
总变异	359	476 301.71111			

试验总均值 = 188.270008680556

误差变异系数CV（%）= 5.573

多重比较结果（LSD法） LSD0 0.05 = 5.3636   LSD0 0.01 = 7.0431

品种	品种均值	比对照（%）	0.05显著性	0.01显著性
08杂621	206.53230	5.93088	a	A
Njnky11-83/0603	205.60790	5.45672	a	A
南油12号（CK）	194.96900	0.00000	b	B
D57（常规）	190.12010	-2.48700	bc	BC
黔杂ZW11-5*	189.90900	-2.59527	bc	BC
瑞油58-2350	189.65230	-2.72692	bc	BC
两优589	186.78120	-4.19950	c	CD
98P37	186.63680	-4.27360	c	CD
汉油9号	181.19790	-7.06323	d	DE
H82J24	177.21680	-9.10515	de	E
双油119	176.39120	-9.52859	de	E
渝油27	174.22680	-10.63871	e	E

---

* 云南罗平、贵州遵义点报废，未纳入汇总

2. 品种稳定性分析（Shukla 稳定性方差）

变异来源	自由度	平方和	均方	F 值	概率（小于 0.05 显著）
区组	20	6 796.00000	339.80000	3.08675	0.000
环境	9	336 097.00000	37 344.11000	339.23490	0.000
品种	11	36 083.13000	3 280.28500	29.79819	0.000
互作	99	73 107.53000	738.45990	6.70819	0.000
误差	220	24 218.34000	110.08330		
总变异	359	476 302.00000			

各品种 Shukla 方差及其显著性检验（F 测验）

品种	DF	Shukla 方差	F 值	概率	互作方差	品种均值	Shukla 变异系数（%）
瑞油 58 – 2350	9	225.23820	6.1382	0.000	188.5437	189.6523	7.9134
渝油 27	9	300.12180	8.1789	0.000	263.4273	174.2267	9.9434
南油 12 号（CK）	9	195.05070	5.3155	0.000	158.3563	194.9690	7.1632
D57（常规）	9	223.45120	6.0895	0.000	186.7568	190.1201	7.8625
Njnky11 – 83/0603	9	84.23120	2.2955	0.018	47.5368	205.6079	4.4637
98P37	9	210.08880	5.7254	0.000	173.3944	186.6368	7.7661
汉油 9 号	9	138.14010	3.7646	0.000	101.4457	181.1978	6.4864
H82J24	9	389.21930	10.6070	0.000	352.5248	177.2168	11.1325
双油 119	9	138.58830	3.7768	0.000	101.8939	176.3912	6.6740
08 杂 621	9	532.26730	14.5054	0.000	495.5728	206.5323	11.1706
误差	220	36.69445					

各品种 Shukla 方差同质性检验（Bartlett 测验）Prob. = 0.13098 不显著，同质，各品种稳定性差异不显著。

各品种 Shukla 方差的多重比较（F 测验）

品种	Shukla 方差	0.05 显著性	0.01 显著性
08 杂 621	532.26730	a	A
黔杂 ZW11-5 *	433.79380	ab	AB
H82J24	389.21930	ab	AB
渝油 27	300.12180	ab	AB
瑞油 58 – 2350	225.23820	abc	AB
D57（常规）	223.45120	abc	AB
98P37	210.08880	abc	AB
南油 12 号（CK）	195.05070	abc	AB
双油 119	138.58830	bc	AB
汉油 9 号	138.14010	bc	AB
两优 589	84.23502	c	B
Njnky11-83/0603	84.23120	c	B

（二）主要经济性状

各试点详细调查记载了油菜参试品种的主要经济性状、农艺性状和抗逆性，具体包括单株有效角果数、每角粒数、千粒重、单株产量、株高、有效分枝部位、分枝数、结荚密度、主花序有效长、主花序有效角、不育株率、生育期、菌核病发生情况（发病率、病情指数）、病毒病发生情况（发病率、病情指数）、抗寒性（受冻率、冻害指数）、苗期生长势和成熟期一致性、抗倒性等，详见各相关附表。主要产量构成情况如下。

1. 单株有效角果数

单株有效角果数平均幅度为 282.79 ~ 383.13 个。其中，D57 最少，渝油 27 最多，对照南油 12 号 346.45 个，2011—2012 年为 405.17，有较大幅度的降低。

2. 每角粒数

每角粒数平均幅度 16.74 ~ 21.90 粒。其中，渝油 27 最少，对照南油 12 最多，南油 122011—2012 年为 17.82 粒，有所增加。

3. 千粒重

千粒重平均幅度为 3.06 ~ 3.76g。D57 最大，南油 12 最小，比 2011—2012 年的 2.96g 略有增加。

（三）成熟期比较

在参试品种（系）中，各品种生育期在 208.1 ~ 213.0 天，品种熟期相差 5 天。对照南油 12（CK）生育期 209.2 天，比 2011—2012 年的 222.6 天缩短 13.4 天。

（四）抗逆性比较

1. 菌核病

菌核病平均发病率幅度 0.86% ~ 4.14%，病情指数幅度为 0.55 ~ 2.12。南油 12（CK）发病率为 2.34%，病情指数为 1.34，2011—2012 年二指标分别为 4.87%、1.80，发病较轻。

2. 病毒病

病毒病发病率平均幅度为 0.00% ~ 0.27%。病情指数幅度为 0.00 ~ 0.17。南油 12（CK）发病率为 0.12%，病情指数为 0.09，2011—2012 年分别为发病率为 0.80%，病情指数为 0.29，发病较轻。

（五）不育株率

变幅 0.22% ~ 2.24%，其中，渝油 27 最高。南油 12（CK）0.77%。

三、品种综述

本组试验以 CK 南油 12 的产量为对照，简称 CK、产油量以试验平均值为对照，简称对照，对试验结果进行数据处理和分析，并以此作为参试品种的评价依据。

1.08 杂 621

四川南充市农业科学院提供，试验编号 SQ212

该品种植株较高，生长势强，一致性较好，分枝性中等。10 个试点，8 个点增产，2 个点减产，平均亩产 206.53kg，比对照南油 12 增产 5.93%，达极显著水平，居试验第 1 位。平均产油量 84.33kg/亩，比对照增产 5.26%，10 个试点中，7 个点增产，3 个点减产。株高 184.9cm，分枝数 7.10 个，生育期平均 208.1 天，比对照早熟 1.1 天。单株有效角果数为 361.28 个，每角粒数 19.46 粒，千粒重 3.20g，不育株率 0.47%。菌核病发病率 2.58%，病情指数 1.79，病毒病发病率 0.01%，病情指数 0.00，菌核病鉴定结果为低感，受冻率 0.00%，冻害指数 0.00，抗倒性中 +。芥酸含量 0.0，硫苷含量 20.61μmol/g（饼），含油量 40.83%。

主要优缺点：品质达双低标准，丰产性好，产油量较高，抗倒性中 +，抗病性较好，熟期较早。

结论：继续试验。

2. Njnky11 – 83/0603

内江市农科院/重庆中一种业公司提供，试验编号 SQ207

该品种植株较高，生长势较强，一致性较好，分枝性中等。10 个点试验 9 个点增产，1 个点减产，平均亩产 205.61kg，比对照南油 12 增产 5.46%，达极显著水平，居试验第 2 位。平均产油量 90.71kg/亩，比对照增产 13.23%，10 个试点全部增产。株高 175.46cm，分枝数 7.93 个，全生育期平均 208.2 天，比对照早熟 1 天。单株有效角果数为 352.59 个，每角粒数 21.34 粒，千粒重 3.11g，不育株率 1.26%。菌核病发病率 2.02%，病情指数 1.55，病毒病发病率 0.00%，病情指数 0.00，菌核病鉴定结果为高感，受冻率 0.32%，冻害指数 0.08，抗倒性强 – 。芥酸含量 0.5%，硫苷含量 25.95μmol/g（饼），含油量 44.12%。

主要优缺点：品质达双低标准，丰产性好，产油量高，抗倒性强 – ，高感菌核病，熟期较早。

结论：抗性不达标，终止试验。

3. D57（常规）

贵州禾睦福种子有限公司提供，试验编号 SQ206

该品种植株高，生长势强，一致性好，分枝性中等。10 个试点，6 个点增产，4 个点减产，平均亩产 190.12kg，比对照南油 12 减产 2.49%，未达显著水平，居试验第 3 位。平均产油量 83.23kg/亩，比对照增产 3.89%，10 个试点中，7 个点增产，3 个点减产。株高 190.65cm，分枝数 5.61 个，生育期平均 213 天，比对照迟熟 3.8 天。单株有效角果数为 282.79 个，每角粒数 20.80 粒，千粒重 3.76g，不育株率 0.25%。菌核病发病率 0.86%，病情指数 0.55，病毒病发病率 0.19%，病情指数 0.11，菌核病鉴定结果为中抗，受冻率 1.88%，冻害指数 0.47，抗倒性强 – 。芥酸含量 0.0，硫苷含量 29.46μmol/g（饼），含油量 43.78%。

主要优缺点：品质达双低标准，丰产性较好，产油量高，抗倒性较强，抗病性好，熟期偏迟。

结论：产油量达标，继续试验，同步进入生产试验。

4. 黔杂 ZW11 – 5 *

贵州省油料所选育，试验编号 SQ202

该品种植株高，生长势强，一致性较好，分枝性中等。10 个点试验 5 个点增产，5 个点减产，平均亩产 189.91kg，比对照南油 12 减产 2.60%，未达显著水平，居试验第 5 位。平均产油量 82.99kg/亩，比对照增产 3.59%，10 个试点中，8 个点比对照增产，2 个点减产。株高 190.21cm，分枝数 7.35 个，生育期平均 210.1 天，比对照迟熟 0.9 天。单株有效角果数为 321.95 个，每角粒数 18.99 粒，千粒重 3.55g，不育株率 0.89%。菌核病发病率 2.30%，病情指数 1.39，病毒病发病率 0.05%，病情指数 0.04，菌核病鉴定结果为中感，受冻率 0.78%，冻害指数 0.19，抗倒性中 + 。芥酸含量 0.0，硫苷含量 29.14μmol/g（饼），含油量 43.70%。

2011—2012 年度国家（长江上游 C 组，试验编号 SQ310）区试中：12 个点试验，7 点增产，5 点减产。平均亩产 173.88kg，比 CK 南油 12 增产 4.98%，增产极显著，居试验第 2 位。平均产油量 73.48kg/亩，比对照增产 12.45%，12 个试点 9 个点比对照增产，3 个点减产。株高 209.75cm，分枝数 8.18 个，生育期平均 224.8 天，比 CK 迟熟 1.1 天。单株有效角果数为 403.72 个，每角粒数 18.32 粒，千粒重 3.61g，不育株率 0.80%。菌核病发病率 5.15%，病情指数 1.99，病毒病发病率 0.49%，病情指数 0.24，菌核病鉴定结果为低感，受冻率 0.72%，冻害指数 0.07，抗倒性强。芥酸含量 0.1%，硫苷含量 22.84μmol/g（饼），含油量 42.26%。

综合 2011—2013 两年试验结果：共 22 个试验点，12 点比对照增产，10 个点减产。平均亩产 181.89kg，比对照增产 1.19%。单株有效角果数 362.84 个，每角粒为 18.66 粒，千粒重为 3.58g。菌核病发病率 3.73%，病情指数为 1.69，病毒病发病率 0.27%，病情指数为 0.14，菌核病鉴定结果为中感，抗倒性中 + ，不育株率平均为 0.85%，含油量平均为 39.29%，2 年芥酸含量分别为 0.0 和 0.1%，硫苷含量分别为 15.65μmol/g（饼）和 17.68μmol/g（饼）。两年平均产油量 78.23kg/亩，比

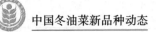

对照增加8.02%。

主要优缺点：品质达双低标准，丰产性一般，产油量高，抗倒性中等，抗病性一般，熟期适中。

结论：产量指标未达标，完成试验。

5. 瑞油 58 - 2350

贵州省油料研究所提供，试验编号 SQ203

该品种植株较高，生长势一般，一致性较好，分枝性中等。10 个点试验 5 个点增产，5 个点减产，平均亩产 189.65kg，比对照南油 12 减产 2.73%，达显著水平，居试验第 6 位。平均产油量 78.25kg/亩，比对照减产 2.33%，10 个试点中，5 个点增产，5 个点减产。株高 187.78cm，分枝数 7.62 个，全生育期平均 209.4 天，比对照迟熟 0.2 天。单株有效角果数为 358.53 个，每角粒数 17.32 粒，千粒重 3.55g，不育株率 0.39%。菌核病发病率 2.62%，病情指数 1.41，病毒病发病率 0.04%，病情指数 0.01，菌核病鉴定结果为低感，受冻率 0.19%，冻害指数 0.05，抗倒性强。芥酸含量 0.0，硫苷含量 25.58μmol/g（饼），含油量 41.26%。

主要优缺点：品质达双低标准，丰产性较差，产油量较低，抗倒性强，抗病性一般，熟期适中。

结论：试验指标未达标，终止试验。

6. 两优 589

江西省宜春市农业科学研究所选育，试验编号 SQ201

该品种植株较高，生长势一般，一致性好，分枝性中等。10 个点试验 3 个点增产，7 个点减产，平均亩产 186.78kg，比对照减产 4.20%，达显著水平，居试验第 7 位。平均产油量 75.27kg/亩，比对照减产 6.04%，在 10 个试点中，2 个点增产，8 个点减产。株高 180.49cm，分枝数 7.99 个，生育期平均 209.0 天，比对照早熟 0.2 天。单株有效角果数为 332.03 个，每角粒数 17.73 粒，千粒重 3.53g，不育株率 0.22%。菌核病发病率 4.14%，病情指数 2.21，病毒病发病率 0.20%，病情指数 0.10，菌核病鉴定结果为中感，受冻率 0.19%，冻害指数 0.05，抗倒性强 -。芥酸含量 0.0，硫苷含量 19.72μmol/g（饼），含油量 40.30%。

主要优缺点：品质达双低标准，丰产性差，产油量低，抗倒性强 -，抗病性一般，熟期适中。

结论：产量、产油量未达标，终止试验。

7.98P37

武汉中油种业科技有限公司，试验编号 SQ208

该品种植株较高，生长势较强，一致性较好，分枝性中等。10 个点试验 3 个点增产，7 个点减产，平均亩产 186.64kg，比对照南油 12 减产 4.27%，达显著水平，居试验第 8 位。平均产油量 81.37kg/亩，比对照增产 1.57%，10 个试点中，6 个点增产，4 个点减产。株高 176.08cm，分枝数 6.92 个，生育期平均 208.0 天，比对照早熟 1.2 天。单株有效角果数为 328.24 个，每角粒数 18.44 粒，千粒重 3.51g，不育株率 1.36%。菌核病、病毒病发病率分别为 2.48%、0.25%，病情指数分别为 2.03、0.18，菌核病鉴定结果为低感，受冻率 0.39%，冻害指数 0.10，抗倒性强 -。芥酸含量 0.0，硫苷含量 20.96μmol/g（饼），含油量 43.60%。

主要优缺点：丰产性差，产油量一般，品质达双低标准，抗倒性强 -，低感菌核病，熟期适中。

结论：产量、产油量未达标，终止试验。

8. 汉油 9 号

陕西汉中市农业科学研究所选育，试验编号 SQ209

该品种植株较高，生长势一般，一致性较好，分枝性中等。10 个点试验 2 个点增产，8 个点减产，平均亩产 181.20kg，比对照南油 12 减产 7.06%，达极显著水平，居试验第 9 位。平均产油量 75.60kg/亩，比对照减产 5.64%，10 个试点中，1 个点增产，9 个点减产。株高 180.61cm，分枝数 7.39 个，生育期平均 210.7 天，比对照迟熟 1.5 天。单株有效角果数为 313.90 个，每角粒数 18.19 粒，千粒重 3.35g，不育株率 0.39%。菌核病、病毒病发病率分别为 2.52%、0.00%，病情指数分别为 0.97、0.00，菌核病鉴定结果为低感，受冻率 0.21%，冻害指数 0.05，抗倒性强。芥酸含量 0.2%，硫苷含量 22.10μmol/g（饼），含油量 41.72%。

主要优缺点：丰产性差，产油量低，品质达双低标准，抗倒性强，低感菌核病，熟期适中。

结论：产量、产油量未达标，终止试验。

9. H82J24

贵州省油菜研究所选育，试验编号 SQ210

该品种植株高，生长势较强，一致性好，分枝性中等。10 个点试验 2 个点增产，8 个点减产，平均亩产 177.22kg，比对照南油 12 减产 9.11%，达极显著水平，居试验第 10 位。平均产油量 79.82kg/亩，比对照减产 0.37%，10 个试点中 7 个点增产，3 个点减产。株高 194.63cm，分枝数 7.26 个，生育期平均 211.9 天，比对照迟熟 2.7 天。单株有效角果数为 307.18 个，每角粒数 17.56 粒，千粒重 3.56g，不育株率 1.23%。菌核病、病毒病发病率分别为 1.90%、0.27%，病情指数分别为 1.07、0.17，菌核病鉴定结果为低感，受冻率 0.91%，冻害指数 0.23，抗倒性强。芥酸含量 0.4%，硫苷含量 21.95μmol/g（饼），含油量 45.04%。

主要优缺点：丰产性差，产油量一般，品质达双低标准，抗倒性强，低感菌核病，熟期偏迟。

结论：产量、产油量未达标，终止试验。

10. 双油 119

河南省农科院经济作物研究所选育，试验编号 SQ211

该品种植株较高，生长势一般，一致性较好，分枝性中等。10 个点试验全部减产，平均亩产 176.39kg，比对照南油 12 减产 9.53%，达极显著水平，居试验第 11 位。平均产油量 76.87kg/亩，比对照减产 4.05%，10 个试点中，3 个点增产，7 个点减产。株高 177.67cm，分枝数 6.88 个，生育期平均 210.0 天，比对照迟熟 0.8 天。单株有效角果数为 290.85 个，每角粒数 18.37 粒，千粒重 3.61g，不育株率 1.19%。菌核病、病毒病发病率分别为 1.60%、0.01%，病情指数分别为 0.99、0.00，菌核病鉴定结果为低抗，受冻率 0.45%，冻害指数 0.11，抗倒性强。芥酸含量 0.4%，硫苷含量 25.94μmol/g（饼），含油量 43.58%。

主要优缺点：丰产性差，产油量低，品质达双低标准，抗倒性强，抗病性一般，熟期适中。

结论：产量、产油量未达标，终止试验。

11. 渝油 27

西南大学选育，试验编号 SQ204

该品种植株较高，生长势一般，一致性较好，分枝性中等。10 个点试验 1 个点增产，9 个点减产，平均亩产 174.23kg，比对照南油 12 减产 10.64%，达极显著水平，居试验第 12 位。平均产油量 74.34kg/亩，比对照减产 7.21%，10 个试点中，1 个点增产，9 个点减产。株高 187.69cm，分枝数 8.13 个，生育期平均 209.5 天，比对照迟熟 0.3 天。单株有效角果数为 346.45 个，每角粒数 21.90 粒，千粒重 3.06g，不育株率 2.24%。菌核病、病毒病发病率分别为 1.94%、0.22%，病情指数分别为 1.48、0.11，菌核病鉴定结果为中感，受冻率 0.13%，冻害指数 0.03，抗倒性较强 –。芥酸含量 0.2%，硫苷含量 24.20μmol/g（饼），含油量 42.67%。

主要优缺点：丰产性差，产油量低，品质达双低标准，抗倒性较强，抗病性一般，熟期适中。

结论：产量、产油量未达标，终止试验。

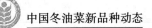

2012—2013 年全国冬油菜品种区域试验（上游 B 组）原始产量表

试点	品种名	小区产量（kg）				试点	品种名	小区产量（kg）			
		I	II	III	平均值			I	II	III	平均值
重庆西南大学	两优 589	6.295	6.872	6.928	6.698	重庆三峡	两优 589	6.403	6.440	7.293	6.712
	黔杂 ZW11－5 *	6.811	7.007	7.190	7.003		黔杂 ZW11－5 *	6.790	6.170	7.748	6.903
	瑞油 58－2350	6.931	7.122	6.590	6.881		瑞油 58－2350	6.788	7.085	7.283	7.052
	渝油 27	6.132	6.480	6.616	6.409		渝油 27	5.260	5.785	5.593	5.546
	南油 12 号（CK）	6.567	6.794	6.812	6.724		南油 12 号（CK）	6.381	7.226	7.413	7.007
	D57（常规）	6.783	6.677	7.287	6.916		D57（常规）	6.239	5.766	7.248	6.418
	Njnky11-83/0603	6.905	7.024	7.077	7.002		Njnky11-83/0603	7.215	6.945	7.237	7.132
	98P37	6.386	5.340	6.111	5.946		98P37	6.130	6.661	7.082	6.624
	汉油 9 号	6.479	6.263	6.996	6.579		汉油 9 号	6.280	6.411	7.652	6.781
	H82J24	6.093	6.732	6.403	6.409		H82J24	6.531	6.535	6.724	6.597
	双油 119	5.799	6.470	6.648	6.306		双油 119	6.751	6.778	7.476	7.002
	08 杂 621	6.493	6.994	7.195	6.894		08 杂 621	7.168	7.410	7.993	7.524
云南泸西	两优 589	5.300	6.400	5.500	5.733	四川双流	两优 589	5.040	4.770	4.580	4.797
	黔杂 ZW11－5 *	5.500	5.000	5.900	5.467		黔杂 ZW11-5 *	5.220	5.020	5.040	5.093
	瑞油 58－2350	5.100	5.700	5.700	5.500		瑞油 58－2350	4.960	4.720	4.660	4.780
	渝油 27	6.300	6.000	6.700	6.333		渝油 27	3.790	4.080	4.100	3.990
	南油 12 号（CK）	7.500	7.800	7.200	7.500		南油 12 号（CK）	4.460	4.140	4.080	4.227
	D57（常规）	6.900	6.100	6.300	6.433		D57（常规）	4.860	5.170	4.390	4.807
	Njnky11-83/0603	7.400	7.700	7.300	7.467		Njnky11-83/0603	4.680	5.040	4.660	4.793
	98P37	7.600	7.400	6.900	7.300		98P37	3.980	4.460	4.220	4.220
	汉油 9 号	6.200	6.000	6.100	6.100		汉油 9 号	4.420	4.500	4.560	4.493
	H82J24	4.500	5.000	4.600	4.700		H82J24	4.760	5.020	4.920	4.900
	双油 119	6.200	6.300	6.900	6.467		双油 119	3.720	3.580	3.780	3.693
	08 杂 621	8.300	8.600	7.500	8.133		08 杂 621	4.260	5.060	4.840	4.720
四川内江	两优 589	4.308	4.916	4.369	4.531	陕西勉县	两优 589	5.151	5.636	5.589	5.459
	黔杂 ZW11－5 *	4.205	4.312	4.218	4.245		黔杂 ZW11-5 *	5.895	7.017	6.087	6.333
	瑞油 58－2350	4.064	4.266	3.571	3.967		瑞油 58－2350	5.964	5.882	6.671	6.172
	渝油 27	3.997	4.038	3.510	3.848		渝油 27	4.753	5.346	5.198	5.099
	南油 12 号（CK）	4.058	4.478	4.302	4.279		南油 12 号（CK）	5.274	5.904	5.382	5.520
	D57（常规）	4.495	4.786	4.507	4.596		D57（常规）	5.190	5.754	5.508	5.484
	Njnky11-83/0603	5.258	4.778	5.198	5.078		Njnky11-83/0603	6.246	5.808	5.733	5.929
	98P37	4.871	3.767	3.760	4.133		98P37	5.008	6.469	5.740	5.739
	汉油 9 号	4.162	3.545	3.961	3.889		汉油 9 号	5.344	5.174	4.907	5.142
	H82J24	3.427	3.710	3.438	3.525		H82J24	6.139	5.469	4.812	5.473
	双油 119	3.544	4.062	4.094	3.900		双油 119	5.039	4.411	4.852	4.767
	08 杂 621	4.644	4.259	4.889	4.597		08 杂 621	5.593	6.533	6.014	6.047

（续表）

试点	品种名	小区产量（kg）				试点	品种名	小区产量（kg）			
		I	II	III	平均值			I	II	III	平均值
四川南充	两优 589	6.152	6.005	5.800	5.986	贵州铜仁	两优 589	4.335	4.552	3.815	4.234
	黔杂 ZW11-5 *	6.429	6.009	5.889	6.109		黔杂 ZW11-5 *	3.551	3.123	3.723	3.466
	瑞油 58－2350	5.625	5.965	6.060	5.883		瑞油 58－2350	4.220	4.732	4.415	4.456
	渝油 27	4.861	5.353	4.754	4.989		渝油 27	4.843	5.175	4.682	4.900
	南油 12 号（CK）	6.623	6.820	6.869	6.771		南油 12 号（CK）	4.475	4.712	4.228	4.472
	D57（常规）	6.817	6.502	6.995	6.771		D57（常规）	5.171	4.917	4.761	4.950
	Njnky11-83/0603	6.973	7.169	6.872	7.005		Njnky11-83/0603	4.554	5.113	4.863	4.843
	98P37	5.652	5.797	5.900	5.783		98P37	4.333	4.821	4.634	4.596
	汉油 9 号	5.235	5.514	5.042	5.264		汉油 9 号	4.865	4.644	5.236	4.915
	H82J24	5.659	6.057	5.927	5.881		H82J24	4.454	4.013	3.852	4.106
	双油 119	5.557	5.315	5.731	5.534		双油 119	4.342	4.556	4.117	4.338
	08 杂 621	7.507	7.851	7.720	7.693		08 杂 621	3.752	3.968	4.221	3.980
四川绵阳	两优 589	5.295	5.519	5.520	5.445	平均值	两优 589				5.603
	黔杂 ZW11-5 *	5.990	5.871	5.675	5.845		黔杂 ZW11-5 *				5.697
	瑞油 58－2350	5.230	5.410	5.665	5.435		瑞油 58－2350				5.690
	渝油 27	5.200	5.069	5.305	5.191		渝油 27				5.227
	南油 12 号（CK）	5.325	5.845	6.120	5.763		南油 12 号（CK）				5.849
	D57（常规）	4.530	4.614	4.805	4.650		D57（常规）				5.704
	Njnky11-83/0603	5.820	5.762	5.805	5.796		Njnky11-83/0603				6.168
	98P37	4.900	5.053	5.610	5.188		98P37				5.599
	汉油 9 号	4.890	5.209	5.280	5.126		汉油 9 号				5.436
	H82J24	5.055	5.240	5.360	5.218		H82J24				5.317
	双油 119	5.130	5.105	4.845	5.027		双油 119				5.292
	08 杂 621	5.475	5.814	5.890	5.726		08 杂 621				6.196
贵州贵阳	两优 589	6.632	6.428	6.260	6.440						
	黔杂 ZW11-5 *	6.147	6.759	6.622	6.509						
	瑞油 58－2350	7.176	6.630	6.502	6.769						
	渝油 27	5.972	5.711	6.201	5.961						
	南油 12 号（CK）	6.236	5.821	6.627	6.228						
	D57（常规）	6.352	6.366	5.318	6.012						
	Njnky11-83/0603	6.513	6.141	7.258	6.637						
	98P37	6.296	6.443	6.649	6.463						
	汉油 9 号	6.507	6.115	5.587	6.070						
	H82J24	6.229	6.217	6.619	6.355						
	双油 119	5.522	6.168	5.960	5.883						
	08 杂 621	6.857	6.654	6.425	6.645						

上游 B 组经济性状表（1）

试点单位	编号品种名	株高(cm)	分枝部位(cm)	有效分枝数(个)	主花序 有效长度(cm)	主花序 有效角果数	主花序 角果密度	单株有效角果数	每角粒数	千粒重(g)	单株产量(g)
贵州铜仁农科所		188.5	68.5	8.2	59.3	67.2	1.1	355.3	18.3	3.76	17.7
贵州油料研究所		168.1	96.1	5.2	41.2	42.8	1.2	144.2	17.4	3.63	9.9
陕西勉县原种场		147.8	45.2	8.7	56.9	65.4	1.2	314.5	23.4	3.39	25.0
四川绵阳农科所		175.9	43.3	8.8	63.6	84.3	1.3	391.9	13.1	3.54	18.2
四川内江农科院		151.6	64.5	6.5	47.6	56.3	1.2	258.8	8.9	3.15	7.3
四川南充农科所	SQ201 两优 589	186.4	68.8	8.6	63.6	89.6	1.4	456.6	13.7	3.99	25.0
四川原良种站		178.3	60.0	8.7	66.7	83.7	1.3	396.3	21.1	2.80	23.4
云南泸西农技站		209.4	92.5	10.8	66.2	89.0	1.3	383.6	18.9	3.16	22.9
重庆三峡农科院		190.8	94.4	6.2	50.8	63.5	1.3	206.7	22.0	3.70	16.6
重庆西南大学		208.1	103.1	8.2	59.0	86.2	1.5	412.4	20.5	4.21	29.4
平 均 值		180.49	73.64	7.99	57.49	72.80	1.27	332.03	17.73	3.53	19.53
贵州铜仁农科所		186.6	35.3	9.9	51.9	64.6	1.2	380.2	21.4	3.86	16.6
贵州油料研究所		161.1	77.6	4.9	42.7	49.3	1.3	155.0	15.6	3.65	9.9
陕西勉县原种场		169.9	73.1	6.6	55.3	72.2	1.3	333.4	23.5	3.89	30.5
四川绵阳农科所		207.9	92.0	8.0	62.9	95.8	1.5	425.7	12.1	3.79	19.5
四川内江农科院	SQ202 黔杂 ZW 11－5 *	138.3	57.9	6.3	42.3	60.2	1.4	239.8	9.1	3.48	7.6
四川南充农科所		193.0	82.6	7.4	62.0	94.8	1.5	374.8	17.0	4.00	25.5
四川原良种站		191.7	83.3	9.3	60.0	95.3	1.6	344.3	23.6	3.27	26.6
云南泸西农技站		235.2	127.7	8.7	61.0	98.2	1.6	291.4	23.7	3.03	20.9
重庆三峡农科院		207.6	113.4	7.0	59.8	70.0	1.2	315.4	23.6	4.13	24.0
重庆西南大学		210.8	134.2	5.4	44.0	73.7	1.7	359.5	20.3	3.23	23.9
平 均 值		190.21	87.71	7.35	54.19	77.49	1.43	321.95	18.99	3.63	20.50
贵州铜仁农科所		196.1	84.8	9.4	42.4	61.3	1.4	332.2	19.6	3.87	18.4
贵州油料研究所		159.2	74.8	5.1	40.2	53.3	1.5	183.7	15.5	3.76	11.8
陕西勉县原种场		169.0	69.1	8.1	58.3	88.6	1.5	381.7	23.3	3.28	29.2
四川绵阳农科所		206.1	89.4	7.9	75.9	107.8	1.4	489.0	10.8	3.42	18.1
四川内江农科院	SQ203 瑞油 58－2350	141.9	65.4	4.9	39.5	51.0	1.3	255.9	9.2	3.29	7.8
四川南充农科所		196.6	97.0	8.2	42.8	105.0	2.5	405.8	13.9	4.37	24.6
四川原良种站		191.7	73.3	9.3	65.0	100.7	1.5	406.3	20.2	3.00	24.6
云南泸西农技站		198.4	90.3	8.6	65.0	105.0	1.6	349.3	17.9	3.26	20.4
重庆三峡农科院		204.6	125.6	6.6	51.4	70.0	1.4	398.4	22.4	3.88	28.0
重庆西南大学		214.2	114.8	8.1	49.8	84.8	1.7	383.0	20.4	3.41	24.1
平 均 值		187.78	88.45	7.62	53.03	82.75	1.58	358.53	17.32	3.55	20.70

上游 B 组经济性状表（2）

试点单位	编号 品种名	株 高 （cm）	分枝部位 （cm）	有效分 枝数 （个）	主花序 有效长度 （cm）	主花序 有效角 果数	主花序 角果 密度	单株有效 角果数	每角 粒数	千粒重 （g）	单株产量 （g）
贵州铜仁农科所		174.2	36.2	9.7	45.2	51.3	1.1	355.3	20.2	3.72	22.6
贵州油料研究所		156.6	72.0	5.4	46.5	49.9	1.3	178.3	15.4	3.22	9.5
陕西勉县原种场		178.5	56.7	7.8	72.8	81.3	1.1	320.9	22.2	3.12	22.2
四川绵阳农科所		208.4	77.7	8.8	75.6	83.3	1.1	530.6	10.1	3.23	17.3
四川内江农科院		144.0	67.4	5.9	48.6	51.5	1.1	261.6	10.5	2.69	7.4
四川南充农科所	SQ204 渝油 27	182.6	52.0	8.4	70.4	89.2	1.3	487.6	13.0	3.28	20.8
四川原良种站		181.7	51.7	9.0	78.3	88.0	1.1	394.7	18.8	2.87	21.3
云南泸西农技站		209.5	82.4	10.5	75.3	101.7	1.4	452.6	17.6	2.86	22.8
重庆三峡农科院		223.6	96.6	7.4	77.8	95.6	1.2	422.8	20.4	3.48	22.2
重庆西南大学		217.8	105.0	8.4	60.3	90.7	1.5	426.9	19.2	3.25	23.0
平 均 值		187.69	69.77	8.13	65.08	78.25	1.22	383.13	16.74	3.17	18.91
贵州铜仁农科所		181.3	54.6	8.9	51.6	62.2	1.2	345.3	31.6	3.52	18.4
贵州油料研究所		160.8	82.5	4.6	44.0	49.0	1.2	150.2	16.9	3.41	8.7
陕西勉县原种场		166.1	54.2	6.8	64.5	72.1	1.1	341.4	23.2	3.14	24.9
四川绵阳农科所		208.8	95.9	7.9	67.1	99.4	1.5	429.0	14.1	3.18	19.2
四川内江农科院	SQ205 南油 12 号 （CK）	159.2	70.9	6.7	52.1	69.4	1.3	265.2	9.6	2.74	7.0
四川南充农科所		186.6	79.4	6.4	63.6	80.4	1.3	379.2	21.9	3.40	28.3
四川原良种站		183.3	70.0	7.7	66.7	94.3	1.4	375.3	26.7	2.27	22.7
云南泸西农技站		220.5	112.0	8.8	57.0	103.6	1.8	450.1	23.4	2.73	28.8
重庆三峡农科院		214.8	102.8	7.4	67.0	79.2	1.2	384.0	27.0	3.36	33.8
重庆西南大学		229.9	125.1	6.8	58.3	85.0	1.5	344.8	24.6	2.81	21.9
平 均 值		191.13	84.74	7.20	59.19	79.46	1.35	346.45	21.90	3.06	21.37
贵州铜仁农科所		190.5	62.3	6.4	70.1	80.2	1.1	365.5	20.4	3.92	24.1
贵州油料研究所		164.0	86.4	3.6	46.4	51.6	1.2	115.2	20.2	3.67	9.3
陕西勉县原种场		173.4	84.6	5.4	55.4	68.6	1.2	218.6	26.5	4.12	23.9
四川绵阳农科所		202.7	97.9	5.7	72.7	97.4	1.3	305.7	13.0	3.91	15.5
四川内江农科院	SQ206 D57 （常规）	155.3	57.4	6.0	56.0	59.0	1.0	259.7	10.6	3.32	9.1
四川南充农科所		185.0	88.4	5.6	65.6	91.0	1.4	264.6	24.0	4.40	28.3
四川原良种站		183.3	80.0	5.3	75.0	107.4	1.4	358.7	22.8	3.00	24.5
云南泸西农技站		208.4	130.5	5.0	60.5	102.4	1.7	363.4	20.4	2.81	20.8
重庆三峡农科院		221.2	103.0	7.0	69.8	91.0	1.3	244.4	24.0	4.44	22.6
重庆西南大学		222.7	111.3	6.1	65.4	93.6	1.5	332.1	25.8	3.96	27.3
平 均 值		190.65	90.18	5.61	63.73	84.21	1.31	282.79	20.80	3.76	20.53

上游 B 组经济性状表（3）

试点单位	编号品种名	株高(cm)	分枝部位(cm)	有效分枝数(个)	主花序 有效长度(cm)	有效角果数	角果密度	单株有效角果数	每角粒数	千粒重(g)	单株产量(g)
贵州铜仁农科所		175.6	46.7	9.8	57.5	85.9	1.5	380.6	22.5	3.53	22.3
贵州油料研究所		156.4	89.0	5.1	40.2	58.1	1.6	184.3	18.9	2.82	10.2
陕西勉县原种场		159.8	56.5	7.8	59.2	76.9	1.3	362.2	25.9	3.01	28.2
四川绵阳农科所		183.0	53.9	9.5	71.4	107.4	1.5	540.3	12.2	2.93	19.3
四川内江农科院	SQ207	149.9	62.4	6.8	51.4	65.0	1.3	235.3	12.5	2.91	8.6
四川南充农科所	Njnky 11-83/	155.6	59.4	6.8	54.0	80.2	1.5	275.4	30.0	3.54	29.2
四川原良种站	0603	175.0	51.7	9.3	68.3	93.0	1.4	404.0	24.9	2.33	23.4
云南泸西农技站		195.2	90.3	8.6	71.6	114.0	1.6	424.3	23.7	2.83	28.5
重庆三峡农科院		199.8	86.0	8.0	63.6	79.2	1.2	358.0	23.7	3.80	28.6
重庆西南大学		204.3	105.3	7.6	52.0	87.8	1.7	361.5	19.4	3.36	21.4
平 均 值		175.46	70.12	7.93	58.92	84.75	1.46	352.59	21.34	3.11	21.97
贵州铜仁农科所		175.1	56.2	8.0	54.7	72.1	1.3	353.3	23.7	3.51	20.8
贵州油料研究所		156.0	79.5	4.7	46.1	65.5	1.5	174.5	15.1	3.53	10.2
陕西勉县原种场		168.9	65.8	7.4	58.3	84.9	1.5	351.1	23.4	3.38	27.8
四川绵阳农科所		186.3	72.2	7.5	69.8	112.6	1.6	424.8	11.2	3.63	17.3
四川内江农科院		146.1	51.3	6.3	47.9	56.8	1.2	285.4	8.1	2.85	6.6
四川南充农科所	SQ208 98P37	164.0	62.2	7.0	59.8	97.0	1.6	407.2	14.8	4.01	24.1
四川原良种站		173.3	60.0	8.0	65.0	108.0	1.7	311.3	21.8	3.07	20.8
云南泸西农技站		192.4	105.5	6.8	65.4	108.8	1.7	320.2	22.9	3.40	24.9
重庆三峡农科院		201.4	97.2	6.2	65.8	94.4	1.4	322.2	22.4	3.76	26.4
重庆西南大学		197.3	104.7	7.3	50.4	96.8	1.9	332.4	21.0	3.96	22.7
平 均 值		176.08	75.46	6.92	58.32	89.69	1.54	328.24	18.44	3.51	20.16
贵州铜仁农科所		195.3	68.4	8.1	54.2	77.4	1.4	375.4	19.3	3.60	23.6
贵州油料研究所		159.1	81.6	5.2	37.6	46.5	1.4	152.2	18.4	3.13	8.3
陕西勉县原种场		163.7	54.8	9.1	52.7	66.8	1.3	284.8	23.4	3.35	22.3
四川绵阳农科所		202.1	80.9	9.2	61.9	97.1	1.6	442.2	11.6	3.34	17.1
四川内江农科院		137.7	46.8	4.2	43.8	56.3	1.3	231.3	11.7	2.74	7.5
四川南充农科所	SQ209 汉油9号	179.8	69.8	7.6	51.8	66.2	1.3	443.6	13.8	3.60	22.0
四川原良种站		170.0	48.3	9.3	56.7	78.3	1.4	325.7	21.5	3.27	22.9
云南泸西农技站		199.2	103.3	6.7	59.3	103.3	1.7	306.2	22.4	3.33	22.8
重庆三峡农科院		195.8	95.4	7.6	47.0	74.0	1.6	292.0	22.0	3.81	19.0
重庆西南大学		203.4	105.7	6.9	46.7	74.7	1.6	285.6	17.9	3.33	15.1
平 均 值		180.61	75.50	7.39	51.17	74.06	1.45	313.90	18.19	3.35	18.06

上游 B 组经济性状表（4）

试点单位	编号 品种名	株 高 (cm)	分枝部位 (cm)	有效分枝数 (个)	主花序 有效长度 (cm)	主花序 有效角果数	主花序 角果密度	单株有效角果数	每角粒数	千粒重 (g)	单株产量 (g)
贵州铜仁农科所		197.8	84.3	8.6	55.9	64.7	1.2	340.6	18.1	3.64	17.8
贵州油料研究所		207.5	90.1	4.1	42.8	57.9	1.6	139.5	19.4	3.30	9.7
陕西勉县原种场		177.4	74.2	7.9	65.1	76.3	1.2	326.2	20.7	3.60	24.3
四川绵阳农科所		200.6	85.8	7.9	67.7	102.6	1.5	411.0	12.4	3.42	17.4
四川内江农科院		151.8	68.4	7.0	39.6	45.3	1.1	243.1	9.1	3.01	6.6
四川南充农科所	SQ210 H82J24	185.2	77.4	9.2	57.0	84.8	1.5	457.4	12.7	4.24	24.6
四川原良种站		186.7	75.0	8.0	70.0	96.3	1.4	348.3	19.6	3.60	24.6
云南泸西农技站		220.0	130.5	6.2	60.5	87.8	1.5	247.4	20.4	3.13	15.8
重庆三峡农科院		207.0	119.0	7.2	61.2	80.0	1.3	275.6	23.0	4.14	24.8
重庆西南大学		212.3	123.2	6.5	50.3	82.7	1.6	282.7	20.2	3.51	17.4
平 均 值		194.63	92.79	7.26	57.01	77.84	1.39	307.18	17.56	3.56	18.30
贵州铜仁农科所		186.2	64.5	9.3	47.8	62.5	1.3	335.1	19.2	3.82	18.4
贵州油料研究所		162.9	85.7	4.8	39.0	47.1	1.4	157.9	14.1	3.90	8.9
陕西勉县原种场		160.6	68.8	6.7	55.4	67.4	1.2	257.0	22.4	3.52	20.3
四川绵阳农科所		176.9	79.7	7.5	56.8	72.1	1.3	329.9	14.2	3.58	16.8
四川内江农科院		141.3	52.3	5.6	51.4	51.1	1.0	258.7	8.5	3.07	6.8
四川南充农科所	SQ211 双油 119	164.4	78.8	7.4	44.4	73.2	1.6	288.2	18.8	4.26	23.1
四川原良种站		168.3	56.7	8.0	65.0	79.7	1.2	306.3	19.0	3.40	19.8
云南泸西农技站		206.3	125.2	6.2	59.2	101.5	1.7	335.5	23.4	3.03	23.8
重庆三峡农科院		200.0	112.6	6.8	53.8	62.0	1.2	329.6	22.4	3.85	23.6
重庆西南大学		209.8	118.6	6.5	47.1	73.3	1.6	310.3	21.7	3.66	22.5
平 均 值		177.67	84.29	6.88	51.99	68.99	1.34	290.85	18.37	3.61	18.39
贵州铜仁农科所		188.3	63.1	9.3	52.2	59.1	1.1	370.5	18.5	3.72	16.5
贵州油料研究所		168.5	82.4	5.3	50.2	39.8	0.9	165.1	16.0	3.36	10.6
陕西勉县原种场		177.3	70.6	7.6	65.1	76.1	1.2	391.8	24.4	2.99	28.6
四川绵阳农科所		191.7	67.8	6.8	73.9	82.0	1.1	412.1	14.0	3.30	19.1
四川内江农科院		147.7	57.8	6.3	51.4	64.8	1.3	232.0	10.6	2.84	7.0
四川南充农科所	SQ212 08 杂 621	197.8	77.2	7.2	73.0	90.6	1.2	422.0	22.1	3.45	32.1
四川原良种站		171.7	45.0	8.0	73.3	86.0	1.2	385.3	22.0	2.87	24.3
云南泸西农技站		188.2	80.2	6.8	78.8	106.8	1.4	483.8	20.6	3.00	29.9
重庆三峡农科院		207.4	94.8	6.6	73.2	81.6	1.1	391.6	25.0	3.53	34.6
重庆西南大学		210.4	114.2	7.1	51.9	67.1	1.3	358.6	21.4	2.94	19.4
平 均 值		184.90	75.31	7.10	64.30	75.39	1.18	361.28	19.46	3.20	22.20

上游 B 组生育期及抗性表（1）

试点单位	编号品种名称	播种期（月/日）	成熟期（月/日）	全生育期（天）	比对照（±天数）	苗期生长势	成熟一致性	耐旱渍性（强、中、弱）	抗倒性（直、斜、倒）	抗寒性 冻害率（%）	抗寒性 冻害指数	菌核病 病害率（%）	菌核病 病害指数	病毒病 病害率（%）	病毒病 病害指数	不育株率（%）
贵州铜仁农科所		9/18	5/8	232	-2	中	中	强	强	—	—	4	3	2	1	0
贵州油料科研究所		10/3	5/3	212	3	强	齐	强	倒	0	0	0.2	0.1	0	0	0.8
陕西勉县原种场		9/26	5/11	227	0	强	齐	—	斜	—	—	8.63	7.1	0	0	0.75
四川绵阳农科所		9/17	4/22	217	1	中	齐	—	直	0	0	0.44	0.14	0	0	0.69
四川内江农科院	SQ201	10/17	4/11	176	-4	强	齐	强	直	—	—	4.47	3.60	0	0	0
四川南充农科所	两优589	9/14	4/25	223	3	强	齐	中	直	1.36	0.34	13.64	5.68	0	0	0
四川原良种站		9/21	4/20	211	-1	强	齐	强	直	0	0	0	0	0	0	0
云南泸西农技站		9/19	4/2	195	-3	强	齐	中	直	0	0	0	0	0	0	0
重庆三峡农科院		9/29	4/27	210	3	强	齐	强	直	0	0	0	0	0	0	0
重庆西南大学		10/15	4/20	187	-2	强	中	强	折倒	0	0	10	2.5	0	0	0.0
平 均 值				209.0	-0.2	强-	齐	强-	强-	0.19	0.05	4.14	2.21	0.20	0.10	0.22
贵州铜仁农科所	SQ202	9/18	5/10	234	0	中	齐	强	弱	—	—	0	0	0	0	0.5
贵州油料科研究所	黔杂ZW11-5*	10/3	5/4	213	4	强	齐	强	直	0	0	0	0	0	0	1.2
陕西勉县原种场		9/26	5/13	229	2	强	齐	—	斜	—	—	5.63	4.72	0	0	2.15
四川绵阳农科所		9/17	4/23	218	2	强	齐	—	直	0	0	0.44	0.42	0	0	2.78
四川内江农科院		10/17	4/13	178	-2	强	中	中	直	—	—	7.80	6.47	0.47	0.40	2.30
四川南充农科所		9/14	4/24	222	2	弱	齐	中	倒	5.45	1.36	9.09	2.27	0	0	0
四川原良种站		9/21	4/20	211	-1	强	中	强	斜	0	0	0	0	0	0	0
云南泸西农技站		9/19	4/5	198	0	强	齐	中	直	0	0	0	0	0	0	0
重庆三峡农科院		9/29	4/28	211	4	强	齐	强	斜	0	0	0	0	0	0	0.0
重庆西南大学		10/15	4/20	187	-2	强	齐	强	折倒	0	0	0	0	0	0	0.0
平 均 值				210.1	0.9	强	齐	中+	中+	0.78	0.19	2.30	1.39	0.05	0.04	0.89

上游 B 组生育期及抗性表（2）

试点单位	编号品种名称	播种期(月/日)	成熟期(月/日)	全生育期(天)	比对照(±天数)	苗期生长势	成熟一致性	耐旱性(强、中、弱)	抗倒性(直、斜、倒)	抗寒性 冻害率(%)	抗寒性 冻害指数	菌核病 病害率(%)	菌核病 病害指数	病毒病 病害率(%)	病毒病 病害指数	不育株率(%)
贵州铜仁农科所		9/18	5/14	238	4	中	齐	强	强	—	—	2.8	1.7	0	0	0
贵州油料研究所		10/3	4/30	209	0	强	齐	强	直	0	0	0	0	0.4	0.1	0.8
陕西勉县原种场		9/26	5/11	227	0	强	齐	—	直	—	—	2.5	1.51	0	0	0.5
四川绵阳农科所		9/17	4/20	215	-1	强	齐	—	直	0	0	0.78	0.72	0	0	2.64
四川内江农科院	SQ203	10/17	4/15	180	0	强	齐	中	直	—	—	4.20	2.73	0	0	0
四川南充农科所	瑞油58-2350	9/14	4/21	219	-1	强	齐	强	直	1.36	0.34	15.91	7.39	0	0	0
四川原良种站		9/21	4/20	211	-1	强	中	强	直	0	0	0	0	0	0	0
云南泸西农技站		9/19	4/3	196	-2	强	齐	中	斜	0	0	0	0	0	0	0
重庆三峡农科院		9/29	4/27	210	3	强	齐	强	折倒	0	0	0	0	0	0	0
重庆西南大学		10/15	4/22	189	0	强	齐	强	强	0	—	0	0	0	0	0.0
平 均 值				209.4	0.2	强	齐	中+	强	0.19	0.05	2.62	1.41	0.04	0.01	0.39
贵州铜仁农科所		9/18	5/15	239	5	强	齐	强	强	—	—	1.2	0.9	0.8	0.4	0
贵州油料研究所		10/3	5/2	211	2	中	齐	强	直	0	0	0.4	0.2	0.1	0	1.6
陕西勉县原种场		9/26	5/12	228	1	强	齐	—	斜	—	—	7.13	5.63	0	0	2.15
四川绵阳农科所		9/17	4/23	218	2	中	齐	—	直	0	0	0.33	0.33	0	0	17.64
四川内江农科院	SQ204	10/17	4/10	175	-5	中	齐	弱	直	—	—	5.80	4.93	0	0	0
四川南充农科所	渝油27	9/14	4/21	219	-1	中	齐	强	直	0.91	0.23	4.55	2.84	1.33	0.73	0.45
四川原良种站		9/21	4/22	213	1	强	中	强	直	0	0	0	0	0	0	0
云南泸西农技站		9/19	3/31	193	-5	强	不齐	中	直	0	0	0	0	0	0	0.6
重庆三峡农科院		9/29	4/27	210	3	强	齐	强	斜	0	0	0	0	0	0	0.0
重庆西南大学		10/15	4/22	189	0	强	中	强	折倒	0	0	0	0	0	0	0.0
平 均 值				209.5	0.3	中	中	强-	强-	0.13	0.03	1.94	1.48	0.22	0.11	2.24

上游 B 组生育期及抗性表（3）

试点单位	编号品种名称	播种期（月/日）	成熟期（月/日）	全生育期（天）	比对照（±天数）	苗期生长势（强中弱）	成熟一致性	耐旱、渍性（强、中、弱）	抗倒性（直、斜、倒）	抗寒性 冻害率（%）	抗寒性 冻害指数	菌核病 病害率（%）	菌核病 病害指数	病毒病 病害率（%）	病毒病 病害指数	不育株率（%）
贵州铜仁农科所		9/18	5/10	234	—	强	齐	强	强	—	—	3.2	2.9	1.2	0.9	0.8
贵州油料研究所		10/3	4/30	209	—	强	齐	强	倒	0	0	0.3	0.1	0	0	0.4
陕西勉县原种场		9/26	5/11	227	—	强	齐	—	斜	—	—	3.38	2.75	0	0	0.5
四川绵阳农科所		9/17	4/21	216	—	弱	齐	—	直	0	0	0.33	0.22	0	0	0.56
四川内江农科院	SQ205	10/17	4/15	180	—	强	齐	强	直	—	—	2.87	1.93	0	0	4.50
四川南充农科所	南油 12 号（CK）	9/14	4/22	220	—	强	齐	中	斜	5.91	1.48	11.36	4.55	0	0	0.91
四川原良种站		9/21	4/21	212	—	强	中	强	直	0	0	0	0	0	0	0
云南沪西农技站		9/19	4/5	198	—	强	齐	中	直	0	0	0	0	0	0	0
重庆三峡农科院		9/29	4/24	207	—	强	齐	强	斜	0	0	2	0.92	0	0	0
重庆西南大学		10/15	4/22	189	—	强	齐	强	折倒	0	0	0	0	0	0	0.0
平 均 值				209.2	—	强-	齐	强-	强-	0.84	0.21	2.34	1.34	0.12	0.09	0.77
贵州铜仁农科所		9/18	5/15	239	5	中	齐	强	强	—	—	0	0	0	0	0
贵州油料研究所		10/3	5/4	213	4	中	齐	强	直	0	0	0	0	0.1	0	0.2
陕西勉县原种场		9/26	5/14	230	3	中	齐	—	斜	—	—	3.38	2.16	0	0	0
四川绵阳农科所		9/17	4/24	219	3	中	齐	—	直	0	0	0.56	0.44	0	0	0.28
四川内江农科院	SQ206	10/17	4/14	179	-1	强	中	强	直	—	—	4.67	2.87	1.80	1.07	2.00
四川南充农科所	D57（常规）	9/14	4/27	225	5	中	齐	中	直	13.18	3.3	0	0	0	0	0
四川原良种站		9/21	4/22	213	1	强	齐	强	斜	0	0	0	0	0	0	0
云南沪西农技站		9/19	4/10	203	5	强	齐	中	直	0	0	0	0	0	0	0
重庆三峡农科院		9/29	5/3	216	9	强	齐	强	直	0	0	0	0	0	0	0
重庆西南大学		10/15	4/26	193	4	中	中	强	折倒	0	0	0	0	0	0	0.0
平 均 值				213.0	3.8	中+	齐	强-	强-	1.88	0.47	0.86	0.55	0.19	0.11	0.25

上游 B 组生育期及抗性表（4）

试点单位	编号品种名称	播种期(月/日)	成熟期(月/日)	全生育期(天)	比对照±天数	苗期生长势	成熟一致性	耐旱、渍性(强、中、弱)	抗倒性(直、斜、倒)	抗寒性冻害率(%)	抗寒性冻害指数	菌核病病害率(%)	菌核病病害指数	病毒病病害率(%)	病毒病病害指数	不育株率(%)
贵州铜仁农科所		9/18	5/12	236	2	强	齐	强	强	—	—	0	0	0	0	0
贵州油料研究所		10/3	4/30	209	0	强	齐	强	直	0	0	0.5	0.3	0	0	1.4
陕西勉县原种场		9/26	5/11	227	0	强	齐	—	斜	—	—	8.25	7	0	0	1.25
四川绵阳农科所		9/17	4/23	218	2	中	齐	—	直	0	0	0.78	0.42	0	0	1.39
四川内江农科院	SQ207	10/17	4/11	176	-4	强	齐	强	直	—	—	3.13	2.73	0	0	1.30
四川南充农科所	Njnky11-83/0603	9/14	4/20	218	-2	中	齐	强	直	2.27	0.57	4.55	2.84	0	0	0
四川原良种站		9/21	4/20	211	-1	强	中	强	直	0	0	1	1	0	0	0
云南泸西农技站		9/19	4/1	194	-4	强	齐	中	直	0	0	0	0	0	0	0.9
重庆三峡农科院		9/29	4/23	206	-1	强	齐	强	斜	0	0	2	1.17	0	0	1.33
重庆西南大学		10/15	4/20	187	-2	强	齐	强	折倒	0	0	0	0	0	0	5.0
平　均　值				208.2	-1.0	强-	齐	强-	强-	0.32	0.08	2.02	1.55	0.00	0.00	1.26
贵州铜仁农科所		9/18	5/8	232	-2	强	齐	强	强	—	—	3.6	3.2	1.6	0.9	0
贵州油料研究所		10/3	4/30	209	0	强	齐	强	直	0	0	0.1	0.1	0.2	0.2	2.1
陕西勉县原种场		9/26	5/13	229	2	强	齐	—	斜	—	—	7.13	5.85	0	0	6.75
四川绵阳农科所		9/17	4/21	216	0	中	齐	—	直	0	0	0.89	0.58	0	0	1.11
四川内江农科院	SQ208	10/17	4/12	177	-3	强	齐	中	直	—	—	2.67	2.00	0.70	0.70	0
四川南充农科所	98P37	9/14	4/21	219	-1	强	中	强	斜	2.73	0.68	4.55	1.7	0	0	1.36
四川原良种站		9/21	4/20	211	-1	强	中	中	直	0	0	1	1	0	0	0
云南泸西农技站		9/19	3/29	191	-7	强	齐	中	直	0	0	0	0	0	0	0.6
重庆三峡农科院		9/29	4/24	207	0	强	齐	强	斜	0	0	0	0	0	0	0
重庆西南大学		10/15	4/22	189	0	强	齐	强	折倒	0	0	5.88	5.88	0	0	1.7
平　均　值				208.0	-1.2	强-	齐	强-	强-	0.39	0.10	2.48	2.03	0.25	0.18	1.36

上游 B 组生育期及抗性表（5）

试点单位	编号品种名称	播种期(月/日)	成熟期(月/日)	全生育期(天)	比对照(±天数)	苗期生长势	成熟一致性	耐旱质性(强、中、弱)	抗倒性(直、斜、倒)	抗寒性 冻害率(%)	冻害指数	菌核病 病害率(%)	病害指数	病毒病 病害率(%)	病害指数	不育株率(%)
贵州铜仁农科所		9/18	5/14	238	4	中	中	强	强	—	—	0	0	0	0	0
贵州油料研究所		10/3	5/2	211	2	中	齐	强	直	0	0	0	0	0	0	0.3
陕西勉县原种场		9/26	5/13	229	2	中	齐	—	直	—	—	2.75	1.25	0	0	0.5
四川绵阳农科所		9/17	4/23	218	2	中	齐	—	直	0	0	0.22	0.06	0	0	0.28
四川内江农科院	SQ209	10/17	4/8	173	-7	中	中	弱	直	—	—	4.00	2.73	0	0	0
四川南充农科所	汉油9号	9/14	4/26	224	4	中	齐	强	直	0.45	0.11	9.09	3.41	0	0	0.45
四川原良种站		9/21	4/22	213	1	强	不齐	强	直	0	0	0	0	0	0	1.43
云南泸西农技站		9/19	4/6	199	1	强	齐	中	直	0	0	0	0	0	0	0.9
重庆三峡农科院		9/29	4/28	211	4	强	齐	强	直	1	0	0	0	0	0	0
重庆西南大学		10/15	4/24	191	2	中	齐	强	折倒	0	0	9.09	2.27	0	0	0.0
平 均 值				210.7	1.5	中+	中+	强-	强	0.21	0.05	2.52	0.97	0.00	0.00	0.39
贵州铜仁农科所		9/18	5/15	239	5	强	齐	强	强	—	—	2	1.5	1.6	0.8	0
贵州油料研究所		10/3	5/4	213	4	强	齐	强	直	0	0	0.3	0.2	0	0	2.1
陕西勉县原种场		9/26	5/14	230	3	强	齐	—	斜	—	—	4.75	3.25	0	0	1.5
四川绵阳农科所		9/17	4/23	218	2	中	齐	—	直	0	0	0	0	0	0	2.64
四川内江农科院	SQ210	10/17	4/18	183	3	中	齐	弱	直	—	—	5.13	4.00	1.13	0.87	0.70
四川南充农科所	H82J24	9/14	4/24	222	2	中	中	中	直	6.36	1.59	2.27	0.57	0	0	0.45
四川原良种站		9/21	4/20	211	-1	中	齐	强	直	0	0	0	0	0	0	0
云南泸西农技站		9/19	4/6	199	1	强	中	中	直	0	0	0	0	0	0	0.3
重庆三峡农科院		9/29	4/28	211	4	强	齐	强	斜	0	0	0	0	0	0	1.33
重庆西南大学		10/15	4/26	193	4	强	齐	强	折倒	0	0	4.55	1.14	0	0	3.3
平 均 值				211.9	2.7	强-	齐	中+	强	0.91	0.23	1.90	1.07	0.27	0.17	1.23

上游 B 组生育期及抗性表（6）

试点单位	编号品种名称	播种期（月/日）	成熟期（月/日）	全生育期（天）	比对照（±天数）	苗期生长势	成熟一致性	耐旱、渍性（强、中、弱）	抗倒性（直、斜、倒）	抗寒性		菌核病		病毒病		不育株率（%）
										冻害率（%）	冻害指数	病害率（%）	病害指数	病害率（%）	病害指数	
贵州铜仁农科所	SQ211 双油119	9/18	5/13	237	3	强	中	强	强	—	—	0	0	0	0	0
贵州油料科研所		10/3	5/3	212	3	中	齐	强	直	0	0	0.2	0.1	0.1	0	2.1
陕西勉县原种场		9/26	5/13	229	2	强	齐	—	斜	—	—	5.13	3.6	0	0	4.75
四川绵阳农科所		9/17	4/22	217	1	中	齐	—	直	0	0	0	0	0	0	4.58
四川内江农科院		10/17	4/10	175	-5	中	齐	中	直	—	—	2.87	2.07	0	0	0
四川南充农科所		9/14	4/22	220	0	强	中	中	直	3.18	0.8	6.82	2.84	0	0	0.45
四川原良种站		9/21	4/20	211	-1	强	中	强	直	0	0	0	1	0	0	0
云南泸西农技站		9/19	4/7	200	2	强	齐	中	直	0	0	0	0	0	0	0
重庆三峡农科院		9/29	4/27	210	3	强	齐	强	直	0	0	1	0.25	0	0	0
重庆西南大学		10/15	4/22	189	0	强	齐	强	折倒	0	0	0	0	0	0	0.0
平均值				210.0	0.8	强-	齐-	强	强	0.45	0.11	1.60	0.99	0.01	0.00	1.19
贵州铜仁农科所	SQ212 08杂621	9/18	5/11	235	1	强	齐	强	弱	—	—	0	0	0	0	0
贵州油料科研所		10/3	5/2	211	2	强	齐	强	斜	0	0	0.2	0.1	0	0	0.6
陕西勉县原种场		9/26	5/10	226	-1	强	齐	—	斜	—	—	4.5	3.56	0	0	1
四川绵阳农科所		9/17	4/19	214	-2	中	齐	—	直	0	0	0.78	0.67	0	0	0.42
四川内江农科院		10/17	4/13	178	-2	强	中	强	斜	—	—	7.67	5.73	0	0	2.70
四川南充农科所		9/14	4/22	220	0	中	齐	强	斜	0	0	6.82	3.41	0	0	0
四川原良种站		9/21	4/20	211	-1	强	中	强	斜	0	0	0	0	0	0	0
云南泸西农技站		9/19	3/30	192	-6	强	齐	中	直	0	0	0	0	0	0	0
重庆三峡农科院		9/29	4/24	207	0	强	齐	强	斜	0	0	0	0	0	0	0
重庆西南大学		10/15	4/20	187	-2	强	齐	强	折倒	0	0	5.88	4.41	0	0	0.0
平均值				208.1	-1.1	强-	齐-	强-	中	0.00	0.00	2.58	1.79	0.00	0.00	0.47

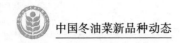

2012—2013 年度国家冬油菜品种区域试验汇总报告（长江上游 C 组）

一、试验概况

（一）供试品种

本轮参试品种包括对照共 12 个。

编号	品种名称	申报类型	芥酸（%）	硫苷（μmol/g）	含油量（%）	供 种 单 位
SQ301	双油 118	双低杂交	0.2	23.81	40.76	河南省农业科学院经济作物研究所
SQ302	Zn1102 *	双低杂交	0.1	21.08	43.12	重庆中一种业有限公司
SQ303	圣光 128	双低杂交	0.0	29.97	40.75	华中农业大学
SQ304	YG126	双低杂交	0.0	23.23	41.40	武汉中油阳光时代种业科技有限公司
SQ305	DF1208	双低杂交	0.1	26.34	42.20	云南省农业科学经济作物研究所
SQ306	152G200	双低杂交	0.0	18.55	45.75	中国农业科学院油料作物研究所
SQ307	川杂 09NH01	双低杂交	0.1	19.21	44.15	四川农业科学院作物研究所
SQ308	南油 12 号（CK）	双低杂交	0.0	18.55	39.20	四川省南充市农科所
SQ309	黔杂 2011 - 2	双低杂交	0.1	17.80	39.83	贵州省油料研究所
SQ310	H29J24	双低杂交	0.2	25.18	43.56	贵州省油菜研究所
SQ311	H2108	双低杂交	0.1	24.66	43.65	陕西荣华杂交油菜种子有限公司
SQ312	SWU09V16 *	双低杂交	0.0	20.51	43.34	西南大学

注：（1）＊为参加两年区试品种（系）；（2）品质检测由农业部油料及制品质量监督检验测试中心检测，芥酸于 2012 年 8 月测播种前各育种单位参试品种的种子；硫苷、含油量于 2013 年 7 月测收获后各抽样试点的混合种子

（二）参试单位

组别	参试单位	参试地点	联系人
长江上游 C 组	四川省原良种试验站	四川省双流县	赵迎春
	四川省宜宾市农科院	四川省宜宾市	张义娟
	四川省南充市农科院	四川省南充市	邓武明
	四川省绵阳市农科院	四川省绵阳市	李芝凡
	重庆三峡农科院	重庆市万州区	伊淑丽
	云南罗平县种子管理站	云南省罗平县	李庆刚
	云南泸西县农技推广站	云南省泸西县	王绍能
	贵州省油料研究所	贵州省贵阳市	黄泽素
	贵州省遵义市农科所	贵州省遵义县	钟永先
	贵州铜仁地区农科所	贵州省铜仁市	吴兰英
	陕西省勉县良种场	陕西省勉县	许 伟
	西南大学	重庆市北碚区	谌 利

（三）试验设计及田间管理

各试点均能按统一试验方案严格执行，采用随机区组排列，3 次重复，小区净面积为 20m²。大田

直播种植密度为 2.3 万～2.7 万株/亩，移栽密度 0.8 万/亩。大部分试点均按实施方案进行田间调查、记载和室内考种，数据记录完整（少数试点数据不全）。各点试验地前作有水稻、大豆、玉米、烤烟，其土壤肥力中等偏上，栽培管理水平同当地大田生产或略高于当地生产水平，防虫不治病。基肥或追肥以复合肥、鸡粪、过磷酸钙、碳铵、尿素、硼砂拌均匀进行撒施或点施。

（四）气候特点

长江上游试验区域主要包括四川盆地和云贵高原地区，因此，各地小气候差别很大。播种至出期间，大部分试点雨水偏多，出苗普遍较好。苗期气候适宜油菜生长发育，各品种长势良好。苗期病害少有病害发生，低温出现持续时间短，未对油菜形成不利影响。部分试点有干旱发生，导致油菜生长量减少及蚜虫危害。初花以后，天气晴好，气温、光照、水分对油菜开花结实、籽粒形成十分有利，菌核病发病率极低，后期风雨造成少数试点部分品种倒伏，但由于是青荚末期，对产量影响不大。极少数试点因气候或试验地选址不当导致试验质量下降而报废，如罗平点因生长季节长期严重干旱至试验产量下降，未达试验要求而未纳入汇总。

总体来说，本年度本区域气候条件对油菜生长发育较为有利，大部分试点严格按方案要求进行操作，管理及时，措施得当，试验水平和产量水平均高于往年。

二、试验结果 *

（一）产量结果

1. 方差分析表（试点效应固定）

变异来源	自由度	平方和	均方	F 值	概率（小于 0.05 显著）
试点内区组	20	6 943.39583	347.16979	2.32651	0.002
品种	11	66 424.88889	6 038.62626	40.46696	0.000
试点	9	260 793.95556	28 977.10617	194.18577	0.000
品种×试点	99	47 123.51638	475.99511	3.18981	0.000
误差	220	32 829.19889	149.22363		
总变异	359	414 114.95556			

试验总均值 =184.589322916667

误差变异系数 CV（%）=6.618

多重比较结果（LSD 法） LSD0 0.05 =6.2451 LSD0 0.01 =8.2006

品种	品种均值	比对照%	0.05 显著性	0.01 显著性
Zn1102 *	207.84680	10.93965	a	A
圣光 128	201.97570	7.80590	a	A
SWU09V16 *	192.47900	2.73700	b	B
黔杂 2011－2	191.51460	2.22221	b	BC
南油 12 号（CK）	187.35120	0.00000	bc	BCD
DF1208	186.65010	－0.37422	bc	BCD
152G200	183.45230	－2.08105	c	CDE
川杂 09NH01	183.10900	－2.26431	cd	DE
H29J24	181.51560	－3.11478	cd	DE
YG126	177.01010	－5.51964	d	E
H2108	167.13900	－10.78843	e	F
双油 118	155.02900	－17.25222	f	G

---

* 云南罗平、贵州遵义点报废，未纳入汇总

2. 品种稳定性分析（Shukla 稳定性方差）

变异来源	自由度	平方和	均方	F 值	概率（小于 0.05 显著）
区组	20	6 946.22200	347.31110	2.32753	0.002
环境	9	260 792.10000	28 976.90000	194.19080	0.000
品种	11	66 423.93000	6 038.53900	40.46772	0.000
互作	99	47 123.63000	475.99620	3.18992	0.000
误差	220	32 828.11000	149.21870		
总变异	359	414 114.00000			

各品种 Shukla 方差及其显著性检验（F 测验）

品种	DF	Shukla 方差	F 值	概率	互作方差	品种均值	Shukla 变异系数（%）
DF1208	9	136.34150	2.7411	0.005	86.6019	186.6501	6.2558
152G200	9	93.72160	1.8842	0.055	43.9820	183.4523	5.2771
川杂 09NH01	9	181.02250	3.6394	0.000	131.2829	183.1090	7.3478
南油 12 号（CK）	9	50.37239	1.0127	0.431	0.6328	187.3512	3.7883
黔杂 2011 - 2	9	201.07690	4.0426	0.000	151.3373	191.5145	7.4042
H29J24	9	237.22070	4.7693	0.000	187.4812	181.5156	8.4852
H2108	9	361.92040	7.2763	0.000	312.1809	167.1390	11.3823
SWU09V16 *	9	112.56800	2.2631	0.019	62.8285	192.4790	5.5122
误差	220	49.73956					

各品种 Shukla 方差同质性检验（Bartlett 测验）Prob. = 0.06727 不显著，同质，各品种稳定性差异不显著。

各品种 Shukla 方差的多重比较（F 测验）

品种	Shukla 方差	0.05 显著性	0.01 显著性
黔杂 2011 - 2	201.07690	ab	AB
川杂 09NH01	181.02250	ab	AB
Zn1102 *	166.23040	ab	AB
DF1208	136.34150	abc	ABC
圣光 128	128.51870	abc	ABC
SWU09V16 *	112.56800	bc	ABC
152G200	93.72160	bcd	ABC
南油 12 号（CK）	50.37239	cd	BC
双油 118	29.62793	d	C

（二）主要经济性状

各试点详细调查记载了油菜参试品种的主要经济性状、农艺性状和抗逆性，具体包括单株有效角果数、每角粒数、千粒重、单株产量、株高、有效分支部位、分枝数、结荚密度、主花序有效长、主花序有效角、不育株率、生育期、菌核病发生情况（发病率、病情指数）、病毒病发生情况（发病率、病情指数）、抗寒性（受冻率、冻害指数）、苗期生长势和成熟期一致性、抗倒性等，详见各相关附表。主要产量构成情况如下。

1. 单株有效角果数

单株有效角果数平均幅度为 274.78 ~ 383.24 个。其中，双油 118 最少，H2108 最多，南油 12（CK1）320.45，2011—2012 年为 382.36 个，略有下降。

2. 每角粒数

每角粒数平均幅度 17.70～22.44 粒。双油 118 最高，H2108 最少，南油 12（CK）22.06，比 2011—2012 年的 22.44 粒略有下降。

3. 千粒重

千粒重平均幅度为 2.95～4.22g。152G200 最大，双油 118 最小，南油 12（CK）3.12g，比上年的 2.96g 有所增加。

（三）成熟期比较

在参试品种（系）中，各品种生育期在 209.8～213.4 天，品种熟期极差 3.6 天。对照南油 12（CK）生育期 211.6 天，比 2011—2012 年的 223.8 天缩短 12.2 天。

（四）抗逆性比较

1. 菌核病

菌核病平均发病率幅度 1.67%～8.89%，病情指数幅度为 0.88～4.36。南油 12（CK）发病率为 4.92%，病情指数为 3.10，2011—2012 年南油 12（CK）发病率为 5.09%，病情指数为 2.29。

2. 病毒病

病毒病发病率平均幅度为 0.00%～0.30%。病情指数幅度为 0.00～0.25。南油 12（CK）发病率为 0.30%，病情指数为 0.25，2011—2012 年南油 12（CK）发病率为 1.61%，病情指数为 0.76。

（五）不育株率

变幅 0.03%～5.54%，其中 YG126 最高，Zn1102 最低，南油 12（CK）0.35%。

三、品种综述

本组试验以南油 12 为产量为对照，简称 CK，以试验平均产油量为产油量对照，简称对照，对试验结果进行数据处理和分析，并以此作为参试品种的评价依据。

1. Zn1102 *

重庆中一种业有限公司选育，试验编号 SQ302。

该品种植株高，生长势强，一致性较好，分枝性中等。10 个点试验，9 点增产，1 点减产。平均亩产 207.85kg，比 CK 南油 12 增产 10.94%，增产极显著，居试验第 1 位。平均产油量 89.62kg/亩，比对照增产 14.76%，10 个试点全部增产。株高 196.34cm，分枝数 6.65 个，生育期平均 209.8 天，比 CK 早熟 0.8 天。单株有效角果数为 326.31 个，每角粒数 19.80 粒，千粒重 3.91g，不育株率 0.49%。菌核病发病率 5.69%，病情指数 2.40，病毒病发病率 0.00%，病情指数 0.00，菌核病鉴定结果为低抗，受冻率 0.36%，冻害指数 0.00，抗倒性强 -。芥酸含量 0.1%，硫苷含量 21.08μmol/g（饼），含油量 43.12%。

2011—2012 年度国家（长江上游 B 组，试验编号 SQ204）区试中：12 个试点，8 点增产，4 点减产，平均亩产 188.14kg，比对照南油 12 增产 7.35%，达极显著水平，居试验第 2 位。平均产油量 76.65kg/亩，比对照增产 7.88%，12 个试点中，9 个点增产，3 个点减产。株高 207.12cm，分枝数 7.27 个，生育期平均 220.8 天，比对照早熟 1.8 天。单株有效角果数为 361.95 个，每角粒数 19.90 粒，千粒重 3.80g，不育株率 0.52%。菌核病发病率 3.79%，病情指数 1.98，病毒病发病率 0.22%，病情指数 0.12，菌核病鉴定结果为低感，受冻率 0.78%，冻害指数 0.07，抗倒性强 -。芥酸含量 0.2%，硫苷含量 20.73μmol/g（饼），含油量 40.74%。

综合 2011—2013 两年试验结果：共 22 个试验点，17 个点增产，5 个点减产，平均亩产 197.99kg，比对照增产 9.15%。单株有效角果数 344.13 个，每角粒数 19.85 粒，千粒重为 3.86g。菌核病发病率 4.74%，病情指数为 2.19，病毒病发病率 0.11%，病情指数 0.06，菌核病鉴定结果为低感，抗倒性强 -，不育株率平均为 0.51%。含油量平均 41.93%，2 年芥酸含量分别为 0.1% 和 0.2%，硫苷含量分别为 21.08μmol/g（饼）和 20.73μmol/g（饼）。两年平均产油量 83.13kg/亩，

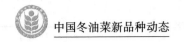

比对照增产 11.32%。

主要优缺点：品质达双低标准，丰产性突出，产油量高，抗倒性强－，低感菌核病，熟期适中。

结论：建议进入生产试验。

2. 圣光 128

华中农业大学选育，试验编号 SQ303。

该品种植株较高，生长势强，一致性较好，分枝性中等。10 个点试验，9 点增产，1 点减产。平均亩产 201.98kg，比 CK 南油 12 增产 7.81%，增产极显著，居试验第 2 位。平均产油量 82.31kg/亩，比对照增产 5.39%，10 个试点 8 个点增产，2 个点减产。株高 193.05cm，分枝数 7.64 个，生育期平均 211.0 天，比 CK 迟熟 0.4 天。单株有效角果数为 366.36 个，每角粒数 19.67 粒，千粒重 3.26g，不育株率 0.49%。菌核病发病率 3.99%，病情指数 1.29，病毒病发病率 0.00%，病情指数 0.00，菌核病鉴定结果为低感，受冻率 0.28%，冻害指数 0.02，抗倒性强－。芥酸含量 0.0，硫苷含量 29.97μmol/g（饼），含油量 40.75%。

主要优缺点：丰产性好，产油量高，品质达双低标准，抗倒性强－，低感菌核病，熟期较早。

结论：继续试验并同步进入生产试验。

3. SWU09V16

西南大学选育提供，试验编号 SQ312。

该品种植株较高，生长势较强，一致性好，分枝性中等。10 个点试验 7 个点增产，3 个点减产，平均亩产 192.48kg，比对照增产 2.74%，增产不显著，居试验第 3 位。平均产油量 83.42kg/亩，比对照增产 6.81%，在 10 个试点中，8 个点比对照增产，2 个点减产。株高 183.03cm，分枝数 6.56 个，生育期平均 213.2 天，比 CK 迟熟 2.6 天。单株有效角果数为 320.43 个，每角粒数 19.02 粒，千粒重 3.74g，不育株率 0.07%。菌核病发病率 4.74%，病情指数 2.16，病毒病发病率 0.00%，病情指数 0.00，菌核病鉴定结果为低感，受冻率 1.08%，冻害指数 0.31，抗倒性强。芥酸含量 0.0，硫苷含量 20.51μmol/g（饼），含油量 43.34%。

2011—2012 年度国家（长江上游 C 组，试验编号 SQ313）区试中：12 个点试验 7 个点增产，5 个点减产，平均亩产 166.14kg，比对照增产 0.31%，增产不显著，居试验第 4 位。平均产油量 72.05kg/亩，比对照增产 10.26%，12 个试验点中，11 个点比对照增产，1 个点比对照减产。株高 195.72cm，分枝数 7.93 个，生育期平均 225.5 天，比对照 CK 迟熟 1.8 天。单株有效角果数为 358.37 个，每角粒数 19.59 粒，千粒重 3.75g，不育株率 0.49%。菌核病发病率 2.37%，病情指数 0.76，病毒病发病率 0.67%，病情指数 0.22，菌核病鉴定结果为低感，受冻率 1.80%，冻害指数 0.25，抗倒性强。芥酸含量 0.0，硫苷含量 22.57μmol/g（饼），含油量 43.36%。

综合 2011—2013 两年试验结果：共 22 个试验点，14 个点增产，8 个点减产，平均亩产 179.31kg，比对照增产 1.52%。单株有效角果数 339.4 个，每角粒数为 19.31 粒，千粒重 3.75g。菌核病发病率 3.56%，病情指数为 1.46，病毒病发病率 0.34%，病情指数 0.11，菌核病鉴定结果为低感，抗倒性强，不育株率平均为 0.28%。含油量平均为 43.35%，2 年芥酸含量分别为 0.0 和 0.0，硫苷含量分别为 22.57μmol/g（饼）和 21.54μmol/g（饼）。两年平均产油量 77.73kg/亩，比对照增产 8.54%。

主要优缺点：产油量高，丰产性较好，品质达双低标准，抗倒性强，低感菌核病，熟期适中。

结论：各项试验指标达国家品种审定标准。

4. 黔杂 2011-2

贵州省油料研究所选育，试验编号 SQ309。

该品种植株高，生长势较强，一致性较好，分枝性中等。10 个点试验 6 个点增产，4 个点减产，平均亩产 191.51kg，比对照增产 2.22%，增产不显著，居试验第 4 位。平均产油量 76.28kg/亩，比对照减产 2.33%，10 个试点中，2 个点增产，8 个点减产。株高 195.62cm，分枝数 6.88 个，生育期平均 210.1 天，比对照 CK 早熟 0.5 天。单株有效角果数为 314.78 个，每角粒数 20.31 粒，千粒重

3.49g，不育株率 1.69%。菌核病发病率 4.88%，病情指数 3.32，病毒病发病率 0.14%，病情指数 0.10，菌核病鉴定结果为中感，受冻率 1.19%，冻害指数 0.34，抗倒性中＋。芥酸含量 0.1%，硫苷含量 17.80μmol/g（饼），含油量 39.83%。

主要优缺点：丰产性一般，产油量低，品质达双低标准，抗倒性一般，中感菌核病，熟期适中。

结论：产量、产油量未达标，终止试验。

5. DF1208

云南省农业科学经济作物研究所选育，试验编号 SQ305。

该品种植株高，生长势一般，一致性较好，分枝性中等。10 个点试验 5 个点增产，5 个点减产，平均亩产 186.65kg，比对照 CK 减产 0.37%，不显著，居试验第 6 位。平均产油量 78.77kg/亩，比对照增产 0.86%，在 10 个试点中，5 个点增产，5 个点减产。株高 208.43cm，分枝数 7.95 个，生育期平均 210.8 天，比对照 CK 迟熟 0.2 天。单株有效角果数为 338.74 个，每角粒数 19.22 粒，千粒重 3.37g，不育株率 4.25%。菌核病发病率 8.89%，病情指数 4.36，病毒病发病率 0.04%，病情指数 0.01，菌核病鉴定结果为低感，受冻率 1.18%，冻害指数 0.21，抗倒性中。芥酸含量 0.1%，硫苷含量 26.34μmol/g（饼），含油量 42.20%。

主要优缺点：丰产性差，产油量一般，品质达双低标准，抗倒性一般，低感菌核病，熟期适中。

结论：产量、产油量未达标，终止试验。

6. 152G200

中国农业科学院油料作物研究所选育，试验编号 SQ306。

该品种植株较高，生长势一般，一致性较好，分枝性中等。10 个点试验 5 个点增产，5 个点减产，平均亩产 183.45kg，比对照减产 2.08%，不显著，居试验第 7 位。平均产油量 83.93kg/亩，比对照增产 7.47%，10 个试点 9 个点比对照增产，1 个点减产。株高 194.83cm，分枝数 6.69 个，生育期平均 211.6 天，比对照 CK 迟熟 1 天。单株有效角果数为 340.56 个，每角粒数 16.48 粒，千粒重 4.22g，不育株率 0.69%。菌核病发病率 6.59%，病情指数 3.05，病毒病发病率 0.20%，病情指数 0.15，菌核病鉴定结果为中感，受冻率 2.34%，冻害指数 0.57，抗倒性强－。芥酸含量 0.0，硫苷含量 18.55μmol/g（饼），含油量 45.75%。

主要优缺点：品质达双低标准，丰产性较差，产油量一般，抗倒性较强，抗病性一般，熟期适中。

结论：产量未达标，终止试验。

7. 川杂 09NH01

四川农科院作物研究所选育，试验编号 SQ307。

该品种植株较高，生长势一般，一致性较好，分枝性中等。10 个点试验 4 个点增产，6 个点减产，平均亩产 183.11kg，比对照 CK 减产 2.26%，不显著，居试验第 8 位。平均产油量 80.84kg/亩，比对照增产 3.51%，在 10 个试点中，6 个点增产，4 个点减产。株高 192.01cm，分枝数 7.55 个，生育期平均 210.7 天，与对照 CK 相当。单株有效角果数为 358.81 个，每角粒数 18.35 粒，千粒重 3.45g，不育株率 0.84%。菌核病发病率 5.99%，病情指数 3.52。病毒病发病率 0.03%，病情指数 0.01，菌核病鉴定结果为低感，受冻率 2.42%，冻害指数 1.20，抗倒性中＋。芥酸含量 0.1%，硫苷含量 19.21μmol/g（饼），含油量 44.15%。

主要优缺点：丰产性较差，产油量较高，品质达双低标准，抗倒性一般，抗病性一般，熟期适中。

结论：产量未达标，终止试验。

8. H29J24

贵州省油料所选育，试验编号 SQ310。

该品种植株高，生长势强，一致性较好，分枝性中等。10 个点试验 4 个点增产，6 个点减产，平均亩产 181.52kg，比 CK 减产 3.11%，显著，居试验第 9 位。平均产油量 79.07kg/亩，比对照增产 1.24%，在 10 个试点中，7 个点增产，3 个点比减产。株高 203.01cm，分枝数 7.04 个，生育期平均

212.5天，比对照CK迟熟1.9天。单株有效角果数为349.91个，每角粒数19.25粒，千粒重3.39g，不育株率0.99%。菌核病发病率3.08%，病情指数1.48，病毒病发病率0.16%，病情指数0.28，菌核病鉴定结果为低抗，受冻率1.40%，冻害指数0.36，抗倒性强－。芥酸含量0.2%，硫苷含量25.18μmol/g（饼），含油量43.56%。

主要优缺点：丰产性较差，产油量一般，品质达双低标准，抗倒性较强，抗病性中等，熟期偏迟。

结论：产量、产油量不达标，终止试验。

9. YG126

武汉中油阳光时代种业公司选育提供，试验编号SQ304。

该品种植株高，生长势较强，一致性较好，分枝性中等。10个点试验5个点增产，5个点减产，平均亩产177.01kg，比对照CK减产5.52%，极显著，居试验第10位。平均产油量73.28kg/亩，比对照减产6.17%，10个试点中，2个点增产，8个点减产。株高199.74cm，分枝数7.47个，生育期平均210.7天，比对照CK迟熟0.1天。单株有效角果数为365.2个，每角粒数17.71粒，千粒重3.44g，不育株率5.54%。菌核病发病率7.19%，病情指数3.68，病毒病发病率0.03%，病情指数0.02，菌核病鉴定结果为低感，受冻率2.71%，冻害指数1.52，抗倒性强－。芥酸含量0.0，硫苷含量23.23μmol/g（饼），含油量41.40%。

主要优缺点：丰产性差，产油量低，品质达双低标准，抗倒性较强，抗病性一般，熟期适中。

结论：产量、产油量未达标，终止试验。

10. H2108

陕西荣华杂交油菜种子有限公司提供，试验编号SQ311。

该品种植株较高，生长势一般，一致性较好，分枝性中等。10个点试验8个点增产，2个点减产，平均亩产167.14kg，比对照CK减产10.79%，极显著，居试验第11位。平均产油量72.96kg/亩，比对照减产6.58%，10个试点中，3个点增产，7个点减产。株高194.71cm，分枝数7.80个，生育期平均213.3天，比对照CK迟熟2.7天。单株有效角果数为365.2个，每角粒数17.71粒，千粒重3.44g，不育株率1.78%。菌核病发病率6.60%，病情指数4.24，病毒病发病率0.01%，病情指数0.00，菌核病鉴定结果为低感，受冻率1.92%，冻害指数0.47，抗倒性中。芥酸含量0.1%，硫苷含量24.66μmol/g（饼），含油量43.65%。

主要优缺点：丰产性差，产油量低，品质达双低标准，抗倒性一般，抗病性中等，熟期适中。

结论：产量、产油量未达标，终止试验。

11. 双油118

河南省农科院经济作物研究所提供，试验编号SQ301。

该品种植株较高，生长势一般，一致性好，分枝性中等。10个点试验全部减产，平均亩产155.03kg，比对照CK减产17.25%，极显著，居试验第12位。平均产油量63.19kg/亩，比对照减产19.09%，12个试点全部比对照减产。株高194.76cm，分枝数6.35个，生育期平均213.4天，比对照CK迟熟2.8天。单株有效角果数为365.2个，每角粒数17.71粒，千粒重3.44g，不育株率0.60%。菌核病发病率1.67%，病情指数0.88，病毒病发病率0.12%，病情指数0.07，菌核病鉴定结果为低感，受冻率2.32%，冻害指数0.95，抗倒性中＋，酸含量0.2%，硫苷含量23.81μmol/g（饼），含油量40.76%。

主要优缺点：丰产性差，产油量低，品质达双低标准，抗倒性一般，抗病性一般，熟期偏迟。

结论：产量、产油量未达标，终止试验。

2012—2013 年全国冬油菜品种区域试验（上游 C 组）原始产量表

试点	品种名	小区产量（kg）				试点	品种名	小区产量（kg）			
		I	II	III	平均值			I	II	III	平均值
云南泸西	双油 118	4.969	4.535	5.497	5.000	四川双流	双油 118	3.340	2.960	3.780	3.360
	Zn1102 *	6.916	7.035	6.416	6.789		Zn1102 *	4.780	4.900	4.520	4.733
	圣光 128	7.376	6.195	6.677	6.749		圣光 128	4.380	5.040	4.560	4.660
	YG126	5.598	5.513	5.481	5.531		YG126	3.560	3.780	3.620	3.653
	DF1208	6.257	7.302	6.718	6.759		DF1208	4.500	4.200	4.900	4.533
	152G200	5.578	5.915	6.548	6.014		152G200	4.240	4.040	4.340	4.207
	川杂 09NH01	6.487	6.916	6.344	6.582		川杂 09NH01	3.820	3.920	4.040	3.927
	南油 12 号（CK）	5.605	6.283	6.583	6.157		南油 12 号（CK）	4.040	3.940	4.180	4.053
	黔杂 2011－2	6.500	6.138	6.388	6.342		黔杂 2011－2	4.680	4.300	4.260	4.413
	H29J24	6.501	5.835	5.764	6.033		H29J24	4.720	4.660	4.620	4.667
	H2108	5.669	4.556	5.592	5.272		H2108	4.340	4.120	4.420	4.293
	SWU09V16 *	6.724	6.971	7.344	7.013		SWU09V16 *	4.520	4.410	4.820	4.583
重庆西南大学	双油 118	4.000	5.200	3.800	4.333	陕西勉县	双油 118	5.210	4.285	5.019	4.838
	Zn1102 *	7.700	6.700	6.400	6.933		Zn1102 *	5.988	6.786	6.414	6.396
	圣光 128	6.300	6.400	6.700	6.467		圣光 128	6.707	6.319	5.767	6.264
	YG126	6.400	5.300	5.400	5.700		YG126	6.049	6.042	5.751	5.947
	DF1208	5.500	4.300	5.200	5.000		DF1208	6.124	5.762	5.600	5.829
	152G200	6.400	5.900	5.200	5.833		152G200	5.836	5.495	5.369	5.567
	川杂 09NH01	5.300	5.800	5.700	5.600		川杂 09NH01	4.988	5.580	4.719	5.096
	南油 12 号（CK）	5.400	6.600	5.100	5.700		南油 12 号（CK）	5.447	5.407	6.003	5.619
	黔杂 2011－2	5.200	5.600	5.000	5.267		黔杂 2011－2	5.832	5.544	5.025	5.467
	H29J24	4.900	4.400	4.800	4.700		H29J24	6.051	5.989	5.679	5.906
	H2108	4.300	4.200	3.800	4.100		H2108	5.942	5.956	6.224	6.041
	SWU09V16 *	5.200	5.400	6.100	5.567		SWU09V16 *	5.878	6.573	5.089	5.847
重庆三峡	双油 118	6.468	5.024	5.656	5.716	四川南充	双油 118	5.863	5.889	5.726	5.826
	Zn1102 *	7.029	6.631	7.356	7.005		Zn1102 *	7.536	7.770	7.386	7.564
	圣光 128	7.200	7.490	7.364	7.351		圣光 128	6.996	6.854	7.022	6.957
	YG126	6.305	5.995	7.401	6.567		YG126	6.076	5.970	5.915	5.987
	DF1208	5.527	6.856	6.943	6.442		DF1208	6.473	6.159	6.464	6.365
	152G200	6.381	5.818	6.880	6.360		152G200	6.166	5.881	5.560	5.869
	川杂 09NH01	5.776	6.322	6.245	6.114		川杂 09NH01	6.112	5.846	6.057	6.005
	南油 12 号（CK）	6.661	5.811	7.208	6.560		南油 12 号（CK）	6.981	6.922	7.112	7.005
	黔杂 2011－2	6.503	6.383	7.175	6.687		黔杂 2011－2	6.669	6.566	6.519	6.585
	H29J24	4.345	6.335	6.574	5.751		H29J24	6.620	6.844	6.845	6.770
	H2108	5.205	5.342	6.731	5.759		H2108	6.404	6.280	6.638	6.441
	SWU09V16 *	6.850	6.841	6.861	6.851		SWU09V16 *	6.369	6.077	6.340	6.262

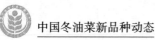

（续表）

试点	品种名	小区产量（kg）				试点	品种名	小区产量（kg）			
		I	II	III	平均值			I	II	III	平均值
四川宜宾	双油118	3.902	3.452	3.939	3.764	贵州铜仁	双油118	3.762	4.236	3.661	3.886
	Zn1102*	5.505	5.800	5.650	5.652		Zn1102*	5.214	4.963	4.833	5.003
	圣光128	5.602	5.300	5.798	5.567		圣光128	4.553	4.775	4.416	4.581
	YG126	4.951	4.749	4.450	4.717		YG126	4.778	4.561	4.384	4.574
	DF1208	4.342	4.150	4.508	4.333		DF1208	4.366	4.237	4.587	4.397
	152G200	5.250	4.604	4.501	4.785		152G200	4.664	4.823	4.965	4.817
	川杂09NH01	5.150	4.902	4.250	4.767		川杂09NH01	4.128	4.484	4.675	4.429
	南油12号（CK）	4.704	5.009	4.343	4.685		南油12号（CK）	4.231	4.756	4.551	4.513
	黔杂2011-2	5.504	6.250	5.150	5.635		黔杂2011-2	4.023	4.332	4.514	4.290
	H29J24	3.987	3.950	4.413	4.117		H29J24	4.775	4.325	4.567	4.556
	H2108	4.005	4.295	3.651	3.984		H2108	4.321	3.863	4.142	4.109
	SWU09V16*	5.403	4.905	4.743	5.017		SWU09V16*	4.763	5.144	4.882	4.930
四川绵阳	双油118	3.885	4.955	3.745	4.195	平均值	双油118				4.651
	Zn1102*	5.450	5.467	5.245	5.387		Zn1102*				6.235
	圣光128	5.575	5.467	5.320	5.454		圣光128				6.059
	YG126	4.070	4.412	4.305	4.262		YG126				5.310
	DF1208	5.670	5.602	5.205	5.492		DF1208				5.600
	152G200	4.855	5.214	4.720	4.930		152G200				5.504
	川杂09NH01	5.605	5.529	5.450	5.528		川杂09NH01				5.493
	南油12号（CK）	5.275	5.478	5.470	5.408		南油12号（CK）				5.621
	黔杂2011-2	5.650	5.203	5.400	5.418		黔杂2011-2				5.745
	H29J24	4.900	5.664	5.055	5.206		H29J24				5.445
	H2108	4.605	5.126	4.630	4.787		H2108				5.014
	SWU09V16*	5.310	5.519	5.430	5.420		SWU09V16*				5.774
贵州贵阳	双油118	5.554	5.366	5.848	5.589						
	Zn1102*	7.267	6.751	6.654	6.891						
	圣光128	6.669	6.649	6.307	6.542						
	YG126	5.761	6.336	6.396	6.164						
	DF1208	7.389	6.733	6.411	6.844						
	152G200	7.177	6.559	6.228	6.655						
	川杂09NH01	6.774	6.801	7.078	6.884						
	南油12号（CK）	6.423	6.297	6.796	6.505						
	黔杂2011-2	7.219	7.784	7.052	7.352						
	H29J24	7.251	6.460	6.535	6.749						
	H2108	5.074	5.557	5.437	5.356						
	SWU09V16*	6.671	6.246	5.848	6.255						

上游 C 组经济性状表（1）

试点单位	编号 品种名	株高 (cm)	分枝部位 (cm)	有效分枝数 (个)	主花序 有效长度 (cm)	主花序 有效角果数	主花序 角果密度	单株有效角果数	每角粒数	千粒重 (g)	单株产量 (g)
贵州铜仁农科所		170.5	57.3	6.5	53.1	54.3	1.0	325.3	22.2	3.47	16.8
贵州油料研究所		176.8	97.6	4.2	42.1	51.8	1.4	139.6	19.2	2.96	8.7
陕西勉县原种场		174.9	79.8	6.9	53.1	67.0	1.3	256.7	27.3	3.05	21.4
四川绵阳农科所		194.2	81.2	7.3	69.7	92.6	1.3	343.2	13.0	3.13	14.0
四川南充农科所		204.4	106.6	5.6	66.4	94.1	1.4	290.2	28.4	2.95	24.3
四川宜宾农科院	SQ301 双油118	221.7	97.3	8.0	73.3	108.0	1.5	456.0	12.9	2.75	16.0
四川原良种站		183.3	86.7	7.3	61.7	86.7	1.4	289.3	24.4	2.40	16.9
云南泸西农技站		194.3	75.2	6.3	91.3	110.3	1.2	268.5	23.9	2.56	16.4
重庆三峡农科院		217.0	128.8	6.2	48.2	77.6	1.6	200.4	25.1	3.52	17.6
重庆西南大学		210.5	141.8	5.2	40.1	76.5	1.9	178.6	27.0	2.68	12.6
平　均　值		194.76	95.23	6.35	59.90	81.94	1.40	274.78	22.35	2.95	16.46
贵州铜仁农科所		194.2	66.2	8.1	62.5	62.9	1.0	345.3	23.5	4.12	24.0
贵州油料研究所		163.0	64.9	4.0	54.4	53.5	1.1	142.5	16.7	4.09	8.5
陕西勉县原种场		168.8	72.9	6.3	60.4	71.3	1.2	344.4	22.2	3.92	30.0
四川绵阳农科所		176.2	67.2	7.2	65.6	79.8	1.2	274.8	15.6	4.19	18.0
四川南充农科所		219.0	100.4	6.8	66.0	91.2	1.4	366.8	19.9	4.32	31.6
四川宜宾农科院	SQ302 Zn1102 *	206.7	66.7	6.0	83.3	101.0	1.2	485.7	14.4	3.48	24.0
四川原良种站		186.7	60.0	9.0	70.0	91.3	1.3	376.0	19.4	3.47	25.3
云南泸西农技站		215.8	113.0	6.2	69.3	93.3	1.4	389.3	21.0	3.63	29.7
重庆三峡农科院		205.4	115.2	5.6	58.2	67.0	1.1	200.4	22.4	4.52	19.6
重庆西南大学		227.6	134.3	7.3	49.8	78.4	1.6	337.7	22.9	3.36	20.7
平　均　值		196.34	86.08	6.65	64.03	79.00	1.25	326.31	19.80	3.91	23.13
贵州铜仁农科所		193.3	66.5	7.8	49.5	59.9	1.2	371.6	21.3	3.51	22.2
贵州油料研究所		161.8	76.7	4.9	47.0	52.6	1.2	183.4	14.6	3.76	10.0
陕西勉县原种场		165.0	53.3	8.4	64.1	75.7	1.2	364.6	26.0	3.18	30.2
四川绵阳农科所		179.1	61.3	8.1	70.4	89.9	1.3	343.1	16.3	3.25	18.2
四川南充农科所		191.4	67.8	6.8	68.0	85.8	1.3	427.2	19.2	3.55	29.0
四川宜宾农科院	SQ303 圣光128	210.0	68.3	8.7	80.3	108.3	1.4	604.3	14.5	2.75	23.7
四川原良种站		186.7	63.3	10.0	70.0	95.7	1.4	402.3	20.5	2.73	22.5
云南泸西农技站		217.2	109.2	7.1	87.0	112.0	1.3	334.0	21.2	3.17	22.4
重庆三峡农科院		205.6	101.2	6.4	62.2	58.2	0.9	295.8	21.5	3.55	24.4
重庆西南大学		220.4	122.7	8.2	51.9	81.8	1.6	337.3	21.5	3.11	20.5
平　均　值		193.05	79.03	7.64	65.02	81.92	1.27	366.36	19.67	3.26	22.29

上游 C 组经济性状表（2）

试点单位	编号 品种名	株 高 （cm）	分枝部位 （cm）	有效分 枝数 （个）	主花序 有效长度 （cm）	主花序 有效角 果数	角果 密度	单株有效 角果数	每角 粒数	千粒重 （g）	单株产量 （g）
贵州铜仁农科所		210.4	77.4	7.9	54.6	74.5	1.4	354.1	21.4	3.76	20.3
贵州油料研究所		161.0	76.3	5.1	41.5	50.5	1.4	173.4	14.9	3.71	10.5
陕西勉县原种场		169.4	68.6	6.0	63.2	79.1	1.3	346.4	24.8	3.35	28.8
四川绵阳农科所		186.0	67.6	7.8	69.5	90.2	1.3	415.8	10.4	3.28	14.2
四川南充农科所		225.0	100.4	8.2	63.8	99.0	1.6	485.2	13.6	3.79	25.0
四川宜宾农科院	SQ304 YG126	218.3	63.3	8.3	85.0	113.3	1.3	597.7	12.3	2.80	20.0
四川原良种站		198.3	61.7	7.7	80.0	95.0	1.2	323.7	18.2	3.27	19.3
云南泸西农技站		203.0	85.7	8.8	69.2	102.8	1.5	351.7	22.6	2.48	19.7
重庆三峡农科院		217.4	101.0	7.6	58.8	75.4	1.3	304.2	19.9	4.01	23.6
重庆西南大学		208.6	122.6	7.3	45.4	68.6	1.5	299.8	19.0	3.90	19.0
平 均 值		199.74	82.46	7.47	63.10	84.84	1.38	365.20	17.71	3.44	20.03
贵州铜仁农科所		182.1	73.8	7.0	46.1	48.6	1.1	316.7	18.6	3.92	18.8
贵州油料研究所		184.3	100.3	5.9	43.6	56.2	1.4	199.4	15.6	3.28	10.5
陕西勉县原种场		173.3	64.8	7.6	60.6	72.8	1.2	334.4	22.1	3.53	26.1
四川绵阳农科所		188.6	81.2	7.1	59.2	71.8	1.2	278.6	18.9	3.47	18.3
四川南充农科所		239.8	115.0	9.4	61.2	105.4	1.7	551.0	13.9	3.46	26.6
四川宜宾农科院	SQ305 DF1208	230.0	95.3	8.3	64.3	90.3	1.4	451.6	14.5	2.90	18.5
四川原良种站		201.7	65.0	9.7	66.7	89.3	1.3	398.3	20.3	2.80	22.6
云南泸西农技站		220.5	117.4	9.3	71.5	95.1	1.3	255.4	21.7	3.57	19.8
重庆三峡农科院		228.0	129.8	6.6	53.4	69.8	1.3	254.4	24.8	3.86	26.2
重庆西南大学		236.0	140.6	8.6	47.6	76.5	1.6	347.6	21.8	2.89	21.3
平 均 值		208.43	98.32	7.95	57.42	77.58	1.35	338.74	19.22	3.37	20.87
贵州铜仁农科所		192.6	63.7	7.3	55.4	67.1	1.2	385.1	19.5	3.86	22.7
贵州油料研究所		151.1	71.5	3.8	47.3	56.7	1.5	138.3	14.8	4.64	10.1
陕西勉县原种场		155.0	66.2	6.6	56.3	87.6	1.6	303.3	20.1	4.08	24.9
四川绵阳农科所		200.0	84.7	7.8	69.0	113.3	1.6	396.5	9.1	4.55	16.4
四川南充农科所		211.2	89.0	7.4	70.2	124.6	1.8	527.0	10.8	4.30	24.5
四川宜宾农科院	SQ306 152G200	220.0	89.3	8.1	83.3	115.0	1.4	505.1	11.5	3.59	20.3
四川原良种站		181.7	65.0	6.7	78.3	105.3	1.3	310.7	17.0	3.93	20.8
云南泸西农技站		228.2	112.5	6.8	76.1	99.0	1.3	252.6	22.5	3.86	21.9
重庆三峡农科院		193.6	112.8	4.6	60.6	91.6	1.5	233.2	21.4	4.74	17.8
重庆西南大学		214.9	119.7	7.8	51.5	90.2	1.8	353.8	18.1	4.66	23.2
平 均 值		194.83	87.44	6.69	64.80	95.04	1.49	340.56	16.48	4.22	20.25

上游C组经济性状表（3）

试点单位	编号品种名	株高（cm）	分枝部位（cm）	有效分枝数（个）	主花序 有效长度（cm）	主花序 有效角果数	主花序 角果密度	单株有效角果数	每角粒数	千粒重（g）	单株产量（g）
贵州铜仁农科所		200.9	56.1	9.7	58.5	87.7	1.5	346.4	21.7	3.67	18.1
贵州油料研究所		153.6	79.6	4.2	40.4	51.0	1.5	138.8	18.3	3.79	7.8
陕西勉县原种场		165.1	65.8	7.0	57.8	72.9	1.3	294.5	21.9	3.62	23.4
四川绵阳农科所		200.4	92.5	8.4	61.8	97.2	1.6	398.8	13.0	3.55	18.4
四川南充农科所	SQ307 川杂 09NH01	189.4	74.8	7.8	61.4	92.3	1.5	533.6	12.3	3.81	25.1
四川宜宾农科院		201.7	80.3	7.0	70.0	102.0	1.5	456.7	15.0	2.98	20.1
四川原良种站		181.7	58.3	8.7	63.3	86.7	1.4	352.0	20.4	2.93	21.0
云南泸西农技站		232.4	117.7	7.6	57.3	90.4	1.6	343.0	20.8	2.96	21.1
重庆三峡农科院		208.4	105.6	6.8	53.2	81.8	1.5	369.2	20.5	4.11	19.0
重庆西南大学		216.5	120.1	8.3	49.2	84.2	1.7	355.1	19.6	3.05	17.8
平 均 值		195.01	85.08	7.55	57.29	84.63	1.50	358.81	18.35	3.45	19.17
贵州铜仁农科所		191.5	65.3	6.8	43.8	52.3	1.2	355.2	21.5	3.54	18.5
贵州油料研究所		169.0	91.6	5.1	43.7	54.8	1.4	178.1	15.4	3.39	10.1
陕西勉县原种场		164.9	75.2	5.8	56.5	70.8	1.3	325.6	24.0	3.20	25.0
四川绵阳农科所		174.7	73.6	6.9	64.1	90.6	1.4	391.6	14.3	3.23	18.0
四川南充农科所	SQ308 南油12号（CK）	206.4	96.6	6.8	65.0	88.0	1.4	333.2	26.4	3.32	29.2
四川宜宾农科院		200.0	85.0	8.0	66.7	88.0	1.3	354.7	21.0	2.67	19.9
四川原良种站		193.3	68.3	7.7	73.3	90.7	1.2	345.3	25.3	2.47	21.6
云南泸西农技站		181.6	89.7	7.4	62.4	74.5	1.2	275.5	24.1	3.03	20.0
重庆三峡农科院		208.6	111.0	6.0	58.8	74.8	1.3	276.5	22.7	3.39	24.2
重庆西南大学		225.6	127.0	7.6	51.4	86.4	1.7	368.5	25.9	2.92	24.5
平 均 值		191.56	88.33	6.81	58.57	77.09	1.34	320.45	22.06	3.12	21.10
贵州铜仁农科所		202.7	43.5	9.0	52.5	65.5	1.2	361.3	20.1	3.73	17.6
贵州油料研究所		167.7	70.2	4.2	46.7	50.0	1.3	168.3	19.7	3.65	10.8
陕西勉县原种场		162.0	65.9	6.1	55.7	63.7	1.1	264.1	24.6	3.60	23.4
四川绵阳农科所		180.1	70.0	7.9	65.1	85.5	1.3	388.8	12.6	3.70	18.1
四川南充农科所	SQ309 黔杂 2011-2	219.8	105.0	6.6	69.2	99.2	1.4	369.0	19.4	3.84	27.5
四川宜宾农科院		223.3	105.0	7.3	80.0	96.7	1.2	468.8	16.2	3.17	23.8
四川原良种站		173.3	48.3	7.7	70.0	80.0	1.1	324.0	23.2	3.07	23.1
云南泸西农技站		201.7	95.6	6.5	71.3	72.6	1.0	278.4	21.4	3.52	20.9
重庆三峡农科院		199.0	109.2	6.4	50.8	66.8	1.3	234.0	21.8	4.00	20.0
重庆西南大学		226.6	130.7	7.1	51.5	79.9	1.6	291.1	24.1	2.65	16.2
平 均 值		195.62	84.35	6.88	61.28	75.99	1.25	314.78	20.31	3.49	20.14

上游 C 组经济性状表（4）

试点单位	编号 品种名	株高 （cm）	分枝部位 （cm）	有效分 枝数 （个）	主花序 有效长度 （cm）	主花序 有效角 果数	主花序 角果 密度	单株有效 角果数	每角 粒数	千粒重 （g）	单株产量 （g）
贵州铜仁农科所		191.5	56.6	4.3	50.4	61.6	1.2	345.5	20.1	3.66	19.6
贵州油料研究所		180.4	96.9	4.9	40.3	56.2	1.5	164.0	17.8	3.33	10.7
陕西勉县原种场		176.0	66.3	7.8	65.1	73.9	1.1	316.9	23.7	3.70	27.8
四川绵阳农科所		200.3	84.4	7.8	66.8	97.6	1.5	447.7	11.0	3.52	17.4
四川南充农科所		220.0	122.8	7.0	58.8	92.6	1.6	457.2	18.2	3.40	28.3
四川宜宾农科院	SQ310 H29J24	220.0	106.0	8.0	66.7	104.2	1.6	460.2	14.7	2.68	17.7
四川原良种站		191.7	76.7	8.7	65.0	89.0	1.4	368.7	21.3	3.07	24.1
云南泸西农技站		233.0	120.4	8.5	72.2	92.6	1.3	303.2	21.1	3.16	20.2
重庆三峡农科院		206.8	113.0	5.4	57.4	74.6	1.3	222.6	22.5	4.08	20.8
重庆西南大学		210.4	111.3	8.0	52.3	92.3	1.8	413.1	22.1	3.28	28.3
平　均　值		203.01	95.44	7.04	59.50	83.47	1.42	349.91	19.25	3.39	21.48
贵州铜仁农科所		188.4	77.1	6.7	47.1	52.4	1.1	343.8	17.3	3.51	26.3
贵州油料研究所		168.8	95.5	4.7	40.3	61.6	1.7	166.6	15.5	2.90	6.9
陕西勉县原种场		171.3	75.1	7.6	57.3	75.9	1.3	330.1	23.5	3.74	29.0
四川绵阳农科所		194.7	75.4	8.3	72.9	103.5	1.4	533.7	9.3	3.20	16.0
四川南充农科所		202.4	82.0	8.0	69.4	114.2	1.6	517.2	16.5	3.15	26.9
四川宜宾农科院	SQ311 H2108	220.0	108.3	8.7	66.7	122.0	1.8	516.7	12.9	2.63	17.0
四川原良种站		180.0	56.7	10.0	66.7	99.0	1.5	490.7	21.5	2.13	22.5
云南泸西农技站		190.2	115.5	7.6	76.4	118.3	1.5	226.1	21.0	3.23	15.3
重庆三峡农科院		210.8	103.4	8.2	59.2	86.2	1.5	348.0	18.0	3.57	21.2
重庆西南大学		220.5	131.4	8.2	48.3	91.5	1.9	359.5	21.4	3.00	19.6
平　均　值		194.71	92.04	7.80	60.42	92.46	1.54	383.24	17.70	3.11	20.06
贵州铜仁农科所		182.1	67.8	6.3	52.3	63.2	1.2	361.2	20.2	3.74	22.6
贵州油料研究所		153.3	67.4	4.6	46.8	53.4	1.4	136.6	15.8	4.01	7.9
陕西勉县原种场		160.9	61.5	6.2	63.1	82.5	1.3	330.0	19.7	4.12	26.8
四川绵阳农科所		174.9	70.8	6.5	66.5	96.8	1.5	315.3	14.3	4.02	18.1
四川南充农科所		208.0	101.4	7.4	64.0	107.6	1.7	418.4	16.2	3.86	26.1
四川宜宾农科院	SQ312 SWU0 9V16 *	210.0	91.7	7.3	81.7	96.7	1.2	412.3	19.9	2.66	21.3
四川原良种站		181.7	60.0	7.7	75.0	97.7	1.3	319.3	20.5	3.67	24.0
云南泸西农技站		192.5	85.6	7.5	75.0	109.5	1.5	255.7	22.6	3.42	19.8
重庆三峡农科院		177.2	96.0	5.6	53.2	77.8	1.5	299.4	21.0	4.18	25.0
重庆西南大学		189.7	108.0	6.5	47.3	81.6	1.7	356.1	20.1	3.69	25.2
平　均　值		183.03	81.02	6.56	62.49	86.68	1.43	320.43	19.02	3.74	21.68

上游 C 组生育期及抗性表（1）

试点单位	编号品种名称	播种期（月/日）	成熟期（月/日）	全生育期（天）	比对照（±天数）	苗期生长势（强中弱）	成熟一致性	耐旱、渍性（强、中、弱）	抗倒性（直、斜、倒）	抗寒性 冻害率（%）	抗寒性 冻害指数	菌核病 病害率（%）	菌核病 病害指数	病毒病 病害率（%）	病毒病 病害指数	不育株率（%）
贵州铜仁农科所		9/18	5/14	238	0	中	齐	强	直	—	—	3.2	2	1.2	0.7	0
贵州油料研究所		10/3	5/3	212	3	中	齐	强	倒	0	0	0.1	0	0	0	1.1
陕西勉县原种场		9/26	5/12	228	2	强	齐	—	斜	—	—	5.75	4.5	0	0	1.25
四川绵阳农科所		9/17	4/22	217	1	弱	齐	—	直	0	0	0.11	0.11	0	0	1.39
四川南充农科所	SQ301	9/14	4/29	227	4	中	齐	弱	直	2.73	0.68	4.55	1.14	0	0	0
四川宜宾农科院	双油118	9/29	4/21	204	2	强	齐	强	斜	3.83	—	3.00	1.00	0	0	1.33
四川原种场		9/21	4/24	215	4	强	中	强	斜	0	0	0	0	0	0	0
云南泸西农技站		9/19	3/30	192	5	中	齐	中	直	0	0	0	0	0	0	0.9
重庆三峡农科院		10/2	4/28	208	1	强	齐	强	斜	12	6	0	0	0	0	0
重庆西南大学		10/15	4/26	193	6	强	齐	强	折倒	0	0	0	0	0	0	0
平 均 值				213.4	2.8	中+	齐	强-	中+	2.32	0.95	1.67	0.88	0.12	0.07	0.60
贵州铜仁农科所		9/18	5/15	239	1	强	齐	强	直	—	—	0	0.1	0	0	0
贵州油料研究所		10/3	5/2	211	2	中	齐	强	直	0	0	0.1	0.1	0	0	0.3
陕西勉县原种场		9/26	5/11	227	1	强	齐	—	斜	—	—	6.25	5.41	0	0	0
四川绵阳农科所		9/17	4/19	214	-2	中	齐	—	直	0	0	0.44	0.42	0	0	0
四川南充农科所	SQ302	9/14	4/24	222	-1	强	齐	强	直	0	0	31.82	9.09	0	0	0
四川宜宾农科院	Zn1102*	9/29	4/19	202	0	强	齐	强	斜	2.88	—	16.33	8.50	0	0	0
四川原种场		9/21	4/20	211	0	强	齐	中	直	0	0	0	0	0	0	0
云南泸西农技站		9/19	3/19	181	-6	强	齐	强	斜	0	0	2.0	0.5	0	0	0
重庆三峡农科院		10/2	4/24	204	-3	强	齐	强	斜	0	0	0	0	0	0	0
重庆西南大学		10/15	4/20	187	0	强	齐	强	折倒	0	0	0	0	0	0	0
平 均 值				209.8	-0.8	强-	齐	强	强-	0.36	0.00	5.69	2.40	0.00	0.00	0.03

上游 C 组生育期及抗性表（2）

试点单位	编号品种名称	播种期(月/日)	成熟期(月/日)	全生育期(天)	比对照(±天数)	苗期生长势(强中弱)	成熟一致性	耐旱性(强中弱)	抗倒性(直斜倒)	抗寒性 冻害率(%)	冻害指数	菌核病 病害率(%)	病害指数	病毒病 病害率(%)	病害指数	不育株率(%)
贵州铜仁农科所		9/18	5/13	237	-1	强	齐	强	直	—	—	0	0	0	0	0.6
贵州油料研究所		10/3	5/3	212	3	中	齐	强	直	0	0	0	0	0	0	0.9
陕西勉县原种场		9/26	5/11	227	1	强	齐	—	斜	—	—	3.5	2.29	0	0	1
四川绵阳农科所		9/17	4/22	217	1	中	齐	—	直	0	0	0.44	0.36	0	0	1.39
四川南充农科所	SQ303	9/14	4/26	224	1	中	齐	强	直	0.45	0.11	15.91	3.98	0	0	0
四川宜宾农科院	圣光128	9/29	4/19	202	0	强	齐	强	倒	1.81	—	19.00	5.25	0	0	0
四川原良种站		9/21	4/20	211	0	强	中	强	斜	0	0	1	1	0	0	0
云南沪西农技站		9/19	3/25	187	0	强	齐	中	直	0	0	0	0	0	0	0
重庆三峡农科院		10/2	4/26	206	-1	强	齐	强	斜	0	0	0	0	0	0	1.00
重庆西南大学		10/15	4/20	187	0	强	齐	强	折倒	0	0	0	0	0	0	0
平均值				211.0	0.4	强-	齐	强-	强-	0.28	0.02	3.99	1.29	0.00	0.00	0.49
贵州铜仁农科所		9/18	5/12	236	-2	强	齐	强	直	—	—	0	0	0	0	0
贵州油料研究所		10/3	4/30	209	0	中	齐	强	直	0	0	0	0	0.3	0.2	19.7
陕西勉县原种场		9/26	5/11	227	1	强	齐	—	斜	—	—	7.5	6.5	0	0	7.5
四川绵阳农科所		9/17	4/22	217	1	弱	齐	—	直	0	0	0.33	0.31	0	0	15.97
四川南充农科所	SQ304	9/14	4/24	222	-1	中	齐	中	直	0.45	0.11	31.82	11.36	0	0	0.9
四川宜宾农科院	YG126	9/29	4/19	202	0	强	齐	强	倒	0.26	—	26.00	12.42	0	0	6.67
四川原良种站		9/21	4/18	209	-2	强	中	中	斜	0	0	1	1	0	0	0
云南沪西农技站		9/19	3/28	190	3	中	齐	强	直	0	0	0	0	0	0	0
重庆三峡农科院		10/2	4/28	208	1	强	齐	强	斜	21	11	0	0	0	0	1.33
重庆西南大学		10/15	4/20	187	0	强	齐	强	折倒	0	0	5.26	5.26	0	0	3.3
平均值				210.7	0.1	中+	齐	强-	强-	2.71	1.52	7.19	3.68	0.03	0.02	5.54

上游 C 组生育期及抗性表（3）

试点单位	编号品种名称	播种期（月/日）	成熟期（月/日）	全生育期（天）	比对照（±天数）	苗期生长势	成熟一致性	耐旱、渍性（强、中、弱）	抗倒性（直、斜、倒）	抗寒性 冻害率（%）	抗寒性 冻害指数	菌核病 病害率（%）	菌核病 病害指数	病毒病 病害率（%）	病毒病 病害指数	不育株率（%）
贵州铜仁农科所		9/18	5/14	238	0	强	齐	强	直	—	—	0	0	0	0	0
贵州油料研究所		10/3	5/2	211	2	强	齐	强	倒	0	0	0.5	0.3	0.4	0.1	5.7
陕西勉县原种场		9/26	5/10	226	0	强	齐	—	倒	—	—	7.63	6.53	0	0	5.75
四川绵阳农科所		9/17	4/20	215	-1	中	齐	—	直	0	0	1	0.69	0	0	8.33
四川南充农科所	SQ305	9/14	4/26	224	1	强	齐	中	斜	5.91	1.48	45.45	17.61	0	0	0
四川宜宾农科院	DF1208	9/29	4/20	203	1	强	不齐	强	倒	3.53	—	30.33	16.33	0	0	9.67
四川原良种站		9/21	4/20	211	0	强	中	强	斜	0	0	0	0	0	0	0.48
云南泸西农技站		9/19	3/26	188	1	强	不齐	中	直	0	0	0	0	0	0	1.2
重庆三峡农科院		10/2	4/25	205	-2	强	齐	强	斜	0	0	4.0	2.2	0	0	1.33
重庆西南大学		10/15	4/20	187	0	强	中	强	折倒	0	0	0	0	0	0	10
平 均 值				210.8	0.2	强	中＋	强 -	中	1.18	0.21	8.89	4.36	0.04	0.01	4.25
贵州铜仁农科所		9/18	5/14	238	0	强	中	强	倒	—	—	3.6	2.8	2	1.5	0
贵州油料研究所		10/3	5/4	213	4	强	齐	强	直	0	0	0.3	0.1	0	0	0.3
陕西勉县原种场		9/26	5/13	229	3	强	齐	—	倒	—	—	8.38	6.72	0	0	2
四川绵阳农科所		9/17	4/21	216	0	弱	齐	—	直	0	0	0	0	0	0	0.56
四川南充农科所	SQ306	9/14	4/28	226	3	强	齐	中	直	15.91	3.98	25.00	6.82	0	0	0
四川宜宾农科院	152G200	9/29	4/21	204	2	强	不齐	强	倒	2.79	—	27.67	13.08	0	0	3.00
四川原良种站		9/21	4/20	211	0	强	中	强	斜	0	0	1	1	0	0	0
云南泸西农技站		9/19	3/23	185	-2	强	齐	强	直	0	0	0	0	0	0	0
重庆三峡农科院		10/2	4/27	207	0	强	齐	强	斜	0	0	0	0	0	0	1.00
重庆西南大学		10/15	4/20	187	0	强	中	强	折倒	0	0	0	0	0	0	0
平 均 值				211.6	1.0	强	齐 -	强 -	中＋	2.34	0.57	6.59	3.05	0.20	0.15	0.69

上游C组生育期及抗性表（4）

试点单位	编号品种名称	播种期（月/日）	成熟期（月/日）	全生育期（天）	比对照±天数	苗期生长势	成熟一致性	耐旱性（强、中、弱）	抗倒性（直、斜、倒）	抗寒性		菌核病		病毒病		不育株率（%）
										冻害率（%）	冻害指数	病害率（%）	病害指数	病害率（%）	病害指数	
贵州铜仁农科所		9/18	5/14	238	0	强	齐	强	直	—	—	0	0	0	0	0
贵州油料研究所		10/3	5/2	211	2	强	齐	强	倒	0	0	0.5	0.3	0.4	0.1	5.7
陕西勉县原种场		9/26	5/10	226	0	强	齐	—	倒	—	—	7.63	6.53	0	0	5.75
四川绵阳农科所		9/17	4/20	215	-1	中	齐	—	直	0	0	1	0.69	0	0	8.33
四川南充农科所	SQ305	9/14	4/26	224	1	强	齐	中	斜	5.91	1.48	45.45	17.61	0	0	0
四川宜宾农科院	DF1208	9/29	4/20	203	1	强	不齐	强	倒	3.53	—	30.33	16.33	0	0	9.67
四川原种站		9/21	4/20	211	0	强	中	强	斜	0	0	0	0	0	0	0.48
云南泸西农技站		9/19	3/26	188	1	强	不齐	中	直	0	0	0	0	0	0	1.2
重庆三峡农科院		10/2	4/25	205	-2	强	齐	强	斜	0	0	4.0	2.2	0	0	1.33
重庆西南大学		10/15	4/20	187	0	强	中	强	折倒	0	0	0	0	0	0	10
平 均 值				210.8	0.2	强	中+	强-	中	1.18	0.21	8.89	4.36	0.04	0.01	4.25
贵州铜仁农科所		9/18	5/14	238	0	强	中	强	倒	—	—	3.6	2.8	2	1.5	0
贵州油料研究所		10/3	5/4	213	4	强	齐	强	直	0	0	0.3	0.1	0	0	0.3
陕西勉县原种场		9/26	5/13	229	3	强	齐	—	倒	—	—	8.38	6.72	0	0	2
四川绵阳农科所		9/17	4/21	216	0	弱	齐	—	直	0	0	0	0	0	0	0.56
四川南充农科院	SQ30	9/14	4/28	226	3	强	齐	中	直	15.91	3.98	25.00	6.82	0	0	0
四川宜宾农科院	152G200	9/29	4/21	204	2	强	不齐	强	倒	2.79	—	27.67	13.08	0	0	3.00
四川原种站		9/21	4/20	211	0	强	中	强	斜	0	0	1	1	0	0	0
云南泸西农技站		9/19	3/23	185	-2	强	齐	中	直	0	0	0	0	0	0	0
重庆三峡农科院		10/2	4/27	207	0	强	齐	强	斜	0	0	0	0	0	0	1.00
重庆西南大学		10/15	4/20	187	0	强	中	强	折倒	0	0	0	0	0	0	0
平 均 值				211.6	1.0	强	齐-	强-	中+	2.34	0.57	6.59	3.05	0.20	0.15	0.69

上游C组生育期及抗性性表（5）

试点单位	编号品种名称	播种期(月/日)	成熟期(月/日)	全生育期(天)	比对照(±天数)	苗期生长势	成熟一致性	耐旱渍性(强、中、弱)	抗倒性(直、斜、倒)	抗寒性 冻害率(%)	抗寒性 冻害指数	菌核病 病害率(%)	菌核病 病害指数	病毒病 病害率(%)	病毒病 病害指数	不育株率(%)
贵州铜仁农科所		9/18	5/17	241	3	强	中	强	倒	—	—	0	0	0	0	0
贵州油料研究所		10/3	4/30	209	0	中	齐	强	直	0	—	0.3	0.2	0.3	0.1	1.7
陕西勉县原种场		9/26	5/12	228	2	强	齐	—	倒	—	—	10.13	9.1	0	0	1.25
四川绵阳农科所		9/17	4/20	215	-1	中	齐	—	直	0	—	0.33	0.14	0	0	1.53
四川南充农科所	SQ307	9/14	4/25	223	0	中	齐	弱	倒	3.64	0.91	6.82	1.70	0	0	0
四川宜宾农科院	川杂09 NH01	9/29	4/20	203	1	强	齐	强	倒	0.68	—	33.00	15.50	0	0	1.00
四川原良种站		9/21	4/18	209	-2	强	齐	强	斜	0	0	0	0	0	0	0
云南沪西农技站		9/19	3/24	186	-1	强	齐	中	直	0	0	0	0	0	0	1.2
重庆三峡农科院		10/2	4/26	206	-1	强	齐	强	斜	15	8	4.3	7.3	0	0	0
重庆西南大学		10/15	4/20	187	0	强	齐	强	折倒	0	0	5	1.25	0	0	1.7
平均值				210.7	0.1	强-	齐	强-	中+	2.42	1.20	5.99	3.52	0.03	0.01	0.84
贵州铜仁农科所		9/18	5/14	238	—	强	齐	强	直	—	—	2.4	1.6	0.8	0.4	0
贵州油料研究所		10/3	4/30	209	—	中	齐	强	直	0	0	0.3	0.1	0.2	0.1	0.9
陕西勉县原种场		9/26	5/10	226	—	强	齐	—	斜	—	—	4.13	3.38	0	0	2
四川绵阳农科所		9/17	4/21	216	—	中	齐	—	直	0	0	0.11	0.06	0	0	0.56
四川南充农科所	SQ308	9/14	4/25	223	—	中	齐	中	斜	0	0	2.27	0.57	0	0	0
四川宜宾农科院	南油12号 (CK)	9/29	4/19	202	—	强	齐	强	倒	18.29	—	40.00	25.33	0	0	0
四川原良种站		9/21	4/20	211	—	强	中	强	斜	0	0	0	0	2	2	0
云南沪西农技站		9/19	3/25	187	—	强	齐	中	直	0	0	0	0	0	0	0
重庆三峡农科院		10/2	4/27	207	—	强	齐	强	斜	0	0	0	0	0	0	0
重庆西南大学		10/15	4/20	187	—	强	齐	强	折倒	0	0	0	0	0	0	0
平均值				210.6	—	强-	齐	强-	强-	2.29	0.00	4.92	3.10	0.30	0.25	0.35

上游C组生育期及抗性表（6）

试点单位	编号品种名称	播种期(月/日)	成熟期(月/日)	全生育期(天)	比对照(±天数)	苗期生长势	成熟一致性	耐旱渍性(强、中、弱)	抗倒性(直、斜、倒)	抗寒性 冻害率(%)	抗寒性 冻害指数	菌核病 病害率(%)	菌核病 病害指数	病毒病 病害率(%)	病毒病 病害指数	不育株率(%)
贵州铜仁二农科所		9/18	5/13	237	-1	强	齐	强	直	—	—	3.6	2.3	1.2	0.9	0
贵州油料研究所		10/3	5/1	210	1	强	齐	强	直	0	0	0.1	0.1	0.2	0.1	2.3
陕西勉县原种场		9/26	5/12	228	2	强	齐	—	倒	—	—	5.63	4.38	0	0	3
四川绵阳农科所		9/17	4/22	217	1	中	齐	—	直	0	0	0.44	0.36	0	0	5.42
四川南充农科所	SQ309	9/14	4/25	223	0	中	齐	中	倒	9.55	2.39	11.36	2.84	0	0	0
四川宜宾农科院	黔荣2011-2	9/29	4/19	202	0	强	齐	强	倒	0.00	—	21.67	10.50	0	0	1.33
四川原良种站		9/21	4/18	209	-2	强	中	强	斜	0	0	2	2	0	0	0
云南沪西农技站		9/19	3/19	181	-6	强	不齐	中	直	0	0	0	0	0	0	1.5
重庆三峡农科院		10/2	4/27	207	0	强	齐	强	斜	0	0	4.0	10.7	0	0	0
重庆西南大学		10/15	4/20	187	0	强	齐	强	折倒	0	0	0	0	0	0	3.3
平 均 值				210.1	-0.5	强-	齐	强-	中+	1.19	0.34	4.88	3.32	0.14	0.10	1.69
贵州铜仁二农科所		9/18	5/14	238	0	中	齐	强	直	—	—	3.6	2.7	1.6	2.8	0
贵州油料研究所		10/3	5/4	213	4	强	齐	强	直	0	0	0	0	0	0	1.6
陕西勉县原种场		9/26	5/13	229	3	强	齐	—	斜	—	—	6.13	4.85	0	0	1
四川绵阳农科所		9/17	4/21	216	0	中	齐	—	直	0	0	0.11	0.03	0	0	1.39
四川南充农科所	SQ310	9/14	4/28	226	3	强	齐	中	斜	10	2.5	15.91	5.68	0	0	0
四川宜宾农科院	H29J24	9/29	4/20	203	1	强	齐	强	斜	1.23	—	5.00	1.50	0	0	3.33
四川原良种站		9/21	4/20	211	0	强	中	强	斜	0	0	0	0	0	0	0
云南沪西农技站		9/19	3/28	190	3	强	齐	中	直	0	0	0	0	0	0	0.9
重庆三峡农科院		10/2	4/28	208	1	强	齐	强	斜	0	0	0	0	0	0	0
重庆西南大学		10/15	4/24	191	4	强	齐	强	折倒	0	0	0	0	0	0	1.7
平 均 值				212.5	1.9	强-	齐	强-	强-	1.40	0.36	3.08	1.48	0.16	0.28	0.99

上游 C 组生育期及抗性表（7）

试点单位	编号品种名称	播种期(月/日)	成熟期(月/日)	全生育期(天)	比对照(±天数)	苗期生长势	成熟一致性	耐旱、渍性(强、中、弱)	抗倒性(直、斜、倒)	抗寒性 冻害率(%)	抗寒性 冻害指数	菌核病 病害率(%)	菌核病 病害指数	病毒病 病害率(%)	病毒病 病害指数	不育株率(%)
贵州铜仁农科所		9/18	5/13	237	-1	强	齐	强	直	—	—	0	0	0	0	0
贵州油料研究所		10/3	5/2	211	2	中	齐	强	直	0	0	0.3	0.1	0.1	0	2.1
陕西勉县原种场		9/26	5/13	229	3	强	齐	—	斜	—	—	9	7.6	0	0	3
四川绵阳农科所		9/17	4/23	218	2	弱	齐	—	直	0	0	0.56	0.44	0	0	3.61
四川南充农科所		9/14	4/28	226	3	强	齐	中	倒	13.18	3.3	13.64	6.82	0	0	0.5
四川宜宾农科院		9/29	4/20	203	1	强	齐	强	倒	2.17	—	32.00	16.92	0	0	8.67
四川原良种站		9/21	4/24	215	4	强	中	强	直	0	0	0	0	0	0	0
云南泸西农技站	SQ311	9/19	3/30	192	5	中	齐	中	直	0	0	0	0	0	0	0
重庆三峡农科院	H2108	10/2	4/29	209	2	强	齐	强	直	0	0	0	0	0	0	0
重庆西南大学		10/15	4/26	193	6	强	中	强	折倒	0	0	10.53	10.53	0	0	0
平均值				213.3	2.7	强-	齐-	强-	中	1.92	0.47	6.60	4.24	0.01	0.00	1.78
贵州铜仁农科所		9/18	5/14	238	0	强	中	强	直	—	—	0	0	0	0	0
贵州油料研究所		10/3	5/4	213	4	中	齐	强	直	0	0	0.3	0.1	0	0	0.7
陕西勉县原种场		9/26	5/13	229	3	强	齐	—	斜	—	—	4.38	3.82	0	0	0
四川绵阳农科所		9/17	4/24	219	3	中	齐	—	直	0	0	0.33	0.22	0	0	0
四川南充农科所	SQ312	9/14	4/28	226	3	中	齐	强	直	8.64	2.16	11.36	3.41	0	0	0
四川宜宾农科院	SWU0 9V16*	9/29	4/21	204	2	强	齐	强	直	0.00	—	29.00	12.00	0	0	0
四川原良种站		9/21	4/24	215	4	强	齐	强	直	0	0	2	2	0	0	0
云南泸西农技站		9/19	3/27	189	2	强	齐	中	直	0	0	0	0	0	0	0
重庆三峡农科院		10/2	5/2	212	5	强	齐	强	直	0	0	0	0	0	0	0
重庆西南大学		10/15	4/20	187	0	强	齐	强	直	0	0	0	0	0	0	0
平均值				213.2	2.6	强-	齐	强-	强+	1.08	0.31	4.74	2.16	0.00	0.00	0.07

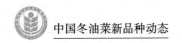

2012—2013 年度国家冬油菜品种区域试验汇总报告
（长江上游 D 组）

一、试验概况

（一）供试品种

本轮参试品种包括对照共 12 个。

编号	品种名称	申报类型	芥酸（%）	硫苷（μmol/g）	含油量（%）	供 种 单 位
SQ401	天禾油 1201	双低杂交	0.0	26.15	46.66	安徽天禾农业科技有限股份公司
SQ402	绵杂 06－322 *	双低杂交	50.2	29.50	41.59	四川省绵阳市农科所
SQ403	双油杂 1 号	双低杂交	0.1	19.96	41.00	河南省农业科学院经济作物研究所
SQ404	华 11 崇 32	双低杂交	0.6	27.47	40.38	华中农业大学
SQ405	蓉油 14	双低杂交	0.2	23.38	42.13	成都市农林科学院作物所
SQ406	12 杂 656	双低杂交	0.0	17.00	41.27	四川同路农业科技有限责任公司
SQ407	杂 0982 *	双低杂交	0.1	17.47	42.40	成都市农林科学院
SQ408	SWU10V01	双低杂交	0.0	27.04	42.76	重庆利农一把手农业科技有限责任公司
SQ409	南油 12 号（CK）	双低杂交	0.0	20.22	40.00	四川省南充市农科所
SQ410	新油 418	双低杂交	0.3	29.88	40.78	四川新丰种业有限公司
SQ411	SY09-6	双低杂交	0.0	29.30	41.15	陕西三原县种子管理站
SQ412	川杂 NH1219	双低杂交	0.0	29.48	45.48	四川农业科学院作物研究所

注：（1）＊为参加两年区试品种（系）；（2）品质检测由农业部油料及制品质量监督检验测试中心检测，芥酸于 2012 年 8 月测播种前各育种单位参试品种的种子；硫苷、含油量于 2013 年 7 月测收获后各抽样试点的混合种子

（二）参试单位

组别	参试单位	参试地点	联系人
长江上游 C 组	四川省原良种试验站	四川省双流县	赵迎春
	四川省宜宾市农科院	四川省宜宾市	张义娟
	四川省南充市农科院	四川省南充市	邓武明
	四川省绵阳市农科院	四川省绵阳市	李芝凡
	重庆三峡农科院	重庆市万州区	伊淑丽
	云南罗平县种子管理站	云南省罗平县	李庆刚
	云南腾冲县农技推广中心	云南省腾冲县	王 佐
	贵州省安顺市研究所	贵州省安顺市	杨天英
	贵州省遵义市农科所	贵州省遵义县	钟永先
	贵州铜仁地区农科所	贵州省铜仁市	吴兰英
	陕西省勉县良种场	陕西省勉县	许 伟
	西南大学	重庆市北碚区	谌 利

（三）试验设计及田间管理

各试点均能按统一试验方案严格执行，采用随机区组排列，3 次重复，小区净面积为 20m²。直播

种植密度为 2.3 万~2.7 万株/亩，移栽密度为 0.8 万/亩。大部分试点均按实施方案进行田间调查、记载和室内考种，数据记录完整（少数试点数据不全）。各点试验地前作有水稻、大豆、玉米、烤烟，其土壤肥力中等偏上，栽培管理水平同当地大田生产或略高于当地生产水平，防虫不治病。基肥或追肥以复合肥、鸡粪、过磷酸钙、碳铵、尿素、硼砂拌均匀进行撒施或点施。

（四）气候特点

长江上游试验区域主要包括四川盆地和云贵高原地区，因此各地小气候差别很大。播种至出期间，大部分试点雨水偏多，出苗普遍较好。苗期气候适宜油菜生长发育，各品种长势良好。苗期病害少有病害发生，低温出现持续时间短，未对油菜形成不利影响。部分试点有干旱发生，导致油菜生长量减少及蚜虫为害。初花以后，天气晴好，气温、光照、水分对油菜开花结实、籽粒形成十分有利，菌核病发病率极低，后期风雨造成少数试点部分品种倒伏，但由于是青荚末期，对产量影响不大。极少数试点因气候或试验地选址的原因，导致试验产量偏低未达试验方案要求，试验数据不能纳入汇总。

总体来说，本年度本区域气候条件对油菜生长发育较为有利，大部分试点严格按方案要求进行操作，管理及时，措施得当，试验水平和产量水平均高于往年。

二、试验结果 *

（一）产量结果

1. 方差分析表（试点效应固定）

变异来源	自由度	平方和	均方	F 值	概率（小于 0.05 显著）
试点内区组	20	1 894.34028	94.71701	1.19280	0.262
品　　种	11	42 172.44444	3 833.85859	48.28103	0.000
试　　点	9	351 538.13333	39 059.79259	491.89267	0.000
品种×试点	99	88 914.42122	898.12547	11.31039	0.000
误　　差	220	17 469.57183	79.40714		
总　变　异	359	501 988.91111			

试验总均值 =189.071506076389

误差变异系数 CV（%）=4.713

多重比较结果（LSD 法）　LSD0 0.05 =4.5556　LSD0 0.01 =5.9822

品种	品种均值	比对照（%）	0.05 显著性	0.01 显著性
新油 418	213.08900	12.68781	a	A
双油杂 1 号	196.55010	3.94157	b	B
杂 0982 *	194.43570	2.82340	bc	BC
蓉油 14	193.61230	2.38798	bcd	BC
12 杂 656	192.48460	1.79160	bcd	BC
绵杂 06 - 322 *	191.44350	1.24102	cd	BC
SWU10V01	189.23900	0.07523	de	CD
南油 12 号（CK）	189.09670	0.00000	de	CD
SY09-6	185.07340	- 2.12763	e	D
川杂 NH1219	178.67120	- 5.51334	f	E
华 11 崇 32	176.94010	- 6.42878	f	E
天禾油 1201	168.22340	- 11.03843	g	F

---

　* 云南罗平、贵州遵义点报废，未纳入汇总

2. 品种稳定性分析（Shukla 稳定性方差）

变异来源	自由度	平方和	均方	F 值	概率（小于 0.05 显著）
区组	20	1 893.77800	94.68889	1.19234	0.263
环境	9	351 538.20000	39 059.80000	491.84640	0.000
品种	11	42 172.54000	3 833.86700	48.27658	0.000
互作	99	88 913.25000	898.11360	11.30917	0.000
误差	220	17 471.22000	79.41463		
总变异	359	501 989.00000			

各品种 Shukla 方差及其显著性检验（F 测验）

品种	DF	Shukla 方差	F 值	概率	互作方差	品种均值	Shukla 变异系数（%）
天禾油 1201	9	559.82070	21.1480	0.000	533.3491	168.2234	14.0650
绵杂 06 – 322 *	9	194.53220	7.3487	0.000	168.0607	191.4434	7.2854
双油杂 1 号	9	66.16283	2.4994	0.010	39.6913	196.5501	4.1384
华 11 崇 32	9	323.50300	12.2208	0.000	297.0314	176.9401	10.1651
蓉油 14	9	162.74380	6.1479	0.000	136.2722	193.6123	6.5890
12 杂 656	9	167.30010	6.3200	0.000	140.8286	192.4845	6.7197
杂 0982 *	9	386.29130	14.5927	0.000	359.8197	194.4357	10.1084
SWU10V01	9	619.49150	23.4022	0.000	593.0199	189.2390	13.1525
南油 12 号（CK）	9	9.90134	0.3740	0.947	0.0000	189.0968	1.6640
新油 418	9	206.94450	7.8176	0.000	180.4729	213.0890	6.7510
SY09-6	9	506.17750	19.1216	0.000	479.7060	185.0734	12.1565
川杂 NH1219	9	389.95860	14.7312	0.000	363.4870	178.6712	11.0524
误差	220	26.47154					

各品种 Shukla 方差同质性检验（Bartlett 测验）Prob. = 0.00007 极显著，不同质，各品种稳定性差异极显著。

各品种 Shukla 方差的多重比较（F 测验）

品种	Shukla 方差	0.05 显著性	0.01 显著性
SWU10V01	619.49150	a	A
天禾油 1201	559.82070	ab	A
SY09-6	506.17750	abc	A
川杂 NH1219	389.95860	abc	A
杂 0982 *	386.29130	abc	A
华 11 崇 32	323.50300	abc	AB
新油 418	206.94450	abcd	AB
绵杂 06 – 322 *	194.53220	bcd	AB
12 杂 656	167.30010	cd	AB
蓉油 14	162.74380	cd	AB
双油杂 1 号	66.16283	d	B
南油 12 号（CK）	9.90134	e	C

（二）主要经济性状

各试点详细调查记载了油菜参试品种的主要经济性状、农艺性状和抗逆性，具体包括单株有效角果数、每角粒数、千粒重、单株产量、株高、有效分枝部位、分枝数、结荚密度、主花序有效长、主花序有效角、不育株率、生育期、菌核病发生情况（发病率、病情指数）、病毒病发生情况（发病率、病情指数）、抗寒性（受冻率、冻害指数）、苗期生长势和成熟期一致性、抗倒性等，详见各相关附表。主要产量构成情况如下。

1. 单株有效角果数

单株有效角果数平均幅度为 327.98~369.33 个。其中，SWU10V10 最少，新油 418 最多，南油 12 （CK）354.99 个，2011—2012 年为 397.41 个。

2. 每角粒数

每角粒数平均幅度 17.35~20.69 粒。天禾油 1201 最少，对照南油 12 最多，比 2011—2012 年的 19.39 粒，略有增加。

3. 千粒重

千粒重平均幅度为 3.40~3.87g。双油杂 1 号最大，南油 12 （CK）最小，比 2011—2012 年的 3.62g 略有下降。

（三）成熟期比较

在参试品种（系）中，各品种全生育期在 213.9~218.6 天，品种熟期极差 4.7 天。对照南油 12 （CK）全生育期 216.3 天，比 2011—2012 年的 222.3 天缩短 6 天。

（四）抗逆性比较

1. 菌核病

菌核病平均发病率幅度 2.22%~8.95%，病情指数幅度为 1.33~5.19。南油 12 （CK）发病率与病情指数均为最高，2011—2012 年南油 12 （CK）发病率为 3.72%，病情指数为 1.53，比 2011—2012 年重。

2. 病毒病

病毒病发病率平均幅度为 0.00%~1.91%。病情指数幅度为 0.00~1.17。南油 12 （CK）发病率为 1.16%，病情指数为 0.10，2011—2012 年发病率为 0.88%，病情指数为 0.48，略有下降。

（五）不育株率

变幅 0.10%~3.79%，其中，SY09-6 最高，双油杂 1 号最低，南油 12 （CK）0.50%。

三、品种综述

本组试验以南油 12 为产量对照（CK），以试验平均产油量为产油量对照，简称对照，对试验结果进行数据处理和分析，并以此作为参试品种的评价依据。

1. 新油 418

四川新丰种业提供，试验编号 SQ410。

该品种植株较高，生长势强，一致性好，分枝性中等。10 个点试验全部增产，平均亩产 213.09kg，比对照南油 12 增产 12.69%，增产极显著，居试验第 1 位。平均产油量 86.90kg/亩，比对照增产 9.08%，10 个试点全部增产。丰产性、稳产性均较好。株高 179.36cm，分枝数 7.61 个，生育期平均 216.8 天，比对照迟熟 0.5 天。单株有效角果数为 369.33 个，每角粒数 19.46 粒，千粒重 3.86g，不育株率 0.48%。菌核病发病率 3.04%，病情指数 1.62，病毒病发病率 0.00%，病情指数 0.00，菌核病鉴定结果为低感，受冻率 12.98%，冻害指数 0.05，抗倒性强。芥酸含量 0.3%，硫苷含量 29.88μmol/g（饼），含油量 40.78%。

主要优缺点：丰产性突出，产油量高，品质达双低标准，抗倒性强，抗病性中等，熟期适中。

结论：继续试验。

2. 双油杂 1 号

河南省农科院经济作物研究所提供，试验编号 SQ403。

该品种植株较高，生长势强，一致性较好，分枝性中等。10 个点试验 9 个点增产，1 个点减产，平均亩产 196.55kg，比对照南油 12 号增产 3.94%，达极显著水平，居试验第 2 位。平均产油量 80.59kg/亩，比对照增产 1.16%，10 个试点中，6 个点增产，4 个点减产。株高 177.34cm，分枝数 7.29 个，生育期平均 215.6 天，比对照早熟 0.7 天。单株有效角果数为 332.69 个，每角粒数 19.46

粒，千粒重 3.87g，不育株率 0.10%。菌核病发病率 6.38%，病情指数 4.24，病毒病发病率 0.13%，病情指数 0.17，菌核病鉴定结果为高感受冻率 13.51%，冻害指数 0.31，抗倒性强。芥酸含量 0.1%，硫苷含量 19.96μmol/g（饼），含油量 41.00%。

主要优缺点：丰产性较好，产油量一般，品质达双低标准，抗倒性强，高感菌核病，熟期早。

结论：抗性未达标，终止试验。

3. 杂 0982 *

成都市农林科学院提供，试验编号 SQ407。

该品种植株较高，生长势强，一致性好，分枝性中等。10 个点试验 7 个点增产，3 个点减产，平均亩产 194.44kg，比 CK 南油 12 增产 2.82%，增产不显著，居试验第 3 位。平均产油量 82.44kg/亩，比对照增产 3.49%，10 个试点中，6 个点增产，4 个点减产。株高 191.64cm，分枝数 7.07 个，生育期平均 215.5 天，比对照早熟 0.8 天。单株有效角果数为 348.16 个，每角粒数 18.71 粒，千粒重 3.73g，不育株率 3.43%。菌核病发病率 6.46%，病情指数 3.91，病毒病发病率 1.02%，病情指数 0.09，菌核病鉴定结果为低抗，受冻率 13.16%，冻害指数 0.07，抗倒性强 -，芥酸含量 0.1%，硫苷含量 17.47μmol/g（饼），含油量 42.40%。

2011—2012 年度国家（长江上游 A 组，试验编号 SQ109）区试中：2 个试点 8 点增产，4 个点减产，平均亩产 184.49kg，比对照南油 12 号增产 4.09%，达极显著水平，居试验第 1 位。平均产油量 78.30kg/亩，比对照增产 6.02%，12 个试点中有 10 个点增产（比对照，下同），2 个点减产（比对照，下同）。株高 204.45cm，分枝数 7.39 个，生育期平均 222.3 天，比 CK 早熟 1.5 天。单株有效角果数为 404.56 个，每角粒数 19.51 粒，千粒重 3.43g，不育株率 1.06%。菌核病发病率 3.67%，病情指数 1.73，病毒病发病率 0.41%，病情指数 1.06，菌核病鉴定结果为中感，受冻率 0.52%，冻害指数 0.01，抗倒性强。芥酸含量 0.2%，硫苷含量 17.37μmol/g（饼），含油量 42.44%。

综合 2011—2013 两年试验结果：22 个试验点，15 个点增产，7 个点减产，平均亩产 189.46kg，比对照增产 3.45%。单株有效角果数 376.36 个，每角粒数为 19.11 粒，千粒重为 3.58g。菌核病发病率 5.07%，病情指数为 2.82，病毒病发病率 0.72%，病情指数为 0.58，菌核病鉴定结果为中感，抗倒性强，不育株率平均为 2.25%。含油量平均为 42.42%，2 年芥酸含量分别为 0.1% 和 0.2%，硫苷含量分别为 17.47μmol/g（饼）和 17.37μmol/g（饼）。两年平均产油量 80.37kg/亩，比对照增产 4.75%。

主要优缺点：品质达双低标准，丰产性较好，产油量较高，抗倒性强 -，中感菌核病，熟期较早。

结论：产量、产油量指标均未达标，完成试验。

4. 蓉油 14

成都市农林科学院作物所选育，试验编号 SQ405。

该品种植株较高，生长势较强，一致性好，分枝性中等。10 个点试验 6 点增产，4 个点减产，平均亩产 193.61kg，比对照增产 2.39%，不显著，居试验第 4 位。平均产油量 81.57kg/亩，比对照增产 2.39%，在 10 个试点中，5 个点增产，5 个点减产。株高 186.72cm，分枝数 7.13 个，生育期平均 216.9 天，比对照迟熟 0.6 天。单株有效角果数为 340.30 个，每角粒数 19.80 粒，千粒重 3.43g，不育株率 0.75%。菌核病发病率 4.69%，病情指数 2.65。病毒病发病率 0.50%，病情指数 0.01。菌核病鉴定结果为中抗，受冻率 14.28%，冻害指数 0.05，抗倒性强。芥酸含量 0.2%，硫苷含量 22.38μmol/g（饼），含油量 42.13%。

主要优缺点：丰产性较差，产油量较低，品质达双低标准，抗倒性强，综合抗病性好，熟期偏迟。

结论：产量、产油量均未达标，终止试验。

5. 12 杂 656

四川同路农业科技有限责任公司选育，试验编号 SQ406。

该品种植株较高，生长势较强，一致性较好，分枝性中等。10 个点试验 8 点增产，2 个点减产，平均亩产 192.48kg，比对照增产 1.79%，不显著，居试验第 5 位。平均产油量 79.44kg/亩，比对照减产 0.28%，在 10 个试点中，5 个点增产，5 个点减产。株高 179.50cm，分枝数 7.13 个，生育期平均 216.9 天，比对照迟熟 0.6 天。单株有效角果数为 357.67 个，每角粒数 19.09 粒，千粒重 3.59g，不育株率 1.79%。菌核病发病率 6.43%，病情指数 3.53。病毒病发病率 0.73%，病情指数 0.15。菌核病鉴定结果为低感，受冻率 12.83%，冻害指数 0.05，抗倒性强 −。芥酸含量 0.0，硫苷含量 17.00μmol/g（饼），含油量 41.27%。

主要优缺点：丰产性、产油量一般，品质达双低标准，抗倒性强 −，综合抗性较好，熟期适中。

结论：产量未达标，终止试验。

6. 绵杂 06-322 * 高芥品种

四川绵阳市农科所提供，试验编号 SQ402。

该品种植株较高，生长势较强，一致性好，分枝性中等。10 个点试验 4 个点增产，6 个点减产，平均亩产 191.44kg，比 CK 南油 12 增产 1.24%，增产不显著，居试验第 6 位。平均产油量 79.62kg/亩，比对照增产 0.05%，12 个试点中，5 个点增产，5 个点减产。株高 179.18cm，分枝数 6.87 个，生育期平均 213.9 天，比对照早熟 2.4 天。单株有效角果数为 342.21 个，每角粒数 18.77 粒，千粒重 3.70g，不育株率 0.4%。菌核病发病率 6.11%，病情指数 3.75，病毒病发病率 0.12%，病情指数 0.04，菌核病鉴定结果为低感，受冻率 0.00%，冻害指数 0.00，抗倒性强。芥酸含量 50.20%，硫苷含量 29.50μmol/g（饼），含油量 41.59%。

2011—2012 年度国家（长江上游 C 组，试验编号 SQ311）区试中：12 个点试验 9 个点增产，3 个点减产，平均亩产 173.65kg，比对照南油 12 增产 4.84%，增产极显著，居试验第 3 位。平均产油量 71.82kg/亩，比对照增产 9.91%，12 个试点中，9 个点比对照增产，3 个点比对照减产。株高 197.74cm，分枝数 7.52 个，生育期平均 222.4 天，比 CK 早熟 1.3 天。单株有效角果数为 404.49 个，本组最多，每角粒数 17.75 粒，本组最少，千粒重 3.45g，不育株率 0.50%。菌核病发病率 2.05%，本组最低，病情指数 0.98，病毒病发病率 1.27%，病情指数 0.58，菌核病鉴定结果为低感，受冻率 3.07%，冻害指数 0.15，抗倒性强。芥酸含量 50.2%，硫苷含量 34.33μmol/g（饼），含油量 41.36%。

综合 2011—2013 两年试验结果：22 个试验点，13 个点增产，9 个点减产，平均亩产 182.55kg，比对照增产 3.04%。单株有效角果数 359.29 个，每角粒数为 18.26 粒，千粒重 3.58g。菌核病发病率 4.08%，病情指数为 2.37，病毒病发病率 0.70%，病情指数为 0.31，菌核病鉴定结果为低感，抗倒性强，不育株率平均为 0.45%。含油量平均为 39.98%，2 年芥酸含量分别为 50.2% 和 50.2%，硫苷含量分别为 29.50μmol/g（饼）和 34.33μmol/g（饼）。两年平均产油量 75.72kg/亩，比对照增产 4.93%。

主要优缺点：高芥酸品种，丰产性中等，产油量较高，抗倒性强，低感菌核病，熟期较早。

结论：高芥品种，生产试验品质指标未达标，完成试验。

7. SWU10V01

重庆利农一把手农业科技有限责任公司供种，试验编号 SQ408。

该品种植株较高，生长势一般，一致性较好，分枝性中等。10 个点 7 个点增产，3 个点减产，平均亩产 189.24kg，比对照增产 0.08%，不显著，居试验第 7 位。平均产油量 80.92kg/亩，比对照增产 1.58%，在 10 个试点中，8 个点增产，2 个点减产。株高 179.93cm，分枝数 7.66 个，生育期平均 217.8 天，比对照迟熟 1.5 天。单株有效角果数为 327.98 个，每角粒数 19.65 粒，千粒重 3.82g，不育株率 0.15%。菌核病发病率 5.27%，病情指数 3.38，均为本组最高。病毒病发病率 0.30%，病情指数 0.17，菌核病鉴定结果为低抗，受冻率 13.28%，冻害指数 0.05，抗倒性强 −。芥酸含量 0.0，硫苷含量 27.04μmol/g（饼），含油量 42.76%。

主要优缺点：丰产性、产油量一般，品质达双低标准，抗倒性较强，抗病性一般，熟期早适中。

结论：产量、产油量均未达标，终止试验。

8. SY09-6

陕西三原县种子管理站供种，试验编号 SQ411。

该品种植株较高，生长势一般，一致性较好，分枝性中等。10 个点 3 个点增产，7 个点减产，平均亩产 185.07kg，比对照南油 12 减产 2.13%，不显著，居试验第 9 位。平均产油量 76.16kg/亩，比对照减产 4.40%，在 10 个试点中，2 个点增产，8 个点减产。株高 192.44cm，分枝数 7.70 个，生育期平均 218.5 天，比对照迟熟 2.2 天。单株有效角果数为 359.46 个，每角粒数 18.06 粒，千粒重 3.54g，不育株率 3.79%。菌核病发病率 2.22%，病情指数 1.33，病毒病发病率 0.13%，病情指数 0.12，菌核病鉴定结果为中抗，受冻率 0.17%，冻害指数 0.00，抗倒性强 -。芥酸含量 0.0，硫苷含量 29.30μmol/g（饼），含油量 41.15%。

主要优缺点：丰产性差，产油量低，品质达双低标准，抗倒性较强，抗病性较好，熟期偏迟。

结论：产量、产油量未达标，终止试验。

9. 川杂 NH1219

四川农科院作物研究所提供，试验编号 SQ412。该品种植株较高，生长势一般，一致性较好，分枝性中等。10 个点试验 3 个点增产，7 个点减产，平均亩产 178.67kg，比对照减产 5.51%，减产极显著，居试验第 10 位。平均产油量 81.26kg/亩，比对照增产 2.01%，在 10 个试点中，6 个点增产，4 个点减产。株高 176.82cm，分枝数 7.34 个，生育期平均 215.6 天，比对照早熟 0.7 天。单株有效角果数为 368.73 个，每角粒数 17.51 粒，千粒重 3.62g，不育株率 3.19%。菌核病发病率 7.17%，病情指数 3.90，病毒病发病率 0.50%，病情指数 0.01，菌核病鉴定结果为中感，受冻率 12.80%，冻害指数 0.10，抗倒性强。芥酸含量 0.0，硫苷含量 29.48μmol/g（饼），含油量 45.48%。

主要优缺点：丰产性差，产油量一般，品质达双低标准，抗倒性强，抗病性一般，熟期适中。

结论：产量、品质、产油量均未达标，终止试验。

10. 华 11 崇 32

华中农业大学选育，试验编号 SQ404。

该品种植株较高，生长势一般，一致性好，分枝性中等。10 个点试验 2 个点增产，8 点减产，平均亩产 176.94kg，比对照减产 6.43%，减产极显著，居试验第 11 位。平均产油量 71.45kg/亩，比对照减产 10.31%，10 个试点全部减产。株高 182.80cm，分枝数 6.70 个，生育期平均 215.4 天，比对照早熟 0.9 天。单株有效角果数为 332.33 个，每角粒数 18.28 粒，千粒重 3.61g，不育株率 0.74%。菌核病发病率 7.99%，病情指数 5.72，病毒病发病率 1.91%，病情指数 1.17，菌核病鉴定结果为中感，受冻率 12.68%，冻害指数 0.09，抗倒性中。芥酸含量 0.6%，硫苷含量 27.47μmol/g（饼），含油量 40.38%。

主要优缺点：丰产性差，产油量低，品质达双低标准，抗倒性一般，抗病性一般，熟期适中。

结论：产量、产油量未达标，终止试验。

11. 天禾油 1201

安徽天禾农业科技公司供种，试验编号 SQ401。

该品种植株较高，生长势一般，一致性较好，分枝性中等。10 个点试验 1 个点增产，9 个点减产，平均亩产 168.22kg，比对照减产 11.04%，减产极显著，居试验第 12 位。平均产油量 78.49kg/亩，比对照减产 1.47%，在 12 个试点中，4 个点比对照增产，8 个点比对照减产。株高 183.31cm，分枝数 6.79 个，生育期平均 218.6 天，比对照迟熟 2.3 天。单株有效角果数为 334.64 个，每角粒数 17.35 粒，千粒重 3.59g，不育株率 0.42%。菌核病发病率 3.88%，病情指数 2.44，病毒病发病率 0.21%，病情指数 0.08，菌核病鉴定结果为低感，受冻率 0.68%，冻害指数 0.08，抗倒性强 -。芥酸含量 0.0，硫苷含量 26.15μmol/g（饼），含油量 46.66%。

主要优缺点：丰产性较差，产油量较低，品质达双低标准，抗倒性较强，抗病性一般，熟期适中。

结论：产量、产油量未达标，终止试验。

2012—2013 年全国冬油菜品种区域试验（上游 D 组）原始产量表

试点	品种名	小区产量（kg）				试点	品种名	小区产量（kg）			
		I	II	III	平均值			I	II	III	平均值
重庆西南大学	天禾油 1201	5.405	5.922	5.420	5.582	四川双流	天禾油 1201	3.800	4.040	3.980	3.940
	绵杂 06‑322 *	5.915	6.202	5.578	5.898		绵杂 06‑322 *	3.710	4.080	4.280	4.023
	双油杂 1 号	6.324	6.229	6.896	6.483		双油杂 1 号	4.710	4.420	4.440	4.523
	华 11 崇 32	6.119	6.174	5.378	5.890		华 11 崇 32	4.160	4.420	4.640	4.407
	蓉油 14	6.269	6.765	5.879	6.304		蓉油 14	4.420	4.380	4.050	4.283
	12 杂 656	6.734	6.491	6.332	6.519		12 杂 656	4.060	4.420	4.400	4.293
	杂 0982 *	7.034	6.736	6.740	6.837		杂 0982 *	4.340	4.600	4.730	4.557
	SWU10V01	7.004	6.846	6.650	6.833		SWU10V01	4.780	4.610	4.980	4.790
	南油 12 号（CK）	6.322	6.610	6.454	6.462		南油 12 号（CK）	3.900	4.120	4.080	4.033
	新油 418	7.035	6.726	6.510	6.757		新油 418	4.530	4.710	4.580	4.607
	SY09-6	6.342	6.460	6.477	6.426		SY09-6	3.540	4.120	4.300	3.987
	川杂 NH1219	6.820	6.306	6.342	6.489		川杂 NH1219	3.920	3.850	4.240	4.003
重庆三峡	天禾油 1201	5.810	5.717	4.606	5.378	陕西勉县	天禾油 1201	5.112	5.768	4.912	5.264
	绵杂 06‑322 *	6.324	6.550	7.107	6.660		绵杂 06‑322 *	5.576	5.057	4.980	5.204
	双油杂 1 号	6.481	6.168	6.713	6.454		双油杂 1 号	5.377	6.719	5.927	6.008
	华 11 崇 32	6.484	6.274	6.359	6.372		华 11 崇 32	4.400	4.879	4.934	4.738
	蓉油 14	6.244	7.284	7.195	6.908		蓉油 14	5.953	5.433	5.720	5.702
	12 杂 656	6.109	6.786	7.476	6.790		12 杂 656	5.988	5.761	5.614	5.788
	杂 0982 *	7.290	8.099	7.360	7.583		杂 0982 *	6.173	6.040	6.240	6.151
	SWU10V01	6.679	6.954	7.095	6.909		SWU10V01	5.688	5.843	5.337	5.623
	南油 12 号（CK）	6.814	6.648	6.663	6.708		南油 12 号（CK）	5.493	5.844	5.611	5.649
	新油 418	6.653	6.807	7.399	6.953		新油 418	6.567	5.801	6.657	6.342
	SY09-6	6.704	6.716	6.865	6.762		SY09-6	6.346	6.148	6.059	6.184
	川杂 NH1219	7.166	7.035	7.166	7.122		川杂 NH1219	4.441	3.693	3.858	3.997
贵州安顺	天禾油 1201	4.673	4.194	4.276	4.381	四川南充	天禾油 1201	5.848	6.064	5.947	5.953
	绵杂 06‑322 *	5.741	5.635	5.767	5.714		绵杂 06‑322 *	7.324	7.278	6.938	7.180
	双油杂 1 号	5.666	6.142	5.988	5.932		双油杂 1 号	7.077	6.749	6.625	6.817
	华 11 崇 32	5.623	5.135	5.307	5.355		华 11 崇 32	5.617	5.364	5.631	5.537
	蓉油 14	6.576	6.202	6.384	6.387		蓉油 14	7.443	7.231	7.049	7.241
	12 杂 656	5.262	5.038	5.173	5.158		12 杂 656	7.627	7.401	7.553	7.527
	杂 0982 *	5.084	5.546	5.887	5.506		杂 0982 *	7.019	7.187	7.422	7.209
	SWU10V01	3.581	3.645	4.126	3.784		SWU10V01	6.052	6.272	6.106	6.143
	南油 12 号（CK）	5.285	5.470	5.364	5.373		南油 12 号（CK）	6.997	6.584	6.767	6.783
	新油 418	7.105	6.983	7.216	7.101		新油 418	7.192	7.280	7.347	7.273
	SY09-6	6.722	6.784	6.597	6.701		SY09-6	5.919	6.300	6.139	6.119
	川杂 NH1219	5.046	5.184	5.506	5.245		川杂 NH1219	6.265	5.892	6.074	6.077

（续表）

试点	品种名	小区产量（kg）				试点	品种名	小区产量（kg）			
		I	II	III	平均值			I	II	III	平均值
四川宜宾	天禾油1201	3.650	3.402	3.598	3.550	贵州铜仁	天禾油1201	5.002	4.675	4.723	4.800
	绵杂06–322*	5.230	5.498	5.423	5.384		绵杂06–322*	4.633	4.064	4.354	4.350
	双油杂1号	5.856	5.550	5.450	5.619		双油杂1号	4.750	5.122	4.687	4.853
	华11崇32	5.551	4.902	4.750	5.068		华11崇32	4.874	4.437	4.662	4.658
	蓉油14	5.150	4.905	4.751	4.935		蓉油14	4.537	4.324	4.186	4.349
	12杂656	5.419	5.301	5.212	5.311		12杂656	4.956	4.581	4.831	4.789
	杂0982*	4.552	4.500	4.006	4.353		杂0982*	4.323	4.231	3.924	4.159
	SWU10V01	5.403	5.500	5.900	5.601		SWU10V01	4.316	4.661	4.473	4.483
	南油12号（CK）	5.402	5.097	5.114	5.204		南油12号（CK）	4.207	4.626	4.415	4.416
	新油418	6.150	6.230	6.082	6.154		新油418	4.852	5.252	4.917	5.007
	SY09-6	3.702	4.200	3.950	3.951		SY09-6	4.325	4.041	4.531	4.299
	川杂NH1219	5.112	5.309	5.200	5.207		川杂NH1219	3.951	4.112	3.784	3.949
云南腾冲	天禾油1201	7.431	7.726	7.642	7.600	平均值	天禾油1201				5.047
	绵杂06–322*	7.557	8.245	7.918	7.907		绵杂06–322*				5.743
	双油杂1号	7.461	6.534	6.813	6.936		双油杂1号				5.897
	华11崇32	5.681	6.377	5.744	5.934		华11崇32				5.308
	蓉油14	7.614	7.463	7.337	7.471		蓉油14				5.808
	12杂656	7.434	6.816	7.178	7.143		12杂656				5.775
	杂0982*	6.543	6.422	6.325	6.430		杂0982*				5.833
	SWU10V01	7.028	7.551	7.563	7.381		SWU10V01				5.677
	南油12号（CK）	7.132	6.754	6.806	6.897		南油12号（CK）				5.673
	新油418	8.264	8.115	8.233	8.204		新油418				6.393
	SY09-6	6.875	6.511	6.652	6.679		SY09-6				5.552
	川杂NH1219	6.387	6.668	6.447	6.501		川杂NH1219				5.360
四川绵阳	天禾油1201	4.000	4.433	3.625	4.019						
	绵杂06–322*	4.875	5.240	5.220	5.112						
	双油杂1号	5.115	5.421	5.485	5.340						
	华11崇32	5.575	4.955	4.840	5.123						
	蓉油14	4.535	4.122	4.850	4.502						
	12杂656	4.170	4.433	4.680	4.428						
	杂0982*	5.740	5.684	5.215	5.546						
	SWU10V01	5.155	5.260	5.257	5.224						
	南油12号（CK）	5.050	5.053	5.505	5.203						
	新油418	5.725	5.297	5.565	5.529						
	SY09-6	4.400	4.521	4.320	4.414						
	川杂NH1219	4.690	5.095	5.245	5.010						

上游 D 组经济性状表（1）

试点单位	编号品种名	株高（cm）	分枝部位（cm）	有效分枝数（个）	主花序			单株有效角果数	每角粒数	千粒重（g）	单株产量（g）
					有效长度（cm）	有效角果数	角果密度				
贵州安顺研究所		158.3	102.2	6.5	40.8	69.7	1.7	141.6	13.7	3.87	10.8
贵州铜仁农科所		179.3	74.3	6.3	44.5	42.5	1.0	362.4	19.6	3.63	22.5
陕西勉县原种场		162.4	81.6	5.9	47.7	65.5	1.4	255.7	25.2	3.45	22.2
四川绵阳农科所		171.7	62.5	7.4	69.4	96.0	1.4	357.4	10.4	3.60	13.4
四川南充农科所	SQ401 天禾油 1201	189.0	84.8	6.8	62.6	94.8	1.5	464.6	14.0	3.82	24.9
四川宜宾农科院		203.3	105.1	7.7	60.0	92.3	1.5	439.0	13.2	2.71	15.0
四川原良种站		175.0	66.7	7.3	63.3	96.3	1.5	301.7	20.6	3.47	21.6
云南腾冲农技站		181.3	72.2	8.4	61.2	112.1	1.9	571.5	17.4	3.81	37.9
重庆三峡农科院		202.4	122.2	6.0	52.4	70.8	1.4	231.2	19.9	4.03	16.0
重庆西南大学		210.4	145.2	5.6	40.7	78.5	1.9	221.3	19.5	3.46	13.1
平 均 值		183.31	91.68	6.79	54.26	81.85	1.52	334.64	17.35	3.59	19.75
贵州安顺研究所		181.2	83.4	6.7	48.7	71.6	1.5	162.5	16.2	4.27	15.4
贵州铜仁农科所		173.5	52.4	7.1	60.3	61.3	1.0	346.2	15.4	4.13	17.8
陕西勉县原种场		146.2	53.6	6.4	49.8	71.1	1.4	293.4	22.2	3.41	22.2
四川绵阳农科所		167.1	53.5	6.0	71.9	94.4	1.3	318.0	14.4	3.72	17.0
四川南充农科所	SQ402 绵杂 06－322＊	183.2	57.2	5.8	72.4	102.6	1.4	413.2	19.0	3.82	30.0
四川宜宾农科院		196.7	81.0	7.7	70.0	102.7	1.5	432.0	19.9	2.74	22.9
四川原良种站		191.7	56.7	7.7	75.0	103.0	1.4	317.0	21.2	3.00	20.2
云南腾冲农技站		152.4	47.7	7.6	41.5	47.7	1.1	493.3	18.9	4.42	41.2
重庆三峡农科院		191.6	87.2	6.2	57.6	72.0	1.3	274.8	18.2	4.00	21.6
重庆西南大学		208.2	91.8	7.5	60.3	88.1	1.5	371.7	22.4	3.51	23.6
平 均 值		179.18	66.45	6.87	60.75	81.45	1.34	342.21	18.77	3.70	23.20
贵州安顺研究所		168.5	90.4	6.0	39.4	56.0	1.4	137.4	16.0	4.08	12.1
贵州铜仁农科所		182.1	56.1	7.6	54.2	68.2	1.3	352.5	22.2	3.98	22.1
陕西勉县原种场		153.0	63.3	6.8	53.4	69.7	1.3	327.8	22.8	3.71	27.7
四川绵阳农科所		152.3	50.4	6.5	64.6	85.9	1.3	285.9	15.7	3.96	17.8
四川南充农科所	SQ403 双油杂 1 号	196.4	88.2	7.8	62.6	94.4	1.5	440.8	15.1	4.27	28.5
四川宜宾农科院		200.0	88.3	7.0	70.7	98.3	1.4	443.7	18.1	3.03	23.9
四川原良种站		175.0	53.3	9.3	70.0	97.3	1.4	346.0	20.6	3.20	22.8
云南腾冲农技站		157.7	57.1	7.8	52.1	89.3	1.7	447.7	19.1	4.27	36.5
重庆三峡农科院		193.4	55.2	6.8	56.2	63.4	1.1	254.2	21.2	4.29	16.6
重庆西南大学		195.0	105.5	7.3	48.7	76.2	1.6	290.9	23.7	3.87	22.1
平 均 值		177.34	70.78	7.29	57.21	79.87	1.40	332.69	19.46	3.87	23.01

上游 D 组经济性状表（2）

试点单位	编号品种名	株高（cm）	分枝部位（cm）	有效分枝数（个）	主花序			单株有效角果数	每角粒数	千粒重（g）	单株产量（g）
					有效长度（cm）	有效角果数	角果密度				
贵州安顺研究所		174.5	103.1	6.1	45.1	62.3	1.4	138.1	14.6	4.22	13.4
贵州铜仁农科所		182.6	66.5	6.0	61.4	66.3	1.1	334.3	23.3	3.51	20.4
陕西勉县原种场		163.6	71.2	6.3	56.6	81.9	1.5	254.3	22.9	3.51	20.4
四川绵阳农科所		157.9	40.9	5.5	66.6	76.3	1.1	369.1	12.5	3.71	17.1
四川南充农科所	SQ404 华11 崇32	197.0	79.8	6.8	68.8	101.6	1.5	446.2	13.6	3.81	23.1
四川宜宾农科院		198.3	92.7	7.7	63.7	97.0	1.5	461.3	16.1	2.96	21.5
四川原良种站		190.0	68.3	8.0	70.0	99.0	1.4	326.3	24.7	2.73	22.0
云南腾冲农技站		158.5	55.3	8.7	63.3	78.8	1.3	469.6	15.3	3.84	27.6
重庆三峡农科院		200.2	115.2	6.2	51.8	71.0	1.4	254.4	19.6	4.10	22.4
重庆西南大学		205.4	114.3	5.7	54.2	73.0	1.4	269.7	20.2	3.73	17.9
平 均 值		182.80	80.73	6.70	60.15	80.72	1.36	332.33	18.28	3.61	20.58
贵州安顺研究所		181.2	106.5	6.9	41.6	71.0	1.7	174.3	17.5	4.03	14.1
贵州铜仁农科所		183.2	56.7	7.7	64.6	61.6	1.0	372.1	17.6	3.65	19.1
陕西勉县原种场		170.1	71.9	6.9	55.2	74.0	1.3	344.5	25.0	3.09	26.6
四川绵阳农科所		166.0	61.5	6.0	69.2	77.0	1.1	274.6	16.2	3.38	15.0
四川南充农科所	SQ405 蓉油14	194.8	86.2	6.6	66.4	92.6	1.4	385.6	23.6	3.32	30.2
四川宜宾农科院		216.7	93.7	7.7	66.7	91.7	1.4	421.7	17.6	2.90	21.0
四川原良种站		190.0	65.0	8.3	73.3	97.7	1.3	352.3	20.1	3.00	21.2
云南腾冲农技站		174.5	57.3	9.1	64.7	113.4	1.8	595.4	15.8	3.86	36.3
重庆三峡农科院		186.8	100.4	5.4	47.4	65.4	1.4	239.0	22.0	3.64	18.6
重庆西南大学		203.9	123.7	6.7	41.8	69.8	1.7	243.5	22.6	3.38	16.6
平 均 值		186.72	82.29	7.13	59.09	81.42	1.41	340.30	19.80	3.43	21.87
贵州安顺研究所		186.3	105.0	7.2	37.8	37.4	1.0	136.6	15.3	4.13	11.7
贵州铜仁农科所		179.7	70.1	7.0	56.1	58.4	1.0	374.5	24.1	3.54	23.6
陕西勉县原种场		157.0	63.9	7.1	55.2	68.4	1.2	340.3	24.5	3.22	26.9
四川绵阳农科所		164.8	60.4	7.0	70.7	79.9	1.1	353.8	11.6	3.59	14.8
四川南充农科所	SQ406 12杂 656	173.2	71.4	7.8	56.4	66.4	1.2	458.8	19.1	3.59	31.4
四川宜宾农科院		208.0	101.0	7.7	68.3	90.7	1.3	440.0	17.2	3.06	22.5
四川原良种站		163.3	58.3	7.3	66.7	83.7	1.3	371.3	19.6	3.00	21.8
云南腾冲农技站		166.2	56.4	8.3	52.3	52.2	1.0	528.5	17.6	3.82	35.5
重庆三峡农科院		193.6	112.8	4.6	60.6	91.6	1.5	233.2	21.4	3.90	21.6
重庆西南大学		202.9	112.6	7.1	49.2	72.6	1.5	339.7	20.5	4.00	22.4
平 均 值		179.50	81.19	7.13	57.33	70.13	1.22	357.67	19.09	3.59	23.21

上游 D 组经济性状表（3）

试点单位	编号品种名	株高（cm）	分枝部位（cm）	有效分枝数（个）	主花序 有效长度（cm）	主花序 有效角果数	主花序 角果密度	单株有效角果数	每角粒数	千粒重（g）	单株产量（g）
贵州安顺研究所		172.6	82.5	6.8	49.6	72.8	1.5	123.3	18.0	3.95	12.6
贵州铜仁农科所		187.2	65.8	7.6	61.4	65.5	1.1	345.3	17.1	3.46	17.1
陕西勉县原种场		172.1	68.9	5.7	65.3	78.1	1.2	341.1	24.4	3.37	28.1
四川绵阳农科所		196.0	80.8	7.7	65.7	91.1	1.4	407.7	12.2	3.72	18.5
四川南充农科所	SQ407 杂 0982*	190.2	70.8	7.8	61.2	80.0	1.3	384.2	18.4	4.25	30.1
四川宜宾农科院		210.0	83.0	6.3	78.3	101.7	1.3	445.0	14.3	3.04	18.7
四川原良种站		191.7	70.0	7.0	68.3	91.3	1.3	324.7	24.2	2.93	23.0
云南腾冲农技站		172.8	37.3	8.6	70.4	103.7	1.5	409.3	17.2	4.41	31.0
重庆三峡农科院		208.4	105.6	6.8	53.2	81.8	1.5	369.2	20.5	4.05	21.2
重庆西南大学		215.4	118.5	6.4	49.9	79.4	1.6	331.8	20.8	4.11	23.9
平 均 值		191.64	78.32	7.07	62.33	84.54	1.37	348.16	18.71	3.73	22.42
贵州安顺研究所		155.4	73.8	6.9	42.5	65.2	1.5	149.3	13.9	3.35	10.1
贵州铜仁农科所		190.4	67.2	6.7	62.7	71.5	1.1	330.6	22.1	4.23	20.2
陕西勉县原种场		148.6	56.9	6.0	56.2	67.9	1.2	267.0	25.2	3.52	23.7
四川绵阳农科所		159.1	54.6	6.8	62.6	76.8	1.2	264.9	16.6	3.96	17.4
四川南充农科所	SQ408 SWU 10V01	190.4	56.6	9.2	63.2	95.0	1.5	429.8	13.3	4.48	25.6
四川宜宾农科院		213.3	73.0	7.3	71.7	98.0	1.4	430.7	18.4	2.86	23.8
四川原良种站		190.0	63.3	9.0	65.0	92.3	1.4	313.3	21.7	3.60	24.5
云南腾冲农技站		158.6	48.5	10.1	52.8	74.1	1.4	487.2	16.4	4.25	34.0
重庆三峡农科院		191.8	104.0	6.8	43.6	64.2	1.5	284.2	24.2	4.28	23.8
重庆西南大学		201.7	108.3	7.8	42.2	61.1	1.5	322.8	24.8	3.69	22.5
平 均 值		179.93	70.62	7.66	56.25	76.61	1.37	327.98	19.65	3.82	22.56
贵州安顺研究所		173.0	99.7	6.3	43.9	63.6	1.5	153.0	15.8	4.05	15.2
贵州铜仁农科所		184.1	59.3	8.2	62.2	54.3	0.9	350.7	19.4	3.61	18.9
陕西勉县原种场		168.3	66.9	6.4	62.3	73.5	1.2	311.3	25.5	3.06	24.3
四川绵阳农科所		192.9	75.3	7.3	74.9	97.4	1.3	356.8	14.7	3.30	17.3
四川南充农科所	SQ409 南油 12 号 (CK)	198.3	84.3	7.0	65.3	83.0	1.3	326.5	21.4	4.05	28.3
四川宜宾农科院		208.3	102.7	7.7	62.0	90.0	1.5	458.7	20.3	2.40	22.0
四川原良种站		183.3	60.0	9.0	68.3	83.7	1.2	342.5	23.4	2.47	19.8
云南腾冲农技站		178.2	60.6	7.7	73.3	96.3	1.3	552.8	17.7	3.52	34.4
重庆三峡农科院		210.2	125.2	6.0	48.0	68.2	1.4	221.4	25.1	3.46	17.8
重庆西南大学		231.6	114.3	8.5	58.4	90.8	1.6	476.2	23.5	4.04	32.1
平 均 值		192.82	84.83	7.41	61.86	80.08	1.31	354.99	20.69	3.40	23.01

上游 D 组经济性状表（4）

试点单位	编号品种名	株高（cm）	分枝部位（cm）	有效分枝数（个）	主花序 有效长度（cm）	主花序 有效角果数	主花序 角果密度	单株有效角果数	每角粒数	千粒重（g）	单株产量（g）
贵州安顺研究所		169.6	97.6	7.0	46.0	68.3	1.5	226.5	16.1	4.41	17.5
贵州铜仁农科所		183.2	57.4	8.3	61.8	78.7	1.3	376.1	20.4	3.94	20.1
陕西勉县原种场		160.2	62.5	6.5	59.1	75.4	1.3	334.2	23.8	3.73	29.7
四川绵阳农科所		176.5	67.5	7.5	67.2	92.2	1.4	359.0	12.8	4.00	18.4
四川南充农科所	SQ410 新油418	185.6	84.2	6.6	59.4	87.0	1.5	398.0	17.7	4.32	30.4
四川宜宾农科院		206.7	80.0	9.0	73.3	95.0	1.3	449.3	19.1	3.11	26.0
四川原良种站		171.7	53.3	8.3	68.3	89.0	1.3	307.0	23.5	3.27	23.6
云南腾冲农技站		165.4	42.4	8.6	74.7	99.8	1.4	587.1	17.5	3.93	40.4
重庆三峡农科院		193.0	105.4	6.0	55.8	61.8	1.1	270.2	21.7	4.39	22.8
重庆西南大学		181.7	84.0	8.3	50.2	72.3	1.4	385.9	22.0	3.53	25.5
平　均　值		179.36	73.43	7.61	61.58	81.95	1.35	369.33	19.46	3.86	25.44
贵州安顺研究所		187.7	109.2	7.7	42.3	71.6	1.7	196.8	16.9	4.03	15.7
贵州铜仁农科所		189.8	52.6	9.5	56.6	66.4	1.2	366.2	16.3	3.64	17.6
陕西勉县原种场		173.2	81.8	7.3	59.5	76.0	1.3	337.9	25.1	3.37	28.6
四川绵阳农科所		184.1	82.5	6.8	70.6	86.4	1.2	310.9	13.8	3.43	14.7
四川南充农科所	SQ411 SY09-6	194.6	77.2	7.8	67.0	102.0	1.5	489.8	13.8	3.78	25.5
四川宜宾农科院		215.0	108.3	8.0	61.3	95.3	1.6	488.0	13.8	2.60	16.9
四川原良种站		170.0	81.7	7.0	61.7	81.0	1.3	379.3	21.2	2.73	22.0
云南腾冲农技站		180.3	57.3	8.3	59.5	93.3	1.6	472.9	18.2	4.14	35.6
重庆三峡农科院		209.0	125.4	6.4	47.6	73.2	1.5	249.6	20.5	3.92	15.6
重庆西南大学		220.7	133.7	8.2	44.5	79.5	1.8	303.2	21.0	3.78	22.2
平　均　值		192.44	90.97	7.70	57.06	82.47	1.46	359.46	18.06	3.54	21.43
贵州安顺研究所		163.9	70.5	6.8	46.9	75.3	1.6	143.4	15.7	3.64	13.2
贵州铜仁农科所		162.3	40.5	6.8	50.1	68.8	1.4	357.4	18.6	3.67	16.2
陕西勉县原种场		143.9	49.0	6.4	56.8	73.9	1.3	264.8	20.0	3.58	19.0
四川绵阳农科所		171.3	43.5	7.0	74.5	95.8	1.3	425.5	9.6	4.07	16.7
四川南充农科所	SQ412 川杂NH1219	187.4	67.8	6.6	57.4	97.4	1.4	440.8	14.9	3.85	25.4
四川宜宾农科院		201.3	71.7	8.0	80.0	112.7	1.4	572.0	14.0	2.85	22.1
四川原良种站		176.7	46.7	7.3	80.0	101.0	1.3	356.7	23.7	2.47	20.9
云南腾冲农技站		156.4	24.8	10.8	46.3	69.5	1.7	435.4	16.6	4.34	31.4
重庆三峡农科院		197.0	82.4	6.4	66.6	84.4	1.3	315.8	20.6	4.32	25.6
重庆西南大学		208.0	95.9	7.3	57.8	86.6	1.5	375.5	21.4	3.36	25.1
平　均　值		176.82	59.28	7.34	62.72	86.54	1.42	368.73	17.51	3.62	21.55

上游 D 组生育期与抗性表（1）

试点单位	编号 品种名称	播种期（月/日）	成熟期（月/日）	全生育期（天）	比对照（±天数）	苗期生长势	成熟一致性	耐旱渍性（强、中、弱）	抗倒性（直、斜、倒）	抗寒性 冻害率（%）	抗寒性 冻害指数	菌核病 病害率（%）	菌核病 病害指数	病毒病 病害率（%）	病毒病 病害指数	不育株率（%）
贵州安顺研究所	SQ401 天禾油1201	10/3	5/9	218	4	强	齐	强	直	0	0	0	0	0	0	0.2
贵州铜仁农科所		9/18	5/12	236	1	强	齐	强	直	—	—	3.6	2.3	2.1	0.8	0.7
陕西勉县原种场		9/26	5/14	230	4	强	齐	—	斜	—	—	6.5	5.29	0	0	0.5
四川绵阳农科所		9/17	4/24	219	3	中	齐	—	直	0	0	0.33	0.22	0	0	2.50
四川南充农科所		9/14	4/27	225	3	强	齐	强	直	2.27	0.57	2.27	2.27	0	0	0
四川宜宾农科院		9/29	4/21	204	2	强	齐	强	斜	3.15	—	6.0	2.9	0.0	0.0	0.0
四川原良种站		9/21	4/24	215	4	强	中	强	直	0	0	11	9.17	0	0	0
云南腾冲农技站		9/25	5/10	227	4	强	齐	中	直	0	0	0	0	0	0	0.3
重庆三峡农科院		9/29	5/1	219	-8	强	齐	强	直	0	0	9.09	2.27	0	0	0
重庆西南大学		10/15	4/26	193	6	强	齐	强	折倒	0	0			0	0	0
平均值				218.6	2.3	强-	齐	强-	强-	0.68	0.08	3.88	2.44	0.21	0.08	0.42
贵州安顺研究所	SQ402 绵杂06-322*	10/3	5/6	215	1	强	齐	中	直	0	0	0	0	0	0	0
贵州铜仁农科所		9/18	5/11	235	0	中	中	强	直	—	—	2.1	1.1	1.2	0.4	0
陕西勉县原种场		9/26	5/9	225	-1	强	齐	—	斜	—	—	6.88	5.72	0	0	1.5
四川绵阳农科所		9/17	4/19	214	-2	中	齐	—	直	0	0	0.44	0.33	0	0	1.94
四川南充农科所		9/14	4/21	219	-3	强	齐	中	直	0	0	11.36	5.11	0	0	0
四川宜宾农科院		9/29	4/19	202	0	强	齐	强	斜	0.00	—	25.3	12.8	0.0	0.0	0.0
四川原良种站		9/21	4/16	207	-4	强	齐	强	直	0	0	2	1.6	0	0	0
云南腾冲农技站		9/25	4/30	217	-6	强	齐	中	斜	0	0	13	10.84	0	0	1.0
重庆三峡农科院		9/29	4/26	220	-7	强	齐	强	直	0	0	0	0	0	0	0
重庆西南大学		10/15	4/18	185	-2	强	齐	强	折倒	0	0	0	0	0	0	0
平均值				213.9	-2.4	强-	齐	中+	强-	0.00	0.00	6.11	3.75	0.12	0.04	0.44

上游 D 组生育期与抗性表（2）

试点单位	编号品种名称	播种期（月/日）	成熟期（月/日）	全生育期（天）	比对照（±天数）	苗期生长势	成熟一致性	耐旱遗传性（强、中、弱）	抗倒性（直、斜、倒）	抗寒性 冻害率（%）	抗寒性 冻害指数	菌核病 病害率（%）	菌核病 病害指数	病毒病 病害率（%）	病毒病 病害指数	不育株率（%）
贵州安顺研究所		10/3	5/7	216	2	强	中	强	直	0	0	0	0	0	0	0
贵州铜仁农科所		9/18	5/10	234	-1	强	中	强	直	—	—	0	0	0	0	0
陕西勉县原种场		9/26	5/10	226	0	强	齐	—	斜	—	—	6.88	5.54	0	0	0.75
四川绵阳农科所		9/17	4/20	215	-1	弱	齐	—	直	0	0	0.67	0.36	0	0	0.28
四川南充农科所	SQ403 双油杂1号	9/14	4/25	223	1	强	齐	强	直	7.73	1.93	2.27	0.57	0	0	0
四川宜宾农科院		9/29	4/19	202	0	强	齐	强	斜	0.33	—	36.0	20.8	1.3	1.7	0.0
四川原良种站		9/21	4/18	209	-2	强	中	强	直	0	0	1	1	0	0	0
云南腾冲农技站		9/25	5/6	223	0	强	齐	中	斜	100	0.25	17	14.17	0	0	0.0
重庆三峡农科院		9/29	4/27	221	-6	强	齐	强	直	0	0	0	0	0	0	0.0
重庆西南大学		10/15	4/20	187	0	强	齐	强	直	0	0	0	0	0	0	0
平 均 值				215.6	-0.7	强	中+	强	强	13.51	0.31	6.38	4.24	0.13	0.17	0.10
贵州安顺研究所		10/3	5/3	212	-2	强	齐	强	直	0	0	6	0.12	5	0.1	0
贵州铜仁农科所		9/18	5/9	233	-2	强	中	强	倒	—	—	4.8	4	2	1	0
陕西勉县原种场		9/26	5/11	227	1	强	齐	—	斜	—	—	6.25	5.07	0	0	0
四川绵阳农科所		9/17	4/20	215	-1	强	不齐	—	直	0	0	0.56	0.28	0	0	4.03
四川南充农科所	SQ404 华11 崇32	9/14	4/25	223	1	中	齐	中	斜	0	—	13.64	8.52	0	0	0.91
四川宜宾农科院		9/29	4/20	203	1	强	齐	强	斜	1.35	—	10.7	7.3	12.0	10.5	0.0
四川原良种站		9/21	4/18	209	-2	强	中	强	斜	0	0	1	1	0	0	1.43
云南腾冲农技站		9/25	5/4	221	-2	强	中	中	斜	100	0.5	37	30.84	0	0	1.0
重庆三峡农科院		9/29	4/24	222	-5	强	齐	强	斜	0	0	0	0	0	0	0
重庆西南大学		10/15	4/22	189	2	中	齐	强	折倒	0	0	0	0	0	0	0
平 均 值				215.4	-0.9	强-	中	强-	中	12.68	0.09	7.99	5.72	1.91	1.17	0.74

上游 D 组生育期与抗性表（3）

试点单位	编号品种名称	播种期(月/日)	成熟期(月/日)	全生育期(天)	比照(±天数)	苗期生长势	成熟一致性	耐旱渍性(强、中、弱)	抗倒性(直、斜、倒)	抗寒性 冻害率(%)	抗寒性 冻害指数	菌核病 病害率(%)	菌核病 病害指数	病毒病 病害率(%)	病毒病 病害指数	不育株率(%)
贵州安顺研究所	SQ405 蓉油14	10/3	5/6	215	1	强	齐	强	直	0	0	0	0	5	0.1	0
贵州铜仁农科所		9/18	5/12	236	1	中	齐	强	直	—	—	0	0	0	0	0
陕西勉县原种场		9/26	5/12	228	2	强	齐	—	斜	—	—	5	4	0	0	3.25
四川绵阳农科所		9/17	4/21	216	0	弱	齐	—	直	0	0	0.56	0.31	0	0	2.50
四川南充农科所		9/14	4/24	222	0	中	齐	中	直	0.45	0.11	11.36	2.84	0	0	0.91
四川宜宾农科院		9/29	4/20	203	1	强	齐	强	斜	13.80	—	16.0	7.7	0.0	0.0	0.0
四川原良种站		9/21	4/20	211	0	强	中	强	直	0	0	0	0	0	0	0
云南腾冲农技站		9/25	5/5	222	-1	强	齐	中	直	100	0.25	14	11.67	0	0	0.84
重庆三峡农科院		9/29	4/26	223	-4	强	齐	强	直	0	0	0	0	0	0	0.0
重庆西南大学		10/15	4/26	193	6	强	齐	强	直	0	0	0	0	0	0	0
平 均 值				216.9	0.6	中+	齐-	强-	强	14.28	0.05	4.69	2.65	0.50	0.01	0.75
贵州安顺研究所	SQ406 12蓉656	10/3	5/7	216	2	强	中	强	直	0	0	5	0.1	5	0.1	0
贵州铜仁农科所		9/18	5/14	238	3	中	齐	强	直	—	—	0	0	0	0	0.4
陕西勉县原种场		9/26	5/12	228	2	强	齐	—	斜	—	—	7.25	6.19	0	0	4.25
四川绵阳农科所		9/17	4/22	217	1	弱	齐	—	直	0	0	0.44	0.33	0	0	2.64
四川南充农科所		9/14	4/23	221	-1	中	齐	强	直	0.45	0.11	13.64	4.55	0	0	0.45
四川宜宾农科院		9/29	4/20	203	1	强	齐	强	倒	2.16	—	23.0	11.7	2.3	1.4	7.0
四川原良种站		9/21	4/20	211	0	强	中	强	直	0	0	0	0	0	0	0.48
云南腾冲农技站		9/25	5/5	222	-1	强	齐	中	斜	100	0.25	15	12.5	0	0	0
重庆三峡农科院		9/29	4/27	224	-3	强	齐	强	直	0	0	0	0	0	0	1.0
重庆西南大学		10/15	4/22	189	2	中	齐	强	折倒	0	0	0	0	0	0	1.7
平 均 值				216.9	0.6	中+	齐-	强-	强-	12.83	0.05	6.43	3.53	0.73	0.15	1.79

上游 D 组生育期与抗性表（4）

试点单位	编号品种名称	播种期(月/日)	成熟期(月/日)	全生育期(天)	比对照(±天数)	苗期生长势	成熟一致性	耐旱、渍性(强、中、弱)	抗倒性(直、斜、倒)	抗寒性 冻害率(%)	抗寒性 冻害指数	菌核病 病害率(%)	菌核病 病害指数	病毒病 病害率(%)	病毒病 病害指数	不育株率(%)
贵州安顺研究所		10/3	5/4	213	-1	强	齐	强	直	0	0	0	0	10	0.2	0.5
贵州铜仁农科所		9/18	5/8	232	-3	强	齐	强	直	—	—	4	2.4	0.2	0.7	0.8
陕西勉县原种场		9/26	5/10	226	0	强	齐	—	斜	—	—	6.88	5.22	0	0	8.75
四川绵阳农科所		9/17	4/24	219	3	强	齐	—	直	0	0	0.33	0.28	0	0	7.08
四川南充农科所	SQ407 杂0982*	9/14	4/21	219	-3	强	齐	中	直	0.91	0.23	11.36	2.84	0.0	0	0.91
四川宜宾农科院		9/29	4/20	203	1	强	中	强	倒	4.39	—	20.0	10.0	0.0	0.0	13.0
四川原良种站		9/21	4/20	211	0	强	中	强	直	0	0	0	0	0	0	0
云南腾冲农技站		9/25	5/3	220	-3	强	齐	中	斜	100	0.25	22	18.34	0	0	0
重庆三峡农科院		9/29	4/24	225	-2	强	齐	强	斜	0	0	0	0	0	0	0.0
重庆西南大学		10/15	4/20	187	0	强	齐	强	折倒	0	0	0	0	0	0	3.3
平 均 值				215.5	-0.8	强	齐	强 -	强 -	13.16	0.07	6.46	3.91	1.02	0.09	3.43
贵州安顺研究所		10/3	5/8	217	3	强	中	强	直	0	0	0	0	0	0	0
贵州铜仁农科所		9/18	5/14	238	3	强	齐	强	直	—	—	—	—	—	—	0
陕西勉县原种场		9/26	5/11	227	1	强	齐	—	斜	—	—	7	5.63	0	0	0
四川绵阳农科所		9/17	4/21	216	0	中	齐	—	直	0	0	0.22	0.19	0	0	0.14
四川南充农科所	SQ408 SWU10V01	9/14	4/27	225	3	强	齐	强	直	0.45	0.11	6.82	2.27	0	0	0
四川宜宾农科院		9/29	4/21	204	2	强	齐	强	斜	5.77	—	24.7	14.0	3.0	1.7	0.0
四川原良种站		9/21	4/20	211	0	强	齐	强	直	0	0	0	0	0	0	0
云南腾冲农技站		9/25	5/8	225	2	强	齐	中	直	100	0.25	14	11.67	0	0	0
重庆三峡农科院		9/29	5/1	226	-1	强	齐	强	斜	0	0	0	0	0	0	1.3
重庆西南大学		10/15	4/22	189	2	强	齐	强	折倒	0	0	0	0	0	0	0
平 均 值				217.8	1.5	强	齐	强 -	强 -	13.28	0.05	5.27	3.38	0.30	0.17	0.15

上游 D 组生育期与抗性表（5）

试点单位	编号品种名称	播种期（月/日）	成熟期（月/日）	全生育期（天）	比对照（±天数）	苗期生长势	成熟一致性	耐旱、渍性（强、中、弱）	抗倒性（直、斜、倒）	抗寒性		菌核病		病毒病		不育株率（%）
										冻害率（%）	冻害指数	病害率（%）	病害指数	病害率（%）	病害指数	
贵州安顺研究所	SQ409 南油12号(CK)	10/3	5/5	214	0	强	齐	中	直	0	0	5	0.1	10	0.2	0.3
贵州铜仁农科所		9/18	5/11	235	0	强	齐	强	直	—	—	2.4	1.4	1.6	0.8	0
陕西勉县原种场		9/26	5/10	226	0	强	齐	—	斜	—	—	7.38	5.78	0	0	1
四川绵阳农科所		9/17	4/21	216	0	弱	齐	—	直	0	0	0.89	0.44	0	0	0.14
四川南充农科所		9/14	4/24	222	0	中	齐	中	斜	1.36	0.34	6.82	1.70	0	0	0.91
四川宜宾农科院		9/29	4/19	202	0	强	齐	强	倒	1.46	—	40.3	19.7	0.0	0.0	2.7
四川原良种站		9/21	4/20	211	0	强	中	强	直	0	0	0	0	0	0	0
云南腾冲农技站		9/25	5/6	223	0	强	齐	中	斜	100	0.5	19	15.84	0	0	0.0
重庆三峡农科院		9/29	4/25	227	0	强	齐	强	斜	0	0	1	0.25	0	0	0.0
重庆西南大学		10/15	4/20	187	0	强	齐	强	折倒	0	0	6.67	6.67	0	0	0
平均值				216.3	0.0	强-	齐	中+	强-	12.85	0.12	8.95	5.19	1.16	0.10	0.50
贵州安顺研究所	SQ410 新油418	10/3	5/4	213	-1	强	齐	强	直	0	0	0	0	0	0	0
贵州铜仁农科所		9/18	5/13	237	2	强	齐	强	直	—	—	0	0	0	0	0
陕西勉县原种场		9/26	5/12	228	2	强	齐	—	斜	—	—	5	3.72	0	0	1.75
四川绵阳农科所		9/17	4/22	217	0	中	齐	—	直	0	0	0.11	0.03	0	0	2.08
四川南充农科所		9/14	4/24	222	0	强	齐	中	直	0.45	0.11	2.27	0.57	0	0	0
四川宜宾农科院		9/29	4/20	203	1	强	齐	强	斜	3.39	—	14.0	4.3	0.0	0.0	0.0
四川原良种站		9/21	4/20	211	0	强	齐	强	直	0	0	0	0	0	0	0
云南腾冲农技站		9/25	5/5	222	-1	强	齐	中	直	100	0.25	9	7.5	0	0	1.0
重庆三峡农科院		9/29	5/1	228	1	强	齐	强	直	0	0	0	0	0	0	0
重庆西南大学		10/15	4/20	187	0	强	齐	强	直	0	0	0	0	0	0	0
平均值				216.8	0.5	强	齐	强	强	12.98	0.05	3.04	1.62	0.00	0.00	0.48

上游 D 组生育期与抗性性状表（6）

试点单位	编号品种名称	播种期(月/日)	成熟期(月/日)	全生育期(天)	比对照(±天数)	苗期生长势	成熟一致性	耐旱、渍性(强、中、弱)	抗倒性(直、斜、倒)	抗寒性		菌核病		病毒病		不育株率(%)
										冻害率(%)	冻害指数	病害率(%)	病害指数	病害率(%)	病害指数	
贵州安顺研究所		10/3	5/6	215	1	强	齐	强	直	0	0	0	0	0	0	1
贵州铜仁农科所		9/18	5/12	236	1	中	齐	强	直	—	—	0	0	0	0	0
陕西勉县原种场		9/26	5/12	228	2	强	齐	—	斜	—	—	4.88	3.6	0	0	6.25
四川绵阳农科所		9/17	4/22	217	1	强	齐	—	直	0	0	0.00	0.00	0	0	8.19
四川南充农科所		9/14	4/26	224	2	弱	中	中	直	0	0	2.27	0.57	0	0	1.82
四川宜宾农科院	SQ411 SY09-6	9/29	4/20	203	1	强	中	强	直	1.38	—	7.0	2.5	1.3	1.2	14.7
四川原良种站		9/21	4/24	215	4	强	中	强	直	0	0	0	0	0	0	0
云南腾冲农技站		9/25	5/8	225	2	强	齐	中	斜	0	0	8	6.67	0	0	0
重庆三峡农科院		9/29	4/27	229	2	强	齐	强	斜	0	0	0	0	0	0	1.0
重庆西南大学		10/15	4/26	193	6	强	齐	强	折倒	0	0	0	0	0	0	5
平均值				218.5	2.2	强-	齐-	强-	强-	0.17	0.00	2.22	1.33	0.13	0.12	3.79
贵州安顺研究所		10/3	5/4	213	-1	强	齐	强	直	0	—	0	0	5	0.1	0
贵州铜仁农科所		9/18	5/11	235	0	中	齐	强	直	—	—	0	0	0	0	0
陕西勉县原种场		9/26	5/11	227	1	中	齐	—	斜	—	—	5.75	4.78	0	0	3.25
四川绵阳农科所		9/17	4/19	214	-2	弱	齐	—	直	0	0	0.33	0.28	0	0	23.61
四川南充农科所		9/14	4/23	221	-1	中	齐	中	直	0.91	0.23	13.64	3.41	0	0	0
四川宜宾农科院	SQ412 川杂NH1219	9/29	4/20	203	1	强	齐	强	斜	1.46	—	17.0	7.3	0.0	0.0	0.0
四川原良种站		9/21	4/18	209	-2	强	不齐	强	直	0	0	0	0	0	0	2.38
云南腾冲农技站		9/25	5/2	219	-4	强	齐	中	斜	100	0.5	25	20.83	0	0	0
重庆三峡农科院		9/29	4/25	230	3	强	齐	强	直	0	0	0	0	0	0	1.0
重庆西南大学		10/15	4/18	185	-2	强	齐	强	直	0	0	10.00	2.5	0	0	1.7
平均值				215.6	-0.7	中+	齐-	强-	强-	12.80	0.10	7.17	3.90	0.50	0.01	3.19

2012—2013 年度国家冬油菜品种区域试验汇总报告（长江中游 A 组）

一、试验概况

（一）供试品种（系）

参试品种（系）包括对照共 12 个。

编号	品种名称	申报类型	芥酸（%）	硫苷（μmol/g）	含油量（%）	供　种　单　位
ZQ101	152GP36	双低杂交	0.0	23.54	47.02	中国农业科学院油料作物研究所
ZQ102	中油杂 2 号（CK）	双低杂交	0.0	21.78	40.59	中国农业科学院油料研究所
ZQ103	双油 116	双低杂交	0.2	20.86	42.48	河南省农业科学院经济作物研究所
ZQ104	同油杂 2 号*	双低杂交	0.4	26.02	42.64	安徽同创种业有限公司
ZQ105	华 12 崇 45	双低杂交	0.5	22.21	43.61	华中农业大学/重庆三峡农业科学院
ZQ106	F0803*	双低杂交	0.2	17.84	44.30	湖南湘穗种业有限公司
ZQ107	德油杂 2000	双低杂交	0.2	24.21	40.44	湖北富悦农业集团有限公司
ZQ108	正油 319	双低杂交	0.5	31.05	46.46	四川正达农业科技有限责任公司
ZQ109	SWU09V16*	双低杂交	0.0	25.07	45.47	西南大学
ZQ110	F8569*	双低杂交	0.0	20.99	42.83	湖北荆楚种业
ZQ111	赣油杂 50	双低杂交	0.9	21.46	47.09	江西省农业科学院作物研究所
ZQ112	T5533	双低杂交	0.0	29.81	44.24	湖南春云种业有限公司

注：（1）*为参加两年区试品种（系）；（2）品质检测由农业部油料及制品质量监督检验测试中心检测，芥酸于 2012 年 8 月测播种前各育种单位参试品种的种子；硫苷、含油量于 2013 年 7 月测收获后各试点抽样的混合种子

（二）参试单位

组别	参试单位	参试地点	联系人
长江中游 A 组	中国农业科学院油料研究所	湖北省武汉市	罗莉霞
	湖北宜昌市农科院	湖北省宜昌市	张晓玲
	湖北恩施州农科院	湖北省恩施州	赵乃轩
	湖北黄冈市农科院	湖北省黄冈市	殷　辉
	江西宜春市农科所	江西省宜春市	袁卫红
	江西省九江市农科所	江西省九江县	江满霞
	江西省农业科学院作物所	江西省南昌县	张建模
	湖南省作物所	湖南省长沙市	李　莓
	湖南省岳阳市农科所	湖南省岳阳市	李连汉
	湖南省衡阳市农科所	湖南省衡阳市	李小芳

（三）试验设计及田间管理

各试点均按统一试验方案严格执行，采用随机区组排列，3 次重复，小区净面积为 20m²。各试点种植密度为 2.3 万～2.7 万株。于 9/25～10/14 日播种，其观察记载、田间调查和室内考种均按实施方案进行，试验地前作有水稻、花生、大豆等作物，其土壤肥力中等偏上，栽培管理水平同当地大田生产或略高于当地生产，治虫不防病。底肥种类有菜籽饼肥、人畜粪、复合肥、氯化钾、钙镁磷肥、硼砂等，追肥以尿素为主。

（四）气候特点

长江中游区域秋季日照充足，土壤墒情好，大部分试点出苗整齐一致，苗期长势良好。初冬季节雨水适中，气温平稳，油菜生长发育稳健，除部分品系在少数试点 12 月上旬抽薹，12 月底多数品种。隆冬时节，多阴雨寡照，时有低温冰冻气候发生，油菜生长发育趋缓，但未发生冻害；春季气温回升快，各参试品种快速生长，薹期长势良好。花期以晴为主，气温偏高，并伴有零星降雨，开花结实正常，菌核病轻，部分试点后期干旱，迟熟品种顶部结实受到影响；荚果期气温适宜，阳光充足，雨水适宜，籽粒灌浆充分，有利于籽粒增重与产量形成。后期天气晴好，雨水少，有利于收获。

总体来说，本区油菜各生育阶段气候适宜，病害发生轻，结实率高，千粒重高，有利于产量形成，试验产量水平高于往年。

二、试验结果*

（一）产量结果

1. 方差分析表（试点效应固定）

变异来源	自由度	平方和	均方	F 值	概率（小于 0.05 显著）
试点内区组	14	6 596.83333	471.20238	3.39399	0.000
品　　种	11	65 000.12698	5 909.10245	42.56226	0.000
试　　点	6	284 549.07937	47 424.84656	341.59309	0.000
品种×试点	66	58 333.22035	883.83667	6.36613	0.000
误　　差	154	21 380.48600	138.83432		
总 变 异	251	435 859.74603			

试验总均值 =202.697529141865

误差变异系数 CV（%）=5.813

多重比较结果（LSD 法）　LSD0 0.05 =7.1998　LSD0 0.01 =9.4906

品种	品种均值	比对照（%）	0.05 显著性	0.01 显著性
同油杂 2 号*	220.52710	14.58783	a	A
F8569*	219.20960	13.90325	a	AB
正油 319	214.53020	11.47181	ab	ABC
德油杂 2000	211.71600	10.00949	bc	ABCD
F0803*	210.44140	9.34720	bcd	BCD

---

* 湖北黄冈、江西南昌、湖南岳阳三点报废，未纳入汇总

（续表）

品种	品种均值	比对照（%）	0.05 显著性	0.01 显著性
T5533	209.14300	8.67254	bcd	CD
华 12 崇 45	206.37630	7.23494	cd	CD
赣油杂 50	204.27150	6.14129	d	DE
SWU09V16 *	195.45250	1.55884	e	EF
中油杂 2 号（CK）	192.45250	0.00000	ef	F
152GP36	187.82390	−2.40505	f	F
双油 116	160.42710	−16.64067	g	G

2. 品种稳定性分析（Shukla 稳定性方差）

变异来源	自由度	平方和	均方	F 值	概率（小于 0.05 显著）
区　　组	14	6 597.55600	471.25400	3.39448	0.000
环　　境	6	284 547.40000	47 424.57000	341.60240	0.000
品　　种	11	64 999.38000	5 909.03500	42.56318	0.000
互　　作	66	58 334.85000	883.86130	6.36651	0.000
误　　差	154	21 379.78000	138.82970		
总 变 异	251	435 859.00000			

各品种 Shukla 方差及其显著性检验（F 测验）

品种	DF	Shukla 方差	F 值	概率	互作方差	品种均值	Shukla 变异系数（%）
152GP36	6	586.56330	12.6752	0.000	540.2867	187.8239	12.8946
中油杂 2 号（CK）	6	182.57440	3.9453	0.001	136.2979	192.4525	7.0210
双油 116	6	969.45720	20.9492	0.000	923.1806	160.4271	19.4083
同油杂 2 号 *	6	383.11440	8.2788	0.000	336.8378	220.5271	8.8757
华 12 崇 45	6	55.28511	1.1947	0.312	9.0085	206.3763	3.6028
F0803 *	6	146.08250	3.1567	0.006	99.8059	210.4414	5.7434
德油杂 2000	6	347.70320	7.5136	0.000	301.4266	211.7160	8.8075
正油 319	6	424.69510	9.1773	0.000	378.4185	214.5303	9.6062
SWU09V16 *	6	135.50020	2.9281	0.010	89.2236	195.4525	5.9556
F8569 *	6	214.39530	4.6329	0.000	168.1187	219.2096	6.6796
赣油杂 50	6	75.68952	1.6356	0.141	29.4129	204.2715	4.2590
T5533	6	14.78738	0.3195	0.926	0.0000	209.1430	1.8387
误差	154	46.27658					

　　各品种 Shukla 方差同质性检验（Bartlett 测验）Prob. ＝0.00081 极显著，不同质，各品种稳定性差异极显著。

各品种 Shukla 方差的多重比较（F 测验）

品种	Shukla 方差	0.05 显著性	0.01 显著性
双油 116	969.45720	a	A
152GP36	586.56330	ab	AB
正油 319	424.69510	abc	ABC
同油杂 2 号 *	383.11440	abc	ABC
德油杂 2000	347.70320	abc	ABC
F8569 *	214.39530	bcd	ABC
中油杂 2 号（CK）	182.57440	bcd	ABC
F0803 *	146.08250	bcd	ABC
SWU09V16 *	135.50020	cd	ABC
赣油杂 50	75.68952	d	BCD
华 12 崇 45	55.28511	de	CD
T5533	14.78738	e	D

（二）主要经济性状

各试点详细调查记载了油菜参试品种的主要经济性状、主要农艺性状和抗逆性，具体包括单株有效角果数、每角粒数、千粒重、单株产量、株高、有效分枝部位、分枝数、结荚密度、主花序有效长、主花序有效角、不育株率、生育期、菌核病（发病率、病情指数）、病毒病（发病率、病情指数）、抗寒性（受冻率、冻害指数）、苗期生长势和成熟期一致性、抗倒性等，详见各相关附表。

1. 单株有效角果数

单株有效角果数平均幅度为 169.06 ~ 234.81 个。其中，双油 116 最少，T5533 最多，对照中油杂 2 号 191.98，2011—2012 年为 219.0 粒。

2. 每角粒数

每角粒数平均幅度为 16.64 ~ 22.60 粒。其中，152GP36 最少，赣油杂 50 最多。CK 中油杂 2 号 19.67 粒，2011—2012 年为 20.63 粒。

3. 千粒重

千粒重平均幅度为 3.22 ~ 4.89g，其中，同油杂 2 号最低，正油 319 最高，CK 中油杂 2 号 4.04，2011—2012 年为 3.63g。

（三）成熟期比较

各品种全生育期 214.3 ~ 218.7 天，熟期极差 4.3 天，CK 中油杂 2 号 216.6 天，比 2011—2012 年缩短 5 天。

（四）抗逆性比较

1. 菌核病

菌核病平均发病率变幅为 0.25% ~ 10.61%，病情指数变幅为 0.16 ~ 3.52。CK 中油杂 2 号发病率 3.34%，病情指数 1.57。2011—2012 年的 CK 发病率 10.64%，病情指数 7.40。

2. 病毒病

病毒病平均发病率幅度为 0.00% ~ 3.33%，病情指数幅度为 0.00 ~ 0.83，CK 中油杂 2 号发病率：0.42%，病情指数 0.20。2011—2012 年 CK 发病率 2.20%，病情指数 2.01。

（五）不育株率

平均不育株率 0.00% ~ 12.04%，双油杂 116 最高，其余均在 4.0% 以下，CK 中油杂 2 号 2.89%。

三、品种综述

因本年度本组对照品种表现异常，本组试验采用本组产量均值、产油量均值作对照（简称对照），对试验结果进行数据处理和分析，并以此为依据评价参试品种。

1. 同油杂 2 号

安徽同创种业有限公司提供，试验编号 ZQ104。

该品种植株较高，生长势较强，一致性较好，分枝性中等。7 个试点 6 点增产，1 个点减产，平均亩产 220.53kg，比对照增产 8.80%，增产极显著，居试验第 1 位。平均产油量 94.03kg/亩，比对照增产 5.55%，7 个试点 6 点增产，1 个点减产。株高 179.78cm，分枝数 6.56 个，生育期平均 216.7 天，比对照迟熟 0.1 天。单株有效角果数为 226.34 个，每角粒数 21.01，千粒重 3.22g，不育株率 1.46%。菌核病发病率为 2.14%，病情指数为 1.10，病毒病发病率 0.08%，病情指数为 0.02，菌核病鉴定结果为低感，受冻率 6.52%，冻害指数 1.63，抗倒性强。芥酸含量 0.4，硫苷含量 26.02μmol/g（饼），含油量 42.64%。

2011—2012 年度国家（长江中游 B、试验编号 QZ401）区试中，9 个点试验全部增产，平均亩产 167.51kg，比对照增产 9.11%，达极显著水平，居试验第 2 位，丰产性、稳产性好。平均产油量 67.51kg/亩，比对照增产 8.86%，9 个试点全部比对照增产。株高 188.01cm，分枝数 7.01 个，全生育期平均 218.3 天，比对照迟熟 0.4 天。单株有效角果数为 268.20 个，每角粒数 21.43 粒，千粒重 3.27g，不育株率 0.78%。菌核病、病毒病发病率分别为 9.30%、1.00%，病情指数分别为 6.10、0.64，菌核病鉴定结果为低感，受冻率 0.00%，冻害指数 0.00，抗倒性强。芥酸含量 0.2%，硫苷含量 23.55μmol/g（饼），含油量 40.30%。

综合 2011—2013 两年试验结果，共 16 个试验点，15 个点增产，1 个点减产，平均亩产 194.02kg，比对照增产 8.96%。单株有效角果数 247.27 个，每角粒数为 21.22 粒，千粒重为 3.25g。菌核病发病率 5.72%，病情指数为 3.60，病毒病发病率 0.54%，病情指数为 033，菌核病鉴定结果为低感，抗倒性强，不育株率平均为 0.24%。含油量平均为 41.47%，2 年芥酸含量分别为 0.4% 和 0.2%，硫苷含量分别为 26.02μmol/g（饼）和 23.55μmol/g（饼）。两年平均产油量 80.77kg/亩，比对照增加 7.20%，15 个点增产，1 个点减产。

主要优缺点：丰产性好，产油量高，品质达双低标准，抗倒性强，低感菌核病，熟期适中。

结论：各项试验指标达国家品种审定标准。

2. F8569 *

湖北荆楚种业提供，试验编号 ZQ110。

该品种植株较高，生长势强，一致性好，分枝性中等。7 个试点全部增产，平均亩产 219.21kg，比对照增产 8.15%，增产极显著，居试验第 2 位。平均产油量 93.89kg/亩，比对照增产 5.38%，7 个试点 6 点增产，1 点减产。株高 182.78cm，分枝数 6.89 个，生育期平均 215.0 天，比对照早熟 1.6 天。单株有效角果数为 233.83 个，每角粒数 21.75，千粒重 3.64g，不育株率 3.66%。菌核病发病率为 10.61%，病情指数 3.52，病毒病发病率 3.33%，病情指数为 0.83，菌核病鉴定结果为低感，受冻率 5.12%，冻害指数 1.28，抗倒性强 –。芥酸含量 0.0，硫苷含量 20.99mol/g（饼），含油量 42.83%。

2011—2012 年度国家（长江中游 B 组、试验编号 QZ201）区试中，10 个点试验 9 个点增产，1 个点减产，平均亩产 153.64kg，比对照增产 7.58%，增产极显著，居试验第 3 位，丰产性、稳产性好。平均产油量 62.93kg/亩，比对照增产 4.76%，10 个试点 7 个点增产，3 个点减产。株高 186.56cm，分枝数 6.98 个，生育期平均 221.2 天，比对照早 0.5 天。单株有效角果数为 239.95 个，每角粒数 20.89，千粒重 3.33g，不育株率 5.49%。菌核病发病率 11.54%，病情指数为 8.86，病毒病发病率 0.78%，病情指数为 0.58，菌核病鉴定结果为中感，受冻率 16.67%，冻害指数 4.33，抗倒性强 –。芥酸含量 0.0，硫苷含量 22.26μmol/g（饼），含油量 40.96%。

综合 2011—2013 两年试验结果，共 17 个试验点，16 个点增产，1 个点减产，平均亩产 186.43kg，比对照增产 7.86%。单株有效角果数 236.89 个，每角粒数为 21.32 粒，千粒重为 3.49g。菌核病发病率 11.08%，病情指数为 6.19，病毒病发病率 2.06%，病情指数为 0.71，菌核病鉴定结果为中感，抗倒性强 -，不育株率平均为 4.58%。含油量平均为 47.49%，2 年芥酸含量分别为 0.1% 和 0.1%，硫苷含量分别为 16.65μmol/g（饼）和 16.54μmol/g（饼）。两年平均产油量 78.41kg/亩，比对照增加 5.07%，13 个点增产，4 个点减产。

主要优缺点：丰产性好，产油量较高，品质达双低标准，抗倒性强 -，抗性一般，熟期适中

结论：进入生产试验。

3. 正油 319

四川正达农业科技有限公司提供，试验编号 ZQ108。

该品种株型中等，生长势强，一致性好，分枝性一般。7 个点试验 5 个点增产，2 个点减产，平均亩产 214.53kg，比对照增产 5.84%，居试验第 3 位。增产极显著。平均产油量 99.67kg/亩，比对照增产 11.88%，7 个试点中，6 个点增产，1 个点减产。株高 166.46cm，分枝数 5.61 个，生育期平均 216.4 天，比对照早熟 0.1 天。单株有效角果数为 210.30 个，每角粒数 19.41 粒，千粒重 4.89g，不育株率 0.14%。菌核病发病率为 2.97%，病情指数为 1.41，病毒病发病率 0.08，病情指数为 0.08，菌核病鉴定结果为低感，受冻率 5.45%，冻害指数 1.36，抗倒性强 -。芥酸含量 0.5，硫苷含量 31.05μmol/g（饼），含油量 46.46%。

主要优缺点：丰产性好，产油量高，品质未达双低标准，抗倒性强 -，抗病性中等，熟期适中。

结论：硫苷含量超标，终止试验。

4. 德油杂 2000

湖北富悦农业集团有限公司提供，试验编号 ZQ107。

该品种株型中等，生长势较强，一致性较好，分枝性中等。7 个点试验 3 个点增产，4 个点减产，平均亩产 211.72kg，比对照增产 4.45%，达极显著水平，居试验第 4 位。平均产油量 85.62kg/亩，比对照减产 3.90%，7 个试点 1 个点增产，6 个点减产。株高 170.62cm，分枝数 5.87 个，生育期平均 214.7 天，比对照早熟 1.9 天。单株有效角果数 207.02 个，每角粒数 21.02 粒，千粒重为 4.45g，不育株率 1.25%。菌核病发病率为 2.66%，病情指数 1.56，病毒病发病率 0.08，病情指数为 0.08，菌核病鉴定结果为高感，受冻率 6.88%，冻害指数 1.72，抗倒性中 +。芥酸含量 0.2，硫苷含量 24.21μmol/g（饼），含油量 40.44%。

主要优缺点：丰产性好，产油量较低，品质达双低标准，抗倒性一般，抗病性差，熟期适中。

结论：产油量、抗性指标未达标，终止试验。

5. F0803

湖南湘穗种业有限公司提供，试验编号 ZQ106。

该品种植株较高，生长势较强，一致性好，分枝性中等。7 点试验 4 个点增产，3 个点减产，平均亩产 210.44kg，比对照增产 3.82%，达显著水平，居试验第 5 位。平均产油量 93.23kg/亩，比对照增产 4.64%，7 个试点 5 个点增产，2 个点减产。株高 174.6cm，分枝数 6.19 个，生育期平均 215.7 天，比对照早熟 0.9 天。单株有效角果数为 210.01 个，每角粒数 21.30 粒，千粒重 3.93g，不育株率 1.81%。菌核病、病毒病发病率分别为 2.41%、0.00%，病情指数分别为 0.99、0.00，菌核病鉴定结果为低抗，受冻率 3.43%，冻害指数 0.86，抗倒性强 -。芥酸含量 0.2%，硫苷含量 17.84μmol/g（饼），含油量 44.30%。

2011—2012 年度国家（长江中游 A 组、试验编号 QZ104）区试中，10 点试验 8 个点增产，2 个点减产，平均亩产 154.86kg，比对照增产 8.54%，达极显著水平，居试验第 2 位，丰产性、稳产性好。平均产油量 65.20kg/亩，比对照增产 6.46%，10 个试点 7 个点增产，3 个点减产。株高 172.7cm，分枝数 6.48 个，生育期平均 220.9 天，比对照早熟 0.7 天。单株有效角果数为 262.18 个，每角粒数 20.50 粒，千粒重 3.57g，不育株率 1.81%。菌核病、病毒病发病率分别为 11.01%、0.73%，病情指数分别为 8.31、0.58，菌核病鉴定结果为低抗，受冻率 16.67%，冻害指数 4.87，抗倒性强。芥酸含量 0.1%，硫苷含量 17.71μmol/g（饼），含油量 42.10%。

综合 2011—2013 两年试验结果，共 17 个试验点，12 个点增产，5 个点减产，平均亩产 182.65kg，比对照增产 6.18%。单株有效角果数 236.10 个，每角粒数为 20.90 粒，千粒重为 3.75g。菌核病发病率 6.71%，病情指数为 4.65，病毒病发病率 0.37%，病情指数为 0.29，菌核病鉴定结果为低感，抗倒性强－，不育株率平均为 4.58%。含油量平均为 43.20%，2 年芥酸含量分别为 0.2% 和 0.1%，硫苷含量分别为 17.84μmol/g（饼）和 17.71μmol/g（饼）。两年平均产油量 79.21kg/亩，比对照增加 5.55%，13 个点增产，4 个点减产。

主要优缺点：丰产性较好，产油量高，品质达双低标准，抗倒性较强，抗病性较好，熟期适中。

结论：各项试验指标达国家品种审定标准。

6. T5533

湖南春云种业有限公司提供，试验编号 ZQ112。

该品种植株较高，生长势较强，一致性好，分枝性一般。7 点试验 5 个点增产，2 个点减产，平均亩产 209.14kg，比对照增产 3.18%，增产极显著，居试验第 6 位，丰产性、稳产性好。平均产油量 92.57kg/亩，比对照增产 3.85%，7 个试点全部增产。株高 174.91cm，分枝数 6.88 个，生育期平均 216.0 天，比对照早熟 0.6 天。单株有效角果数为 234.81 个，每角粒数 20.12，千粒重 3.71g，不育株率 0.10%。菌核病、病毒病发病率分别为 3.24%、0.00%，病情指数分别为 0.95、0.00，菌核病鉴定结果为低抗，受冻率 3.78%，冻害指数 0.95，抗倒性强－。芥酸含量 0.0，硫苷含量 29.81μmol/g（饼），含油量 44.24%。

主要优缺点：丰产性较好，产油量较高，品质达双低标准，抗倒性强－，抗病性较好，熟期适中。

结论：继续试验。

7. 华 12 崇 45

华中农业大学/三峡农业科学院提供，试验编号 ZQ105。

该品种植株较高，生长势一般，一致性好，分枝性中等。7 个点试验 5 个点增产，2 个点减产，平均亩产 206.38kg，比对照增产 1.81%，增产不显著，居试验第 7 位。平均产油量 90.00kg/亩，比对照增产 1.02%，5 个点增产，2 个点减产。株高 184.0cm，分枝数 6.70 个，生育期平均 215.3 天，比对照早熟 1.3 天。单株有效角果数为 211.46 个，每角粒数 20.03 粒，千粒重 4.21g，不育株率 0.47%。菌核病、病毒病发病率分别为 2.09%、0.00%，病情指数分别为 1.22、0.00，菌核病鉴定结果为低感，受冻率 7.03%，冻害指数 1.76，抗倒性中＋。芥酸含量 0.5%，硫苷含量 22.21μmol/g（饼），含油量 43.61%。

主要优缺点：丰产性、产油量一般，品质达双低标准，抗倒性一般，抗病性一般，熟期适中。

结论：产量、产油量指标未达标，终止试验。

8. 赣油杂 50

江西省农科院作物所提供，试验编号 ZQ111。

该品种植株较高，生长势中等，一致性较好，分枝性一般。7 个点试验 3 个点增产，4 个点减产，平均亩产 204.27kg，比对照增产 0.78%，增产不显著，居试验第 8 位。平均产油量 96.19kg/亩，比对照增产 7.97%，7 个试点全部增产。株高 178.19cm，分枝数 6.40 个，生育期平均 217.1 天，比对照迟 0.6 天。单株有效角果数为 231.10 个，每角粒数 22.60 粒，千粒重 3.81g，不育株率 0.19%。菌核病、病毒病发病率分别为 2.12%、0.00%，病情指数分别为 1.04、0.00，菌核病鉴定结果为低感，受冻率 1.52%，冻害指数 0.38，抗倒性中。芥酸含量 0.9%，硫苷含量 21.46μmol/g（饼），含油量 47.09%。

主要优缺点：丰产性一般，产油量高，品质达双低标准，抗倒性一般，抗病性中等，熟期适中。

结论：产油量指标达标，继续试验，同步进入生产试验。

9. SWU09V16

西南大学提供，试验编号 ZQ109。

该品种株型中等，生长势一般，一致性好，分枝性中等。7个点试验4个点增产，3个点减产，平均亩产195.45kg，比对照减产3.57%，极显著，居试验第9位。平均产油量89.40kg/亩，比对照增产0.35%，4个点增产，3个点减产。株高161.93cm，分枝数5.61个，生育期平均217.0天，比对照迟熟0.4天。单株有效角果数为183.65个，每角粒数20.39粒，千粒重4.06g，不育株率3.25%。菌核病、病毒病发病率分别为0.52%、0.00%，病情指数分别为0.16、0.00，菌核病鉴定结果为低感，受冻率4.55%，冻害指数1.14，抗倒性中+。芥酸含量0.0，硫苷含量25.07μmol/g（饼），含油量45.74%。

2011—2012年度国家（长江中游A组、试验编号QZ107）区试中，10个点试验8个点增产，2个点减产，平均亩产153.57kg，比对照增产7.63%，增产极显著，居试验第3位，丰产性、稳产性好。平均产油量67.13kg/亩，比对照增产9.62%，10个试点9个点增产，1个点减产。株高166.71cm，分枝数6.56个，生育期平均222.9天，比对照迟熟1.3天。单株有效角果数为257.09个，每角粒数17.04，千粒重4.05g，不育株率0.10%。菌核病、病毒病发病率分别为7.65%、0.82%，病情指数分别为4.99、0.65，菌核病鉴定结果为低感，受冻率17.50%，冻害指数4.94，抗倒性强。芥酸含量0.0，硫苷含量21.69μmol/g（饼），含油量43.72%。

综合2011—2013两年试验结果，共17个试验点，12个点增产，5个点减产，平均亩产174.51kg，比对照增产2.03%。单株有效角果数220.37个，每角粒数为18.72粒，千粒重为4.06g。菌核病发病率6.11%，病情指数为2.58，病毒病发病率0.41%，病情指数0.33，菌核病鉴定结果为低感，抗倒性强−，不育株率平均4.58%。含油量平均为44.73%，2年芥酸含量分别为0.0和0.0，硫苷含量分别为25.07μmol/g（饼）和21.69μmol/g（饼）。两年平均产油量78.27kg/亩，比对照增加4.98%，12个点增产，5个点减产。

主要优缺点：品质达双低标准，丰产性、产油量一般，抗倒性较强，低感菌核病，熟期适中。

结论：试验指标未达标，完成试验。

10. 152GP36

中国农业科学院油料作物研究所提供，试验编号ZQ101。

该品种株型中等，生长势一般，一致性好，分枝性中等。7个点试验2个点增产，5个点减产，平均亩产187.82kg，比对照减产7.34%，居试验第11位。平均产油量88.31kg/亩，比对照减产0.87%，4个点增产，3个点减产。株高164.76cm，分枝数5.87个，生育期平均222.4天，比对照迟熟0.8天。单株有效角果数为199.78个，每角粒数16.64粒，千粒重4.84g，不育株率0.16%。菌核病、病毒病发病率分别为5.50%、0.00%，病情指数分别为2.72、0.00，菌核病鉴定结果为中感，受冻率5.93%，冻害指数1.48，抗倒性中+。芥酸含量0.0，硫苷含量23.54μmol/g（饼），含油量47.02%。

主要优缺点：丰产性、抗倒性较差，产油量较低，品质达双低标准，抗倒性一般，熟期适中。

结论：产量、产油量未达标，终止试验。

11. 双油116

河南省农科院经济作物研究所选育，试验编号ZQ103。

该品种植株较高，生长势较弱，一致性较好，分枝性一般。7个点试验全部减产，平均亩产160.43kg，比对照减产20.85%，居试验第12位。平均产油量68.15kg/亩，比对照减产23.51%，7个试点全部减产。株高185.09cm，分枝数6.68个，生育期平均218.7天，比对照晚熟2.1天。单株有效角果数为169.06个，每角粒数21.58粒，千粒重3.35g，不育株率0.29%。菌核病、病毒病发病率分别为1.43%、0.00%，病情指数分别为0.87、0.00，菌核病鉴定结果为低感，受冻率4.55%，冻害指数1.14，抗倒性中−。芥酸含量0.2%，硫苷含量20.86μmol/g（饼），含油量42.48%。

主要优缺点：丰产性差，产油量低，品质达双低标准，抗倒性较差，抗病性一般，熟期适中。

结论：产量、产油量未达标，终止试验。

2012—2013 年全国冬油菜品种区域试验（中游 A 组）原始产量表

试点	品种名	小区产量（kg）				试点	品种名	小区产量（kg）			
		I	II	III	平均值			I	II	III	平均值
湖北武汉	152GP36	6.471	6.811	6.360	6.547	湖北宜昌	152GP36	6.435	6.662	6.98	6.692
	中油杂 2 号（CK）	6.002	5.616	5.666	5.761		中油杂 2 号（CK）	6.384	6.362	6.854	6.533
	双油 116	5.682	5.051	5.286	5.340		双油 116	5.635	5.901	5.692	5.743
	同油杂 2 号*	5.557	6.071	5.721	5.783		同油杂 2 号*	7.12	7.574	6.829	7.174
	华 12 崇 45	6.209	6.589	6.487	6.428		华 12 崇 45	7.084	6.865	7.43	7.126
	F0803*	6.568	6.620	6.515	6.568		F0803*	6.63	7.186	7.388	7.068
	德油杂 2000	6.072	5.721	5.579	5.791		德油杂 2000	7.061	6.786	7.449	7.099
	正油 319	5.655	5.563	5.610	5.609		正油 319	6.393	6.354	7.048	6.598
	SWU09V16*	5.542	5.459	6.094	5.698		SWU09V16*	6.941	7.091	6.691	6.908
	F8569*	6.265	5.851	6.258	6.125		F8569*	6.803	7.122	7.422	7.116
	赣油杂 50	6.021	5.342	6.081	5.815		赣油杂 50	7.592	7.271	7.746	7.536
	T5533	6.544	6.109	6.665	6.439		T5533	7.304	7.354	7.159	7.272
江西九江	152GP36	5.874	5.045	6.429	5.783	湖北恩施	152GP36	5.715	6.265	6.770	6.250
	中油杂 2 号（CK）	6.515	6.311	7.033	6.620		中油杂 2 号（CK）	6.410	6.590	6.730	6.577
	双油 116	5.267	4.003	6.702	5.324		双油 116	3.930	4.725	5.580	4.745
	同油杂 2 号*	7.683	7.909	7.474	7.689		同油杂 2 号*	8.850	9.680	9.105	9.212
	华 12 崇 45	6.494	6.025	6.596	6.372		华 12 崇 45	8.650	7.730	7.325	7.902
	F0803*	7.074	7.240	7.789	7.368		F0803*	8.120	8.795	7.765	8.227
	德油杂 2000	6.983	6.896	7.397	7.092		德油杂 2000	9.165	8.980	9.070	9.072
	正油 319	6.926	6.887	7.554	7.122		正油 319	9.460	8.815	8.935	9.070
	SWU09V16*	5.929	5.593	6.533	6.018		SWU09V16*	7.495	6.710	6.825	7.010
	F8569*	7.447	6.849	6.925	7.074		F8569*	8.945	9.400	9.065	9.137
	赣油杂 50	7.337	6.455	6.522	6.771		赣油杂 50	6.755	7.475	8.265	7.498
	T5533	6.782	6.332	7.322	6.812		T5533	7.630	7.810	8.145	7.862
江西宜春	152GP36	3.950	3.680	3.420	3.683	湖南长沙	152GP36	5.717	5.690	5.505	5.637
	中油杂 2 号（CK）	4.175	4.045	4.505	4.242		中油杂 2 号（CK）	5.282	5.695	5.340	5.439
	双油 116	4.505	4.410	4.195	4.370		双油 116	3.665	4.350	4.310	4.108
	同油杂 2 号*	5.030	4.645	5.340	5.005		同油杂 2 号*	5.844	6.065	5.995	5.968
	华 12 崇 45	4.110	4.480	4.640	4.410		华 12 崇 45	5.743	5.995	5.655	5.798
	F0803*	4.545	4.340	4.800	4.562		F0803*	5.773	5.265	5.385	5.474
	德油杂 2000	4.085	4.625	4.720	4.477		德油杂 2000	5.482	5.395	5.535	5.471
	正油 319	4.890	5.410	5.090	5.130		正油 319	6.281	5.810	5.835	5.975
	SWU09V16*	4.010	4.405	4.885	4.433		SWU09V16*	5.862	5.850	5.620	5.777
	F8569*	5.120	4.855	5.160	5.045		F8569*	6.190	5.850	5.905	5.982
	赣油杂 50	4.140	4.985	4.695	4.607		赣油杂 50	5.739	5.330	5.580	5.550
	T5533	5.120	4.675	4.775	4.857		T5533	5.569	5.405	5.680	5.551

（续表）

试点	品种名	小区产量（kg）				试点	品种名	小区产量（kg）			
		I	II	III	平均值			I	II	III	平均值
湖南衡阳	152GP36	4.910	4.510	5.130	4.850	平均值	152GP36				5.635
	中油杂 2 号（CK）	5.980	4.550	5.200	5.243		中油杂 2 号（CK）				5.774
	双油 116	3.540	4.610	4.030	4.060		双油 116				4.813
	同油杂 2 号 *	5.540	5.130	5.770	5.480		同油杂 2 号 *				6.616
	华 12 崇 45	5.900	5.100	4.910	5.303		华 12 崇 45				6.191
	F0803 *	5.520	4.010	5.250	4.927		F0803 *				6.313
	德油杂 2000	5.530	5.220	5.630	5.460		德油杂 2000				6.351
	正油 319	5.550	5.620	5.470	5.547		正油 319				6.436
	SWU09V16 *	5.850	4.730	5.020	5.200		SWU09V16 *				5.864
	F8569 *	5.700	5.530	5.440	5.557		F8569 *				6.576
	赣油杂 50	5.440	5.000	4.920	5.120		赣油杂 50				6.128
	T5533	5.550	4.910	4.920	5.127		T5533				6.274

中游 A 组经济性状表（1）

区试单位	编号 品种名	株 高 (cm)	分枝部位 (cm)	有效分枝数（个）	主花序			单株有效角果数	每角粒数	千粒重 (g)	单株产量 (g)
					有效长度 (cm)	有效角果数	角果密度				
湖北恩施州农科院		178.8	89.4	5.9	41.0	74.1	1.8	204.1	11.0	5.9	11.9
湖北宜昌市农科所		151.0	86.2	4.8	53.6	78.0	1.5	140.0	16.7	4.99	11.9
湖南衡阳市农科所		174.2	84.3	7.8	44.1	60.9	1.3	276.3	21.1	4.60	7.9
湖南省作物所	ZQ101 152GP36	169.6	95.2	4.7	53.4	78.2	1.4	211.8	17.3	4.40	12.2
江西九江市农科所		129.4	65.4	4.6	45.2	54.2	1.2	119.2	19.4	4.98	10.4
江西宜春市农科院		188.6	85.8	7.5	65.8	96.2	1.5	274.5	18.1	4.8	13.0
中国农业科学院油料所		161.7	76.2	5.8	56.5	82.3	1.5	172.5	12.9	4.25	13.9
平 均 值		164.76	83.21	5.87	51.37	74.84	1.45	199.78	16.64	4.84	11.60
湖北恩施州农科院		201.7	123.8	5.3	51.1	65.0	1.3	163.4	19.0	5.1	11.3
湖北宜昌市农科所		159.0	88.1	4.9	60.1	71.8	1.2	168.6	18.1	3.95	11.5
湖南衡阳市农科所	ZQ102 中油杂 2 号 (CK)	187.4	82.3	7.1	54.0	66.2	1.2	247.6	22.2	3.90	8.1
湖南省作物所		175.4	102.6	5.4	48.2	64.1	1.3	181.1	19.7	3.95	15.7
江西九江市农科所		148.5	71.5	5.3	52.0	69.8	1.3	170.3	20.2	4.26	11.2
江西宜春市农科院		190.9	99.3	6.6	48.6	65.6	1.3	211.4	23.1	4.0	11.0
中国农业科学院油料所		161.7	73.9	5.8	58.7	81.3	1.4	201.4	15.4	3.18	12.8
平 均 值		174.95	91.64	5.79	53.24	69.11	1.28	191.98	19.67	4.04	11.66
湖北恩施州农科院		219.0	127.3	8.2	52.0	43.7	0.8	189.2	18.7	3.5	10.9
湖北宜昌市农科所		176.6	86.2	5.8	59.7	66.4	1.1	134.8	23.4	3.36	9.8
湖南衡阳市农科所	ZQ103 双油 116	188.2	95.4	8.0	53.2	70.0	1.3	150.0	23.0	3.40	7.0
湖南省作物所		181.8	109.4	5.6	49.4	62.3	1.3	174.9	19.4	2.75	14.5
江西九江市农科所		156.0	77.1	5.6	52.1	56.2	1.1	153.4	23.8	3.90	9.1
江西宜春市农科院		197.5	109.6	6.7	56.4	68.6	1.2	197.9	20.8	3.8	13.4
中国农业科学院油料所		176.5	85.8	6.8	57.3	70.2	1.2	183.2	21.9	2.82	12.0
平 均 值		185.09	98.69	6.68	54.30	62.57	1.15	169.06	21.58	3.35	10.96
湖北恩施州农科院		191.1	108.3	7.2	48.9	59.6	1.2	216.3	18.7	3.3	13.2
湖北宜昌市农科所		170.9	91.6	5.9	55.3	74.8	1.4	194.4	22.2	2.94	12.0
湖南衡阳市农科所	ZQ104 同油杂 2 号 *	202.2	128.2	6.8	48.4	55.6	1.1	224.3	21.5	3.00	8.6
湖南省作物所		187.6	115.2	6.5	43.8	70.5	1.6	215.7	20.6	2.85	12.9
江西九江市农科所		150.8	76.5	5.8	48.3	65.0	1.3	194.1	23.0	4.06	13.4
江西宜春市农科院		185.1	102.3	7.1	44.8	57.3	1.3	326.5	20.2	3.9	20.4
中国农业科学院油料所		170.7	90.9	6.6	53.2	74.9	1.4	213.1	20.9	2.62	13.0
平 均 值		179.78	101.86	6.56	48.96	65.36	1.32	226.34	21.01	3.22	13.36
湖北恩施州农科院		207.2	118.9	6.6	54.4	55.6	1.0	181.4	17.6	5.1	12.1
湖北宜昌市农科所		175.7	95.2	5.9	55.2	64.8	1.2	163.9	21.5	4.04	12.0
湖南衡阳市农科所	ZQ105 华 12 崇 45	194.3	104.0	7.9	50.2	72.1	1.4	294.7	19.8	4.30	7.8
湖南省作物所		199.5	117.4	6.9	51.2	63.7	1.2	219.0	20.1	3.85	13.4
江西九江市农科所		140.4	65.1	5.5	46.0	55.6	1.2	160.2	21.7	4.20	11.1
江西宜春市农科院		199.6	105.7	7.2	59.8	75.0	1.3	218.5	20.6	4.5	15.3
中国农业科学院油料所		171.3	88.4	6.9	54.2	72.1	1.3	242.5	18.9	3.52	13.0
平 均 值		184.00	99.24	6.70	53.00	65.56	1.23	211.46	20.03	4.21	12.11

中游 A 组经济性状表（2）

区试单位	编号品种名	株高(cm)	分枝部位(cm)	有效分枝数(个)	主花序			单株有效角果数	每角粒数	千粒重(g)	单株产量(g)
					有效长度(cm)	有效角果数	角果密度				
湖北恩施州农科院		187.5	100.5	6.3	50.5	73.3	1.5	186.6	19.0	4.6	12.3
湖北宜昌市农科所		165.6	84.3	5.4	58.4	63.4	1.1	168.8	19.2	3.81	11.8
湖南衡阳市农科所		195.8	92.7	7.8	53.4	66.9	1.2	295.1	22.4	3.60	6.4
湖南省作物所	ZQ106	183.9	100.5	5.9	44.8	60.0	1.3	174.1	24.5	3.75	11.3
江西九江市农科所	F0803*	140.8	71.2	5.6	44.2	57.1	1.3	166.2	21.8	4.42	12.7
江西宜春市农科院		185.4	85.0	6.7	64.0	72.6	1.1	262.0	21.8	4.0	18.3
中国农业科学院油料所		163.6	83.7	5.6	58.4	72.7	1.3	217.3	20.4	3.36	13.7
平　均　值		174.66	88.28	6.19	53.38	66.57	1.24	210.01	21.30	3.93	12.35
湖北恩施州农科院		191.0	130.6	4.6	48.5	62.6	1.3	214.6	23.3	5.5	13.8
湖北宜昌市农科所		161.9	83.2	5.5	48.3	72.6	1.5	162.8	18.9	4.31	11.5
湖南衡阳市农科所		177.4	70.8	7.2	55.2	67.3	1.2	245.2	23.5	4.50	8.2
湖南省作物所	ZQ107	185.2	105.0	6.2	46.8	56.0	1.2	195.6	18.0	3.95	13.5
江西九江市农科所	德油杂2000	133.3	63.5	5.4	41.5	59.2	1.4	165.3	20.7	4.80	12.1
江西宜春市农科院		185.0	106.9	5.8	52.7	67.3	1.3	253.3	22.5	4.5	17.3
中国农业科学院油料所		160.5	71.7	6.4	49.4	66.8	1.4	212.3	20.3	3.72	14.1
平　均　值		170.62	90.24	5.87	48.91	64.54	1.32	207.02	21.02	4.45	12.93
湖北恩施州农科院		177.2	118.9	4.5	46.1	57.3	1.2	222.6	20.3	6.1	12.7
湖北宜昌市农科所		159.5	77.1	4.4	53.8	73.0	1.4	137.2	19.2	4.96	10.7
湖南衡阳市农科所		177.4	67.9	7.5	53.2	59.3	1.1	256.0	19.2	4.90	9.8
湖南省作物所	ZQ108	178.5	102.2	6.2	47.7	63.3	1.3	178.3	18.5	4.30	10.5
江西九江市农科所	正油319	130.8	64.9	4.3	45.5	67.8	1.5	131.7	22.6	5.68	10.6
江西宜春市农科院		184.1	86.5	6.8	57.5	85.2	1.5	342.3	18.7	4.5	20.9
中国农业科学院油料所		157.7	75.7	5.6	56.1	79.6	1.4	204.0	17.4	3.85	10.8
平　均　值		166.46	84.74	5.61	51.41	69.36	1.35	210.30	19.41	4.89	12.29
湖北恩施州农科院		168.0	95.6	4.5	46.1	64.4	1.4	167.5	22.7	4.7	10.3
湖北宜昌市农科所		159.7	80.0	5.0	58.0	77.9	1.3	155.6	17.3	4.18	11.7
湖南衡阳市农科所		183.2	90.2	8.1	52.3	58.3	1.1	193.9	18.9	4.80	8.0
湖南省作物所	ZQ109	166.1	89.3	5.5	51.6	73.1	1.4	199.5	19.9	3.60	11.2
江西九江市农科所	SWU09V16*	128.7	58.8	4.3	48.7	66.4	1.4	145.0	23.4	3.98	9.8
江西宜春市农科院		169.6	83.0	6.5	60.0	77.7	1.3	231.5	23.2	3.9	15.7
中国农业科学院油料所		158.2	76.2	5.4	57.5	79.4	1.4	192.5	17.4	3.28	11.4
平　均　值		161.93	81.88	5.61	53.46	71.03	1.33	183.65	20.39	4.06	11.15
湖北恩施州农科院		198.9	88.8	6.1	58.4	48.4	0.8	267.3	23.3	4.0	12.8
湖北宜昌市农科所		170.9	85.2	6.0	56.0	69.2	1.2	178.4	21.1	3.18	11.4
湖南衡阳市农科所		193.3	90.3	7.7	54.3	60.2	1.1	288.4	17.9	4.20	9.1
湖南省作物所	ZQ110	195.8	105.7	6.1	54.0	66.7	1.2	203.4	22.5	3.35	12.5
江西九江市农科所	F8569*	143.2	65.2	6.2	47.9	54.1	1.1	151.5	23.2	3.94	11.3
江西宜春市农科院		205.7	90.1	9.4	60.5	82.8	1.4	370.1	22.1	3.9	20.3
中国农业科学院油料所		171.6	82.7	6.7	55.7	66.8	1.2	177.7	22.1	2.97	13.0
平　均　值		182.78	86.86	6.89	55.26	64.02	1.15	233.83	21.75	3.64	12.91

中游 A 组经济性状表（3）

| 区试单位 | 编号
品种名 | 株 高
（cm） | 分枝部位
（cm） | 有效分
枝数
（个） | 主花序 | | | 单株有效
角果数 | 每角
粒数 | 千粒重
（g） | 单株产量
（g） |
					有效长度 （cm）	有效角 果数	角果 密度				
湖北恩施州农科院		207.5	121.5	6.1	52.0	57.7	1.1	232.8	28.3	4.3	12.7
湖北宜昌市农科所		170.6	89.4	5.6	56.4	66.4	1.2	176.4	20.0	3.43	12.1
湖南衡阳市农科所		189.3	84.7	8.0	48.9	56.7	1.1	288.4	23.6	4.50	7.5
湖南省作物所	ZQ111 赣油杂50	185.3	104.2	6.2	36.4	46.1	1.3	207.6	22.1	3.65	12.9
江西九江市农科所		143.2	73.1	5.5	42.4	52.5	1.2	141.3	23.3	4.10	9.3
江西宜春市农科院		181.2	90.1	6.7	49.8	62.4	1.3	268.8	20.3	3.7	17.9
中国农业科学院油料所		170.2	80.8	6.7	54.9	72.3	1.3	302.4	20.6	3.01	13.3
平 均 值		178.19	91.97	6.40	48.69	59.16	1.22	231.10	22.60	3.81	12.25
湖北恩施州农科院		187.5	111.5	5.2	44.0	57.9	1.3	159.0	21.7	4.3	10.9
湖北宜昌市农科所		161.9	84.2	5.9	48.9	60.0	1.2	194.0	18.8	3.35	12.0
湖南衡阳市农科所		190.2	93.7	7.1	54.0	55.1	1.0	317.4	20.5	3.5	7.3
湖南省作物所	ZQ112 T5533	187.0	108.0	6.5	45.1	57.7	1.3	182.9	19.4	3.65	12.3
江西九江市农科所		143.7	66.8	6.9	41.1	61.7	1.5	178.5	20.1	4.04	12.6
江西宜春市农科院		189.2	85.3	9.1	50.8	74.2	1.5	337.5	22.9	4.0	18.9
中国农业科学院油料所		164.9	75.1	7.4	50.7	71.5	1.4	274.4	17.5	3.19	14.8
平 均 值		174.91	89.22	6.88	47.80	62.58	1.32	234.81	20.12	3.71	12.69

中游 A 组生育期与抗性表（1）

区试单位	编号品种名称	播种期（月/日）	成熟期（月/日）	全生育期（天）	比对照（±天数）	苗期生长势	成熟一致性	耐旱渍性（强、中、弱）	抗倒性（直、斜、倒）	抗寒性 冻害率（%）	抗寒性 冻害指数	菌核病 病害率（%）	菌核病 病害指数	病毒病 病害率（%）	病毒病 病害指数	不育株率（%）
湖北恩施州农科院		10/12	5/10	210	-3	强	齐	强	直	0	0	0	0	0	0	0
湖北宜昌市农科所		9/25	5/4	221	-3	强	齐	—	直	0	0	7.8	5.3	0	0	0
湖南衡阳市农科所		9/27	4/27	212	-2	强	齐	强	斜	0	0	0	0	0	0	0
湖南省作物所	ZQ101 152GP36	9/28	4/30	214	-1	强	齐	—	斜	—	—	3.5	3.38	0	0	0
江西九江市农科所		10/6	5/7	213	-3	强	齐	强	直	13.6	3.4	22.7	6.8	0	0	0
江西宜春市农科院		10/1	4/30	211	0	强	中	强	倒	22.0	5.5	3.47	2.53	—	—	0.14
中国农业科学院油料所		9/25	5/2	219	-4	中+	齐	强	直	0	0	1	1	0	0	1
平 均 值				214.3	-2.2	强-	齐-	强	中+	5.93	1.48	5.50	2.72	0.00	0.00	0.16
湖北恩施州农科院		10/12	5/13	213	0	强	齐	强	倒	0	0	0	0	0	0	0
湖北宜昌市农科所		9/25	5/7	224	0	强	齐	—	直	0	0	8.3	3.8	0	0	1.3
湖南衡阳市农科所		9/27	4/29	214	0	强	齐	强	直	0	0	1.5	0	0	0	0
湖南省作物所	ZQ102 中油杂2号（CK）	9/28	5/1	215	0	强	齐	—	直	—	—	1.5	1.25	1.5	0.38	16
江西九江市农科所		10/6	5/10	216	0	强	齐	强	直	18.2	4.5	9.1	2.3	0	0	1.67
江西宜春市农科院		10/1	4/30	211	0	强	中	强	直	0	0	3.47	2.64	—	—	0.28
中国农业科学院油料所		9/25	5/6	223	0	中+	齐-	强	斜	0	0	1	1	1	0.8	1
平 均 值				216.6	0.0	强-	齐-	强	强-	3.03	0.76	3.34	1.57	0.42	0.20	2.89
湖北恩施州农科院		10/12	5/13	213	0	强	齐	强	直	0	0	0	0	0	0	2
湖北宜昌市农科所		9/25	5/13	230	6	中	中	—	斜	0	0	6.1	2.9	0	0	26.7
湖南衡阳市农科所		9/27	4/29	214	0	强	中	中	斜	0	0	1	0.5	0	0	5
湖南省作物所	ZQ103 双油116	9/28	5/3	217	2	强	齐	—	直	—	—	1.5	1.5	0	0	38
江西九江市农科所		10/6	5/15	221	5	强	齐	强	斜	27.3	6.8	0.0	0.0	0	0	4
江西宜春市农科院		10/1	5/1	212	1	中	齐	强	直	0	0	1.44	1.19	—	—	0.57
中国农业科学院油料所		9/25	5/7	224	1	中+	齐	中	折倒	0	0	0	0	0	0	8
平 均 值				218.7	2.1	中+	中+	中+	中-	4.55	1.14	1.43	0.87	0.00	0.00	12.04

中游 A 组生育期与抗性表（2）

试点单位	编号品种名称	播种期(月/日)	成熟期(月/日)	全生育期(天)	比对照(±天数)	苗期生长势	成熟一致性	耐旱渍性(强、中、弱)	抗倒性(直、斜、倒)	抗寒性 冻害率(%)	抗寒性 冻害指数	菌核病 病害率(%)	菌核病 病害指数	病毒病 病害率(%)	病毒病 病害指数	不育株率(%)
湖北恩施州农科院		10/12	5/12	212	-1	强	齐	强	直	0	0	1.0	0.3	0	0	0
湖北宜昌市农科所		9/25	5/8	225	1	强	齐	—	直	0	0	4.4	2.8	0	0	2.7
湖南衡阳市农科所	ZQ104 同油杂 2 号*	9/27	4/29	214	0	强	齐	强	直	0	0	1	0.5	0	0	0
湖南省作物所		9/28	5/3	217	2	强	齐	—	直	—	—	2	1.5	0.5	0.13	6
江西九江市农科所		10/6	5/8	214	-2	强	齐	强	直	9.1	2.3	4.6	1.1	0	0	0
江西宜春市农科院		10/1	5/1	212	1	强	齐	强	直	30.0	7.5	2.02	1.52	—	—	0
中国农业科学院油料所		9/25	5/6	223	0	强	齐	强	直	—	—	0	0	0	0	1.5
平　均　值				216.7	0.1	强	齐	强	强	6.52	1.63	2.14	1.10	0.08	0.02	1.46
湖北恩施州农科院		10/12	5/7	207	-6	强	齐	强	直	0	0	0	0	0	0	0
湖北宜昌市农科所		9/25	5/7	224	0	强	齐	—	直	0	0	4.4	3.1	0	0	0.3
湖南衡阳市农科所	ZQ105 华 12 崇 45	9/27	4/27	212	-2	强	齐	强	斜	0	0	1	0.5	0	0	1
湖南省作物所		9/28	5/1	215	0	强	齐	—	斜	—	—	1.5	1.38	0	0	0
江西九江市农科所		10/6	5/12	218	2	强	齐	强	直	18.2	4.5	4.6	1.1	0	0	0
江西宜春市农科院		10/1	4/29	210	-1	强	齐	强	斜	24.0	6.0	3.18	2.46	—	—	0
中国农业科学院油料所		9/25	5/4	221	-2	中	齐	强	直	0	0	0	0	0	0	0.5
平　均　值				215.3	-1.3	强-	齐	强	中+	7.03	1.76	2.09	1.22	0.00	0.00	0.26
湖北恩施州农科院		10/12	5/10	210	-3	强	齐	强	直	0	0	0	0	0	0	0
湖北宜昌市农科所		9/25	5/8	225	1	中	齐	—	直	0	0	4.4	1.5	0	0	1.3
湖南衡阳市农科所	ZQ106 F0803*	9/27	4/29	214	0	强	齐	强	斜	0	0	0	0	0	0	0
湖南省作物所		9/28	5/1	215	0	强	齐	—	斜	—	—	1.5	0.63	0	0	12
江西九江市农科所		10/6	5/10	216	0	强	齐	强	直	4.6	1.1	9.1	3.4	0	0	3.33
江西宜春市农科院		10/1	4/29	210	-1	强	齐	强	直	16.0	4.0	1.88	1.41	—	—	0.43
中国农业科学院油料所		9/25	5/3	220	-3	强	齐	强	直	0	0	0	0	0	0	2
平　均　值				215.7	-0.9	强-	齐	强	强-	3.43	0.86	2.41	0.99	0.00	0.00	2.72

中游 A 组生育期与抗性表 (3)

试点单位	编号品种名称	播种期(月/日)	成熟期(月/日)	全生育期(天)	比对照天数(±)	苗期生长势	成熟一致性	耐旱渍性(强中弱)	抗倒性(直斜倒)	抗寒性 冻害率(%)	抗寒性 冻害指数	菌核病 病害率(%)	菌核病 病害指数	病毒病 病害率(%)	病毒病 病害指数	不育株率(%)
湖北恩施州农科院	ZQ107 德油杂2000	10/12	5/11	211	-2	强	齐	强	直	0	0	0	0	0	0	1
湖北宜昌市农科所		9/25	5/4	221	-3	强	齐	—	斜	0	0	6.1	3.1	0	0	4
湖南衡阳市农科所		9/27	4/29	214	0	强	齐	强	斜	0	0	0	0	0	0	0
湖南省作物所		9/28	4/30	214	-1	强	齐	—	斜	—	—	5.5	5	0.5	0.5	2
江西九江市农科所		10/6	5/9	215	-1	强	齐	强	直	27.3	6.8	4.6	1.1	0	0	0
江西宜春市农科院		10/1	4/28	209	-2	强	齐	强	斜	14.0	3.5	2.46	1.7	—	—	0.28
中国农业科学院油料所		9/25	5/2	219	-4	强	齐	强	直	0	0	0	0	0	0	1.5
平 均 值				214.7	-1.9	强	齐	强	中+	6.88	1.72	2.66	1.56	0.08	0.08	1.25
湖北恩施州农科院	ZQ108 正油319	10/12	5/13	213	0	强	齐	强	直	0	0	0	0	0	0	0
湖北宜昌市农科所		9/25	5/8	225	1	强	齐	—	直	0	0	6.1	2.9	0	0	0
湖南衡阳市农科所		9/27	4/29	214	0	强	齐	强	直	0	0	0	0	0	0	0
湖南省作物所		9/28	5/1	215	0	强	齐	—	斜	—	—	4	3.5	0.5	0.5	0
江西九江市农科所		10/6	5/11	217	1	强	齐	强	直	22.7	5.7	9.1	2.3	0	0	0
江西宜春市农科院		10/1	4/29	210	-1	强	齐	强	斜	10.0	2.5	1.59	1.23	—	—	0
中国农业科学院油料所		9/25	5/4	221	-2	强	中	强	直	0	0	0	0	0	0	1
平 均 值				216.4	-0.1	强-	强-	强	强-	5.45	1.36	2.97	1.41	0.08	0.08	0.14
湖北恩施州农科院	ZQ109 SWU 09V16*	10/12	5/12	212	-1	强	齐	强	倒	0	0	0	0	0	0	0
湖北宜昌市农科所		9/25	5/11	228	4	中	齐	—	直	0	0	2.8	0.7	0	0	0
湖南衡阳市农科所		9/27	4/28	213	-1	强	齐	强	直	0	0	0	0	0	0	0
湖南省作物所		9/28	5/1	215	0	强	齐	—	斜	—	—	0.0	0.0	0	0	0
江西九江市农科所		10/6	5/12	218	2	强	齐	强	直	27.3	6.8	0.86	0.43	—	—	0
江西宜春市农科院		10/1	4/30	211	0	强	齐	强	直	0	0	0	0	0	0	0
中国农业科学院油料所		9/25	5/5	222	-1	强	齐	强	直	0	0	0.52	0.16	0	0	0
平 均 值				217.0	0.4	强-	齐	强	中+	4.55	1.14	0.52	0.16	0.00	0.00	0.00

中游 A 组生育期与抗性表（4）

试点单位	编号品种名称	播种期(月/日)	成熟期(月/日)	全生育期(天)	比对照(±天数)	苗期生长势	成熟一致性	耐旱、渍性(强、中、弱)	抗倒性(直、斜、倒)	抗寒性 冻害率(%)	抗寒性 冻害指数	菌核病 病害率(%)	菌核病 病害指数	病毒病 病害率(%)	病毒病 病害指数	不育株率(%)
湖北恩施州农科院		10/12	5/12	212	-1	中	齐	中	直	0	0	0	0	0	0	2
湖北宜昌市农科所		9/25	5/4	221	-3	强	齐	—	直	0	0	10	2.8	0	0	2.7
湖南衡阳市农科所		9/27	4/30	215	1	强	齐	强	斜	0	0	1	0.5	0	0	10
湖南省作物所	ZQ110	9/28	4/30	214	-1	强	齐	—	直	—	—	2	1.5	0	0	2
江西九江市农科所	F8569*	10/6	5/10	216	0	强	齐	强	直	22.7	5.7	59.1	18.2	20	5	5
江西宜春市农科院		10/1	4/27	208	-3	强	斜	强	斜	8.0	2.0	2.17	1.66	—	—	0.43
中国农业科学院油料所		9/25	5/2	219	-4	中	齐	中+	直	0	0	0	0	0	0	3.5
平 均 值				215.0	-1.6	强-	齐	中+	强-	5.12	1.28	10.61	3.52	3.33	0.83	3.66
湖北恩施州农科院		10/12	5/13	213	0	强	齐	强	倒	0	0	0	0	0	0	0
湖北宜昌市农科所		9/25	5/9	226	2	强	齐	—	直	0	0	4.4	1.4	0	0	0.3
湖南衡阳市农科所		9/27	4/30	215	1	强	齐	强	斜	0	0	0	0	0	0	0
湖南省作物所	ZQ111	9/28	5/3	217	2	强	齐	—	斜	—	—	2	1.25	0	0	0
江西九江市农科所	赣油杂50	10/6	5/11	217	1	强	齐	强	直	9.1	2.3	4.6	1.1	0	0	0
江西宜春市农科院		10/1	4/30	211	0	强	齐	强	斜	0	0	1.88	1.52	—	—	1
中国农业科学院油料所		9/25	5/4	221	-2	强	中	强	直	0	0	2	2	0	0	0
平 均 值				217.1	0.6	强	齐-	强	中	1.52	0.38	2.12	1.04	0.00	0.00	0.19
湖北恩施州农科院		10/12	5/12	212	-1	强	齐	强	直	0	0	0	0	0	0	1
湖北宜昌市农科所		9/25	5/7	224	0	强	齐	—	直	0	0	7.8	2.4	0	0	2
湖南衡阳市农科所		9/27	4/29	214	0	强	齐	强	斜	—	—	0	0	0	0	3
湖南省作物所	ZQ112	9/28	5/1	215	0	强	齐	—	斜	—	—	0	0	0	0	6
江西九江市农科所	T5533	10/6	5/10	216	0	强	齐	强	直	22.7	5.7	13.6	3.4	0	0	0
江西宜春市农科院		10/1	4/30	211	-3	强	齐	中	直	0	0	1.3	0.83	—	—	0
中国农业科学院油料所		9/25	5/3	220		强	齐	强	直	0	0	0	0	0	0	7
平 均 值				216.0	-0.6	强	齐	强-	强-	3.78	0.95	3.24	0.95	0.00	0.00	2.71

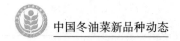

2012—2013 年度国家冬油菜品种区域试验汇总报告（长江中游 B 组）

一、试验概况

（一）供试品种（系）

参试品种（系）包括对照共 12 个。

编号	品种名称	申报类型	芥酸（%）	硫苷（μmol/g）	含油量（%）	供 种 单 位
ZQ201	宁杂 21 号	双低杂交	0.4	23.16	43.48	江苏省农业科学院经济作物研究所
ZQ202	圣光 87 *	双低杂交	0.0	22.02	43.00	华中农业大学
ZQ203	新油 842 *	双低杂交	0.5	29.92	45.94	四川新丰种业公司
ZQ204	2013	双低杂交	0.0	20.26	46.75	陕西省杂交油菜研究中心
ZQ205	9M415 *	双低杂交	0.8	29.93	44.16	江西省农业科学院作物所
ZQ206	国油杂 101 *	双低杂交	0.2	23.33	45.12	武汉国英种业有限公司
ZQ207	常杂油 3 号	双低杂交	0.9	24.22	46.28	常德市农业科学研究所
ZQ208	华 11P69 东	双低杂交	0.0	17.93	44.08	华中农业大学
ZQ209	丰油 10 号 *	双低杂交	0.3	20.07	43.12	河南省农业科学院经作所
ZQ210	中油杂 2 号（CK）	双低杂交	0.0	18.01	42.00	中国农业科学院油料研究所
ZQ211	华 108（常规）	常规双低	0.0	17.86	46.40	华中农业大学
ZQ212	中农油 11 号 *	双低杂交	0.0	21.77	45.52	湖北中农种业公司

注：（1）*为参加两年区试品种（系）；（2）品质检测由农业部油料及制品质量监督检验测试中心检测，芥酸于 2012 年 8 月测播种前各育种单位参试品种的种子；硫苷、含油量于 2013 年 7 月测收获后各试点抽样的混合种子

（二）参试单位

组别	参试单位	参试地点	联系人
长江中游 B 组	中国农业科学院油料研究所	湖北省武汉市	罗莉霞
	湖北宜昌市农科院	湖北省宜昌市	张晓玲
	湖北恩施州农科院	湖北省恩施州	赵乃轩
	湖北黄冈市农科院	湖北省黄冈市	殷 辉
	江西宜春市农科所	江西省宜春市	袁卫红
	江西省九江市农科所	江西省九江县	江满霞
	江西省农业科学院作物所	江西省南昌县	张建模
	湖南省作物所	湖南省长沙市	李 莓
	湖南省岳阳市农科所	湖南省岳阳市	李连汉
	湖南省衡阳市农科所	湖南省衡阳市	李小芳

（三）试验设计及田间管理

各试点均按统一试验方案严格执行，采用随机区组排列，3 次重复，小区净面积为 20m²。各试点种植密度为 1.5 万~2.0 万株。于 9/25~10/14 日播种（移栽），其观察记载、田间调查和室内考种均按实施方案进行，试验地前作有水稻、花生、大豆等作物，其土壤肥力中等偏上，栽培管理水平同

当地大田生产或略高于当地生产，治虫不防病。底肥种类有菜籽饼肥、人畜粪、复合肥、氯化钾、钙镁磷肥、硼砂等，追肥以尿素为主。

（四）气候特点

长江中游区域秋季日照充足，土壤墒情好，大部分试点出苗整齐一致，苗期长势良好。初冬季节雨水适中，气温平稳，油菜生长发育稳健，除部分品系在少数试点 12 月上旬抽薹，12 月底多数品种。隆冬时节，多阴雨寡照，时有低温冰冻气候发生，油菜生长发育趋缓，但未发生冻害；春季气温回升快，各参试品种快速生长，薹期长势良好。花期以晴为主，气温偏高，并伴有零星降雨，开花结实正常，菌核病轻，部分试点后期干旱，迟熟品种顶部结实受到影响；荚果期气温适宜，阳光充足，雨水适宜，籽粒灌浆充分，有利于籽粒增重与产量形成。后期天气晴好，雨水少，有利于收获。

总体来说，本区油菜各生育阶段气候适宜，病害发生轻，结实率高，千粒重高，有利于产量形成，试验产量水平高于往年。

二、试验结果 *

（一）产量结果

1. 方差分析表（试点效应固定）

变异来源	自由度	平方和	均方	F 值	概率（小于 0.05 显著）
试点内区组	14	5 974.67361	426.76240	2.96605	0.000
品　　种	11	31 277.71429	2 843.42857	19.76214	0.000
试　　点	6	304 692.31746	50 782.05291	352.94083	0.000
品种 × 试点	66	59 001.13250	893.95655	6.21310	0.000
误　　差	154	22 157.92405	143.88262		
总　变　异	251	423 103.76190			

试验总均值 = 203.612599206349

误差变异系数 CV（%）= 5.891

多重比较结果（LSD 法）　　LSD0 0.05 = 7.3295　　LSD0 0.01 = 9.6616

品种	品种均值	比对照（%）	0.05 显著性	0.01 显著性
中农油 11 号 *	221.02870	13.45605	a	A
丰油 10 号 *	217.28580	11.53481	ab	AB
圣光 87 *	216.47950	11.12089	abc	AB
国油杂 101 *	213.22550	9.45061	bc	AB
新油 842 *	209.41440	7.49432	cd	BC
常杂油 3 号	203.30170	4.35661	de	CD
9M415 *	200.31760	2.82484	ef	CDE
宁杂 21 号	197.91760	1.59290	ef	DEF
中油杂 2 号（CK）	194.81440	0.00000	fg	DEFG
华 108（常规）	193.18260	− 0.83759	fgh	EFG
华 11P69 东	189.21440	− 2.87452	gh	FG
2013	187.16990	− 3.92395	h	G

---

 * 湖北黄冈、江西南昌、湖南岳阳点报废，未纳入汇总

2. 品种稳定性分析（Shukla 稳定性方差）

变异来源	自由度	平方和	均方	F 值	概率（小于0.05 显著）
区 组	14	5 973.55600	426.68260	2.96542	0.000
环 境	6	304 693.40000	50 782.24000	352.93380	0.000
品 种	11	31 277.19000	2 843.38100	19.76135	0.000
互 作	66	59 002.37000	893.97530	6.21308	0.000
误 差	154	22 158.45000	143.88600		
总变异	251	423 105.00000			

各品种 Shukla 方差及其显著性检验（F 测验）

品种	DF	Shukla 方差	F 值	概率	互作方差	品种均值	Shukla 变异系数（%）
宁杂21 号	6	211.36330	4.4069	0.000	163.4013	197.9175	7.3457
圣光87 *	6	505.02980	10.5298	0.000	457.0678	216.4795	10.3811
新油842 *	6	704.09640	14.6803	0.000	656.1345	209.4144	12.6710
2013	6	249.12100	5.1941	0.000	201.1590	187.1699	8.4327
9M415 *	6	56.36082	1.1751	0.322	8.3988	200.3176	3.7477
国油杂101 *	6	214.16600	4.4653	0.000	166.2040	213.2255	6.8633
常杂油3 号	6	136.54740	2.8470	0.012	88.5854	203.3017	5.7478
华11P69 东	6	370.66250	7.7283	0.000	322.7005	189.2144	10.1750
丰油10 号 *	6	137.45700	2.8660	0.011	89.4950	217.2858	5.3958
中油杂2 号（CK）	6	220.44720	4.5963	0.000	172.4852	194.8144	7.6213
华108（常规）	6	664.97440	13.8646	0.000	617.0124	193.1826	13.3486
中农油11 号 *	6	105.93850	2.2088	0.045	57.9765	221.0287	4.6567
误差	154	47.96200					

各品种 Shukla 方差同质性检验（Bartlett 测验）Prob. = 0.10843 不显著，同质，各品种稳定性差异不显著

各品种 Shukla 方差的多重比较（F 测验）

品种	Shukla 方差	0.05 显著性	0.01 显著性
新油842 *	704.09640	a	A
华108（常规）	664.97440	a	A
圣光87 *	505.02980	ab	A
华11P69 东	370.66250	abc	AB
2013	249.12100	abc	AB
中油杂2 号（CK）	220.44720	abcd	AB
国油杂101 *	214.16600	abcd	AB
宁杂21 号	211.36330	abcd	AB
丰油10 号 *	137.45700	bcd	AB
常杂油3 号	136.54740	bcd	AB
中农油11 号 *	105.93850	cd	AB
9M415 *	56.36082	d	B

（二）主要经济性状

各试点详细调查记载了油菜参试品种的主要经济性状、主要农艺性状和抗逆性，具体包括单株有效角果数、每角粒数、千粒重、单株产量、株高、有效分枝部位、分枝数、结荚密度、主花序有效长、主花序有效角、不育株率、生育期、菌核病（发病率、病情指数）、病毒病（发病率、病情指数）、抗寒性（受冻率、冻害指数）、苗期生长势和成熟期一致性、抗倒性等，详见各相关附表。主要产量构成情况如下。

1. 单株有效角果数

单株有效角果数平均幅度为 173.98 ~ 240.03 个。其中，新油 842 最多，华 11P69 东最少，CK 中油杂 2 号 192.02，CK2011—2012 年为 232.19 个。

2. 每角粒数

每角粒数平均幅度为 18.30 ~ 21.96 粒。其中，常杂油 3 号最多，华 108 最少，CK 中油杂 2 号 20.34，CK2011—2012 年为 19.63 粒。

3. 千粒重

千粒重平均幅度为 3.56 ~ 4.36g。其中，华 11P69 东最高，常杂油 3 号最低，CK 中油杂 2 号 4.02g，CK2011—2012 年为 3.72g。

（三）成熟期比较

在参试品种中，各品种生育期在 214.3 ~ 219.0 天，熟期极差 4.7 天。CK 中油杂 2 号全生育期 216.3 天，CK2011—2012 年为 221.70 天，缩短 5.4 天。

（四）抗逆性比较

1. 菌核病

菌核病平均发病率幅度为 1.06% ~ 8.67%，病情指数变幅为 0.69 ~ 2.96。中油杂 2 号发病率 2.88%，病情指数 1.51，CK2011—2012 年为发病率 12.12%，病情指数 7.50。发病率与严重度均下降。

2. 病毒病

病毒病平均发病率幅度为 0.00% ~ 1.83%，病情指数幅度为 0.00 ~ 0.52。中油杂 2 号发病率 0.00%，病情指数 0.00，CK2011—2012 年为发病率 3.81%，病情指数 3.42。发病率比往年低。

（五）不育株率

不育株率变幅 0.14% ~ 6.93%，其中宁杂 21 号为最高，其余品种均不足 4%。CK 中油杂 2 号 3.25%。

三、品种综述

因本年度对照品种表现异常，本组试验采用试验产量均值、产油量均值作对照（简称对照），对试验结果进行数据处理和分析，以此为依据评价各参试品种。

1. 中农油 11 号

湖北中农种业公司提供，试验编号 ZQ212。

该品种植株较高，生长势强，一致性较好，分枝性中等。7 个点全部试点增产，平均亩产 221.03kg，比对照增产 8.55%，达极显著水平，居试验首位，丰产性、稳产性好。平均产油量 100.61kg/亩，比对照增产 10.66%，7 个试点全部增产。株高 173.97cm，有效分枝部位 89.25cm，分枝数 6.91 个，生育期平均 216.9 天，比对照长 0.6 天。单株有效角果数 220.91 个，每角粒数为 20.84 粒，千粒重为 3.96g，不育株率 0.93%。菌核病发病率 1.65%，病情指数为 0.73，病毒病发病率 0.00%，病情指数为 0.00，菌核病鉴定结果为低抗，受冻率 7.30%，冻害指数 1.83，抗倒性强。芥酸含量 0.0，硫苷含量 21.77μmol/g（饼），含油量 45.52%。

2011—2012 年度国家冬油菜区域试验（长江中游区 C 组，试验编号 QZ305）中：10 个点试验 8 个点增产，2 个点减产，平均亩产 156.85kg，比对照增产 4.85%，增产极显著，居试验第 4 位。平均产油量 67.04kg/亩，比对照增产 11.11%，10 个试点中，9 个点增产，1 个点减产。株高 187.36cm，分枝数 7.53 个，生育期平均 221.7 天，比对照迟熟 0.9 天。单株有效角果数为 275.77 个，每角粒数 18.14，千粒重 3.71g，不育株率 1.42%。菌核病、病毒病发病率分别为 9.22%、0.43%，病情指数分别为 5.63、0.18，菌核病鉴定结果为低抗，受冻率 0.0，冻害指数 0.0，抗倒性强。芥酸含量 0.2%，硫苷含量 19.08μmol/g（饼），含油量 42.74%。

综合 2011—2013 年试验结果：17 个点试验，15 个点增产，2 个点减产，平均亩产 188.94kg，比对照增产 6.70%。单株有效角果数 248.34 个，每角粒数为 19.49 粒，千粒重为 3.84g。菌核病发病率 5.44%，病情指数为 3.18，病毒病发病率 0.22%，病情指数为 0.09，菌核病鉴定结果为低抗，抗倒性强，不育株率平均为 1.18%。含油量平均 44.13%，2 年芥酸含量分别为 0.0 和 0.2%，硫苷含量分别为 21.77μmol/g（饼）和 19.08μmol/g（饼）。两年平均产油量 83.82kg/亩，比对照增加 10.88%，17 个试点全部增产。

主要优缺点：丰产性好，产油量高，品质达双低标准，抗倒性强，抗病性较好，熟期适中。

结论：各项试验指标达标，进入生产试验。

2. 丰油 10 号

河南省农业科学院经济作物研究所选育，试验编号 ZQ209。

该品种植株较高，生长势强，一致性好，分枝性中等。7 个点试验 6 个点增产，一个点减产，平均亩产 217.29kg，比对照增产 6.72%，极显著，居试验第 2 位，丰产性、稳产性好。平均产油量 93.69kg/亩，比对照增产 3.05%，7 个试点 5 个点增产，2 个点减产。株高 172.35cm，分枝数 6.30 个，生育期平均 216.7 天，比对照长 0.4 天。单株有效角果数为 220.05 个，每角粒数 20.88 粒，千粒重 4.04g，不育株率为 0.11。菌核病发病率 2.08%，病情指数 1.07，病毒病发病率 0.08%，病情指数 0.08，菌核病鉴定结果为低感，受冻率 17.17%，冻害指数 4.78，抗倒性中+。芥酸含量 0.3%，硫苷含量 20.07μmol/g（饼），含油量 43.12%。

2011—2012 年度国家冬油菜区域试验（长江中游区 D 组，试验编号 QZ409）中：9 点试验 8 个点增产，1 个点减产，平均亩产 165.60kg，比对照增产 7.86%，增产极显著，居试验第 3 位，丰产性、稳产性好。平均产油量 66.81kg/亩，比对照增产 7.73%，9 个试点 8 个点增产，1 个点减产。株高 176.88cm，分枝数 6.76 个，生育期平均 220.3 天，比对照迟熟 1.9 天。单株有效角果数 239.02 个，每角粒数 20.89，千粒重 3.50g，不育株率 0.22%。菌核病、病毒病发病率分别为 8.56%、2.00%，病情指数分别为 5.89、1.25，菌核病鉴定结果为低感，受冻率 1.00%，冻害指数 0.25，抗倒性强。芥酸含量 0.5%，硫苷含量 22.43μmol/g（饼），含油量 40.34%。

综合 2011—2013 年试验结果：16 个点试验，14 个点增产，2 个点减产，平均亩产 191.44kg，比对照增产 7.29%。单株有效角果数 229.54 个，每角粒数为 20.89 粒，千粒重为 3.77g。菌核病发病率 5.32%，病情指数为 2.98，病毒病发病率 1.04%，病情指数为 0.67，菌核病鉴定结果为低抗，抗倒性强，不育株率平均为 1.18%。含油量平均为 41.73%，2 年芥酸含量分别为 0.3% 和 0.5%，硫苷含量分别为 20.07μmol/g（饼）和 22.43μmol/g（饼）。两年平均产油量 80.25kg/亩，比对照增加 5.39%。13 个点增产，3 点减产。

主要优缺点：品质达双低标准，丰产性好，产油量高，抗倒性较强，抗病性中等，熟期适中。

结论：各项试验指标达标，进入生产试验。

3. 圣光 87 *

华中农业大学选育，试验编号 ZQ202。

该品种植株较高，生长势强，一致性较好，分枝性中等。7 点试验 4 个点增产，3 个点减产，平均亩产 216.48kg，比对照增产 6.32%，增产极显著，居试验第 3 位。平均产油量 93.09kg/亩，比对照增产 2.38%，4 个点增产，3 个点减产。株高 180.71cm，分枝数 6.35 个，生育期平均 214.3 天，比对照早熟 2.0 天。单株有效角果数为 222.95 个，每角粒数 20.35 粒，千粒重 3.59g，不育株率

0.14%。菌核病发病率 8.67%，病情指数为 2.96，病毒病发病率 0.00%，病情指数为 0.00，菌核病鉴定结果为低感，受冻率 8.92%，冻害指数 2.22，抗倒性强 –。芥酸含量 0.0，硫苷含量 22.02μmol/g（饼），含油量 43.00%。

2011—2012 年度国家冬油菜区域试验（长江中游区 A 组，试验编号 QZ109）中：10 个点试验 9 个点增产，1 个点减产，平均亩 157.47kg，比对照增产 10.37%，达极显著水平，居试验首位，丰产性好、稳产性好。平均产油量 64.18kg/亩，比对照增产 4.81%，10 个试点 7 个点增产，3 个点减产。株高 179.87cm，分枝数 6.78 个，生育期平均 221.1 天，比对照早熟 0.5 天。单株有效角果数 246.08 个，每角粒数 20.32 粒，千粒重为 3.45g，不育株率 2.99%。菌核病发病率为 9.87%，病情指数为 6.96，病毒病发病率 0.74%，病情指数为 0.46，菌核病鉴定结果为低感，受冻率 17.33%，冻害指数 4.95，抗倒性强。芥酸含量 0.0，硫苷含量 23.45μmol/g（饼），含油量 40.76%。

综合 2011—2013 年试验结果：17 个点试验，13 个点增产，4 个点减产，平均亩产 186.98kg，比对照增产 8.34%。单株有效角果数 234.52 个，每角粒数 20.34 粒，千粒重为 3.52g。菌核病发病率 9.27%，病情指数为 4.96，病毒病发病率 0.37%，病情指数为 0.23，菌核病鉴定结果为低感，抗倒性强，不育株率平均为 1.57%。含油量平均为 41.88%，2 年芥酸含量分别为 0.0 和 0.0，硫苷含量分别为 23.45μmol/g（饼）和 22.74μmol/g（饼）。两年平均产油量 78.64kg/亩，比对照增产 3.60%，12 个点增产，5 个点减产。

主要优缺点：丰产性好，产油量较高，品质达双低标准，抗倒性较强，抗病性一般，熟期适中。

结论：各项试验指标达国家品种审定标准。

4. 国油杂 101 *

武汉国英种业有限公司提供，试验编号 ZQ206。

该品种植株较高，生长势较强，一致性较好，分枝性中等。7 点试验 6 个点增产，1 个点减产，平均亩产 213.23g，比对照增产 4.72%，增产极显著，居试验第 4 位。平均产油量 96.21kg/亩，比对照增产 5.81%，6 个点增产，1 个点减产。株高 175.52cm，分枝数 6.18 个，生育期平均 217.0 天，比对照迟熟 0.7 天。单株有效角果数为 208.66 个，每角粒数 20.32 粒，千粒重 4.03g，不育株率 0.14%。菌核病发病率 2.39%，病情指数为 0.93，病毒病发病率 0.08%，病情指数为 0.02，菌核病鉴定结果为低感，受冻率 10.25%，冻害指数 2.63，抗倒性强。芥酸含量 0.2%，硫苷含量 23.33μmol/g（饼），含油量 45.12%。

2011—2012 年度国家冬油菜区域试验（长江中游区 C 组，试验编号 QZ303）中：10 个点试验 7 个点增产，3 个点减产，平均亩产 159.26，比对照增产 6.46%，增产极显著，居试验第 3 位，丰产性、稳产性好。平均产油量 67.62kg/亩，比对照增产 12.09%，10 个试点中，9 个点增产，1 个点减产。株高 206.36cm，分枝数 6.06 个，生育期平均 221.9 天，比对照迟熟 1.1 天。单株有效角果数为 248.99 个，每角粒数 20.11，千粒重 3.73g，不育株率 0.19%。菌核病、病毒病发病率分别为 10.71%、0.54%，病情指数分别为 6.94、0.33，菌核病鉴定结果为低抗，受冻率 0.0，冻害指数 0.0，抗倒性强。芥酸含量 0.4%，硫苷含量 17.70μmol/g（饼），含油量 42.46%。

综合 2011—2013 年试验结果：17 个点试验，13 个点增产，4 个点减产，平均亩产 186.24kg，比对照增产 5.59%。单株有效角果数 228.83 个，每角粒数为 20.22 粒，千粒重为 3.88g。菌核病发病率 6.55%，病情指数为 3.94，病毒病发病率 0.31%，病情指数为 0.18，菌核病鉴定结果为低感，抗倒性强，不育株率平均为 1.54%。含油量平均为 43.79%，2 年芥酸含量分别为 0.2% 和 0.4%，硫苷含量分别为 23.33μmol/g（饼）和 17.70μmol/g（饼）。两年平均产油量 81.91kg/亩，比对照增产 8.95%，15 个点增产，2 个点减产。

主要优缺点：丰产性较好，产油量高，品质达双低标准，抗倒性强，抗病性一般，熟期适中。

结论：各项试验指标达标，各项试验指标达国家品种审定标准。

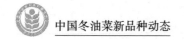

5. 新油 842 *

四川新丰种业提供，试验编号：ZQ203。

该品种植株较高，生长势强，一致性好，分枝性中等。7 个点试验 6 个点增产，1 个点减产，平均亩产 209.41kg，比对照增产 2.85%，不显著，居试验第 5 位。平均产油量 96.20kg/亩，比对照增产 5.81%，6 个点增产，1 个点减产。株高 181.00cm，分枝数 6.78 个，生育期平均 218.1 天，比对照迟熟 1.9 天。单株有效角果数为 240.03 个，每角粒数 19.74 粒，千粒重 3.69g，不育株率 1.70%。菌核病发病率 1.19%，病情指数为 0.78，病毒病发病率 0.08%，病情指数为 0.04，菌核病鉴定结果为低抗，受冻率 6.73%，冻害指数 1.68，抗倒性强 -。芥酸含量 0.5%，硫苷含量 29.92μmol/g（饼），含油量 45.94%。

2011—2012 年度国家冬油菜区域试验（长江中游区 D 组，试验编号 QZ413）中：9 个点试验 8 个点增产，1 个点减产，平均亩产 159.48kg，比对照增产 3.87%，增产极显著，居试验第 5 位。平均产油量 65.32kg/亩，比对照增产 5.33%，9 个试点 8 个点增产，1 个点减产。株高 184.37cm，分枝数 7.51 个，生育期平均 220.2 天，比对照迟熟 1.8 天。单株有效角果数为 277.14 个，每角粒数 18.20 粒，千粒重 3.50g，不育株率 2.06%。菌核病、病毒病发病率分别为 7.93%、1.29%，病情指数分别为 5.89、1.29，菌核病鉴定结果为低抗，受冻率 0.00%，冻害指数 0.00，抗倒性较强。芥酸含量 0.4%，硫苷含量 20.17μmol/g（饼），含油量 40.96%。

综合 2011—2013 两年试验结果：16 个点试验，14 个点增产，2 个点减产，平均亩产 184.45kg，比对照增产 3.36%。单株有效角果数 258.59 个，每角粒数为 18.97 粒，千粒重为 3.60g。菌核病发病率 4.56%，病情指数 3.34，病毒病发病率 0.69%，病情指数为 0.67，菌核病鉴定结果为低抗，抗倒性强 -，不育株率平均为 1.84%。含油量平均为 43.45%，2 年芥酸含量分别为 0.5% 和 0.4%，硫苷含量分别为 29.92μmol/g（饼）和 20.17μmol/g（饼）。两年平均产油量 80.76kg/亩，比对照增加 5.57%，14 个点增产，2 个点减产。

主要优缺点：产油量高，丰产性较好，品质达双低标准，抗倒性较强，抗病性较好，熟期适中。

结论：各项试验指标达标，进入生产试验。

6. 常杂油 3 号

湖南省常德市农业科学研究所选育，试验编号 ZQ207。

该品种株型中等，生长势较强，一致性较好，分枝性中等。7 点试验 3 个点增产，4 个点减产，平均亩产 203.30kg，比对照减产 0.15%，不显著，居试验第 6 位。平均产油量 94.09kg/亩，比对照增产 3.48%，7 个试验点中，5 个点增产，2 个点减产。株高 171.56cm，分枝数 6.10 个，生育期平均 216.9 天，比对照迟熟 0.6 天。单株有效角果数为 207.24 个，每角粒数 21.96 粒，千粒重 3.56g，不育株率 3.75%。菌核病发病率 2.26%，病情指数为 1.14，病毒病发病率 0.08%，病情指数为 0.04，菌核病鉴定结果为低感，受冻率 7.55%，冻害指数 2.08，抗倒性一般。芥酸含量 0.9%，硫苷含量 24.22μmol/g（饼），含油量 46.28%。

主要优缺点：丰产性一般，产油量较高，质达双低标准，抗倒性一般，抗病性中等，熟期适中。

结论：产油量达标，继续试验。

7. 9M415 *

江西省农业科学院作物所选育，试验编号 ZQ205。

该品种植株较高，生长势较强，一致性好，分枝性中等。7 个点试验 3 个点增产，4 个点减产，平均亩产 200.32kg，比对照减产 1.62%，不显著，居试验第 7 位。平均产油量 88.46kg/亩，比对照减产 2.71%，2 个点增产，5 个点减产。株高 180.71cm，分枝数 6.71 个，生育期平均 221.6 天，与对照相当。单株有效角果数为 190.72 个，每角粒数 21.77 粒，千粒重 4.15g，不育株率 0.29%。菌核病、病毒病发病率分别为 1.06%、0.08%，病情指数分别为 0.69、0.08，菌核病鉴定结果为低感，受冻率 5.27%，冻害指数 1.32，抗倒性强。芥酸含量 0.8%，硫苷含量 29.93μmol/g（饼），含油量 44.16%。

2011—2012 年度国家冬油菜区域试验（长江中游区 B 组，试验编号 QZ211）中：10 个点试验 9 个点增产，一个点减产，平均亩产 153.83kg，比对照增产 7.71% 极显著，居试验第 2 位，丰产性、稳产性好。平均产油量 68.50kg/亩，比对照增产 14.04%，10 个试点全部增产。株高 181.94cm，分枝数 6.48 个，生育期平均 223.3 天，比对照长 1.6 天。单株有效角果数为 266.49 个，每角粒数 18.21 粒，千粒重 3.97g，不育株率为 0。菌核病发病率 9.55%，病情指数为 6.51，病毒病发病率 1.03%，病情指数为 0.89，菌核病鉴定结果为低感，受冻率 17.17%，冻害指数 4.78，抗倒性强。芥酸含量 0.1%，硫苷含量 21.36μmol/g（饼），含油量 44.53%。

综合 2011—2013 两年试验结果：17 个点试验，12 个点增产，5 个点减产，平均亩产 177.07kg，比对照增产 3.04%。单株有效角果数 228.61 个，每角粒数为 19.99 粒，千粒重为 4.06g。菌核病发病率 5.31%，病情指数为 3.60，病毒病发病率 0.56%，病情指数为 0.49，菌核病鉴定结果为低感，抗倒性强，不育株率平均为 1.84%。含油量平均为 44.34%，2 年芥酸含量分别为 0.8% 和 0.1%，硫苷含量分别为 29.93μmol/g（饼）和 21.36μmol/g（饼）。两年平均产油量 78.48kg/亩，比对照增加 5.67%，12 个点增产，5 个点减产。

主要优缺点：品质达双低标准，丰产性较好，产油量高，抗倒性强，抗病性一般，熟期适中。

结论：产量、产油量指标未达标，完成试验。

8. 宁杂 21 号

江苏省农业科学院经济作物研究所选育，试验编号 ZQ201。

该品种植株较高，生长势一般，一致性较好，分枝性中等。7 个点试验 1 个点增产，6 个点减产，平均亩产 197.92kg，比对照减产 2.80%，居试验第 9 位。平均产油量 86.05kg/亩，比对照减产 5.35%，1 个点增产，6 个点减产。株高 175.80cm，分枝数 7.02 个，生育期平均 217.6 天，比对照迟熟 1.3 天。单株有效角果数为 211.54 个，每角粒数 21.23 粒，千粒重 3.67g，不育株率 6.93%。菌核病、病毒病发病率分别为 3.19%、0.08%，病情指数分别为 1.72、0.04，菌核病鉴定结果为低感，受冻率 4.36%，冻害指数 1.09，抗倒性强 −。芥酸含量 0.4%，硫苷含量 23.16μmol/g（饼），含油量 43.48%。

主要优缺点：品质达双低标准，丰产性一般，产油量一般，抗倒性较强，抗病性一般，熟期适中。

结论：产量、产油量未达标，终止试验。

9. 华 108

常规双低油菜品种，华中农业大学选育，试验编号 ZQ211。

该品种株型中等，生长势一般，一致性好，分枝性中等。7 个点试验 4 个点增产，3 个点减产，平均亩产 193.18kg，比对照减产 5.12%，居试验第 10 位。平均产油量 89.64kg/亩，比对照减产 1.41%，5 个点增产，2 个点减产。株高 163.40cm，分枝数 6.77 个，生育期平均 216.9 天，比对照迟熟 0.6 天。单株有效角果数为 215.12 个，每角粒数 18.30 粒，千粒重 3.99g，不育株率 0.50%。菌核病、病毒病发病率分别为 3.35%、0.08%，病情指数分别为 1.69、0.08，菌核病鉴定结果为低抗，受冻率 10.92%，冻害指数 3.10，抗倒性中 +。芥酸含量 0.0，硫苷含量 17.86μmol/g（饼），含油量 46.40%。

主要优缺点：品质达双低标准，丰产性一般，产油量较高，抗倒性一般，抗病性较好，熟期适中。

结论：产油量达标，继续试验。

10. 华 11P69 东

华中农业大学选育，试验编号 ZQ208。

该品种植株较高，生长势中等，一致性好，分枝性一般。7 个点试验 1 个点增产，6 个点减产，平均亩产 189.21kg，比对照减产 7.07%，减产极显著，居试验第 11 位。平均产油量 83.41kg/亩，比对照减产 8.27%，1 个点增产，6 个点减产。株高 179.87cm，分枝数 7.35 个，生育期平均 215.7 天，比对照早 0.6 天。单株有效角果数为 173.98 个，每角粒数 20.77 粒，千粒重 4.36g，不育株率 1.51%。菌核病、病毒病发病率分别为 2.62%、1.83%，病情指数分别为 1.64、0.52，菌核病鉴定结果为低感，受冻率 5.27%，冻害指数 1.32，抗倒性强 –。芥酸含量 0.0，硫苷含量 17.93μmol/g（饼），含油量 44.08%。

主要优缺点：丰产性差，产油量低，品质达双低标准，抗倒性较强，抗病性一般，熟期适中。

结论：产量、产油量未达标，终止试验。

11. 2013

陕西杂交油菜研究中心提供，试验编号 ZQ204。

该品种植株较高，生长势一般，一致性较好，分枝性中等。7 个点试验 2 个点增产，5 个点减产，平均亩产 187.17kg，比对照减产 8.08%，减产极显著，居试验第 12 位。平均产油量 87.50kg/亩，比对照减产 3.76%，2 个点增产，5 个点减产。株高 158.20cm，分枝数 6.89 个，生育期平均 219.0 天，比对照迟熟 2.7 天。单株有效角果数为 209.10 个，每角粒数 20.31 粒，千粒重 3.90g，不育株率 0.50%。菌核病、病毒病发病率分别为 1.15%、0.08%，病情指数分别为 0.85、0.04，菌核病鉴定结果为低感，受冻率 0.00%，冻害指数 0.00，抗寒性强，抗倒性中。芥酸含量 0.0，硫苷含量 20.26μmol/g（饼），含油量 46.75%。

主要优缺点：品质达双低标准，丰产性差，产油量低，抗倒性中，抗病性一般，抗寒性强，熟期偏迟。

结论：产量、产油量未达标，终止试验。

2012—2013 年全国冬油菜品种区域试验（中游 B 组）原始产量表

试点	品种名	小区产量（kg）				试点	品种名	小区产量（kg）			
		I	II	III	平均值			I	II	III	平均值
湖北武汉	宁杂 21 号	5.912	5.379	5.555	5.615	湖南宜昌	宁杂 21 号	7.662	7.984	7.382	7.676
	圣光 87 *	7.045	6.823	6.593	6.820		圣光 87 *	8.656	8.631	8.763	8.683
	新油 842 *	4.263	4.566	4.501	4.443		新油 842 *	7.988	7.526	7.803	7.772
	2013	5.342	4.737	5.636	5.238		2013	7.154	7.588	7.102	7.281
	9M415 *	5.459	5.507	5.447	5.471		9M415 *	7.190	8.088	7.734	7.671
	国油杂 101 *	5.996	5.585	5.840	5.807		国油杂 101 *	8.047	7.856	8.012	7.972
	常杂油 3 号	6.215	5.740	5.829	5.928		常杂油 3 号	7.436	7.922	7.487	7.615
	华 11P69 东	5.780	6.011	5.742	5.844		华 11P69 东	7.398	7.792	8.056	7.749
	丰油 10 号 *	5.952	5.755	5.469	5.725		丰油 10 号 *	7.953	7.468	8.223	7.881
	中油杂 2 号（CK）	6.085	6.240	6.165	6.163		中油杂 2 号（CK）	7.714	6.933	7.215	7.287
	华 108（常规）	5.417	5.693	5.433	5.514		华 108（常规）	7.598	7.419	7.856	7.624
	中农油 11 号 *	5.997	6.051	6.400	6.149		中农油 11 号 *	7.572	7.773	8.023	7.789
江西九江	宁杂 21 号	6.306	4.981	4.922	5.403	湖北恩施	宁杂 21 号	8.800	7.895	8.055	8.250
	圣光 87 *	5.658	6.992	5.391	6.014		圣光 87 *	8.480	8.340	8.510	8.443
	新油 842 *	6.751	6.495	5.942	6.396		新油 842 *	8.715	8.485	8.690	8.630
	2013	6.454	6.228	5.972	6.218		2013	6.620	5.880	7.350	6.617
	9M415 *	5.769	6.789	6.117	6.225		9M415 *	7.075	7.465	6.635	7.058
	国油杂 101 *	6.632	6.398	6.437	6.489		国油杂 101 *	8.490	8.850	8.555	8.632
	常杂油 3 号	5.612	7.023	5.533	6.056		常杂油 3 号	7.430	7.085	7.395	7.303
	华 11P69 东	4.658	5.174	4.449	4.760		华 11P69 东	7.165	6.415	5.950	6.510
	丰油 10 号 *	5.781	7.040	6.452	6.424		丰油 10 号 *	8.945	8.595	8.440	8.660
	中油杂 2 号（CK）	5.606	6.003	5.574	5.728		中油杂 2 号（CK）	6.365	6.535	6.850	6.583
	华 108（常规）	5.506	7.686	5.595	6.262		华 108（常规）	5.710	5.750	5.700	5.720
	中农油 11 号 *	6.448	7.548	6.223	6.740		中农油 11 号 *	8.545	8.505	8.850	8.633
湖北宜春	宁杂 21 号	4.490	4.515	4.875	4.627	湖南长沙	宁杂 21 号	5.610	5.045	5.090	5.248
	圣光 87 *	4.550	4.860	4.390	4.600		圣光 87 *	6.370	6.180	5.750	6.100
	新油 842 *	6.055	5.525	6.090	5.890		新油 842 *	5.666	5.375	5.605	5.549
	2013	4.880	3.955	4.005	4.280		2013	4.594	5.000	4.380	4.658
	9M415 *	4.965	5.490	5.580	5.345		9M415 *	5.325	5.860	5.465	5.550
	国油杂 101 *	5.670	5.860	4.920	5.483		国油杂 101 *	4.649	5.770	5.025	5.148
	常杂油 3 号	4.830	4.595	4.350	4.592		常杂油 3 号	6.393	5.750	5.955	6.033
	华 11P69 东	5.255	4.635	4.945	4.945		华 11P69 东	5.545	5.630	5.065	5.413
	丰油 10 号 *	5.470	5.880	5.810	5.720		丰油 10 号 *	5.937	6.540	5.630	6.036
	中油杂 2 号（CK）	5.280	4.930	5.010	5.073		中油杂 2 号（CK）	5.553	4.995	5.330	5.293
	华 108（常规）	5.730	4.835	5.715	5.427		华 108（常规）	5.277	5.840	5.235	5.451
	中农油 11 号 *	5.765	6.150	5.630	5.848		中农油 11 号 *	6.118	5.795	5.905	5.939

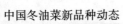

（续表）

试点	品种名	小区产量（kg）				试点	品种名	小区产量（kg）			
		I	II	III	平均值			I	II	III	平均值
湖南衡阳	宁杂 21 号	4.500	5.130	4.600	4.743	平均值	宁杂 21 号				5.938
	圣光 87 *	5.000	4.800	4.600	4.800		圣光 87 *				6.494
	新油 842 *	4.950	5.340	5.600	5.297		新油 842 *				6.282
	2013	5.400	5.000	4.640	5.013		2013				5.615
	9M415 *	4.320	4.800	5.120	4.747		9M415 *				6.010
	国油杂 101 *	4.980	5.220	5.540	5.247		国油杂 101 *				6.397
	常杂油 3 号	5.500	4.900	5.100	5.167		常杂油 3 号				6.099
	华 11P69 东	4.400	4.830	4.310	4.513		华 11P69 东				5.676
	丰油 10 号 *	5.030	5.310	5.210	5.183		丰油 10 号 *				6.519
	中油杂 2 号（CK）	5.490	4.500	4.360	4.783		中油杂 2 号（CK）				5.844
	华 108（常规）	5.000	4.540	4.170	4.570		华 108（常规）				5.795
	中农油 11 号 *	5.250	5.040	5.660	5.317		中农油 11 号 *				6.631

中游 B 组经济性状表（1）

区试单位	编号品种名	株高（cm）	分枝部位（cm）	有效分枝数（个）	主花序			单株有效角果数	每角粒数	千粒重（g）	单株产量（g）
					有效长度（cm）	有效角果数	角果密度				
湖北恩施州农科院		190.5	94.0	5.4	51.0	64.4	1.3	262.8	27.7	4.1	12.5
湖北宜昌市农科所		168.3	78.0	7.0	62.3	69.5	1.1	175.2	22.3	3.52	12.1
湖南衡阳市农科所		168.2	75.9	8.2	48.3	55.1	1.1	219.0	18.4	4.00	7.7
湖南省作物所	ZQ201 宁杂 21 号	186.7	103.1	5.8	57.6	71.9	1.2	175.9	18.5	3.5	6.2
江西九江市农科所		151.6	69.2	8.6	51.9	65.1	1.3	189.5	19.0	3.80	8.1
江西宜春市农科院		192.5	92.3	7.1	59.1	74.9	1.3	243.5	22.1	4.05	15.9
中国农业科学院油料所		172.8	70.5	7.1	62.3	72.1	1.2	214.9	20.6	2.79	12.2
平 均 值		175.80	83.29	7.02	56.08	67.58	1.21	211.54	21.23	3.67	10.67
湖北恩施州农科院		203.0	103.4	6.5	56.5	77.5	1.4	261.3	20.0	3.9	18.4
湖北宜昌市农科所		173.7	84.5	5.8	54.6	71.6	1.3	181.6	21.3	3.51	13.2
湖南衡阳市农科所		190.8	101.2	7.3	56.3	60.1	1.1	216.2	21.2	3.90	7.9
湖南省作物所	ZQ202 圣光 87 *	193.4	106.4	6.6	50.8	70.9	1.4	213.9	23.1	3.7	13.9
江西九江市农科所		144.3	71.7	5.0	50.7	63.5	1.3	165.1	17.3	3.40	9.2
江西宜春市农科院		186.7	89.7	6.2	64.4	78.2	1.2	241.8	17.5	3.70	14.5
中国农业科学院油料所		173.1	73.3	7.1	64.7	85.5	1.3	280.7	22.1	3.07	17.7
平 均 值		180.71	90.03	6.35	56.85	72.47	1.29	222.95	20.35	3.59	13.55
湖北恩施州农科院		208.0	103.6	5.6	43.0	66.2	1.5	278.2	20.3	4.2	14.0
湖北宜昌市农科所		170.2	81.6	7.4	57.4	69.5	1.2	194.3	20.4	3.30	12.8
湖南衡阳市农科所		187.3	100.1	7.4	53.3	59.2	1.1	250.4	19.3	4.30	8.3
湖南省作物所	ZQ203 新油 842 *	185.1	116.2	6.6	42.1	55.2	1.3	177.7	19.5	3.3	7.0
江西九江市农科所		149.0	78.2	6.0	43.4	56.3	1.3	173.5	21.1	4.16	9.9
江西宜春市农科院		195.4	112.6	7.0	47.3	63.3	1.3	351.9	19.7	3.90	20.3
中国农业科学院油料所		172.0	78.8	7.4	58.5	73.0	1.3	254.2	17.9	2.78	12.5
平 均 值		181.00	95.88	6.78	49.28	63.24	1.29	240.03	19.74	3.69	12.12
湖北恩施州农科院		200.0	107.8	5.6	51.5	74.0	1.4	209.4	23.0	4.3	12.6
湖北宜昌市农科所		174.5	90.6	6.7	57.1	75.2	1.3	208.2	14.3	4.13	11.6
湖南衡阳市农科所		187.4	65.5	8.5	58.6	60.7	1.0	251.3	22.1	4.20	7.0
湖南省作物所	ZQ204 2013	196.7	116.8	5.0	46.0	65.4	1.4	162.4	21.7	4.1	6.9
江西九江市农科所		164.6	81.9	6.8	51.6	65.8	1.3	184.4	20.0	4.06	10.4
江西宜春市农科院		196.3	92.7	9.5	51.6	73.1	1.4	217.8	20.3	3.75	14.6
中国农业科学院油料所		176.9	82.0	6.1	59.2	78.3	1.3	230.2	20.8	2.83	12.7
平 均 值		185.20	91.04	6.89	53.65	70.36	1.31	209.10	20.31	3.90	10.83

中游 B 组经济性状表（2）

区试单位	编号 品种名	株高 （cm）	分枝部位 （cm）	有效分 枝数 （个）	主花序			单株有效 角果数	每角 粒数	千粒重 （g）	单株产量 （g）
					有效长度 （cm）	有效角 果数	角果 密度				
湖北恩施州农科院		195.5	95.5	7.1	56.0	68.8	1.2	227.4	19.7	5.1	15.6
湖北宜昌市农科所		169.9	86.6	7.3	63.8	75.8	1.2	151.4	23.3	4.07	12.5
湖南衡阳市农科所		192.6	88.7	7.2	59.3	64.3	1.1	227.4	21.2	4.10	7.0
湖南省作物所	ZQ205 9M415＊	186.5	115.3	5.7	46.1	65.2	1.4	138.8	24.1	4.1	8.0
江西九江市农科所		169.9	74.9	6.1	49.4	65.1	1.3	170.2	19.5	4.42	11.3
江西宜春市农科院		192.7	95.1	7.4	57.4	74.2	1.3	260.6	23.2	4.15	17.0
中国农业科学院油料所		157.9	57.2	6.2	57.4	67.9	1.2	159.3	21.4	3.23	13.8
平 均 值		180.71	87.61	6.71	55.63	68.76	1.24	190.72	21.77	4.15	12.17
湖北恩施州农科院		185.0	105.0	5.6	48.3	71.7	1.5	177.2	18.3	4.9	13.8
湖北宜昌市农科所		171.0	98.6	5.8	55.2	77.0	1.4	177.8	23.2	3.76	13.2
湖南衡阳市农科所		194.2	90.3	7.3	60.1	64.4	1.1	220.2	21.4	4.50	7.1
湖南省作物所	ZQ206 国油杂 101＊	179.8	103.8	5.7	46.3	68.4	1.4	203.5	20.5	3.4	13.5
江西九江市农科所		142.9	76.8	6.3	45.6	65.1	1.4	185.4	19.7	4.30	11.4
江西宜春市农科院		198.0	100.6	7.5	59.6	92.1	1.2	295.7	20.1	4.30	20.1
中国农业科学院油料所		157.8	77.2	5.1	55.1	66.7	1.2	200.8	19.0	3.08	12.8
平 均 值		175.52	93.18	6.18	52.88	72.20	1.31	208.66	20.32	4.03	13.12
湖北恩施州农科院		187.5	111.7	5.3	51.0	62.1	1.2	203.2	21.3	4.1	11.5
湖北宜昌市农科所		166.3	79.0	5.7	57.2	67.0	1.2	182.2	20.6	3.45	11.8
湖南衡阳市农科所		188.2	91.1	7.5	50.2	52.3	1.0	225.3	23.6	4.30	7.9
湖南省作物所	ZQ207 常杂油 3 号	169.1	89.4	6.2	49.6	60.3	1.2	196.2	22.6	3.1	11.7
江西九江市农科所		145.0	68.1	5.6	48.8	55.1	1.1	188.0	19.1	3.58	8.9
江西宜春市农科院		186.1	95.2	6.6	55.4	71.1	1.3	237.6	25.1	3.50	15.4
中国农业科学院油料所		158.7	70.3	5.8	57.7	71.4	1.2	218.4	21.4	2.99	12.8
平 均 值		171.56	86.40	6.10	52.85	62.76	1.18	207.24	21.96	3.56	11.43
湖北恩施州农科院		190.5	90.5	6.4	50.5	47.4	0.9	163.6	21.0	5.7	11.3
湖北宜昌市农科所		166.1	82.8	7.2	51.3	73.5	1.4	153.9	21.5	4.63	12.7
湖南衡阳市农科所		196.6	72.2	7.8	56.3	55.1	1.0	178.9	20.5	4.00	6.9
湖南省作物所	ZQ208 华 11 P69 东	184.5	100.7	6.7	47.1	89.0	1.9	89.0	20.1	4.0	9.4
江西九江市农科所		148.8	56.7	6.9	50.1	61.4	1.2	162.3	20.7	4.04	9.2
江西宜春市农科院		204.8	95.2	8.6	56.2	70.0	1.2	223.7	22.1	4.70	16.9
中国农业科学院油料所		167.8	69.2	7.9	52.7	71.8	1.4	246.5	19.5	3.45	12.8
平 均 值		179.87	81.05	7.35	52.02	66.89	1.29	173.98	20.77	4.36	11.32

中游 B 组经济性状表（3）

区试单位	编号品种名	株高（cm）	分枝部位（cm）	有效分枝数（个）	主花序 有效长度（cm）	主花序 有效角果数	角果密度	单株有效角果数	每角粒数	千粒重（g）	单株产量（g）
湖北恩施州农科院		184.5	119.5	4.5	46.5	53.7	1.2	209.6	21.3	4.6	14.3
湖北宜昌市农科所		173.1	87.4	6.3	54.1	74.3	1.4	180.9	20.5	3.99	12.9
湖南衡阳市农科所		164.9	77.8	7.5	49.4	53.0	1.1	204.8	18.9	4.30	8.6
湖南省作物所	ZQ209 丰油 10 号 *	176.9	104.9	6.0	45.5	70.1	1.5	185.9	22.6	4.1	11.7
江西九江市农科所		141.0	74.3	5.6	42.4	62.6	1.5	188.0	19.9	4.14	10.9
江西宜春市农科院		201.0	101.4	8.0	55.8	79.9	1.4	363.9	22.7	3.80	19.8
中国农业科学院油料所		165.0	81.5	6.2	52.7	71.5	1.4	207.3	20.3	3.47	13.7
平均值		172.35	92.40	6.30	49.49	66.44	1.34	220.05	20.88	4.04	13.13
湖北恩施州农科院		192.0	106.0	6.2	52.5	76.4	1.5	243.0	17.3	4.9	12.1
湖北宜昌市农科所		166.4	81.5	5.9	56.3	73.2	1.3	159.0	19.4	4.00	11.7
湖南衡阳市农科所		187.2	89.6	7.1	55.2	54.8	1.0	187.4	18.8	3.90	7.6
湖南省作物所	ZQ210 中油杂 2 号 (CK)	168.8	100.0	5.5	49.0	67.4	1.4	161.3	23.6	3.9	11.4
江西九江市农科所		142.3	70.9	5.2	50.7	63.2	1.2	137.2	21.9	4.40	9.3
江西宜春市农科院		173.8	92.1	8.2	35.7	45.0	1.3	282.8	21.3	3.75	17.3
中国农业科学院油料所		156.9	75.8	5.8	56.5	74.4	1.3	173.4	20.1	3.31	11.5
平均值		169.62	87.98	6.28	50.83	64.91	1.28	192.02	20.34	4.02	11.56
湖北恩施州农科院		166.0	87.2	6.2	40.0	48.2	1.2	192.4	16.7	4.7	11.3
湖北宜昌市农科所		156.9	85.1	6.3	50.1	70.6	1.4	191.6	18.4	3.74	12.4
湖南衡阳市农科所		182.3	94.0	7.9	49.7	50.1	1.0	214.9	19.2	3.60	7.8
湖南省作物所	ZQ211 华 108 (常规)	174.5	107.1	6.2	38.4	63.6	1.7	204.4	18.5	4.1	10.2
江西九江市农科所		126.5	65.3	4.4	38.6	60.1	1.6	169.5	18.7	4.62	10.6
江西宜春市农科院		179.9	87.7	9.3	49.8	87.1	1.7	294.7	18.7	3.85	19.0
中国农业科学院油料所		157.7	76.5	7.1	51.4	80.3	1.6	238.4	17.9	3.43	12.6
平均值		163.40	86.20	6.77	45.43	65.72	1.45	215.12	18.30	3.99	11.99
湖北恩施州农科院		193.5	115.0	6.4	50.5	66.9	1.3	220.2	21.0	4.5	14.8
湖北宜昌市农科所		177.0	91.4	7.2	55.8	71.5	1.3	178.5	21.5	3.97	13.0
湖南衡阳市农科所		179.4	86.1	7.4	53.0	57.0	1.1	224.5	19.2	4.00	7.8
湖南省作物所	ZQ212 中农油 11 号 *	179.0	103.5	6.3	46.3	68.9	1.5	178.7	21.4	4.0	11.7
江西九江市农科所		146.5	68.7	7.1	42.7	59.7	1.4	184.7	21.7	4.16	12.5
江西宜春市农科院		176.3	84.4	7.5	51.9	68.4	1.3	317.3	21.2	3.95	18.9
中国农业科学院油料所		166.1	75.6	6.5	54.2	71.8	1.3	242.6	19.9	3.12	15.5
平均值		173.97	89.25	6.91	50.63	66.32	1.32	220.91	20.84	3.96	13.45

中游 B 组生育期与抗性表（1）

试点单位	品种编号名称	播种期(月/日)	成熟期(月/日)	全生育期(天)	比对照(±天数)	苗期生长势	成熟一致性	耐旱、渍性(强、中、弱)	抗倒性(直、斜、倒)	抗寒性冻害率(%)	抗寒性冻害指数	菌核病病害率(%)	菌核病病害指数	病毒病病害率(%)	病毒病病害指数	不育株率(%)
湖北恩施州农科院	ZQ201 宁杂21号	10/12	5/14	214	2	强	齐	强	直	0	0	0	0	0	0	4
湖北宜昌市农科所		9/26	5/10	226	3	强	齐	—	斜	0	0	1.7	0.4	0	0	13.3
湖南衡阳市农科所		9/27	4/29	214	1	强	齐	强	直	0	0	8	6	0	0	1
湖南省作物所		9/28	5/1	215	0	强	齐	—	斜	—	—	2.5	2.5	0.5	0.25	18
江西九江市农科所		10/6	5/13	219	2	强	齐	强	直	18.2	4.5	9.1	2.3	0	0	3.3
江西宜春市农科所		10/1	5/1	212	0	强	齐	强	直	8	2	1.01	0.86	—	—	0.86
中国农业科学院油料所		9/25	5/6	223	1	中	齐	强	斜	0	0	0	0	0	0	8
平 均 值				217.6	1.3	强-	齐	强-	—	4.36	1.09	3.19	1.72	0.08	0.04	6.93
湖北恩施州农科院	ZQ202 圣光87*	10/12	5/13	213	1	强	齐	强	倒	0	0	0	0	0	0	0
湖北宜昌市农科所		9/26	5/4	220	-3	强	齐	—	斜	0	0	5	1.7	0	0	0
湖南衡阳市农科所		9/27	4/28	213	0	强	齐	强	斜	0	0	6	4.5	0	0	0
湖南省作物所		9/28	4/30	214	-1	强	齐	—	斜	—	—	2	1.75	0	0	0
江西九江市农科所		10/6	5/7	213	-4	强	齐	强	直	45.5	11.3	45.5	11.3	0	0	0
江西宜春市农科所		10/1	4/27	208	-4	中	齐	中	倒	8	2	2.17	1.48	—	—	1
中国农业科学院油料所		9/25	5/2	219	-3	强	齐	强	斜	0	0	0	0	0	0	0
平 均 值				214.3	-2.0	强-	齐	强-	中	8.92	2.22	8.67	2.96	0.00	0.00	0.14
湖北恩施州农科院	ZQ203 新油842*	10/12	5/14	214	2	强	不齐	强	斜	0	0	0	0	0	0	2
湖北宜昌市农科所		9/26	5/10	226	3	强	齐	—	斜	0	0	0.6	0.1	0	0	4.7
湖南衡阳市农科所		9/27	4/29	214	1	强	齐	强	斜	0	0	5	3.75	0	0	0
湖南省作物所		9/28	5/1	215	0	强	齐	—	斜	—	—	2	1	0.5	0.25	4
江西九江市农科所		10/6	5/14	220	3	强	齐	强	直	36.4	9.1	0	0	0	0	0
江西宜春市农科所		10/1	5/1	212	0	强	齐	强	斜	4	1	0.72	0.61	—	—	0.72
中国农业科学院油料所		9/25	5/9	226	4	强	齐	强	直	0	0	0	0	0	0	0.5
平 均 值				218.1	1.9	强-	齐-	强-	强-	6.73	1.68	1.19	0.78	0.08	0.04	1.70

中游 B 组生育期与抗性表（2）

试点单位	编号 品种名称	播种期（月/日）	成熟期（月/日）	全生育期（天）	比对照（±天数）	苗期生长势	成熟一致性	耐旱渍性（强、中、弱）	抗倒性（直、斜、倒）	抗寒性 冻害率（%）	抗寒性 冻害指数	菌核病 病害率（%）	菌核病 病害指数	病毒病 病害率（%）	病毒病 病害指数	不育株率（%）
湖北恩施州农科院	ZQ204 2013	10/12	5/14	214	2	强	齐	强	直	0	0	0	0	0	0	0
湖北宜昌市农科所		9/26	5/13	229	6	强	齐	—	倒	0	0	1.1	0.7	0	0	0
湖南衡阳市农科所		9/27	4/30	215	2	强	齐	强	直	0	0	4	3	0	0	2
湖南省作物所		9/28	5/1	215	0	强	齐	—	斜	—	—	0.5	0.38	0.5	0.25	0
江西九江市农科所		10/6	5/15	221	4	强	齐	强	直	0	0	0	0	0	0	0
江西宜春市农科所		10/1	5/2	213	1	强	齐	强	直	0	0	2.46	1.84	—	—	0
中国农业科学院油料所		9/25	5/9	226	4	强	齐	强	斜	0	0	0	0	0	0	1.5
平 均 值				219.0	2.7	强	齐	强	中	0.00	0.00	1.15	0.85	0.08	0.04	0.50
湖北恩施州农科院	ZQ205 9M415*	10/12	5/13	213	1	强	齐	强	直	0	0	0	0	0	0	0
湖北宜昌市农科所		9/26	5/12	228	5	强	齐	—	直	0	0	3.3	1.3	0	0	0
湖南衡阳市农科所		9/27	4/30	215	2	强	齐	强	直	0	0	0	0	0	0	2
湖南省作物所		9/28	5/1	215	0	强	齐	—	直	—	—	3	2.63	0.5	0.5	0
江西九江市农科所		10/6	5/13	219	2	强	齐	强	直	13.6	3.4	0.0	0.0	0	0	0
江西宜春市农科所		10/1	5/1	212	0	强	中	强	直	18	4.5	1.15	0.9	—	—	1
中国农业科学院油料所		9/25	5/7	224	2	强	齐	中	直	0	0	0	0	0	0	0
平 均 值				218.0	1.7	强 –	齐 –	强 –	强	5.27	1.32	1.06	0.69	0.08	0.08	0.29
湖北恩施州农科院	ZQ206 国油杂101*	10/12	5/12	212	0	强	齐	强	直	0	0	0	0	0	0	1
湖北宜昌市农科所		9/26	5/9	225	2	强	齐	—	斜	0	0	3.3	0.8	0	0	0
湖南衡阳市农科所		9/27	4/30	215	2	强	齐	强	直	0	0	3	2.25	0	0	0
湖南省作物所		9/28	5/1	215	0	强	齐	—	直	—	—	0.5	0.38	0.5	0.13	0
江西九江市农科所		10/6	5/13	219	2	强	齐	强	直	45.5	11.3	9.1	2.3	0	0	0
江西宜春市农科所		10/1	4/30	211	-1	强	齐	强	直	16	4.5	0.86	0.83	—	—	0
中国农业科学院油料所		9/25	5/5	222	0	中	齐	强	直	0	0	0	0	0	0	0
平 均 值				217.0	0.7	强 –	齐	强	强	10.25	2.63	2.39	0.93	0.08	0.02	0.14

中游 B 组生育期与抗性表（3）

试点单位	编号品种名称	播种期（月/日）	成熟期（月/日）	全生育期（天）	比对照（±天数）	苗期生长势	成熟一致性	耐旱、渍性（强、中、弱）	抗倒性（直、斜、倒）	抗寒性 冻害率（%）	抗寒性 冻害指数	菌核病 病害率（%）	菌核病 病害指数	病毒病 病害率（%）	病毒病 病害指数	不育株率（%）
湖北恩施州农科院	ZQ207 常杂油3号	10/12	5/12	212	0	强	齐	强	直	0	0	0	0	0	0	1
湖北宜昌市农科所		9/26	5/9	225	2	强	齐	—	倒	0	0	3.9	1	0	0	5.7
湖南衡阳市农科所		9/27	4/30	215	2	强	齐	强	直	0	0	5	3.75	0	0	0
湖南省作物所		9/28	5/1	215	0	强	齐	—	斜	—	—	1.5	1.5	0.5	0.25	14
江西九江市农科所		10/6	5/11	217	0	强	中	强	直	27.3	8.0	4.6	1.1	0	0	0
江西宜春市农科所		10/1	4/29	210	-2	强	齐	强	斜	18	4.5	0.86	0.57	—	—	0.57
中国农业科学院油料所		9/25	5/7	224	2	强	齐	强	直	—	—	0	0	0	0	5
平均值				216.9	0.6	强	齐-	强	中	7.55	2.08	2.26	1.14	0.08	0.04	3.75
湖北恩施州农科院	ZQ208 华11 P69东	10/12	5/10	210	-2	强	齐	强	斜	0	0	0	0	0	0	0
湖北宜昌市农科所		9/26	5/6	222	-1	强	齐	—	斜	0	0	2.2	1.4	0	0	1.7
湖南衡阳市农科所		9/27	4/29	214	1	强	齐	强	直	0	0	8	6	1	0.63	0
湖南省作物所		9/28	5/1	215	0	强	齐	—	直	—	—	2	1.63	0	0	0
江西九江市农科所		10/6	5/11	217	0	强	中	强	直	13.6	3.4	4.6	1.1	10.0	2.5	0
江西宜春市农科所		10/1	4/30	211	-1	强	齐	强	斜	18	4.5	1.59	1.34	—	—	0.86
中国农业科学院油料所		9/25	5/4	221	-1	中+	中	强	斜	—	—	0	0	0	0	8
平均值				215.7	-0.6	强-	齐-	强	强-	5.27	1.32	2.62	1.64	1.83	0.52	1.51
湖北恩施州农科院	ZQ209 丰油10号*	10/12	5/10	210	-2	强	齐	强	倒	0	0	0	0	0	0	0
湖北宜昌市农科所		9/26	5/10	226	3	强	齐	—	斜	0	0	1.7	0.4	0	0	0.3
湖南衡阳市农科所		9/27	4/30	215	2	强	齐	强	直	0	0	5	3.75	0	0	0
湖南省作物所		9/28	5/1	215	0	强	齐	—	斜	—	—	2	1.38	0.5	0.5	0
江西九江市农科所		10/6	5/13	219	2	强	齐	强	直	45.5	11.3	4.6	1.1	0	0	0
江西宜春市农科所		10/1	4/30	211	-1	强	齐	强	斜	4	1	1.3	0.83	—	—	0.5
中国农业科学院油料所		9/25	5/4	221	-1	强	齐	强	直	15	12.1	0	0	—	—	0
平均值				216.7	0.4	强	齐	强	中+	10.75	4.07	2.08	1.07	0.08	0.08	0.11

中游 B 组生育期与抗性性表（4）

试点单位	编号品种名称	播种期(月/日)	成熟期(月/日)	全生育期(天)	比对照(±天数)	苗期生长势	成熟一致性	耐旱渍性(强、中、弱)	抗倒性(直、斜、倒)	抗寒性 冻害率(%)	抗寒性 冻害指数	菌核病 病害率(%)	菌核病 病害指数	病毒病 病害率(%)	病毒病 病害指数	不育株率(%)
湖北恩施州农科院		10/12	5/12	212	0	强	齐	强	直	0	0	0	0	0	0	0
湖北宜昌市农科所		9/26	5/7	223	0	强	中	—	直	0	0	3.9	1.4	0	0	7
湖南衡阳市农科所	ZQ210	9/27	4/28	213	0	强	齐	强	直	0	0	8	6	0	0	4
湖南省作物所	中油杂	9/28	5/1	215	0	强	齐	—	直	—	—	3	1.5	0	0	8
江西九江市农科所	2 号	10/6	5/11	217	0	强	齐	强	斜	0	0	4.6	1.1	0	0	0
江西宜春市农科所	(CK)	10/1	5/1	212	0	强	齐	强	直	2	0.5	0.72	0.57	—	—	0.28
中国农业科学院油料所		9/25	5/5	222	0	中+	中	强	斜	20	15.2	0	0	0	0	3.5
平 均 值				216.3	0.0	强-	强-	强	强-	3.67	2.62	2.88	1.51	0.00	0.00	3.25
湖北恩施州农科院		10/12	5/13	213	1	强	中	强	倒	0	0	0	0	0	0	0
湖北宜昌市农科所		9/26	5/10	226	3	强	齐	—	直	0	0	5.6	1.8	0	0	0
湖南衡阳市农科所	ZQ211	9/27	4/30	215	2	强	齐	强	斜	0	0	8	6	0	0	0
湖南省作物所	华108	9/28	5/1	215	0	强	齐	—	斜	—	—	0.5	0.5	0.5	0.5	0
江西九江市农科所	(常规)	10/6	5/9	215	-2	强	齐	强	直	45.5	13.6	9.1	3.4	0	0	0
江西宜春市农科所		10/1	5/1	212	0	强	中	强	直	20	5	0.28	0.1	—	—	0
中国农业科学院油料所		9/25	5/5	222	0	中+	齐	强	直	0	0	0	0	0	0	3.5
平 均 值				216.9	0.6	强-	齐-	强	中+	10.92	3.10	3.35	1.69	0.08	0.08	0.50
湖北恩施州农科院		10/12	5/14	214	2	强	齐	强	直	0	0	0	0	0	0	1
湖北宜昌市农科所		9/26	5/9	225	2	强	齐	—	直	0	0	3.3	1.1	0	0	2
湖南衡阳市农科所	ZQ212	9/27	4/28	213	0	强	齐	强	直	0	0	2	1.5	0	0	0
湖南省作物所	中农油	9/28	5/1	215	0	强	齐	—	直	—	—	1	0.75	0	0	0
江西九江市农科所	11 号*	10/6	5/13	219	2	强	齐	强	直	31.8	8.0	4.6	1.1	0	0	0
江西宜春市农科所		10/1	4/30	211	-1	强	齐	强	直	12	3	0.72	0.61	—	—	0
中国农业科学院油料所		9/25	5/4	221	-1	强-	齐	强	直	0	0	0	0	0	0	3.5
平 均 值				216.9	0.6	强	齐	强	强	7.30	1.83	1.65	0.73	0.00	0.00	0.93

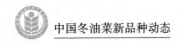

2012—2013年度国家冬油菜品种区域试验汇总报告（长江中游 C 组）

一、试验概况

（一）供试品种（系）

参试品种（系）包括对照共 12 个。

编号	品种名称	申报类型	芥酸（%）	硫苷（μmol/g）	含油量（%）	供 种 单 位
ZQ301	科乐油 1 号	双低杂交	0.2	18.75	44.26	四川科乐油菜研究开发有限公司
ZQ302	98P37	双低杂交	0.0	17.81	44.42	武汉中油种业科技有限公司
ZQ303	两优 669 *	双低杂交	0.0	26.58	44.79	江西省宜春市农科所
ZQ304	中油杂 2 号（CK）	双低杂交	0.0	17.64	42.22	中国农业科学院油料研究所
ZQ305	GS50 *	双低杂交	0.0	22.82	42.96	安徽国盛农业科技公司
ZQ306	大地 89	双低杂交	0.0	17.84	44.12	中国农业科学院油料作物研究所
ZQ307	德齐 12	双低杂交	0.0	21.33	41.76	安徽华韵生物科技有限公司
ZQ308	9M049 *	双低杂交	1.4	22.79	45.02	江西省农业科学院作物所
ZQ309	秦优 28	双低杂交	0.0	21.86	43.68	咸阳市农业科学研究院
ZQ310	油 982	双低杂交	0.0	22.82	44.52	湖南隆平高科亚华棉油种业有限公司
ZQ311	7810	双低杂交	0.0	18.83	46.51	四川华丰种业有限责任公司
ZQ312	H29J24 *	双低杂交	0.2	22.21	48.58	金色农华江西分公司

注：（1）＊为参加两年区试品种（系）；（2）品质检测由农业部油料及制品质量监督检验测试中心检测，芥酸于 2012 年 8 月测播种前各育种单位参试品种的种子；硫苷、含油量于 2013 年 7 月测收获后各试点抽样的混合种子

（二）参试单位

组别	参试单位	参试地点	联系人
长江中游 C 组	中国农业科学院油料研究所	湖北省武汉市	罗莉霞
	湖北宜昌市农科院	湖北省宜昌市	张晓玲
	恩施州农科院	湖北省恩施州	赵乃轩
	湖北黄冈市农科院	湖北省黄冈市	殷 辉
	江西宜春市农科所	江西省宜春市	袁卫红
	江西省九江市农科所	江西省九江县	江满霞
	江西省农业科学院作物所	江西省南昌县	张建模
	湖南省作物所	湖南省长沙市	李 莓
	湖南省岳阳市农科所	湖南省岳阳市	李连汉
	湖南省衡阳市农科所	湖南省衡阳市	李小芳

（三）试验设计及田间管理

各试点均按统一试验方案严格执行，采用随机区组排列，3 次重复，小区净面积为 20m²。各试点

种植密度为 2.3 万 ~ 2.7 万株。于 9/25 ~ 10/14 日播种，其观察记载、田间调查和室内考种均按实施方案进行，试验地前作有水稻、花生、大豆等作物，其土壤肥力中等偏上，栽培管理水平同当地大田生产或略高于当地生产，治虫不防病。底肥种类有菜籽饼肥、人畜粪、复合肥、氯化钾、钙镁磷肥、硼砂等，追肥以尿素为主。

（四）气候特点

长江中游区域秋季日照充足，土壤墒情好，大部分试点出苗整齐一致，苗期长势良好。初冬季节雨水适中，气温平稳，油菜生长发育稳健，除部分品系在少数试点 12 月上旬抽薹，12 月底多数品种。隆冬时节，多阴雨寡照，时有低温冰冻气候发生，油菜生长发育趋缓，但未发生冻害；春季气温回升快，各参试品种快速生长，薹期长势良好。花期以晴为主，气温偏高，并伴有零星降雨，开花结实正常，菌核病轻，部分试点后期干旱，迟熟品种顶部结实受到影响；荚果期气温适宜，阳光充足，雨水适宜，籽粒灌浆充分，有利于籽粒增重与产量形成。后期天气晴好，雨水少，有利于收获。

总体来说，本区油菜各生育阶段气候适宜，病害发生轻，结实率高，千粒重高，有利于产量形成，试验产量水平高于往年。

二、试验结果 *

（一）产量结果

1. 方差分析表（试点效应固定）

变异来源	自由度	平方和	均方	F 值	概率（小于 0.05 显著）
试点内区组	16	4 959.22917	309.95182	3.10407	0.000
品　　种	11	27 974.22222	2 543.11111	25.46844	0.000
试　　点	7	527 987.55556	75 426.79365	755.37523	0.000
品种 × 试点	77	70 333.34809	913.42011	9.14761	0.000
误　　差	176	17 574.20052	99.85341		
总　变　异	287	648 828.55556			

试验总均值 = 200.632161458333

误差变异系数 CV（%）＝　4.981

多重比较结果（LSD 法）　　LSD0 0.05 = 5.7116　LSD0 0.01 = 7.5289

品种	品种均值	比对照%	0.05 显著性	0.01 显著性
GS50 *	212.85840	10.00746	a	A
7810	211.41950	9.26384	ab	AB
德齐 12	209.45700	8.24960	abc	ABC
秦优 28	206.97240	6.96548	bcd	ABCD
两优 669 *	205.47240	6.19027	cd	ABCD
H29J24 *	204.41120	5.64185	cd	BCD
科乐油 1 号	202.75430	4.78553	d	CD
98P37	201.73210	4.25724	d	D
中油杂 2 号（CK）	193.49450	0.00000	e	E
9M049 *	190.67790	− 1.45566	e	E
大地 89	188.96950	− 2.33856	e	E
油 982	179.36680	− 7.30137	f	F

---

* 湖北黄冈、江西南昌点报废，未纳入汇总

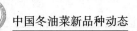

2. 品种稳定性分析（Shukla 稳定性方差）

变异来源	自由度	平方和	均方	F 值	概率（小于 0.05 显著）
区　组	16	4 958.66700	309.91670	3.10299	0.000
环　境	7	527 988.00000	75 426.86000	755.19840	0.000
品　种	11	27 974.67000	2 543.15100	25.46286	0.000
互　作	77	70 329.34000	913.36800	9.14494	0.000
误　差	176	17 578.33000	99.87688		
总 变 异	287	648 829.00000			

各品种 Shukla 方差及其显著性检验（F 测验）

品种	DF	Shukla 方差	F 值	概率	互作方差	品种均值	Shukla 变异系数（%）
科乐油 1 号	7	43.30741	1.3008	0.252	10.0151	202.7542	3.2457
98P37	7	335.91750	10.0900	0.000	302.6252	201.7320	9.0853
两优 669 *	7	234.24310	7.0360	0.000	200.9509	205.4723	7.4487
中油杂 2 号（CK）	7	456.54270	13.7132	0.000	423.2504	193.4945	11.0426
GS50 *	7	117.05600	3.5160	0.001	83.7637	212.8584	5.0828
大地 89	7	372.74560	11.1962	0.000	339.4533	188.9695	10.2168
德齐 12	7	137.67400	4.1353	0.000	104.3817	209.4571	5.6018
9M049 *	7	328.00050	9.8521	0.000	294.7083	190.6779	9.4981
秦优 28	7	116.23890	3.4915	0.002	82.9466	206.9723	5.2091
油 982	7	915.03590	27.4849	0.000	881.7437	179.3668	16.8646
7810	7	271.29450	8.1489	0.000	238.0022	211.4195	7.7907
H29J24 *	7	325.51900	9.7776	0.000	292.2267	204.4112	8.8264
误差	176	33.29229					

各品种 Shukla 方差同质性检验（Bartlett 测验）Prob. = 0.03791 显著，不同质，各品种稳定性差异显著。

各品种 Shukla 方差的多重比较（F 测验）

品种	Shukla 方差	0.05 显著性	0.01 显著性
油 982	915.03590	a	A
中油杂 2 号（CK）	456.54270	ab	AB
大地 89	372.74560	abc	AB
98P37	335.91750	abc	AB
9M049 *	328.00050	abc	AB
H29J24 *	325.51900	abc	AB
7810	271.29450	abc	ABC
两优 669 *	234.24310	bc	ABC
德齐 12	137.67400	bcd	ABC
GS50 *	117.05600	cd	BC
秦优 28	116.23890	cd	BC
科乐油 1 号	43.30741	d	C

（二）主要经济性状

各试点详细调查记载了油菜参试品种的主要经济性状、主要农艺性状和抗逆性，具体包括单株有效角果数、每角粒数、千粒重、单株产量、株高、有效分枝部位、分枝数、结荚密度、主花序有效长、主花序有效角、不育株率、生育期、菌核病（发病率、病情指数）、病毒病（发病率、病情指数）、抗寒性（受冻率、冻害指数）、苗期生长势和成熟期一致性、抗倒性等，详见各相关附表。主要产量构成情况如下。

1. 单株有效角果数

单株有效角果数平均幅度为 176.79 ~ 253.03 个。其中，7810 最多，科乐油 1 号最少，CK 中油杂 2 号 189.38，CK2011—2012 年为 220.04 个。

2. 每角粒数

每角粒数平均幅度为 18.51 ~ 21.90 粒。其中，秦优 28 最多，两优 669 最少，CK 中油杂 2 号 20.04，CK2011—2012 年为 18.67 粒。

3. 千粒重

千粒重平均幅度为 3.50 ~ 4.26g。其中，中德齐油 12 最高，秦优 28 最低，中油杂 2 号 3.96g，CK2011—2012 年为 3.85g。

（三）成熟期比较

在参试品种中，各品种生育期在 213.3 ~ 217.3 天，各品种熟期相差不大，熟期极差 4 天。中油杂 2 号：216.5 天，CK2011—2012 年为 220.8 天。

（四）抗逆性比较

1. 菌核病

菌核病平均发病率幅度为 1.15% ~ 3.84%，病情指数幅度为 0.47 ~ 2.63。CK 中油杂 2 号发病率 1.94%，病情指数 0.66。CK2011—2012 年发病率 10.24%，病情指数 6.62。

2. 病毒病

病毒病平均发病率幅度为 0.00% ~ 1.57%，病情指数幅度为 0.00 ~ 0.45，CK 中油杂 2 号发病率 0.57%，病情指数 0.38，CK2011—2012 年发病率 1.37%，病情指数 0.90。发病率比往年低。

（五）不育株率

各品种不育株率在 0.08% ~ 4.79%，其中两优 669 不育株率为最高。其余品种不育株率均低于 4.0%。CK 中油杂 2 号 2.80%。

三、品种（系）简评

因对照品种表现异常，本组试验采用试验产量均值、产油量均值作对照（简称对照），对试验结果进行数据处理和分析，以此为依据评价各参试品种。

1. GS50 *

安徽国盛农业科技有限公司提供，试验编号 ZQ305。

该品种植株较高，生长势强，一致性较好，分枝性中等。8 个点试验 7 个点增产，1 个点减产，平均亩产 212.86kg，比对照增产 6.09%，达极显著水平，居试验首位，丰产性、稳产性好。平均产油量 91.44kg/亩，比对照增产 2.65%，6 个点增产，2 个点减产。株高 171.36cm，分枝数 6.64 个，生育期平均 214.8 天，比对照早熟 1.8 天。单株有效角果数 207.61 个，每角粒数为 21.13 粒，千粒重为 3.65g，不育株率 2.90%。菌核病发病率为 2.27%，病情指数为 0.80，病毒病发病率 0.00%，病情指数为 0.00，菌核病鉴定结果为低感，受冻率 3.01%，冻害指数 0.75，抗寒性好，抗倒性强－。芥酸含量 0.0，硫苷含量 22.82μmol/g（饼），含油量 42.96%。

2011—2012 年度国家（长江中游区 D 组，试验编号 QZ412）区试中：9 个点试验 8 个点增产，1 个点减产，平均亩产 165.47kg，比对照增产 7.78%，增产极显著，居试验第 4 位。平均产油量

66.92kg/亩，比对照增产7.91%，9个试点中，8个点增产，1个减产。株高175.32cm，分枝数7.26个，生育期平均217.7天，比对照早熟0.8天。单株有效角果数为275.98个，每角粒数19.28，千粒重3.33g，不育株率2.42%。菌核病、病毒病发病率分别为12.64%、2.29%，病情指数分别为8.12、1.54，菌核病鉴定结果为中感，受冻率0.00%，冻害指数0.00，抗倒性强－。芥酸含量0.0，硫苷含量22.33μmol/g（饼），含油量40.44%。

综合2011—2013两年试验结果：共17个试验点，15个点增产，2点减产，平均亩产189.17kg，比对照增产6.94%。单株有效角果数241.80个，每角粒数为20.21粒，千粒重为3.49g。菌核病发病率7.46%，病情指数为4.46，病毒病发病率1.15%，病情指数为0.77，菌核病鉴定结果为中感，抗倒性强，不育株率平均为0.14%。含油量平均为41.70%，2年芥酸含量分别为0.0和0.0，硫苷含量分别为22.82μmol/g（饼）和22.33μmol/g（饼）。两年平均产油量79.18kg/亩，比对照增加5.28%，14个点增产，3个点减产。

主要优缺点：丰产性较好，产油量较高，品质达双低标准，抗倒性较强，抗病性一般，熟期适中。

结论：各项试验指标达标，进入生产试验。

2. 7810

四川华丰种业有限责任公司提供，试验编号ZQ311。

该品种株高适中，生长势较强，一致性较好，分枝性中等。8个点试验7个点增产，1个点减产，平均亩产211.42kg，比对照增产5.38%，达极显著水平，居试验第2位。平均产油量98.33kg/亩，比对照增产10.38%，7个点增产，1个点减产。株高168.23cm，分枝数7.38个，生育期平均219.4天，比对照早熟1.4天。单株有效角果数为253.03个，每角粒数20.75粒，千粒重3.52g，不育株率0.50%。菌核病、病毒病发病率分别为2.37%、0.00%，病情指数分别为0.96、0.00，菌核病鉴定结果为低感，受冻率1.30%，冻害指数0.32，抗倒性强－。芥酸含量0.0，硫苷含量18.83μmol/g（饼），含油量46.51%。

主要优缺点：丰产性较好，产油量高，品质达双低标准，抗倒性较强，抗病性一般，熟期适中。

结论：继续试验，同步进入生产试验。

3. 德齐12

安徽华韵生物科技有限公司提供，试验编号ZQ307。

该品种株高适中，生长势较强，一致性较好，分枝性中等。8个点试验7个点增产，1个点减产，平均亩产209.46kg，比对照增产4.40%，增产极显著，居试验第3位。平均产油量87.47kg/亩，比对照减产1.82%，2个点增产，6个点减产。株高166.78cm，分枝数5.79个，生育期平均221.9天，比对照迟熟1.1天。单株有效角果数为203.01个，每角粒数21.43，千粒重4.26g，不育株率0.08%。菌核病、病毒病发病率分别为2.97%、0.00%，病情指数分别为1.27、0.00，菌核病鉴定结果为低感，受冻率3.37%，冻害指数0.84，抗倒性中＋。芥酸含量0.0，硫苷含量21.33μmol/g（饼），含油量41.76%。

主要优缺点：丰产性较好，产油量一般，品质达双低标准，抗倒性一般，抗病性中等，熟期适中。

结论：产量指标达标，继续试验。

4. 秦优28

咸阳市农业科学研究所选育，试验编号ZQ309。

该品种植株较高，生长势较强，一致性好，分枝性中等。8个点试验6个点增产，2个点减产，平均亩产206.97kg，比对照增产3.16%，增产极显著，居试验第4位。平均产油量90.41kg/亩，比对照增产1.48%，4个点增产，4个点减产。株高174.04cm，分枝数6.40个，生育期平均216.5天，与对照相当。单株有效角果数为202.95个，每角粒数21.90，千粒重3.50g，不育株率1.26%。菌核病、病毒病发病率分别为 1.15%、0.14%，病情指数分别为 0.47、0.14，菌核病鉴定结果为低抗，受冻率 3.90%，冻害指数 0.97，抗倒性强。芥酸含量 0.0，硫苷含量 21.86μmol/g（饼），含油量 43.68%。

主要优缺点：丰产性较好，产油量一般，品质达双低标准，抗倒性强，抗病性较好，熟期适中。

结论：产量指标达标，继续试验。

5. 两优 669

江西省宜春市农科所提供，试验编号 ZQ303。

该品种株高适中，生长势较强，一致性较好，分枝性中等。8 个点试验 5 个点增产，3 个点减产，平均亩产 205.47kg，比对照增产 2.41%，居试验第 5 位。平均产油量 92.03kg/亩，比对照增产 3.30%，6 个点增产，2 个点减产。株高 165.66cm，分枝数 5.94 个，生育期平均 215.1 天，比对照相早熟 1.4 天。单株有效角果数为 207.24 个，每角粒数 18.51 粒，千粒重 4.06g，不育株率 4.79%。菌核病、病毒病发病率分别为 3.84%、0.52%，病情指数分别为 2.63、0.11，菌核病鉴定结果为低感，受冻率 4.96%，冻害指数 1.48，抗倒性强 -。芥酸含量 0.0，硫苷含量 26.58μmol/g（饼），含油量 44.79%。

2011—2012 年度国家（长江中游区 D 组，试验编号 QZ408）区试中：9 个点试验 6 个点增产，3 个点减产，平均亩产 157.68kg，比对照增产 2.70%，居试验第 6 位。平均产油量 64.60kg/亩，比对照增产 4.17%，9 个试点 7 个点增产，2 个点减产。株高 178.51cm，分枝数 6.74 个，生育期平均 217.7 天，比对照早熟 0.8 天。单株有效角果数为 274.45 个，每角粒数 17.46 粒，千粒重 3.70g，不育株率 2.82%。菌核病、病毒病发病率分别为 11.70%、1.71%，病情指数分别为 7.64、1.25，菌核病鉴定结果为低感，受冻率 0.00%，冻害指数 0.00，抗倒性较强。芥酸含量 0.0，硫苷含量 19.28μmol/g（饼），含油量 40.97%。

综合 2011—2013 两年试验结果：共 17 个试验点，11 个点增产，6 点减产，平均亩产 181.58kg，比对照增产 2.56%。单株有效角果数 240.85 个，每角粒数为 17.99 粒，千粒重为 3.88g。菌核病发病率 7.77%，病情指数为 5.14，病毒病发病率 1.12%，病情指数为 0.68，菌核病鉴定结果为低抗，抗倒性强，不育株率平均为 0.14%。含油量平均为 42.88%，2 年芥酸含量分别为 0.0，和 0.0，硫苷含量分别为 19.28μmol/g（饼）和 22.88μmol/g（饼）。两年平均产油量 78.31kg/亩，比对照增加 3.74%。13 个点增产，4 个点减产。

主要优缺点：品质达双低标准，丰产性一般，产油量较高，抗倒性较强，抗病性中等，熟期适中。

结论：产量、产油量未达标，完成试验。

6. H29J24 *

金色农华江西分公司提供，试验编号 ZQ312。

该品种植株较高，生长势较强，一致性较好，分枝性中等。8 个点试验 4 个点增产，4 个点减产，平均亩产 204.41kg，比对照增产 1.88%，居试验第 6 位。平均产油量 99.30kg/亩，比对照增产 11.47%，7 个点增产，1 个点减产。株高 174.43cm，分枝数 6.35 个，生育期平均 217.3 天，比对照迟熟 0.8 天。单株有效角果数为 185.49 个，每角粒数 21.24 粒，千粒重 3.93g，不育株率 0.48%。菌核病、病毒病发病率分别为 1.83%、0.24%，病情指数分别为 0.91、0.24，菌核病鉴定结果为低抗，受冻率 2.58%，冻害指数 0.73，抗倒性强 -。芥酸含量 0.2%，硫苷含量 22.21μmol/g（饼），含油量 48.58%。

2011—2012 年度国家冬油菜（长江中游区 B 组，试验编号 QZ203）区试中：10 个点 9 点增产，1 个点减产，平均亩产 155.06kg，比对照增产 8.57%，达极显著水平，居试验首位，丰产性、稳产性好。平均产油量 69.28kg/亩，比对照增产 15.33%，10 个试点全部增产。株高 185.03cm，有效分枝部位低 88.74cm，分枝数 7.07 个，生育期平均 223.4 天，比对照长 1.7 天。单株有效角果数 248.99

个，每角粒数为18.48粒，千粒重为3.58g，不育株率1.20%。菌核病发病率8.65%，病情指数为5.64，病毒病发病率0.63%，病情指数为0.50，菌核病鉴定结果为低感，受冻率16.67%，冻害指数4.17，抗倒性较强。芥酸含量0.3%，硫苷含量18.33μmol/g（饼），含油量44.68%。

综合2011—2013两年试验结果：共18个试验点，13个点增产，5个点减产，平均亩产179.73kg，比对照增产5.22%。单株有效角果数217.24个，每角粒数为19.86粒，千粒重为3.76g。菌核病发病率5.24%，病情指数为3.28，病毒病发病率0.44%，病情指数为0.37，菌核病鉴定结果为低抗，抗倒性较强，不育株率平均为6.75%。含油量平均为46.63%，2年芥酸含量分别为0.2%和0.3%，硫苷含量分别为22.21mol/g（饼）和18.33μmol/g（饼）。两年平均产油量84.29kg/亩，比对照增产13.40%，17个点增产，1个点减产。

主要优缺点：产油量高，丰产性较好，品质达双低标准，抗倒性较强，抗病性较好，熟期适中。

结论：产油量达标，各项试验指标达国家品种审定标准。

7. 科乐油一号

四川科乐油菜研究开发有限公司提供，试验编号ZQ301。

该品种植株较高，生长势一般，一致性较好，分枝性中等。8个点试验4个点增产，4个点减产，平均亩产202.75kg，比对照增产1.06%，居试验第7位。平均产油量89.74kg/亩，比对照增产0.73%，4个点增产，4个点减产。株高175.60cm，分枝数6.16个，生育期平均216.5天，与对照相当。单株有效角果数为176.79个，每角粒数21.29粒，千粒重3.91g，不育株率0.30%。菌核病、病毒病发病率分别为1.90%、1.57%，病情指数分别为0.92、0.45，菌核病鉴定结果为低抗，受冻率5.10%，冻害指数1.29，抗倒性强。芥酸含量0.2%，硫苷含量18.75μmol/g（饼），含油量44.26%。

主要优缺点：品质达双低标准，丰产性一般，产油量一般，抗倒性强，抗病性较好，熟期适中。

结论：产量、产油量未达标，终止试验。

8. 98P37

武汉中油种业科技有限公司提供，试验编号ZQ302。

该品种株型适中，生长势一般，一致性较好，分枝性中等。8个点试验4个点增产，4个点减产，平均亩产201.73kg，比对照增产0.55%，不显著，居试验第8位。平均产油量89.61kg/亩，比对照增产0.59%，4个点增产，4个点减产。株高161.50cm，分枝数6.77个，生育期平均214.8天，比对照早熟1.8天。单株有效角果数为204.0个，每角粒数19.38粒，千粒重3.71g，不育株率3.36%。菌核病、病毒病发病率分别为2.31%、0.14%，病情指数分别为1.25、0.14，菌核病鉴定结果为低感，受冻率4.96%，冻害指数1.24，抗倒性强。芥酸含量0.0，硫苷含量17.81μmol/g（饼），含油量44.42%。

主要优缺点：丰产性一般，产油量一般，品质达双低标准，抗倒性强，抗病性中等，熟期适中。

结论：产量、产油量指标未达标，终止试验。

9. 9M049

江西省农业科学院作物研究所选育，试验编号ZQ308。

该品种植株较高，生长势一般，一致性较好，分枝性中等。8个点试验6个点增产，2个点减产，平均亩产190.68kg，比对照减产4.96%，居试验第10位。平均产油量85.84kg/亩，比对照减产3.64%，3个点增产，5个点减产。株高175.48cm，分枝数6.83个，生育期平均216.1天，比对照早熟0.4天。单株有效角果数为207.38个，每角粒数21.48粒，千粒重3.62g，不育株率0.32%。菌核病、病毒病发病率分别为1.90%、0.14%，病情指数分别为1.12、0.11，菌核病鉴定结果为低感，受冻率3.74%，冻害指数0.93，抗倒性中+。芥酸含量1.4%，硫苷含量22.79μmol/g（饼），含油量45.02%。

2011—2012年度国家冬油菜（长江中游区B组，试验编号QZ306）区试中：10个点试验6个点增产，4 个点减产，平均亩产 156.33kg，比对照增产 4.50%，增产极显著，居试验第 5 位。平均产油量 64.05kg/亩，比对照增产 6.17%，10 个试验中，7 个点增产，3 个点减产。株高，192.66cm，分枝数 7.59 个，生育期平均 221.1 天，比对照相迟熟 0.3 天。单株有效角果数为 285.99 个，每角粒数 19.70 粒，千粒重 3.39g，不育株率 0.46%。菌核病、病毒病发病率分别为 8.47%、0.83%，病情指数分别为 5.36、0.51，菌核病鉴定结果为低感，受冻率 0.80%，冻害指数 0.73，抗倒性强 -。芥酸含量 0.1%，硫苷含量 17.65μmol/g（饼），含油量 40.97%。

综合 2011—2013 两年试验结果：共 18 个试验点，12 个点增产，6 个点减产，平均亩产 173.50kg，比对照减产 0.23%。单株有效角果数 246.69 个，每角粒数为 20.59 粒，千粒重为 3.51g。菌核病发病率 5.19%，病情指数为 3.24，病毒病发病率 0.49%，病情指数 0.31，菌核病鉴定结果为低感，抗倒性中 +，不育株率平均为 6.75%。含油量平均为 40.00%，2 年芥酸含量分别为 0.1% 和 0.3%，硫苷含量分别为 25.65mol/g（饼）和 22.04μmol/g（饼）。两年平均产油量 74.95kg/亩，比对照增产 1.26%，10 个点增产，8 个点减产。

主要优缺点：丰产性较差，稳产性差，产油量一般，品质未达双低标准，抗倒性中等，抗病性一般，熟期适中。

结论：产量、产油量、品质指标均未达标，完成试验。

10. 大地 89

中国农业科学院油料作物研究所提供，试验编号 ZQ306。

该品种株型适中，生长势一般，一致性较好，分枝性中等。8 个点试验 1 个点增产，7 个点减产，平均亩产 188.97kg，比对照减产 5.81%，居试验第 11 位。平均产油量 83.37kg/亩，比对照减产 6.41%，1 个点增产，7 个点减产。株高 169.19cm，分枝数 6.51 个，生育期平均 215.1 天，比对照早熟 1.4 天。单株有效角果数为 202.99 个，每角粒数 19.88 粒，千粒重 3.97g，不育株率 1.0%。菌核病、病毒病发病率分别为 1.98%、1.09%，病情指数分别为 0.33、0.23，菌核病鉴定结果为低感，受冻率 0.71%，冻害指数 0.52，抗倒性中 +。芥酸含量 0.0，硫苷含量 17.84μmol/g（饼），含油量 44.12%。

主要优缺点：丰产性差，产油量低，品质达双低标准，抗倒性一般，抗病性中等，熟期适中。

结论：产量、产油量未达标，终止试验。

11. 油 982

湖南隆平高科亚华棉油种业有限公司，试验编号 ZQ310。

该品种株型适中，生长势较弱，一致性好，分枝性中等。8 个点试验全部减产，平均亩产 179.37kg，比对照减产 10.60%，减产极显著，居试验第 12 位。平均产油量 79.85kg/亩，比对照减产 10.36%，8 个试点全部减产。株高 169.98cm，分枝数 6.04 个，生育期平均 220.2 天，比对照早熟 0.6 天。单株有效角果数为 183.15 个，每角粒数 21.06 粒，千粒重 3.65g，不育株率 0.93%。菌核病、病毒病发病率分别为 2.79%、0.19%，病情指数分别为 1.39、0.12，菌核病鉴定结果为低感，受冻率 2.29%，冻害指数 0.58，抗倒性中 -。芥酸含量 0.0，硫苷含量 22.82μmol/g（饼），含油量 44.52%。

主要优缺点：丰产性差，产油量低，品质达双低标准，抗倒性较差，抗病性一般，熟期适中。

结论：产量、产油量未达标，终止试验。

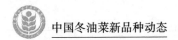

2012—2013 年全国冬油菜品种区域试验（中游 C 组）原始产量表

试点	品种名	小区产量（kg）				试点	品种名	小区产量（kg）			
		I	II	III	平均值			I	II	III	平均值
湖北武汉	科乐油 1 号	5.536	5.489	5.726	5.584	湖北宜昌	科乐油 1 号	8.480	7.925	8.483	8.296
	98P37	6.590	6.505	6.232	6.442		98P37	7.778	7.973	8.194	7.982
	两优 669 *	6.039	6.044	5.602	5.895		两优 669 *	7.572	8.051	8.189	7.937
	中油杂 2 号（CK）	6.631	6.204	6.121	6.319		中油杂 2 号（CK）	7.527	8.008	7.651	7.729
	GS50 *	6.799	6.434	6.884	6.706		GS50 *	7.830	7.471	8.081	7.794
	大地 89	6.327	6.078	5.918	6.108		大地 89	7.309	6.994	7.747	7.350
	德齐 12	5.665	5.509	5.336	5.503		德齐 12	8.200	8.603	7.973	8.259
	9M049 *	4.856	5.347	4.892	5.032		9M049 *	7.377	7.405	7.812	7.531
	秦优 28	5.961	6.315	5.987	6.088		秦优 28	7.483	7.917	8.233	7.878
	油 982	4.733	5.045	5.812	5.197		油 982	7.686	7.530	8.013	7.743
	7810	6.315	6.525	6.743	6.528		7810	7.877	7.999	8.218	8.031
	H29J24 *	5.575	5.393	5.281	5.416		H29J24 *	7.271	8.161	8.029	7.820
江西九江	科乐油 1 号	6.910	6.888	7.430	7.076	湖北恩施	科乐油 1 号	8.050	8.080	8.270	8.133
	98P37	6.254	7.582	6.745	6.860		98P37	8.325	8.865	8.820	8.670
	两优 669 *	7.448	7.619	6.993	7.353		两优 669 *	8.950	8.350	8.750	8.683
	中油杂 2 号（CK）	6.102	6.650	6.296	6.349		中油杂 2 号（CK）	6.640	6.265	6.315	6.407
	GS50 *	7.227	7.993	6.878	7.366		GS50 *	8.890	8.600	8.550	8.680
	大地 89	6.497	7.128	6.930	6.852		大地 89	6.390	6.690	5.580	6.220
	德齐 12	7.394	7.619	6.779	7.264		德齐 12	8.950	8.470	8.700	8.707
	9M049 *	6.204	6.396	5.640	6.080		9M049 *	6.855	6.955	7.160	6.990
	秦优 28	7.178	7.412	7.027	7.206		秦优 28	8.670	8.715	8.610	8.665
	油 982	5.721	7.114	6.410	6.415		油 982	4.420	6.590	4.445	5.152
	7810	7.321	7.632	7.126	7.360		7810	8.810	8.500	8.950	8.753
	H29J24 *	7.104	8.381	7.236	7.574		H29J24 *	8.830	8.580	8.700	8.703
江西宜春	科乐油 1 号	5.195	4.505	5.315	5.005	湖南长沙	科乐油 1 号	5.866	5.510	4.830	5.402
	98P37	4.065	4.425	4.145	4.212		98P37	5.891	4.880	4.535	5.102
	两优 669 *	5.555	5.535	5.630	5.573		两优 669 *	5.275	5.110	4.830	5.072
	中油杂 2 号（CK）	5.195	5.055	4.975	5.075		中油杂 2 号（CK）	5.872	6.235	5.775	5.961
	GS50 *	5.425	5.255	4.830	5.170		GS50 *	5.705	6.125	5.965	5.932
	大地 89	4.470	4.635	4.880	4.662		大地 89	5.486	5.245	4.935	5.222
	德齐 12	5.415	5.480	5.145	5.347		德齐 12	5.355	5.595	5.910	5.620
	9M049 *	4.765	5.285	5.100	5.050		9M049 *	5.974	5.465	5.845	5.761
	秦优 28	4.685	5.510	5.080	5.092		秦优 28	5.477	5.240	5.575	5.431
	油 982	4.880	4.695	4.885	4.820		油 982	5.316	5.415	5.085	5.272
	7810	5.730	5.570	5.780	5.693		7810	5.100	4.770	4.520	4.797
	H29J24 *	5.445	5.100	4.720	5.088		H29J24 *	6.229	6.045	5.760	6.011

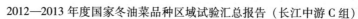

（续表）

试点	品种名	小区产量（kg）				试点	品种名	小区产量（kg）			
		I	II	III	平均值			I	II	III	平均值
湖南衡阳	科乐油 1 号	4.440	4.650	4.990	4.693	平均值	科乐油 1 号				6.083
	98P37	4.800	4.210	4.630	4.547		98P37				6.052
	两优 669 *	4.680	4.900	4.750	4.777		两优 669 *				6.164
	中油杂 2 号（CK）	4.220	4.810	4.110	4.380		中油杂 2 号（CK）				5.805
	GS50 *	4.550	4.970	4.760	4.760		GS50 *				6.386
	大地 89	4.600	4.800	4.320	4.573		大地 89				5.669
	德齐 12	4.830	4.780	4.620	4.743		德齐 12				6.284
	9M049 *	4.700	4.500	4.200	4.467		9M049 *				5.720
	秦优 28	4.600	4.200	4.350	4.383		秦优 28				6.209
	油 982	4.500	4.450	4.170	4.373		油 982				5.381
	7810	4.700	4.900	4.900	4.833		7810				6.343
	H29J24 *	4.400	4.750	4.350	4.500		H29J24 *				6.132
湖南岳阳	科乐油 1 号	4.367	4.402	4.646	4.472						
	98P37	4.669	4.799	4.335	4.601						
	两优 669 *	3.847	4.081	4.140	4.023						
	中油杂 2 号（CK）	4.016	4.376	4.267	4.220						
	GS50 *	4.874	4.769	4.393	4.679						
	大地 89	4.576	4.367	4.156	4.366						
	德齐 12	4.658	4.820	5.003	4.827						
	9M049 *	4.856	5.068	4.631	4.852						
	秦优 28	5.110	4.640	5.045	4.932						
	油 982	4.021	4.283	3.925	4.076						
	7810	4.765	4.565	4.906	4.745						
	H29J24 *	3.764	4.104	3.968	3.945						

中游 C 组经济性状表（1）

试点单位	编号品种名	试点号	株高（cm）	分枝部位（cm）	有效分枝数（个）	主花序 有效长度（cm）	主花序 有效角果数	主花序 角果密度	单株有效角果数	每角粒数	千粒重（g）	单株产量（g）
湖北恩施州农科院		恩C04	205.0	130.0	5.2	53.9	74.9	0.7	154.6	21.0	4.2	13.5
湖北宜昌市农科所		宜C02	176.4	94.5	6.6	59.1	79.5	1.4	168.3	21.9	4.23	12.7
湖南衡阳市农科所		衡C10	173.4	74.4	7.0	56.2	61.3.	1.1	194.9	20.1	4.20	7.6
湖南省作物所	ZQ301 科乐油 1号	长C03	186.0	116.8	5.9	46.8	73.5	1.6	171.9	24.2	3.9	12.1
湖南岳阳市农科所		岳C09	167.4	68.2	6.5	45.1	54.3	1.2	180.6	17.1	3.7	12.1
江西九江市农科所		九C07	141.4	59.6	6.0	49.9	66.8	1.3	166.2	20.1	4.04	10.6
江西宜春市农科院		春C08	188.6	103.0	6.4	53.7	59.9	1.1	220.0	22.1	3.80	14.9
中国农业科学院油料所		汉C01	166.6	87.0	5.7	52.9	71.7	1.4	157.8	23.8	3.28	14.4
平　均　值			175.60	91.68	6.16	52.20	68.66	1.22	176.79	21.29	3.91	12.24
湖北恩施州农科院		恩C05	178.3	99.4	5.8	41.8	80.8	0.5	180.7	20.0	4.1	12.9
湖北宜昌市农科所		宜C03	150.4	75.2	5.2	52.3	79.3	1.5	176.1	21.1	3.77	12.3
湖南衡阳市农科所		衡C11	164.2	77.8	7.2	50.2	56.1	1.1	200.3	19.1	3.60	7.7
湖南省作物所	ZQ302 98P37	长C04	172.3	89.3	6.0	48.3	79.8	1.7	262.4	18.6	3.2	13.6
湖南岳阳市农科所		岳C10	159.1	62.4	7.0	53.7	68.9	1.1	192.3	18.4	3.7	13.6
江西九江市农科所		九C08	143.4	66.1	11.0	46.1	66.5	1.4	191.5	17.3	4.24	10.9
江西宜春市农科院		春C09	172.8	78.6	6.9	55.3	76.5	1.4	290.6	20.8	3.65	15.4
中国农业科学院油料所		汉C02	151.5	66.9	5.1	57.5	83.6	1.5	138.1	19.7	3.46	11.4
平　均　值			161.50	76.97	6.77	50.65	73.94	1.28	204.00	19.38	3.71	12.23
湖北恩施州农科院		恩C06	180.5	98.5	4.6	51.7	62.2	0.8	175.3	15.3	4.7	13.9
湖北宜昌市农科所		宜C04	158.8	73.6	5.2	57.7	76.6	1.3	176.2	20.3	3.82	12.5
湖南衡阳市农科所		衡C12	172.1	60.1	7.8	55.1	57.3	1.0	219.2	20.0	4.20	8.0
湖南省作物所	ZQ303 两优 669*	长C05	182.7	104.5	5.8	46.3	69.7	1.5	224.2	17.7	3.8	12.0
湖南岳阳市农科所		岳C11	152.8	64.3	6.0	45.4	52.1	1.1	170.4	17.3	3.9	10.8
江西九江市农科所		九C09	144.9	73.8	5.6	47.0	65.2	1.4	186.2	19.6	4.54	11.2
江西宜春市农科院		春C10	176.0	82.2	7.0	57.7	69.7	1.2	356.3	20.2	3.90	19.7
中国农业科学院油料所		汉C03	157.5	69.0	5.5	59.8	69.7	1.2	150.1	17.5	3.62	10.1
平　均　值			165.66	78.29	5.94	52.59	65.31	1.20	207.24	18.51	4.06	12.27
湖北恩施州农科院		恩C07	179.5	112.0	4.9	48.0	56.1	0.9	140.9	18.7	4.8	10.9
湖北宜昌市农科所		宜C05	166.6	76.7	5.8	63.8	75.8	1.2	166.8	20.8	4.03	11.1
湖南衡阳市农科所		衡C01	173.7	70.3	7.7	66.5	68.3	1.0	210.3	22.1	3.70	6.6
湖南省作物所	ZQ304 中油杂 2号 （CK）	长C06	172.0	96.5	5.9	48.7	71.3	1.5	196.6	20.6	4.3	13.2
湖南岳阳市农科所		岳C12	155.4	66.4	5.7	46.0	50.0	1.1	164.5	18.5	3.7	11.6
江西九江市农科所		九C10	153.2	75.9	6.1	51.2	68.3	1.3	182.8	17.1	4.20	9.7
江西宜春市农科院		春C11	183.8	91.4	7.7	51.8	62.6	1.2	293.6	21.7	3.70	18.8
中国农业科学院油料所		汉C04	154.2	68.7	5.3	54.8	71.7	1.3	159.5	20.8	3.29	10.7
平　均　值			167.30	82.29	6.15	53.85	65.51	1.18	189.38	20.04	3.96	11.58

中游 C 组经济性状表（2）

试点单位	编号品种名	试点号	株高（cm）	分枝部位（cm）	有效分枝数（个）	主花序 有效长度（cm）	主花序 有效角果数	主花序 角果密度	单株有效角果数	每角粒数	千粒重（g）	单株产量（g）
湖北恩施州农科院		恩 C08	191.0	110.5	6.4	45.5	59.2	0.8	207.7	22.3	3.6	13.1
湖北宜昌市农科所		宜 C06	165.9	82.4	6.0	55.2	77.0	1.4	190.6	20.1	3.20	11.9
湖南衡阳市农科所		衡 C02	162.5	78.3	7.5	49.3	52.0	1.1	212..9	23.2	4.00	8.1
湖南省作物所		长 C07	191.1	108.0	7.8	44.6	69.8	1.6	260.9	21.6	3.6	16.6
湖南岳阳市农科所	ZQ305 GS50 *	岳 C01	163.2	76.9	6.1	49.3	58.2	1.2	184.0	17.0	3.7	13.5
江西九江市农科所		九 C11	153.7	79.8	5.8	46.3	59.1	1.3	169.4	21.7	4.28	10.8
江西宜春市农科院		春 C12	191.5	100.5	8.0	51.7	71.2	1.4	303.4	22.6	3.80	17.3
中国农业科学院油料所		汉 C05	152.0	79.5	5.5	47.6	63.7	1.3	137.3	20.6	3.14	10.5
平 均 值			171.36	89.49	6.64	48.69	63.78	1.26	207.61	21.13	3.65	12.72
湖北恩施州农科院		恩 C09	187.5	99.0	6.3	56.0	79.6	0.7	203.7	15.0	4.9	11.1
湖北宜昌市农科所		宜 C07	162.3	88.3	6.0	57.2	67.0	1.2	157.0	20.8	4.17	11.7
湖南衡阳市农科所		衡 C03	177.1	83.9	7.9	54.1	57.3	1.1	171.1	21.3	4.00	7.5
湖南省作物所		长 C08	185.7	99.0	7.7	44.3	64.7	1.4	282.2	19.8	3.8	15.6
湖南岳阳市农科所	ZQ306 大地 89	岳 C02	167.1	58.0	5.4	53.1	59.0	1.1	161.8	19.4	3.9	12.0
江西九江市农科所		九 C12	150.6	78.8	6.0	44.1	59.8	1.4	161.4	19.3	4.28	9.9
江西宜春市农科院		春 C01	170.1	81.1	6.8	57.3	71.7	1.3	270.0	24.5	3.50	13.4
中国农业科学院油料所		汉 C06	153.1	74.4	6.0	57.0	80.2	1.4	216.7	18.9	3.37	11.0
平 均 值			169.19	82.81	6.51	52.89	67.41	1.20	202.99	19.88	3.97	11.52
湖北恩施州农科院		恩 C10	183.8	98.4	4.9	56.5	69.6	0.8	242.0	28.3	5.1	13.1
湖北宜昌市农科所		宜 C08	157.7	79.9	5.2	51.3	73.5	1.4	166.1	20.9	4.32	12.4
湖南衡阳市农科所		衡 C04	170.6	70.3	7.0	51.1	52.2	1.0	199.2	22.4	4.30	7.8
湖南省作物所		长 C09	179.5	102.3	5.6	34.6	43.9	1.3	161.1	19.1	3.7	10.0
湖南岳阳市农科所	ZQ307 德齐 12	岳 C03	168.3	68.8	6.8	49.2	58.4	1.2	208.2	18.2	3.9	13.7
江西九江市农科所		九 C01	145.6	70.2	4.4	52.2	60.2	1.2	134.0	23.2	4.54	12.2
江西宜春市农科院		春 C02	172.5	75.8	6.5	57.8	70.7	1.2	318.0	20.8	4.45	16.9
中国农业科学院油料所		汉 C07	156.2	66.8	5.9	55.3	71.0	1.3	194.5	18.5	3.78	12.7
平 均 值			166.78	79.06	5.79	51.01	62.44	1.18	203.01	21.43	4.26	12.35
湖北恩施州农科院		恩 C11	203.5	118.5	7.7	49.5	72.6	0.7	240.3	22.7	4.6	11.5
湖北宜昌市农科所		宜 C09	175.2	90.0	6.8	54.1	74.3	1.4	177.7	22.4	3.64	11.6
湖南衡阳市农科所		衡 C05	164.4	91.0	7.1	48.6	51.2	1.1	187.3	22.5	3.20	7.0
湖南省作物所		长 C10	189.5	124.4	5.6	41.9	60.6	1.5	160.1	24.3	3.5	12.4
湖南岳阳市农科所	ZQ308 9M 049 *	岳 C04	168.5	62.3	7.1	57.6	68.8	1.2	214.2	16.1	3.8	14.0
江西九江市农科所		九 C02	157.8	76.0	6.5	51.4	60.7	1.2	168.0	20.7	3.72	9.2
江西宜春市农科院		春 C03	184.5	83.4	7.4	59.9	69.4	1.2	282.4	24.7	3.60	15.8
中国农业科学院油料所		汉 C08	160.4	75.9	6.5	54.1	74.7	1.4	229.1	18.4	3.01	11.7
平 均 值			175.48	90.19	6.83	52.14	66.54	1.20	207.38	21.48	3.62	11.65

中游 C 组经济性状表（3）

试点单位	编号品种名	试点号	株高（cm）	分枝部位（cm）	有效分枝数（个）	主花序			单株有效角果数	每角粒数	千粒重（g）	单株产量（g）
						有效长度（cm）	有效角果数	角果密度				
湖北恩施州农科院		恩 C12	198.5	118.3	5.8	50.0	84.2	0.6	211.5	22.7	3.9	13.1
湖北宜昌市农科所		宜 C10	171.4	85.5	5.9	56.3	73.2	1.3	189.4	23.5	3.29	12.0
湖南衡阳市农科所		衡 C06	156.3	84.2	7.2	45.3	48.3	1.1	198.3	21.0	3.30	7.2
湖南省作物所	ZQ309 秦优28	长 C11	181.4	108.9	5.3	51.5	78.1	1.5	167.9	23.8	3.1	9.2
湖南岳阳市农科所		岳 C05	170.0	56.7	6.7	57.0	70.1	1.2	209.6	15.8	3.8	13.5
江西九江市农科所		九 C03	157.3	86.3	5.6	46.6	65.9	1.4	162.1	22.4	4.24	10.5
江西宜春市农科院		春 C04	188.6	83.4	7.8	61.3	67.9	1.1	273.9	23.6	3.55	17.0
中国农业科学院油料所		汉 C09	168.8	78.1	6.9	58.3	80.6	1.4	211.5	22.4	2.86	14.1
平 均 值			174.04	87.68	6.40	53.29	71.04	1.20	202.95	21.90	3.50	12.08
湖北恩施州农科院		恩 C01	185.0	109.0	5.3	46.5	55.6	0.8	159.9	18.6	4.1	10.7
湖北宜昌市农科所		宜 C11	163.0	73.8	6.0	50.1	70.6	1.4	170.2	24.4	3.14	11.5
湖南衡阳市农科所		衡 C07	178.4	75.1	7.5	54.4	59.2	1.1	233.2	19.3	4.20	7.6
湖南省作物所	ZQ310 油982	长 C12	176.9	98.6	6.2	45.6	65.3	1.4	178.3	23.4	3.1	11.1
湖南岳阳市农科所		岳 C06	155.6	64.0	5.0	47.5	44.5	0.9	160.3	17.6	3.9	10.1
江西九江市农科所		九 C04	156.3	82.4	5.1	47.2	57.2	1.2	142.8	22.7	3.94	9.4
江西宜春市农科所		春 C05	185.9	86.7	7.1	55.6	67.9	1.2	234.0	20.5	3.95	13.5
中国农业科学院油料所		汉 C10	158.7	78.4	6.1	49.4	66.6	1.4	186.5	22.0	3.03	11.7
平 均 值			169.98	83.50	6.04	49.54	60.86	1.18	183.15	21.06	3.65	10.70
湖北恩施州农科院		恩 C02	196.0	122.5	7.1	43.5	71.0	0.6	244.3	20.7	3.5	13.4
湖北宜昌市农科所		宜 C12	167.7	82.9	7.1	55.8	71.5	1.3	188..4	25.1	3.54	12.3
湖南衡阳市农科所		衡 C08	165.9	76.5	7.6	49.3	54.0	1.1	227.8	19.5	3.50	8.0
湖南省作物所	ZQ311 7810	长 C01	171.0	92.1	9.1	35.1	68.5	2.0	334.2	21.1	3.1	20.0
湖南岳阳市农科所		岳 C07	165.7	72.1	6.6	43.2	56.6	1.3	178.9	16.3	3.8	11.8
江西九江市农科所		九 C05	146.3	80.8	5.7	39.5	58.7	1.5	160.3	22.2	4.16	10.0
江西宜春市农科院		春 C06	178.7	78.8	8.4	50.7	73.6	1.5	385.0	21.6	3.70	19.9
中国农业科学院油料所		汉 C11	154.5	72.6	7.5	44.5	71.0	1.6	240.7	19.5	2.86	12.9
平 均 值			168.23	84.79	7.38	45.20	65.61	1.36	253.03	20.75	3.52	13.54
湖北恩施州农科院		恩 C03	208.9	116.9	7.1	55.6	67.2	0.8	192.1	22.7	4.5	14.3
湖北宜昌市农科所		宜 C01	166.6	81.3	7.0	57.4	69.1	1.2	163.7	22.2	3.92	12.2
湖南衡阳市农科所		衡 C09	170.1	80.2	7.0	50.8	54.1	1.1	200.2	21.3	3.90	7.4
湖南省作物所	ZQ312 H29 J24 *	长 C02	182.1	111.0	5.8	46.8	67.1	1.4	174.3	23.6	3.6	11.4
湖南岳阳市农科所		岳 C08	167.0	68.4	4.9	51.0	46.7	0.9	148.3	18.1	3.7	9.8
江西九江市农科所		九 C06	157.9	83.5	6.4	46.2	62.5	1.4	161.9	21.8	4.46	12.4
江西宜春市农科院		春 C07	187.8	99.8	7.3	51.4	62.0	1.2	280.0	20.7	4.10	16.7
中国农业科学院油料所		汉 C12	155.0	74.8	5.3	55.9	67.7	1.2	163.4	19.5	3.29	10.4
平 均 值			174.43	89.49	6.35	51.89	62.05	1.15	185.49	21.24	3.93	11.82

中游 C 组生育期与抗性表（1）

区试单位	编号品种名称	试点号	播种期(月/日)	成熟期(月/日)	全生育期(天)	比对照(±天数)	苗期生长势	成熟一致性	耐旱、渍性(强、中、弱)	抗倒性(直、斜、倒)	抗寒性 冻害率(%)	抗寒性 冻害指数	菌核病 病害率(%)	菌核病 病害指数	病毒病 病害率(%)	病毒病 病害指数	不育株率(%)
湖北恩施州农科院	ZQ301 科乐油1号	恩C04	10/12	5/9	209	-4	强	齐	强	直	0	0	1	0	0	0	0
湖北宜昌市农科所		宜C02	9/26	5/11	227	1	强	齐	—	斜	0	0	2.2	1	0	0	1
湖南衡阳市农科所		衡C10	9/29	4/30	213	0	强	齐	强	直	0	0	2	1	0	0	0
湖南省作物所		长C03	9/28	5/1	215	0	强	齐	—	直	—	—	1	1	0	0	0
湖南岳阳市农科所		岳C09	10/1	5/8	219	4	强	齐	中	直	5	1.33	1.67	1.67	1	0.67	0
江西九江市农科所		九C07	10/6	5/11	217	1	强	齐	强	直	22.7	5.7	4.6	1.1	10.0	2.5	0
江西宜春市农科院		春C08	10/1	5/1	212	0	强	齐	强	直	8	2	2.75	1.59	—	—	0.43
中国农业科学院油料所		汉C01	9/25	5/3	220	-2	强	齐	强	直	0	0	0	0	0	0	1
平 均 值					216.5	0.0	强	齐	强-	强	5.10	1.29	1.90	0.92	1.57	0.45	0.30
湖北恩施州农科院	ZQ302 98P37	恩C05	10/12	5/8	208	-5	强	齐	强	直	0	0	2	0.5	0	0	0
湖北宜昌市农科所		宜C03	9/26	5/7	223	-3	中	齐	—	直	0	0	3.3	1.3	0	0	5.7
湖南衡阳市农科所		衡C11	9/29	4/30	213	0	强	齐	强	直	—	—	1	0.5	0	0	5
湖南省作物所		长C04	9/28	4/29	213	-2	强	齐	—	斜	0	0	4	3	1	1	14
湖南岳阳市农科所		岳C10	10/1	5/4	215	0	强	齐	强	直	0	0	0	0	0	0	0
江西九江市农科所		九C08	10/6	5/11	217	1	强	齐	强	直	22.7	5.7	4.6	2.3	0	0	0
江西宜春市农科院		春C09	10/1	4/29	210	-2	中	齐	强	直	12	3	3.62	2.46	—	—	0.14
中国农业科学院油料所		汉C02	9/25	5/2	219	-3	强	齐	强	斜	0	0	0	0	0	0	2
平 均 值					214.8	-1.8	强-	齐	强	强	4.96	1.24	2.31	1.25	0.14	0.14	3.36
湖北恩施州农科院	ZQ303 两优669*	恩C06	10/12	5/11	211	-2	中	齐	强	直	0	0	1	0.75	0	0	3
湖北宜昌市农科所		宜C04	9/26	5/8	224	-2	中	齐	—	斜	0	0	3.9	1.3	0	0	3
湖南衡阳市农科所		衡C12	9/29	4/30	213	0	强	齐	强	直	—	—	0.5	0.5	0	0	5
湖南省作物所		长C05	9/28	5/1	215	0	强	齐	—	斜	0	0	16	14	1	0.5	26
湖南岳阳市农科所		岳C11	10/1	5/3	214	-1	差	中	弱	直	4	2.67	2.67	1.33	2.67	1.67	3.33
江西九江市农科所		九C09	10/6	5/10	216	0	强	齐	强	斜	22.7	5.7	4.6	1.1	0	0	1
江西宜春市农科院		春C10	10/1	4/27	208	-4	强	齐	强	斜	8	2	2.6	2.06	—	—	1.01
中国农业科学院油料所		汉C03	9/25	5/3	220	-2	中+	齐	强	直	0	0	0	0	0	0	1
平 均 值					215.1	-1.4	中	齐-	强-	强-	4.96	1.48	3.84	2.63	0.52	0.31	4.79

中游 C 组生育期与抗性表（2）

区试单位	编号品种名称	试点号	播种期（月/日）	成熟期（月/日）	全生育期（天）	比对照（±天数）	苗期生长势	成熟一致性	耐旱渍性（强、中、弱）	抗倒性（直、斜、倒）	抗寒性 冻害率（%）	抗寒性 冻害指数	菌核病 病害率（%）	菌核病 病害指数	病毒病 病害率（%）	病毒病 病害指数	不育株率（%）
湖北恩施州农科院	ZQ304 中油杂2号（CK）	恩C07	10/12	5/13	213	0	强	齐	强	直	0	0	0	0	0	0	1
湖北宜昌市农科所		宜C05	9/26	5/10	226	0	强	中	—	直	0	0	2.2	0.6	0	0	6.3
湖南衡阳市农科所		衡C01	9/29	4/30	213	0	强	齐	强	直	0	0	1	0.5	0	0	3
湖南省作物所		长C06	9/28	5/1	215	0	强	齐	—	直	—	—	1	0.25	1	1	8
湖南岳阳市农科所		岳C12	10/1	5/4	215	0	强	齐	强	直	3	1.08	0.67	0.33	3	1.67	2.33
江西九江市农科所		九C10	10/6	5/10	216	0	强	齐	强	直	18.2	4.5	9.1	2.3	0	0	0
江西宜春市农科院		春C11	10/1	5/1	212	0	中	齐	中	直	8	2	1.59	1.3	—	—	0.28
中国农业科学院油料所		汉C04	9/25	5/5	222	0	中+	齐	强	直	0	0	0	—	0	0	1.5
平均值					214.8	-1.8	强-	齐-	强-	强-	3.01	0.75	2.27	0.80	0.00	0.00	2.90
湖北恩施州农科院	ZQ305 GS50*	恩C08	10/12	5/8	208	-5	强	齐	强	直	0	0	1	0.5	0	0	3
湖北宜昌市农科所		宜C06	9/26	5/8	224	-2	强	齐	—	斜	0	0	3.3	0.8	0	0	8
湖南衡阳市农科所		衡C02	9/29	4/30	213	0	强	齐	强	直	—	—	1	0.5	0	0	6
湖南省作物所		长C07	9/28	4/29	213	-2	强	齐	—	直	—	—	2	1	0	0	3
湖南岳阳市农科所		岳C01	10/1	5/4	215	0	强	齐	强	直	0	0	0	0	0	0	0.33
江西九江市农科所		九C11	10/6	5/7	213	-3	强	齐	强	直	9.1	2.3	9.1	2.3	0	0	1
江西宜春市农科院		春C12	10/1	4/30	211	-1	强	齐	强	斜	12	3	1.73	1.34	—	—	0.86
中国农业科学院油料所		汉C05	9/25	5/4	221	-1	强	齐	强	直	0	0	0	0	0	0	1
平均值					214.8	-1.8	强	齐	强	强- 倒	3.01	0.75	2.27	0.80	0.00	0.00	2.90
湖北恩施州农科院	ZQ306 大地89	恩C09	10/12	5/11	211	-2	强	齐	强	直	0	0	0	0	0	0	0
湖北宜昌市农科所		宜C07	9/26	5/7	223	-3	强	齐	—	直	0	0	3.3	1.3	0	0	0.7
湖南衡阳市农科所		衡C03	9/29	4/29	212	-1	强	齐	强	直	—	—	2	1	0	0	2
湖南省作物所		长C08	9/28	5/1	215	0	强	齐	—	直	—	—	3	3	0	0	3
湖南岳阳市农科所		岳C02	10/1	5/4	215	0	中	齐	中	直	5	3.67	0.33	0.67	1.33	0.83	1.33
江西九江市农科所		九C12	10/6	5/10	216	0	强	齐	强	直	0	0	5.0	1.3	0	0	0
江西宜春市农科院		春C01	10/1	4/28	209	-3	强	齐	强	直	0	0	2.17	1.52	—	—	0.43
中国农业科学院油料所		汉C06	9/25	5/3	220	-2	强	齐	强	直	0	0	0	0	1	0.8	0.5
平均值					215.1	-1.4	强-	齐	强-	中+	0.71	0.52	1.98	1.09	0.33	0.23	1.00

中游 C 组生育期与抗性性表 (3)

区试单位	编号品种名称	试点号	播种期（月/日）	成熟期（月/日）	全生育期（天）	比对照（±天数）	苗期生长势	成熟一致性	耐旱渍性（强、中、弱）	抗倒性（直、斜、倒）	抗寒性 冻害率（%）	抗寒性 冻害指数	菌核病 病害率（%）	菌核病 病害指数	病毒病 病害率（%）	病毒病 病害指数	不育株率（%）
湖北恩施州农科院	ZQ307 德齐12	恩C10	10/12	5/6	206	-7	中	中	强	直	0	0	2	1	0	0	0
湖北宜昌市农科所		宜C08	9/26	5/6	222	-4	强	齐	—	斜	0	0	3.9	1	0	0	0.3
湖南衡阳市农科所		衡C04	9/29	4/26	209	-4	强	齐	强	斜	0	0	2	1	0	0	0
湖南省作物所		长C09	9/28	4/29	213	-2	强	齐	—	斜	—	—	5	3.5	0	0	0
湖南岳阳市农科所		岳C03	10/1	5/1	212	-3	强	齐	强	直	0	0	0	0	0	0	0.33
江西九江市农科所		九C01	10/6	5/9	215	-1	强	齐	强	直	13.6	3.4	9.1	2.3	0	0	0
江西宜春市农科院		春C02	10/1	4/27	208	-4	强	齐	强	斜	10	2.5	1.73	1.41	—	—	0
中国农业科学院油料所		汉C07	9/25	5/4	221	-1	强	齐	强	直	0	0	0	0	0	0	0
平均值					213.3	-3.3	强-	齐-	强	中+	3.37	0.84	2.97	1.27	0.00	0.00	0.08
湖北恩施州农科院	ZQ308 9M049*	恩C11	10/12	5/13	213	0	强	中	强	倒	0	0	0	0	0	0	0
湖北宜昌市农科所		宜C09	9/26	5/11	227	1	强	中	—	斜	0	0	2.2	1	0	0	0.3
湖南衡阳市农科所		衡C05	9/29	4/28	211	-2	强	齐	强	直	0	0	1	0.5	0	0	0
湖南省作物所		长C10	9/28	5/1	215	0	强	齐	—	斜	—	—	3	2.75	0	0	0
湖南岳阳市农科所		岳C04	10/1	5/4	215	0	强	齐	强	直	0	0	0	0	0	0	2.22
江西九江市农科所		九C02	10/6	5/12	218	2	强	中	强	直	18.2	4.5	4.6	1.1	0	0	0
江西宜春市农科院		春C03	10/1	4/29	210	-2	强	齐	强	斜	8	2	2.46	1.59	—	—	0
中国农业科学院油料所		汉C08	9/25	5/3	220	-2	强	齐	中-	直	0	0	2	2	1	0.8	0
平均值					216.1	-0.4	强	中+	强-	中+	3.74	0.93	1.90	1.12	0.14	0.11	0.32
湖北恩施州农科院	ZQ309 秦优28	恩C12	10/12	5/14	214	1	强	齐	强	直	0	0	0	0	0	0	0
湖北宜昌市农科所		宜C10	9/26	5/8	224	-2	中	齐	—	直	0	0	2.8	1.5	0	0	1.3
湖南衡阳市农科所		衡C06	9/29	5/1	214	1	强	齐	强	直	0	0	1	0.5	0	0	3
湖南省作物所		长C11	9/28	4/29	213	-2	强	齐	—	直	—	—	0	0	1	0.25	4
湖南岳阳市农科所		岳C05	10/1	5/6	217	2	强	齐	强	直	0	0	0	0	0	0	0.67
江西九江市农科所		九C03	10/6	5/10	216	0	强	齐	强	直	27.3	6.8	4.6	1.1	0	0	0.14
江西宜春市农科院		春C04	10/1	5/1	212	0	强	齐	强	直	0	0	0.86	0.65	—	—	1
中国农业科学院油料所		汉C09	9/25	5/5	222	0	中	齐	中	直	0	0	0	0	0	0	0
平均值					216.5	0.0	强-	齐	强-	直	3.90	0.97	1.15	0.47	0.14	0.04	1.26

中游C组生育期与抗性表（4）

区试单位	编号品种名称	试点号	播种期(月/日)	成熟期(月/日)	全生育期(天)	比对照(±天数)	苗期生长势	成熟一致性	耐旱、渍性(强、中、弱)	抗倒性(直、斜、倒)	抗寒性 冻害率(%)	抗寒性 冻害指数	菌核病 病害率(%)	菌核病 病害指数	病毒病 病害率(%)	病毒病 病害指数	不育株率(%)
湖北恩施州农科院		恩C01	10/12	5/13	213	0	强	齐	强	斜	0	0	0	0	0	0	0
湖北宜昌市农科所		宜C11	9/26	5/9	225	-1	强	齐	—	倒	0	0	0.6	0.1	0	0	0
湖南衡阳市农科所		衡C07	9/29	5/2	215	2	强	齐	强	直	0	0	1	0.5	0	0	0
湖南省作物所	ZQ310 油982	长C12	9/28	5/1	215	0	强	齐	—	斜	—	—	4	4	0	0	6
湖南岳阳市农科所		岳C06	10/1	5/6	217	2	强	齐	强	直	4	1.08	0.67	1.33	1.33	0.83	0
江西九江市农科院		九C04	10/6	5/11	217	1	强	齐	强	斜	0	0	13.6	3.4	0	0	0
江西宜春市农科院		春C05	10/1	5/1	212	0	强	齐	强	直	12	3	2.46	1.81	—	—	1.44
中国农业科学院油料所		汉C10	9/25	5/5	222	0	中	中	中	倒	0	0	0	0	0	0	0
平均值					217.0	0.5	强-	强-	强-	中-	2.29	0.58	2.79	1.39	0.19	0.12	0.93
湖北恩施州农科院		恩C02	10/12	5/11	211	-2	强	齐	强	直	0	0	0	0	0	0	0
湖北宜昌市农科所		宜C12	9/26	5/9	225	-1	强	齐	—	斜	0	0	1.7	0.4	0	0	0
湖南衡阳市农科所		衡C08	9/29	5/1	214	1	强	齐	强	直	—	—	1	0.5	0	0	0
湖南省作物所	ZQ311 7810	长C01	9/28	4/29	213	-2	差	齐	—	斜	—	—	4	2.5	0	0	4
湖南岳阳市农科所		岳C07	10/1	5/4	215	0	强	齐	强	直	0	0	0	0	0	0	0
江西九江市农科院		九C05	10/6	5/8	214	-2	强	齐	强	直	9.1	2.3	9.1	2.3	0	0	0
江西宜春市农科院		春C06	10/1	4/30	211	-1	中	齐	强	斜	0	0	2.17	1.52	—	—	0
中国农业科学院油料所		汉C11	9/25	5/5	222	0	强	齐	强	直	0	0	1	0.5	0	0	0
平均值					215.6	-0.9	强-	齐	强	强-	1.30	0.32	2.37	0.96	0.00	0.00	0.50
湖北恩施州农科院		恩C03	10/12	5/14	214	1	强	齐	强	倒	0	0	0	0	0	0	0
湖北宜昌市农科所		宜C01	9/26	5/12	228	2	强	齐	—	直	0	0	1.1	0.3	0	0	1.3
湖南衡阳市农科所		衡C09	9/29	5/1	214	1	强	齐	强	直	—	—	2	1	0	0	2
湖南省作物所	ZQ312 H29 J24*	长C02	9/28	5/1	215	0	强	齐	—	斜	—	—	2	2	0	0	0
湖南岳阳市农科所		岳C08	10/1	5/4	215	0	差	中	强	斜	3	1.33	2.67	1.33	1.67	1.67	0
江西九江市农科院		九C06	10/6	5/13	219	3	强	齐	强	直	9.1	2.3	4.6	1.1	0	0	0
江西宜春市农科院		春C07	10/1	4/30	211	-1	强	齐	强	斜	6	1.5	2.31	1.52	—	—	0
中国农业科学院油料所		汉C12	9/25	5/5	222	0	强	齐	中-	斜	0	0	2	—	0	0	0.5
平均值					217.3	0.8	强-	齐-	强-	强-	2.58	0.73	1.83	0.91	0.24	0.24	0.48

2012—2013 年度国家冬油菜品种区域试验汇总报告（长江中游 D 组）

一、试验概况

（一）供试品种（系）

参试品种（系）包括对照共 13 个。

编号	品种名称	申报类型	芥酸（%）	硫苷（μmol/g）	含油量（%）	供 种 单 位
ZQ401	C1679 ＊	双低杂交	0.0	18.38	43.47	湖南省作物研究所
ZQ402	ZY200（常规）	常规双低	0.0	19.13	44.53	中国农业科学院油料作物研究所
ZQ403	华齐油 3 号	双低杂交	0.1	20.46	39.15	安徽华韵生物科技有限公司
ZQ404	华 2010-P64-7	双低杂交	0.4	17.61	47.70	华中农业大学
ZQ405	F1548	双低杂交	0.0	29.05	41.86	湖南省作物研究所
ZQ406	11611（常规）＊	常规双低	0.5	29.91	42.80	中国农业科学院油料作物研究所
ZQ407	T2159 ＊	双低杂交	0.1	29.64	42.56	天下农种业公司
ZQ408	CE5 ＊	双低杂交	0.6	26.50	45.02	谷神科技有限公司
ZQ409	11606（常规）	常规双低	0.0	21.99	43.66	中国农业科学院油料作物研究所
ZQ410	中油杂 2 号（CK）	双低杂交	0.0	17.73	40.31	中国农业科学院油料研究所
ZQ411	徽杂油 9 号	双低杂交	0.2	21.01	43.09	安徽徽商同创高科种业有限公司
ZQ412	卓信 012	双低杂交	0.3	22.17	43.38	贵州卓信农业科学研究所
ZQ413	12X26（常规）	常规双低	0.1	20.81	41.41	武汉中油阳光时代种业科技有限公司

注：（1）＊为参加两年区试品种（系）；（2）品质检测由农业部油料及制品质量监督检验测试中心检测，芥酸于 2012 年 8 月测播种前各育种单位参试品种的种子；硫苷、含油量于 2013 年 7 月测收获后各试点抽样的混合种子

（二）参试单位

组别	参试单位	参试地点	联系人
长江中游 D 组	中国农业科学院油料研究所	湖北省武汉市	罗莉霞
	湖北省襄阳市农科院	湖北省襄阳市	贺建文
	湖北荆楚种业	湖北省荆州市	周晓彬
	江西宜春市农科所	江西省宜春市	袁卫红
	江西省九江市农科所	江西省九江县	江满霞
	江西省农业科学院作物所	江西省南昌县	张建模
	湖南省作物所	湖南省长沙市	李 莓
	湖南省岳阳市农科所	湖南省岳阳市	李连汉
	湖南省衡阳市农科所	湖南省衡阳市	李小芳
	湖南省常德市农科所	湖南省常德市	罗晓玲

（三）试验设计及田间管理

各试点均按统一试验方案严格执行，采用随机区组排列，3 次重复，小区净面积为 20m² 。直播密

度在 2.3 万~2.7 万株。其观察记载、田间调查和室内考种均按实施方案进行，试验地前作有水稻、花生、大豆等作物，其土壤肥力中等偏上，栽培管理水平同当地大田生产或略高于当地生产，治虫不防病。底肥种类有菜籽饼肥、人畜粪、复合肥、氯化钾、钙镁磷肥、硼砂等，追肥以尿素为主。

（四）气候特点及其影响

长江中游区域秋季日照充足，土壤墒情好，大部分试点出苗整齐一致，苗期长势良好。初冬季节雨水适中，气温平稳，油菜生长发育稳健，除部分品系在少数试点 12 月上旬抽薹，12 月底多数品种。隆冬时节，多阴雨寡照，时有低温冰冻气候发生，油菜生长发育趋缓，但未发生冻害；春季气温回升快，各参试品种快速生长，薹期长势良好。花期以晴为主，气温偏高，并伴有零星降雨，开花结实正常，菌核病轻，部分试点后期干旱，迟熟品种顶部结实受到影响；荚果期气温适宜，阳光充足，雨水适宜，籽粒灌浆充分，有利于籽粒增重与产量形成。后期天气晴好，雨水少，有利于收获。

总体来说，本区油菜各生育阶段气候适宜，病害发生轻，结实率高，千粒重高，有利于产量形成，试验产量水平高于往年。

二、试验结果*

（一）产量结果

1. 方差分析表（试点效应固定）

变异来源	自由度	平方和	均方	F 值	概率（小于 0.05 显著）
试点内区组	14	2 942.75641	210.19689	1.84281	0.036
品　　种	12	28 061.83150	2 338.48596	20.50161	0.000
试　　点	6	105 850.37363	17 641.72894	154.66581	0.000
品种×试点	72	45 473.14907	631.57151	5.53702	0.000
误　　差	168	19 162.67328	114.06353		
总 变 异	272	201 490.78388			

试验总均值 = 192.069482600733

误差变异系数 CV（%）= 5.561

多重比较结果（LSD 法）　　LSD0 0.05 = 6.5260　　LSD0 0.01 = 8.6024

品　种	品种均值	比对照（%）	0.05 显著性	0.01 显著性
CE5 *	209.45250	11.71739	a	A
T2159 *	204.66680	9.16480	ab	AB
C1679 *	201.76360	7.61632	bc	ABC
徽杂油 9 号	200.70800	7.05330	bcd	BCD
卓信 012	195.49850	4.27465	cde	CDE
华齐油 3 号	194.81280	3.90891	def	CDE
F1548	192.93820	2.90904	efg	DEF
12X26（常规）	188.87630	0.74249	fgh	EFG
中油杂 2 号（CK）	187.48420	0.00000	ghi	EFG
11606（常规）	186.14140	-0.71624	hij	FG
11611（常规）*	181.11910	-3.39499	ij	GH
华 2010-P64-7	180.52710	-3.71079	j	GH
ZY200（常规）	172.91600	-7.77039	k	H

---

* 江西南昌、湖南岳阳、湖北荆州点报废，未纳入汇总

2. 品种稳定性分析（Shukla 稳定性方差）

变异来源	自由度	平方和	均方	F 值	概率（小于 0.05 显著）
区　组	14	2 943.17900	210.22710	1.84315	0.036
环　境	6	105 850.60000	17 641.76000	154.67300	0.000
品　种	12	28 062.05000	2 338.50400	20.50268	0.000
互　作	72	45 472.37000	631.56070	5.53717	0.000
误　差	168	19 161.82000	114.05850		
总 变 异	272	201 490.00000			

各品种 Shukla 方差及其显著性检验（F 测验）

品种	DF	Shukla 方差	F 值	概率	互作方差	品种均值	Shukla 变异系数（%）
C1679 *	6	38.50069	1.0127	0.419	0.4812	201.7636	3.0753
ZY200（常规）	6	270.54370	7.1159	0.000	232.5242	172.9160	9.5123
华齐油 3 号	6	200.88450	5.2837	0.000	162.8650	194.8128	7.2754
华 2010-P64-7	6	1 307.15000	34.3810	0.000	1269.1300	180.5271	20.0272
F1548	6	196.63260	5.1719	0.000	158.6132	192.9382	7.2679
11611（常规）*	6	64.02741	1.6841	0.128	26.0079	181.1191	4.4179
T2159 *	6	20.04792	0.5273	0.787	0.0000	204.6668	2.1877
CE5 *	6	342.77600	9.0158	0.000	304.7565	209.4525	8.8393
11606（常规）	6	34.11516	0.8973	0.498	0.0000	186.1414	3.1378
中油杂 2 号（CK）	6	57.81269	1.5206	0.174	19.7932	187.4842	4.0555
徽杂油 9 号	6	66.60187	1.7518	0.112	28.5824	200.7080	4.0661
卓信 012	6	64.31284	1.6916	0.126	26.2934	195.4985	4.1021
12X26（常规）	6	73.95760	1.9453	0.076	35.9381	188.8763	4.5532
误差	168	38.01949					

各品种 Shukla 方差同质性检验（Bartlett 测验）Prob. = 0.00000 极显著，不同质，各品种稳定性差异极显著。

各品种 Shukla 方差的多重比较（F 测验）

品种	Shukla 方差	0.05 显著性	0.01 显著性
华 2010-P64-7	1 307.15000	a	A
CE5 *	342.77600	ab	AB
ZY200（常规）	270.54370	bc	ABC
华齐油 3 号	200.88450	bcd	ABC
F1548	196.63260	bcd	ABC
12X26（常规）	73.95760	cde	BCD
徽杂油 9 号	66.60187	cde	BCD
卓信 012	64.31284	cde	BCD
11611（常规）*	64.02741	cde	BCD
中油杂 2 号（CK）	57.81269	de	BCD
C1679 *	38.50069	e	CD
11606（常规）	34.11516	e	CD
T2159 *	20.04792	e	D

（二）主要经济性状

各试点详细调查记载了油菜参试品种的主要经济性状、主要农艺性状和抗逆性，具体包括单株有效角果数、每角粒数、千粒重、单株产量、株高、有效分枝部位、分枝数、结荚密度、主花序有效长、主花序有效角、不育株率、生育期、菌核病（发病率、病情指数）、病毒病（发病率、病情指数）、抗寒性（受冻率、冻害指数）、苗期生长势和成熟期一致性、抗倒性等，详见各相关附表。主要产量构成情况如下。

1. 单株有效角果数

单株有效角果数平均幅度为 218.40～283.83 个。其中，F9631 最多，中油杂 2 号（CK）最少。

2. 每角粒数

每角粒数平均幅度为 17.13～21.43 粒。其中，同油杂 2 号最多，106047 最少，中油杂 2 号（CK）20.57 粒。

3. 千粒重

千粒重平均幅度为 3.27～3.74g。其中，同油杂 2 号，最低创杂油 5 号最高，中油杂 2 号（CK）3.48g。

（三）成熟期比较

在参试品种中，各品种生育期在 217.7～220.3 天，熟期相差不大。中油杂 2 号（CK）218.4 天。

（四）抗逆性比较

1. 菌核病

菌核病平均发病率幅度为 6.66%～12.64%，病情指数幅度为 4.22～8.12。中油杂 2 号（CK）发病率 9.78，病情指数 7.09；2011—2012 年分别为 1.47%、0.64。今年病害普遍比往年严重。

2. 病毒病

病毒病平均发病率幅度为 1.00%～2.29%，病情指数幅度为 0.57～0.54，发病率比往年重。中油杂 2 号（CK）发病率 1.43，病情指数 0.89；2011—2012 年为 0.36%，0.27。

（五）不育株率

参试品种不育株为 0.31%～3.61%。其中，对照中油杂 2 号不育株率为 3.60%，其余所有品种不育株率均低于 3.0%。

三、品种综述

因对照品种表现异常，本组试验采用试验产量均值、产油量均值作对照（简称对照），对试验结果进行数据处理和分析，以此为依据评价各参试品种。

1. CE5 *

谷神科技有限公司提供，试验编号 ZQ408。

该品种株高适中，生长势强，一致性较好，分枝性中等。7 个点试验全部试点增产，平均亩产 209.45kg，比对照增产 9.05%，达极显著水平，居试验首位，丰产性、稳产性好。平均产油量 94.30kg/亩，比对照增产 13.78%，7 个试点全部增产。株高 166.37cm，分枝数 6.64 个，生育期平均 218.3 天，与对照相当。单株有效角果数 217.93 个，每角粒数为 21.61 粒，千粒重为 3.79g，不育株率 2.91%。菌核病发病率为 2.40%，病情指数为 1.18，病毒病发病率 0.20%，病情指数为 0.20，菌核病鉴定结果为低抗，受冻率 6.72%，冻害指数 1.68，抗倒性强 -。芥酸含量 0.6%，硫苷含量 26.50μmol/g（饼），含油量 45.02%。

2011—2012 年度国家（长江中游区 A 组、试验编号 QZ113）区试中，10 个点试验 9 个点增产，1 个点减产，平均亩产 152.39kg，比对照增产 6.81%，增产极显著，居试验第 5 位。平均产油量 67.24kg/亩，比对照增产 9.79%，10 个试点 9 个点增产，1 个点减产。株高 185.9cm，分枝数 7.10 个，生育期平均 222.6 天，比对照迟熟 1 天。单株有效角果数为 245.71 个，每角粒数 20.89 粒，千粒重 3.65g，不育株率 0.47%。菌核病、病毒病发病率分别为 6.82%、0.98%，病情指数分别为 4.46、0.55，菌核病鉴定结果为低感，受冻率 16.67%，冻害指数 3.95，抗倒性强 −。芥酸含量 1.0%，硫苷含量 29.66μmol/g（饼），含油量 44.12%。

综合 2011—2013 两年试验结果，共 17 个试验点，16 个点增产，1 个点减产，平均亩产 180.92kg，比对照增产 7.93%。单株有效角果数 231.82 个，每角粒数为 21.25 粒，千粒重 3.72g。菌核病发病率 4.61%，病情指数为 2.82，病毒病发病率 0.59%，病情指数为 0.38，菌核病鉴定结果为低感，抗倒性强 −，不育株率平均为 1.59%。含油量平均为 44.57%，2 年芥酸含量分别为 0.6% 和 1.0%，硫苷含量分别为 26.50μmol/g（饼）和 29.66μmol/g（饼）。两年平均产油量 80.77kg/亩，比对照增加 11.78%，17 个点全部增产。

主要优缺点：丰产性好，产油量高，品质达双低标准，抗倒性较强，低感菌核病，熟期适中。

结论：各项试验指标达标，建议申报品种审定。

2. T2159

天下农种业提供，试验编号 ZQ407。

该品种株高适中，生长势较好，一致性较好，分枝性中等。7 个点试验全部增产，平均亩产 204.67kg，比对照增产 6.56%，达极显著水平，居试验第 2 位，丰产性、稳产性好。平均产油量 87.11kg/亩，比对照增产 5.10%，6 个点增产，1 个点减产。株高 161.86cm，分枝数 6.50 个，全生育期平均 217.3 天，比对照早熟 1.0 天。单株有效角果数为 238.91 个，每角粒数 23.41 粒，千粒重 3.25g，不育株率 1.22%。菌核病、病毒病发病率分别为 7.59%、0.20%，病情指数分别为 4.56、0.20，菌核病鉴定结果为低感，受冻率 5.42%，冻害指数 1.35，抗倒性强。芥酸含量 0.1%，硫苷含量 29.64μmol/g（饼），含油量 42.56%。

2011—2012 年度国家冬油菜（长江中游区 A 组、试验编号 QZ101）区试中：10 个点试验 7 个点增产，3 个点减产，平均亩产 150.26kg，比对照增产 5.31%，增产极显著，居试验第 6 位。平均产油量 61.76kg/亩，比对照增产 0.84%，10 个试点 6 点增产，4 个点减产。株高 179.20cm，分枝数 6.27 个，生育期平均 222.1 天，比对照迟 0.5 天。单株有效角果数 220.25 个，每角粒数 22.50 粒，千粒重 3.30g，不育株率 0.80%。菌核病、病毒病发病率分别为 13.37%、0.62%，病情指数分别为 10.08、0.36，菌核病鉴定结果为低感，受冻率 17.50%，冻害指数 4.53，抗倒性强。芥酸含量 0.1%，硫苷含量 20.12μmol/g（饼），含油量 41.10%。

综合 2011—2013 两年试验结果：共 17 个试验点，14 个点增产，3 个点减产，平均亩产 177.46kg，比对照增产 5.94%。单株有效角果数 229.58 个，每角粒数为 22.96 粒，千粒重 3.28g。菌核病发病率 10.48%，病情指数为 7.32，病毒病发病率 0.41%，病情指数为 0.28，菌核病鉴定结果为中感，抗倒性强，不育株率平均为 1.59%。含油量平均为 41.83%，2 年芥酸含量分别为 0.1% 和 0.1%，硫苷含量分别为 29.64μmol/g（饼）和 20.12μmol/g（饼）。两年平均产油量 74.43kg/亩，比对照增加 2.97%，11 个点增产，6 个点减产。

主要优缺点：丰产性好，产油量高，品质达双低标准，抗倒性强，抗病性一般，熟期适中。

结论：各项试验指标达标，进入生产试验。

3. C1679 *

湖南省作物研究所选育，试验编号 ZQ401。

该品种株型中等，生长势好，一致性较好，分枝性一般。7 点试验 6 个点增产，1 个点减产，平均亩产 201.76kg，比对照增产 5.05%，增产极显著，居试验第 3 位，丰产性、稳产性好。平均产油量 87.71kg/亩，比对照增产 5.83%，7 个试点全部增产。株高 161.95cm，分枝数 6.50 个，生育期平均 214.9 天，比对照早熟 3.4 天。单株有效角果数为 223.66 个，每角粒数 20.37，千粒重 3.91g，不育株率 5.08%。菌核病、病毒病发病率分别为 3.61%、0.00%，病情指数分别为 1.87、0.00，菌核病鉴定结果为低感，受冻率 6.44%，冻害指数 1.61，抗倒性强 −。芥酸含量 0.0，硫苷含量

18.38μmol/g（饼），含油量43.47%。

2011—2012年度国家冬油菜（长江中游区C组、试验编号QZ313）区试中：10个点试验9个点增产，1个点减产，平均亩产160.96kg，比对照增产7.60%，达极显著水平，居试验第2位，丰产性、稳产性好。平均产油量65.76kg/亩，比对照增产9.00%，10个试点中，7个点增产，3个点减产。株高173.43cm，分枝数6.92个，生育期平均219.4天，比对照早熟1.4天。单株有效角果数为305.72个，每角粒数19.07粒，千粒重3.70g，不育株率5.08%。菌核病、病毒病发病率分别为12.73%、1.61%，病情指数分别为9.91、1.09，菌核病鉴定结果为中感，受冻率0.0，冻害指数0.0，抗倒性强－。0.0芥酸，硫苷含量16.26μmol/g（饼），含油量40.86%。

综合2011—2013两年试验结果：共17个试验点，15个点增产，2个点减产，平均亩产181.36kg，比对照增产6.32%。单株有效角果数264.69个，每角粒数为19.72粒，千粒重为3.81g。菌核病发病率8.17%，病情指数为5.89，病毒病发病率0.81%，病情指数为0.55，菌核病鉴定结果为低感，抗倒性强，不育株率平均为1.59%。含油量平均为42.16%，2年芥酸含量分别为0.0和0.0，硫苷含量分别为18.38μmol/g（饼）和16.26μmol/g（饼）。两年平均产油量76.73kg/亩，比对照增加7.41%，16个点增产，1个点减产。

主要优缺点：丰产性好，稳产性好，产油量高，品质达双低标准，抗倒性较强，抗病性一般，熟期适中。

结论：各项试验指标达标，各项试验指标达国家品种审定标准。

4. 徽杂油9号

安徽徽商同创高科种业有限公司提供，试验编号ZQ411。

该品种株型中等，生长势较好，一致性较好，分枝性一般。7个点试验6个点增产，1个点减产，平均亩产200.71kg，比对照增产4.50%，增产极显著，居试验第4位。平均产油量86.49kg/亩，比对照增产4.35%，6个点增产，1个减产。株高171.43cm，分枝数5.74个，生育期平均215.6天，比对照早熟2.7天。单株有效角果数为197.71个，每角粒数21.76，千粒重3.91g，不育株率1.82%。菌核病、病毒病发病率分别为2.97%、0.00%，病情指数分别为1.01、0.00，菌核病鉴定结果为低抗，受冻率3.20%，冻害指数0.80，抗倒性强－。芥酸含量0.2%，硫苷含量21.01μmol/g（饼），含油量43.09%。

主要优缺点：丰产性较好，产油量较高，品质达双低标准，抗倒性较强，抗病性较好，熟期适中。

结论：各项试验指标达标，继续试验。

5. 卓信012

贵州卓信农业科学研究所提供，试验编号ZQ412。

该品种株高较矮，生长势较好，一致性好，分枝性一般。7个点试验5个点增产，2个点减产，平均亩产195.50kg，比对照增产1.79%，增产不显著，居试验第5位。平均产油量88.72kg/亩，比对照增产7.05%，7个试点全部增产。株高159.67cm，分枝数5.95个，生育期平均218.7天，比对照迟熟0.4天。单株有效角果数为184.16个，每角粒数22.43粒，千粒重3.97g，不育株率2.06%。菌核病、病毒病发病率分别为5.27%、0.00%，病情指数分别为2.57、0.00，菌核病鉴定结果为低感，受冻率0.00%，冻害指数0.00，抗倒性较强。芥酸含量0.3%，硫苷含量22.17μmol/g（饼），含油量45.38%。

主要优缺点：产油量高，丰产性一般，品质达双低标准，抗倒性较强，抗病性一般，熟期适中。

结论：产油量达标，继续试验，同步进入生产试验。

6. 华齐油3号

安徽华韵生物科技有限公司提供，试验编号ZQ403。

该品种株型中等，生长势一般，一致性较好，分枝性一般。7个点试验5个点增产，2个点减产，平均亩产 194.81kg，比对照增产 1.43%，居试验第 6 位。平均产油量 76.27kg/亩，比对照减产 7.97%，7 个试点全部减产。株高 166.31cm，分枝数 6.27 个，生育期平均 215.9 天，比对照早熟 2.4 天。单株有效角果数为 229.43 个，每角粒数 21.77 粒，千粒重 3.57g，不育株率 0.11%。菌核病、病毒病发病率分别为 4.27%、0.40%，病情指数分别为 2.18、0.25，菌核病鉴定结果为低感，受冻率 2.40%，冻害指数 0.60，抗倒性强。芥酸含量 0.1%，硫苷含量 20.46μmol/g（饼），含油量 39.15%。

主要优缺点：丰产性一般，产油量低，品质达双低标准，抗倒性强，抗病性中等，熟期适中。

结论：产量指标未达标，终止试验。

7. F1548

湖南省农业科学院作物所提供，试验编号 ZQ405。

该品种株型中等，生长势一般，一致性好，分枝性中等。7 个点试验 4 个点增产，3 个点减产，平均亩产 192.94kg，比对照增产 0.45%，增产不显著，居试验第 7 位。平均产油量 80.76kg/亩，比对照减产 2.55%，3 个点增产，4 个点减产。株高 161.04cm，分枝数 7.22 个，生育期平均 215.1 天，比对照早熟 3.1 天。单株有效角果数为 235.61 个，每角粒数 19.79 粒，千粒重 3.76g，不育株率 5.09%。菌核病、病毒病发病率分别为 3.24%、0.20%，病情指数分别为 1.85、0.05，菌核病鉴定结果为低抗，受冻率 2.00%，冻害指数 0.50，抗倒性中。芥酸含量 0.0，硫苷含量 29.05μmol/g（饼），含油量 41.86%。。

主要优缺点：丰产性一般，产油量较低，品质达双低标准，抗倒性中，抗病性较好，熟期适中。

结论：产量、产油量未达标，终止试验。

8. 12X26

常规双低油菜品种，武汉中油阳光时代种业科技有限公司选育，试验编号 ZQ413。

该品种植株较高，生长势较好，一致性好，分枝性中等。7 个点试验 4 个点增产，3 个点减产，平均亩产 188.88kg，比对照减产 1.66%，居试验第 8 位。平均产油量 78.21kg/亩，比对照减产 5.63%，2 个点增产，5 个点减产。株高 171.29cm，分枝数 6.76 个，生育期平均 218.0 天，比对照早熟 0.3 天。单株有效角果数为 217.51 个，每角粒数 20.57 粒，千粒重 3.61g，不育株率 0.42%。菌核病、病毒病发病率分别为 5.27%、0.60%，病情指数分为 2.50、0.20，菌核病鉴定结果为低感，受冻率 1.60%，冻害指数 0.40，抗倒性强 -。芥酸含量 0.1%，硫苷含量 28.81μmol/g（饼），含油量 41.41%。

主要优缺点：品质达双低标准，丰产性较好，产油量一般，抗倒性较强，抗病性一般，熟期适中。

结论：产量、产油量达标，继续试验。

9. 11606

常规双低油菜品种，中国农业科学院油料所提供，试验编号 ZQ409。

该品种植高适中，生长势较好，一致性较好，分枝性中等。7 个点试验 4 个点增产，3 个点减产，平均亩产 186.14kg，比对照增减产 3.09%，居试验第 9 位。平均产油量 81.27kg/亩，比对照减产 1.94%，4 个点增产，3 个点减产。株高 155.36cm，分枝数 6.14 个，生育期平均 219.1 天，比对照迟熟 0.9 天。单株有效角果数为 201.44 个，每角粒数 20.50 粒，千粒重 3.67g，不育株率 0.19%。菌核病、病毒病发病率分别为 2.43%、0.40%，病情指数分别为 1.57、0.20，菌核病鉴定为低抗，受冻率 9.45%，冻害指数 2.36，抗倒性较强。芥酸含量 0.0，硫苷含量 21.99μmol/g（饼），含油量 43.66%。

主要优缺点：产油量较高，丰产性一般，品质达双低标准，抗倒性较强，抗病性较好，熟期适中。

结论：产油量达标，继续试验。

10. 11611 *

常规双低油菜品种，中国农业科学院油料所提供，试验编号 ZQ406。

该品种植株较高，生长势中等，一致性较好，分枝性一般。7 个点试验 1 个点增产，6 个点减产，平均亩产 181.12kg，比对照减产 5.70%，减产极显著，居试验第 11 位。平均产油量 77.52kg/亩，比对照减产 6.46%，1 个点增产，6 个点减产。株高 173.13cm，分枝数 6.40 个，生育期平均 217.1 天，比对照早熟 1.1 天。单株有效角果数为 216.61 个，每角粒数 19.69 粒，千粒重 4.28g，不育株率 0.19%。菌核病、病毒病发病率分别为 2.57%、0.00%，病情指数分别为 1.91、0.00，菌核病鉴定结果为低感，受冻率 0.80%，冻害指数 0.47，抗倒性强 −。芥酸含量 0.5%，硫苷含量 29.91μmol/g（饼），含油量 42.80%。

2011—2012 年度国家冬油菜（长江中游区 C 组、试验编号 QZ311）区试中：10 个点试验 5 个点增产，5 个点减产，平均亩产 151.17kg，比对照增产 1.05%，不显著，居试验第 8 位。平均产油量 61.68kg/亩，比对照增产 2.23%，10 个试点中，7 个点增产，3 个点减产。株高 192.16cm，分枝数 7.10 个，生育期平均 221.6 天，比对照迟熟 0.8 天。单株有效角果数为 273.04 个，每角粒数 16.66 粒，千粒重 3.96g，不育株率 0.96%。菌核病、病毒病发病率分别为 10.56%、1.80%，病情指数分别为 6.98、0.88，菌核病鉴定结果为低感，受冻率 1.00%，冻害指数 0.25，抗倒性强 −。芥酸含量 0.0，硫苷含量 22.95μmol/g（饼），含油量 40.80%。

综合 2011—2013 两年试验结果：共 17 个试验点，6 个点增产，11 个点减产，平均亩产 166.15kg，比对照减产 2.32%。单株有效角果数 244.83 个，每角粒数为 18.18 粒，千粒重 4.12g。菌核病发病率 6.57%，病情指数为 4.45，病毒病发病率 0.90%，病情指数为 0.44，菌核病鉴定结果为低感，抗倒性强 −，不育株率平均为 1.76%。含油量平均为 41.80%，2 年芥酸含量分别为 0.5% 和 0.0，硫苷含量分别为 29.91μmol/g（饼）和 22.95μmol/g（饼）。两年平均产油量 69.60kg/亩，比对照减产 2.12%，8 个点增产，9 个点减产。

主要优缺点：丰产性一般，产油量一般，品质达双低标准，抗倒性较强，抗病性一般，熟期适中。

结论：产量、产油量指标未达标，完成试验。

11. 华 2010-P64-7

华中农业大学选育，试验编号 ZQ404。

该品种植株较高，生长势一般，一致性好，分枝性一般。7 个点试验 3 个点增产，4 个点减产，平均亩产 180.53kg，比对照减产 6.01%，极显著，居试验第 12 位。平均产油量 86.11kg/亩，比对照减产 3.90%，6 个点增产，1 个点减产。株高 170.49cm，分枝数 6.23 个，生育期平均 216.7 天，比对照早熟 1.6 天。单株有效角果数为 204.11 个，每角粒数 22.43 粒，千粒重 3.79g，不育株率 0.22%。菌核病、病毒病发病率分别为 6.98%、0.20%，病情指数分别为 4.01、0.10，菌核病鉴定结果为低感，受冻率 3.82%，冻害指数 0.95，抗倒性强 −。芥酸含量 0.4%，硫苷含量 17.61μmol/g（饼），含油量 47.70%。

主要优缺点：丰产性差，产油量低，品质达双低标准，抗倒性较强，抗病性一般，熟期适中。

结论：产量、产油量未达标，终止试验。

12. ZY200

常规双低油菜品种，中国农业科学院油料所提供，试验编号 ZQ402。

该品种株型适中，生长势一般，一致性好，分枝性中等。7 个点试验 1 个点增产，6 个点减产，平均亩产 172.92kg，比对照减产 9.97%，增产不显著，居试验第 7 位。平均产油量 77.00kg/亩，比对照减产 7.09%，9 个试点中，4 个点比对照增产，5 个点比对照减产。株高 167.69cm，分枝数 5.29 个，生育期平均 217.1 天，比对照早熟 1.6 天。单株有效角果数为 174.81 个，每角粒数 20.91 粒，千粒重 4.63g，不育株率 0.33%。菌核病、病毒病发病率分别为 5.28%、0.00%，病情指数分别为 3.19、0.00，菌核病鉴定结果为低感，受冻率 11.27%，冻害指数 2.82，抗倒性强。芥酸含量 0.0，硫苷含量 19.13μmol/g（饼），含油量 44.53%。

主要优缺点：品质达双低标准，丰产性差，产油量较低，抗倒性强，抗病性一般，熟期适中。

结论：产量、产油量未达标，终止试验。

2012—2013 年全国冬油菜品种区域试验（中游 D 组）原始产量表

试点	品种名	小区产量（kg）				试点	品种名	小区产量（kg）			
		Ⅰ	Ⅱ	Ⅲ	平均值			Ⅰ	Ⅱ	Ⅲ	平均值
湖北武汉	C1679 *	5.783	5.476	6.874	6.044	湖北襄阳	C1679 *	6.895	6.960	7.195	7.017
	ZY200（常规）	5.297	5.290	5.656	5.414		ZY200（常规）	5.195	5.060	4.985	5.080
	华齐油 3 号	4.834	5.288	5.485	5.202		华齐油 3 号	6.935	6.870	6.795	6.867
	华 2010 - P64 - 7	6.090	6.099	6.300	6.163		华 2010 - P64 - 7	6.240	6.390	6.505	6.378
	F1548	5.918	6.343	6.023	6.095		F1548	6.115	6.155	6.120	6.130
	11611（常规）*	5.410	5.860	5.760	5.677		11611（常规）*	5.715	5.680	6.105	5.833
	T2159 *	5.537	6.005	6.078	5.873		T2159 *	7.075	6.820	6.935	6.943
	CE5 *	6.536	6.241	6.533	6.437		CE5 *	8.210	7.905	8.350	8.155
	11606（常规）	5.897	5.886	5.336	5.706		11606（常规）	6.410	6.165	6.245	6.273
	中油杂 2 号（CK）	5.374	5.580	4.935	5.296		中油杂 2 号（CK）	6.695	6.545	6.325	6.522
	徽杂油 9 号	6.097	6.275	5.668	6.013		徽杂油 9 号	6.940	6.835	7.065	6.947
	卓信 012	6.048	5.529	6.024	5.867		卓信 012	6.350	6.295	6.260	6.302
	12X26（常规）	5.943	5.490	5.994	5.809		12X26（常规）	6.055	6.110	6.130	6.098
江西九江	C1679 *	5.709	5.952	5.667	5.776	湖南长沙	C1679 *	6.036	5.910	5.885	5.944
	ZY200（常规）	3.818	5.348	4.394	4.520		ZY200（常规）	5.383	4.430	5.345	5.053
	华齐油 3 号	5.539	6.173	5.643	5.785		华齐油 3 号	5.352	5.075	4.700	5.042
	华 2010 - P64 - 7	6.138	5.873	5.658	5.890		华 2010 - P64 - 7	5.289	4.440	5.010	4.913
	F1548	4.820	5.081	4.655	4.852		F1548	5.823	5.575	6.245	5.881
	11611（常规）*	5.441	4.377	5.028	4.949		11611（常规）*	5.196	4.650	4.667	4.838
	T2159 *	6.284	5.973	5.979	6.079		T2159 *	5.475	6.060	5.450	5.662
	CE5 *	6.396	5.459	5.681	5.845		CE5 *	5.903	5.620	4.965	5.496
	11606（常规）	5.492	5.098	4.426	5.005		11606（常规）	5.071	5.085	4.700	4.952
	中油杂 2 号（CK）	5.064	5.746	4.811	5.207		中油杂 2 号（CK）	5.371	5.470	5.335	5.392
	徽杂油 9 号	5.608	7.014	5.684	6.102		徽杂油 9 号	5.160	5.370	5.285	5.272
	卓信 012	5.589	5.735	5.895	5.740		卓信 012	5.681	6.130	6.045	5.952
	12X26（常规）	4.544	6.728	4.564	5.279		12X26（常规）	5.445	5.880	5.465	5.597
江西宜春	C1679 *	5.185	5.560	5.575	5.440	湖南衡阳	C1679 *	5.000	5.300	5.600	5.300
	ZY200（常规）	4.815	4.665	5.265	4.915		ZY200（常规）	5.000	4.780	5.120	4.967
	华齐油 3 号	5.365	5.675	5.520	5.520		华齐油 3 号	5.900	4.990	5.310	5.400
	华 2010 - P64 - 7	5.665	5.430	5.690	5.595		华 2010 - P64 - 7	2.210	2.530	2.620	2.453
	F1548	5.695	5.140	5.240	5.358		F1548	5.360	5.100	5.400	5.287
	11611（常规）*	5.480	5.155	5.070	5.235		11611（常规）*	5.100	5.000	4.860	4.987
	T2159 *	5.790	5.845	5.995	5.877		T2159 *	5.400	5.750	5.100	5.417
	CE5 *	5.410	5.730	5.955	5.698		CE5 *	5.000	4.980	5.620	5.200
	11606（常规）	5.815	5.380	5.085	5.427		11606（常规）	5.000	4.980	5.000	4.993
	中油杂 2 号（CK）	5.515	5.350	5.025	5.297		中油杂 2 号（CK）	5.110	5.200	5.250	5.187
	徽杂油 9 号	5.460	5.920	5.860	5.747		徽杂油 9 号	5.500	5.130	5.350	5.327
	卓信 012	5.920	5.075	5.215	5.403		卓信 012	5.560	4.700	4.900	5.053
	12X26（常规）	5.705	5.370	5.900	5.658		12X26（常规）	5.000	4.550	5.310	4.953

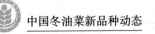

试点	品种名	小区产量（kg）				试点	品种名	小区产量（kg）			
		I	II	III	平均值			I	II	III	平均值
湖南常德	C1679 *	6.703	6.780	7.066	6.850	平均值	C1679 *				6.053
	ZY200（常规）	6.416	6.061	6.614	6.364		ZY200（常规）				5.187
	华齐油3号	6.967	7.089	7.227	7.094		华齐油3号				5.844
	华2010 – P64 – 7	6.681	6.322	6.552	6.518		华2010 – P64 – 7				5.416
	F1548	6.586	7.072	7.085	6.914		F1548				5.788
	11611（常规）*	6.305	6.482	6.764	6.517		11611（常规）*				5.434
	T2159 *	7.242	7.091	7.056	7.130		T2159 *				6.140
	CE5 *	7.075	7.219	7.167	7.154		CE5 *				6.284
	11606（常规）	6.342	6.828	7.028	6.733		11606（常规）				5.584
	中油杂2号（CK）	6.729	6.353	6.332	6.471		中油杂2号（CK）				5.625
	徽杂油9号	6.989	6.835	6.401	6.742		徽杂油9号				6.021
	卓信012	6.743	6.649	6.821	6.738		卓信012				5.865
	12X26（常规）	5.902	6.096	6.811	6.270		12X26（常规）				5.666

中游 D 组经济性状表（1）

区试单位	编号 品种名	株 高 （cm）	分枝部位 （cm）	有效分 枝数 （个）	主花序			单株有效 角果数	每角 粒数	千粒重 （g）	单株产量 （g）
					有效长度 （cm）	有效角 果数	角果 密度				
湖北襄阳市农科院		149.4	69.2	6.0	50.4	64.0	1.3	218.0	23.1	3.87	16.7
湖南常德市农科所		159.6	74.6	6.6	51.1	72.8	1.4	221.7	16.1	4.50	12.6
湖南衡阳市农科所		170.2	88.3	7.5	49.3	54.2	1.1	228.1	18.4	3.7	8.3
湖南省作物所	ZQ401 C1679 *	185.1	101.1	7.1	48.6	70.6	1.4	258.2	20.5	3.70	16.1
江西九江市农科所		132.3	63.1	4.7	46.7	56.9	1.2	141.1	23.4	4.20	9.8
江西宜春市农科院		183.1	97.1	6.5	52.8	66.2	1.3	261.1	21.6	4.10	18.1
中国农业科学院油料所		153.9	62.1	7.1	56.7	77.5	1.4	237.4	19.5	3.28	14.2
平　均　值		161.95	79.36	6.50	50.80	66.03	1.30	223.66	20.37	3.91	13.68
湖北襄阳市农科院		152.0	70.0	5.8	70.0	78.8	1.1	198.8	22.1	4.39	12.9
湖南常德市农科所		155.0	80.7	4.8	51.7	85.3	1.6	180.7	17.3	4.97	14.2
湖南衡阳市农科所		188.3	90.1	7.0	55.6	62.8	1.1	188.3	23.1	5.3	7.6
湖南省作物所	ZQ402 ZY200 （常规）	178.6	110.7	4.2	45.0	84.7	1.9	142.9	19.4	4.40	10.3
江西九江市农科所		138.8	73.6	4.7	46.5	63.4	1.4	119.7	21.6	5.00	8.2
江西宜春市农科院		181.9	90.8	6.4	60.3	84.2	1.4	223.3	23.7	3.55	14.4
中国农业科学院油料所		151.2	79.5	4.2	51.4	76.0	1.5	170.0	19.2	4.81	12.8
平　均　值		163.69	85.06	5.29	54.36	76.46	1.43	174.81	20.91	4.63	11.49
湖北襄阳市农科院		158.6	65.2	6.6	60.0	65.0	1.1	272.0	25.9	3.13	15.0
湖南常德市农科所		157.9	78.9	5.4	53.3	74.6	1.4	218.4	20.6	3.77	12.9
湖南衡阳市农科所		191.3	98.2	7.3	54.3	58.3	1.1	243.6	19.3	4.0	9.5
湖南省作物所	ZQ403 华齐油 3 号	177.0	105.5	6.5	41.4	61.3	1.5	224.8	19.4	3.35	13.2
江西九江市农科所		138.4	61.4	5.2	48.1	61.1	1.3	155.0	24.6	4.08	9.7
江西宜春市农科院		184.3	90.9	7.0	55.0	69.6	1.3	276.5	22.5	3.45	18.0
中国农业科学院油料所		156.6	70.0	5.9	60.9	77.9	1.3	215.7	20.1	3.23	11.2
平　均　值		166.30	81.44	6.27	53.29	66.86	1.28	229.43	21.77	3.57	12.79
湖北襄阳市农科院		159.2	69.8	7.2	48.4	60.0	1.2	253.0	26.9	3.62	16.3
湖南常德市农科所		166.9	89.3	6.1	49.3	69.2	1.4	211.9	19.1	3.95	10.9
湖南衡阳市农科所		180.4	76.7	6.7	47.1	35.0	0.7	197.5	22.1	4.1	7.1
湖南省作物所	ZQ404 华 2010- P64-7	195.1	120.3	6.8	43.9	67.0	1.5	264.8	22.7	3.55	15.9
江西九江市农科所		138.9	75.5	4.5	42.6	56.8	1.3	140.1	23.7	4.12	11.1
江西宜春市农科院		196.0	109.8	7.1	49.1	61.7	1.3	244.2	21.7	3.90	19.6
中国农业科学院油料所		156.9	86.4	5.2	48.8	60.8	1.3	117.3	20.8	3.28	11.0
平　均　值		170.49	89.69	6.23	47.03	58.64	1.25	204.11	22.43	3.79	13.12

中游 D 组经济性状表（2）

区试单位	编号品种名	株高（cm）	分枝部位（cm）	有效分枝数（个）	主花序有效长度（cm）	主花序有效角果数	角果密度	单株有效角果数	每角粒数	千粒重（g）	单株产量（g）
湖北襄阳市农科院		144.0	43.2	8.8	52.0	61.0	1.2	284.6	24.3	3.43	16.1
湖南常德市农科所		151.2	63.8	6.3	51.5	70.9	1.4	240.8	18.1	3.82	12.4
湖南衡阳市农科所		188.5	70.9	7.7	59.3	61.4	1.0	210.2	18.3	5.4	8.2
湖南省作物所	ZQ405 F1548	179.0	93.7	7.4	41.7	65.6	1.6	274.1	19.3	3.55	14.1
江西九江市农科所		127.3	56.6	5.3	43.2	53.1	1.2	149.9	19.1	3.80	7.4
江西宜春市农科院		183.6	81.9	7.9	46.0	67.5	1.5	290.3	20.9	3.45	12.1
中国农业科学院油料所		153.7	60.9	7.1	55.1	70.4	1.3	199.4	18.5	2.90	13.5
平 均 值		161.04	67.29	7.22	49.83	64.27	1.31	235.61	19.79	3.76	11.97
湖北襄阳市农科院		167.6	72.8	5.8	57.6	74.0	1.3	224.0	25.6	4.06	13.5
湖南常德市农科所		174.4	83.3	6.3	67.3	75.1	1.1	203.9	16.7	4.69	14.6
湖南衡阳市农科所		190.1	89.9	7.5	57.1	60.3	1.1	186.3	18.8	4.3	7.6
湖南省作物所	ZQ406 11611（常规）*	179.0	93.7	7.4	41.7	65.6	1.6	274.1	19.3	3.35	14.1
江西九江市农科所		134.8	67.3	4.2	47.3	55.2	1.2	124.3	20.0	4.84	7.8
江西宜春市农科院		194.9	94.8	6.3	63.0	71.7	1.1	237.8	20.5	4.50	13.7
中国农业科学院油料所		171.1	72.1	7.3	57.5	79.1	1.4	265.9	16.9	4.22	17.2
平 均 值		173.13	81.99	6.40	55.93	68.71	1.25	216.61	19.69	4.28	12.64
湖北襄阳市农科院		150.2	63.8	6.8	49.2	68.0	1.4	271.0	28.8	3.20	15.6
湖南常德市农科所		160.4	79.5	6.4	50.8	75.5	1.5	214.2	21.8	3.57	13.3
湖南衡阳市农科所		165.4	92.3	7.2	49.8	54.3	1.1	255.4	21.2	3.2	8.8
湖南省作物所	ZQ407 T2159 *	176.6	94.1	7.1	43.1	68.5	1.7	230.4	24.3	2.95	14.0
江西九江市农科所		141.1	73.8	4.9	45.2	66.4	1.5	177.9	22.0	3.54	10.9
江西宜春市农科院		181.7	90.4	7.2	46.4	63.7	1.4	357.3	23.6	3.55	22.0
中国农业科学院油料所		157.6	73.5	5.9	56.3	79.8	1.4	166.2	22.2	2.71	11.4
平 均 值		161.86	81.06	6.50	48.69	68.03	1.43	238.91	23.41	3.25	13.71
湖北襄阳市农科院		161.0	84.8	6.0	43.8	58.0	1.3	231.0	23.6	4.65	17.8
湖南常德市农科所		156.1	87.0	6.5	49.3	69.9	1.4	200.4	21.4	3.97	17.1
湖南衡阳市农科所		173.2	95.2	7.5	45.6	49.3	1.1	179.6	18.9	3.7	8.0
湖南省作物所	ZQ408 CE5 *	182.1	100.5	7.5	40.7	62.0	1.5	258.4	23.6	3.50	15.3
江西九江市农科所		143.1	78.7	5.7	39.8	54.8	1.4	180.8	22.1	4.00	9.2
江西宜春市农科院		184.5	107.7	6.6	43.9	60.9	1.4	271.0	21.6	3.65	21.6
中国农业科学院油料所		164.6	73.7	6.7	55.7	73.6	1.3	204.3	20.0	3.04	13.5
平 均 值		166.37	89.66	6.64	45.54	61.21	1.35	217.93	21.61	3.79	14.64

中游 D 组经济性状表（3）

区试单位	编号 品种名	株 高 （cm）	分枝部位 （cm）	有效分 枝数 （个）	主花序 有效长度 （cm）	主花序 有效角 果数	主花序 角果 密度	单株有效 角果数	每角 粒数	千粒重 （g）	单株产量 （g）
湖北襄阳市农科院		144.2	80.0	4.6	41.6	52.0	1.3	187.0	23.2	3.70	11.2
湖南常德市农科所		147.4	82.8	6.1	42.0	62.4	1.5	201.5	19.0	4.24	11.7
湖南衡阳市农科所		163.4	91.1	7.2	49.3	47.3	1.0	177.7	18.3	3.0	7.8
湖南省作物所	ZQ409 11606 （常规）	174.9	99.9	7.3	40.9	70.7	1.7	273.3	21.8	3.15	14.6
江西九江市农科所		128.1	72.5	5.0	35.8	53.2	1.5	133.6	21.6	4.44	8.1
江西宜春市农科院		175.9	87.5	7.1	50.3	62.4	1.2	243.8	21.0	3.90	17.1
中国农业科学院油料所		153.6	80.3	5.7	47.3	69.4	1.5	193.2	18.6	3.23	10.0
平 均 值		155.36	84.87	6.14	43.89	59.63	1.38	201.44	20.50	3.67	11.50
湖北襄阳市农科院		174.2	83.8	6.4	54.2	73.0	1.4	200.0	24.2	3.80	12.8
湖南常德市农科所		162.8	75.7	6.1	55.9	79.3	1.4	221.5	18.6	3.83	13.7
湖南衡阳市农科所		168.9	87.3	7.8	49.6	49.3	1.0	180.2	23.1	3.9	7.5
湖南省作物所	ZQ410 中油杂 2 号 （CK）	180.2	87.5	7.5	44.2	76.1	1.5	185.6	21.0	3.55	9.8
江西九江市农科所		140.4	67.8	5.0	49.0	69.8	1.4	151.7	18.9	4.30	9.8
江西宜春市农科院		180.8	90.2	7.0	52.9	62.4	1.2	227.1	21.9	4.00	14.0
中国农业科学院油料所		154.2	71.0	5.6	57.6	74.7	1.3	200.2	20.9	3.31	11.9
平 均 值		165.93	80.47	6.49	51.91	69.23	1.31	195.19	21.23	3.81	11.35
湖北襄阳市农科院		187.4	83.0	6.8	60.4	69.0	1.2	267.0	20.4	3.78	17.3
湖南常德市农科所		158.3	82.1	5.1	51.3	63.4	1.2	166.3	22.5	4.37	9.7
湖南衡阳市农科所		191.3	90.1	7.0	52.2	55.4	1.1	234.2	20.3	2.9	8.2
湖南省作物所	ZQ411 徽杂油 9 号	183.9	110.4	5.3	46.0	64.8	1.4	165.3	23.8	3.65	11.0
江西九江市农科所		135.5	68.4	4.6	44.6	54.5	1.2	161.1	22.1	4.62	11.2
江西宜春市农科院		189.6	104.2	6.5	46.5	60.6	1.3	287.3	22.0	4.45	20.9
中国农业科学院油料所		154.0	75.7	4.9	54.0	61.8	1.1	102.8	21.2	3.59	9.8
平 均 值		171.43	87.70	5.74	50.71	61.36	1.21	197.71	21.76	3.91	12.59
湖北襄阳市农科院		147.0	53.6	7.0	55.2	57.0	1.0	242.0	22.7	3.78	15.2
湖南常德市农科所		155.1	70.6	5.9	54.5	61.0	1.1	190.2	22.1	3.91	14.6
湖南衡阳市农科所		175.2	89.3	6.6	57.3	58.2	1.0	190.2	21.5	4.2	7.7
湖南省作物所	ZQ412 卓信 012	177.6	106.8	6.4	45.8	54.9	1.2	154.4	24.0	3.80	10.6
江西九江市农科所		136.1	69.0	4.2	43.5	48.1	1.1	120.9	22.2	4.68	8.3
江西宜春市农科院		176.4	89.8	6.6	54.0	58.4	1.1	217.6	22.6	4.00	16.6
中国农业科学院油料所		150.3	65.1	5.0	58.2	61.6	1.1	173.8	21.9	3.42	12.9
平 均 值		159.67	77.74	5.95	52.64	57.03	1.08	184.16	22.43	3.97	12.27

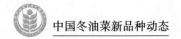

中游 D 组经济性状表（4）

| 区试单位 | 编号品种名 | 株高（cm） | 分枝部位（cm） | 有效分枝数（个） | 主花序 | | | 单株有效角果数 | 每角粒数 | 千粒重（g） | 单株产量（g） |
					有效长度（cm）	有效角果数	角果密度				
湖北襄阳市农科院		163.0	67.0	6.6	60.8	72.0	1.2	275.0	23.6	3.69	16.4
湖南常德市农科所		165.9	85.1	6.2	51.4	73.3	1.4	203.7	18.6	4.25	13.5
湖南衡阳市农科所		179.2	90.0	7.2	51.0	54.0	1.1	170.9	18.4	3.4	7.2
湖南省作物所	ZQ413 12X26（常规）	190.1	102.4	8.4	44.8	72.7	1.6	202.3	21.6	3.25	12.2
江西九江市农科所		145.0	65.4	5.4	49.2	59.7	1.2	159.0	21.8	4.10	8.4
江西宜春市农科院		192.3	101.4	7.5	52.6	82.1	1.6	295.8	20.8	3.35	19.9
中国农业科学院油料所		163.5	79.0	6.0	57.5	79.7	1.4	215.9	19.2	3.23	12.9
平 均 值		171.29	84.32	6.76	52.47	70.50	1.35	217.51	20.57	3.61	12.93

中游 D 组生育期与抗性表（1）

试点单位	编号品种名称	播种期(月/日)	成熟期(月/日)	全生育期(天)	比对照(±天数)	苗期生长势	成熟一致性	耐旱渍性(强,中,弱)	抗倒性(直,斜,倒)	抗寒性 冻害率(%)	抗寒性 冻害指数	菌核病 病害率(%)	菌核病 病害指数	病毒病 病害率(%)	病毒病 病害指数	不育株率(%)
湖北襄阳市农科院	ZQ401	10/5	5/16	223	0	中	齐	—	斜	—	—	7.97	4.53	—	—	—
湖南常德市农科所		9/23	5/5	224	-3	强	齐	强	直	0	0	5	1.5	0	0	8
湖南衡阳市农科所		10/1	4/25	206	-8	强	齐	强	斜	0	0	3	2.25	0	0	3
湖南省作物所		9/28	4/29	213	-2	强	齐	—	斜	—	—	0	0	0	0	2
江西九江市农科所	C1679*	10/9	5/7	210	-6	强	齐	强	直	18.18	4.54	4.55	1.13	0	0	2.22
江西宜春市农科院		10/1	4/27	208	-4	强	齐	强	斜	14.0	3.5	4.8	3.7	—	—	1.7
中国农业科学院油料所		9/25	5/3	220	-1	中	中	强	直	0	0	0	0	0	0	13.5
平　均　值				214.9	-3.4	强-	齐-	强-	强-	6.44	1.61	3.61	1.87	0.00	0.00	5.08
湖北襄阳市农科院	ZQ402	10/5	5/16	223	0	强	齐	—	斜	—	—	9.42	5.25	—	—	—
湖南常德市农科所	ZY200（常规）	9/23	5/7	226	-1	强	齐	强	直	0	0	5	3	0	0	2
湖南衡阳市农科所		10/1	4/27	208	-6	强	齐	强	直	0	0	10	8.5	0	0	0
湖南省作物所		9/28	4/29	213	-2	强	齐	—	直	—	—	2	2	0	0	0
江西九江市农科所		10/9	5/14	217	1	强	中	强	直	36.36	9.09	9.09	2.27	0	0	0
江西宜春市农科院		10/1	4/29	210	-2	中	中	强	直	20.0	5.0	1.44	1.3	0	0	0
中国农业科学院油料所		9/25	5/3	220	-1	中+	齐	强	直	0	0	0	0	0	0	0.33
平　均　值				216.7	-1.6	强-	齐-	强	强	11.27	2.82	5.28	3.19	0.00	0.00	0.33
湖北襄阳市农科院	ZQ403	10/5	5/14	221	-2	强	齐	—	直	—	—	13.04	6.52	—	—	—
湖南常德市农科所	华齐油3号	9/23	5/8	227	0	强	齐	强	直	0	0	4	1.25	0	0	0.66
湖南衡阳市农科所		10/1	4/30	211	-3	强	齐	强	直	0	0	3	2.5	0	0	0
湖南省作物所		9/28	4/29	213	-2	强	齐	—	直	—	—	3	2.3	2	1.3	0
江西九江市农科所		10/9	5/9	212	-4	强	齐	强	直	0	0	4.55	1.13	0	0	0
江西宜春市农科院		10/1	4/27	208	-4	强	齐	强	直	12	3	2.31	1.59	0	0	0
中国农业科学院油料所		9/25	5/2	219	-2	强	齐	强	直	0	0	0	0	0	0	0.0
平　均　值				215.9	-2.4	强	齐	强	强	2.40	0.60	4.27	2.18	0.40	0.25	0.11

中游 D 组生育期与抗性表（2）

试点单位	编号品种名称	播种期（月/日）	成熟期（月/日）	全生育期（天）	比对照（±天数）	苗期生长势	成熟一致性	耐旱遗传性（强、中、弱）	抗倒性（直、斜、倒）	抗寒性 冻害率（%）	抗寒性 冻害指数	菌核病 病害率（%）	菌核病 病害指数	病毒病 病害率（%）	病毒病 病害指数	不育株率（%）
湖北襄阳市农科院	ZQ404 华2010-P64-7	10/5	5/17	224	1	强	齐	—	斜	—	—	11.59	5.25	—	—	—
湖南常德市农科所		9/23	5/6	225	-2	强	齐	强	斜	0	0	11	6.25	0	0	1.33
湖南衡阳市农科所		10/1	5/2	213	-1	强	中	强	斜	0	0	6	4.5	0	0	0
湖南省作物所		9/28	4/29	213	-2	强	齐	—	斜	—	—	5	3.8	0	0.0	0
江西九江市农科所		10/9	5/10	213	-3	强	齐	强	直	9.09	2.27	9.09	3.4	0	0	0.00
江西宜春市农科所		10/1	4/27	208	-4	强	中	强	斜	10	2.5	4.2	2.89	1	0.5	0
中国农业科学院油料所		9/25	5/4	221	0	强	齐	强	直	0	0	2	2	0	—	0
平　均　值				216.7	-1.6	强-	齐-	强	强-	3.82	0.95	6.98	4.01	0.20	0.10	0.22
湖北襄阳市农科院	ZQ405 F1548	10/5	5/15	222	-1	中	中	—	斜	—	—	8.7	4.89	—	—	—
湖南常德市农科所		9/23	5/4	223	-4	强	齐	强	斜	0	0	12	6.5	0	0	12.66
湖南衡阳市农科所		10/1	4/28	209	-5	强	齐	强	斜	0	0	1	0.75	0	0	2
湖南省作物所		9/28	4/29	213	-2	强	齐	—	斜	—	—	0	0	1	0.3	3
江西九江市农科所		10/9	5/9	212	-4	强	齐	强	直	0	0	0	0	0	0	3.33
江西宜春市农科所		10/1	4/27	208	-4	强	齐	中	倒	10	2.5	1.01	0.83	0	—	0.57
中国农业科学院油料所		9/25	5/2	219	-2	中	齐	强	斜	0	0	0	0	0	0	9
平　均　值				215.1	-3.1	强-	齐-	强-	中	2.00	0.50	3.24	1.85	0.20	0.05	5.09
湖北襄阳市农科院	ZQ406 11611（常规）*	10/5	5/15	222	-1	强	齐	—	斜	—	—	9.42	8.15	—	—	—
湖南常德市农科所		9/23	5/7	226	-1	强	齐	强	直	0	0	4	1.75	0	0	0.66
湖南衡阳市农科所		10/1	4/30	211	-3	强	齐	强	斜	0	0	1	0.75	0	0	0
湖南省作物所		9/28	5/1	215	0	强	齐	—	斜	—	—	2	1.8	0	0	10
江西九江市农科所		10/9	5/12	215	-1	强	中	强	直	13.6	3.4	0	0	0	0	0
江西宜春市农科所		10/1	4/28	209	-3	强	中	强	直	8	2	1.59	0.97	0	—	0.28
中国农业科学院油料所		9/25	5/5	222	1	强	中	中+	直	0	0	0	0	0	0	4.5
平　均　值				217.1	-1.1	强	中	强-	强-	4.32	1.08	2.57	1.91	0.00	0.00	2.57

中游 D 组生育期与抗性性表（3）

试点单位	编号品种名称	播种期（月/日）	成熟期（月/日）	全生育期（天）	比对照（±天数）	苗期生长势	成熟一致性	耐旱、渍性（强、中、弱）	抗倒性（直、斜、倒）	抗寒性 冻害率（%）	抗寒性 冻害指数	菌核病 病害率（%）	菌核病 病害指数	病毒病 病害率（%）	病毒病 病害指数	不育株率（%）
湖北襄阳市农科院	ZQ407 T2159*	10/5	5/15	222	-1	中	齐	—	直	—	—	18.8	10.3	—	—	—
湖南常德市农科所		9/23	5/7	226	-1	强	齐	强	直	0	0	12	8	0	0	1.33
湖南衡阳市农科所		10/1	5/2	213	-1	强	齐	强	直	0	0	0	0	0	0	0
湖南省作物所		9/28	5/1	215	0	强	齐	—	直	—	—	8	8.0	1.0	1.0	6
江西九江市农科所		10/9	5/9	212	-4	强	齐	强	直	9.09	2.27	4.6	1.1	0	0	0.0
江西宜春市农科所		10/1	5/1	212	0	强	齐	强	直	18	4.5	1.73	0.94	—	—	0
中国农业科学院油料所		9/25	5/4	221	0	强	中	中	直	0	0	8	3.5	0	0	0
平 均 值				217.3	-1.0	强-	齐-	强-	强	5.42	1.35	7.59	4.56	0.20	0.20	1.22
湖北襄阳市农科院	ZQ408 CE5*	10/5	5/16	223	0	强	齐	—	直	—	—	7.25	3.26	—	—	—
湖南常德市农科所		9/23	5/8	227	0	强	齐	强	直	0	0	2	1.25	0	0	5.33
湖南衡阳市农科所		10/1	4/30	211	-3	强	齐	强	斜	0	0	0	0	0	0	0
湖南省作物所		9/28	5/1	215	0	强	齐	—	斜	—	—	2	2	1	1	12
江西九江市农科所		10/9	5/14	217	1	强	齐	强	直	13.6	3.4	4.55	1.13	0	0	0
江西宜春市农科所		10/1	5/1	212	0	强	齐	强	直	20.0	5.0	1.01	0.61	—	—	0.14
中国农业科学院油料所		9/25	5/6	223	2	强	中	强	直	0	0	0	0	0	0	0
平 均 值				218.3	0.0	强	齐-	强	强-	6.72	1.68	2.40	1.18	0.20	0.20	2.91
湖北襄阳市农科院	ZQ409 11606（常规）	10/5	5/16	223	0	中	中	—	斜	—	—	7.6	4.7	—	—	—
湖南常德市农科所		9/23	5/8	227	0	强	齐	强	直	0	0	4	1.25	0	0	0.66
湖南衡阳市农科所		10/1	5/3	214	0	强	齐	强	斜	0	0	0	0	0	0	0
湖南省作物所		9/28	5/3	217	2	强	齐	—	斜	—	—	5	4.8	2.0	1.0	0
江西九江市农科所		10/9	5/15	218	2	强	中	强	直	27.27	6.82	0	0	0	0	0
江西宜春市农科所		10/1	4/30	211	-1	中	中	强	直	20	5	0.4	0.3	0	0	0.5
中国农业科学院油料所		9/25	5/7	224	3	中+	齐	强	直	0	0	0	0	—	—	0
平 均 值				219.1	0.9	中+	中	强	强-	9.45	2.36	2.43	1.57	0.40	0.20	0.19

中游 D 组生育期与抗性表（4）

试点单位	编号品种名称	播种期(月/日)	成熟期(月/日)	全生育期(天)	比对照(±天数)	苗期生长势	成熟一致性	耐旱、渍性(强、中、弱)	抗倒性(直、斜、倒)	抗寒性 冻害率(%)	抗寒性 冻害指数	菌核病 病害率(%)	菌核病 病害指数	病毒病 病害率(%)	病毒病 病害指数	不育株率(%)
湖北襄阳市农科院	ZQ410 中油杂2号(CK)	10/5	5/16	223	0	中	齐	—	斜	—	—	9.42	4.89	—	—	—
湖南常德市农科所		9/23	5/8	227	0	强	齐	强	直	0	0	2	1.25	0	0	1.33
湖南衡阳市农科所		10/1	5/3	214	0	强	齐	强	直	0	0	6	4.5	0	0	5
湖南省作物所		9/28	5/1	215	0	强	齐	—	斜	—	—	4	4	1	0.8	20
江西九江市农科所		10/9	5/13	216	0	强	齐	强	直	0	0	4.55	1.13	0	0	1
江西宜春市农科院		10/1	5/1	212	0	强	齐	强	直	8	2	1.44	1.05	—	—	0
中国农业科学院油料所		9/25	5/4	221	0	中+	中	中-	直	0	0	9	4.5	0	0	2
平均值				218.3	0.0	强-	齐-	强-	强-	1.60	0.40	5.20	3.05	0.20	0.15	4.89
湖北襄阳市农科院	ZQ411 徽杂油9号	10/5	5/15	222	-1	强	齐	—	直	—	—	12.21	4.08	—	—	—
湖南常德市农科所		9/23	5/7	226	-1	强	齐	强	斜	0	0	7	2	0	0	2.66
湖南衡阳市农科所		10/1	4/30	211	-3	强	齐	强	斜	0	0	0	0	0	0	0
湖南省作物所		9/28	4/29	213	-2	强	齐	—	斜	—	—	0	0	0	0	8
江西九江市农科所		10/9	5/7	210	-6	强	齐	强	直	0	0	0	0	0	0	0
江西宜春市农科所		10/1	4/27	208	-4	强	齐	强	直	16.0	4.0	1.6	1.0	—	—	0.3
中国农业科学院油料所		9/25	5/2	219	-2	强	中	强	直	0	0	0	0	0	0	1.82
平均值				215.6	-2.7	强-	齐-	强-	强-	3.20	0.80	2.97	1.01	0.00	0.00	1.82
湖北襄阳市农科院	ZQ412 草信012	10/5	5/18	225	2	中	齐	—	直	—	—	7.25	3.62	—	—	—
湖南常德市农科所		9/23	5/7	226	-1	强	齐	强	直	0	0	7	4.75	0	0	2.66
湖南衡阳市农科所		10/1	5/1	212	-2	强	齐	强	直	0	0	4	3	0	0	2
湖南省作物所		9/28	5/1	215	0	强	齐	—	斜	—	—	4	1.3	0	0	6
江西九江市农科所		10/9	5/15	218	2	强	齐	强	直	27.27	6.82	13.6	4.54	0	0	0
江西宜春市农科所		10/1	5/1	212	0	强	齐	强	直	2.0	0.5	1.01	0.86	0	0	0.28
中国农业科学院油料所		9/25	5/6	223	2	中+	齐	强	直	—	—	4	1.3	0	0	2.5
平均值				218.7	0.4	强-	齐	强-	强	5.85	1.46	5.27	2.57	0.00	0.00	2.24

中游 D 组生育期与抗性表（5）

试点单位	编号品种名称	播种期（月/日）	成熟期（月/日）	全生育期（天）	比对照（±天数）	苗期生长势	成熟一致性	耐旱、渍性（强、中、弱）	抗倒性（直、斜、倒）	抗寒性 冻害率（%）	抗寒性 冻害指数	菌核病 病害率（%）	菌核病 病害指数	病毒病 病害率（%）	病毒病 病害指数	不育株率（%）
湖北襄阳市农科院		10/5	5/15	222	-1	中	齐	—	斜	—	—	7.25	3.44	—	—	—
湖南常德市农科所		9/23	5/8	227	0	强	齐	强	直	0	0	8	3.75	0	0	2
湖南衡阳市农科所		10/1	5/3	214	0	强	齐	强	直	0	0	0	0	0	0	0
湖南省作物所	ZQ413	9/28	4/29	213	-2	强	齐	—	斜	—	—	7	6.3	3	1	0
江西九江市农科所	12X26（常规）	10/9	5/13	216	0	强	中	强	直	0	0	13.6	3.4	0	0	0
江西宜春市农科院		10/1	4/30	211	-1	强	齐	强	直	8	2	1.01	0.68	—	—	0
中国农业科学院油料所		9/25	5/6	223	2	中	齐	强	直	0	0	0	0	0	0	0.5
平 均 值				218.0	-0.3	强-	齐-	强	强-	1.60	0.40	5.27	2.50	0.60	0.20	0.42

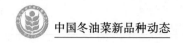

2012—2013 年度国家冬油菜品种区域试验汇总报告（长江下游 A 组）

一、试验概况

（一）供试品种（系）

参试品种（系）包括对照共 12 个。

编号	品种名称	申报类型	芥酸（%）	硫苷（μmol/g）	含油量（%）	供 种 单 位
XQ101	秦优 507	双低杂交	0.0	29.80	46.66	咸阳市农业科学研究院
XQ102	绿油 218	双低杂交	0.0	26.64	45.09	安徽绿雨种业股份有限公司
XQ103	徽豪油 12	双低杂交	0.0	25.95	45.22	安徽国豪农业科技有限公司
XQ104	黔杂 J1208	双低杂交	0.1	18.40	45.44	贵州省油料研究所
XQ105	沪油 039（常规）*	常规双低	0.0	20.85	45.30	上海市农业科学院作物栽培研究所
XQ106	秦优 10 号（CK）	双低杂交	0.0	26.59	46.13	咸阳市农业科学研究院
XQ107	9M050	双低杂交	0.0	24.30	45.69	江西省农业科学院作物研究所
XQ108	F1529	双低杂交	0.0	29.72	44.07	湖南省作物研究所
XQ109	中 11-ZY293 *	双低杂交	0.0	22.64	50.32	中国农业科学院油料作物研究所
XQ110	HQ355 *	双低杂交	0.0	20.22	44.29	江苏淮阴农科所
XQ111	F219（常规）	常规双低	0.0	23.47	47.76	合肥丰乐种业股份有限公司
XQ112	JH0901 *	双低杂交	0.2	21.36	44.42	荆州市晶华种业公司

注：（1）"＊"表示两年续试品种（系）；（2）品质检测由农业部油料及制品质量监督检验测试中心检测，芥酸于 2012 年 8 月测播种前各育种单位参试品种的种子；硫苷、含油量于 2013 年 7 月测收获后各试点抽样的混合种子

（二）参试单位

组别	参试单位	参试地点	联系人
长江下游 A 组	安徽省天禾农业科技研究所	安徽省合肥市	孔凡岩
	安徽省全椒县农科所	安徽省全椒县	丁必华
	安徽铜陵县农技中心	安徽省铜陵县	彭玉菊
	江苏省农业科学院经作所	江苏省南京市	张洁夫
	扬州地区农科所	江苏省扬州市	惠飞虎
	浙江省农科院作物所	浙江省杭州市	张冬青
	浙江嘉兴市农科院	浙江省嘉兴市	姚祥坦
	浙江湖州市农科院	浙江省湖州市	马善林
	上海市农业科学院作物所	上海市	王伟荣

（三）试验设计及田间管理

各试点均按统一试验方案严格执行，采用随机区组排列，3 次重复，小区净面积为 20m²。各试点种植密度为 1.5 万～2.0 万株，分别于 9/25～10/8 日播种。其观察记载、田间调查和室内考种均按实施方案进行。各点试验地前作有水稻、玉米等，其土壤肥力中等偏上，栽培管理水平同当地大田生产或略高于当地大田生产，治虫不防病。底肥种类有专用肥、复合肥、过磷酸钙、硼砂等，追肥以尿素为主。

（四）气候特点及其影响

本年度长江下游地区油菜播种期间普遍干旱少雨，天气晴好，气温较高，但由于各试点采取了喷灌、沟灌等有效措施，出苗均较整齐，生长普遍较好。冬前气温偏高，光照充足，有利于油菜的苗期生长与干物质积累。冬季低温来临早，冷空气活动频繁，多阴雨天气，气温低，持续时间长，但由于降温平稳，所以大部分试点冻害并不严重。但南京点越冬期出现罕见高温，最高温度达 15～20℃，较常年同期偏高，油菜生长迅速，长势普遍较旺，部分材料出现早薹。2 月中旬气温低至零下 7 度，部分材料冻害严重，花期经历 2 次低温，对油菜开花结实有不利影响，大部分品种主花序末端结实性较差。返青抽薹期，温度略低，生育进程稍有延迟，4 月初有倒春寒，多阴雨，导致花期延长，部分材料出现阴荚与分段结实现象。灌浆成熟期气候正常，天气以晴好，日照时间长，对油菜籽粒灌浆与产量形成非常有利，产量水平普遍较高。

二、试验结果

（一）产量结果 *

1. 方差分析表（试点效应固定）

变异来源	自由度	平方和	均方	F 值	概率（小于 0.05 显著）
变异来源	自由度	平方和	均方	F 值	概率（小于 0.05 显著）
试点内区组	14	2 664.18750	190.29911	3.45854	0.000
品 种	11	13 918.73016	1 265.33911	22.99656	0.000
试 点	6	221 507.30159	36 917.88360	670.95413	0.000
品种×试点	66	24 122.21288	365.48807	6.64246	0.000
误 差	154	8 473.53613	55.02296		
总 变 异	251	270 685.96825			

试验总均值 = 197.323056175595

误差变异系数 CV（%）= 3.759

多重比较结果（LSD 法）　　LSD0 0.05 = 4.5325　　LSD0 0.01 = 5.9747

品种	品种均值	比对照（%）	0.05 显著性	0.01 显著性
JH0901 *	210.78260	7.77865	a	A
绿油 218	208.32080	6.51982	ab	AB
徽豪油 12	204.75400	4.69607	bc	B
沪油 039（常规）*	202.46990	3.52813	c	BC

---

* 安徽合肥、铜陵点报废，未纳入汇总

品种	品种均值	比对照（%）	0.05 显著性	0.01 显著性
9M050	197.82070	1.15088	d	CD
秦优 10 号（CK）	195.56990	0.00000	de	DE
F1529	193.00010	−1.31403	ef	DEF
秦优 507	190.17470	−2.75873	fg	EF
黔杂 J1208	190.06680	−2.81392	fg	EF
HQ355 *	188.73660	−3.49406	fg	F
F219（常规）	188.43180	−3.64990	g	F

2. 品种稳定性分析（Shukla 稳定性方差）

变异来源	自由度	平方和	均方	F 值	概率（小于 0.05 显著）
区组	14	2 664.22200	190.30160	3.45794	0.000
环境	6	221 506.40000	36 917.74000	670.82680	0.000
品种	11	13 918.76000	1 265.34200	22.99234	0.000
互作	66	24 121.47000	365.47680	6.64103	0.000
误差	154	8 475.11100	55.03319		
总变异	251	270 686.00000			

各品种 Shukla 方差及其显著性检验（F 测验）

品种	DF	Shukla 方差	F 值	概率	互作方差	品种均值	Shukla 变异系数（%）
秦优 507	6	220.22200	12.0049	0.000	201.8776	190.1747	7.8033
绿油 218	6	35.12939	1.9150	0.082	16.7850	208.3207	2.8451
徽豪油 12	6	110.38710	6.0175	0.000	92.0427	204.7541	5.1313
黔杂 J1208	6	182.82390	9.9662	0.000	164.4795	190.0668	7.1139
沪油 039（常规）*	6	222.61540	12.1353	0.000	204.2710	202.4700	7.3691
秦优 10 号（CK）	6	205.23730	11.1880	0.000	186.8929	195.5699	7.3253
9M050	6	56.47940	3.0788	0.007	38.1350	197.8207	3.7990
F1529	6	55.20123	3.0092	0.008	36.8568	193.0001	3.8496
中 11-ZY293 *	6	31.91641	1.7398	0.115	13.5720	197.7493	2.8569
HQ355 *	6	8.30625	0.4528	0.842	0.0000	188.7366	1.5270
F219（常规）	6	191.40650	10.4341	0.000	173.0621	188.4319	7.3422
JH0901 *	6	142.69380	7.7786	0.000	124.3494	210.7826	5.6672
误差	154	18.34440					

各品种 Shukla 方差同质性检验（Bartlett 测验）Prob. = 0.01376 显著，不同质，各品种稳定性差异显著。

各品种 Shukla 方差的多重比较（F 测验）

品种	Shukla 方差	0.05 显著性	0.01 显著性
沪油 039（常规）*	222.61540	a	A
秦优 507	220.22200	a	A
秦优 10 号（CK）	205.23730	a	A

（续表）

品种	Shukla 方差	0.05 显著性	0.01 显著性
F219（常规）	191.40650	a	A
黔杂 J1208	182.82390	a	A
JH0901 *	142.69380	ab	A
徽豪油 12	110.38710	abc	A
9M050	56.47940	abc	AB
F1529	55.20123	abc	AB
绿油 218	35.12939	bcd	AB
中 11-ZY293 *	31.91641	cd	AB
HQ355 *	8.30625	d	B

（二）主要经济性状

各试点详细调查记载了油菜参试品种的主要经济性状、农艺性状和抗逆性，具体包括单株有效角果数、每角粒数、千粒重、单株产量、株高、有效分支部位、分枝数、结荚密度、主花序有效长、主花序有效角、不育株率、生育期、菌核病发生情况（发病率、病情指数）、病毒病发生情况（发病率、病情指数）、抗寒性（受冻率、冻害指数）、苗期生长势和成熟期一致性、抗倒性等，详见各相关附表。主要产量构成情况如下。

1. 单株有效角果数

单株有效角果数平均幅度为 294.3 ~ 390.07 个。其中，徽豪油 12 最多，对照秦优 10 最少，2011—2012 年为 308.13 个。

2. 每角粒数

每角粒数平均幅度 20.50 ~ 23.90 粒。其中，沪油 039 最少，对照秦优 10 最高，与 2011—2012 年的 23.20 相当。

3. 千粒重

千粒重平均幅度为 3.27 ~ 4.37g。其中，HQ355 最小，沪油 039 最大，对照秦优 10 号 3.34g。

（三）成熟期比较

在参试品种（系）中，各品种全生育期在 227.0 ~ 231.3 天之间，品种熟期极差 4.3 天。对照秦优 10（CK）全生育期 229.1 天，比 2011—2012 年的 225.5 天延长 3.6 天。

（四）抗逆性比较

1. 菌核病

菌核病平均发病率幅度 18.89% ~ 33.74%，病情指数幅度为 10.21 ~ 19.26。秦优 10 号（CK）发病率为 26.36，病情指数为 15.42，2011—2012 年发病率为 33.64，病情指数为 17.21，有所下降。

2. 病毒病

病毒病发病率平均幅度为 0.00% ~ 1.33%。病情指数幅度为 0.00 ~ 1.25。秦优 10 号（CK）发病率为 0.33%，病情指数为 0.33，2011—2012 年发病率为 5.46%，病情指数为 3.05。

（五）不育株率

变幅 0.53% ~ 3.54%，其中，F1529、JH0901 最高，其余品种均在 3% 以下。秦优 10 号（CK）1.26%。

三、品种综述

本组试验采用 CK 秦优 10 号为对照，根据对照品种表现，以试验产量与产油量均值为对照对数据进行处理分析和品种评价。

1. JH0901

荆州市晶华种业科技有限公司提供，试验编号 XQ112。

该品种植高适中，生长势强，一致性好，分枝性中等。7 个点试验，6 个点增产，1 个点减产，平均亩产 210.78kg，比对照 CK 增产 6.82%，增产极显著，居试验第 1 位。平均产油量 93.63kg/亩，比对照增产 3.40%，7 个试点 5 点增产，2 点减产。株高 160.01cm，分枝数 7.27 个，全生育期平均 228.0 天，比对照早熟 1.1 天。单株有效角果数为 355.69 个，每角粒数 23.47 粒，千粒重 3.89g，不育株率 3.54%。菌核病发病率 31.17%，病情指数 17.91%，病毒病发病率 0.67%，病情指数 0.42%，受冻率 43.95%，冻害指数 21.10，菌核病鉴定结果为低感，抗倒性强－。芥酸含量 0.2%，硫苷含量 21.36μmol/g（饼），含油量 44.42%。

2011—2012 年度国家冬油菜（长江下游组、试验编号 XQ204）区试中：8 个点试验 5 个点增产，3 个点减产，平均亩产 194.30kg，比对照增产 3.67%，增产显著，居试验第 4 位。平均产油量 80.91kg/亩，比对照增产 1.81%，8 个试点 4 个点增产，4 个点减产。株高 167.63cm，分枝数 8.07 个，全生育期平均 229.1 天，与对照相当。单株有效角果数为 339.55 个，每角粒数 23.24 粒，千粒重 3.52g，不育株率 8.14%。菌核病发病率 31.41%，病情指数 19.67%，病毒病发病率 10.61%，病情指数 5.82%，受冻率 53.67%，冻害指数 24.64，菌核病鉴定结果为低感，抗倒性强。芥酸含量 0.1%，硫苷含量 17.62μmol/g（饼），含油量 41.65%。

综合 2011—2013 两年试验结果：共 15 个试验点，11 个点增产，4 个点减产，两年平均亩产 202.54kg，比对照增产 5.24%。单株有效角果数 347.62 个，每角粒数 23.36 粒，千粒重 3.71g，菌核病发病率 31.29%，病情指数为 18.79，病毒病发病率 5.64%，病情指数 3.12，菌核病鉴定结果为低抗，抗倒性强，不育株率平均为 5.84%。含油量平均为 43.034%，2 年芥酸含量分别为 0.2% 和 0.1%，硫苷含量分别 21.36μmol/g（饼）和 17.62μmol/g（饼）。产油量两年平均为 87.27kg/亩，比对照增加 2.60%。

主要优缺点：品质达双低标准，丰产性好，产油量较高，抗倒性较强，抗病性中等，熟期适中。

结论：建议进入生产试验。

2. 绿油 218

安徽绿雨种业股份有限公司提供，试验编号 XQ102。

该品种植高适中，生长势较强，一致性较好，分枝性中等。7 个试验点全部增产。平均亩产 208.32kg，比对照增产 5.57%，增产极显著，居试验第 2 位。平均产油量 93.93kg/亩，比对照增产 3.73%，7 个试点 6 点增产，1 点减产。株高 162.76cm，分枝数 8.23 个，全生育期平均 228.4 天，比对照早熟 0.7 天。单株有效角果数 335.36 个，每角粒数为 23.23 粒，千粒重为 3.60g，不育株率 2.17%。菌核病发病率 22.13%，病情指数 13.50%，病毒病发病率 1.33%，病情指数 1.25%，受冻率 50.00%，冻害指数 22.22，菌核病鉴定结果为中抗，抗倒性强－。芥酸含量 0.0，硫苷含量 26.64μmol/g（饼），含油量 45.09%。

主要优缺点：品质达双低标准，丰产性较好，产油量较高，抗倒性较强，抗病性较好，熟期适中。

结论：继续试验。

3. 徽豪油 12

安徽国豪农业科技有限公司提供，试验编号 XQ103。

该品种株高适中，生长势较强，一致性好，分枝性中等。7 个试验点 6 个点增产，1 个点减产，平均亩产 204.75kg，比对照增产 3.77%，增产极显著，居试验第 3 位。平均产油量 93.20kg/亩，比对照增产 2.93%，7 个试点中，5 个点增产，2 个点减产。株高 152.76cm，分枝数 8.55 个，全生育期平均 227.0 天，比对照早熟 2.1 天。单株有效角果数为 390.07 个，每角粒数为 21.04 粒，千粒重 3.31g，不育株率 0.88%。菌核病发病率 25.09%，病情指数 12.86%，病毒病发病率 0.00%，病情指数 0.00%，受冻率 46.68%，冻害指数 19.73，菌核病鉴定结果为低抗，抗倒性强－。芥酸含量 0.0，硫苷含量 25.96μmol/g（饼），含油量 45.52%。

主要优缺点：品质达双低标准，丰产性较好，产油量一般，抗倒性较强，抗病性较强，熟期较早。

结论：继续试验。

4. 沪油 039（常规）＊

常规双低油菜品种，上海市农业科学院作物所提供，试验编号 XQ105。

该品种株高偏矮，生长势较强，一致性好，分枝性中等。7 个点试验 5 个点增产，2 个点减产，平均亩产 202.47kg，比对照增产 2.61%，增产不显著，居试验第 4 位。平均产油量 91.72kg/亩，比对照增产 1.29%，7 个点试验 5 个点增产，2 个点减产。株高 144.61cm，分枝数 7.25 个，全生育期平均 230.9 天，比对照迟熟 1.7 天。单株有效角果数为 311.64 个，每角粒数 20.50 粒，千粒重 4.37g，不育株率 0.69%。菌核病发病率 20.04%，病情指数 10.58%，病毒病发病率 0.00%，病情指数 0.00，受冻率 41.68%，冻害指数 19.73，菌核病鉴定结果为低感，抗倒性中＋。芥酸含量 0.0，硫苷含量 20.85μmol/g（饼），含油量 45.30%。

2011—2012 年度国家冬油菜（长江下游组，试验编号 XQ413）区试中：6 个点试验 4 个点增产，2 个点减产，平均亩产 184.03kg，比对照增产 3.15%，增产极显著，居试验第 2 位。平均产油量 79.91kg/亩，比对照增产 3.50%，6 个试点 4 个点增产，2 个点减产。株高 105.09cm，分枝数 7.96 个，全生育期平均 224.7 天，与对照相当。单株有效角果数 285.86 个，每角粒数为 24.00 粒，千粒重为 3.96g，不育株率 0.37%。菌核病发病率 32.11%，病情指数 18.14%，病毒病发病率 4.50%，病情指数 2.67%，受冻率 24.27%，冻害指数 8.63，菌核病鉴定结果为低感，抗倒性强。芥酸含量 0.0，硫苷含量 16.55μmol/g（饼），含油量 43.42%。

综合 2011—2013 两年试验结果：共 13 个试验点，9 个点增产，4 个点减产，两年平均亩产 193.25kg，比对照增产 2.88%。单株有效角果数 298.75 个，每角粒数 22.25 粒，千粒重 4.17g，菌核病发病率 25.58%，病情指数为 14.36，病毒病发病率 2.25%，病情指数 1.34，菌核病鉴定结果为低抗，抗倒性强－，不育株率平均为 0.53%。含油量平均为 44.36%，2 年芥酸含量分别为 0.0，和 0.0，硫苷含量分别 20.85μmol/g（饼）和 16.55μmol/g（饼）。产油量两年平均为 85.81kg/亩，比对照增加 2.39%。

主要优缺点：品质达双低标准，丰产性较好，产油量较高，抗倒性较强，抗病性中等，熟期适中。

结论：各项试验指标达标，各项试验指标达国家品种审定标准。

5. 9M050

江西省农业科学院作物研究所选育，试验编号 XQ107。

该品种株高适中，生长势一般，一致性较好，分枝性中等。7 个点试验 5 个点增产，2 个点减产，平均亩产 197.82kg，比对照增产 0.25%，居试验第 5 位。增产不显著，平均产油量 90.38kg/亩，比对照减产 0.19%，7 个点试验 5 个点增产，2 个点减产。株高 154.77cm，分枝数 6.75，全生育期平均 230.7 天，比对照迟熟 1.6 天。单株有效角果数为 326.01 个，每角粒数 22.40 粒，千粒重 4.15g，不育株率 0.64%。菌核病发病率 18.89%，病情指数 10.21，病毒病发病率 0.00%，病情指数 0.00，受冻率 40.00%，冻害指数 19.31，菌核病鉴定结果为低抗，抗倒性中＋。芥酸含量 0.0，硫苷含量 24.30μmol/g（饼），含油量 45.69%。

主要优缺点：丰产性一般，产油量一般，品质达双低标准，抗倒性中等，抗病性较好，熟期适中。

结论：产量、产油量指标未达标，终止试验。

6. 中 11-ZY293 *

中国农业科学院油料所选育，试验编号 XQ109。

该品种株高适中，生长势较强，一致性好，分枝性中等。7 个点试验 5 个点增产，2 个点减产，平均亩产 197.75kg，比对照增产 0.22%，不显著，居试验第 6 位。平均产油量 99.51kg/亩，比对照增产 9.89%，7 个试点全部增产。株高 156.73cm，分枝数 6.27 个，全生育期平均 231.3 天，比对照迟熟 2.1 天。单株有效角果数为 301.64 个，每角粒数 21.96 粒，千粒重为 4.13g，不育株率 1.55%。菌核病发病率 24.74%，病情指数 13.17，病毒病发病率 0.00%，病情指数 0.00，受冻率 44.18%，冻害指数 22.09，菌核病鉴定结果为低抗，抗倒性强。芥酸含量 0.0，硫苷含量 22.64μmol/g（饼），含油量 50.32%。国家粮食局西安油脂食品及饲料质量监督检验中心验证含油量检验结果：52.20%（干基）。

2011—2012 年度国家冬油菜（长江下游组，试验编号 XQ110）区试中：6 个点试验 3 个点增产，3 个点减产，平均亩产 192.94kg，比对照增产 0.31%，居试验第 5 位。平均产油量 95.63kg/亩，比对照增产 15.51%，6 个试验点全部比对照增产。株高 168.62cm，分枝数 6.86，全生育期平均 227.8 天，比对照迟熟 2.3 天。单株有效角果数为 253.68 个，每角粒数 22.64 粒，千粒重 4.05g，不育株率 0.00%。菌核病发病率 32.25%，病情指数 19.13，病毒病发病率 10.17%，病情指数 5.65，受冻率 49.80%，冻害指数 16.62，菌核病鉴定结果为低感，抗倒性强。芥酸含量 0.3%，硫苷含量 19.45μmol/g（饼），含油量 49.57%。

综合 2011—2013 两年试验结果：共 13 个试验点，8 个点增产，5 个点减产，两年平均亩产 195.35kg，比对照增产 0.27%。单株有效角果数 277.66 个，每角粒数 22.30 粒，千粒重 4.09g，菌核病发病率 28.50%，病情指数为 16.15，病毒病发病率 5.09%，病情指数 2.83，菌核病鉴定结果为低抗，抗倒性强，不育株率平均为 0.78%。含油量平均为 49.95%，2 年芥酸含量分别为 0.0，和 0.3%，硫苷含量分别 22.64μmol/g（饼）和 19.45μmol/g（饼）。产油量两年平均为 97.57kg/亩，比对照增加 12.70%，13 个试验点全部增产。

主要优缺点：品质达双低标准，丰产性较好，产油量高，抗倒性强，抗病性较好，熟期适中。

结论：高油双低品种，各项试验指标达标，各项试验指标达国家品种审定标准。

7. F1529

湖南省作物研究所选育，试验编号 XQ108。

该品种株高偏矮，生长势不强，一致性好，分枝性中等。7 个试验点 2 点增产，5 点减产，平均亩产 193.0kg，比对照减产 2.91%，不显著，居试验第 8 位。平均产油量 85.06kg/亩，比对照减产 6.07%，7 个试验点 1 点增产，6 点减产。株高 145.56cm，分枝数 7.92 个，全生育期平均 227.7 天，比对照早熟 1.4 天。单株有效角果数为 381.09 个，每角粒数 20.99 粒，千粒重 3.30g，不育株率 3.54%。菌核病发病率 33.74%，病情指数 19.26，病毒病发病率 0.33%，病情指数 0.25，受冻率 48.33%，冻害指数 24.16，菌核病鉴定结果为低感，抗倒性中 +。芥酸含量 0.0，硫苷含量 29.72μmol/g（饼），含油量 44.07%。

主要优缺点：丰产性较差，产油量低，品质达双低标准，抗倒性中等，抗病性一般，熟期较早。

结论：产量、产油量不达标，终止试验。

8. 秦优 507

咸阳市农业科学研究院选育，试验编号 XQ101。

该品种植株较高，生长势一般，一致性好，分枝性中等。7 个试验点 2 个点增产，5 个点减产，平均亩产 190.17kg，比对照减产 3.62，减产显著，居试验第 9 位。平均产油量 88.74kg/亩，比对照减产 2.01%，7 个试点中，3 个点增产，4 个点减产。株高 165.24cm，分枝数 6.92 个，全生育期平均 230.0 天，比对照迟熟 0.9 天。单株有效角果数为 345.41 个，每角粒数 22.16 粒，千粒重 3.36g，不育株率 1.70%。菌核病发病率 22.46%，病情指数 19.90，病毒病发病率 0.33%，病情指数 0.25，受冻率 47.50%，冻害指数 22.78，菌核病鉴定结果为低感，抗倒性强－。芥酸含量 0.0，硫苷含量 29.80μmol/g（饼），含油量 46.66%。

主要优缺点：品质达双低标准，丰产性较好，产油量较高，抗倒性较强，抗病性中等，熟期适中。

结论：产量、产油量未达标，终止试验。

9. 黔杂 J1208

贵州省油料所选育，试验编号 XQ104。

该品种植株较高，生长势较强，一致性好，分枝性中等。7 个点试验 2 个点增产，5 个点减产，平均亩产 190.07kg，比对照减产 3.68%，减产显著，居试验第 10 位。平均产油量 86.36kg/亩，比对照减产 4.62%，7 个试点中，2 个点增产，5 个点减产。株高 154.76cm，分枝数 7.32 个，全生育期平均 228.9 天，比对照早熟 0.3 天。单株有效角果数为 328.34 个，每角粒数 21.04 粒，千粒重 3.31g，不育株率 0.57%。菌核病发病率 30.90%，病情指数 18.74，病毒病发病率 0.33%，病情指数 0.17，受冻率 48.33%，冻害指数 26.12，菌核病鉴定结果为低感，抗倒性中＋。芥酸含量 0.1%，硫苷含量 18.40μmol/g（饼），含油量 45.44%。

主要优缺点：品质达双低标准，丰产性一般，产油量较高，抗倒性一般，抗病性中等，熟期适中。

结论：产量、产油量未达标，终止试验。

10. HQ355 ＊

江苏淮阴农科所选育，试验编号 XQ110。

该品种植株较高，生长势一般，一致性较好，分枝性中等。7 个试验点全部减产，平均亩产 188.74kg，比对照减产 4.35%，减产极显著，居试验第 11 位。平均产油量 83.59kg/亩，比对照减产 7.69%，7 个试点全部减产。株高 181.26cm，分枝数 6.48 个，全生育期平均 230.4 天，比对照迟熟 1.3 天。单株有效角果数为 328.50 个，每角粒数 24.10 粒，千粒重 3.27g，不育株率 1.32%。菌核病发病率 21.85%，病情指数 11.67，病毒病发病率 0.00%，病情指数 0.00，受冻率 44.18%，冻害指数 20.43，菌核病鉴定结果为低感，抗倒性强。芥酸含量 0.0，硫苷含量 20.22μmol/g（饼），含油量 44.29%。

2010—2011 年度国家（长江下游组）区试中：8 个点试验 5 个点增产，一个点平产，2 个点减产，平均亩产 170.52kg，比 CK 减产 0.92%不显著，居试验第 9 位。平均产油量 80.62kg/亩，比对照增产 9.97%，8 个试点中，6 个点比对照增产，2 个点比对照减产。株高 176.8cm，分枝数 7.42 个，全生育期平均 225.6 天，比对照早熟 2 天。单株有效角果数为 269.1 个，每角粒数 25.47 粒，千粒重 3.87g，不育株率 0.29%。菌核病、病毒病发病率分别为 15.10%、1.32%，病情指数分别为 5.95、0.89，受冻率 70.33%，冻害指数 29.17，菌核病鉴定结果为低感，抗倒性强。芥酸含量 0.0，硫苷含量 24.21μmol/g（饼），含油量 47.28%。

综合 2010—2013 两年试验结果：共 15 个试验点，6 个点增产，9 个点减产，两年平均亩产 179.63kg，比对照减产 2.64%。单株有效角果数 298.8 个，每角粒数 24.79 粒，千粒重 3.57g，菌核病发病率 18.48%，病情指数为 8.81，病毒病发病率 0.66%，病情指数 0.45，菌核病鉴定结果为低感，抗倒性强，不育株率平均为 0.81%。含油量平均为 45.69%，2 年芥酸含量分别为 0.0，和 0.0，硫苷含量分别 20.22μmol/g（饼）和 24.21μmol/g（饼）。产油量两年平均为 82.11kg/亩，比对照增产 1.15%，15 个试，点，8 点增产，7 点减产。

主要优缺点：品质达双低标准，丰产性较低，产油量一般，抗病性一般，抗倒性强，熟期适中。

结论：产量、产油量未达标，完成试验。

11. F219（常规）

合肥丰乐种业股份有限公司选育，试验编号 XQ111。

7 个点试验，2 个点增产，5 个点减产，平均亩产 188.43kg，比对照减产 4.51%，极显著，居试验第 12 位。平均产油量 89.99kg/亩，比对照减产 0.62%，7 个试验点中，5 个点增产，2 个点减产。株高 162.01cm.，分枝数 7.25 个，全生育期平均 229.0 天，与对照相当。单株有效角果数为 348.59 个，每角粒数 20.79 粒，千粒重 3.61g，不育株率 0.53%。菌核病发病率 30.65%，病情指数 17.31。病毒病发病率 0.00%，病情指数 0.00。受冻率 39.70%，冻害指数 18.48，菌核病鉴定结果为中感，抗倒性中 + 。芥酸含量 0.0，硫苷含量 23.47μmol/g（饼），含油量 47.76%。

主要优缺点：品质达双低标准，产油量较高，丰产性一般，抗病性较差，抗倒性一般，熟期适中。

结论：常规双低油菜品种，产油量达标，继续试验。

2012—2013 年全国冬油菜品种区域试验（下游 A 组）原始产量表

试点	品种名	小区产量（kg）				试点	品种名	小区产量（kg）			
		I	II	III	平均值			I	II	III	平均值
上海市农科院	秦优 507	4.004	3.486	3.693	3.728	江苏南京	秦优 507	5.820	5.515	5.965	5.767
	绿油 218	4.494	4.694	4.174	4.454		绿油 218	5.875	6.125	5.835	5.945
	徽豪油 12	5.014	4.705	4.969	4.896		徽豪油 12	5.865	5.705	5.595	5.722
	黔杂 J1208	3.555	4.223	3.830	3.869		黔杂 J1208	4.900	5.080	4.895	4.958
	沪油 039（常规）*	4.860	4.810	4.959	4.876		沪油 039（常规）*	5.440	6.070	5.760	5.757
	秦优 10 号（CK）	4.318	4.189	4.493	4.333		秦优 10 号（CK）	6.145	6.090	6.230	6.155
	9M050	4.372	4.601	4.462	4.478		9M050	5.380	5.355	5.135	5.290
	F1529	4.208	3.802	4.059	4.023		F1529	5.344	5.210	5.795	5.450
	中 11 – ZY293 *	3.915	4.434	4.170	4.173		中 11 – ZY293 *	5.480	5.950	5.805	5.745
	HQ355 *	3.648	4.173	4.035	3.952		HQ355 *	5.145	5.215	5.435	5.265
	F219（常规）	4.116	4.518	4.397	4.344		F219（常规）	5.240	5.565	5.315	5.373
	JH0901 *	4.289	3.907	4.479	4.225		JH0901 *	5.905	5.815	5.435	5.718
安徽全椒	秦优 507	6.267	6.429	6.583	6.426	浙江嘉兴	秦优 507	4.920	4.583	4.920	4.808
	绿油 218	6.624	6.450	6.733	6.602		绿油 218	5.299	5.189	5.425	5.304
	徽豪油 12	6.584	6.490	6.859	6.644		徽豪油 12	5.227	5.269	5.293	5.263
	黔杂 J1208	5.867	5.612	5.619	5.699		黔杂 J1208	5.486	5.589	5.406	5.494
	沪油 039（常规）*	6.470	6.542	6.632	6.548		沪油 039（常规）*	4.835	4.777	4.716	4.776
	秦优 10 号（CK）	6.422	6.324	6.176	6.307		秦优 10 号（CK）	5.231	5.234	5.322	5.262
	9M050	6.166	6.218	6.127	6.170		9M050	5.459	5.314	5.423	5.399
	F1529	5.841	5.715	5.584	5.713		F1529	5.376	5.406	5.355	5.379
	中 11 – ZY293 *	6.021	6.274	6.358	6.218		中 11-ZY293 *	5.304	5.486	5.450	5.413
	HQ355 *	5.874	6.229	5.967	6.023		HQ355 *	5.183	5.086	5.029	5.099
	F219（常规）	5.415	5.347	5.288	5.350		F219（常规）	5.053	5.086	4.937	5.025
	JH0901 *	6.827	6.748	6.687	6.754		JH0901 *	5.486	5.589	5.391	5.489
江苏扬州	秦优 507	6.700	6.110	7.405	6.738	浙江湖州	秦优 507	6.110	6.650	5.980	6.247
	绿油 218	6.635	6.775	7.110	6.840		绿油 218	7.700	7.530	7.690	7.640
	徽豪油 12	6.105	6.130	6.750	6.328		徽豪油 12	7.730	7.380	7.210	7.440
	黔杂 J1208	6.240	7.705	7.045	6.997		黔杂 J1208	6.410	6.880	7.120	6.803
	沪油 039（常规）*	7.270	7.040	7.620	7.310		沪油 039（常规）*	6.550	6.910	7.140	6.867
	秦优 10 号（CK）	6.420	6.040	6.270	6.243		秦优 10 号（CK）	6.400	6.670	6.170	6.413
	9M050	6.260	6.130	6.735	6.375		9M050	7.330	7.640	7.230	7.400
	F1529	6.415	6.055	6.940	6.470		F1529	7.230	7.460	7.130	7.273
	中 11 – ZY293 *	6.910	6.270	7.025	6.735		中 11 – ZY293 *	7.470	7.120	7.060	7.217
	HQ355 *	6.490	5.525	6.565	6.193		HQ355 *	6.850	7.010	6.670	6.843
	F219（常规）	5.750	6.030	6.235	6.005		F219（常规）	7.320	7.460	7.500	7.427
	JH0901 *	7.030	7.540	7.710	7.427		JH0901 *	8.060	8.150	7.760	7.990

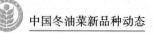

（续表）

试点	品种名	小区产量（kg）				试点	品种名	小区产量（kg）			
		I	II	III	平均值			I	II	III	平均值
浙江杭州	秦优 507	6.280	6.055	6.335	6.223	平均值	秦优 507				5.705
	绿油 218	7.225	6.615	7.045	6.962		绿油 218				6.250
	徽豪油 12	7.045	6.450	6.620	6.705		徽豪油 12				6.143
	黔杂 J1208	6.230	5.735	6.315	6.093		黔杂 J1208				5.702
	沪油 039（常规）*	6.395	6.315	6.445	6.385		沪油 039（常规）*				6.074
	秦优 10 号（CK）	6.190	6.570	6.305	6.355		秦优 10 号（CK）				5.867
	9M050	6.570	6.275	6.445	6.430		9M050				5.935
	F1529	6.025	6.030	6.610	6.222		F1529				5.790
	中 11-ZY293 *	5.880	5.960	6.240	6.027		中 11-ZY293 *				5.932
	HQ355 *	6.455	6.145	6.175	6.258		HQ355 *				5.662
	F219（常规）	5.890	5.980	6.270	6.047		F219（常规）				5.653
	JH0901 *	6.500	6.795	6.690	6.662		JH0901 *				6.323

下游 A 组经济性状表（1）

区试单位	编号品种名	株高（cm）	分枝部位（cm）	有效分枝数（个）	主花序			单株有效角果数	每角粒数	千粒重（g）	单株产量（g）
					有效长度（cm）	有效角果数	角果密度				
安徽全椒县农科所		154.9	61.7	6.1	55.4	58.3	1.1	182.2	19.5	3.4	11.6
江苏农业科学院经作所		160.6	46.0	8.6	72.8	75.4	1.0	243.0	24.0	3.5	15.0
江苏扬州市农科所		178.0	64.0	7.6	64.5	79.0	1.2	406.6	19.7	3.0	24.0
上海市农业科学院	XQ101 秦优 507	158.0	40.6	6.2	73.4	78.0	1.1	354.8	23.6	3.4	15.5
浙江湖州市农科院		181.0	—	—	79.0	76.0	1.0	401.0	19.6	3.5	27.6
浙江嘉兴市农科院		162.5	40.5	7.3	69.0	79.8	1.2	561.2	25.0	3.0	20.6
浙江农业科学院作核所		161.7	64.8	5.7	67.6	78.1	1.2	269.1	23.7	3.7	8.4
平　均　值		165.24	52.93	6.92	68.81	74.94	1.12	345.41	22.16	3.36	17.53
安徽全椒县农科所		155.1	58.2	8.2	47.0	52.9	1.3	212.0	20.5	3.39	13.5
江苏农业科学院经作所		163.4	48.8	10.0	60.2	64.6	1.1	251.6	24.3	3.75	21.0
江苏扬州市农科所		169.7	62.7	8.3	56.6	79.9	1.4	422.5	21.4	2.80	25.3
上海市农业科学院	XQ102 绿油 218	148.2	34.0	7.4	64.0	62.2	1.0	289.0	25.7	3.49	19.0
浙江湖州市农科院		184.0	—	—	74.0	88.0	1.2	438.0	21.7	3.99	37.9
浙江嘉兴市农科院		163.7	39.3	8.5	62.1	76.6	1.2	455.6	26.8	3.50	21.3
浙江农业科学院作核所		155.2	62.7	7.0	57.2	74.2	1.3	278.8	22.2	4.26	9.4
平　均　值		162.76	50.95	8.23	60.16	71.20	1.22	335.36	23.23	3.60	21.06
安徽全椒县农科所		143.8	48.0	6.6	57.9	64.9	1.1	237.6	18.8	3.42	13.8
江苏农业科学院经作所		157.6	40.8	11.0	63.4	76.2	1.2	357.6	17.3	3.52	23.0
江苏扬州市农科所		160.8	34.7	10.2	66.4	80.4	1.2	438.6	20.5	2.80	25.2
上海市农业科学院	XQ103 徽豪油 12	139.6	25.0	7.0	64.0	66.4	1.0	368.0	22.9	3.17	20.8
浙江湖州市农科院		166.0	—	—	79.0	87.0	1.1	439.0	21.1	3.49	32.3
浙江嘉兴市农科院		153.9	24.7	9.5	68.5	82.2	1.2	571.2	24.7	3.18	22.6
浙江农业科学院作核所		147.6	52.8	7.0	60.8	83.1	1.4	318.5	22.0	3.62	9.0
平　均　值		152.76	37.67	8.55	65.77	77.17	1.17	390.07	21.04	3.31	20.96
安徽全椒县农科所		148.0	52.2	6.9	52.8	53.1	1.0	188.2	20.2	3.69	13.6
江苏农业科学院经作所		146.6	35.8	9.4	56.6	49.4	0.9	285.6	17.3	3.76	25.0
江苏扬州市农科所		162.4	49.5	8.6	63.7	79.3	1.2	443.9	21.0	2.80	26.1
上海市农业科学院	XQ104 黔杂 J1208	142.0	33.0	5.4	64.0	62.6	1.0	251.0	25.9	3.42	16.3
浙江湖州市农科院		157.0	—	—	57.0	73.0	1.3	395.0	20.3	3.71	29.8
浙江嘉兴市农科院		177.3	44.3	7.2	70.3	80.6	1.1	472.8	22.5	3.38	23.6
浙江农业科学院作核所		150.0	55.2	6.4	61.8	79.3	1.3	261.9	24.3	3.85	8.2
平　均　值		154.76	45.00	7.32	60.89	68.19	1.12	328.34	21.64	3.52	20.37

下游 A 组经济性状表（2）

区试单位	编号 品种名	株高 (cm)	分枝部位 (cm)	有效分枝数 (个)	主花序		角果密度	单株有效角果数	每角粒数	千粒重 (g)	单株产量 (g)
					有效长度 (cm)	有效角果数					
安徽全椒县农科所		143.1	51.9	7.0	49.7	51.6	1.0	172.5	18.6	4.55	12.8
江苏农业科学院经作所		147.8	48.0	7.8	56.8	58.6	1.0	204.0	14.2	4.39	16.0
江苏扬州市农科所	XQ105 沪油 039 （常 规）*	162.7	50.8	9.1	56.3	68.1	1.2	439.8	19.3	3.70	31.4
上海市农业科学院		125.6	26.0	6.8	60.0	57.4	1.0	321.4	23.4	3.92	20.8
浙江湖州市农科院		154.0	—	—	67.0	81.0	1.2	411.0	20.3	4.54	37.9
浙江嘉兴市农科院		140.7	26.5	6.8	61.7	63.4	1.0	397.2	25.0	4.13	20.5
浙江农业科学院作核所		138.4	51.8	6.0	55.6	76.0	1.2	235.6	22.7	5.36	8.6
平 均 值		144.61	42.50	7.25	58.16	63.87	1.09	311.64	20.50	4.37	21.14
安徽全椒县农科所		157.5	58.1	7.1	57.3	65.7	1.1	199.6	23.3	3.20	13.2
江苏农业科学院经作所		173.0	73.8	7.8	65.6	69.0	1.1	145.4	24.5	3.44	10.0
江苏扬州市农科所	XQ106 秦优 10 号 （CK）	178.6	57.2	9.7	66.7	89.0	1.3	404.0	20.9	2.80	23.6
上海市农业科学院		146.0	43.6	6.0	61.0	60.6	1.0	237.6	25.8	3.36	18.3
浙江湖州市农科院		181.0	—	—	70.0	73.0	1.0	409.0	22.3	3.53	32.2
浙江嘉兴市农科院		177.1	47.4	8.1	69.5	79.6	1.1	447.0	26.4	3.20	22.6
浙江农业科学院作核所		160.0	67.4	5.9	65.0	75.8	1.2	217.6	24.1	3.85	8.6
平 均 值		167.60	57.92	7.43	65.01	73.24	1.12	294.31	23.90	3.34	18.36
安徽全椒县农科所		145.7	51.0	7.4	51.7	52.7	1.0	172.9	18.7	4.67	12.5
江苏农业科学院经作所		158.2	61.8	6.8	65.6	74.0	1.1	179.0	21.6	4.12	18.0
江苏扬州市农科所	XQ107 9M050	158.9	51.7	7.8	55.4	87.0	1.6	382.6	20.8	3.10	24.7
上海市农业科学院		154.0	32.6	6.2	69.0	75.4	1.1	473.8	26.0	4.02	18.8
浙江湖州市农科院		166.0	—	—	61.0	74.0	1.2	402.0	21.6	4.49	39.0
浙江嘉兴市农科院		154.6	39.3	6.7	68.1	81.6	1.2	406.0	24.0	3.70	23.2
浙江农业科学院作核所		146.0	54.8	5.6	60.0	82.4	1.4	265.8	24.1	4.95	8.7
平 均 值		154.77	48.53	6.75	61.54	75.30	1.22	326.01	22.40	4.15	20.70
安徽全椒县农科所		139.9	34.2	7.0	61.4	63.3	1.0	224.4	17.9	3.45	12.1
江苏农业科学院经作所		139.8	29.8	7.8	58.2	65.0	1.1	280.2	20.1	3.62	17.0
江苏扬州市农科所	XQ108 F1529	147.8	23.0	9.5	61.3	78.8	1.3	454.2	20.1	2.60	23.7
上海市农业科学院		135.6	26.0	7.4	63.0	66.4	1.1	330.8	24.1	3.15	16.8
浙江湖州市农科院		150.0	—	—	68.0	67.0	1.0	454.0	20.3	3.57	33.0
浙江嘉兴市农科院		155.0	22.4	9.2	67.2	72.2	1.1	613.0	23.7	3.04	23.1
浙江农业科学院作核所		150.8	50.3	6.6	62.3	78.4	1.3	311.0	20.7	3.67	8.4
平 均 值		145.56	30.95	7.92	63.06	70.16	1.13	381.09	20.99	3.30	19.16

下游 A 组经济性状表（3）

区试单位	编号品种名	株高（cm）	分枝部位（cm）	有效分枝数（个）	主花序 有效长度（cm）	主花序 有效角果数	主花序 角果密度	单株有效角果数	每角粒数	千粒重（g）	单株产量（g）
安徽全椒县农科所		150.9	53.0	6.2	57.8	58.1	1.0	190.3	19.1	4.30	13.7
江苏农业科学院经作所		161.2	60.2	7.6	65.4	73.2	1.1	213.0	20.3	4.11	16.0
江苏扬州市农科所		162.3	55.0	7.8	61.3	89.2	1.5	383.5	20.6	3.20	25.3
上海市农业科学院	XQ109 中11- ZY293 *	137.0	28.0	4.0	67.0	57.8	0.9	275.2	28.1	3.90	17.5
浙江湖州市农科院		173.0	—	—	64.0	75.0	1.2	420.0	21.0	4.54	40.0
浙江嘉兴市农科院		161.7	40.6	6.7	70.4	81.2	1.2	408.4	24.0	3.91	23.2
浙江农业科学院作核所		151.0	66.2	5.3	56.6	74.0	1.3	221.1	20.6	4.97	8.1
平 均 值		156.73	50.50	6.27	63.21	72.77	1.17	301.64	21.96	4.13	20.54
安徽全椒县农科所		160.4	77.8	5.2	49.9	59.4	1.2	198.4	20.6	3.25	12.4
江苏农业科学院经作所		189.6	91.8	7.8	51.2	77.8	1.5	207.0	26.9	3.17	18.0
江苏扬州市农科所		191.9	81.6	7.8	61.0	84.8	1.4	389.1	18.3	3.00	21.4
上海市农业科学院	XQ110 HQ355 *	150.6	43.4	5.2	60.0	63.2	1.1	253.4	28.1	3.23	16.5
浙江湖州市农科院		203.0	—	—	73.0	91.0	1.3	449.0	21.8	3.51	34.4
浙江嘉兴市农科院		192.9	73.1	7.1	62.4	83.2	1.3	528.2	28.0	3.00	21.9
浙江农业科学院作核所		180.4	88.9	5.8	59.4	76.0	1.3	274.4	25.0	3.70	8.4
平 均 值		181.26	76.10	6.48	59.56	76.49	1.30	328.50	24.10	3.27	19.00
安徽全椒县农科所		148.7	54.2	6.4	55.9	58.4	1.0	184.2	18.7	3.57	10.8
江苏农业科学院经作所		172.8	63.0	7.4	65.8	65.8	1.0	193.2	15.9	3.78	12.0
江苏扬州市农科所		162.4	49.2	7.8	68.3	73.1	1.1	383.0	16.3	3.00	18.7
上海市农业科学院	XQ111 F219 （常规）	145.0	24.0	8.2	67.0	66.4	1.0	493.8	27.8	3.48	18.3
浙江湖州市农科院		177.0	—	—	70.0	75.0	1.1	425.0	19.9	3.89	32.9
浙江嘉兴市农科院		165.4	44.3	7.5	66.9	80.0	1.2	477.4	26.2	3.45	21.6
浙江农业科学院作核所		162.8	64.9	6.2	60.7	78.8	1.3	283.5	20.7	4.10	8.2
平 均 值		162.01	49.93	7.25	64.86	71.07	1.10	348.59	20.79	3.61	17.50
安徽全椒县农科所		154.5	61.1	5.7	51.3	54.6	1.0	176.4	22.3	3.93	14.2
江苏农业科学院经作所		159.0	40.6	9.2	69.0	77.0	1.1	264.8	23.1	4.19	20.0
江苏扬州市农科所		168.7	41.5	9.9	66.5	87.6	1.3	492.3	20.3	3.00	30.0
上海市农业科学院	XQ112 JH0901 *	147.6	29.6	6.2	73.6	79.0	1.1	390.6	24.6	3.59	17.8
浙江湖州市农科院		185.0	—	—	76.0	83.0	1.1	424.0	22.6	4.35	41.7
浙江嘉兴市农科院		159.8	33.6	7.4	71.5	79.6	1.1	523.6	27.0	3.85	23.5
浙江农业科学院作核所		145.5	57.4	5.2	58.0	75.1	1.3	218.1	24.4	4.32	9.0
平 均 值		160.01	43.97	7.27	66.56	76.56	1.15	355.69	23.47	3.89	22.31

下游 A 组生育期与抗性表 (1)

试点单位	编号品种名称	播种期(月/日)	成熟期(月/日)	全生育期(天)	比对照(±天数)	苗期生长势	成熟一致性	耐旱、渍性(强、中、弱)	抗倒性(直、斜、倒)	抗寒性 冻害率(%)	抗寒性 冻害指数	菌核病 病害率(%)	菌核病 病害指数	病毒病 病害率(%)	病毒病 病害指数	不育株率(%)
安徽全椒县农科所		10/8	5/20	224	0	强	齐	强	直	90	25	8	2	0	0	0
江苏农业科学院经作所		9/28	5/19	233	-1	强	齐	强	斜	100	43.33	29.63	15.74	0	0	2.78
江苏扬州市农科所	XQ101	10/5	5/25	232	1	中+	中	—	直	—	—	8.0	2.5	—	—	1.49
浙江农业科学院作核所		10/8	5/17	221	2	强	齐	中	强	—	—	13.0	12.8	—	—	3.5
浙江嘉兴市农科所	秦优507	10/5	5/20	227	1	中	齐	中	直	0	0	86.65	39.6	1.65	1.25	2.45
浙江湖州市农科院		9/26	5/21	237	2	强	齐	强	直	0	—	2.91	—	0	0	—
上海市农业科学院		9/27	5/21	236	1	弱	齐	中	斜	—	—	9	4.75	0	0	0
平 均 值				230.0	0.9				强-	47.50	22.78	22.46	12.90	0.33	0.25	1.70
安徽全椒县农科所		10/8	5/19	223	-1	强	齐	强	直	100	30	12	2.8	0	0	0
江苏农业科学院经作所		9/28	5/19	233	-1	中	齐	中	斜	100	36.67	31.38	25.00	0	0	3.70
江苏扬州市农科所	XQ102	10/5	5/23	230	-1	中	中+	—	直	—	—	2.0	1	—	—	3.37
浙江农业科学院作核所		10/8	5/15	219	0	强	齐	强	强	—	—	16.0	12.5	—	—	3
浙江嘉兴市农科所	绿油218	10/5	5/19	226	0	中	齐	强	直	0	0	81.65	35.44	6.65	6.25	2.94
浙江湖州市农科院		9/26	5/17	233	-2	强	齐	强	直	0	—	2.91	—	0	0	0
上海市农业科学院		9/27	5/20	235	0	强	齐	中	斜	—	—	9	4.25	0	0	0
平 均 值				228.4	-0.7				强-	50.00	22.22	22.13	13.50	1.33	1.25	2.17
安徽全椒县农科所		10/8	5/19	223	-1	强	齐	强	直	86.7	21.7	10	2.8	0	0	0
江苏农业科学院经作所		9/28	5/19	233	-1	中	齐	中	斜	100	37.50	44.00	25.00	0	0	3.57
江苏扬州市农科所	XQ103	10/5	5/19	226	-5	强	中	—	直	—	—	16.0	5	—	—	1.19
浙江农业科学院作核所		10/8	5/10	214	-5	强	齐	强	中	—	—	11.0	7.8	—	—	0.5
浙江嘉兴市农科所	徽豪油12	10/5	5/18	225	-1	强	齐	强	直	0	0	81.65	28.3	0	0	0
浙江湖州市农科院		9/26	5/18	234	-1	强	齐	强	直	0	—	0	—	0	0	—
上海市农业科学院		9/27	5/19	234	-1	强	中	强	直	—	—	13	8.25	0	0	0
平 均 值				227.0	-2.1				强-	46.68	19.73	25.09	12.86	0.00	0.00	0.88

下游 A 组生育期与抗性性表 (2)

试点单位	编号 品种名称	播种期（月/日）	成熟期（月/日）	全生育期（天）	比对照（±天数）	苗期生长势	成熟一致性	耐旱、渍性（强、中、弱）	抗倒性（直、斜、倒）	抗寒性 冻害率(%)	抗寒性 冻害指数	菌核病 病害率(%)	菌核病 病害指数	病毒病 病害率(%)	病毒病 病害指数	不育株率(%)
安徽全椒县农科所		10/8	5/21	225	1	强	齐	强	直	93.3	24.2	10	5.5	0	0	0.3
江苏农业科学院经作所		9/28	5/15	229	-5	强	齐	强	倒	100	54.17	47.62	26.19	0	0	3.13
江苏扬州市农科所	XQ104 黔杂 J1208	10/5	5/24	231	0	中	中	—	直	—	—	14.0	5	—	—	0
浙江农业科学院作核所		10/8	5/17	221	2	中+	中	中	中+	—	—	35.0	27.8	—	—	0
浙江嘉兴市农科院		10/5	5/19	226	0	强	齐	强	直	0	0	88.35	40.45	1.65	0.85	0
浙江湖州市农科院		9/26	5/18	234	-1	强	齐	强	直	0	—	8.33	—	0	0	—
上海市农业科学院		9/27	5/21	236	1	中	齐	中	直	—	—	13	7.5	0	0	0
平 均 值				228.9	-0.3				中+	48.33	26.12	30.90	18.74	0.33	0.17	0.57
安徽全椒县农科所		10/8	5/21	225	1	强	齐	强	直	66.7	16.7	10	2.8	0	0	0.4
江苏农业科学院经作所		9/28	5/19	233	-1	强	齐	中	倒	100	42.50	23.33	15.00	0	0	2.44
江苏扬州市农科所	XQ105 沪油 039（常规）*	10/5	5/27	234	3	中-	中+	—	直	—	—	2.0	0.5	—	—	1.3
浙江农业科学院作核所		10/8	5/20	224	5	中+	齐	强	强	—	—	21.0	14.3	—	—	0
浙江嘉兴市农科院		10/5	5/21	228	2	中	齐	中	直	0	0	76.7	27.9	0	0	0
浙江湖州市农科院		9/26	5/21	237	2	强	齐	强	直	—	—	1.25	—	0	0	—
上海市农业科学院		9/27	5/20	235	0	强	齐	强	直	—	—	6	3	0	0	0
平 均 值				230.9	1.7				中+	41.68	19.73	20.04	10.58	0.00	0.00	0.69
安徽全椒县农科所		10/8	5/20	224	—	强	齐	强	直	93.3	23.3	12	3	0	0	1.1
江苏农业科学院经作所		9/28	5/20	234	—	强	齐	强	斜	100	36.67	30.77	16.35	0	0	3.23
江苏扬州市农科所	XQ106 秦优 10 号（CK）	10/5	5/24	231	—	中-	中-	—	斜	—	—	16.0	7.5	—	—	1.23
浙江农业科学院作核所		10/8	5/15	219	—	中	齐	中	中	—	—	18.0	14.5	—	—	1.5
浙江嘉兴市农科院		10/5	5/19	226	—	强	齐	强	直	0	0	91.65	42.9	1.65	1.65	0.49
浙江湖州市农科院		9/26	5/19	235	—	强	齐	强	直	0	—	2.08	—	0	0	—
上海市农业科学院		9/27	5/20	235	—	强	齐	强	斜	—	—	14	8.25	0	0	0
平 均 值				229.1	—			强-		48.33	19.99	26.36	15.42	0.33	0.33	1.26

下游 A 组生育期与抗性表（3）

试点单位	编号品种名称	播种期（月/日）	成熟期（月/日）	全生育期（天）	比对照（±天数）	苗期生长势	成熟一致性	耐旱、渍性（强、中、弱）	抗倒性（直、斜、倒）	抗寒性 冻害率（%）	抗寒性 冻害指数	菌核病 病害率（%）	菌核病 病害指数	病毒病 病害率（%）	病毒病 病害指数	不育株率（%）
安徽全椒县农科所		10/8	5/22	226	2	强	齐	强	直	60	15	10	3	0	0	0
江苏扬州市农业科学院经作所		9/28	5/20	234	0	弱	齐	弱	倒	100	42.92	33.33	20.37	0	0	3.85
江苏扬州市农科所	XQ107	10/5	5/27	234	3	中-	齐-	—	直	—	—	4.0	1.5	—	—	0
浙江农业科学院作核所	9M050	10/8	5/18	222	3	中+	齐	中	强	—	—	7.0	5.3	—	—	0
浙江嘉兴市农科院		10/5	5/20	227	1	强	齐	强	直	0	0	58.35	22.1	0	0	0
浙江湖州市农科院		9/26	5/19	235	0	强	齐	强	直	0	—	4.58	—	0	0	—
上海市农业科学院		9/27	5/22	237	2	强	中	强	直	0	—	15	9	0	0	0
平 均 值				230.7	1.6				中+	40.00	19.31	18.89	10.21	0.00	0.00	0.64
安徽全椒县农科所		10/8	5/19	223	-1	强	齐	强	直	93.3	25.8	24	6	0	0	0
江苏扬州市农业科学院经作所		9/28	5/19	233	-1	弱	齐	强	倒	100	46.67	66.67	35.71	0	0	5.41
江苏扬州市农科所	XQ108	10/5	5/20	227	-4	中-	中-	—	直	—	—	14.0	4	—	—	4.94
浙江农业科学院作核所	F1529	10/8	5/13	217	-2	中	齐	中	中	—	—	23.0	16.5	—	—	4
浙江嘉兴市农科院		10/5	5/19	226	0	强	中	强	直	0	0	85	40.85	1.65	1.25	6.86
浙江湖州市农科院		9/26	5/18	234	-1	强	齐	强	斜	0	—	2.5	—	0	0	—
上海市农业科学院		9/27	5/19	234	-1	中	中	中	直	—	—	21	12.5	0	0	0
平 均 值				227.7	-1.4				中+	48.33	24.16	33.74	19.26	0.33	0.25	3.54
安徽全椒县农科所		10/8	5/22	226	2	强	中	强	直	76.7	21.7	6	1.5	0	0	0
江苏扬州市农业科学院经作所		9/28	5/20	234	0	强	齐	强	斜	100	44.58	42.86	25.00	0	0	9.30
江苏扬州市农科所	XQ109 中	10/5	5/27	234	3	中+	齐-	—	直	—	—	12.0	4.5	—	—	0
浙江农业科学院作核所		10/8	5/20	224	5	弱	齐	弱	中	—	—	19.0	14.5	—	—	0
浙江嘉兴市农科院	11-ZY293 *	10/5	5/21	228	2	强	齐	强	直	0	0	81.65	28.75	0	0	0
浙江湖州市农科院		9/26	5/20	236	1	强	齐	强	直	0	—	1.66	—	0	0	—
上海市农业科学院		9/27	5/22	237	2	中	中	中	直	—	—	10	4.75	0	0	0
平 均 值				231.3	2.1				强	44.18	22.09	24.74	13.17	0.00	0.00	1.55

下游 A 组生育期与抗性表（4）

试点单位	编号品种名称	播种期（月/日）	成熟期（月/日）	全生育期（天）	比对照（±天数）	苗期生长势	成熟一致性	耐旱渍性（强、中、弱）	抗倒性（直、斜、倒）	抗寒性 冻害率（%）	抗寒性 冻害指数	菌核病 病害率（%）	菌核病 病害指数	病毒病 病害率（%）	病毒病 病害指数	不育株率（%）
安徽全椒县农科所		10/8	5/21	225	1	强	齐	强	直	76.7	19.2	4	1	0	0	0
江苏农业科学院经作所		9/28	5/19	233	-1	强	齐	强	直	100	42.08	34.48	15.52	0	0	2.78
江苏扬州市农科所	XQ110	10/5	5/23	230	-1	中-	齐-	—	直	—	—	6.0	2	—	—	1.22
浙江农业科学院作核所		10/8	5/20	224	5	中+	齐	中+	强	—	—	19.0	14	—	—	0
浙江嘉兴市农科院	HQ355*	10/5	5/21	228	2	中	齐	强	直	0	0	71.7	28.75	0	0	3.92
浙江湖州市农业科学院		9/26	5/20	236	1	强	齐	强	直	0	—	3.75	—	0	0	—
上海市农业科学院		9/27	5/22	237	2	中	齐	强	直	—	—	14	8.75	0	0	0
平均值				230.4	1.3				强	44.18	20.43	21.85	11.67	0.00	0.00	1.32
安徽全椒县农科所		10/8	5/18	222	-2	中	齐	强	直	56.7	14.2	10	2.8	0	0	0.7
江苏农业科学院经作所		9/28	5/19	233	-1	中	齐	弱	倒	100	41.25	60.71	33.04	0	0	0.00
江苏扬州市农科所	XQ111	10/5	5/22	229	-2	强	中	—	直	—	—	24.0	12	—	—	0
浙江农业科学院作核所		10/8	5/17	221	2	中	中	中-	强	—	—	26.0	21.5	—	—	2.45
浙江嘉兴市农科院	F219（常规）	10/5	5/20	227	1	强	齐	强	直	0	0	80	30	0	0	—
浙江湖州市农业科学院		9/26	5/19	235	0	强	齐	强	直	2.08	—	5.83	—	0	0	0
上海市农业科学院		9/27	5/21	236	1	强	齐	强	斜	—	—	8	4.5	0	0	—
平均值				229.0	-0.1				中+	39.70	18.48	30.65	17.31	0.00	0.00	0.53
安徽全椒县农科所		108	5/19	223	-1	强	齐	强	直	73.3	18.3	10	2.9	0	0	0
江苏农业科学院经作所		9/28	5/20	234	0	强	齐	强	直	100	45.00	56.00	32.00	0	0	15.1
江苏扬州市农科所	XQ112	10/5	5/19	226	-5	强	中-	—	直	—	—	28.0	10	—	—	1.18
浙江农业科学院作核所		10/8	5/12	216	-3	中+	齐	中+	中	—	—	19.0	16.3	—	—	2.5
浙江嘉兴市农科院	JH0901*	10/5	5/19	226	0	强	齐	强	直	0	0	81.85	35	3.35	2.1	2.45
浙江湖州市农业科学院		9/26	5/20	236	1	强	齐	强	直	2.5	—	3.33	—	0	0	0
上海市农业科学院		9/27	5/20	235	0	强	齐	中	直	—	—	20	11.25	0	0	0
平均值				228.0	-1.1			中	强-	43.95	21.10	31.17	17.91	0.67	0.42	3.54

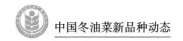

2012—2013 年度国家冬油菜品种区域试验汇总报告（长江下游 B 组）

一、试验概况

（一）供试品种（系）

参试品种（系）包括对照共 12 个。

编号	品种名称	申报类型	芥酸（%）	硫苷（μmol/g）	含油量（%）	供 种 单 位
XQ201	YG128	双低杂交	0.0	21.84	45.81	武汉中油阳光时代种业科技有限公司
XQ202	2013	双低杂交	0.0	23.70	47.95	陕西省杂交油菜研究中心
XQ203	陕西 19	双低杂交	0.0	28.73	45.02	西北农林科技大学农学院
XQ204	6-22	双低杂交	0.0	18.56	42.78	湖北富悦农业集团有限公司
XQ205	核杂 12 号 *	双低杂交	0.2	21.78	44.42	上海市农业科学院作物栽培研究所
XQ206	10HPB7	双低杂交	0.4	25.68	44.00	江苏省农业科学院经济作物研究所
XQ207	创优 9 号（常规）	常规双低	0.2	23.94	46.84	安徽盛创农业科技有限公司
XQ208	08 杂 621 *	双低杂交	0.0	17.41	42.34	四川省南充市农科所
XQ209	秦优 10 号（CK）	双低杂交	0.0	29.81	44.18	咸阳市农业科学研究院
XQ210	浙杂 0903 *	双低杂交	0.4	25.60	49.01	浙江省农业科学院作核所
XQ211	瑞油 12	双低杂交	0.0	28.68	47.88	安徽国瑞种业有限公司
XQ212	圣光 87	双低杂交	0.0	25.88	42.88	华中农业大学

注：（1）"＊"表示续试品种（系）；（2）品质检测由农业部油料及制品质量监督检验测试中心检测，芥酸于 2012 年 8 月测播种前各育种单位参试品种的种子；硫苷、含油量于 2013 年 7 月测收获后各试点抽样的混合种子

（二）参试单位

组别	参试单位	参试地点	联系人
长江下游 B 组	安徽省天禾农业科技研究所	安徽省合肥市	孔凡岩
	安徽芜湖市种子管理站	安徽省芜湖市	王志好
	安徽滁州市农科所	安徽省滁州市	林 凯
	江苏农业科学院经作所	江苏省南京市	张洁夫
	扬州地区农科所	江苏省扬州市	惠飞虎
	浙江农业科学院作物所	浙江省杭州市	张冬青
	浙江嘉兴市农科院	浙江省嘉兴市	姚祥坦
	浙江湖州市农科院	浙江省湖州市	任 韵
	上海市农业科学院作物所	上海市	王伟荣

（三）试验设计及田间管理

各试点均按统一试验方案严格执行，采用随机区组排列，3 次重复，小区净面积为 20m²。各试点种植密度为 1.5 万～2.0 万株，分别于 9/25～10/8 日播种。其观察记载、田间调查和室内考种均按实施方

184

案进行。各点试验地前作有水稻、玉米等，其土壤肥力中等偏上，栽培管理水平同当地大田生产或略高于当地大田生产，治虫不防病。底肥种类有专用肥、复合肥、过磷酸钙、硼砂等，追肥以尿素为主。

（四）气候特点及其影响

本年度长江下游地区油菜播种期间普遍干旱少雨，天气晴好，气温较高，但由于各试点采取了喷灌、沟灌等有效措施，出苗均较整齐，生长普遍较好。冬前气温偏高，光照充足，有利于油菜的苗期生长与干物质积累。冬季低温来临早，冷空气活动频繁，多阴雨天气，气温低，持续时间长，但由于降温平稳，所以大部分试点冻害并不严重。但南京点越冬期出现罕见高温，最高温度达 15～20℃，较常年同期偏高，油菜生长迅速，长势普遍较旺，部分材料出现早薹。2 月中旬气温低至 -7℃，部分材料冻害严重，花期经历 2 次低温，对油菜开花结实有不利影响，大部分品种主花序末端结实性较差。返青抽薹期，温度略低，生育进程稍有延迟，少数试点 4 月初遇倒春寒，多阴雨，导致花期延长，部分材料出现阴荚与分段结实现象。

总体来说，大部分试点本年度气候有利于油菜生长发育，灌浆成熟期天气晴好，日照时间长，对油菜籽粒灌浆与产量形成非常有利，产量水平普遍较高。

二、试验结果

（一）产量结果*

1. 方差分析表（试点效应固定）

变异来源	自由度	平方和	均方	F 值	概率（小于 0.05 显著）
试点内区组	16	3 565.15278	222.82205	1.89454	0.024
品　　种	11	27 368.00000	2 488.00000	21.15421	0.000
试　　点	7	199 627.55556	28 518.22222	242.47609	0.000
品种×试点	77	29 468.82270	382.71198	3.25401	0.000
误　　差	176	20 699.80230	117.61251		
总　变　异	287	280 729.33333			

试验总均值 =200.771728515625

误差变异系数 CV（%）＝5.402

多重比较结果（LSD 法）　　LSD0 0.05 =6.1987　　LSD0 0.01 =8.1710

品种	品种均值	比对照（%）	0.05 显著性	0.01 显著性
10HPB7	215.02930	8.66464	a	A
2013	211.42100	6.84117	ab	AB
浙杂 0903 *	208.19600	5.21143	b	ABC
创优 9 号（常规）	208.06400	5.14473	b	ABC
核杂 12 号 *	206.41540	4.31162	bc	BCD
圣光 87	200.50700	1.32584	cd	CDE
瑞油 12	199.75840	0.94754	d	DE
6-22	199.18620	0.65836	d	DE
秦优 10 号（CK）	197.88340	0.00000	d	E
08 杂 621 *	195.83200	-1.03667	d	EF
YG128	188.45010	-4.76712	e	F
陕西 19	178.51810	-9.78621	f	G

* 安徽合肥点报废，未纳入汇总

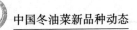

2. 品种稳定性分析（Shukla 稳定性方差）

变异来源	自由度	平方和	均方	F 值	概率（小于 0.05 显著）
区 组	16	3 566.22200	222.88890	1.89530	0.023
环 境	7	199 628.10000	28 518.30000	242.50050	0.000
品 种	11	27 367.67000	2 487.97000	21.15602	0.000
互 作	77	29 469.22000	382.71720	3.25437	0.000
误 差	176	20 697.78000	117.60100		
总变异	287	280 729.00000			

各品种 Shukla 方差及其显著性检验（F 测验）

. 品种	DF	Shukla 方差	F 值	概率	互作方差	品种均值	Shukla 变异系数（%）
YG128	7	81.02489	2.0669	0.049	41.8246	188.4501	4.7765
2013	7	293.69080	7.4920	0.000	254.4905	211.4210	8.1058
陕西 19	7	108.22200	2.7607	0.010	69.0216	178.5182	5.8274
6-22	7	112.49800	2.8698	0.007	73.2977	199.1862	5.3249
核杂 12 号 *	7	111.45760	2.8433	0.008	72.2573	206.4154	5.1146
10HPB7	7	341.41900	8.7096	0.000	302.2187	215.0293	8.5930
创优 9 号（常规）	7	69.70672	1.7782	0.094	30.5064	208.0640	4.0127
08 杂 621 *	7	72.67826	1.8540	0.080	33.4779	195.8320	4.3533
秦优 10 号（CK）	7	142.00580	3.6226	0.001	102.8055	197.8835	6.0220
浙杂 0903 *	7	0.66551	0.0170	1.000	0.0000	208.1959	0.3918
瑞油 12	7	106.42260	2.7148	0.011	67.2223	199.7585	5.1643
圣光 87	7	91.23258	2.3273	0.027	52.0323	200.5070	4.7637
误差	176	39.20034					

各品种 Shukla 方差同质性检验（Bartlett 测验）Prob. =0.00005 极显著，不同质，各品种稳定性差异极显著。

各品种 Shukla 方差的多重比较（F 测验）

品种	Shukla 方差	0.05 显著性	0.01 显著性
10HPB7	341.41900	a	A
2013	293.69080	ab	A
秦优 10 号（CK）	142.00580	abc	A
6-22	112.49800	abc	A
核杂 12 号 *	111.45760	abc	A
陕西 19	108.22200	abc	A
瑞油 12	106.42260	abc	A
圣光 87	91.23258	abc	A
YG128	81.02489	bc	A
08 杂 621 *	72.67826	c	A
创优 9 号（常规）	69.70672	c	A
浙杂 0903 *	0.66551	d	B

（二）主要经济性状

各试点详细调查记载了油菜参试品种的主要经济性状、农艺性状和抗逆性，具体包括单株有效角果数、每角粒数、千粒重、单株产量、株高、有效分支部位、分枝数、结荚密度、主花序有效长、主花序有效角、不育株率、生育期、菌核病发生情况（发病率、病情指数）、病毒病发生情况（发病率、病情指数）、抗寒性（受冻率、冻害指数）、苗期生长势和成熟期一致性、抗倒性等，详见各相关附表。主要产量构成情况如下。

1. 单株有效角果数

单株有效角果数平均幅度为 287.90 ~ 387.48 个。其中，核杂 12 最少，08 杂 612 最多，CK 秦优 10 为 349.64，2011—2012 年为 360.86 个。

2. 每角粒数

每角粒数平均幅度 20.85 ~ 24.23 粒。其中，浙杂 0903 为最多，6-22 最少，秦优 10CK 为 23.75 粒，2011—2012 年 23.01 粒。

3. 千粒重

千粒重平均幅度为 3.17 ~ 4.17g。其中，核杂 12 为最大，瑞油 12 为最小，秦优 10 号 CK 为 3.35g，与 2011—2012 年的 3.17g 相当。

（三）成熟期比较

在参试品种（系）中，各品种全生育期变幅 228.8 ~ 233.8 天，品种熟期极差 5 天。对照秦优 10（CK）全生育期 231.1 天，比 2011—2012 年的 229.1 天延长 2 天。

（四）抗逆性比较

1. 菌核病

菌核病平均发病率幅度 20.26% ~ 30.84%，病情指数幅度为 10.52 ~ 18.68。秦油 10 号（CK）发病率为 23.62%，病情指数为 13.61，2011—2012 年（CK）发病率为 30.01%，病情指数为 13.40。

2. 病毒病

病毒病发病率平均幅度为 0.00% ~ 1.00%。病情指数幅度为 0.00 ~ 1.04。秦油 10 号（CK）发病率为 0.00%，病情指数为 0.00，2011—2012 年（CK）发病率为 2.71%，病情指数为 1.55。

（五）不育株率

变幅 0.00% ~ 10.04%，其中，YG128 最高，其余品种均在 3% 以下。秦油 10 号（CK）0.69%。

三、品种综述

本组试验对照品种秦优 10 号表现异常，采用本组产量均值和产油量均值（简称对照）为对照对数据进行处理分析和品种评价。

1. 10HPB7

江苏省农业科学院经济作物研究所选育，试验编号 XQ206。

该品种株型适中，生长势较好，一致性好，分枝性中等。8 个点试验 6 个点增产，2 个点减产，平均亩产 215.03kg，比对照增产 7.10%，增产极显著，居试验第 1 位。平均产油量 94.61kg/亩，比对照增产 4.12%，6 个点增产，2 个点减产。株高 164.66cm，分枝数 7.46 个，全生育期平均 233.8 天，比对照迟熟 2.6 天。单株有效角果数 308.29 个，每角粒数为 23.85 粒，千粒重为 4.06g，不育株率 0.00%。菌核病发病率 20.26%，病情指数 11.80，病毒病发病率 0.33%，病情指数 0.21，受冻率 50.00%，冻害指数 13.49，菌核病鉴定结果为中感，抗倒性强。芥酸含量 0.4%，硫苷含量 25.68μmol/g（饼），含油量 44.00%。

主要优缺点：丰产性好，产油量较高，品质达双低标准，抗倒性强，中感菌核病，熟期适中。

结论：继续试验，同步进入生产试验。

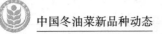

2. 2013

陕西省杂交油菜研究中心提供，试验编号 XQ202。

该品种株型适中，生长势好，一致性较好，分枝性中等。8 个点试验 5 个点增产，3 个点减产，平均亩产 211.42kg，比对照增产 5.30%，增产极显著，居试验第 2 位。平均产油量 101.38kg/亩，比对照增产 11.56%，7 个点增产，1 个点减产。株高 164.21cm，分枝数 9.30 个，全生育期平均 232.6 天，比对照迟熟 1.5 天。单株有效角果数为 361.89 个，每角粒数为 21.70 粒，千粒重 3.83g，不育株率 0.89%。菌核病发病率 21.50%，病情指数 10.52，病毒病发病率 0.00%，病情指数 0.00，受冻率 46.66%，冻害指数 12.40，菌核病鉴定结果为低感，抗倒性强 –。芥酸含量 0.0，硫苷含量 23.70μmol/g（饼），含油量 47.95%。

主要优缺点：丰产性好，产油量高，品质达双低标准，抗倒性较强，抗病性一般，熟期适中。

结论：继续试验，同步进入生产试验。

3. 浙杂 0903

浙江省农科院作核所选育提供，试验编号 XQ210。

该品种株型适中，生长势较好，一致性较好，分枝性中等。8 个试点全部增产，平均亩产 208.20kg，比对照增产 3.70%，增产极显著，居试验第 3 位。平均产油量 102.04kg/亩，比对照增产 12.29%，8 个试验点全部增产。株高 162.20cm，分枝数 7.61 个，全生育期平均 231.1 天，与对照相当。单株有效角果数为 317.69 个，每角粒数为 24.23 粒，千粒重 4.01g，不育株率 1.60%。菌核病发病率 22.74%，病情指数 12.84%，病毒病发病率 0.00%，病情指数 0.00%，受冻率 50.66%，冻害指数 12.14，菌核病鉴定结果为低感，抗倒性强 –。芥酸含量 0.4%，硫苷含量 25.60μmol/g（饼），含油量 49.01%。

2011—2012 年国家冬油菜区域（长江下游 B 组：试验编号 XQ212）试验中：8 个点试验 5 个点增产，3 个点减产，平均亩产 193.58kg，比对照增产 3.28%，增产显著，居试验第 5 位。平均产油量 88.74kg/亩，比对照增产 11.66%，8 个试点全部增产。株高 169.06cm，分枝数 7.90 个，全生育期平均 229.8 天，比对照迟熟 0.6 天。单株有效角果数为 324.61 个，每角粒数 24.83 粒，千粒重 3.74g，不育株率 2.20%。菌核病发病率 26.56%，病情指数 12.94%，病毒病发病率 6.03%，病情指数 2.96%，受冻率 48.30%，冻害指数 24.07，菌核病鉴定结果为低感，抗倒性强 –。芥酸含量 0.3%，硫苷含量 16.99μmol/g（饼），含油量 45.84%。

综合 2011—2013 两年试验结果：共 16 个试验点，13 个点增产，3 个点减产，两年平均亩产 200.87kg，比对照增产 3.49%。单株有效角果数 321.15 个，每角粒数 24.53 粒，千粒重 3.88g，菌核病发病率 24.65%，病情指数为 12.89，病毒病发病率 3.02%，病情指数 1.48，菌核病鉴定结果为低感，抗倒性强 –，不育株率平均为 1.90%。含油量平均为 47.42%，2 年芥酸含量分别为 0.4% 和 0.3%，硫苷含量分别 25.60μmol/g（饼）和 16.99μmol/g（饼）。产油量两年平均为 95.39kg/亩，比对照增加 11.98%，16 个试点全部增产。

主要优缺点：丰产性较好，产油量高，品质达双低标准，抗倒性较强，抗病性中等，熟期适中。

结论：各项试验指标达国家品种审定标准。

4. 创优 9 号

常规双低油菜品种，安徽盛创农业科技有限公司提供，试验编号 XQ207。

该品种株型适中，生长势较好，一致性好，分枝性中等。8 个点试验 7 个点增产，1 个点减产，平均亩产 208.06kg，比对照增产 3.63%，增产极显著，居试验第 4 位。平均产油量 97.46kg/亩，比对照增产 7.25%，7 个点增产，1 个点减产。株高 159.91cm，分枝数 8.63 个，全生育期平均 233.6 天，比对照迟熟 2.5 天。单株有效角果数为 324.58 个，每角粒数 22.18 粒，千粒重 4.47g，不育株率 1.41%。菌核病发病率 24.08%，病情指数 13.31，病毒病发病率 0.33%，病情指数 0.41，受冻率 49.34%，冻害指数 13.55，菌核病鉴定结果为中感，抗倒性中。芥酸含量 0.2%，硫苷含量

23.94μmol/g（饼），含油量 46.84%。

主要优缺点：丰产性较好，产油量高，品质达双低标准，抗倒性一般，中感菌核病，熟期适中。

结论：继续试验并同步进入生产试验。

5. 核杂 12 号

上海市农科院作物栽培研究所选育提供，试验编号 XQ205。

该品种株高较矮，生长势一般，一致性较好，分枝性中等。8 个点试验 6 个点增产，2 个点减产，平均亩产 206.42kg，比对照增产 2.81%，增产不显著，居试验第 5 位。平均产油量 91.69kg/亩，比对照增产 0.90%，5 个点增产，3 个点减产。株高 149.85cm，分枝数 8.40 个，全生育期平均 232.6 天，比对照迟熟 1.5 天。单株有效角果数为 287.90 个，每角粒数为 21.11 粒，千粒重 4.69g，不育株率 1.87%。菌核病发病率 24.51%，病情指数 12.74，病毒病发病率 0.67%，病情指数 0.70，受冻率 50.66%，冻害指数 13.74，菌核病鉴定结果为低感，抗倒性强－。芥酸含量 0.2%，硫苷含量 21.78μmol/g（饼），含油量 44.42%。

2011—2012 年国家冬油菜区域（长江下游 C 组：试验编号 XQ305）试验中：8 个点试验 7 个点增产，1 个点减产，平均亩产 191.36kg，比对照增产 6.43%，增产极显著，居试验第 1 位。平均产油量 83.10kg/亩，比对照增产 6.01%，8 个试点 7 个点增产，1 个点减产。株高 159.80cm，分枝数 7.51 个，全生育期平均 228.5 天，比对照迟熟 0.6 天。单株有效角果数为 256.18 个，每角粒数 24.60 粒，千粒重 4.32g，不育株率 2.18%。菌核病发病率 28.79%，病情指数 19.11，病毒病发病率 3.21%，病情指数 2.41。受冻率 66.09%，冻害指数 24.74，菌核病鉴定结果为中感，抗倒性强－。芥酸含量 0.6%，硫苷含量 22.29μmol/g（饼），含油量 43.42%。

综合 2011—2013 两年试验结果：共 16 个试验点，13 个点增产，3 个点减产，两年平均亩产 198.89kg，比对照增产 4.62%。单株有效角果数 272.04 个，每角粒数 22.86 粒，千粒重 4.51g，菌核病发病率 26.65%，病情指数为 15.93，病毒病发病率 1.94%，病情指数 1.56，菌核病鉴定结果为中感，抗倒性强－，不育株率平均为 2.03%。含油量平均为 43.92%，2 年芥酸含量分别为 0.2% 和 0.6%，硫苷含量分别 21.78μmol/g（饼）和 22.29μmol/g（饼）。产油量两年平均为 87.39kg/亩，比对照增加 3.46%，12 个点增产，4 个点减产。

主要优缺点：丰产性较好，产油量一般，稳产性较差，品质达双低标准，抗倒性较强，抗病性一般，熟期适中。

结论：产量、产油量未达标，完成试验。

6. 圣光 87

华中农业大学提供，试验编号 XQ212。

该品种株型适中，生长势一般，一致性好，分枝性中等。8 个点试验 4 个点增产，4 个点减产，平均亩产 200.51kg，比对照减产 0.13%，不显著，居试验第 6 位。平均产油量 85.98kg/亩，比对照减产 5.38%，1 个点增产，7 个点减产。株高 155.88cm，分枝数 8.71 个，全生育期平均 228.8 天，比对照早熟 2.4 天。单株有效角果数为 383.38 个，每角粒数为 23.19 粒，千粒重 3.45g，不育株率 0.68%。菌核病发病率 26.60%，病情指数 15.06，病毒病发病率 0.66%，病情指数 0.83，受冻率 48.00%，冻害指数 13.58，菌核病鉴定结果为低感，抗倒性中。芥酸含量 0.0，硫苷含量 25.88μmol/g（饼），含油量 42.88%。

主要优缺点：丰产性一般，产油量较低，品质达双低标准，抗倒性较强，抗病性较好，熟期适中。

结论：试验指标未达标，终止试验。

7. 瑞油 12

安徽国瑞种业有限公司提供，试验编号 XQ211。

该品种株型适中，生长势一般，一致性好，分枝性中等。8 个点试验 4 个点增产，4 个点减产，平均亩产 199.76kg，比对照减产 0.50%，不显著，居试验第 7 位。平均产油量 95.64kg/亩，比对照增产 5.26%，6 个点增产，2 个点减产。株高 157.70cm，分枝数 8.66 个，全生育期平均 229.8 天，比对照早熟 1.4 天。单株有效角果数为 384.49 个，每角粒数为 22.78 粒，千粒重 3.19g，不育株率 0.89%。菌核病发病率 25.18%，病情指数 13.36，病毒病发病率 0.33%，病情指数 0.41，受冻率 49.34%，冻害指数 13.86，菌核病鉴定结果为低感，抗倒性中。芥酸含量 0.0，硫苷含量 28.68μmol/g（饼），含油量 47.88%。

主要优缺点：丰产性一般，产油量较高，品质达双低标准，抗倒性一般，抗病性中等，熟期适中。

结论：产油量达标，继续试验。

8.6-22

湖北富悦农业集团有限公司提供，试验编号 XQ204。

该品种株高较矮，生长势一般，一致性好，分枝性中等。8 个点试验 5 个点增产，3 个点减产，平均亩产 199.19kg，比对照减产 0.79% 不显著，居试验第 8 位。平均产油量 85.21kg/亩，比对照减产 6.22%，8 个试验点全部减产。株高 144.56cm，分枝数 8.51 个，全生育期平均 231.3 天，比对照迟熟 0.1 天。单株有效角果数为 346.50 个，每角粒数 20.85 粒，千粒重 4.21g，不育株率 1.37%。菌核病发病率 20.79%，病情指数 11.05%，病毒病发病率 0.00%，病情指数 0.00%，受冻率 50.66%，冻害指数 14.91，菌核病鉴定结果为高感，抗倒性中 +。芥酸含量 0.0，硫苷含量 18.56μmol/g（饼），含油量 42.78%。

主要优缺点：丰产性一般，产油量低，品质达双低标准，抗病性差，抗倒性一般，熟期适中。

结论：产量、产油量、抗性均未达标，终止试验。

9.08 杂 621

四川省南充市农科院选育，试验编号 XQ208。

该品种株高较矮，生长势一般，一致性好，分枝性中等。8 个点试验 4 个点增产，4 个点减产，平均亩产 195.83kg，比对照减产 2.46%，不显著，居试验第 10 位。平均产油量 82.92kg/亩，比对照减产 8.75%，8 个试验点全部减产。株高 152.16cm，分枝数 8.56 个，全生育期平均 229.0 天，比对照早熟 2.1 天。单株有效角果数为 387.48 个，每角粒数 23.56 粒，千粒重 3.34g，不育株率 2.16%。菌核病发病率 30.84%，病情指数 18.68，病毒病发病率 0.00%，病情指数 0.00，受冻率 48.66%，冻害指数 15.12，菌核病鉴定结果为低感，抗倒性中。芥酸含量 0.0，硫苷含量 17.41μmol/g（饼），含油量 42.34%。

2011—2012 年国家冬油菜区域（长江下游 A 组：试验编号 XQ101）试验中：6 个点试验，5 点增产，1 点减产，平均亩产 201.20kg，比对照 CK 增产 4.61%，增产极显著，居试验第 1 位。平均产油量 81.36kg/亩，比对照减产 1.73%，6 个试点 2 个点比对照增产，4 点比对照减产。株高 156.35cm，分枝数 7.01 个，全生育期平均 223.5 天，比对照早熟 2 天。单株有效角果数为 282.31 个，每角粒数 23.69 粒，千粒重 3.24g，不育株率 0.48%。菌核病发病率 42.98%，病情指数 17.11，病毒病发病率 11.73%，病情指数 2.63，受冻率 38.69%，冻害指数 11.55，菌核病鉴定结果为中感，抗倒性中。芥酸含量 0.1%，硫苷含量 17.09μmol/g（饼），含油量 40.44%。

综合 2011—2013 两年试验结果：共 14 个试验点，8 个点增产，6 个点减产，两年平均亩产 198.52kg，比对照增产 1.08%。单株有效角果数 334.90 个，每角粒数 23.63 粒，千粒重 3.29g，菌核病发病率 36.91%，病情指数为 17.90，病毒病发病率 5.87%，病情指数 1.32，菌核病鉴定结果为中感，抗倒性中，不育株率平均为 1.32%。含油量平均为 41.39%，2 年芥酸含量分别为 0.5% 和 0.4%，硫苷含量分别 19.68μmol/g（饼）和 24.12μmol/g（饼）。产油量两年平均为 82.14kg/亩，比对照减产 5.24%。

主要优缺点：丰产性一般，稳产性较差，产油量低，品质达双低标准，抗倒性一般，抗病性一般，熟期适中。

结论：产量、产油量未达标，完成试验。

10. YG128

武汉中油阳光时代种业科技有限公司选育，试验编号 XQ201。

该品种株高较矮，生长势一般，一致性好，分枝性中等。8 个点试验 3 个点增产，5 个点减产，平均亩产 188.45kg，比对照减产 6.14% 极显著，居试验第 11 位。平均产油量 86.33kg/亩，比对照减产 4.99%，1 个点增产，7 个点减产。株高 154.01cm，分枝数 8.51 个，全生育期平均 230.6 天，比对照早熟 0.5 天。单株有效角果数为 369.99 个，每角粒数 22.09 粒，千粒重 3.71g，不育株率 10.04%。菌核病发病率 28.95%，病情指数 17.94，病毒病发病率 0.67%，病情指数 0.84，受冻率 50.00%，冻害指数 13.97，菌核病鉴定结果为低感，抗倒性强 -。芥酸含量 0.0，硫苷含量 21.84μmol/g（饼），含油量 45.81%。

主要优缺点：品质达双低标准，丰产性差，产油量低，抗病性中等，抗倒性较强，熟期适中。

结论：产量、产油量未达标，终止试验。

11. 陕油 19

西北农林科技大学农学院选育，试验编号 XQ203。

该品种株型适中，生长势一般，一致性好，分枝性中等。8 个点试验全部减产，平均亩产 178.52kg，比对照减产 11.08% 极显著，居试验第 12 位。平均产油量 80.37kg/亩，比对照减产 11.55%，8 个试点全部减产。株高 160.48cm，分枝数 9.30 个，全生育期平均 230.5 天，比对照早熟 0.6 天。单株有效角果数为 349.71 个，每角粒数 23.09 粒，千粒重 4.14g，不育株率 0.60%。菌核病发病率 26.09%，病情指数 16.24，病毒病发病率 1.00%，病情指数 1.04，受冻率 49.34%，冻害指数 11.13，菌核病鉴定结果为中感，抗倒性中 +。芥酸含量 0.0，硫苷含量 28.73μmol/g（饼），含油量 45.02%。

主要优缺点：丰产性差，产油量低，品质达双低标准，抗病性较差，抗倒性一般，熟期适中。

结论：产量、产油量未达标，终止试验。

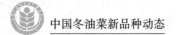

2012—2013 年全国冬油菜品种区域试验（下游 B 组）原始产量表

试点	品种名	小区产量（kg）				试点	品种名	小区产量（kg）			
		I	II	III	平均值			I	II	III	平均值
上海市农科院	YG128	4.178	3.675	3.979	3.944	江苏南京	YG128	5.690	5.845	5.600	5.712
	2013	4.731	5.132	4.477	4.780		2013	5.945	5.300	6.080	5.775
	陕西 19	3.966	4.421	4.166	4.184		陕西 19	4.900	5.485	5.565	5.317
	6-22	3.856	4.057	3.632	3.848		6-22	5.740	6.280	6.300	6.107
	核杂 12 号 *	4.678	4.448	4.821	4.649		核杂 12 号 *	6.835	7.035	6.545	6.805
	10HPB7	4.997	4.382	4.544	4.641		10HPB7	7.095	7.090	7.305	7.163
	创优 9 号（常规）	4.894	4.300	4.652	4.615		创优 9 号（常规）	6.270	6.515	6.775	6.520
	08 杂 621 *	4.694	4.391	4.513	4.533		08 杂 621 *	5.755	5.685	6.075	5.838
	秦优 10 号（CK）	4.482	4.186	4.439	4.369		秦优 10（CK）	6.615	7.060	6.375	6.683
	浙杂 0903 *	4.920	4.463	4.621	4.668		浙杂 0903 *	6.385	5.985	6.295	6.222
	瑞油 12	4.657	4.251	3.937	4.282		瑞油 12	5.955	6.060	6.370	6.128
	圣光 87	4.278	3.807	4.615	4.233		圣光 87	5.775	5.900	6.035	5.903
安徽芜湖	YG128	6.230	5.560	5.880	5.890	江苏扬州	YG128	6.390	6.625	5.620	6.212
	2013	6.020	7.010	6.450	6.493		2013	7.135	7.610	7.500	7.415
	陕西 19	6.120	5.890	5.590	5.867		陕西 19	5.900	6.015	5.955	5.957
	6-22	6.540	5.930	6.500	6.323		6-22	6.200	7.205	6.610	6.672
	核杂 12 号 *	5.980	6.880	6.010	6.290		核杂 12 号 *	6.040	6.945	5.795	6.260
	10HPB7	6.120	5.680	5.890	5.897		10HPB7	7.470	7.630	7.910	7.670
	创优 9 号（常规）	6.790	6.110	6.520	6.473		创优 9 号（常规）	6.140	6.180	6.140	6.153
	08 杂 621 *	5.340	5.660	6.310	5.770		08 杂 621 *	5.865	7.025	5.370	6.087
	秦优 10（CK）	6.340	5.980	5.580	5.967		秦优 10 号（CK）	5.630	6.570	6.040	6.080
	浙杂 0903 *	5.770	6.130	6.810	6.237		浙杂 0903 *	6.470	6.865	7.095	6.810
	瑞油 12	6.850	5.980	6.210	6.347		瑞油 12	5.955	6.670	5.615	6.080
	圣光 87	5.700	6.230	5.880	5.937		圣光 87	6.465	7.225	6.640	6.777
安徽滁州	YG128	5.306	5.828	5.974	5.703	浙江嘉兴	YG128	4.653	4.446	4.380	4.493
	2013	6.934	7.103	7.698	7.245		2013	5.424	5.109	5.270	5.268
	陕西 19	5.816	5.201	5.513	5.510		陕西 19	4.566	4.366	4.538	4.490
	6-22	6.554	6.123	6.685	6.454		6-22	5.269	5.451	5.257	5.326
	核杂 12 号 *	6.667	7.166	6.450	6.761		核杂 12 号 *	5.255	5.280	5.279	5.271
	10HPB7	6.017	6.500	5.638	6.052		10HPB7	5.589	5.623	5.526	5.579
	创优 9 号（常规）	7.344	6.346	6.652	6.781		创优 9 号（常规）	5.360	5.326	5.417	5.368
	08 杂 621 *	6.455	5.885	5.807	6.049		08 杂 621 *	5.105	5.006	4.848	4.986
	秦优 10（CK）	6.085	5.688	6.496	6.090		秦优 10（CK）	5.435	5.257	5.208	5.300
	浙杂 0903 *	6.673	6.889	6.394	6.652		浙杂 0903 *	5.473	5.303	5.365	5.380
	瑞油 12	6.563	7.185	6.330	6.693		瑞油 12	5.280	5.189	5.229	5.233
	圣光 87	5.821	5.883	6.122	5.942		圣光 87	5.592	5.646	5.406	5.548

（续表）

试点	品种名	小区产量（kg）				试点	品种名	小区产量（kg）			
		I	II	III	平均值			I	II	III	平均值
浙江湖州	YG128	6.820	6.770	6.690	6.760	平均值	YG128				5.654
	2013	7.820	7.570	7.480	7.623		2013				6.343
	陕西 19	6.270	5.690	6.580	6.180		陕西 19				5.356
	6-22	7.550	7.110	7.020	7.227		6-22				5.976
	核杂 12 号 *	7.090	7.420	7.660	7.390		核杂 12 号 *				6.192
	10HPB7	7.680	8.460	7.190	7.777		10HPB7				6.451
	创优 9 号（常）	7.860	7.660	6.680	7.400		创优 9 号（常）				6.242
	08 杂 621 *	6.980	6.690	7.740	7.137		08 杂 621 *				5.875
	秦优 10（CK）	6.380	6.620	6.600	6.533		秦优 10（CK）				5.937
	浙杂 0903 *	7.400	7.090	7.550	7.347		浙杂 0903 *				6.246
	瑞油 12	6.110	6.880	6.940	6.643		瑞油 12				5.993
	圣光 87	7.550	7.230	6.840	7.207		圣光 87				6.015
浙江杭州	YG128	6.245	6.660	6.640	6.515						
	2013	5.675	6.230	6.520	6.142						
	陕西 19	5.525	5.240	5.255	5.340						
	6-22	5.195	6.155	6.195	5.848						
	核杂 12 号 *	5.975	5.900	6.465	6.113						
	10HPB7	7.210	6.830	6.445	6.828						
	创优 9 号（常）	6.805	6.555	6.515	6.625						
	08 杂 621 *	6.400	6.735	6.665	6.600						
	秦优 10（CK）	6.590	6.645	6.175	6.470						
	浙杂 0903 *	6.635	6.820	6.500	6.652						
	瑞油 12	6.860	6.240	6.510	6.537						
	圣光 87	6.365	6.745	6.615	6.575						

下游 B 组经济性状表（1）

区试单位	编号品种名	株高（cm）	分枝部位（cm）	有效分枝数（个）	主花序			单株有效角果数	每角粒数	千粒重（g）	单株产量（g）
					有效长度（cm）	有效角果数	角果密度				
安徽滁州市农科所		153.3	35.3	9.0	67.3	90.2	1.3	492.4	16.9	3.76	23.8
安徽芜湖市种子站		151.8	65.5	12.3	58.6	75.6	1.3	150.4	22.1	3.78	10.2
江苏农业科学院经作所		154.4	51.2	8.4	62.2	84.6	1.4	267.0	19.8	3.85	21.0
江苏扬州市农科所		160.0	43.8	9.3	59.8	83.1	1.4	520.5	20.4	3.00	31.9
上海市农业科学院	XQ201 YG128	143.6	47.0	6.0	58.0	63.0	1.1	252.4	26.5	3.55	16.4
浙江湖州市农科院		156.0	—	—	72.0	78.0	1.1	409.0	21.4	4.13	36.3
浙江嘉兴市农科院		161.2	38.1	7.6	67.7	88.8	1.3	560.4	25.7	3.39	19.3
浙江农业科学院作核所		151.8	61.0	7.0	55.8	85.8	1.5	307.8	23.9	4.20	8.8
平　均　值		154.01	48.84	8.51	62.68	81.14	1.30	369.99	22.09	3.71	20.96
安徽滁州市农科所		168.5	37.0	10.7	72.0	86.5	1.2	451.4	18.0	3.96	30.2
安徽芜湖市种子站		152.7	50.1	10.6	60.8	71.5	1.2	140.5	23.7	3.86	11.0
江苏农业科学院经作所		159.2	37.0	11.0	67.2	82.4	1.2	329.0	21.7	3.88	25.0
江苏扬州市农科所		177.7	54.2	9.8	63.2	87.4	1.4	573.4	17.1	3.50	34.3
上海市农业科学院	XQ202 2013	144.0	28.0	8.6	54.6	58.6	1.1	270.2	25.9	3.36	20.3
浙江湖州市农科院		165.0	—	—	88.0	89.0	1.0	419.0	22.5	4.02	37.9
浙江嘉兴市农科院		167.7	38.9	8.5	65.4	76.0	1.2	432.6	21.0	3.70	22.6
浙江农业科学院作核所		178.9	69.4	6.2	64.9	74.8	1.2	279.0	23.7	4.38	8.3
平　均　值		164.21	44.94	9.34	67.01	78.28	1.18	361.89	21.70	3.83	23.70
安徽滁州市农科所		166.0	26.6	12.3	72.1	82.8	1.1	405.4	25.4	3.44	23.0
安徽芜湖市种子站		150.6	55.3	9.3	59.5	74.6	1.3	148.7	20.1	4.34	10.2
江苏农业科学院经作所		163.0	40.0	10.4	61.6	71.0	1.2	307.6	22.7	4.44	26.0
江苏扬州市农科所		164.2	35.0	10.1	65.8	82.4	1.3	407.1	19.4	3.40	26.9
上海市农业科学院	XQ203 陕西19	144.0	20.0	8.8	62.0	68.0	1.1	388.8	27.6	3.74	17.4
浙江湖州市农科院		173.0	—	—	78.0	79.0	1.0	390.0	20.6	4.50	36.2
浙江嘉兴市农科院		158.6	30.6	8.0	69.0	76.8	1.1	462.2	27.2	4.08	19.3
浙江农业科学院作核所		164.4	64.1	6.2	61.4	77.2	1.3	287.9	21.7	5.14	7.2
平　均　值		160.48	38.80	9.30	66.18	76.48	1.16	349.71	23.09	4.14	20.78
安徽滁州市农科所		161.7	25.3	10.5	62.2	78.8	1.3	460.3	15.4	4.44	26.9
安徽芜湖市种子站		141.3	46.3	10.9	64.5	74.6	1.2	152.3	20.4	4.36	10.8
江苏农业科学院经作所		138.6	38.6	8.0	64.2	72.2	1.1	231.2	17.7	4.38	15.0
江苏扬州市农科所		150.7	35.1	10.0	58.6	77.5	1.3	504.3	20.8	3.40	35.7
上海市农业科学院	XQ204 6-22	131.0	23.0	7.0	60.0	61.4	1.0	319.8	24.0	3.85	16.0
浙江湖州市农科院		154.0	—	—	76.0	87.0	1.1	412.0	22.4	4.34	40.0
浙江嘉兴市农科院		138.1	26.7	7.6	64.7	72.0	1.1	433.8	24.5	3.90	22.8
浙江农业科学院作核所		141.1	44.6	5.6	64.2	75.6	1.2	258.3	21.6	5.04	7.9
平　均　值		144.56	34.23	8.51	64.30	74.89	1.17	346.50	20.85	4.21	21.89

下游 B 组经济性状表（2）

区设单位	编号品种名	株高（cm）	分枝部位（cm）	有效分枝数（个）	主花序			单株有效角果数	每角粒数	千粒重（g）	单株产量（g）
					有效长度（cm）	有效角果数	角果密度				
安徽滁州市农科所		157.2	37.7	10.2	58.6	77.0	1.3	415.7	17.2	4.91	28.2
安徽芜湖市种子站		152.2	66.3	12.8	63.5	77.1	1.2	135.8	23.1	4.69	10.7
江苏农业科学院经作所		174.0	73.0	8.4	49.6	60.8	1.2	223.0	19.3	4.43	20.0
江苏扬州市农科所	XQ205 核杂 12 号 *	157.7	52.6	8.6	50.7	63.4	1.3	388.7	19.1	4.00	29.7
上海市农业科学院		113.0	27.0	6.4	46.0	44.0	1.0	203.8	20.5	4.29	19.6
浙江湖州市农科院		152.0	—	—	59.0	71.0	1.2	401.0	20.2	5.09	41.2
浙江嘉兴市农科院		147.9	32.3	7.2	56.0	62.8	1.1	343.4	26.2	4.51	22.6
浙江农业科学院作核所		144.8	67.1	5.2	52.5	68.6	1.3	191.8	23.3	5.56	8.3
平 均 值		149.85	50.86	8.40	54.49	65.59	1.20	287.90	21.11	4.69	22.54
安徽滁州市农科所		175.5	51.2	10.0	67.6	84.7	1.3	425.0	22.4	3.24	25.2
安徽芜湖市种子站		150.7	54.7	11.1	64.6	78.4	1.2	152.3	20.1	3.90	10.2
江苏农业科学院经作所		168.8	58.2	7.2	62.4	65.4	1.0	214.0	24.2	4.31	21.0
江苏扬州市农科所	XQ206 10HPB7	176.9	66.2	7.2	69.7	88.0	1.3	455.5	23.4	3.20	34.1
上海市农业科学院		137.0	30.0	4.4	65.0	58.8	0.9	217.4	26.1	3.93	19.7
浙江湖州市农科院		182.0	—	—	74.0	84.0	1.1	413.0	22.5	4.53	42.1
浙江嘉兴市农科院		164.6	49.9	6.3	68.7	71.2	1.0	374.2	26.2	4.11	23.9
浙江农业科学院作核所		161.8	70.7	5.0	65.2	68.6	1.1	214.9	23.7	5.24	9.2
平 均 值		164.66	54.41	7.46	67.15	74.89	1.11	308.29	23.58	4.06	23.18
安徽滁州市农科所		162.7	35.3	10.1	59.3	72.3	1.2	456.0	19.1	4.28	28.3
安徽芜湖市种子站		159.4	51.7	12	65.7	83.5	1.3	133.7	22.5	4.61	10.9
江苏农业科学院经作所		159.6	55.2	8.0	56.8	60.2	1.1	186.6	20.7	4.17	14.0
江苏扬州市农科所	XQ207 创优 9 号（常规）	161.9	39.1	9.0	54.7	69.8	1.3	479.1	18.4	3.40	30.0
上海市农业科学院		145.6	28.0	7.4	61.0	58.0	1.0	349.6	30.3	4.23	19.4
浙江湖州市农科院		187.0	—	—	84.0	87.0	1.0	404.0	20.8	4.95	41.6
浙江嘉兴市农科院		141.3	32.5	7.9	63.6	62.4	1.0	384.5	23.7	4.58	23.0
浙江农业科学院作核所		161.8	65.4	6.0	58.2	65.4	1.1	202.8	21.9	5.50	8.9
平 均 值		159.91	43.89	8.63	62.91	69.83	1.12	324.58	22.18	4.47	22.01
安徽滁州市农科所		151.8	27.0	12.0	75.1	85.3	1.1	482.4	22.2	3.42	25.2
安徽芜湖市种子站		146.7	65.4	8.3	53.4	63.4	1.2	170.4	23.2	3.09	10.1
江苏农业科学院经作所		152.6	37.8	9.6	61.4	58.2	0.9	456.6	19.9	3.77	18.0
江苏扬州市农科所	XQ208 08 杂 621 *	166.6	45.7	9.2	68.9	82.7	1.2	417.9	24.0	2.90	29.1
上海市农业科学院		136.0	27.4	6.4	74.0	60.0	0.8	290.8	28.6	3.14	19.0
浙江湖州市农科院		153.0	—	—	88.0	86.0	1.0	403.0	24.0	3.62	35.0
浙江嘉兴市农科院		162.2	38.8	8.2	67.8	76.8	1.1	603.6	23.6	3.08	21.4
浙江农业科学院作核所		148.4	55.5	6.2	64.2	73.5	1.1	275.1	23.0	3.72	8.9
平 均 值		152.16	42.51	8.56	69.10	73.24	1.05	387.48	23.56	3.34	20.84

下游 B 组经济性状表（3）

试点单位	编号 品种名	株 高 （cm）	分枝部位 （cm）	有效分 枝数 （个）	主花序			单株有效 角果数	每角 粒数	千粒重 （g）	单株产量 （g）
					有效长度 （cm）	有效角 果数	角果 密度				
安徽滁州市农科所		169.3	33.3	11.2	69.5	78.5	1.1	467.2	22.8	3.46	25.4
安徽芜湖市种子站		160.8	54.8	8.1	56.8	73.4	1.3	165.7	23.4	3.15	10.3
江苏农业科学院经作所		169.0	45.2	10.2	69.6	67.6	1.0	278.6	23.5	3.61	21.0
江苏扬州市农科所	XQ209 秦优 10 号 （CK）	181.4	50.4	9.2	70.1	86.8	1.2	479.1	21.3	2.80	28.6
上海市农业科学院		152.6	23.0	7.4	67.4	69.6	1.0	345.4	26.2	3.12	18.4
浙江湖州市农科院		194.0	—	—	78.0	93.0	1.2	396.0	22.4	3.57	31.7
浙江嘉兴市农科院		172.6	50.1	8.2	65.7	75.6	1.2	402.2	26.7	3.08	22.7
浙江农业科学院作核所		172.4	71.2	7.0	67.7	79.8	1.2	262.9	23.7	4.00	8.7
平 均 值		171.51	46.86	8.76	68.10	78.04	1.15	349.64	23.75	3.35	20.85
安徽滁州市农科所		156.7	41.6	9.3	69.0	73.7	1.1	437.7	19.3	4.34	27.7
安徽芜湖市种子站		168.8	57.7	9.3	46.2	53.3	1.2	147.5	23.2	3.70	10.7
江苏农业科学院经作所		168.2	81.0	7.0	60.2	69.6	1.2	150.6	22.3	4.14	16.0
江苏扬州市农科所	XQ210 浙杂 0903 *	166.9	59.7	9.1	58.3	82.2	1.4	429.9	23.5	3.40	34.4
上海市农业科学院		136.0	38.0	5.0	61.0	63.8	1.0	222.2	27.4	3.76	19.8
浙江湖州市农科院		180.0	—	—	67.0	61.0	0.9	403.0	23.7	4.19	34.0
浙江嘉兴市农科院		162.3	35.3	7.8	69.5	85.6	1.2	481.4	29.8	3.85	23.1
浙江农业科学院作核所		158.7	69.0	5.8	58.2	76.4	1.3	269.2	24.6	4.71	9.0
平 均 值		162.20	54.61	7.61	61.18	70.70	1.16	317.69	24.23	4.01	21.84
安徽滁州市农科所		162.2	34.3	10.3	72.1	81.0	1.1	493.3	18.5	3.48	27.9
安徽芜湖市种子站		150.7	56.3	11.2	67.8	83.4	1.2	180.6	23.7	3.05	10.8
江苏农业科学院经作所		161.4	48.0	8.0	70.4	67.6	1.0	230.1	20.6	3.35	15.0
江苏扬州市农科所	XQ211 瑞油 12	164.8	36.4	10.4	73.4	86.7	1.2	484.4	21.1	2.80	28.6
上海市农业科学院		139.0	23.0	6.2	63.7	63.8	1.0	439.4	26.7	3.14	17.9
浙江湖州市农科院		169.0	—	—	76.0	92.0	1.2	398.0	22.1	3.30	29.0
浙江嘉兴市农科院		157.1	25.2	8.8	71.8	79.8	1.1	570.6	26.1	2.92	22.4
浙江农业科学院作核所		157.4	60.6	5.7	63.7	80.2	1.3	279.5	23.4	3.51	8.8
平 均 值		157.70	40.54	8.66	69.83	79.24	1.14	384.49	22.78	3.19	20.05
安徽滁州市农科所		159.1	17.1	11.1	71.8	87.2	1.2	488.6	21.7	3.44	24.8
安徽芜湖市种子站		148.9	50.4	10.5	59.4	71.4	1.2	158.4	22.5	3.55	10.3
江苏农业科学院经作所		160.6	45.0	9.8	65.2	81.0	1.2	347.2	19.1	3.63	16.0
江苏扬州市农科所	XQ212 圣光 87	165.0	40.6	10.6	68.2	83.6	1.2	496.5	23.5	2.70	31.5
上海市农业科学院		148.0	29.6	6.0	70.6	61.6	0.9	340.8	27.9	3.30	17.7
浙江湖州市农科院		156.0	—	—	75.0	85.0	1.1	454.0	20.0	3.77	34.2
浙江嘉兴市农科院		154.7	30.7	7.2	74.4	79.0	1.1	495.2	25.9	3.26	23.8
浙江农业科学院作核所		154.7	53.8	5.8	68.2	78.2	1.1	286.3	24.9	3.96	8.9
平 均 值		155.88	38.17	8.71	69.10	78.38	1.13	383.38	23.19	3.45	20.90

下游 B 组生育期与抗性表（1）

区试单位	编号品种名称	播种期（月/日）	成熟期（月/日）	全生育期（天）	比对照（±天数）	苗期生长势	成熟一致性	耐旱渍性（强、中、弱）	抗倒性（直、斜、倒）	抗寒性 冻害率（%）	抗寒性 冻害指数	菌核病 病害率（%）	菌核病 病害指数	病毒病 病害率（%）	病毒病 病害指数	不育株率（%）
安徽芜湖市种子站		10/3	5/12	221	−3	强	齐	强	直	100	12.5	9.5	5.4	0	0	0
安徽滁州市农科所		9/14	5/21	249	1	中	中	强	直	50	16.7	16.7	11.7	—	—	7.7
江苏农业科学院经作所		9/28	5/20	234	1	强	齐	中	斜	100	40.63	75.00	43.75	0	0	15.25
江苏扬州市农科所	XQ201	10/5	5/19	226	−2	强−	中−	—	直	—	—	20	8.5	—	—	20.59
浙江农业科学院作核院	YG128	10/8	5/14	218	−1	强	不齐	中	强	0	0	23.0	18.5	—	—	15
浙江嘉兴市农科院		10/5	5/20	227	1	中	中	强	直	0	0	73.3	31.25	3.35	3.35	11.76
浙江湖州市农科院		9/26	5/19	235	0	强	齐	强	直	—	—	2.08	—	0	0	0
上海市农业科学院		9/27	5/20	235	−1	中	中	中	斜	—	—	12	6.5	—	—	—
平 均 值				230.6	−0.5				强 −	50.00	13.97	28.95	17.94	0.67	0.84	10.04
安徽芜湖市种子站		10/3	5/15	224	0	强	齐	强	斜	100	16.8	6.3	3.2	0	0	0
安徽滁州市农科所		9/14	5/21	249	1	中	中	强	直	33	10.8	20	10	—	—	0
江苏农业科学院经作所		9/28	5/20	234	1	中	齐	弱	斜	100	34.38	20.69	10.34	0	0	0
江苏扬州市农科所	XQ202	10/5	5/23	230	2	中+	齐	—	直	—	—	4	1	—	—	5.26
浙江农业科学院作核院	YG2013	10/8	5/20	224	5	中	中	中	强	—	—	19.0	13.5	—	—	0.5
浙江嘉兴市农科院		10/5	5/21	228	2	中	齐	强	直	0	0	83.35	29.6	0	0	0.49
浙江湖州市农科院		9/26	5/20	236	1	强	齐	强	直	0	0	6.67	—	0	0	0
上海市农业科学院		9/27	5/21	236	0	强	齐	强	直	—	—	12	6	—	—	—
平 均 值				232.6	1.5				强 −	46.66	12.40	21.50	10.52	0.00	0.00	0.89
安徽芜湖市种子站		10/3	5/13	222	−2	中	齐	中	斜	100	12.5	14.5	7.7	0	0	0
安徽滁州市农科所		9/14	5/18	246	−2	中	中	强	直	47	15	16.7	15.8	—	—	0
江苏农业科学院经作所		9/28	5/19	233	0	中	齐	中	斜	100	28.13	40.91	23.86	0	0	4.17
江苏扬州市农科所	XQ203	10/5	5/18	225	−3	强	中−	—	直	—	—	14	4	—	—	0
浙江农业科学院作核院	陕西 19	10/8	5/15	219	0	强	齐	强	中+	—	—	21.0	19.0	—	—	0
浙江嘉兴市农科院		10/5	5/19	226	0	强	齐	中	直	0	0	83.3	34.55	5	4.15	0
浙江湖州市农科院		9/26	5/20	236	1	强	齐	强	直	0	0	3.33	—	0	0	0
上海市农业科学院		9/27	5/22	237	1	弱	中	中	斜	—	—	15	8.75	—	—	—
平 均 值				230.5	−0.6				中 +	49.34	11.13	26.09	16.24	1.00	1.04	0.60

下游 B 组生育期与抗性表（2）

区试单位	编号品种名称	播种期(月/日)	成熟期(月/日)	全生育期(天)	比对照(±天数)	苗期生长势	成熟一致性	耐旱、渍性(强、中、弱)	抗倒性(直、斜、倒)	抗寒性 冻害率(%)	抗寒性 冻害指数	菌核病 病害率(%)	菌核病 病害指数	病毒病 病害率(%)	病毒病 病害指数	不育株率(%)
安徽芜湖市种子站		10/3	5/13	222	-2	强	齐	中	直	100	17.5	6.3	3.5	0	0	0
安徽滁州市农科所		9/14	5/20	248	0	中	齐	强	直	53	18.3	30	18.3	—	—	0.8
江苏农业科学院经作所	XQ204	9/28	5/19	233	0	中	齐	弱	斜	100	38.75	20.83	11.46	0	0	3.85
江苏扬州市农科所	6-22	10/5	5/25	232	4	中	中+	—	直	—	—	6	2	—	—	2.99
浙江嘉兴农业科学院作核所		10/8	5/16	220	1	弱	中	弱	中	—	—	8.0	6.0	0	0	0
浙江嘉兴市农科院		10/5	5/19	226	0	强	齐	中	直	0	0	81.65	30.85	0	0	1.96
浙江湖州市农业科学院		9/26	5/18	234	-1	强	齐	强	直	0	0	2.5	—	0	0	—
上海市农业科学院		9/27	5/20	235	-1	中	中	中	斜	—	—	11	5.25	0	0	0
平均值				231.3	0.1				中+	50.66	14.91	20.79	11.05	0.00	0.00	1.37
安徽芜湖市种子站		10/3	5/13	222	-2	中	齐	弱	直	100	14.3	7.4	3.9	0	0	0
安徽滁州市农科所		9/14	5/21	249	1	强	齐	强	直	53	15	30	6.7	—	—	1.3
江苏农业科学院经作所	XQ205	9/28	5/21	235	2	强	齐	弱	斜	100	39.38	29.63	13.89	0	0	3.7
江苏扬州市农科所	核杂	10/5	5/27	234	6	中	上	—	直	—	—	4	1	—	—	3.17
浙江嘉兴农业科学院作核所	12号*	10/8	5/18	222	3	强	中	强	中+	—	—	18.0	14.8	3.35	2.8	2.5
浙江嘉兴市农科院		10/5	5/20	227	1	强	齐	强	直	0	0	88.35	37.9	0	0	2.45
浙江湖州市农业科学院		9/26	5/21	237	2	强	齐	强	直	0	0	1.67	—	—	—	—
上海市农业科学院		9/27	5/20	235	-1	强	齐	强	—	—	—	17	11	0	0	0
平均值				232.6	1.5			强	强 -	50.66	13.74	24.51	12.74	0.67	0.70	1.87
安徽芜湖市种子站		10/3	5/15	224	0	强	齐	中	直	100	13.5	13.5	6.1	0	0	0
安徽滁州市农科所		9/14	5/23	251	3	强	齐	强	斜	50	15.8	13.3	4.2	—	—	0
江苏农业科学院经作所	XQ206	9/28	5/21	235	2	强	齐	中	直	100	38.13	30.56	17.36	0	0	0
江苏扬州市农科所	10HPB7	10/5	5/26	233	5	中	中+	—	直	—	—	4	1	—	—	0
浙江嘉兴农业科学院作核所		10/8	5/20	224	5	强	齐	强	强	—	—	24.0	21.0	1.65	0.85	0
浙江嘉兴市农科院		10/5	5/21	228	2	强	齐	强	直	0	0	66.7	27.95	—	—	0
浙江湖州市农业科学院		9/26	5/22	238	3	强	齐	强	直	0	0	0	0	0	0	0
上海市农业科学院		9/27	5/22	237	1	强	齐	强	强	—	—	10	5	0	0	0
平均值				233.8	2.6			强	强	50.00	13.49	20.26	11.80	0.33	0.21	0.00

下游 B 组生育期与抗性表（3）

区试单位	编号 品种名称	播种期(月/日)	成熟期(月/日)	全生育期(天)	比对照(±天数)	苗期生长势	成熟一致性	耐旱、渍性(强、中、弱)	抗倒性(直、斜、倒)	抗寒性		菌核病		病毒病		不育株率(%)
										冻害率(%)	冻害指数	病害率(%)	病害指数	病害率(%)	病害指数	
安徽芜湖市种子站	XQ207 创优9号(常规)	VV10-3	5/14	223	-1	强	齐	中	斜	100	13.8	6.6	3.1	0	0	0
安徽滁州市农科所		9/14	5/21	249	1	强	齐	强	直	47	13.3	10	5	—	—	0.8
江苏农业科学院经作所		9/28	5/20	234	1	中	中	中	倒	100	40.63	47.06	23.53	0	0	8.11
江苏扬州市农科所		10/5	5/26	233	5	中-	中	—	倒	—	—	6	1.5	—	—	0
浙江农业科学院作核院		10/8	5/20	224	5	中-	齐	中	强	0	0	26.0	22.8	1.65	1.65	0
浙江嘉兴市农科院		10/5	5/22	229	3	中	齐	强	直	0	0	85	31.25	0	0	0.98
浙江湖州市农业科学院		9/26	5/23	239	4	强	齐	强	直	—	—	0	6	0	0	—
上海市农业科学院		9/27	5/23	238	2	强	齐	强	斜			12				0
平均值				233.6	2.5				中	49.34	13.55	24.08	13.31	0.33	0.41	1.41
安徽芜湖市种子站	XQ208 08杂621*	10/3	5/12	221	-3	中	齐	中	直	100	14.5	16.7	8.8	0	0	0
安徽滁州市农科所		9/14	5/18	246	-2	中	中	强	斜	43	14.2	23.3	20.8	—	—	0.4
江苏农业科学院经作所		9/28	5/14	228	-5	中	齐	中	倒	100	46.88	62.50	37.50	0	0	3.57
江苏扬州市农科所		10/5	5/19	226	-2	弱	中+	—	直	—	—	14	5	—	—	9.68
浙江农业科学院作核院		10/8	5/13	217	-2	强	齐	中-	弱	0	0	16.0	12.8	0	0	0
浙江嘉兴市农科院		10/5	5/19	226	0	强	齐	强	斜	0	0	91.65	35.85	0	0	1.47
浙江湖州市农业科学院		9/26	5/18	234	-1	中	齐	强	斜	—	—	4.58	—	0	0	0
上海市农业科学院		9/27	5/19	234	-2		齐	中	斜			18	10	0	0	0
平均值				229.0	-2.1	中			中	48.66	15.12	30.84	18.68	0.00	0.00	2.16
安徽芜湖市种子站	XQ209 秦优10号(CK)	10/3	5/15	224	—	强	中	强	直	100	14.6	7.3	4.7	0	0	0
安徽滁州市农科所		9/14	5/20	248	—	中	齐	强	直	33	10	13.3	10.8	—	—	0.4
江苏农业科学院经作所		9/28	5/19	233	—	强	中	强	斜	100	31.88	30.77	15.38	0	0	3.45
江苏扬州市农科所		10/5	5/21	228	—	中+	中	—	直	—	—	22	8.5	—	—	0
浙江农业科学院作核院		10/8	5/15	219	—	强	齐	中+	中	0	0	21.0	17.3	0	0	0
浙江嘉兴市农科院		10/5	5/19	226	—	强	齐	强	直	0	0	76.65	30.85	0	0	0.98
浙江湖州市农业科学院		9/26	5/19	235	—	弱	齐	强	直	—	—	2.92	—	0	0	—
上海市农业科学院		9/27	5/21	236	—		齐	中	直	—	—	15	7.75	—	—	0
平均值				231.1	—				强 —	46.66	11.30	23.62	13.61	0.00	0.00	0.69

下游 B 组生育期与抗性表（4）

区试单位	编号 品种名称	播种期（月/日）	成熟期（月/日）	全生育期（天）	比对照期（±天数）	苗期生长势（强、中、弱）	成熟一致性	耐旱渍性（强、中、弱）	抗倒性（直、斜、倒）	抗寒性 冻害率（%）	抗寒性 冻害指数	菌核病 病害率（%）	菌核病 病害指数	病毒病 病害率（%）	病毒病 病害指数	不育株率（%）
安徽芜湖市种子站		10/3	5/12	221	-3	强	中	强	直	100	13.2	7.4	3.9	0	0	0
安徽滁州市农科所		9/14	5/21	249	1	中	齐	强	直	53	17.5	10	6.7	—	—	2.5
江苏农业科学院经作所	XQ210	9/28	5/20	234	1	中	齐	强	倒	100	30.00	44.44	23.15	0	0	6.25
江苏扬州市农科所	浙杂0903	10/5	5/23	230	2	中+	中+	—	直	—	—	4.00	1.5	—	—	0
浙江农业科学院作核所	*	10/8	5/15	219	0	强	齐	强	中	—	—	18.0	15.3	—	—	0
浙江嘉兴市农科院		10/5	5/19	226	0	中	齐	强	直	0	0	75	27.1	0	0	2.45
浙江湖州市农科院		9/26	5/19	235	0	强	齐	强	直	0	0	2.08	—	0	0	—
上海市农业科学院		9/27	5/20	235	-1	中	齐	中	斜	—	—	21	12.25	0	0	0
平均值				231.1	0.0				强 —	50.66	12.14	22.74	12.84	0.00	0.00	1.60
安徽芜湖市种子站		10/3	5/12	221	-3	强	齐	强	直	100	12.4	6.3	3.7	0	0	0
安徽滁州市农科所		9/14	5/19	247	-1	中	齐	强	直	47	12.5	13.3	3.3	—	—	0
江苏农业科学院经作所	XQ211	9/28	5/18	232	-1	强	齐	强	倒	100	44.38	32.26	17.74	0	0	4.35
江苏扬州市农科所	瑞油12	10/5	5/20	227	-1	强	中-	—	斜	—	—	28.0	12.5	—	—	1.41
浙江农业科学院作核所		10/8	5/12	216	-3	中-	齐	中-	中-	—	—	14.0	11.3	—	—	0
浙江嘉兴市农科院		10/5	5/19	226	0	中	齐	强	直	0	0	86.65	35.45	1.65	1.65	0.49
浙江湖州市农科院		9/26	5/18	234	-1	强	齐	强	斜	0	0	2.92	—	0	0	—
上海市农业科学院		9/27	5/20	235	-1	强	齐	强	直	—	—	18	9.5	0	0	0
平均值				229.8	-1.4				中	49.34	13.86	25.18	13.36	0.33	0.41	0.89
安徽芜湖市种子站		10/3	5/12	221	-3	强	齐	中	直	100	13.7	11.3	5.7	0	0	0
安徽滁州市农科所		9/14	5/18	246	-2	中	齐	强	直	40	11.7	16.7	15	—	—	0.8
江苏农业科学院经作所	XQ212	9/28	5/15	229	-4	中	齐	强	倒	100	42.50	39.39	18.18	0	0	3.45
江苏扬州市农科所	圣光87	10/5	5/21	228	0	中+	中	—	直	—	—	8	3	0	0	0
浙江农业科学院作核所		10/8	5/10	214	-5	强	齐	强	中	—	—	21.0	17.5	—	—	0
浙江嘉兴市农科院		10/5	5/18	225	-1	强	齐	强	直	0	0	86.7	33.3	3.3	3.3	0.49
浙江湖州市农科院		9/26	5/17	233	-2	强	齐	强	直	0	0	6.67	—	0	0	—
上海市农业科学院		9/27	5/19	234	-2	强	齐	强	直	—	—	23	12.75	0	0	0
平均值				228.8	-2.4				中+	48.00	13.58	26.60	15.06	0.66	0.83	0.68

2012—2013 年度国家冬油菜品种区域试验汇总报告（长江下游 C 组）

一、试验概况

（一）供试品种（系）

参试品种（系）包括对照共 12 个。

编号	品种名称	申报类型	芥酸（%）	硫苷（μmol/g）	含油量（%）	供 种 单 位
XQ301	FC03（常规）*	常规双低	0.0	21.28	44.64	安徽合肥丰乐种业有限公司
XQ302	秦优 10 号（CK）	双低杂交	0.0	27.19	44.10	咸阳市农业科学研究院
XQ303	中 11R1927	双低杂交	0.0	22.36	50.34	武汉中油种业科技有限公司
XQ304	M417（常规）*	常规双低	0.6	21.94	49.22	浙江省农业科学院作核所
XQ305	华油杂 87 *	双低杂交	0.1	18.90	43.99	武汉大天源生物科技股份公司
XQ306	沪油 065（常规）	常规双低	0.0	24.08	44.32	上海市农业科学院
XQ307	绵新油 38 *	双低杂交	0.0	23.86	44.38	四川省绵阳新宇种业公司
XQ308	T1208	双低杂交	0.1	21.75	44.53	湖北亿农种业
XQ309	核优 218	双低杂交	0.0	18.93	44.12	安徽省农业科学院作物研究所
XQ310	98033 *	双低杂交	0.0	22.51	45.48	江苏省农业科学院经作所
XQ311	18C（常规）	常规双低	0.2	21.49	44.54	四川绵阳新宇种业有限公司
XQ312	苏 ZJ-5（常规）	常规双低	0.0	18.26	45.26	江苏太湖地区农业科学研究所

注：（1）"*"表示续试品种（系）；（2）品质检测由农业部油料及制品质量监督检验测试中心检测，芥酸于 2012 年 8 月测播种前各育种单位参试品种的种子；硫苷、含油量于 2013 年 7 月测收获后各试点抽样的混合种子

（二）参试单位

组别	参试单位	参试地点	联系人
长江下游 C 组	安徽省合肥市农科所	安徽省巢湖市	肖圣元
	安徽芜湖市种子管理站	安徽省芜湖市	王志好
	安徽省全椒县农科所	安徽省全椒县	丁必华
	江苏省农业科学院经作所	江苏省南京市	张洁夫
	扬州市农科所	江苏省扬州市	惠飞虎
	浙江省农科院作物所	浙江省杭州市	林宝刚
	浙江省嘉兴市农科院	浙江省嘉兴市	姚祥坦
	浙江省湖州市农科院	浙江省湖州市	马善林
	上海市农业科学院作物所	上海市	孙超才

（三）试验设计及田间管理

各试点均按统一试验方案严格执行，采用随机区组排列，3 次重复，小区净面积为 20m²。各试点种植密度为 0.8 万~1.0 万株，分别于 9/25~10/8 日播种。其观察记载、田间调查和室内考种均按实施方案进行。各点试验地前作有水稻、玉米等，其土壤肥力中等偏上，栽培管理水平同当地大田生产或略高

于当地大田生产，治虫不防病。底肥种类有专用肥、复合肥、过磷酸钙、硼砂等，追肥以尿素为主。

（四）气候特点及其影响

本年度长江下游地区油菜播种期间普遍干旱少雨，天气晴好，气温较高，但由于各试点采取了喷灌、沟灌等有效措施，出苗均较整齐，生长普遍较好。冬前气温偏高，光照充足，有利于油菜的苗期生长与干物质积累。冬季低温来临早，冷空气活动频繁，多阴雨天气，气温低，持续时间长，但由于降温平稳，所以，大部分试点冻害并不严重。但南京点越冬期出现罕见高温，最高温度达 15～20℃，较常年同期偏高，油菜生长迅速，长势普遍较旺，部分材料出现早薹。2 月中旬气温低至 -7℃，部分材料冻害严重，花期经历 2 次低温，对油菜开花结实有不利影响，大部分品种主花序末端结实性较差。返青抽薹期，温度略低，生育进程稍有延迟，4 月初有倒春寒，多阴雨，导致花期延长，部分材料出现阴荚与分段结实现象。

总体来说，大部分试点本年度气候有利于油菜生长发育，灌浆成熟期天气晴好，日照时间长，对油菜籽粒灌浆与产量形成非常有利，产量水平普遍较高。

二、试验结果

（一）产量结果

1. 方差分析表（试点效应固定）

变异来源	自由度	平方和	均方	F 值	概率（小于 0.05 显著）
试点内区组	18	3 226.68750	179.26042	1.85544	0.021
品　　种	11	33 007.40741	3 000.67340	31.05849	0.000
试　　点	8	299 647.11111	37 455.88889	387.68747	0.000
品种×试点	88	34 697.74233	394.29253	4.08113	0.000
误　　差	198	19 129.49609	96.61362		
总　变　异	323	389 708.44444			

试验总均值 = 205.74732349537

误差变异系数 CV（%）= 4.777

多重比较结果（LSD 法）　　LSD0 0.05 = 5.2968　　LSD0 0.01 = 6.9822

品种	品种均值	比对照（%）	0.05 显著性	0.01 显著性
M417（常规）*	217.54580	5.66551	a	A
华油杂 87 *	216.48280	5.14921	a	A
98033 *	214.78410	4.32409	a	A
FC03（常规）*	213.11620	3.51397	a	A
T1208	212.91370	3.41561	a	A
绵新油 38 *	212.73590	3.32927	a	AB
秦优 10 号（CK）	205.88160	0.00000	b	BC
18C（常规）	202.77420	-1.50930	b	CD
核优 218	197.08410	-4.27309	c	DE
苏 ZJ - 5（常规）	196.64450	-4.48658	c	DE
中 11R1927	193.82110	-5.85797	c	E
沪油 065（常规）	185.18410	-10.05311	d	F

2. 品种稳定性分析（Shukla 稳定性方差）

变异来源	自由度	平方和	均方	F 值	概率（小于 0.05 显著）
区　组	18	3 225.33300	179.18520	1.85442	0.022
环　境	8	299 647.70000	37 455.96000	387.63750	0.000
品　种	11	33 007.96000	3 000.72400	31.05496	0.000
互　作	88	34 696.05000	394.27330	4.08040	0.000
误　差	198	19 132.00000	96.62625		
总变异	323	389 709.00000			

各品种 Shukla 方差及其显著性检验（F 测验）

品种	DF	Shukla 方差	F 值	概率	互作方差	品种均值	Shukla 变异系数（%）
FC03（常规）＊	8	52.72730	1.6370	0.116	20.5186	213.1161	3.4072
秦优 10 号（CK）	8	96.47568	2.9953	0.003	64.2669	205.8816	4.7708
中 11R1927	8	116.35370	3.6125	0.001	84.1449	193.8211	5.5653
M417（常规）＊	8	75.73064	2.3512	0.020	43.5219	217.5458	4.0002
华油杂 87＊	8	240.44390	7.4652	0.000	208.2351	216.4828	7.1628
沪油 065（常规）	8	420.04560	13.0414	0.000	387.8369	185.1841	11.0674
绵新油 38＊	8	200.98160	6.2400	0.000	168.7728	212.7359	6.6640
T1208	8	151.71460	4.7104	0.000	119.5058	212.9137	5.7851
核优 218	8	66.37096	2.0607	0.041	34.1622	197.0840	4.1337
98033＊	8	65.65962	2.0386	0.044	33.4509	214.7841	3.7727
18C（常规）	8	39.84040	1.2369	0.279	7.6316	202.7742	3.1128
苏 ZJ-5（常规）	8	50.97512	1.5826	0.132	18.7664	196.6445	3.6308
误差	198	32.20875					

各品种 Shukla 方差同质性检验（Bartlett 测验）Prob. = 0.01462 显著，不同质，各品种稳定性差异显著。

各品种 Shukla 方差及其显著性检验（F 测验）

品种	Shukla 方差	0.05 显著性	0.01 显著性
沪油 065（常规）	420.04560	a	A
华油杂 87＊	240.44390	ab	AB
绵新油 38＊	200.98160	abc	ABC
T1208	151.71460	abcd	ABC
中 11R1927	116.35370	bcde	ABC
秦优 10 号（CK）	96.47568	bcde	ABC
M417（常规）＊	75.73064	bcde	ABC
核优 218	66.37096	cde	BC
98033＊	65.65962	cde	BC
FC03（常规）＊	52.72730	de	BC
苏 ZJ-5（常规）	50.97512	de	BC
18C（常规）	39.84040	e	C

（二）主要经济性状

各试点详细调查记载了油菜参试品种的主要经济性状、农艺性状和抗逆性，具体包括单株有效角果数、每角粒数、千粒重、单株产量、株高、有效分枝部位、分枝数、结荚密度、主花序有效长、主花序有效角、不育株率、生育期、菌核病发生情况（发病率、病情指数）、病毒病发生情况（发病率、病情指数)、抗寒性(受冻率、冻害指数)、苗期生长势和成熟期一致性、抗倒性等,详见各相关附表。主要产量构成情况如下。

1. 单株有效角果数

单株有效角果数平均幅度为 234.91~304.23 个。其中,苏 ZJ-5 最少,中 11R1927 最多,秦优 10 号(CK)281.67,2011—2012 年为 288.99 个。

2. 每角粒数

每角粒数平均幅度 19.80~23.53 粒。其中,秦优 10 号为最多,核优 218 最少,2011—2012 年秦优 10 号 23.00 粒。

3. 千粒重

千粒重平均幅度为 3.26~4.72g。其中,苏 ZJ-5 最大,T1208 最小,CK 秦优 10 号 3.28g,与 2011—2012 年的 3.28g 同。

(三)成熟期比较

在参试品种(系)中,各品种全生育期变幅 226.6~230.4 天,品种熟期极差 3.8 天。对照秦优 10(CK)生育期 228.0 天,比 2011—2012 年的 227.9 天延长相当。

(四)抗逆性比较

1. 菌核病

菌核病平均发病率幅度 15.22%~27.86%,病情指数幅度为 6.80~14.52。秦优 10 号(CK)发病率为 23.60,病情指数为 11.81,2011—2012 年 CK 发病率为 29.47%,病情指数为 18.00,有所下降。

2. 病毒病

病毒病发病率平均幅度为 0.00%~0.71%。病情指数幅度为 0.00~0.59。秦油 10 号(CK)发病率为 0.00%,病情指数为 0.00,2011—2012 年秦油 10 号(CK)发病率为 7.38%,病情指数为 3.51,大幅下降。

(五)不育株率

变幅 0.15%~2.65%,其中,华油杂 87 最高,秦优 10 号(CK)0.91%。

三、品种综述

根据对照品种表现,以秦优 10 号(简称 CK)为产量对照,试验产油量均值为产油量对照,对数据进行处理分析和品种评价。

1. M417 *

常规双低油菜品种:浙江省农科院作核所选育,试验编号 XQ304。

该品种株型适中,生长势较好,一致性好,分枝性中等。9 个点试验 8 点增产,1 点减产。平均亩产 217.55kg,比 CK 增产 5.67%,增产极显著,居试验第 1 位。平均产油量 107.08kg/亩,比对照增产 14.61%,9 个试点全部增产。株高 150.60cm,分枝数 8.41 个,全生育期平均 230.1 天,比对照迟熟 2.1 天。单株有效角果数为 262.46 个,每角粒数为 21.00 粒,千粒重 4.09g,不育株率 0.15%。菌核病发病率 20.68%,病情指数 10.67,病毒病发病率 0.00,病情指数 0.00。受冻率 47.67%,冻害指数 16.13,菌核病鉴定结果为中感,抗倒性强。芥酸含量 0.6%,硫苷含量 21.94μmol/g(饼),含油量 49.22%。

2011—2012 年度国家(长江下游 B 组,试验编号 XQ206)区试中:8 个点试验 4 个点增产,4 个点减产,平均亩产 185.93kg,比对照减产 0.80% 不显著,居试验第 9 位。平均产油量 88.99kg/亩,比对照增产 11.98%,8 个试点中,7 个点比对照增产,1 个点比对照减产。株高 152.27cm,分枝数 9.22 个,全生育期平均 230.8 天,比对照迟熟 1.6 天。单株有效角果数为 296.62 个,每角粒数 21.41 粒,千粒重 3.76g,不育株率 0.04%。菌核病发病率 27.90%,病情指数 16.07,病毒病发病率 2.42%,病情指数 1.62,受冻率 49.27%,冻害指数 19.10,菌核病鉴定结果为中感,抗倒性强 -。芥酸含量 0.0,硫苷含量 23.42μmol/g(饼),含油量 47.86%。

综合 2011—2013 两年试验结果：共 17 个试验点，12 个点增产，5 个点减产，两年平均亩产 201. 74kg，比对照增产 2. 43%。单株有效角果数 279. 54 个，每角粒数 21. 21 粒，千粒重 3. 93g，菌核病发病率 24. 29%，病情指数为 13. 77，病毒病发病率 1. 21%，病情指数 0. 81，菌核病鉴定结果为中感，抗倒性较强 -，不育株率平均为 0. 72%。含油量平均为 48. 54%，2 年芥酸含量分别为 0. 6% 和 0. 0，硫苷含量分别 21. 94μmol/g（饼）和 23. 42μmol/g（饼）。产油量两年平均为 98. 03kg/亩，比对照增产 13. 29%，16 个点增产，1 个点减产。

主要优缺点：丰产性好，产油量高，品质达双低标准，抗倒性较强，抗病性较差，熟期适中。

结论：各项试验指标达国家品种审定标准。

2. 华油杂 87 *

武汉大学天源生物技术股份有限公司提供，试验编号 XQ305。

该品种株型适中，生长势较好，一致性好，分枝性中等。9 个点试验 6 点增产，3 点减产。平均亩产 216. 48kg，比对照增产 5. 15%，增产极显著，居试验第 2 位。平均产油量 95. 23kg/亩，比对照增产 1. 93%，6 个点增产，3 个点减产。株高 156. 32cm，分枝数 7. 16 个，全生育期平均 227. 6 天，比对照早熟 0. 4 天。单株有效角果数为 272. 14 个，每角粒数 22. 28 粒，千粒重 3. 89g，不育株率 2. 65%。菌核病发病率 22. 52%，病情指数 10. 56，病毒病发病率 0. 00%，病情指数 0. 00。受冻率 49. 81%，冻害指数 17. 50，菌核病鉴定结果为低抗，抗倒性强。芥酸含量 0. .1%，硫苷含量 18. 90μmol/g（饼），含油量 43. 99%。

2011—2012 年度国家（长江下游 B 组，试验编号 XQ207）区试中：8 个点试验 5 个点增产，3 个点减产，平均亩产 194. 35kg，比对照增产 3. 69%，增产显著，居试验第 3 位。平均产油量 81. 63kg/亩，比对照增产 2. 71%，8 个试验点中，4 个点比对照增产，4 个点比对照减产。株高 167. 32cm，分枝数 8. 51 个，全生育期平均 228. 8 天，比对照早熟 0. 4 天。单株有效角果数为 375. 64 个，每角粒数为 22. 67 粒，千粒重 3. 64g，不育株率 8. 41%。菌核病发病率 31. 71%，病情指数 15. 03，病毒病发病率 2. 89%，病情指数 1. 73，受冻率 50. 72%，冻害指数 20. 49，菌核病鉴定结果为低抗，抗倒性强 -。芥酸含量 0. 2%，硫苷含量 19. 62μmol/g（饼），含油量 42. 00%。

2011—2013 两年试验结果：共 17 个试验点，11 个点增产，6 个点减产，两年平均亩产 205. 42kg，比对照增产 4. 42%。单株有效角果数 323. 89 个，每角粒数 22. 48 粒，千粒重 3. 77g，菌核病发病率 27. 12%，病情指数为 12. 80，病毒病发病率 1. 45%，病情指数 0. 87，菌核病鉴定结果为低抗，抗倒性较强 -，不育株率平均为 0. 72%。含油量平均为 43. 00%，2 年芥酸含量分别为 0. 1% 和 0. 2%，硫苷含量分别 18. 90μmol/g（饼）和 19. 62μmol/g（饼）。产油量两年平均为 88. 43kg/亩，比对照增产 2. 32%，11 个点增产，6 个点减产。

主要优缺点：品质达双低标准，丰产性较好，产油量一般，抗倒性强，抗病性较好，熟期适中。

结论：试验指标未达标，完成试验。

3. 98033

江苏省农科院经作所选育，试验编号 XQ310。

该品种植株较高，生长势较好，一致性好，分枝性中等。9 个点试验 8 个点增产，1 个点减产，平均亩产 214. 78kg，比对照增产 4. 32%，增产极显著，居试验第 3 位。平均产油量 97. 68kg/亩，比对照增产 4. 55%，9 个试验点全部增产。株高 172. 41cm，分枝数 6. 58 个，全生育期平均 230. 4 天，比对照晚熟 2. 4 天。单株有效角果数为 249. 21 个，每角粒数 21. 50 粒，千粒重 4. 24g，不育株率 0. 17%。菌核病发病率 15. 22%，病情指数 6. 80，病毒病发病率 0. 48%，病情指数 0. 36。受冻率 50. 56%，冻害指数 14. 31。菌核病鉴定结果为低感，抗倒性强。芥酸含量 0. 0，硫苷含量 22. 51μmol/g（饼），含油量 45. 48%。

2011—2012 年度国家（长江下游 A 组，试验编号 QX103）区试中：6 个点试验 4 个点增产，2 个点减产，平均亩产 199. 93kg，比对照 CK 增产 3. 95%，增产极显著，居试验第 2 位。平均产油量

91.16kg/亩，比对照增产 10.10%，6 个试点全部比对照增产。株高，185.05cm，分枝数 6.37 个，全生育期平均 227.7 天，比对照晚熟 2.2 天。单株有效角果数 265.99 个，每角粒数为 22.59 粒，千粒重为 3.94g，不育株率 0.45%。菌核病发病率 22.42%，病情指数 8.06，病毒病发病率 1.14%，病情指数 0.54，受冻率 44.21%，冻害指数 11.76，菌核病鉴定结果为低抗，抗倒性强。芥酸含量 1.0%，硫苷含量 24.38μmol/g（饼），含油量 45.60%。

综合 2011—2013 两年试验结果：共 15 个试验点，12 个点增产，3 个点减产，两年平均亩产 207.36kg，比对照增产 4.14%。单株有效角果数 257.60 个，每角粒数 22.05 粒，千粒重 4.09g，菌核病发病率 18.82%，病情指数为 7.43，病毒病发病率 0.81%，病情指数 0.45，菌核病鉴定结果为低感，抗倒性较强，不育株率平均为 1.90%。含油量平均为 48.71%，2 年芥酸含量分别为 0.0，和 0.0，硫苷含量分别 28.78μmol/g（饼）和 18.01μmol/g（饼）。产油量平均为 94.42kg/亩，比对照增产 7.33%，15 个点全部增产。

主要优缺点：丰产性较好，产油量高，品质达双低标准，抗倒性较强，抗病性一般，熟期适中。

结论：各项试验指标达标，各项试验指标达国家品种审定标准。

4. FC03

常规双低油菜品种：合肥丰乐种业股份有限公司供种，试验编号 XQ301。

该品种株型适中，生长势较好，一致性好，分枝性中等。9 个点试验 7 个点增产，2 个点减产，平均亩产 213.12kg，比对照增产 3.51%，增产极显著，居试验第 4 位。平均产油量 95.14kg/亩，比对照增产 1.83%，8 个点增产，1 个点减产。株高 154.66cm，分枝数 6.63 个，全生育期平均 229.6 天，比对照晚熟 1.6 天。单株有效角果数为 244.0 个，每角粒数 21.53 粒，千粒重 4.37g，不育株率 0.33%。菌核病发病率 22.47%，病情指数 11.46，病毒病发病率 0.00%，病情指数 0.00。受冻率 45.77%，冻害指数 11.86。菌核病鉴定结果为低感，抗倒性强 –。芥酸含量 0.0，硫苷含量 21.28μmol/g（饼），含油量 44.64%。

2011—2012 年度国家（长江下游 B 组，试验编号 QX210）区试中：8 个点试验 4 个点增产，4 个点减产，平均亩产 192.26kg，比对照增产 2.58%，增产不显著，居试验第 6 位。平均产油量 82.39kg/亩，比对照增产 3.69%，8 个试点 5 个点比对照增产，3 个点比对照减产。株高 166.59cm，分枝数 7.95，全生育期平均 230.9 天，比对照迟熟 1.8 天。单株有效角果数为 300.51 个，每角粒数 23.54 粒，千粒重 4.17g，本组最高。不育株率 1.86%。菌核病发病率 22.93%，病情指数 13.55，病毒病发病率 7.86%，病情指数 4.75，受冻率 50.57%，冻害指数 20.63，菌核病鉴定结果为中感，抗倒性中 +。芥酸含量 0.1%，硫苷含量 20.88μmol/g（饼），含油量 42.86%。

综合 2011—2013 两年试验结果：共 17 个试验点，12 个点增产，5 个点减产，两年平均亩产 202.69kg，比对照增产 3.05%。单株有效角果数 272.26 个，每角粒数 22.54 粒，千粒重 4.27g，菌核病发病率 22.70%，病情指数为 12.51，病毒病发病率 3.93%，病情指数 2.38，菌核病鉴定结果为中感，抗倒性中 +，不育株率平均为 1.90%。含油量平均为 43.75%，2 年芥酸含量分别为 0.0，和 0.1%，硫苷含量分别 21.28μmol/g（饼）和 20.88μmol/g（饼）。产油量平均为 88.77kg/亩，比对照增产 2.76%，13 个点增产，4 个点减产。

主要优缺点：品质达双低标准，丰产性好，产油量较高，抗倒性中等，抗病性较差，熟期适中。

结论：各项试验指标达标，各项试验指标达国家品种审定标准。

5. T1208

湖北亿农种业提供，试验编号 XQ308。

该品种株型适中，生长势一般，一致性较好，分枝性中等。9 个点试验 7 个点增产，2 个点减产，平均亩产 212.91kg，比对照增产 3.42%，增产极显著，居试验第 5 位。平均产油量 94.81kg/亩，比对照增产 1.48%，8 个试点 3 个点比对照增产，5 个点比对照减产。株高 154.36cm，分枝数 7.36 个，全生育期平均 226.6 天，比对照早熟 1.4 天。单株有效角果数为 277.57 个，每角粒数 23.92 粒，千粒重 3.26g，不育株率 1.93%。菌核病发病率 27.86%，病情指数 14.52，病毒病发病率 0.00%，病情指数 0.00。受冻率 53.26%，冻害指数 20.28，菌核病鉴定结果为中感，抗倒性强 −。芥酸含量 0.1%，硫苷含量 21.75μmol/g（饼），含油量 44.53%。

主要优缺点：丰产性较好，产油量一般，品质达双低标准，抗病性较差，抗倒性较强，熟期适中。

结论：终止试验。

6. 绵新油 38

四川绵阳新宇种业公司选育，试验编号 XQ307。

该品种株型适中，生长势较好，一致性较好，分枝性中等。9 个点试验 7 个点增产，2 个点减产，平均亩产 212.74kg，比对照增产 3.33%，增产显著，居试验第 6 位。平均产油量 94.41kg/亩，比对照增产 1.05%，7 个点增产，2 个点减产。株高 164.42cm，分枝数 6.91 个，全生育期平均 228.2 天，比对照晚熟 0.2 天。单株有效角果数为 290.91 个，每角粒数 22.49 粒，千粒重 3.82g，不育株率 0.96%。菌核病发病率 24.26%，病情指数 10.98，病毒病发病率 0.24%，病情指数 0.24。受冻率 47.16%，冻害指数 17.07。菌核病鉴定结果为低感，抗倒性强 −。芥酸含量 0.0，硫苷含量 23.86μmol/g（饼），含油量 44.38%。

2011—2012 年度国家（长江下游 B 组，试验编号 QX213）区试中：8 个点试验 8 个点增产，平均亩产 211.19kg，比对照秦油 10 号（CK）增产 12.68%，增产极显著，居试验第 1 位。平均产油量 91.42kg/亩，比对照增产 15.04%，8 个试点全部增产。株高 178.58cm，分枝数 7.74 个，全生育期平均 228.9 天，比对照早熟 0.3 天。单株有效角果数为 319.10 个，每角粒数 23.29 粒，千粒重 3.56g，不育株率 0.21%。菌核病发病率 27.36%，病情指数 13.66，病毒病发病率 2.30%，病情指数 1.74，病毒病发生率本组最低。受冻率 50.00%，冻害指数 18.69，菌核病鉴定结果为低感，抗倒性强。芥酸含量 0.0，硫苷含量 23.88μmol/g（饼），含油量 43.29%。

综合 2011—2013 两年试验结果：共 17 个试验点，15 个点增产，2 个点减产，平均亩产 211.97kg，比对照增产 8.00%。单株有效角果数 305.01 个，每角粒数 22.89 粒，千粒重 3.69g，菌核病发病率 25.81%，病情指数为 12.32，病毒病发病率 1.27%，病情指数 0.99，菌核病鉴定结果为低抗，抗倒性较强，不育株率平均为 1.90%。含油量平均为 43.83%，2 年芥酸含量分别为 0.0，和 0.0，硫苷含量分别 23.86μmol/g（饼）和 23.88μmol/g（饼）。产油量平均为 92.92kg/亩，比对照增产 8.05%，15 个点增产，2 个点减产。

主要优缺点：品质达双低标准，丰产性好，产油量高，抗倒性较强，抗病性一般，熟期适中。结论：各项试验指标达标，各项试验指标达国家品种审定标准。

7. 18C

常规双低油菜品种，绵阳新宇种业有限公司提供，试验编号 XQ311。

该品种株型适中，生长势较好，一致性好，分枝性中等。9 个点试验 5 个点增产，4 个点减产，平均亩产 202.77kg，比对照减产 1.51%，减产不显著，居试验第 8 位。平均产油量 90.32kg/亩，比对照减产 3.33%，3 个点增产，6 个点减产。株高 158.53cm，分枝数 6.65 个，全生育期平均 228.7 天，比对照迟熟 0.7 天。单株有效角果数为 269.27 个，每角粒数 21.58 粒，千粒重 3.58g，不育株率 0.40%。菌核病发病率 21.25%，病情指数 10.72，病毒病发病率 0.24%，病情指数 0.24。受冻率 46.24%，冻害指数 14.85，菌核病鉴定结果为中感，抗倒性强 −。芥酸含量 0.2%，硫苷含量 21.49μmol/g（饼），含油量 44.54%。

主要优缺点：品质达双低标准，丰产性较好，产油量一般，抗倒性较强，中感菌核病，熟期适中。

结论：继续试验。

8. 核优 218

安徽省农业科学院作物研究所选育，试验编号 XQ309。

该品种株高较矮，生长势一般，一致性较好，分枝性中等。9 个点试验 2 个点增产，7 个点减产，平均亩产 197.08kg，比对照减产 4.27%，极显著，居试验第 9 位。平均产油量 86.95kg/亩，比对照减产 6.93%，2 个点增产，7 个点减产。株高 154.69cm，分枝数 7.24 个，全生育期平均 229.0 天，比对照迟熟 1.0 天。单株有效角果数为 288.0 个，每角粒数 19.80 粒，千粒重为 3.74g，不育株率 1.33%。菌核病发病率 20.05%，病情指数 9.09，病毒病发病率 0.00%，病情指数 0.00。受冻率 47.05%，冻害指数 13.15，菌核病鉴定结果为中感，抗倒性强 –。芥酸含量 0.0，硫苷含量 18.93μmol/g（饼），含油量 44.12%。

主要优缺点：品质达双低标准，产量结构不协调，丰产性较差，产油量较高，抗倒性较强，抗病性较差，熟期适中。

结论：产量指标未达标，终止试验。

9. 苏 ZJ-5

常规双低油菜品种，江苏太湖地区农业科学研究所选育，试验编号 XQ312。

该品种株高较矮，生长势一般，一致性好，分枝性中等。9 个点试验 4 个点增产，5 个点减产，平均亩产 196.64kg，比对照减产 4.49%，极显著，居试验第 10 位。平均产油量 89.00kg/亩，比对照减产 4.74%，5 个点增产，4 个点减产。株高 154.73cm，分枝数 6.58 个，全生育期平均 228.8 天，比对照迟熟 0.8 天。单株有效角果数为 234.91 个，每角粒数 22.04 粒，千粒重为 4.72g，不育株率 0.47%。菌核病发病率 22.97%，病情指数 11.78，病毒病发病率 0.00%，病情指数 0.00。受冻率 55.55%，冻害指数 19.61，菌核病鉴定结果为低感，抗倒性强 –。芥酸含量 0.0，硫苷含量 18.26μmol/g（饼），含油量 45.26%。

主要优缺点：品质达双低标准，产量结构不协调，丰产性较差，产油量较高，抗病性中等，抗倒性较强，熟期适中。

结论：产量、产油量指标未达标，终止试验。

10. 中 11R1927

武汉中油种业科技有限公司选育，试验编号 XQ303。

该品种株高较矮，生长势一般，一致性好，分枝性中等。9 个点试验 3 个点增产，6 个点减产，平均亩产 193.82kg，比对照减产 5.86%，极显著，居试验第 11 位。平均产油量 97.57kg/亩，比对照增产 4.43%，9 个试验点全部增产。株高 148.98cm，分枝数 7.06 个，全生育期平均 229.6 天，比对照迟熟 1.6 天。单株有效角果数为 304.23 个，每角粒数 20.27 粒，千粒重为 3.37g，不育株率 1.18%。菌核病发病率 25.24%，病情指数 14.04，病毒病发病率 0.71%，病情指数 0.59。受冻率 50.51%，冻害指数 14.89，菌核病鉴定结果为低感，抗倒性强 –。芥酸含量 0.0，硫苷含量 22.36μmol/g（饼），含油量 50.34%。含油量是国家冬油菜区域试验历年以来最高的品种。

主要优缺点：丰产性一般，产油量较高，品质达双低标准，抗倒性较强，抗病性一般，熟期适中。

结论：产量指标未达标，终止试验。

11. 沪油 065

常规双低油菜品种，上海市农业科学院提供，试验编号 XQ306。

该品种株高较矮，生长势一般，一致性较好，分枝性中等。9 个点试验 3 个点增产，6 个点减产，平均亩产 185.18kg，比对照增产 10.05%，极显著，居试验第 12 位。平均产油量 82.07kg/亩，比对照减产 12.15%，3 个点增产，6 个点减产。株高 148.67cm，分枝数 7.86，全生育期平均 229.1 天，比对照迟熟 1.1 天。单株有效角果数为 250.09 个，每角粒数 20.22 粒，千粒重 4.17g，不育株率 0.09%。菌核病发病率 21.55%，病情指数 10.94，病毒病发病率 0.48%，病情指数 0.48。受冻率 49.80%，冻害指数 16.67，菌核病鉴定结果为低感，抗倒性强 –。芥酸含量 0.0，硫苷含量 24.08μmol/g（饼），含油量 44.32%。

主要优缺点：品质达双低标准，丰产性差，产油量较低，抗倒性较强，抗病性中等，熟期适中。

结论：产量、产油量指标未达标，终止试验。

2012—2013 年全国冬油菜品种区域试验（下游 C 组）原始产量表

试点	品种名	小区产量（kg）				试点	品种名	小区产量（kg）			
		Ⅰ	Ⅱ	Ⅲ	平均值			Ⅰ	Ⅱ	Ⅲ	平均值
上海市农科院	FC03（常规）＊	4.460	4.312	4.811	4.528	安徽全椒	FC03（常规）＊	7.362	7.141	7.740	7.414
	秦优 10 号（CK）	4.294	4.429	4.401	4.375		秦优 10 号（CK）	6.832	7.245	7.054	7.044
	中 11R1927	4.200	4.610	4.752	4.521		中 11R1927	6.721	6.320	6.254	6.432
	M417（常规）＊	4.774	4.344	4.965	4.694		M417（常规）＊	7.250	7.623	7.544	7.472
	华油杂 87＊	4.140	3.762	3.777	3.893		华油杂 87＊	6.983	7.420	6.723	7.042
	沪油 065（常规）	4.489	4.885	4.779	4.718		沪油 065（常规）	5.970	6.323	5.563	5.952
	绵新油 38＊	4.377	4.653	4.119	4.383		绵新油 38＊	7.822	7.341	7.382	7.515
	T1208	4.119	4.036	3.971	4.042		T1208	7.566	7.570	7.077	7.404
	核优 218	4.278	4.545	4.642	4.488		核优 218	6.150	6.138	7.139	6.476
	98033＊	4.601	4.758	4.716	4.692		98033＊	7.360	7.954	7.236	7.517
	18C（常规）	4.796	4.584	4.280	4.553		18C（常规）	7.115	6.428	6.562	6.702
	苏 ZJ-5（常规）	4.542	3.829	4.273	4.215		苏 ZJ-5（常规）	6.360	6.843	6.450	6.551
安徽合肥	FC03（常规）＊	7.990	7.795	7.375	7.720	浙江杭州	FC03（常规）＊	5.970	5.285	6.080	5.778
	秦优 10 号（CK）	7.625	8.045	7.870	7.847		秦优 10 号（CK）	6.455	6.095	6.495	6.348
	中 11R1927	7.075	7.410	7.055	7.180		中 11R1927	5.290	5.610	5.860	5.587
	M417（常规）＊	8.145	8.355	7.605	8.035		M417（常规）＊	6.500	6.615	6.950	6.688
	华油杂 87＊	8.385	8.115	8.105	8.202		华油杂 87＊	6.370	6.535	6.840	6.582
	沪油 065（常规）	7.010	6.165	6.845	6.673		沪油 065（常规）	4.520	4.515	5.185	4.740
	绵新油 38＊	8.140	8.175	8.355	8.223		绵新油 38＊	5.195	5.595	5.680	5.490
	T1208	7.790	7.490	7.460	7.580		T1208	6.305	6.585	6.345	6.412
	核优 218	7.665	7.365	7.285	7.438		核优 218	5.120	5.545	5.545	5.403
	98033＊	7.925	7.475	7.940	7.780		98033＊	6.670	6.690	6.780	6.713
	18C（常规）	7.950	7.875	7.830	7.885		18C（常规）	5.635	6.190	6.010	5.945
	苏 ZJ-5（常规）	6.820	7.075	7.020	6.972		苏 ZJ-5（常规）	5.625	5.295	5.985	5.635
安徽芜湖	FC03（常规）＊	6.340	6.660	6.310	6.437	浙江嘉兴	FC03（常规）＊	4.914	5.131	5.233	5.093
	秦优 10 号（CK）	6.020	5.980	5.840	5.947		秦优 10 号（CK）	5.220	5.097	4.927	5.081
	中 11R1927	6.120	5.890	6.130	6.047		中 11R1927	5.052	5.189	4.862	5.034
	M417（常规）＊	6.540	5.930	5.740	6.070		M417（常规）＊	5.347	5.143	5.432	5.307
	华油杂 87＊	5.980	6.180	5.630	5.930		华油杂 87＊	5.527	5.749	5.880	5.719
	沪油 065（常规）	6.790	6.110	6.430	6.443		沪油 065（常规）	4.483	4.411	4.261	4.385
	绵新油 38＊	6.120	5.680	6.630	6.143		绵新油 38＊	5.040	4.834	4.728	4.867
	T1208	6.230	5.560	7.230	6.340		T1208	5.329	5.497	5.460	5.429
	核优 218	6.040	5.680	5.280	5.667		核优 218	4.776	5.234	4.596	4.869
	98033＊	5.770	6.130	6.270	6.057		98033＊	5.263	5.349	5.143	5.252
	18C（常规）	6.850	5.980	4.790	5.873		18C（常规）	4.656	5.017	5.064	4.912
	苏 ZJ-5（常规）	5.700	6.230	5.790	5.907		苏 ZJ-5（常规）	5.041	4.914	5.160	5.038

试点	品种名	小区产量（kg）				试点	品种名	小区产量（kg）			
		I	II	III	平均值			I	II	III	平均值
浙江湖州	FC03（常规）*	7.020	6.900	7.490	7.137	江苏扬州	FC03（常规）*	6.890	6.970	6.590	6.817
	秦优10号（CK）	6.570	6.710	6.690	6.657		秦优10号（CK）	5.680	6.230	5.920	5.943
	中11R1927	5.860	5.920	6.970	6.250		中11R1927	5.495	5.600	5.950	5.682
	M417（常规）*	6.830	7.250	7.280	7.120		M417（常规）*	7.010	7.620	6.935	7.188
	华油杂87*	7.320	7.010	7.660	7.330		华油杂87*	6.550	7.060	6.955	6.855
	沪油065（常规）	4.950	6.460	5.840	5.750		沪油065（常规）	5.970	6.220	5.860	6.017
	绵新油38*	6.940	7.340	7.200	7.160		绵新油38*	7.045	7.740	7.060	7.282
	T1208	6.520	6.380	6.920	6.607		T1208	7.530	7.155	7.340	7.342
	核优218	6.490	6.170	6.540	6.400		核优218	6.190	6.175	6.050	6.138
	98033*	7.050	6.770	6.610	6.810		98033*	6.495	6.985	6.850	6.777
	18C（常规）	6.280	6.500	7.400	6.727		18C（常规）	6.150	6.290	6.205	6.215
	苏ZJ-5（常规）	6.590	7.010	6.340	6.647		苏ZJ-5（常规）	6.105	6.795	6.590	6.497
江苏南京	FC03（常规）*	6.835	6.585	6.435	6.618	平均值	FC03（常规）*				6.393
	秦优10号（CK）	6.470	6.345	6.225	6.347		秦优10号（CK）				6.176
	中11R1927	5.790	5.535	5.475	5.600		中11R1927				5.815
	M417（常规）*	6.045	6.115	6.325	6.162		M417（常规）*				6.526
	华油杂87*	6.675	7.205	6.815	6.898		华油杂87*				6.494
	沪油065（常规）	5.315	5.530	5.120	5.322		沪油065（常规）				5.556
	绵新油38*	6.415	6.155	6.555	6.375		绵新油38*				6.382
	T1208	6.390	6.075	6.530	6.332		T1208				6.387
	核优218	6.455	6.530	6.015	6.333		核优218				5.913
	98033*	6.485	6.560	6.140	6.395		98033*				6.444
	18C（常规）	5.535	6.190	6.085	5.937		18C（常规）				6.083
	苏ZJ-5（常规）	5.625	5.470	5.805	5.633		苏ZJ-5（常规）				5.899

下游 C 组经济性状表（1）

| 试点单位 | 编号
品种名 | 株高
（cm） | 分枝部位
（cm） | 有效分
枝数
（个） | 主花序 | | | 单株有效
角果数 | 每角
粒数 | 千粒重
（g） | 单株产量
（g） |
					有效长度 （cm）	有效角 果数	角果 密度				
安徽巢湖市农科所		156.0	90.0	5.6	56.3	73.0	1.3	170.4	15.0	5.00	12.8
安徽全椒县农科所		152.7	54.3	6.1	50.2	51.7	1.0	151.6	19.1	4.76	11.2
安徽芜湖市种子站		151.8	65.5	11.0	53.4	68.0	1.3	156.4	22.1	3.89	10.9
江苏农业科学院经作所	XQ301	147.8	54.4	5.8	54.6	52.6	1.0	165.0	12.9	4.83	18.0
江苏扬州市农科所	FC03	166.8	70.5	6.4	52.5	88.0	1.7	320.2	25.0	3.60	28.8
浙江湖州市农科院	（常	171.0	—	—	77.0	72.0	0.9	387.0	22.5	4.53	39.4
浙江嘉兴市农科院	规）*	157.6	42.3	6.3	67.1	69.4	1.0	377.6	25.7	3.87	21.8
浙江农业科学院作核所		149.2	57.2	5.8	60.2	68.8	1.1	211.6	25.7	4.74	7.8
上海市农业科学院		139.0	34.0	6.0	62.0	64.6	1.0	256.2	25.8	4.14	19.1
平　均　值		154.66	58.53	6.63	59.26	67.57	1.15	244.00	21.53	4.37	18.86
安徽巢湖市农科所		167.0	85.5	6.0	50.7	71.4	1.4	185.0	22.2	3.10	12.7
安徽全椒县农科所		170.0	70.9	6.0	55.3	60.2	1.1	162.3	21.4	3.27	10.6
安徽芜湖市种子站		155.7	50.1	11.3	68.4	81.5	1.2	161.5	23.7	3.08	10.3
江苏农业科学院经作所	XQ302	166.8	58.2	8.4	62.4	70.0	1.1	206.0	23.7	3.53	14.0
江苏扬州市农科所	秦优	182.4	74.3	9.2	60.7	82.3	1.4	386.4	21.9	3.00	25.4
浙江湖州市农科院	10 号	192.0	—	—	82.0	79.0	1.0	413.0	21.9	3.47	31.3
浙江嘉兴市农科院	（CK）	174.7	49.2	7.8	71.2	85.0	1.2	446.4	26.8	3.23	21.8
浙江农业科学院作核所		164.2	70.0	6.2	65.0	73.2	1.1	238.2	24.8	3.78	8.6
上海市农业科学院		150.0	25.0	7.8	66.2	68.8	1.0	336.6	25.4	3.04	18.4
平　均　值		169.20	60.40	7.84	64.66	74.60	1.16	281.67	23.53	3.28	17.01
安徽巢湖市农科所		148.0	71.2	5.2	46.8	70.4	1.5	191.2	16.4	3.50	11.0
安徽全椒县农科所		146.0	59.9	5.2	48.9	55.1	1.1	178.4	17.6	3.56	9.7
安徽芜湖市种子站		143.6	55.3	10.9	52.7	84.6	1.6	165.7	22.1	3.37	10.4
江苏农业科学院经作所	XQ303	150.2	65.8	6.2	51.1	70.8	1.4	200.6	17.5	3.46	13.0
江苏扬州市农科所	中 11	157.1	54.0	8.2	55.1	84.4	1.5	495.3	17.9	2.60	23.0
浙江湖州市农科院	R1927	156.0	—	—	75.0	85.0	1.1	399.0	20.4	3.60	29.3
浙江嘉兴市农科院		152.5	36.9	7.6	68.8	91.2	1.3	488.2	24.8	3.20	21.6
浙江农业科学院作核所		148.4	57.4	5.2	62.5	81.5	1.3	262.1	22.1	3.66	7.5
上海市农业科学院		139.0	36.0	8.0	68.4	81.4	1.2	357.6	23.6	3.39	19.1
平　均　值		148.98	54.56	7.06	58.80	78.24	1.34	304.23	20.27	3.37	16.06
安徽巢湖市农科所		162.0	71.4	6.6	44.5	56.8	1.3	188.6	13.0	4.60	11.3
安徽全椒县农科所		147.1	60.0	6.6	40.9	45.8	1.1	160.3	21.6	4.24	12.3
安徽芜湖市种子站		148.3	46.3	11.6	50.9	58.6	1.2	152.3	21.4	3.96	10.4
江苏农业科学院经作所	XQ304	147.6	65.2	7.4	46.8	51.2	1.1	138.0	18.6	4.42	11.0
江苏扬州市农科所	M417	153.8	58.2	8.6	43.0	63.2	1.5	392.6	20.3	3.20	25.5
浙江湖州市农科院	（常	160.0	133.0	15.0	67.0	72.0	1.1	408.0	22.3	4.21	38.3
浙江嘉兴市农科院	规）*	151.1	44.0	7.5	55.8	65.6	1.2	407.6	23.5	3.99	22.8
浙江农业科学院作核所		151.9	66.8	6.2	53.2	68.9	1.3	236.3	23.5	4.22	9.0
上海市农业科学院		133.6	29.0	6.2	55.0	57.2	1.0	278.4	24.8	4.00	20.0
平　均　值		150.60	63.77	8.41	50.79	59.92	1.19	262.46	21.00	4.09	17.84

下游 C 组经济性状表（2）

设点单位	编号品种名	株高（cm）	分枝部位（cm）	有效分枝数（个）	主花序			单株有效角果数	每角粒数	千粒重（g）	单株产量（g）
					有效长度（cm）	有效角果数	角果密度				
安徽巢湖市农科所		163.0	82.1	5.2	49.7	67.0	1.3	157.4	18.2	4.20	12.0
安徽全椒县农科所		162.8	63.1	6.0	52.7	54.5	1.0	147.7	20.3	3.88	11.1
安徽芜湖市种子站		142.2	56.3	10.9	53.7	65.1	1.2	145.8	22.1	3.81	10.3
江苏农业科学院经作所	XQ305 华油杂 87 *	156.8	59.2	7.8	58.6	67.6	1.2	194.6	20.3	4.36	20.0
江苏扬州市农科所		173.3	53.7	9.1	67.2	90.7	1.4	466.0	19.3	3.00	27.0
浙江湖州市农科院		150.0	—	—	87.0	102.0	1.2	408.0	22.3	4.17	37.9
浙江嘉兴市农科院		164.0	46.8	7.1	66.5	75.2	1.1	392.8	26.3	3.78	24.5
浙江农业科学院作核所		155.2	64.6	5.6	62.9	76.8	1.2	231.0	26.1	4.28	8.9
上海市农业科学院		139.6	33.0	5.6	61.6	64.6	1.0	306.0	25.6	3.55	16.2
平 均 值		156.32	57.35	7.16	62.21	73.72	1.17	272.14	22.28	3.89	18.66
安徽巢湖市农科所		153.0	68.4	5.8	43.5	55.8	1.3	160.2	13.3	4.50	9.6
安徽全椒县农科所		146.5	44.7	6.5	50.8	60.5	1.2	138.3	19.1	4.13	9.5
安徽芜湖市种子站		159.4	51.7	11.9	51.7	69.5	1.3	153.7	22.5	3.86	10.9
江苏农业科学院经作所	XQ306 沪油 065 （常规）	138.2	47.0	8.2	47.4	56.0	1.2	165.4	16.7	4.43	15.0
江苏扬州市农科所		160.1	53.4	8.5	54.2	66.9	1.2	355.3	20.1	3.40	24.3
浙江湖州市农科院		153.0	—	—	65.0	74.0	1.1	356.0	19.0	5.15	34.8
浙江嘉兴市农科院		149.4	43.7	7.9	56.9	74.8	1.3	431.8	26.4	4.00	18.8
浙江农业科学院作核所		145.4	60.7	7.3	52.1	73.1	1.4	247.1	23.0	4.49	6.4
上海市农业科学院		133.0	35.0	6.8	58.0	62.4	1.1	243.0	21.9	3.57	20.1
平 均 值		148.67	50.58	7.86	53.29	65.89	1.24	250.09	20.22	4.17	16.60
安徽巢湖市农科所		167.0	91.0	5.0	48.5	59.6	1.2	153.0	19.2	3.80	11.2
安徽全椒县农科所		169.6	87.2	5.0	48.6	60.8	1.3	167.3	21.9	3.72	12.5
安徽芜湖市种子站		145.7	54.7	10.8	57.8	85.4	1.5	152.3	22.1	3.91	10.5
江苏农业科学院经作所	XQ307 绵新油 38 *	160.6	54.2	8.4	64.0	75.8	1.2	269.4	20.9	4.16	25.0
江苏扬州市农科所		181.9	71.7	8.0	60.8	77.5	1.3	429.8	21.3	3.20	29.3
浙江湖州市农科院		189.0	—	—	64.0	82.0	1.3	407.0	22.1	4.22	38.0
浙江嘉兴市农科院		161.4	46.8	7.1	64.9	77.4	1.2	418.8	25.4	3.66	20.9
浙江农业科学院作核所		148.5	62.6	5.2	58.6	76.0	1.3	242.4	21.8	4.21	7.4
上海市农业科学院		155.6	39.0	5.8	65.0	70.0	1.1	378.2	27.7	3.48	18.4
平 均 值		164.42	63.40	6.91	59.13	73.86	1.26	290.91	22.49	3.82	19.24
安徽巢湖市农科所		158.0	79.5	4.4	46.0	57.6	1.3	140.0	22.0	3.50	10.8
安徽全椒县农科所		163.2	60.8	6.6	46.0	50.4	1.1	175.6	19.9	3.41	12.1
安徽芜湖市种子站		146.7	65.4	11.4	41.7	67.4	1.6	177.4	23.2	3.15	10.8
江苏农业科学院经作所	XQ308 T1208	147.8	51.2	8.2	54.8	63.0	1.1	204.4	21.5	3.64	19.0
江苏扬州市农科所		158.0	54.2	7.1	56.2	73.3	1.3	369.4	23.7	2.80	24.5
浙江湖州市农科院		168.0	—	—	63.0	79.0	1.3	408.0	21.6	3.51	31.0
浙江嘉兴市农科院		159.4	47.9	8.2	59.8	75.2	1.3	443.6	26.3	3.06	23.3
浙江农业科学院作核所		148.5	62.2	6.4	54.0	75.6	1.4	271.5	27.4	3.19	8.7
上海市农业科学院		139.6	32.6	6.4	59.0	62.0	1.1	308.2	29.7	3.06	16.8
平 均 值		154.36	56.73	7.36	53.39	67.06	1.27	277.57	23.92	3.26	17.44

下游 C 组经济性状表（3）

设点单位	编号品种名	株高（cm）	分枝部位（cm）	有效分枝数（个）	主花序 有效长度（cm）	主花序 有效角果数	主花序 角果密度	单株有效角果数	每角粒数	千粒重（g）	单株产量（g）
安徽巢湖市农科所		161.0	73.0	6.4	54.9	80.4	1.5	206.4	16.0	4.00	13.2
安徽全椒县农科所		156.3	61.6	6.3	52.7	62.1	1.2	148.8	17.8	3.83	10.8
安徽芜湖市种子站		160.8	54.8	11.3	52.9	83.4	1.6	145.7	23.4	3.56	9.9
江苏农业科学院经作所		147.0	47.0	7.2	63.4	82.0	1.3	224.0	18.6	4.04	12.0
江苏扬州市农科所	XQ309 核优 218	162.6	62.5	7.9	55.7	81.6	1.5	382.3	13.6	3.10	16.1
浙江湖州市农科院		174.0	—	—	66.0	86.0	1.3	391.0	21.0	3.94	32.0
浙江嘉兴市农科院		156.6	35.8	7.0	72.9	87.4	1.2	461.2	23.2	3.76	20.9
浙江农业科学院作核所		148.9	53.0	5.8	68.0	85.2	1.3	293.6	22.4	4.10	7.3
上海市农业科学院		125.0	32.0	6.0	59.0	72.2	1.2	339.0	22.2	3.32	18.9
平 均 值		154.69	52.46	7.24	60.61	80.03	1.34	288.00	19.80	3.74	15.68
安徽巢湖市农科所		179.0	92.6	5.0	54.9	63.2	1.2	151.6	19.1	4.50	13.0
安徽全椒县农科所		165.3	85.7	5.3	44.6	58.7	1.3	162.9	22.3	4.37	12.4
安徽芜湖市种子站		168.8	57.7	10.2	51.3	76.3	1.5	147.5	21.8	4.19	10.4
江苏农业科学院经作所		163.0	53.0	8.2	64.6	59.4	0.9	205.6	17.9	4.33	20.0
江苏扬州市农科所	XQ310 98033 *	187.5	79.8	7.8	64.7	80.2	1.2	391.1	18.0	3.40	23.9
浙江湖州市农科院		190.0	—	—	77.0	88.0	1.1	399.0	21.0	4.45	37.3
浙江嘉兴市农科院		181.7	68.3	6.0	67.9	74.6	1.1	370.6	24.8	4.20	22.5
浙江农业科学院作核所		170.4	84.2	4.9	61.6	68.0	1.1	187.4	23.8	4.88	9.1
上海市农业科学院		146.0	54.0	5.2	59.6	66.4	1.1	227.2	24.8	3.88	19.8
平 均 值		172.41	71.91	6.58	60.69	70.53	1.17	249.21	21.50	4.24	18.71
安徽巢湖市农科所		162.0	81.4	5.4	53.9	75.0	1.4	205.4	16.8	3.30	11.4
安徽全椒县农科所		160.5	70.2	5.5	56.1	66.8	1.2	165.2	20.2	3.75	11.2
安徽芜湖市种子站		150.7	56.3	10.4	53.8	73.4	1.4	150.6	23.7	3.42	10.2
江苏农业科学院经作所		151.0	59.2	6.6	57.6	69.2	1.2	154.2	17.5	3.96	12.0
江苏扬州市农科所	XQ311 18C （常规）	170.4	63.3	8.2	59.4	88.6	1.5	379.7	19.2	3.00	21.9
浙江湖州市农科院		174.0	—	—	75.0	93.0	1.2	410.0	23.0	3.91	36.7
浙江嘉兴市农科院		165.1	47.4	6.4	70.1	80.4	1.1	418.4	24.7	3.46	21.1
浙江农业科学院作核所		155.1	65.4	5.7	61.8	85.3	1.4	258.7	23.5	4.10	8.0
上海市农业科学院		138.0	35.0	5.0	65.0	73.4	1.1	281.2	25.6	3.28	19.2
平 均 值		158.53	59.78	6.65	61.41	78.34	1.28	269.27	21.58	3.58	16.85
安徽巢湖市农科所		163.0	77.6	4.6	41.2	47.6	1.2	120.0	16.8	5.10	10.3
安徽全椒县农科所		149.6	57.8	6.3	45.1	47.3	1.0	140.8	19.3	4.53	10.5
安徽芜湖市种子站		148.9	50.4	9.9	75.5	82.4	1.1	138.4	21.5	4.63	10.2
江苏农业科学院经作所		155.6	63.8	6.8	56.6	58.0	1.0	144.4	18.7	5.20	15.0
江苏扬州市农科所	XQ312 苏 ZJ-5 （常规）	160.1	46.2	8.3	54.8	73.3	1.3	327.1	23.9	3.60	28.1
浙江湖州市农科院		165.0	—	—	69.0	69.0	1.0	358.0	21.2	5.10	38.7
浙江嘉兴市农科院		159.0	43.6	6.2	65.5	71.6	1.1	392.4	24.8	4.60	21.6
浙江农业科学院作核所		150.4	66.9	4.9	59.4	63.3	1.1	266.3	24.7	5.62	7.6
上海市农业科学院		141.0	31.0	5.6	57.6	48.2	0.8	226.8	27.5	4.09	17.6
平 均 值		154.73	54.66	6.58	58.30	62.30	1.07	234.91	22.04	4.72	17.73

下游 C 组生育期与抗性表（1）

区试单位	编号品种名称	播种期(月/日)	成熟期(月/日)	全生育期(天)	比对照(±)天数	苗期生长势	成熟一致性	耐旱遗传性(强、中、弱)	抗倒性(直、斜、倒)	抗寒性 冻害率(%)	抗寒性 冻害指数	菌核病 病害率(%)	菌核病 病害指数	病毒病 病害率(%)	病毒病 病害指数	不育株率(%)
安徽巢湖市农科所		10/2	5/20	230	3	弱	齐	中	直	3.33	0.83	13.33	4.17	0	0	0
安徽全椒县农科所		10/8	5/22	226	2	强	齐	强	直	71.3	18.8	16.5	7.8	0	0	0
安徽芜湖市种子站		10/3	5/15	224	1	强	齐	强	直	100	10.5	6.5	5.4	0	0	0
江苏农业科学院经作所		9/28	5/21	235	2	强	齐	中	直	100	29.17	46.15	23.08	0	0	0
江苏扬州市农科所	XQ301 FC03(常规)*	10/5	5/25	232	4	强	齐-	—	直	—	—	6	2	—	—	2.6
浙江湖州市农科院		9/26	5/21	237	2	强	齐	强	直	0	0	7.08	—	0	0	0
浙江嘉兴市农科院		10/5	5/19	226	-1	中	齐	中	直	0	0	81.65	35.45	0	0	0
浙江农业科学院作核所		10/8	5/17	221	2	中	齐	中-	中-	—	—	8.0	6.5	—	—	0
上海市农业科学院		9/27	5/20	235	-1	强	齐	强	直	0	0	17	7.25	0	0	0
平 均 值				229.6	1.6				强-	45.77	11.86	22.47	11.46	0.00	0.00	0.33
安徽巢湖市农科所		10/2	5/17	227	—	强	齐	中	直	30.2	7.57	16.67	5	0	0	0
安徽全椒县农科所		10/8	5/20	224	—	中	齐	强	斜	72.6	19.6	18.3	8	0	0	0.32
安徽芜湖市种子站		10/3	5/14	223	—	强	齐	强	斜	100	10.8	9.3	5.9	0	0	0
江苏农业科学院经作所		9/28	5/19	233	—	强	中	强	倒	100	46.67	33.33	19.05	0	0	3.23
江苏扬州市农科所	XQ302 素优10号(CK)	10/5	5/21	228	—	强	中	—	斜	—	—	8	3	—	—	2.27
浙江湖州市农科院		9/26	5/19	235	—	强	齐	强	直	0	—	5.83	—	0	0	—
浙江嘉兴市农科院		10/5	5/20	227	—	强	齐	强	直	0	0	80	27.5	0	0	1.47
浙江农业科学院作核所		10/8	5/15	219	—	中	齐	中+	中-	—	—	19.0	14.8	—	—	0
上海市农业科学院		9/27	5/21	236	—	中	齐	中	斜	—	—	22	11.25	0	0	0
平 均 值				228.0	—			中+	中+	50.47	16.93	23.60	11.81	0.00	0.00	0.91

下游 C 组生育期与抗性表（2）

区试单位	编号品种名称	播种期（月/日）	成熟期（月/日）	全生育期（天）	比对照（±天数）	苗期生长势	成熟一致性	耐旱、渍性（强、中、弱）	抗倒性（直、斜、倒）	抗寒性 冻害率（%）	抗寒性 冻害指数	菌核病 病害率（%）	菌核病 病害指数	病毒病 病害率（%）	病毒病 病害指数	不育株率（%）
安徽巢湖市农科所		10/2	5/20	230	3	强	齐	中	直	30.67	7.67	20	8.3	0	0	0.49
安徽全椒县农科所		10/8	5/22	226	2	强	齐	强	直	72.4	25.3	20.5	8.2	0	0	0
安徽芜湖市种子站		10/3	5/12	221	-2	中	齐	中	斜	100	12.5	14.5	7.7	0	0	0
江苏农业科学院经作所		9/28	5/21	235	2	中	齐	强	倒	100	29.00	38.71	21.77	0	0	2.78
江苏扬州市农科所	XQ303	10/5	5/22	229	1	中	中	—	直	—	—	12	4.5	—	—	1.18
浙江湖州市农科院	中11	9/26	5/22	238	3	强	齐	强	直	0	—	0.83	—	0	0	—
浙江嘉兴市农科院	R1927	10/5	5/21	228	1	强	齐	强	直	0	0	81.65	30.85	5	4.15	0
浙江农业科学院作核所		10/8	5/19	223	4	中	齐	中	强	—	—	25.0	23.5	—	—	0
上海市农业科学院		9/27	5/21	236	0	中	齐	强	斜	—	—	14	7.5	0	0	5
平均值				229.6	1.6				强-	50.51	14.89	25.24	14.04	0.71	0.59	1.18
安徽巢湖市农科所		10/2	5/21	231	4	强	齐	中	直	16	4	16.67	6.67	0	0	0
安徽全椒县农科所		10/8	5/21	225	1	强	中	强	直	70	18.5	16	7	0	0	0
安徽芜湖市种子站		10/3	5/14	223	0	强	齐	中	直	100	11.5	6.3	3.5	0	0	0
江苏农业科学院经作所		9/28	5/21	235	2	中	齐	强	斜	100	46.67	35.90	18.59	0	0	0
江苏扬州市农科所	XQ304	10/5	5/27	234	6	中+	中	—	直	—	—	2	0.5	—	—	1.22
浙江湖州市农科院	M417（常规）*	9/26	5/20	236	1	强	齐	强	直	0	—	1.25	—	0	0	0
浙江嘉兴市农科院		10/5	5/21	228	1	中	齐	中	直	0	0	85	33.35	0	0	0
浙江农业科学院作核所		10/8	5/19	223	4	中+	齐	强	强	—	—	16.0	12.5	—	—	—
上海市农业科学院		9/27	5/21	236	0	弱	齐	强	直	—	—	7	3.25	0	0	0
平均值				230.1	2.1				强	47.67	16.13	20.68	10.67	0.00	0.00	0.15

下游 C 组生育期与抗性表（3）

区试单位	编号 品种名称	播种期(月/日)	成熟期(月/日)	全生育期(天)	比对照(±天数)	苗期生长势	成熟一致性	耐旱渍性(强、中、弱)	抗倒性(直、斜、倒)	抗寒性 冻害率(%)	抗寒性 冻害指数	菌核病 病害率(%)	菌核病 病害指数	病毒病 病害率(%)	病毒病 病害指数	不育株率(%)
安徽巢湖市农科所		10/2	5/18	228	1	强	齐	中	直	26.67	6.67	20	5.8	0	0	1.16
安徽全椒县农科所		10/8	5/19	223	-1	强	中	强	直	72.2	23.2	20.3	8.6	0	0	0
安徽芜湖市种子站		10/3	5/13	222	-1	中	齐	弱	直	100	14.3	7.4	3.9	0	0	0
江苏农业科学院经作所		9/28	5/19	233	0	强	齐	中	斜	100	43.33	36.36	17.05	0	0	5.88
江苏扬州市农科所	XQ305 华油杂 87 *	10/5	5/20	227	-1	强-	中	—	直	—	—	6	2.5	—	—	1.27
浙江湖州市农科院		9/26	5/19	235	0	强	齐	强	直	0	0	1.25	—	0	0	—
浙江嘉兴市农科院		10/5	5/20	227	0	中	齐	强	直	0	0	73.35	23.35	0	0	3.92
浙江农业科学院作核所		10/8	5/14	218	-1	强	中	强	强	—	—	11.0	8.5	—	—	4.0
上海市农业科学院		9/27	5/20	235	-1	中	中	中	直	—	—	27	14.75	0	0	5
平　均　值				227.6	-0.4				强	49.81	17.50	22.52	10.56	0.00	0.00	2.65
安徽巢湖市农科所		10/2	5/20	230	3	弱	齐	中	直	2.67	0.67	16.67	6.67	0	0	0
安徽全椒县农科所		10/8	5/21	225	1	中	中	强	直	96.1	35.7	22.5	9.7	0	0	0.23
安徽芜湖市种子站		10/3	5/13	222	-1	强	齐	中	直	100	13.5	6.5	3.1	0	0	0
江苏农业科学院经作所		9/28	5/19	233	0	强	齐	中	倒	100	33.50	33.33	17.71	0	0	0
江苏扬州市农科所	XQ306 沪油 065 (常规)	10/5	5/27	234	6	中-	中+	—	直	—	—	8	3	—	—	0
浙江湖州市农科院		9/26	5/20	236	1	强	齐	强	直	0	—	1.25	—	0	0	—
浙江嘉兴市农科院		10/5	5/19	226	-1	中	齐	中	直	0	0	81.7	30	3.35	3.35	0
浙江农业科学院作核所		10/8	5/16	220	1	弱	齐	弱	弱	—	—	18.0	14.8	—	—	0.5
上海市农业科学院		9/27	5/21	236	0	弱	齐	强	直	—	—	6	2.5	0	0	0
平　均　值				229.1	1.1			强-	强-	49.80	16.67	21.55	10.94	0.48	0.48	0.09

下游 C 组生育期与抗性表（4）

区试单位	编号品种名称	播种期（月/日）	成熟期（月/日）	全生育期（天）	比对照（±天数）	苗期生长势	成熟一致性	耐旱、渍性（强、中、弱）	抗倒性（直、斜、倒）	抗寒性 冻害率（%）	抗寒性 冻害指数	菌核病 病害率（%）	菌核病 病害指数	病毒病 病害率（%）	病毒病 病害指数	不育株率（%）
安徽巢湖市农科所	XQ307 绵新油38*	10/2	5/19	229	2	强	齐	中	直	9.73	2.43	16.67	5.8	0	0	0
安徽全椒县农科所		10/8	5/18	222	-2	强	齐	强	直	73.2	18.3	13	5.8	0	0	0
安徽芜湖市种子站		10/3	5/14	223	0	强	齐	中	斜	100	13.8	6.6	3.1	0	0	0
江苏农科院经作所		9/28	5/20	234	1	中	齐	中	倒	100	50.83	43.48	20.65	0	0	7.69
江苏扬州市农科所		10/5	5/24	231	3	中	中+	—	直	—	—	8	3	—	—	0
浙江湖州市农科院		9/26	5/19	235	0	强	齐	强	直	0	—	3/75	—	0	0	—
浙江嘉兴市农科院		10/5	5/20	227	0	强	齐	强	直	0	0	78.3	30.45	1.65	1.65	0
浙江农业科学院作核所		10/8	5/13	217	-2	中	齐	中	强	—	—	12.0	10.0	—	—	0
上海市农业科学院		9/27	5/21	236	0	强	中	中	直	—	—	16	9	0	0	0
平 均 值				228.2	0.2				强-	47.16	17.07	24.26	10.98	0.24	0.24	0.96
安徽巢湖市农科所	XQ308 T1208	10/2	5/17	227	0	强	齐	中	直	29.33	7.33	16.67	5	0	0	1.02
安徽全椒县农科所		10/8	5/18	222	-2	强	齐	强	直	90.2	30	20.3	7.5	0	0	0
安徽芜湖市种子站		10/3	5/11	220	-3	中	齐	中	直	100	14.5	9.7	5.8	0	0	0
江苏农科院经作所		9/28	5/18	232	-1	中	齐	强	斜	100	49.58	52.17	29.35	0	0	2.94
江苏扬州市农科所		10/5	5/23	230	2	中	中+	—	直	—	—	26	10.5	—	—	5.33
浙江湖州市农科院		9/26	5/18	234	-1	强	齐	强	直	0	—	4.58	—	0	0	—
浙江嘉兴市农科院		10/5	5/18	225	-2	中	齐	强	直	78.3	—	78.3	28.75	—	—	3.43
浙江农业科学院作核所		10/8	5/10	214	-5	强	不齐	强	强	—	—	17.0	15.0	—	—	0.5
上海市农业科学院		9/27	5/20	235	-1	中	齐	中	直	—	—	26	14.25	0	0	7
平 均 值				226.6	-1.4				强-	53.26	20.28	27.86	14.52	0.00	0.00	2.53

下游 C 组生育期与抗性表（5）

区试单位	编号品种名称	播种期（月/日）	成熟期（月/日）	全生育期（天）	比对照（±天数）	苗期生长势	成熟一致性	耐旱、渍性（强、中、弱）	抗倒性（直、斜、倒）	抗寒性 冻害率（%）	抗寒性 冻害指数	菌核病 病害率（%）	菌核病 病害指数	病毒病 病害率（%）	病毒病 病害指数	不育株率（%）
安徽巢湖市农科所	XQ309 核优 218	10/2	5/20	230	3	弱	齐	中	直	8.67	2.17	13.33	5	0	0	0
安徽全椒县农科所		10/8	5/21	225	1	中	中	强	直	73.6	18.5	17	6.7	0	0	0.23
安徽芜湖市种子站		10/3	5/13	222	-1	强	中	强	斜	100	14.6	17.3	8.7	0	0	0
江苏农业科学院经作所		9/28	5/21	235	2	强	齐	强	斜	100	30.50	36.36	18.18	0	0	2.78
江苏扬州市农科所		10/5	5/24	231	3	中-	中+	—	直	—	—	6	2	—	—	3.7
浙江湖州市农科院		9/26	5/21	237	2	强	齐	强	直	0	—	2.08	—	0	0	—
浙江嘉兴市农科院		10/5	5/20	227	0	中	齐	强	直	0	0	73.35	23.35	0	0	3.43
浙江农业科学院作核所		10/8	5/14	218	-1	中-	齐	中	强	—	—	6.0	4.3	—	—	0.5
上海市农业科学院		9/27	5/21	236	0	弱	齐	强	直	9	4.5	9	4.5	0	0	0
平　均　值				229.0	1.0				强-	47.05	13.15	20.05	9.09	0.00	0.00	1.33
安徽巢湖市农科所	XQ310 98033 *	10/2	5/20	230	3	强	齐	中	直	26.67	6.67	16.67	1.67	0	0	0
安徽全椒县农科所		10/8	5/22	226	2	强	齐	强	直	76.7	19.2	13.6	4.5	0	0	0
安徽芜湖市种子站		10/3	5/15	224	1	强	中	强	直	100	13.2	7.4	3.9	0	0	0
江苏农业科学院经作所		9/28	5/21	235	2	中	齐	强	直	100	32.50	20.00	11.00	0	0	0
江苏扬州市农科所		10/5	5/24	231	3	中	齐	—	直	—	—	4	1	—	—	1.35
浙江湖州市农科院		9/26	5/22	238	3	强	齐	强	直	0	—	0	0	0	0	—
浙江嘉兴市农科院		10/5	5/22	229	2	中	齐	强	直	0	0	53.35	17.05	3.35	2.5	0
浙江农业科学院作核所		10/8	5/20	224	5	中+	齐	中+	强	—	—	13.0	10.3	—	—	0
上海市农业科学院		9/27	5/22	237	1	强	齐	强	直	9	5	9	5	0	0	0
平　均　值				230.4	2.4				强	50.56	14.31	15.22	6.80	0.48	0.36	0.17

下游 C 组生育期与抗性表（6）

区试单位	编号品种名称	播种期（月/日）	成熟期（月/日）	全生育期（天）	比对照（±天数）	苗期生长势	成熟一致性	耐旱、渍性（强、中、弱）	抗倒性（直、斜、倒）	抗冻性 冻害率（%）	抗冻性 冻害指数	菌核病 病害率（%）	菌核病 病害指数	病毒病 病害率（%）	病毒病 病害指数	不育株率（%）
安徽巢湖市农科所		10/2	5/19	229	2	强	齐	中	直	7.33	1.83	6.67	2.5	0	0	0
安徽全椒县农科所		10/8	5/22	226	2	中	齐	强	直	70.1	19.6	13.5	7.3	0	0	0
安徽芜湖市种子站	XQ311	10/3	5/12	221	-2	强	齐	强	直	100	12.4	13.3	6.7	0	0	0
江苏农科学院经作所	18C	9/28	5/19	233	0	强	齐	强	斜	100	40.42	40.74	19.44	0	0	3.23
江苏扬州市农科所	（常规）	10/5	5/22	229	1	中+	中	—	直	—	—	8	3	—	—	0
浙江湖州市农科院		9/26	5/20	236	1	强	齐	强	直	0	—	1.67	—	0	0	—
浙江嘉兴市农科院		10/5	5/21	228	1	中	齐	强	直	0	0	68.35	23.3	1.65	1.65	0
浙江农业科学院作核所		10/8	5/15	219	0	中+	齐	中+	中	—	—	24.0	15.5	—	—	0
上海市农业科学院		9/27	5/22	237	1	强	齐	强	直	—	—	15.0	8.0	0	0	0
平 均 值				228.7	0.7				强-	46.24	14.85	21.25	10.72	0.24	0.24	0.40
安徽巢湖市农科所		10/2	5/20	230	3	强	中	中	直	38.67	9.67	13.33	5	0	0	0
安徽全椒县农科所		10/8	5/19	223	-1	强	中	强	直	94.6	32.5	16	7.2	0	0	0.27
安徽芜湖市种子站	XQ312	10/3	5/12	221	-2	强	齐	中	直	100	16.7	11.3	5.7	0	0	0
江苏农科学院经作所	苏 ZJ-5	9/28	5/20	234	1	中	齐	强	斜	100	39.17	48.39	25.81	0	0	3.45
江苏扬州市农科所	（常规）	10/5	5/24	231	3	中+	齐-	—	直	—	—	4	1	—	—	0
浙江湖州市农科院		9/26	5/21	237	2	强	齐	强	直	0	—	2.08	—	0	0	—
浙江嘉兴市农科院		10/5	5/19	226	-1	中	齐	中	直	0	0	71.65	22.95	0	0	0
浙江农业科学院作核所		10/8	5/18	222	3	中	齐	中	中	—	—	19.0	14.8	—	—	0
上海市农业科学院		9/27	5/20	235	-1	强	中	中	斜	—	—	21	11.75	0	0	0
平 均 值				228.8	0.8				强-	55.55	19.61	22.97	11.78	0.00	0.00	0.47

2012—2013 年度国家冬油菜品种区域试验汇总报告
（长江下游 D 组）

一、试验概况

（一）供试品种（系）

参试品种（系）包括对照共 12 个。

编号	品种名称	申报类型	芥酸（%）	硫苷（μmol/g）	含油量（%）	供 种 单 位
XQ401	106047	双低杂交	0.0	20.75	43.78	武汉中油阳光时代种业科技有限公司
XQ402	亿油 8 号 *	双低杂交	0.0	23.61	42.30	安徽绿艺种业有限公司
XQ403	秦油 876 *	双低杂交	0.5	34.87	42.49	安徽未来种业有限公司
XQ404	向农 08	双低杂交	0.3	24.47	44.16	上海农科种子种苗有限公司
XQ405	浙杂 0902	双低杂交	0.2	25.81	45.10	浙江省农业科学院作核所
XQ406	福油 23	双低杂交	0.6	39.62	44.76	绵阳市地神农作物研究所
XQ407	D157	双低杂交	0.1	21.56	48.36	贵州禾睦福种子有限公司
XQ408	徽豪油 28 *	双低杂交	0.0	25.90	45.06	安徽国豪农业科技有限公司
XQ409	核杂 14 号	双低杂交	0.4	23.41	42.68	上海市农业科学院作物所
XQ410	秦优 10 号（CK）	双低杂交	0.0	26.01	45.32	咸阳市农业科学研究院
XQ411	凡 341（常规）	常规双低	0.3	21.10	48.86	浙江省农业科学院作核所
XQ412	优 0737	双低杂交	0.0	25.23	45.52	江苏里下河地区农业科学研究所/江苏金土地种业有限公司

注：（1）"＊"表示两年区试品种（系）；（2）品质检测由农业部油料及制品质量监督检验测试中心检测，芥酸于 2012 年 8 月测播种前各育种单位参试品种的种子；硫苷、含油量于 2013 年 7 月测收获后各试点抽样的混合种子

（二）参试单位

组别	参试单位	参试地点	联系人
长江下游 D 组	安徽省合肥市农科所	安徽省巢湖市	肖圣元
	安徽滁州市农科所	安徽省滁州市	林 凯
	安徽铜陵县农技中心	安徽省铜陵县	彭玉菊
	江苏农业科学院经作所	江苏省南京市	张洁夫
	扬州市农科所	江苏省扬州市	惠飞虎
	浙江农业科学院作物所	浙江省杭州市	张冬青
	浙江嘉兴市农科院	浙江省嘉兴市	姚祥坦
	浙江湖州市农科院	浙江省湖州市	马善林
	上海市农业科学院作物所	上海市	孙超才

（三）试验设计及田间管理

各试点均按统一试验方案严格执行，采用随机区组排列，3 次重复，小区净面积为 20m^2。各试点种

植密度为 2.3 万 ~2.7 万株，分别于 9/25 ~10/8 日播种。其观察记载、田间调查和室内考种均按实施方案进行。各点试验地前作有水稻、玉米等，其土壤肥力中等偏上，栽培管理水平同当地大田生产或略高于当地大田生产，治虫不防病。底肥种类有专用肥、复合肥、过磷酸钙、硼砂等，追肥以尿素为主。

（四）气候特点及其影响

本年度长江下游地区油菜播种期间普遍干旱少雨，天气晴好，气温较高，但由于各试点采取了喷灌、沟灌等有效措施，出苗均较整齐，生长普遍较好。冬前气温偏高，光照充足，有利于油菜的苗期生长与干物质积累。冬季低温来临早，冷空气活动频繁，多阴雨天气，气温低，持续时间长，但由于降温平稳，所以，大部分试点冻害并不严重。但南京点越冬期出现罕见高温，最高温度达 15 ~20℃，较常年同期偏高，油菜生长迅速，长势普遍较旺，部分材料出现早薹。2 月中旬气温低至 −7℃，部分材料冻害严重，花期经历 2 次低温，对油菜开花结实有不利影响，大部分品种主花序末端结实性较差。返青抽薹期，温度略低，生育进程稍有延迟。少数试点 4 月初有倒春寒，多阴雨，导致花期延长，部分材料出现阴荚与分段结实现象。

总体来说，本区域本年度大部分试点气候有利于油菜生长发育，灌浆成熟期天气晴好，日照时间长，对油菜籽粒灌浆与产量形成非常有利，产量水平普遍较高。

二、试验结果

（一）产量结果

1. 方差分析表（试点效应固定）

变异来源	自由度	平方和	均方	F 值	概率（小于 0.05 显著）
试点内区组	18	3 485.13194	193.61844	1.61308	0.060
品　　种	11	22 180.74074	2 016.43098	16.799370.000	
试　　点	8	231 541.33333	28 942.66667	241.12833	0.000
品种×试点	88	37 850.60409	430.12050	3.58344	0.000
误　　差	198	23 765.96766	120.03014		
总　变　异	323	318 823.77778			

试验总均值 =203.52946566358

误差变异系数 CV（％）=5.383

多重比较结果（LSD 法）　LSD0 0.05 = 5.9040　LSD0 0.01 = 7.7825

品种	品种均值	比对照（％）	0.05 显著性	0.01 显著性
优 0737	216.95450	8.28200	a	A
秦油 876 *	215.71120	7.66152	ab	A
106047	210.40140	5.01135	bc	AB
亿油 8 号 *	209.62110	4.62192	cd	AB
徽豪油 28 *	205.43840	2.53433	cde	BC
浙杂 0902	203.75820	1.69573	def	BCD
核杂 14 号	203.04090	1.33774	ef	BCD
秦优 10 号（CK）	200.36060	0.00000	efg	CD
D157	199.22350	− 0.56750	fg	CD
凡 341（常规）	196.10010	− 2.12641	gh	DE
向农 08	191.01610	− 4.66382	h	E
福油 23	190.72850	− 4.80738	h	E

2. 品种稳定性分析（Shukla 稳定性方差）

变异来源	自由度	平方和	均方	F 值	概率（小于 0.05 显著）
区 组	18	3 485.33300	193.62960	1.61317	0.060
环 境	8	231 539.70000	28 942.46000	241.12630	0.000
品 种	11	22179.96000	2016.36000	16.79876	0.000
互 作	88	37 852.03000	430.13670	3.58357	0.000
误 差	198	23766.00000	120.03030		
总变异	323	318 823.00000			

各品种 Shukla 方差及其显著性检验（F 测验）

品种	DF	Shukla 方差	F 值	概率	互作方差	品种均值	Shukla 变异系数（%）
106047	8	116.24120	2.9053	0.004	76.2311	210.4013	5.1243
亿油 8 号 *	8	147.70770	3.6918	0.000	107.6976	209.6211	5.7978
秦油 876 *	8	70.98988	1.7743	0.084	30.9798	215.7112	3.9059
向农 08	8	181.18360	4.5284	0.000	141.1735	191.0161	7.0468
浙杂 0902	8	144.46820	3.6108	0.001	104.4581	203.7581	5.8989
福油 23	8	184.76580	4.6180	0.000	144.7557	190.7285	7.1268
D157	8	132.51860	3.3121	0.001	92.5085	199.2236	5.7783
徽豪油 28 *	8	122.12860	3.0524	0.003	82.1185	205.4384	5.3793
核杂 14 号	8	121.44000	3.0352	0.003	81.4299	203.0408	5.4275
秦优 10 号（CK）	8	98.90643	2.4720	0.014	58.8963	200.3606	4.9636
凡 341（常规）	8	69.22881	1.7303	0.093	29.2187	196.1001	4.2429
优 0737	8	331.43590	8.2838	0.000	291.4258	216.9544	8.3913
误差	198	40.01010					

各品种 Shukla 方差同质性检验（Bartlett 测验）Prob. = 0.70459 不显著，同质，各品种稳定性差异不显著。

各品种 Shukla 方差及其显著性检验（F 测验）

品种	Shukla 方差	0.05 显著性	0.01 显著性
优 0737	331.43590	a	A
福油 23	184.76580	ab	A
向农 08	181.18360	ab	A
亿油 8 号 *	147.70770	ab	A
浙杂 0902	144.46820	ab	A
D157	132.51860	ab	A
徽豪油 28 *	122.12860	ab	A
核杂 14 号	121.44000	ab	A
106047	116.24120	ab	A
秦优 10 号（CK）	98.90643	ab	A
秦油 876 *	70.98988	b	A
凡 341（常规）	69.22881	b	A

（二）主要经济性状

各试点详细调查记载了油菜参试品种的主要经济性状、农艺性状和抗逆性，具体包括单株有效角果数、每角粒数、千粒重、单株产量、株高、有效分枝部位、分枝数、结荚密度、主花序有效长、主花序有效角、不育株率、生育期、菌核病发生情况（发病率、病情指数）、病毒病发生情况（发病率、病情指数）、抗寒性（受冻率、冻害指数）、苗期生长势和成熟期一致性、抗倒性等，详见各相关附表。主要产量构成情况如下：

1. 单株有效角果数

单株有效角果数平均幅度为 328.24～396.26 个。其中，106047 最少，亿油 8 号最多，秦优 10CK 为 348.32，2011—2012 年为 284.38 个。

2. 每角粒数

每角粒数平均幅度 19.70～22.97 粒。其中，亿油 8 号最少，CK 秦优 10 号最多。2011—2012 年秦优 10 号 24.54 粒。

3. 千粒重

千粒重平均幅度为 3.28～4.84g。其中，福油 23 最小，106047 最大，秦优 10 号 CK3.33g，与 2011—2012 年的 3.21g 相当。

（三）成熟期比较

在参试品种（系）中，各品种全生育期变幅 229.1～233.6 天，品种熟期极差 4.4 天。对照秦优 10 号（CK）全生育期 231.6 天，比 2011—2012 年的 224.5 天，延迟 7.1 天。

（四）抗逆性比较

1. 菌核病

菌核病平均发病率幅度 17.75%～26.19%，病情指数幅度为 8.28～14.21。秦优 10 号（CK）发病率为 19.07，病情指数为 10.11，2011—2012 年发病率为 29.47，病情指数为 16.97。

2. 病毒病

病毒病发病率平均幅度为 0.00%～1.12%。病情指数幅度 0.00～0.90。CK 秦优 10 号发病率为 0.00，病情指数 0.00，2011—2012 年 CK 发病率 2.50%，病情指数 1.00。

（五）不育株率

变幅为 0.00%～25.33%，其中，福油 23 最高，其余品种均在 3% 以下。秦优 10 号（CK）0.47%。

三、品种综述

根据对照品种秦优 10 号的表现，本组试验采用产量均值和产油量均值（简称对照）为对照对数据进行处理分析和品种评价。

1. 优 0737

江苏里下河地区农业科学研究所选育，试验编号 XQ412。

该品种株高适中，生长势较好，一致性好，分枝性中等。9 个点试验 7 个点增产，2 个点减产，平均亩产 216.95kg，比对照增产 6.60%，增产极显著，居试验第 1 位。平均产油量 98.76kg/亩，比对照增产 8.15%，8 个点增产，1 个点减产。株高 153.72cm，分枝数 6.99 个，全生育期平均 233.0 天，比对照迟熟 1.4 天。单株有效角果数 336.48 个，每角粒数为 20.40 粒，千粒重为 4.10g，不育株率 0.60%。菌核病发病率 20.31%，病情指数 9.96，病毒病发病率 0.00%，病情指数 0.00，受冻率 25.00%，冻害指数 7.85，菌核病鉴定结果为低感，抗倒性强 –。芥酸含量 0.0，硫苷含量 25.23μmol/g（饼），含油量 45.52%。

主要优缺点：丰产性好，产油量高，品质达双低标准，抗倒性较强，抗病性中等，熟期适中。
结论：各项试验指标达标，继续试验并进入同步生产试验。

2. 秦油 876 *

安徽未来种业有限公司提供，试验编号 XQ403。

该品种株高偏矮，生长势较好，一致性好，分枝性中等。9 个点试验 8 个点增产，1 个点减产，平均亩产215.71kg，比对照增产5.99%，增产极显著，居试验第2位。平均产油量91.66kg/亩，比对照增产0.37%，5个点增产，5个点减产。株高142.51cm，分枝数7.36个，全生育期平均230.9天，比对照早熟0.7天。单株有效角果数374.91个，每角粒数为21.57粒，千粒重为4.08g，不育株率0.43%。菌核病发病率22.81%，病情指数10.90，病毒病发病率0.28%，病情指数0.21，受冻率29.93%，冻害指数10.74，菌核病鉴定结果为低感，抗倒性强。芥酸含量0.5%，硫苷含量34.87μmol/g（饼），含油量42.49%。

2011—2012年度国家（长江下游C组，试验编号XQ313）区试中：8个点试验5个点增产，3个点减产，平均亩产187.37kg，比对照增产4.21%，增产显著，居试验第5位。平均产油量77.40kg/亩，比对照减产1.27%，8个试验点5个点比对照增产，3个点比对照减产。株高166.50cm，分枝数7.82，全生育期平均226.6天，比对照早熟1.3天。单株有效角果数为268.29个，每角粒数22.74粒，千粒重3.78g，不育株率0.42%。菌核病发病率30.70%，病情指数18.51，病毒病发病率3.10%，病情指数1.85。受冻率68.46%，冻害指数29.20，菌核病鉴定结果为低感，抗倒性强。芥酸含量0.1%，硫苷含量29.46μmol/g（饼），含油量41.31%。

综合2011—2013两年试验结果：共17个试验点，13个点增产，4个点减产，两年平均亩产201.54kg，比对照增产5.10%。单株有效角果数321.60个，每角粒数22.16粒，千粒重3.93g，菌核病发病率26.76%，病情指数为14.71，病毒病发病率1.69%，病情指数1.03，菌核病鉴定结果为低感，抗倒性强，不育株率平均为0.43%。含油量平均为41.90%，2年芥酸含量分别为0.5%和0.1%，硫苷含量分别34.87μmol/g（饼）和29.46μmol/g（饼）。产油量两年平均为84.53kg/亩，比对照减产0.45%，10个点增产，7个点减产。

主要优缺点：丰产性较好，产油量一般，品质未达双低标准，抗倒性强，抗病性中等，熟期适中。

结论：硫苷超标，完成试验。

3. 106047

武汉中油阳光时代种业科技有限公司提供，试验编号XQ401。

该品种株高适中，生长势较好，一致性好，分枝性中等。9个点试验7个点增产，2个点减产，平均亩产210.40kg，比对照增产3.38%，增产极显著，居试验第3位。平均产油量92.11kg/亩，比对照增产0.87%，5个点增产，4个点减产。株高153.09cm，分枝数7.11个，全生育期平均232.3天，比对照迟熟0.8天。单株有效角果数328.24个，每角粒数为20.39粒，千粒重为4.84g，不育株率1.79%。菌核病发病率23.39%，病情指数12.88，病毒病发病率0.00%，病情指数0.00，受冻率26.61%，冻害指数10.23，菌核病鉴定结果为中感，抗倒性强－。芥酸含量0.0，硫苷含量20.75μmol/g（饼），含油量43.78%。

主要优缺点：丰产性较好，产油量较高，品质达双低标准，抗倒性较强，中感菌核病，熟期适中。

结论：各项试验指标达标，继续试验。

4. 亿油8号*

安徽绿艺种业有限公司提供，试验编号XQ402。

该品种株高较矮，生长势一般，一致性较好，分枝性中等。9个点试验7个点增产，2个点减产，平均亩产209.62kg，比对照增产2.99%，增产不显著，居试验第4位。平均产油量88.67kg/亩，比对照减产2.90%，4个点增产，5个点减产。株高147.10cm，分枝数8.91个，全生育期平均229.1天，比对照早熟2.4天。单株有效角果数为396.26个，每角粒数19.70粒，千粒重3.68g，不育株率0.84%。菌核病发病率26.19%，病情指数14.21，病毒病发病率1.12%，病情指数0.90，受冻率24.14%，冻害指数7.49，菌核病鉴定结果为低感，抗倒性中。芥酸含量0.0，硫苷含量23.61μmol/g（饼），含油量42.30%。

2011—2013 年度国家（长江下游 D 组，试验编号 XQ410）区试中：6 个点试验 5 点增产，一个点减产，平均亩产 187.14kg，比对照增产 4.90%，增产极显著，居试验第 1 位。平均产油量76.80kg/亩，比对照减产 0.53%，6 个试点 3 个增产，3 个点减产。株高 151.95cm，分枝数 7.98 个，全生育期平均 221.7 天，比对照早熟 2.8 天。单株有效角果数为 304.49 个，每角粒数 20.78 粒，千粒重 3.24g，不育株率 0.55%。菌核病发病率 32.25%，病情指数 17.81，病毒病发病率 11.00%，病情指数 4.92，受冻率 19.07%，冻害指数 6.08，菌核病鉴定结果为低感，抗倒性强。芥酸含量 0.0，硫苷含量 19.19μmol/g（饼），含油量 41.04%。

2011—2013 两年试验结果：共 15 个试验点，12 个点增产，3 个点减产，两年平均亩产198.38kg，比对照增产 3.94%。单株有效角果数 350.38 个，每角粒数 20.24 粒，千粒重 3.46g，菌核病发病率 29.22%，病情指数为 16.01，病毒病发病率 6.06%，病情指数 2.91，菌核病鉴定结果为低抗，抗倒性中＋，不育株率平均为 0.71%。含油量平均为 43.86%，2 年芥酸含量分别为 1.6% 和1.3%，硫苷含量分别 29.09μmol/g（饼）和 36.51μmol/g（饼）。产油量两年平均为 82.73kg/亩，比对照减产 1.71%。9 个点增产，6 个点减产。

主要优缺点：丰产性一般，产油量较低，品质达双低标准，稳产性一般，抗倒性一般，抗病性一般，熟期适中。

结论：产量、产油量未达标，完成试验。

5. 徽豪油 28 ＊

安徽国豪农业科技有限公司提供，试验编号 XQ408。

该品种株高适中，生长势一般，一致性较好，分枝性中等。9 个点试验 5 个点增产，4 个点减产，平均亩产 205.44kg，比对照增产 0.94%，增产不显著，居试验第 5 位。平均产油量 92.57kg/亩，比对照增产 1.37%，6 个点增产，3 个点减产。株高 155.63cm，分枝数 8.05 个，全生育期 230.1天，比对照早熟 1.4 天。单株有效角果数为 359.60 个，每角粒数为 22.33 粒，千粒重 3.66g，不育株率 1.67%。菌核病发病率 21.92%，病情指数 11.35，病毒病发病率 0.28%，病情指数 0.21，受冻率24.23%，冻害指数 8.34，菌核病鉴定结果为低感，抗倒性强－。芥酸含量 0.0，硫苷含量25.90μmol/g（饼），含油量 45.06%。

2011—2013 年度国家（长江下游 C 组，试验编号 XQ312）区试中：8 个点试验 6 个点增产，2 个点减产，平均亩产 190.31kg，比对照增产 5.84%，增产极显著，居试验第 2 位。平均产油量80.88kg/亩，比对照增产 3.18%，8 个试点中，5 点比对照增产，3 个点比对照减产。株高166.50cm，分枝数 7.82 个，全生育期平均 226.6 天，比对照早熟 1.3 天。单株有效角果数 288.93个，每角粒数为 23.97 粒，千粒重为 3.41g，不育株率 0.50%。菌核病发病率 24.59%，病情指数15.34，病毒病发病率 4.76%，病情指数 3.16。受冻率 56.30%，冻害指数 20.39，菌核病鉴定结果为低感，抗倒性强。芥酸含量 0.4%，硫苷含量 24.16μmol/g（饼），含油量 42.50%。

2011—2013 两年试验结果：共 17 个试验点，11 个点增产，6 个点减产，两年平均亩产197.87kg，比对照增产 3.39%。单株有效角果数 324.27 个，每角粒数 23.15 粒，千粒重 3.54g，菌核病发病率 23.26%，病情指数为 13.34，病毒病发病率 2.52%，病情指数 1.69，菌核病鉴定结果为低感，抗倒性较强，不育株率平均为 1.09%。含油量平均为 43.78%，2 年芥酸含量分别为 0.0，和0.4%，硫苷含量分别 25.90μmol/g（饼）和 24.16μmol/g（饼）。产油量两年平均为 86.73kg/亩，比对照增加 2.28%，12 个点增产，5 个点减产

主要优缺点：丰产性一般，产油量一般，品质达双低标准，稳产性较差，抗倒性较强，抗病性一般，熟期适中。

结论：产量、产油量未达标，完成试验。

6. 浙杂 0902

浙江省农科院作核所选育，试验编号 XQ405。

该品种株高适中，生长势一般，一致性较好，分枝性中等。9个点试验6个点增产，3个点减产，平均亩产203.76kg，比对照增产0.11%，不显著，居试验第6位。平均产油量91.89kg/亩，比对照增产0.63%，6个试点3个点增产，3个点减产。株高152.88cm，分枝数8.48个，全生育期平均231.8天，比对照迟熟0.2天。单株有效角果数为350.07个，每角粒数20.97粒，千粒重4.04g，不育株率1.08%。菌核病发病率18.75%，病情指数9.87，病毒病发病率0.00%，病情指数0.00，受冻率27.81%，冻害指数8.06，菌核病鉴定结果为低感，抗倒性中+。芥酸含量0.2%，硫苷含量25.81μmol/g（饼），含油量45.10%。

主要优缺点：丰产性一般，产油量一般，品质达双低标准，抗倒性一般，抗病性中等，熟期适中。

结论：产量、产油量未达标，终止试验。

7. 核杂14

上海市农科院作物所选育，试验编号XQ409。

该品种株高较矮，生长势一般，一致性好，分枝性中等。9个点试验4个点增产，5个点减产，平均亩产203.04kg，比对照减产0.24%，不显著，居试验第7位。平均产油量86.66kg/亩，比对照减产5.10%，2个点增产，7个点减产。株高147.91cm，分枝数7.89个，全生育期平均232.1天，比对照迟熟0.6天。单株有效角果数为337.04个，每角粒数21.23粒，千粒重为4.21g，不育株率2.41%。菌核病发病率23.12%，病情指数12.14，病毒病发病率0.28%，病情指数0.28，受冻率27.97%，冻害指数10.89，菌核病鉴定结果为中感，抗倒性强-。芥酸含量0.4%，硫苷含量23.41μmol/g（饼），含油量42.68%。

主要优缺点：丰产性较差，产油量低，品质达双低标准，抗倒性较强，抗病性较差，熟期适中。

结论：产量、产油量不达标，终止试验。

8. D157

贵州禾睦福种子有限公司提供，试验编号XQ407。

该品种株高适中，生长势一般，一致性好，分枝性中等。9个点试验4个点增产，5个点减产，平均亩产199.22kg，比对照减产2.12%，减产不显著，居试验第9位。平均产油量96.34kg/亩，比对照增产5.51%，8个点增产，1个点减产。株高163.03cm，分枝数7.04个，全生育期平均233.2天，比对照迟熟1.7天。单株有效角果数为334.51个，每角粒数22.92粒，千粒重3.84g，不育株率0.97%。菌核病发病率23.57%，病情指数12.01，病毒病发病率0.56%，病情指数0.42，受冻率30.84%，冻害指数10.14，菌核病鉴定结果为低抗，抗倒性强-。芥酸含量0.1%，硫苷含量21.56μmol/g（饼），含油量48.36%。

主要优缺点：丰产性一般，产油量高，品质达双低标准，抗倒性较强，抗病性中等，熟期适中。

结论：产量未达标，终止试验。

9. 凡341

常规双低油菜品种，浙江省农科院作核所选育，试验编号XQ411。

该品种株高适中，生长势一般，一致性好，分枝性中等。9个点试验5个点增产，4个点减产，平均亩产196.10kg，比对照减产3.65%，减产显著，居试验第10位。平均产油量95.81kg/亩，比对照增产4.93%，8个点增产，1个点减产。株高150.70cm，分枝数8.16个，全生育期平均222.7天，比对照早熟1.8天。单株有效角果数为332.58个，每角粒数21.01粒，千粒重3.37g，不育株率0.00%。菌核病发病率17.75%，病情指数8.28，病毒病发病率0.56%，病情指数0.42，受冻率24.72%，冻害指数8.95，菌核病鉴定结果为低感，抗倒性强。芥酸含量0.3%，硫苷含量21.10μmol/g（饼），含油量48.86%。

主要优缺点：品质达双低标准，丰产性一般，产油量高，抗倒性强，抗病性中等，熟期适中。

结论：产油量达标，继续试验，同步进入生产试验。

10. 向农 08

上海农科种子种苗有限公司提供，试验编号 XQ404。

该品种株高适中，生长势一般，一致性较好，分枝性中等。9 个点试验 1 个点增产，8 个点减产，平均亩产 191.02kg，比对照减产 6.15%，极显著，居试验第 11 位。平均产油量 84.35kg/亩，比对照减产 7.62%，1 个点增产，8 个点减产。株高 157.79cm，分枝数 7.38 个，全生育期平均 231.1 天，比对照早熟 0.4 天。单株有效角果数为 352.67 个，每角粒数 20.72 粒，千粒重 3.84g，不育株率 2.06%。菌核病发病率 22.20%，病情指数 11.95，病毒病发病率 0.55%，病情指数 0.42，受冻率 26.68%，冻害指数 8.72，菌核病鉴定结果为低感，抗倒性中。芥酸含量 0.3%，硫苷含量 24.47μmol/g（饼），含油量 44.16%。

主要优缺点：丰产性差，产油量低，品质达双低标准，抗倒性一般，抗病性中等，熟期适中。

结论：产量、产油量未达标，终止试验。

11. 福油 23

绵阳市地神农作物研究所选育，试验编号 XQ406。

该品种株高适中，生长势一般，一致性较好，分枝性中等。9 个点试验 2 个点增产，7 个点减产，平均亩产 190.73kg，比对照减产 6.29%，极显著，居试验第 12 位。平均产油量 85.37kg/亩，比对照减产 6.51%，2 个点增产，7 个点减产。株高 159.24cm，分枝数 8.71 个，全生育期平均 233.6 天，比对照迟熟 2 天。单株有效角果数为 373.63 个，每角粒数 21.74 粒，千粒重 3.28g，不育株率 25.33%。菌核病发病率 22.92%，病情指数 12.33，病毒病发病率 0.28%，病情指数 0.21，受冻率 26.34%，冻害指数 8.87，菌核病鉴定结果为低感，抗倒性强。芥酸含量 0.6%，硫苷含量 39.62μmol/g（饼），含油量 44.76%。

主要优缺点：丰产性差，产油量低，品质未达双低标准，抗倒性强，抗病性一般，熟期适中。

结论：产量、产油量、品质均未达标，终止试验。

2012—2013 年全国冬油菜品种区域试验（下游 D 组）原始产量表

试点	品种名	小区产量（kg）				试点	品种名	小区产量（kg）			
		I	II	III	平均值			I	II	III	平均值
上海市农科院	106047	4.181	4.166	3.971	4.106	浙江湖州	106047	7.430	7.280	6.680	7.130
	亿油 8 号 *	4.885	4.143	4.703	4.577		亿油 8 号 *	7.820	7.640	7.080	7.513
	秦油 876 *	4.336	4.416	4.584	4.445		秦油 876 *	7.420	7.310	7.740	7.490
	向农 08	4.800	4.816	4.953	4.856		向农 08	5.520	6.270	6.900	6.230
	浙杂 0902	3.936	4.204	4.013	4.051		浙杂 0902	7.520	7.410	7.360	7.430
	福油 23	4.100	3.789	3.894	3.928		福油 23	6.940	7.770	6.840	7.183
	D157	4.858	4.294	4.662	4.605		D157	6.260	6.770	6.390	6.473
	徽豪油 28 *	4.779	4.663	4.842	4.761		徽豪油 28 *	6.940	7.220	7.370	7.177
	核杂 14 号	4.779	4.778	4.875	4.811		核杂 14 号	6.790	6.930	6.550	6.757
	秦优 10（CK）	4.541	4.388	4.483	4.471		秦优 10（CK）	6.190	6.250	7.280	6.573
	凡 341 常规	4.684	4.805	4.200	4.563		凡 341	6.770	6.930	6.530	6.743
	优 0737	4.947	4.832	4.805	4.861		优 0737	6.130	7.280	6.940	6.783
浙江杭州	106047	6.865	7.075	6.775	6.905	安徽铜陵	106047	5.893	5.671	5.555	5.706
	亿油 8 号 *	7.085	7.075	6.525	6.895		亿油 8 号 *	5.663	5.557	5.994	5.738
	秦油 876 *	6.815	7.070	6.550	6.812		秦油 876 *	6.321	6.549	6.438	6.436
	向农 08	5.155	5.870	5.790	5.605		向农 08	5.439	5.328	5.106	5.291
	浙杂 0902	7.280	6.400	6.920	6.867		浙杂 0902	5.217	5.660	5.772	5.550
	福油 23	5.300	5.535	5.835	5.557		福油 23	5.996	5.763	5.551	5.770
	D157	6.230	6.315	6.845	6.463		D157	5.761	5.556	5.881	5.733
	徽豪油 28 *	5.970	6.660	5.940	6.190		徽豪油 28 *	5.784	5.998	5.776	5.853
	核杂 14 号	5.690	6.750	5.545	5.995		核杂 14 号	5.668	5.441	5.996	5.702
	秦优 10（CK）	6.515	6.480	7.035	6.677		秦优 10（CK）	6.105	6.216	6.013	6.111
	凡 341	6.430	6.135	6.525	6.363		凡 341	4.773	5.328	5.217	5.106
	优 0737	6.760	6.835	6.410	6.668		优 0737	5.784	5.876	5.778	5.813
浙江嘉兴	106047	5.550	5.783	5.784	5.706	安徽滁州	106047	6.591	6.353	6.629	6.524
	亿油 8 号 *	5.742	5.543	5.496	5.594		亿油 8 号 *	6.320	7.331	6.791	6.814
	秦油 876 *	5.088	5.657	5.328	5.358		秦油 876 *	7.155	6.932	6.865	6.984
	向农 08	4.692	5.760	4.800	5.084		向农 08	5.775	5.983	5.503	5.754
	浙杂 0902	5.328	4.960	4.986	5.091		浙杂 0902	5.762	6.649	5.988	6.133
	福油 23	5.028	4.903	4.632	4.854		福油 23	5.961	5.673	5.132	5.589
	D157	5.270	5.554	5.413	5.412		D157	6.245	7.008	6.853	6.702
	徽豪油 28 *	5.131	5.257	5.256	5.215		徽豪油 28 *	7.284	6.469	7.209	6.987
	核杂 14 号	5.319	5.143	5.460	5.307		核杂 14 号	6.310	5.923	6.174	6.136
	秦优 10（CK）	5.071	5.189	4.956	5.072		秦优 10（CK）	6.519	5.952	6.083	6.185
	凡 341	4.617	4.914	4.777	4.769		凡 341	6.701	6.009	6.433	6.381
	优 0737	5.082	5.337	5.136	5.185		优 0737	6.465	6.083	7.140	6.563

（续表）

试点	品种名	小区产量（kg）				试点	品种名	小区产量（kg）			
		I	II	III	平均值			I	II	III	平均值
江苏扬州	106047	6.310	7.135	7.110	6.852	安徽合肥	106047	7.351	7.278	7.504	7.378
	亿油 8 号*	6.065	5.880	6.325	6.090		亿油 8 号*	7.794	7.358	7.789	7.647
	秦油 876*	6.115	7.120	7.090	6.775		秦油 876*	7.738	7.538	7.336	7.537
	向农 08	6.125	5.555	6.785	6.155		向农 08	6.644	6.633	6.566	6.614
	浙杂 0902	5.120	6.865	5.755	5.913		浙杂 0902	7.954	6.772	7.658	7.461
	福油 23	5.575	5.555	5.360	5.497		福油 23	7.196	6.757	6.955	6.969
	D157	6.195	4.885	6.780	5.953		D157	6.802	6.611	7.113	6.842
	徽豪油 28*	5.615	5.480	6.000	5.698		徽豪油 28*	7.652	7.099	7.656	7.469
	核杂 14 号	5.985	5.680	6.020	5.895		核杂 14 号	7.402	7.438	7.447	7.429
	秦优 10（CK）	6.020	5.430	5.970	5.807		秦优 10（CK）	6.445	6.568	7.598	6.870
	凡 341	6.675	6.120	5.970	6.255		凡 341	7.243	6.778	6.957	6.993
	优 0737	7.350	7.270	8.380	7.667		优 0737	7.897	8.001	8.305	8.068
江苏南京	106047	6.240	6.880	6.385	6.502	平均值	106047				6.312
	亿油 8 号*	5.500	5.750	5.940	5.730		亿油 8 号*				6.289
	秦油 876*	6.410	6.145	6.660	6.405		秦油 876*				6.471
	向农 08	6.130	5.820	6.005	5.985		向农 08				5.730
	浙杂 0902	6.145	6.610	6.800	6.518		浙杂 0902				6.113
	福油 23	6.260	5.865	6.325	6.150		福油 23				5.722
	D157	5.370	6.165	5.285	5.607		D157				5.977
	徽豪油 28*	6.330	5.970	6.055	6.118		徽豪油 28*				6.163
	核杂 14 号	6.640	6.800	6.930	6.790		核杂 14 号				6.091
	秦优 10（CK）	6.275	6.135	6.585	6.332		秦优 10（CK）				6.011
	凡 341	5.760	5.525	6.035	5.773		凡 341				5.883
	优 0737	6.830	6.965	7.115	6.970		优 0737				6.509

下游 D 组经济性状表（1）

区试单位	编号 品种名	株高 (cm)	分枝部位 (cm)	有效分 枝数 (个)	主花序			单株有效 角果数	每角 粒数	千粒重 (g)	单株产量 (g)
					有效长度 (cm)	有效角 果数	角果 密度				
安徽合肥市农科所		147.3	85.1	4.1	52.9	66.3	1.3	152.1	16.2	5.30	10.4
安徽滁州市农科所		163.2	35.0	11.1	69.2	86.5	1.3	499.5	15.9	5.02	27.2
安徽铜陵县农科所		157.7	53.6	8.0	66.3	92.0	1.4	389.0	24.2	4.22	39.7
江苏农业科学院经作所		150.8	59.6	6.8	52.4	63.2	1.2	272.0	16.3	5.17	22.0
江苏扬州市农科所	XQ401 106047	160.5	46.5	8.7	63.7	76.4	1.2	417.4	21.8	3.70	33.7
浙江农业科学院作核所		151.8	70.4	5.0	59.4	74.2	1.2	217.2	23.4	5.64	9.3
浙江嘉兴市农科院		155.5	42.2	7.4	64.7	78.0	1.2	401.6	21.1	4.69	24.5
浙江湖州市农科院		147.0	—	—	58.0	72.0	1.2	377.0	20.0	5.19	39.1
上海市农业科学院		144.0	37.0	5.8	64.0	66.8	1.0	228.4	24.6	4.67	17.1
平 均 值		153.09	53.68	7.11	61.18	75.04	1.22	328.24	20.39	4.84	24.78
安徽合肥市农科所		153.3	78.7	6.7	48.0	65.6	1.4	198.7	18.9	3.90	11.2
安徽滁州市农科所		160.0	2.7	14.3	68.0	89.4	1.3	620.0	17.7	3.72	28.4
安徽铜陵县农科所		146.1	35.1	10.0	55.5	89.0	1.6	476.0	20.5	3.51	34.3
江苏农业科学院经作所		144.4	55.2	6.6	49.4	55.4	1.1	160.0	16.1	4.01	12.0
江苏扬州市农科所	XQ402 亿油 8号*	157.9	39.9	9.5	54.6	89.5	1.6	518.6	18.4	3.00	28.6
浙江农业科学院作核所		142.2	50.2	6.4	57.4	76.0	1.3	310.8	20.0	4.17	9.3
浙江嘉兴市农科院		153.0	37.6	10.0	57.7	79.2	1.4	532.2	22.8	3.55	24.0
浙江湖州市农科院		140.0	—	—	57.0	78.0	1.4	427.0	19.6	3.74	31.3
上海市农业科学院		127.0	28.0	7.8	52.0	61.6	1.2	323.0	23.3	3.50	19.3
平 均 值		147.10	40.93	8.91	55.51	75.97	1.37	396.26	19.70	3.68	22.04
安徽合肥市农科所		138.5	62.3	5.1	52.6	66.5	1.3	170.6	19.5	4.40	11.1
安徽滁州市农科所		159.4	23.0	13.0	67.3	85.5	1.3	555.3	19.6	4.20	29.1
安徽铜陵县农科所		141.2	34.5	7.0	65.7	93.0	1.4	476.0	23.4	3.62	40.3
江苏农业科学院经作所		135.6	43.6	7.6	50.4	62.6	1.2	276.1	15.5	4.48	21.0
江苏扬州市农科所	XQ403 秦油 876*	141.9	30.7	7.6	59.3	48.9	0.8	404.9	19.5	3.60	28.4
浙江农业科学院作核所		143.4	52.6	5.4	61.5	70.7	1.1	234.9	23.3	4.82	9.2
浙江嘉兴市农科院		159.0	41.3	7.4	66.5	78.2	1.2	461.0	25.1	3.79	23.0
浙江湖州市农科院		127.0	—	—	74.0	71.0	1.0	409.0	22.8	4.29	40.0
上海市农业科学院		136.6	22.6	5.8	69.0	72.0	1.0	386.4	25.4	3.48	18.6
平 均 值		142.51	38.83	7.36	62.92	72.04	1.15	374.91	21.57	4.08	24.52
安徽合肥市农科所		143.4	73.3	4.8	50.7	55.5	1.1	142.5	17.5	4.00	9.4
安徽滁州市农科所		168.5	22.6	12.2	67.4	87.0	1.3	522.4	20.3	3.92	24.0
安徽铜陵县农科所		157.3	45.5	7.0	73.0	90.0	1.2	338.0	20.3	3.43	23.5
江苏农业科学院经作所		155.0	52.6	6.8	66.0	62.2	0.9	204.0	17.5	4.20	13.0
江苏扬州市农科所	XQ404 向农08	166.5	44.3	9.0	63.7	82.0	1.3	465.0	21.2	3.40	33.5
浙江农业科学院作核所		156.1	53.8	5.8	72.0	72.9	1.0	248.1	23.2	4.40	7.6
浙江嘉兴市农科院		166.9	38.5	7.0	71.6	75.6	1.1	376.0	24.2	3.69	21.8
浙江湖州市农科院		154.0	—	—	68.0	82.0	1.2	392.0	20.0	3.77	29.6
上海市农业科学院		152.4	29.0	6.4	76.4	75.4	1.0	486.0	22.3	3.71	20.6
平 均 值		157.79	44.95	7.38	67.64	75.87	1.13	352.67	20.72	3.84	20.33

下游 D 组经济性状表 (2)

区试单位	编号 品种名	株 高 （cm）	分枝部位 （cm）	有效分 枝数 （个）	主花序 有效长度 （cm）	主花序 有效角 果数	主花序 角果 密度	单株有效 角果数	每角 粒数	千粒重 （g）	单株产量 （g）
安徽合肥市农科所		165.2	79.3	6.2	45.6	53.1	1.2	158.8	17.1	4.40	10.7
安徽滁州市农科所		161.0	22.0	12.8	56.0	79.6	1.4	517.2	18.8	4.24	25.6
安徽铜陵县农科所		145.0	41.0	9.0	58.0	69.0	1.2	385.0	19.8	3.91	29.8
江苏农业科学院经作所		155.4	43.6	8.8	62.6	71.6	1.1	300.4	16.0	4.40	23.0
江苏扬州市农科所	XQ405	166.1	47.3	9.8	53.6	77.2	1.4	408.9	22.7	3.40	31.6
浙江农业科学院作核所	浙杂0902	152.2	56.1	6.6	59.3	62.1	1.0	271.9	22.8	4.61	9.3
浙江嘉兴市农科院		152.2	36.9	7.6	61.4	69.8	1.1	408.6	24.7	3.84	21.8
浙江湖州市农科院		140.0	—	—	55.0	66.0	1.2	410.0	23.3	3.84	36.7
上海市农业科学院		138.8	38.0	7.0	44.0	58.6	1.3	289.8	23.5	3.76	16.9
平 均 值		152.88	45.53	8.48	55.06	67.44	1.21	350.07	20.97	4.04	22.82
安徽合肥市农科所		156.7	78.6	5.9	50.2	68.8	1.4	188.9	20.7	3.60	10.2
安徽滁州市农科所		165.5	19.4	13.5	66.6	86.5	1.3	575.5	22.5	3.14	23.3
安徽铜陵县农科所		162.4	39.2	12.0	71.1	92.0	1.3	508.0	22.7	3.24	37.4
江苏农业科学院经作所		155.8	51.2	9.2	50.0	60.2	1.2	280.6	16.5	3.48	16.0
江苏扬州市农科所	XQ406	171.3	60.3	8.9	52.0	67.3	1.3	412.5	19.0	2.80	21.9
浙江农业科学院作核所	福油23	156.6	55.6	7.0	66.1	75.8	1.1	298.8	24.1	3.87	7.5
浙江嘉兴市农科院		169.9	51.9	7.4	61.2	77.4	1.3	429.0	23.7	3.17	20.8
浙江湖州市农科院		160.0	—	—	64.0	75.0	1.2	447.0	22.1	3.07	30.3
上海市农业科学院		135.0	49.6	5.8	51.0	50.6	1.0	222.4	24.4	3.18	16.4
平 均 值		159.24	50.73	8.71	59.13	72.62	1.23	373.63	21.74	3.28	20.42
安徽合肥市农科所		156.5	80.2	4.9	54.0	57.3	1.1	139.4	18.6	4.00	10.0
安徽滁州市农科所		163.9	22.5	10.1	75.1	81.2	1.1	468.9	24.5	3.78	27.9
安徽铜陵县农科所		174.8	46.6	8.0	69.5	93.0	1.3	349.0	26.2	3.65	33.4
江苏农业科学院经作所		167.0	41.6	7.8	72.4	66.6	0.9	241.2	21.1	4.26	19.0
江苏扬州市农科所	XQ407	176.7	53.0	7.2	63.5	79.9	1.3	443.9	18.8	3.10	25.9
浙江农业科学院作核所	D157	168.2	62.1	5.6	70.4	71.6	1.0	254.8	24.5	4.52	8.7
浙江嘉兴市农科院		176.2	46.8	7.3	68.7	81.2	1.2	448.8	25.7	3.83	23.2
浙江湖州市农科院		142.0	—	—	63.0	63.0	1.1	417.0	20.4	3.96	33.7
上海市农业科学院		142.0	31.0	5.4	67.4	59.0	0.9	247.6	26.5	3.46	19.4
平 均 值		163.03	47.98	7.04	67.11	72.53	1.10	334.51	22.92	3.84	22.36
安徽合肥市农科所		151.4	80.0	5.0	46.1	62.8	1.4	153.5	18.2	4.00	10.6
安徽滁州市农科所		162.5	25.8	10.0	68.0	89.1	1.3	587.1	20.3	3.72	29.1
安徽铜陵县农科所		149.0	43.8	10.0	57.5	94.0	1.6	447.0	25.1	3.11	34.9
江苏农业科学院经作所		152.4	55.0	7.0	57.4	70.4	1.2	173.4	21.5	4.02	13.0
江苏扬州市农科所	XQ408	170.9	54.3	10.2	57.3	91.2	1.6	474.8	19.8	2.80	26.3
浙江农业科学院作核所	徽豪油	151.6	61.6	6.8	56.1	76.2	1.4	267.2	24.8	4.15	8.4
浙江嘉兴市农科院	28	156.9	42.7	8.4	60.6	81.8	1.3	445.6	24.3	3.70	22.4
浙江湖州市农科院	*	165.0	—	—	61.0	79.0	1.3	416.0	24.0	3.80	37.9
上海市农业科学院		141.0	34.0	6.2	63.0	64.4	1.0	271.8	23.0	3.61	20.2
平 均 值		155.63	49.65	8.05	58.56	78.77	1.35	359.60	22.33	3.66	22.53

下游 D 组经济性状表（3）

区试单位	编号品种名	株高(cm)	分枝部位(cm)	有效分枝数(个)	主花序 有效长度(cm)	主花序 有效角果数	主花序 角果密度	单株有效角果数	每角粒数	千粒重(g)	单株产量(g)
安徽合肥市农科所		153.4	82.2	5.5	47.5	60.1	1.3	128.1	20.6	4.60	10.5
安徽滁州市农科所		160.5	32.0	11.3	70.5	87.0	1.2	437.6	17.3	4.48	25.6
安徽铜陵县农科所		147.3	39.2	10.0	53.9	88.0	1.6	494.0	21.0	3.92	40.7
江苏农业科学院经作所		147.4	62.0	6.8	46.6	56.8	1.2	155.0	18.0	4.53	14.0
江苏扬州市农科所	XQ409核杂14号	159.2	38.2	9.9	64.2	78.1	1.2	468.3	19.5	3.20	29.2
浙江农业科学院作核所		142.2	51.5	5.4	61.6	75.4	1.2	217.2	24.6	4.99	8.1
浙江嘉兴市农科院		156.2	37.2	7.8	65.9	78.6	1.2	441.4	26.6	3.67	22.8
浙江湖州市农科院		133.0	—	—	56.0	75.0	1.3	419.0	20.0	4.63	38.8
上海市农业科学院		132.0	33.0	6.4	59.6	66.8	1.1	272.8	23.5	3.86	20.4
平 均 值		147.91	46.91	7.89	58.42	73.98	1.26	337.04	21.23	4.21	23.34
安徽合肥市农科所		165.2	91.9	5.5	57.9	76.0	1.3	164.1	21.9	3.40	9.9
安徽滁州市农科所		176.3	24.5	12.7	68.8	88.8	1.3	646.1	23.2	3.30	25.8
安徽铜陵县农科所		162.3	48.6	8.0	65.7	93.0	1.4	378.0	24.7	3.32	30.9
江苏农业科学院经作所		152.6	60.8	7.0	55.6	57.2	1.0	128.0	17.5	3.69	11.0
江苏扬州市农科所	XQ410秦优10号(CK)	172.1	53.9	8.6	66.6	76.0	1.1	354.0	20.6	3.00	21.9
浙江农业科学院作核所		170.4	80.5	5.8	63.9	75.5	1.2	234.9	24.6	3.71	9.0
浙江嘉兴市农科院		172.1	43.3	7.6	68.9	76.6	1.1	445.0	25.0	3.27	21.8
浙江湖州市农科院		184.0	—	—	71.0	97.0	1.4	456.0	20.3	3.27	30.3
上海市农业科学院		146.0	26.0	7.0	66.6	64.4	1.0	328.8	28.9	3.03	18.7
平 均 值		166.78	53.69	7.78	65.00	78.28	1.21	348.32	22.97	3.33	19.92
安徽合肥市农科所		146.5	83.0	5.8	40.3	55.0	1.4	145.3	15.6	3.80	10.1
安徽滁州市农科所		161.7	35.2	12.0	52.5	76.0	1.4	425.0	19.3	3.26	26.6
安徽铜陵县农科所		161.0	39.0	9.0	65.0	76.0	1.2	386.0	21.5	3.41	28.3
江苏农业科学院经作所		144.2	58.4	8.4	39.8	34.8	0.9	170.4	16.3	4.01	10.0
江苏扬州市农科所	XQ411凡341(常规)	154.9	47.5	9.9	49.3	68.0	1.4	472.6	19.8	2.80	26.2
浙江农业科学院作核所		161.0	74.4	6.2	56.9	66.4	1.2	216.5	24.5	3.71	8.6
浙江嘉兴市农科院		153.4	45.9	8.0	48.5	74.8	1.5	435.0	24.2	3.09	20.5
浙江湖州市农科院		133.0	—	—	45.0	65.0	1.5	439.0	21.9	3.17	30.5
上海市农业科学院		140.6	39.6	6.0	52.0	48.8	0.9	303.4	26.0	3.09	19.2
平 均 值		150.70	52.88	8.16	49.92	62.76	1.26	332.58	21.01	3.37	20.00
安徽合肥市农科所		158.2	81.4	5.7	48.0	60.1	1.3	177.1	18.1	4.40	11.5
安徽滁州市农科所		160.9	36.1	9.8	63.0	76.6	1.2	417.5	16.6	4.06	27.3
安徽铜陵县农科所		144.0	40.3	8.0	62.0	79.0	1.3	452.0	19.3	3.92	34.2
江苏农业科学院经作所		161.8	63.8	6.2	60.6	66.0	1.1	148.4	16.8	4.60	15.0
江苏扬州市农科所	XQ412优0737	153.4	56.7	6.4	52.8	74.6	1.4	398.1	21.3	3.30	30.0
浙江农业科学院作核所		153.1	62.0	5.6	55.5	63.8	1.1	223.8	22.7	4.75	9.0
浙江嘉兴市农科院		157.1	42.1	7.8	55.3	63.2	1.2	383.2	23.5	3.83	22.2
浙江湖州市农科院		160.0	—	—	68.0	87.0	1.3	417.0	20.6	4.38	37.6
上海市农业科学院		135.0	31.0	6.4	52.6	59.6	1.1	411.0	24.7	3.66	20.7
平 均 值		153.72	51.68	6.99	57.54	69.99	1.21	336.48	20.40	4.10	23.06

下游 D 组生育期与抗性表（1）

区试单位	编号品种名称	播种期（月/日）	成熟期（月/日）	全生育期（天）	比对照（±天数）	苗期生长势	成熟一致性	耐旱渍性（强、中、弱）	抗倒性（直、斜、倒）	抗寒性 冻害率（%）	抗寒性 冻害指数	菌核病 病害率（%）	菌核病 病害指数	病毒病 病害率（%）	病毒病 病害指数	不育株率（%）
安徽合肥市农科所	XQ401 106047	10/1	5/16	227	2	强	齐	强 -	直	17.65	4.41	17.65	6.25	0	0	2.94
安徽滁州市农科所		9/14	5/22	250	1	中	中	强	直	40.0	10.2	10.0	7.5	—	—	3
安徽铜陵县农科所		9/27	5/16	231	1	强	齐	强	直	2	0.5	12	5.33	0	0	4
江苏农业科学院经作所		9/28	5/19	233	-1	强	齐	强	斜	100	46.25	38.46	22.12	0	0	0
江苏扬州市农科所		10/5	5/21	228	-1	强	中+	—	直	—	—	16	7.5	—	—	0
浙江农科院作核所		10/8	5/19	223	4	强	齐	强	中	—	—	20.0	18.8	—	—	0
浙江嘉兴市农科院		10/5	5/19	226	-1	强	齐	强	直	0	0	73.15	24.5	0	0	4.9
浙江湖州市农科院		9/26	5/21	237	2	中	齐	强	直	—	0	1.25	—	0	0	—
上海市农业科学院		9/27	5/21	236	0	强	齐	弱	直	—	—	22	11	—	—	0
平 均 值				232.3	0.8				强	26.61	10.23	23.39	12.88	0.00	0.00	1.79
安徽合肥市农科所	XQ402 亿油8号*	10/1	5/12	223	-2	强	齐	强	直	8.82	2.21	19.12	7.72	0	0	0
安徽滁州市农科所		9/14	5/17	245	-4	强	齐	强	直	30.0	10.0	20.0	13.3	—	—	1.7
安徽铜陵县农科所		9/27	5/9	224	-6	强	齐	强	直	6	1.5	8	5.33	0	0	0
江苏农业科学院经作所		9/28	5/15	229	-5	强	齐	中	倒	100	31.25	68.97	37.07	0	0	3.03
江苏扬州市农科所		10/5	5/19	226	-3	强	中	—	直	—	—	10	2.5	—	—	0
浙江农科院作核所		10/8	5/14	218	-1	中+	齐	中+	强	—	—	8.0	6.0	—	—	0
浙江嘉兴市农科院		10/5	5/19	226	-1	强	齐	强	直	0	0	81.65	31.25	6.7	5.4	1.96
浙江湖州市农科院		9/26	5/20	236	1	强	齐	强	斜	0	—	0	0	0	0	—
上海市农业科学院		9/27	5/20	235	-1	强	齐	中	斜	—	—	20	10.5	—	—	0
平 均 值				229.1	-2.4				中	24.14	7.49	26.19	14.21	1.12	0.90	0.84

下游 D 组生育期与抗性表 (2)

区试单位	编号 品种名称	播种期 (月/日)	成熟期 (月/日)	全生育期 (天)	比对照 (±天数)	苗期生长势	成熟一致性	耐旱、渍性 (强、中、弱)	抗倒性 (直、斜、倒)	抗寒性 冻害率 (%)	抗寒性 冻害指数	菌核病 病害率 (%)	菌核病 病害指数	病毒病 病害率 (%)	病毒病 病害指数	不育株率 (%)
安徽合肥市农科所		10/1	5/13	224	-1	强	齐	强	直	20.59	5.15	22.06	7.72	0	0	0.74
安徽滁州市农科所		9/14	5/21	249	0	中	中	强	直	50.0	12.5	23.3	5.8	—	—	2
安徽铜陵县农科所		9/27	5/11	226	-4	强	齐	强	直	9	2.5	6	2.67	0	0	0
江苏扬州市农科院经作所		9/28	5/18	232	-2	中	齐	中	斜	100	44.29	29.63	15.74	0	0	0
江苏扬州市农科所	XQ403 秦油876*	10/5	5/22	229	0	中-	中-	—	直	—	—	8	3	—	—	0
浙江农业科学院作核所		10/8	5/15	219	0	强	齐	强	强	—	—	12.0	9.8	—	—	0
浙江嘉兴市农科院		10/5	5/19	226	-1	中	齐	强	直	0	0	78.3	28.75	1.65	1.25	0.98
浙江湖州市农科院		9/26	5/21	237	2	强	齐	强	直	0	—	0	—	0	0	—
上海市农业科学院		9/27	5/21	236	0	强	齐	中	直	—	—	26	13.75	0	0	0
平 均 值				230.9	-0.7		齐		强	29.93	10.74	22.81	10.90	0.28	0.21	0.43
安徽合肥市农科所		10/1	5/15	226	1	强	齐	强	斜	11.76	2.94	13.24	4.04	0	0	0
安徽滁州市农科所		9/14	5/21	249	0	中	中	强	斜	43.3	13.3	36.7	26.7	—	—	3.8
安徽铜陵县农科所		9/27	5/11	226	-4	强	齐	强	直	5	1.5	0	0	0	0	0
江苏扬州市农科院经作所		9/28	5/19	233	-1	强	齐	强	斜	100	34.58	54.17	27.08	0	0	4.17
江苏扬州市农科所	XQ404 向农08	10/5	5/23	230	1	中+	中+	—	直	—	—	4	1.5	—	—	2.6
浙江农业科学院作核所		10/8	5/13	217	-2	弱	齐	弱	弱	—	—	10.0	8.0	—	—	2.5
浙江嘉兴市农科院		10/5	5/19	226	-1	中	齐	强	直	0	0	66.65	20.8	3.3	2.5	3.43
浙江湖州市农科院		9/26	5/21	237	2	中	齐	强	倒	0	—	0	—	0	0	0
上海市农业科学院		9/27	5/21	236	0	弱	齐	强	斜	—	—	15	7.5	0	0	0
平 均 值				231.1	-0.4				中	26.68	8.72	22.20	11.95	0.55	0.42	2.06

下游 D 组生育期与抗性表（3）

区试单位	编号品种名称	播种期（月/日）	成熟期（月/日）	全生育期（天）	比对照（±天数）	苗期生长势	成熟一致性	耐旱渍性（强、中、弱）	抗倒性（直、斜、倒）	抗寒性 冻害率（%）	抗寒性 冻害指数	菌核病 病害率（%）	菌核病 病害指数	病毒病 病害率（%）	病毒病 病害指数	不育株率（%）
安徽合肥市农科所		10/1	5/16	227	2	强	齐	强	直	16.18	4.04	16.18	5.88	0	0	0
安徽滁州市农科所		9/14	5/20	248	-1	中	齐	强	直	46.7	15.0	16.7	12.5	—	—	0
安徽铜陵县农科所		9/27	5/13	228	-2	强	齐	强	直	4	1	0	0	0	0	0
江苏农业科学院经作所		9/28	5/20	234	0	强	齐	中	倒	100	28.33	29.63	15.74	0	0	2.17
江苏扬州市农科所	XQ405 浙杂0902	10/5	5/23	230	1	中+	中	—	斜	—	—	8	2	—	—	0
浙江农业科学院作核所		10/8	5/16	220	1	中+	齐	中+	中—	—	—	9.0	7.5	—	—	0
浙江嘉兴市农科院		10/5	5/21	228	1	中	齐	中	直	0	0	66.7	23.35	0	0	0.49
浙江湖州市农科院		9/26	5/20	236	1	中	齐	强	直	0	0	2.5	—	0	0	—
上海市农业科学院		9/27	5/20	235	-1	中	齐	弱	直	—	—	20	12	0	0	0
平均值				231.8	0.2				中+	27.81	8.06	18.75	9.87	0.00	0.00	0.33
安徽合肥市农科所		10/1	5/17	228	3	强	齐	强	直	22.06	5.51	17.65	6.62	0	0	16.91
安徽滁州市农科所		9/14	5/21	249	0	中	齐	强	直	30.0	8.3	30.0	11.7	—	—	9.8
安徽铜陵县农科所		9/27	5/17	232	2	强	齐	强	直	6	1.5	2	0.67	0	0	4
江苏农业科学院经作所		9/28	5/25	235	1	强	齐	中	直	100	37.92	39.29	21.43	0	0	58.62
江苏扬州市农科所	XQ406 福油23	10/5	5/25	232	3	中	中—	—	直	—	—	4	2	—	—	23.38
浙江农业科学院作核所		10/8	5/20	224	5	中	不齐	中—	中	—	—	20.0	17.8	—	—	53
浙江嘉兴市农科院		10/5	5/20	227	0	强	中	强	直	0	0	78.35	31.65	1.65	1.25	27.94
浙江湖州市农科院		9/26	5/23	239	4	强	齐	强	直	0	0	0	—	0	0	—
上海市农业科学院		9/27	5/21	236	0	弱	中	弱	直	—	—	15	6.75	0	0	9
平均值				233.6	2.0				强	26.34	8.87	22.92	12.33	0.28	0.21	25.33

下游 D 组生育期与抗性表（4）

区试单位	编号品种名称	播种期(月/日)	成熟期(月/日)	全生育期(天)	比对照(±天数)	苗期生长势	成熟一致性	耐旱、渍性(强、中、弱)	抗倒性(直、斜、倒)	抗寒性		菌核病		病毒病		不育株率(%)
										冻害率(%)	冻害指数	病害率(%)	病害指数	病害率(%)	病害指数	
安徽合肥市农科所	XQ407 D157	10/1	5/16	227	2	强	齐	强	直	32.35	8.09	23.53	8.46	0	0	0
安徽滁州市农科所		9/14	5/21	249	0	中	齐	强	直	46.7	15.8	26.7	15.8	—	—	0.4
安徽铜陵县农科所		9/27	5/16	231	1	强	齐	强	直	6	1.5	6	2	0	0	0
江苏农业科学院经作所		9/28	5/19	233	-1	强	齐	弱	倒	100	35.42	29.17	13.54	0	0	3.03
江苏扬州市农科所		10/5	5/24	231	2	强-	上-	—	直	—	—	6	1.5	—	—	1.37
浙江农业科学院作核所		10/8	5/20	224	5	中+	中	中	中	—	—	18.0	12.5	—	—	2
浙江嘉兴市农科院		10/5	5/20	227	0	强	齐	强	直	0	0	81.7	31.25	3.35	2.5	0.98
浙江湖州市农科所		9/26	5/24	240	5	强	齐	强	直	0	0	0	—	0	0	—
上海市农业科学院		9/27	5/22	237	1	中	中	强	直	—	—	21	11	0	0	0
平　均　值				233.2	1.7				强-	30.84	10.14	23.57	12.01	0.56	0.42	0.97
安徽合肥市农科所	微萱油 28*	10/1	5/15	226	1	强	齐	强	直	7.35	1.84	22.06	8.82	0	0	1.47
安徽滁州市农科所		9/14	5/19	247	-2	强	齐	强	直	30.0	8.3	16.7	15.8	—	—	2.9
安徽铜陵县农科所		9/27	5/13	228	-2	强	齐	强	直	8	2	0	0	0	0	0
江苏农业科学院经作所		9/28	5/15	229	-5	中	齐	强	倒	100	37.92	34.48	17.24	0	0	2.44
江苏扬州市农科所		10/5	5/22	229	0	强	中	—	直	—	—	12	3.5	—	—	4.05
浙江农业科学院作核所		10/8	5/13	217	-2	中+	齐	中	中-	—	—	21.0	13.5	—	—	2
浙江嘉兴市农科院		10/5	5/19	226	-1	中	齐	强	直	0	0	75	24.15	1.65	1.25	0.49
浙江湖州市农科所		9/26	5/18	234	-1	强	齐	强	直	0	0	0	—	0	0	—
上海市农业科学院		9/27	5/20	235	-1	弱	齐	强	斜	—	—	16	7.75	0	0	0
平　均　值				230.1	-1.4				强-	24.23	8.34	21.92	11.35	0.28	0.21	1.67

下游 D 组生育期与抗性表（5）

区试单位	编号品种名称	播种期（月/日）	成熟期（月/日）	全生育期（天）	比对照（±天数）	苗期生长势	成熟一致性	耐旱、渍性（强、中、弱）	抗倒性（直、斜、倒）	抗寒性 冻害率（%）	抗寒性 冻害指数	菌核病 病害率（%）	菌核病 病害指数	病毒病 病害率（%）	病毒病 病害指数	不育株率（%）
安徽合肥市农科所		10/1	5/17	228	3	强	齐	强	直	19.12	4.78	26.47	9.56	0	0	2.21
安徽滁州市农科所		9/14	5/21	249	0	中	齐	强	直	46.7	14.2	20.0	13.3	—	—	2.5
安徽铜陵县农科所		9/27	5/16	231	1	强	齐	强	直	2	0.5	10	3.33	0	0	1
江苏农业科学院经作所		9/28	5/19	233	-1	中	齐	中	斜	100	45.83	33.33	18.52	0	0	4.35
江苏扬州市农科所	XQ409 核杂 14 号	10/5	5/23	230	1	强+	中	—	直	—	—	10	3.5	—	—	1.28
浙江农业科学院作核所		10/8	5/15	219	0	强	不齐	强	中	—	—	12.0	10.3	—	—	5
浙江嘉兴市农科院		10/5	5/19	226	-1	中	齐	强	直	0	0	81.65	32.1	1.65	1.65	2.94
浙江湖州市农科院		9/26	5/21	237	2	中	齐	强	直	0	—	1.67	—	0	0	—
上海市农业科学院		9/27	5/21	236	0	中	齐	中	直	—	—	13	6.5	0	0	0
平 均 值				232.1	0.6			强	强 -	27.97	10.89	23.12	12.14	0.28	0.28	2.41
安徽合肥市农科所		10/1	5/14	225	—	强	齐	强 -	斜	16.18	4.04	23.53	9.56	0	0	0
安徽滁州市农科所		9/14	5/21	249	—	中	齐	强	直	40.0	11.7	13.3	12.5	—	—	0
安徽铜陵县农科所		9/27	5/15	230	—	强	齐	强	直	10	2.5	4	1.33	0	0	0
江苏农业科学院经作所		9/28	5/20	234	—	强	齐	中	倒	100	32.92	20.69	10.34	0	0	3.23
江苏扬州市农科所	XQ410 秦优 10 号（CK）	10/5	5/22	229	—	强	中 -	—	直	—	—	14	6	—	—	0
浙江农业科学院作核所		10/8	5/15	219	—	强	齐	中 +	中	—	—	13.0	11.5	—	—	0
浙江嘉兴市农科院		10/5	5/20	227	—	中	齐	强	直	0	0	63.3	20.4	0	0	0.49
浙江湖州市农科院		9/26	5/19	235	—	强	强	齐	直	0	0	0.83	—	0	0	—
上海市农业科学院		9/27	5/21	236	—	强	齐	中	斜	—	—	19	9.25	0	0	0
平 均 值				231.6	—			强 -	强 -	27.70	8.53	19.07	10.11	0.00	0.00	0.47

下游 D 组生育期与抗性表（6）

区试单位	编号品种名称	播种期(月/日)	成熟期(月/日)	全生育期(天)	比对照(±天数)	苗期生长势	成熟一致性	耐旱、渍性(强、中、弱)	抗倒性(直、斜、倒)	抗寒性		菌核病		病毒病		不育株率(%)
										冻害率(%)	冻害指数	病害率(%)	病害指数	病害率(%)	病害指数	
安徽合肥市农科所		10/1	5/20	231	6	强-	齐	强	直	10.29	2.57	10.29	3.31	0	0	0
安徽滁州市农科所		9/14	5/23	251	2	中	齐	强	直	30.0	8.3	20.0	9.2	—	—	0
安徽铜陵县农科所		9/27	5/20	235	5	强	齐	强	直	8	2	2	0.67	0	0	0
江苏扬州农业科学院经作所		9/28	5/21	235	1	中	齐	中	斜	100	40.83	20.83	9.38	0	0	0
江苏扬州市农科所	XQ411 凡341(常规)	10/5	5/27	234	5	中	中	—	直	—	—	2.0	0.5	—	—	0
浙江农业科学院作核所		10/8	5/20	224	5	强	齐	强	强	—	—	11.0	8.5	—	—	0
浙江嘉兴市农科所		10/5	5/21	228	1	中	齐	强	直	0	0	73.35	25.45	3.35	2.5	0
浙江湖州市农科院		9/26	5/23	239	4	强	齐	强	直	0	0	1.25	—	0	0	—
上海市农业科学院		9/27	5/22	237	1	中	中	中	直	—	—	19	9.25	0	0	0
平 均 值				234.9	3.3			强	强	24.72	8.95	17.75	8.28	0.56	0.42	0.00
安徽合肥市农科所		10/1	5/18	229	4	强	齐	强-	直	14.71	3.68	19.12	5.51	0	0	0
安徽滁州市农科所		9/14	5/21	249	0	中	齐	强	直	33.3	10.0	26.7	12.5	—	—	0.4
安徽铜陵县农科所		9/27	5/18	233	3	强	齐	强	直	2	0.5	6	2	0	0	0
江苏扬州农业科学院经作所		9/28	5/19	233	-1	强	齐	中	斜	100	32.92	29.63	15.74	0	0	2.94
江苏扬州市农科所	XQ412 优0737	10/5	5/23	230	1	中+	中+	—	直	—	—	6	2	—	—	0
浙江农业科学院作核所		10/8	5/19	223	4	中+	齐	强	中+	—	—	19.0	15.3	—	—	0.5
浙江嘉兴市农科所		10/5	5/20	227	0	中	齐	中	直	0	0	58.3	18.35	0	0	0.98
浙江湖州市农科院		9/26	5/21	237	2	强	齐	强	直	—	—	0	—	0	—	—
上海市农业科学院		9/27	5/21	236	0	强	齐	强	直	—	—	18	8.25	0	0	0
平 均 值				233.0	1.4			强-	强-	25.00	7.85	20.31	9.96	0.00	0.00	0.60

2012—2013 年度国家冬油菜品种区域试验汇总报告（黄淮 A 组）

一、试验概况

（一）供试品种（系）

参试品种（系）包括对照共 12 个。

编号	品种名称	申报类型	芥酸（%）	硫苷（μmol/g）	含油量（%）	供 种 单 位
HQ101	YC1115	双低杂交	0.3	25.12	39.69	山西省农业科学院棉花所
HQ102	HL1209	双低杂交	0.0	29.91	43.12	西北农林科技大学农学院
HQ103	秦优 2177	双低杂交	0.0	21.38	44.36	陕西省杂交油菜研究中心
HQ104	DX015	双低杂交	0.0	24.51	38.57	陕西鼎新农大科技发展有限公司
HQ105	晋杂优 1 号 *	双低杂交	0.1	25.81	39.18	山西省农业科学院棉花所
HQ106	秦优 7 号（CK）	双低杂交	0.0	25.20	41.80	陕西省杂交油菜中心
HQ107	秦优 188	双低杂交	0.4	37.20	40.96	陕西三原县种子管理站
HQ108	2013 *	双低杂交	0.0	20.85	45.36	陕西省杂交油菜中心
HQ109	ZY1014	双低杂交	0.0	21.93	38.82	西北农林科技大学农学院
HQ110	川杂 NH2993	双低杂交	0.0	23.53	42.08	四川省农业科学院作物研究所
HQ111	ZY1011 *	双低杂交	0.2	19.92	41.41	西北农林科技大学
HQ112	绵新油 38	双低杂交	0.1	20.17	42.11	绵阳新宇种业有限公司

注：（1）* 为两年区试品种（系）；（2）品质检测由农业部油料及制品质量监督检验测试中心检测，芥酸于 2012 年 8 月测播种前各育种单位参试品种的种子；硫苷、含油量于 2013 年 7 月测收获后各抽样试点的混合种子

（二）参试单位

组别	参试单位	参试地点	联系人
黄淮 A 组	陕西省农作物新品种引进示范园	陕西省杨凌市	马 兵
	陕西省农垦科研中心	陕西省大荔市	郑 磊
	陕西省宝鸡市农科所	陕西省宝鸡市	梅万虎
	陕西省国家旱地区试站	陕西省富平县	李安民
	河南省农业科学院经作所	河南省郑州市	朱家成
	河南省遂平县农科所	河南省遂平县	冯顺山
	河南信阳市农科所	河南省信阳市	王友华
	安徽宿州市种子公司	安徽省宿州市	刘 飞
	江苏省淮阴市农科所	江苏省淮安市	刘葛山
	甘肃成县种子管理站	甘肃省成县	朱斌峰
	山西省农业科学院棉花所	山西省运城市	咸拴狮

（三）试验设计及田间管理

各试点均按统一试验方案严格执行，采用随机区组排列，3 次重复，小区净面积为 20m²。各试点种植密度为 2.3 万 ~2.7 万株。分别于 9/7 ~9/30 日直播。其观察记载、田间调查和室内考种均按实施方案进行。各点试验地前作有大豆、小麦、玉米、绿肥、闲地等，其土壤肥力中等，栽培管理水平同当地大田生产，治虫不防病。底肥种类有磷酸二铵、硫酸钾、复合肥、硼砂等，追肥以尿素为主。

（四）气候特点及其影响

播种期间气温正常，土壤墒情适宜，出苗好，长势稳健。越冬期，气温较常年偏低，11 月下旬气温骤降，各品种出现不同程度的冻害。立春后，气温回升缓慢，降雨偏少，油菜发育进程延长。4 月上中旬的倒春寒，导致分段结实，但对产量影响不大。盛花期以后，天气以晴好为主，日照充足，气温偏高，日较差大，有利于油菜开花结实、籽粒灌浆、增重与产量形成。

总体来说，本年度气候条件有利于油菜的生长发育，未发生严重冻害、病害、虫害。后期天气晴朗，日照充足，有利于油菜籽粒产量形成与收获，试验产量水平高于往年。

二、试验结果

（一）产量结果

1. 方差分析表（试点效应固定）

变异来源	自由度	平方和	均方	F 值	概率（小于 0.05 显著）
试点内区组	22	6 205.30556	282.05934	2.51050	0.000
品　　　种	11	73 726.06061	6 702.36915	59.65520	0.000
试　　　点	10	331 254.14141	33 125.41414	294.83650	0.000
品种×试点	110	89 865.05159	816.95501	7.27140	0.000
误　　　差	242	27 189.13780	112.35181		
总　变　异	395	528 239.69697			

试验总均值 =227.827631786616

误差变异系数 CV（%）=4.652

多重比较结果（LSD 法）　　LSD0 0.05 =5.1406　　LSD0 0.01 =6.7846

品种	品种均值	比对照（%）	0.05 显著性	0.01 显著性
DX015	242.99910	7.47219	a	A
ZY1011 *	241.33350	6.73553	a	A
HL1209	238.48190	5.47436	ab	AB
2013 *	234.14360	3.55562	bc	BC
ZY1014	233.11930	3.10262	c	BC
秦优 188	233.07390	3.08251	c	BC
YC1115	231.75770	2.50042	cd	BCD
绵新油 38	227.50320	0.61874	de	CD
秦优 7 号（CK）	226.10420	0.00000	e	D
晋杂优 1 号 *	225.51730	-0.25956	e	D
秦优 2177	204.03950	-9.75863	f	E
川杂 NH2993	195.86070	-13.37591	g	F

2. 品种稳定性分析（Shukla 稳定性方差）

变异来源	自由度	平方和	均方	F 值	概率（小于 0.05 显著）
区　　组	22	6207. 11100	282. 14140	2. 51199	0. 000
环　　境	10	331 256. 20000	33 125. 62000	294. 92780	0. 000
品　　种	11	73 726. 37000	6 702. 39700	59. 67355	0. 000
互　　作	110	89 867. 41000	816. 97650	7. 27380	0. 000
误　　差	242	27 180. 89000	112. 31770		
总变异	395	528 238. 00000			

各品种 Shukla 方差及其显著性检验（F 测验）

品种	DF	Shukla 方差	F 值	概率	互作方差	品种均值	Shukla 变异系数
YC1115	10	25. 01756	0. 6682	0. 753	0. 0000	231. 7577	2. 1582%
HL1209	10	172. 51210	4. 6078	0. 000	135. 0729	238. 4819	5. 5075%
秦优 2177	10	401. 47310	10. 7233	0. 000	364. 0339	204. 0395	9. 8201%
DX015	10	156. 38360	4. 1770	0. 000	118. 9443	242. 9991	5. 1463%
晋杂优 1 号 *	10	176. 68610	4. 7193	0. 000	139. 2469	225. 5173	5. 8942%
秦优 7 号（CK）	10	54. 10157	1. 4451	0. 161	16. 6623	226. 1041	3. 2531%
秦优 188	10	112. 77270	3. 0122	0. 001	75. 3334	233. 0739	4. 5563%
2013 *	10	365. 36310	9. 7588	0. 000	327. 9239	234. 1435	8. 1636%
ZY1014	10	54. 19528	1. 4476	0. 160	16. 7560	233. 1193	3. 1579%
川杂 NH2993	10	857. 36760	22. 9002	0. 000	819. 9283	195. 8607	14. 9498%
ZY1011 *	10	92. 09432	2. 4598	0. 008	54. 6551	241. 3334	3. 9765%
绵新油 38	10	801. 16550	21. 3991	0. 000	763. 7262	227. 5031	12. 4415%
误差	242	37. 43924					

各品种 Shukla 方差同质性检验（Bartlett 测验）Prob. = 0. 00000 极显著，不同质，各品种稳定性差异极显著。

各品种 Shukla 方差的多重比较（F 测验）

品种	Shukla 方差	0. 05 显著性	0. 01 显著性
川杂 NH2993	857. 36760	a	A
绵新油 38	801. 16550	a	AB
秦优 2177	401. 47310	ab	ABC
2013 *	365. 36310	ab	ABC
晋杂优 1 号 *	176. 68610	bc	BCD
HL1209	172. 51210	bc	BCD
DX015	156. 38360	bcd	CD
秦优 188	112. 77270	cd	CDE
ZY1011 *	92. 09432	cd	CDE
ZY1014	54. 19528	de	DE
秦优 7 号（CK）	54. 10157	de	DE
YC1115	25. 01756	e	E

（二）主要经济性状

各试点详细调查记载了油菜参试品种的主要经济性状、主要农艺性状和抗逆性，具体包括单株有效角果数、每角粒数、千粒重、单株产量、株高、有效分枝部位、分枝数、结荚密度、主花序有效长、主花序有效角、不育株率、生育期、菌核病（发病率、病情指数）、病毒病（发病率、病情指数）、抗寒性（受冻率、冻害指数）、苗期生长势和成熟期一致性、抗倒性等，详见各相关附表。主要产量构成情况如下。

1. 单株有效角果数

单株有效角果数平均幅度为 225.65～299.28 个。其中，秦优 118 为最多，CK 秦优 7 号为最少，2011—2012 年对照 CK 277.92 个。

2. 每角粒数

每角粒数平均幅度 20.04～24.07 粒。其中，川杂 NH2993 为最少，CK 秦优 7 号最多，2011—2012 年秦优 7 号：24.06 粒。

3. 千粒重

千粒重平均幅度为 3.24～3.70g。其中，晋杂优 1 号为最低，2013 为最高，CK 秦优 7 号为 3.30g，2011—2012 年秦优 7 号 3.20g。

（三）成熟期比较

在参试品种（系）中，各品种生育期变幅 242.7～245.5 天，品种熟期相差不大，生育期极差 2.7 天。CK 秦优 7 号 244.9 天，2011—2012 年秦优 7 号 242.6 天。

（四）抗逆性比较

1. 菌核病

菌核病平均发病率幅度 2.35%～6.21%，病情指数幅度为 1.33～6.18。CK 秦优 7 号发病率 2.35%，病情指数 1.38；2011—2012 年发病率分别是 16.41%、17.17%，病害发生比上年轻。

2. 病毒病

病毒病发病率平均幅度为 0.24%～1.02%，病情指数幅度为 0.09～0.50。CK 秦优 7 号发病率 0.64%，病情指数 0.22，2011—2012 年发病率 1.82%，病情指数 3.25。

（五）不育株率

不育株率平均幅度为 0.00%～9.21%，其中，晋杂优 1 号为最高，其余品种均较低。秦优 7 号 0.32%。

三、品种综述

依据本年度对照品种表现，本组试验采用本组产量均值、产油量均值作工作对照（简称对照），对试验结果进行数据处理和分析，并以此为依据评价参试品种。

1. DX015

陕西鼎新农大科技发展有限公司，试验编号 HQ104。

该品种株高适中，生长势较好，一致性好，分枝性中等。11 个点试验 10 个点增产，1 个点减产，平均亩产 243.00kg，比对照增产 6.66%，增产极显著，居试验第 1 位。平均产油量 93.72kg/亩，比对照减产 0.76%，4 个点增产，7 个点减产。株高 161.69cm，分枝数 8.64 个，生育期平均 242.7 天，比对照早熟 2.2 天。单株有效角果数 271.09 个，每角粒数 22.34 粒，千粒重 3.40g，不育株率 1.01%。菌核病、病毒病发病率分别为 4.14%、0.58%，病情指数分别为 4.34、0.22，菌核病鉴定结果均为低感，受冻率 66.99%，冻害指数 33.62，抗倒性强。芥酸含量 0.1%，硫苷含量 24.51 mol/g（饼），含油量 38.57%。

主要优缺点：品质达双低标准，丰产性好，含油量低，产油量一般，抗倒性较强，抗病性中等，熟期适中。

结论：含油量未达标，终止试验。

2. ZY1011

西北农林科技大学提供，试验编号 HQ111。

该品种株高适中，生长势好，一致性较好，分枝性中等。11 个点试验，10 个点增产，1 个点减产，平均亩产 241.33kg，比对照增产 5.93%，增产极显著，居试验第 2 位。平均产油量 99.94kg/亩，比对照增产 5.81%，10 个点增产，1 个点减产。株高 161.66cm，分枝数 7.79 个，生育期平均 244.3 天，比对照早熟 0.6 天。单株有效角果数为 281.46 个，每角粒数 22.44 粒，千粒重 3.64g，不育株率 2.05%。菌核病、病毒病发病率分别为 5.39%、0.30%，病情指数分别为 6.18、0.13，菌核病鉴定结果为中感，受冻率 67.54%，冻害指数 33.37，抗倒性强 –。芥酸含量 0.2%，硫苷含量 19.92μmol/g（饼），含油量 41.41%。

2011—2012 年度国家冬油菜区域试验（黄淮区 A 组，试验编号 HQ105）中：试验编号 QH105。11 个点试验，9 个点增产，2 个点减产，平均亩产 210.78kg，比对照增产 3.27%，增产不显著，居试验第 2 位。平均产油量 89.56kg/亩，比对照增产 3.26%，11 个试点 9 个点增产，2 个点减产。株高 156.21cm，分枝数 8.26 个，生育期平均 242.4 天，比对照早熟 0.3 天。单株有效角果数为 315.33 个，每角粒数 22.00 粒，千粒重 3.49g，不育株率 3.88%。菌核病、病毒病发病率分别为 18.17%、0.00%，病情指数分别为 12.47、0.00，菌核病鉴定结果为中感，受冻率 74.09%，冻害指数 36.25，抗倒性强 –。芥酸含量 0.3%，硫苷含量 16.98μmol/g（饼），含油量 42.49%。

综合 2011—2013 两年试验结果：共 22 个试验点，19 个点增产，3 个点减产，平均亩产 226.06kg，比对照增产 4.60%。单株有效角果数 298.40 个，每角粒数 21.22 粒，千粒重 3.57g。菌核病发病率 11.78%，病情指数为 9.32，病毒病发病率 0.15，病情指数为 0.06。菌核病鉴定结果为中感，抗倒性强 –，不育株率平均为 3.88%。含油量平均为 41.95%，2 年芥酸含量分别为 0.2% 和 0.3%，硫苷含量分别为 19.92μmol/g（饼）和 16.98μmol/g（饼）。两年平均产油量 94.75kg/亩，比对照油增产 4.54%，19 个点增产，3 个点减产。

主要优缺点：品质达双低标准，丰产性较好，产油量较高，抗倒性较强，抗病性一般，熟期适中。

结论：产量、产油量未达标，完成试验。

3. HL1209

西北农林大学农学院提供，试验编号 HQ102。

该品种株高适中，生长势较好，一致性好，分枝性中等。11 个点试验 8 点增产，3 个点减产，平均亩产 238.48kg，比对照增产 4.68%，增产极显著，居试验第 3 位。平均产油量 102.83kg/亩，比对照增产 8.88%，在 11 个试点中，10 个点增产，1 个点减产。株高 169.76cm，分枝数 8.97 个，生育期平均 244.9 天，与对照相当。单株有效角果数为 249.04 个，每角粒数 22.91 粒，千粒重 3.67g，不育株率 0.94%。菌核病发病率 2.51%，病情指数为 1.33，病毒病发病率 0.52，病情指数 0.29。菌核病鉴定结果为低感，受冻率 69.95%，冻害指数 36.95，抗倒性强。芥酸含量 0.0，硫苷含量 29.91μmol/g（饼），含油量 43.12%。

主要优缺点：丰产性较好，产油量高，品质达双低标准，抗倒性强，抗病性中等，熟期适中。

结论：继续试验，同步进入生产试验。

4. 2013*

陕西省杂交油菜研究中心选育，试验编号 HQ108。

该品种株高较高，生长势较好，一致性较好，分枝性中等。11 个点试验 8 个点增产，3 个点减产，平均亩产 234.14kg，比对照增产 2.77%，增产显著，居试验第 4 位。平均产油量 106.21kg/亩，比对照增产 12.45%，10 个点增产，1 个点减产。株高 180.32cm，分枝数 7.85 个，生育期平均 241.9 天，比对照早 0.7 天。单株有效角果数为 249.13 个，每角粒数 22.40 粒，千粒重 3.70g，不育株率

2.22%。菌核病发病率2.43%，病情指数为1.48，病毒病发病率0.56%，病情指数为0.25。菌核病鉴定结果为低感，受冻率65.35%，冻害指数35.74，抗倒性强。芥酸含量0.0，硫苷含量20.85μmol/g（饼），含油量45.36%。

2011—2012年度国家冬油菜区域试验（黄淮区B组，试验编号QH213）中：11个点试验9个点增产，2个点减产，平均亩产214.86kg，比对照增产2.55%，显著，居试验第4位。平均产油量101.80kg/亩，比对照增产11.69%，11个试点中，9个点比对照增产，2个点比对照减产。株高169.22cm，分枝数7.67个，生育期平均243.0天，比对照迟熟0.4天。单株有效角果数为258.46个，每角粒数23.74粒，千粒重3.66g，本组最高，不育株率0.87%。菌核病发病率为16.79%、病情指数为14.72，病毒病发病率1.82%，病情指数为3.86，本组最高；菌核病鉴定结果均为低感，受冻率74.59%，冻害指数36.10，抗倒性强－。芥酸含量0.1%，硫苷含量16.44μmol/g（饼），含油量47.38%。

2011—2013两年试验结果：共22个试验点，17个点增产，5个点减产，平均亩产224.50kg，比对照增产2.66%。单株有效角果数253.80个，每角粒数为23.07粒，千粒重为3.68g。菌核病发病率9.61%，病情指数为8.10，病毒病发病率1.19%，病情指数为2.06。菌核病鉴定结果为低感，抗倒性中＋，不育株率平均为1.55%。含油量平均为46.37%，2年芥酸含量分别为0.0和0.1%，硫苷含量分别为20.85μmol/g（饼）和16.44μmol/g（饼）。两年平均产油量104.00kg/亩，比对照增产12.07%。19个点增产，3个点减产。

主要优缺点：产油量高，丰产性一般，品质达双低标准，抗倒性强－，抗病性一般，熟期适中。

结论：产油量达标，各项试验指标达国家品种审定标准。

5. ZY1014

西北农林科技大学农学院选育，试验编号HQ109。

该品种株高较高，生长势一般，一致性好，分枝性中等。11个点试验8个点增产，3个点减产，平均亩产233.12kg，比对照增产2.32%，居试验第5位。平均产油量90.50kg/亩，比对照减产4.18%，2个点增产，9个点减产。株高171.94cm，分枝数8.58个，生育期平均243.7天，比对照早熟1.2天。单株有效角果数为267.15个，每角粒数22.90粒，千粒重3.28，不育株率1.23%。菌核病发病率5.75%，病情指数为4.11，病毒病发病率0.76%，病情指数为0.32。菌核病鉴定结果为高感，受冻率67.05%，冻害指数34.21，抗倒性中。芥酸含量0.0，硫苷含量21.93μmol/g（饼），含油量38.82%。

主要优缺点：品质达双低标准，丰产性一般，产油量低，抗病性差，抗倒性一般，熟期适中。

结论：产量、产油量、抗性均未达标，终止试验。

6. 秦优188

陕西省三原县种子管理站提供，试验编号HQ107。

该品种株高较高，生长势一般，一致性好，分枝性中等。11个点试验7个点增产，4个点减产，平均亩产233.06kg，比对照增产2.30%，不显著，居试验第6位。平均产油量95.46kg/亩，比对照增产1.07%，7个点增产，4个点减产。株高171.39cm，分枝数8.66个，生育期平均243.9天，比对照早熟1.0天。单株有效角果数为299.28个，每角粒数23.23粒，千粒重3.22g，不育株率1.91%。菌核病发病率3.72%，病情指数为2.45，病毒病发病率1.02%，病情指数为0.50。菌核病鉴定结果为低感，受冻率67.92%，冻害指数34.28，抗倒性强－。芥酸含量0.0，硫苷含量37.20μmol/g（饼），含油量40.96%。

主要优缺点：品质达双低标准，丰产性较差，产油量一般，抗病性一般，抗倒性较强，熟期适中。

结论：产量、产油量未达标，终止试验。

7. YC1115

山西省农科院棉花所选育，试验编号 HQ101。

该品种株高较高，生长势一般，一致性较好，分枝性中等。该品种 11 个点试验 9 个点增产，2 个点减产，平均亩产 231.76kg，比对照增产 1.73%，不显著，居试验第 7 位。平均产油量 91.98kg/亩，比对照减产 2.61%，1 个点增产，10 个点减产。株高 181.85cm，分枝数 8.49 个，生育期平均 244.1 天，比对照早熟 0.8 天。单株有效角果数为 271.26 个，每角粒数 22.04 粒，千粒重 3.26g，不育株率 2.99%。菌核病发病率 4.73%，病情指数为 3.02，病毒病发病率 0.82%，病情指数为 0.41。菌核病鉴定结果为低抗，受冻率 68.99%，冻害指数 34.98，抗倒性强 – 。芥酸含量 0.0，硫苷含量 25.12μmol/g（饼），含油量 39.69%。

主要优缺点：品质达双低标准，丰产性差，产油量低，抗病性较好，抗倒性较强，熟期适中。

结论：产量、产油量未达标，终止试验。

8. 绵新油 38

四川绵阳新宇种业有限公司提供，试验编号 HQ112。

该品种株高中等，生长势一般，一致性好，分枝性中等。该品种 11 个点试验 6 个点增产，5 个点减产，平均亩产 227.50kg，比对照减产 0.14%，不显著，居试验第 8 位。平均产油量 95.80kg/亩，比对照增产 1.44%，7 个点增产，4 个点减产。株高 165.76cm，分枝数 8.38 个，生育期平均 243.9 天，比对照早熟 1.0 天。单株有效角果数为 259.72 个，每角粒数 22.76 粒，千粒重 3.45g，不育株率 0.10%。菌核病发病率 3.81%，病情指数为 2.63，病毒病发病率 0.24%，病情指数为 0.09。菌核病鉴定结果为低感，受冻率 68.53%，冻害指数 36.70，抗倒性强。芥酸含量 0.1%，硫苷含量 20.17μmol/g（饼），含油量 42.11%。

主要优缺点：品质达双低标准，丰产性差，产油量低，抗倒性强，抗病性一般，熟期适中。

结论：产量、产油量未达标，终止试验。

9. 晋杂优 1 号

山西省农科院棉花所选育，试验编号 HQ105。

该品种株高较高，生长势较好，一致性较好，分枝性中等。该品种 11 个点试验 5 个点增产，6 个点减产，平均亩产 225.52kg，比对照减产 1.01%，不显著，居试验第 10 位。平均产油量 88.36kg/亩，比对照减产 6.45%，1 个点增产，10 个点减产。株高 174.74cm，分枝数 9.31 个，生育期平均 244.9 天，与对照相当。单株有效角果数为 283.75 个，每角粒数 23.90 粒，千粒重 3.24g，不育株率 9.21%。菌核病发病率 6.21%，病情指数为 6.01，病毒病发病率 0.29%，病情指数为 0.25。菌核病鉴定结果为中感，受冻率 68.25%，冻害指数 34.08，抗倒性中。芥酸含量 0.0，硫苷含量 25.81μmol/g（饼），含油量 39.18%。

2011—2013 年度国家冬油菜区域试验（黄淮区 B 组，试验编号 QH211）中：11 个点试验 8 个点增产，3 个点减产，平均亩产 217.17kg，比对照增产 3.65%，增产极显著，居试验第 2 位。平均产油量 89.47kg/亩，比对照减产 1.83%，11 个试点中，5 个点比对照增产，6 个点比对照减产。株高 174.60cm，分枝数 9.11 个，生育期平均 242.5 天，与对照相当。单株有效角果数为 280.97 个，每角粒数 25.34 粒，千粒重 3.42g，不育株率 6.70%。菌核病发病率为 14.61%、病情指数为 11.48，病毒病发病率、病情指数均为 0；菌核病鉴定结果均为中感，受冻率 75.68%，冻害指数 37.91，抗倒性中。芥酸含量 0.5%，硫苷含量 22.32μmol/g（饼），含油量 41.20%。

2011—2013 两年试验结果：共 22 个试验点，13 个点增产，9 个点减产，平均亩产 221.34kg，比对照增产 1.32%。单株有效角果数 282.36 个，每角粒数为 24.62 粒，千粒重为 3.33g。菌核病发病率 10.14%，病情指数 8.75，病毒病发病率 0.15%，病情指数 0.13。菌核病鉴定结果为中感，抗倒性中，不育株率平均为 0.56%。含油量平均为 40.19%，2 年芥酸含量分别为 0.0，和 0.5%，硫苷含量分别为 25.81μmol/g（饼）和 22.32μmol/g（饼）。两年平均产油量 88.91kg/亩，比对照减产4.14%。

主要优缺点：品质达双低标准，丰产性一般，产油量低，抗倒性一般，抗病性较差，熟期适中。

结论：试验指标未达标，完成试验。

10. 秦优2177

陕西省杂交油菜研究中心提供，试验编号HQ103。

该品种株高适中，生长势一般，一致性较好，分枝性中等。该品种11个点试验，1个点增产，10个点减产，平均亩产204.04kg，比对照减产10.44%，减产极显著，居试验第11位。平均产油量90.56kg/亩，比对照减产4.16%，11个试点中，5个点增产，6个点减产。株高160.91cm，分枝数8.52个，生育期平均245.5天，比对照迟熟0.5天。单株有效角果数为271.09个，每角粒数22.34粒，千粒重3.40g，不育株率0.29%。菌核病发病率4.59%，病情指数为3.33，病毒病发病率0.58%，病情指数为0.18。菌核病鉴定结果为低感，受冻率66.31%，冻害指数34.42，抗倒性中+。芥酸含量0.0，硫苷含量21.38μmol/g（饼），含油量44.36%。

主要优缺点：品质达双低标准，丰产性差，产油量低，抗病性中等，抗倒性一般，熟期较迟。

结论：产量、产油量未达标，终止试验。

11. 川杂NH2993

四川省农业科学院作物所提供，试验编号HQ110。

该品种株高偏矮，生长势一般，一致性好，分枝性中等。11个点试验，1个点增产，10个点减产，平均亩产195.86kg，比对照减产14.03%，减产极显著，居试验第12位。平均产油量82.42kg/亩，比对照减产12.73%，1个点增产，10个点减产。株高145.73cm，分枝数8.61个，生育期平均244.5天，比对照早熟0.4天。单株有效角果数为289.74个，每角粒数20.04粒，千粒重3.42g，不育株率1.16%。菌核病发病率5.27%，病情指数4.09，病毒病发病率0.74%，病情指数为0.31。菌核病鉴定结果为高感，受冻率70.36%，冻害指数43.15，抗倒性强。芥酸含量0.0，硫苷含量23.53μmol/g（饼），含油量42.08%。

主要优缺点：品质达双低标准，丰产性差，产油量低，抗病性差，抗倒性强，熟期较迟。

结论：产量、产油量、抗性均未达标，终止试验。

2012—2013 年全国冬油菜品种区域试验（黄淮 A 组）原始产量表

试点	品种名	小区产量（kg）				试点	品种名	小区产量（kg）			
		I	II	III	平均值			I	II	III	平均值
陕西杨凌	YC1115	6.820	6.560	6.720	6.700	陕西富平	YC1115	6.606	6.483	6.633	6.574
	HL1209	7.330	7.700	7.780	7.603		HL1209	4.926	6.888	6.537	6.117
	秦优 2177	5.510	5.260	5.620	5.463		秦优 2177	5.174	5.175	5.253	5.201
	DX015	6.980	6.940	7.080	7.000		DX015	6.885	6.751	6.876	6.837
	晋杂优 1 号 *	6.240	6.220	6.580	6.347		晋杂优 1 号 *	6.67	6.446	6.723	6.613
	秦优 7 号（CK）	6.620	6.860	6.480	6.653		秦优 7 号（CK）	6.156	6.233	6.318	6.236
	秦优 188	6.900	6.940	7.130	6.990		秦优 188	6.627	6.312	6.387	6.442
	2013 *	6.800	6.890	6.920	6.870		2013 *	6.917	6.886	6.812	6.872
	ZY1014	6.840	6.860	6.960	6.887		ZY1014	6.189	5.961	6.265	6.138
	川杂 NH2993	4.910	5.380	5.420	5.237		川杂 NH2993	5.778	5.778	5.997	5.851
	ZY1011 *	7.240	7.520	7.230	7.330		ZY1011 *	6.834	6.717	6.853	6.801
	绵新油 38	5.700	6.280	6.020	6.000		绵新油 38	5.724	6.552	5.583	5.953
陕西大荔	YC1115	8.551	8.524	8.761	8.612	河南郑州	YC1115	7.262	7.615	7.067	7.315
	HL1209	8.413	8.965	8.589	8.656		HL1209	7.448	7.375	7.402	7.408
	秦优 2177	8.292	7.665	7.791	7.916		秦优 2177	6.361	6.894	6.618	6.624
	DX015	9.076	8.997	8.699	8.924		DX015	7.598	7.428	7.564	7.530
	晋杂优 1 号 *	7.935	8.164	7.952	8.017		晋杂优 1 号 *	7.352	6.977	7.332	7.220
	秦优 7 号（CK）	8.734	8.924	8.546	8.735		秦优 7 号（CK）	7.101	6.498	7.169	6.923
	秦优 188	8.801	8.349	8.315	8.488		秦优 188	7.126	6.600	6.933	6.886
	2013 *	9.390	9.136	9.057	9.194		2013 *	6.816	6.902	7.120	6.946
	ZY1014	8.603	8.510	8.764	8.626		ZY1014	6.737	7.203	7.564	7.168
	川杂 NH2993	6.281	6.627	6.368	6.425		川杂 NH2993	5.904	6.232	6.359	6.165
	ZY1011 *	8.082	8.586	8.344	8.337		ZY1011 *	7.558	7.400	7.474	7.477
	绵新油 38	8.630	8.765	8.293	8.563		绵新油 38	7.813	7.746	7.481	7.680
陕西宝鸡	YC1115	6.935	6.154	6.575	6.555	河南遂平	YC1115	8.240	7.746	7.574	7.853
	HL1209	6.877	7.337	7.215	7.143		HL1209	8.406	8.952	8.878	8.745
	秦优 2177	4.933	4.758	4.372	4.688		秦优 2177	6.086	6.694	6.524	6.435
	DX015	7.579	7.1	7.452	7.377		DX015	8.974	9.082	9.036	9.031
	晋杂优 1 号 *	7.258	6.857	6.324	6.813		晋杂优 1 号 *	6.962	7.188	7.536	7.229
	秦优 7 号（CK）	7.172	6.737	6.287	6.732		秦优 7 号（CK）	7.696	7.596	8.212	7.835
	秦优 188	7.418	7.475	6.887	7.260		秦优 188	8.142	7.712	9.008	8.287
	2013 *	7.5	7.115	7.264	7.293		2013 *	7.220	7.364	8.106	7.563
	ZY1014	6.05	6.467	6.104	6.207		ZY1014	8.362	7.536	7.998	7.965
	川杂 NH2993	3.478	3.622	3.961	3.687		川杂 NH2993	7.854	8.474	7.906	8.078
	ZY1011 *	7.535	7.127	7.37	7.344		ZY1011 *	8.134	8.310	8.954	8.466
	绵新油 38	5.065	4.832	4.692	4.863		绵新油 38	8.674	8.682	10.188	9.181

试点	品种名	小区产量（kg）				试点	品种名	小区产量（kg）			
		Ⅰ	Ⅱ	Ⅲ	平均值			Ⅰ	Ⅱ	Ⅲ	平均值
河南信阳	YC1115	7.480	7.550	7.060	7.363	甘肃成县	YC1115	5.979	6.023	6.429	6.144
	HL1209	7.730	7.230	7.420	7.460		HL1209	5.883	6.132	6.594	6.203
	秦优2177	8.100	6.560	6.690	7.117		秦优2177	6.427	5.93	6.008	6.122
	DX015	7.580	7.590	7.660	7.610		DX015	6.990	6.432	7.458	6.960
	晋杂优1号*	7.350	7.390	7.270	7.337		晋杂优1号*	5.986	6.452	5.711	6.050
	秦优7号（CK）	6.870	7.340	7.000	7.070		秦优7号（CK）	6.208	6.113	5.798	6.040
	秦优188	7.490	7.380	7.480	7.450		秦优188	5.32	7.239	6.414	6.324
	2013*	6.810	7.050	6.590	6.817		2013*	6.918	7.341	6.705	6.988
	ZY1014	8.160	7.470	8.440	8.023		ZY1014	6.252	6.756	7.012	6.673
	川杂NH2993	7.550	7.100	7.010	7.220		川杂NH2993	4.972	5.317	4.633	4.974
	ZY1011*	7.730	7.880	7.260	7.623		ZY1011*	6.761	6.429	6.978	6.723
	绵新油38	8.440	8.480	8.460	8.460		绵新油38	4.804	5.739	5.236	5.260
安徽宿州	YC1115	5.260	5.740	5.920	5.640	山西运城	YC1115	7.611	8.165	7.797	7.858
	HL1209	5.280	5.430	6.090	5.600		HL1209	6.907	8.367	6.916	7.397
	秦优2177	5.370	5.240	5.200	5.270		秦优2177	5.693	7.099	7.526	6.773
	DX015	5.590	5.640	5.730	5.653		DX015	7.527	7.417	7.758	7.567
	晋杂优1号*	5.480	5.570	5.870	5.640		晋杂优1号*	7.909	7.172	8.086	7.722
	秦优7号（CK）	5.350	5.490	5.380	5.407		秦优7号（CK）	6.956	7.806	6.593	7.118
	秦优188	5.400	5.160	5.280	5.280		秦优188	7.030	7.491	7.479	7.333
	2013*	5.270	5.440	6.060	5.590		2013*	6.735	7.760	7.808	7.434
	ZY1014	5.380	6.060	5.420	5.620		ZY1014	7.033	8.227	7.955	7.738
	川杂NH2993	5.150	5.230	5.010	5.130		川杂NH2993	6.184	6.591	5.973	6.249
	ZY1011*	5.660	5.730	5.430	5.607		ZY1011*	7.705	7.925	7.871	7.834
	绵新油38	5.470	5.830	6.010	5.770		绵新油38	7.642	7.800	6.647	7.363
江苏淮安	YC1115	5.804	5.892	5.904	5.867	平均值	YC1115				6.953
	HL1209	6.403	6.389	6.308	6.367		HL1209				7.154
	秦优2177	5.705	5.791	5.680	5.725		秦优2177				6.121
	DX015	5.601	5.703	5.796	5.700		DX015				7.290
	晋杂优1号*	5.503	5.298	5.499	5.433		晋杂优1号*				6.766
	秦优7号（CK）	5.892	5.904	5.804	5.867		秦优7号（CK）				6.783
	秦优188	6.263	6.100	6.137	6.167		秦优188				6.992
	2013*	5.600	5.794	5.706	5.700		2013*				7.024
	ZY1014	5.946	5.900	5.804	5.883		ZY1014				6.994
	川杂NH2993	5.695	5.604	5.554	5.618		川杂NH2993				5.876
	ZY1011*	6.250	6.139	5.904	6.098		ZY1011*				7.240
	绵新油38	5.886	5.854	6.210	5.983		绵新油38				6.825

黄淮 A 组经济性状表（1）

区试单位	编号品种名	株　高（cm）	分枝部位（cm）	有效分枝数（个）	主花序			单株有效角果数	每角粒数	千粒重（g）	单株产量（g）
					有效长度（cm）	有效角果数	角果密度				
陕西杨凌新品种示范园		225.0	99.8	10.2	65.4	78.6	1.2	241.2	16.7	2.8	11.3
陕西杂交油菜中心		167.7	81.6	6.4	52.5	53.8	1.0	181.1	25.6	3.0	13.9
陕西宝鸡农科所		149.4	49.0	8.8	53.0	48.2	0.9	182.1	17.9	3.5	11.4
陕西富平区试站		176.3	50.3	10.0	71.0	71.7	1.0	483.3	24.0	3.4	35.3
河南农业科学院经作所		175.4	89.2	7.6	44.2	45.8	1.0	230.2	18.7	3.0	16.3
河南遂平县农科所	HQ101 YC1115	225.4	129.4	7.6	56.4	73.1	1.3	268.4	24.3	3.6	15.6
河南信阳市农科院		158.1	66.9	6.4	56.0	62.8	1.1	213.6	27.4	3.1	15.2
安徽宿州种子公司		189.8	23.8	11.4	86.6	81.6	0.9	279.1	23.6	3.6	23.4
江苏淮阴市农科所		159.6	52.8	7.2	59.8	64.2	1.1	230.4	16.5	3.3	13.9
甘肃成县种子站		195.6	69.2	8.7	65.5	77.3	1.2	403.2	16.5	3.5	24.7
山西农业科学院棉花所		178.1	69.0	9.4	59.7	70.0	1.2	271.3	31.5	3.2	25.5
平　均　值		181.85	71.00	8.49	60.92	66.10	1.09	271.26	22.04	3.26	18.77
陕西杨凌新品种示范园		190.2	81.2	10.0	46.4	54.6	1.2	272.8	12.3	4.1	13.8
陕西杂交油菜中心		150.4	73.0	5.7	38.8	42.3	1.1	138.5	25.0	3.4	11.7
陕西宝鸡农科所		141.6	49.0	8.2	45.4	51.0	1.1	200.6	18.6	3.7	13.8
陕西富平区试站		173.0	46.3	11.3	58.7	60.7	1.0	421.0	28.3	4.0	35.8
河南农业科学院经作所		169.2	85.8	9.2	32.4	46.0	1.4	227.8	26.2	3.2	16.3
河南遂平县农科所	HQ102 HL1209	212.3	121.9	8.1	41.9	61.2	1.5	239.1	24.2	4.2	16.6
河南信阳市农科院		164.0	87.0	6.5	47.8	57.1	1.2	184.5	22.9	3.5	13.9
安徽宿州种子公司		170.8	19.3	13.4	56.0	64.0	1.1	272.5	24.8	3.8	24.4
江苏淮阴市农科所		171.6	65.2	8.2	53.2	60.2	1.1	224.0	20.3	3.7	11.6
甘肃成县种子站		160.4	48.7	10.0	56.3	62.6	1.1	376.5	21.2	3.6	20.8
山西农业科学院棉花所		163.9	73.9	8.1	45.8	56.7	1.2	182.1	28.3	3.5	19.2
平　均　值		169.76	68.30	8.97	47.54	56.04	1.19	249.04	22.91	3.67	17.99
陕西杨凌新品种示范园		178.0	72.8	9.0	50.8	64.8	1.3	309.5	12.9	2.8	11.1
陕西杂交油菜中心		148.9	68.6	6.3	46.0	46.9	1.0	135.4	30.5	3.2	13.2
陕西宝鸡农科所		131.6	34.0	7.8	52.0	53.8	1.0	161.4	17.9	3.3	9.4
陕西富平区试站		138.0	29.0	9.7	58.0	67.0	1.2	343.0	23.0	3.9	36.1
河南农业科学院经作所		176.4	87.2	7.8	50.8	63.0	1.2	211.4	31.9	3.1	16.4
河南遂平县农科所	HQ103 秦优 2177	206.3	94.2	8.2	53.5	71.3	1.3	279.6	21.8	3.6	16.0
河南信阳市农科院		151.7	69.6	5.9	48.3	63.2	1.3	205.2	25.7	2.8	12.5
安徽宿州种子公司		158.4	22.2	11.0	67.4	73.8	1.1	255.1	25.6	3.4	22.0
江苏淮阴市农科所		152.4	39.6	10.2	52.8	54.8	1.0	254.8	16.7	3.5	12.5
甘肃成县种子站		167.5	46.7	9.7	61.8	72.9	1.2	410.6	22.7	3.5	19.6
山西农业科学院棉花所		160.8	67.2	8.1	51.0	66.0	1.3	210.7	26.3	3.2	19.7
平　均　值		160.91	57.37	8.52	53.85	63.41	1.17	252.43	23.18	3.29	17.13

黄淮 A 组经济性状表（2）

区试单位	编号品种名	株高（cm）	分枝部位（cm）	有效分枝数（个）	主花序 有效长度（cm）	主花序 有效角果数	主花序 角果密度	单株有效角果数	每角粒数	千粒重（g）	单株产量（g）
陕西杨凌新品种示范园		186.8	72.6	9.6	52.8	65.8	1.2	295.6	12.1	3.4	12.1
陕西杂交油菜中心		150.6	60.6	7.0	41.8	44.8	1.1	187.4	26.1	3.2	15.5
陕西宝鸡农科所		137.4	37.6	8.0	50.2	55.4	1.1	213.2	18.9	3.6	14.3
陕西富平区试站		161.0	49.7	10.3	53.7	69.3	1.3	402.0	26.3	3.6	35.9
河南农业科学院经作所		172.4	73.2	10.0	45.4	71.6	1.6	274.2	24.4	2.9	19.3
河南遂平县农科所	HQ104 DX015	193.9	102.2	6.6	49.1	66.9	1.4	230.8	26.0	3.8	18.6
河南信阳市农科院		143.4	69.0	4.8	50.6	57.4	1.1	178.2	18.9	3.2	10.3
安徽宿州种子公司		159.5	22.2	11.2	67.4	73.6	1.1	283.5	23.4	3.8	23.1
江苏淮阴市农科所		155.0	61.0	8.2	48.2	60.6	1.3	197.2	16.5	3.6	8.6
甘肃成县种子站		161.2	41.4	9.5	61.3	72.2	1.2	447.8	25.4	3.4	24.6
山西农业科学院棉花所		157.4	56.9	9.8	49.6	68.4	1.4	272.1	27.8	3.1	28.0
平 均 值		161.69	58.76	8.64	51.83	64.18	1.24	271.09	22.34	3.40	19.12
陕西杨凌新品种示范园		184.2	78.0	5.0	52.0	61.4	1.2	213.6	16.7	3.1	11.1
陕西杂交油菜中心		168.8	86.3	8.2	42.2	46.3	1.1	177.4	28.6	3.2	16.1
陕西宝鸡农科所		139.8	44.4	10.4	45.4	50.2	1.1	192.0	19.2	3.3	12.0
陕西富平区试站		176.3	43.3	12.0	68.3	79.0	1.2	621.0	31.1	3.4	34.5
河南农业科学院经作所		183.8	106.0	7.6	41.6	65.4	1.6	206.4	29.7	2.9	18.5
河南遂平县农科所	HQ105 晋杂优 1 号 *	214.2	119.8	8.2	49.4	65.8	1.3	270.0	22.9	3.5	16.0
河南信阳市农科院		171.2	69.2	8.8	58.2	71.2	1.2	263.3	24.4	3.0	13.8
安徽宿州种子公司		180.8	31.1	12.0	68.6	73.8	1.1	300.3	24.1	3.4	23.7
江苏淮阴市农科所		163.4	57.6	9.6	55.0	52.4	1.0	199.6	15.6	3.4	11.0
甘肃成县种子站		174.3	48.3	10.3	65.7	75.3	1.1	436.7	20.8	3.4	21.7
山西农业科学院棉花所		165.3	69.2	10.3	48.9	57.7	1.2	240.9	29.8	3.2	22.3
平 均 值		174.74	68.52	9.31	54.12	63.50	1.19	283.75	23.90	3.24	18.24
陕西杨凌新品种示范园		191.8	89.0	8.4	48.6	56.0	1.2	185.0	18.0	3.2	10.7
陕西杂交油菜中心		167.5	86.4	5.4	49.4	51.3	1.0	158.7	30.6	2.8	13.6
陕西宝鸡农科所		142.6	54.4	7.4	47.8	50.4	1.1	195.2	18.8	3.3	11.9
陕西富平区试站		157.7	40.0	6.7	66.3	58.3	0.9	235.0	21.0	3.2	37.0
河南农业科学院经作所	HQ106 秦优 7 号 (CK)	183.6	85.2	7.6	43.6	63.4	1.5	212.6	25.9	2.9	18.3
河南遂平县农科所		213.2	114.3	6.6	51.2	66.6	1.3	251.6	26.1	3.7	17.8
河南信阳市农科院		173.1	84.5	5.6	54.9	54.2	1.0	148.3	30.7	3.1	10.5
安徽宿州种子公司		183.6	33.0	9.8	77.4	73.8	1.0	274.1	24.2	3.4	22.6
江苏淮阴市农科所		179.6	56.8	8.8	70.2	71.8	1.0	221.2	16.8	4.0	10.1
甘肃成县种子站		168.5	49.0	7.7	65.8	72.7	1.1	381.0	23.3	3.5	20.4
山西农业科学院棉花所		167.6	74.3	7.9	51.1	61.8	1.2	219.4	29.3	3.2	22.3
平 均 值		175.35	69.72	7.45	56.94	61.85	1.11	225.65	24.07	3.30	17.75

黄淮 A 组经济性状表（3）

区试单位	编号 品种名	株　高 （cm）	分枝部位 （cm）	有效分 枝数 （个）	主花序			单株有效 角果数	每角 粒数	千粒重 （g）	单株产量 （g）
					有效长度 （cm）	有效角 果数	角果 密度				
陕西杨凌新品种示 范园		191.8	70.4	10.2	56.8	70.4	1.2	363.6	11.9	2.8	12.1
陕西杂交油菜中心		160.8	82.2	6.3	49.3	52.3	1.1	163.3	26.5	2.8	12.3
陕西宝鸡农科所		147.8	52.8	8.4	55.8	60.6	1.1	212.7	18.6	3.1	12.1
陕西富平区试站		167.3	34.6	10.3	74.7	81.7	1.1	543.0	28.5	3.5	38.0
河南农业科学院经作所		168.2	84.4	8.0	44.0	60.6	1.4	215.0	31.2	3.0	17.4
河南遂平县农科所	HQ107 秦优 188	203.2	99.6	8.5	50.4	74.3	1.5	387.0	21.9	3.4	25.6
河南信阳市农科院		167.9	85.7	5.8	47.8	64.2	1.3	166.7	25.1	3.4	11.9
安徽宿州种子公司		185.0	33.6	11.2	76.2	76.2	1.0	313.7	22.1	3.5	22.2
江苏淮阴市农科所		159.2	60.4	8.6	56.6	70.0	1.2	249.0	17.6	3.2	12.2
甘肃成县种子站		166.8	55.0	10.0	62.8	80.4	1.3	467.9	25.2	3.4	21.5
山西农业科学院棉花所		167.3	82.2	8.0	48.0	61.1	1.3	210.2	26.9	3.3	20.5
平　均　值		171.39	67.35	8.66	56.58	68.35	1.22	299.28	23.23	3.22	18.71
陕西杨凌新品种示 范园		216.0	96.2	8.4	59.4	69.2	1.2	244.2	13.3	3.5	11.4
陕西杂交油菜中心		172.3	85.2	6.3	52.1	56.7	1.1	165.2	26.6	3.9	17.1
陕西宝鸡农科所		156.0	57.6	8.2	55.4	55.6	1.0	201.8	19.0	3.5	13.4
陕西富平区试站		173.0	41.0	9.3	73.7	76.3	1.0	415.3	27.4	4.0	31.9
河南农业科学院经作所		186.0	76.0	9.2	56.0	66.4	1.2	246.4	23.3	3.3	21.8
河南遂平县农科所	HQ108 2013 *	207.2	113.9	5.9	54.0	69.1	1.3	201.3	21.6	4.2	11.6
河南信阳市农科院		175.2	102.5	3.9	49.5	57.3	1.2	119.5	24.5	3.4	9.5
安徽宿州种子公司		192.2	38.0	10.2	83.8	91.6	1.1	289.0	22.1	3.8	23.4
江苏淮阴市农科所		154.2	47.2	8.4	61.0	70.4	1.2	229.8	16.8	3.8	12.8
甘肃成县种子站		172.5	68.4	7.3	71.5	72.5	1.0	396.6	26.4	3.7	23.4
山西农业科学院棉花所		178.9	73.9	9.2	57.0	65.6	1.2	231.3	25.4	3.6	25.1
平　均　值		180.32	72.72	7.85	61.22	68.25	1.14	249.13	22.40	3.70	18.31
陕西杨凌新品种示 范园		193.0	72.0	10.4	61.0	70.2	1.2	250.0	16.5	2.8	11.6
陕西杂交油菜中心		153.9	73.1	5.8	51.3	55.6	1.1	156.4	28.5	3.3	14.6
陕西宝鸡农科所		153.4	43.0	9.2	60.6	69.8	1.2	187.7	18.6	3.1	10.8
陕西富平区试站		170.0	40.3	10.0	70.0	74.0	1.1	443.0	23.5	3.4	44.4
河南农业科学院经作所		168.4	78.0	8.4	49.8	66.4	1.3	213.8	26.1	3.0	17.1
河南遂平县农科所	HQ109 ZY1014	202.0	105.0	7.5	52.0	75.2	1.5	288.5	22.8	3.4	15.8
河南信阳市农科院		169.9	83.8	7.2	51.8	68.6	1.3	214.1	25.8	3.6	18.1
安徽宿州种子公司		181.4	18.2	11.2	85.6	77.2	0.9	310.5	20.6	3.8	23.5
江苏淮阴市农科所		167.8	71.0	7.4	56.8	66.4	1.2	244.0	17.5	3.1	9.6
甘肃成县种子站		168.0	52.6	8.6	35.6	73.0	1.1	428.0	22.6	3.3	22.1
山西农业科学院棉花所		163.5	71.3	8.7	51.1	64.3	1.3	202.4	29.4	3.4	22.3
平　均　值		171.94	64.39	8.58	56.87	69.15	1.19	267.15	22.90	3.28	19.08

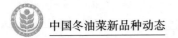

黄淮 A 组经济性状表（4）

区试单位	编号品种名	株高（cm）	分枝部位（cm）	有效分枝数（个）	主花序 有效长度（cm）	主花序 有效角果数	主花序 角果密度	单株有效角果数	每角粒数	千粒重（g）	单株产量（g）
陕西杨凌新品种示范园		148.0	39.8	8.2	56.2	70.2	1.2	272.8	10.2	3.6	10.1
陕西杂交油菜中心		118.8	38.3	7.1	43.6	48.4	1.1	173.3	22.8	3.2	12.6
陕西宝鸡农科所		101.2	16.6	8.6	48.6	41.6	0.9	176.1	16.6	3.1	9.1
陕西富平区试站		139.3	18.6	10.7	66.7	76.3	1.1	561.7	19.4	3.5	34.1
河南农业科学院经作所	HQ110 川杂 NH2993	162.2	50.6	10.4	57.2	73.6	1.3	406.6	20.5	2.8	20.1
河南遂平县农科所		182.6	79.1	8.2	53.7	79.5	1.5	377.0	20.0	3.8	22.2
河南信阳市农科院		152.2	81.5	5.6	47.4	60.8	1.3	165.0	22.1	3.3	9.2
安徽宿州种子公司		159.2	23.6	10.4	61.8	50.8	0.8	287.0	23.6	3.4	21.4
江苏淮阴市农科所		160.8	44.2	9.2	61.2	54.6	0.9	182.8	17.5	3.7	10.7
甘肃成县种子站		136.6	31.5	7.8	63.2	63.7	1.0	358.7	22.8	3.5	17.8
山西农业科学院棉花所		142.1	49.7	8.5	50.1	61.1	1.2	226.1	24.9	3.9	24.5
平 均 值		145.73	43.05	8.61	55.43	61.87	1.12	289.74	20.04	3.42	17.43
陕西杨凌新品种示范园		189.0	76.2	9.0	65.6	82.6	1.3	334.4	10.7	3.6	12.9
陕西杂交油菜中心		151.6	78.1	5.5	49.2	54.7	1.1	151.8	21.5	3.5	11.5
陕西宝鸡农科所		132.0	51.2	7.7	50.8	53.2	1.1	213.0	19.5	3.4	14.1
陕西富平区试站		152.3	48.0	7.3	60.7	53.0	0.9	336.3	25.3	3.9	44.7
河南农业科学院经作所	HQ111 ZY 1011 *	169.6	83.0	7.8	45.8	64.2	1.4	321.8	23.5	3.1	19.4
河南遂平县农科所		187.8	96.1	6.8	56.7	74.7	1.3	296.6	17.3	3.8	13.8
河南信阳市农科院		154.8	68.2	7.0	58.6	70.4	1.2	264.9	19.6	4.0	17.5
安徽宿州种子公司		171.4	23.6	10.2	84.0	73.4	0.9	307.9	21.0	3.5	21.9
江苏淮阴市农科所		157.0	63.8	7.4	57.0	63.0	1.1	214.3	18.0	3.7	12.2
甘肃成县种子站		148.8	44.6	8.8	67.3	71.5	1.1	419.2	24.2	3.8	22.7
山西农业科学院棉花所		164.0	72.3	8.7	54.0	69.0	1.3	235.9	24.3	3.8	24.5
平 均 值		161.66	64.10	7.79	59.06	66.34	1.14	281.46	20.44	3.64	19.57
陕西杨凌新品种示范园		187.6	85.4	9.2	48.8	62.2	1.3	185.8	15.3	3.2	9.1
陕西杂交油菜中心		147.4	65.3	6.4	42.5	44.6	1.1	160.9	25.5	3.2	13.3
陕西宝鸡农科所		133.0	24.6	8.6	46.4	36.0	0.8	174.4	18.8	3.7	12.0
陕西富平区试站		153.7	37.7	9.0	59.0	59.0	1.0	464.7	28.1	3.2	33.6
河南农业科学院经作所	HQ112 绵新油 38	183.4	81.0	9.4	53.2	75.8	1.4	293.2	27.0	3.3	20.1
河南遂平县农科所		202.4	100.5	7.8	53.9	71.6	1.3	284.1	24.9	3.7	24.8
河南信阳市农科院		156.6	73.3	6.5	53.5	57.9	1.1	206.6	21.6	3.3	15.9
安徽宿州种子公司		180.4	31.6	11.2	77.0	86.0	1.1	271.9	23.4	3.9	24.1
江苏淮阴市农科所		158.4	60.2	8.2	54.8	61.2	1.1	221.2	16.1	3.6	13.0
甘肃成县种子站		161.4	50.5	7.7	56.0	54.9	1.0	374.0	22.5	3.4	21.3
山西农业科学院棉花所		159.1	68.5	8.2	47.2	57.3	1.2	220.1	27.2	3.5	22.8
平 均 值		165.76	61.69	8.38	53.85	60.59	1.12	259.72	22.76	3.45	19.09

黄淮 A 组生育期与抗性表（1）

试点单位	编号品种名称	播种期(月/日)	成熟期(月/日)	全生育期(天)	比对照±天数	苗期生长势	成熟一致性	耐旱渍性(强中弱)	抗倒性(直斜倒)	抗寒性 冻害率(%)	抗寒性 冻害指数	菌核病 病害率(%)	菌核病 病害指数	病毒病 病害率(%)	病毒病 病害指数	不育株率(%)
陕西杨凌新品种示范园		9/18	5/24	248	-1	强	齐	弱	斜	100	60	0	0	0	0	—
陕西杂交油菜中心		9/18	5/18	242	-2	强	齐	—	强	100	75.5	0	0	0	0	4.5
陕西宝鸡市农科所		9/14	5/26	254	-1	强	齐	强	直	100	56.37	32.69	22.12	0	0	5.56
陕西富平区试站		9/24	5/24	242	-1	强	齐	强	直	100	75	0	0	0	0	1.7
河南农业科学院经作所		9/20	5/28	250	1	强	齐	强	倒	100	50.3	11.5	5.3	8.2	4.1	5
河南遂平县农科所	HQ101 YC1115	9/28	5/24	238	0	强	齐	强	直	37.9	9.3	3.2	3.2	0	0	1.6
河南信阳市农科院		9/27	5/15	230	-2	强	齐	强	直	0	0	0	0	0	0	7.9
安徽宿州种子公司		9/25	5/27	244	-4	强	齐	强	直	93.2	12.2	0	0	0	0	0.8
江苏淮阴市农科所		9/29	5/28	241	1	弱	中	强	直	27.78	8.56	4.63	2.55	—	—	2.78
甘肃成县种子站		9/18	5/26	250	0	强	中	强	直	100	37.5	0	0	0	0	0
山西农业科学院棉花所		9/14	5/18	246	0	强	齐	强	直	0	0	0	0	0	0	0.01
平 均 值				244.1	-0.8			强	强	68.99	34.98	4.73	3.02	0.82	0.41	2.99
陕西杨凌新品种示范园		9/18	5/26	250	1	强	齐	中	直	100	50	0	0	0	0	0
陕西杂交油菜中心		9/18	5/19	243	-1	强	齐	—	强	100	75	0	0	0	0	0
陕西宝鸡市农科所		9/14	5/27	255	0	强	齐	强	直	100	60.09	15.09	8.49	0	0	0
陕西富平区试站		9/24	5/24	242	-1	强	齐	强	直	100	74.3	0	0	0	0	0
河南农业科学院经作所		9/20	5/28	250	1	强	齐	强	斜	100	53.6	9.1	4.9	5.2	2.9	0
河南遂平县农科所	HQ102 HL1209	9/28	5/24	238	0	强	齐	强	直	32.3	8.1	1.6	0.8	0	0	0
河南信阳市农科院		9/27	5/16	231	-1	强	齐	强	直	0	0	0	0	0	0	0
安徽宿州种子公司		9/25	5/29	246	-2	强	齐	强	直	97.5	17.6	0	0	0	0	0
江苏淮阴市农科所		9/29	5/27	240	0	强	齐	强	直	29.63	9.26	1.85	0.46	—	—	0
甘肃成县种子站		9/18	5/28	252	2	强	齐	强	直	100	57.5	0	0	0	0	0
山西农业科学院棉花所		9/14	5/19	247	1	强	齐	强	直	10	1	0	0	0	0	0
平 均 值				244.9	0.0			强	强	69.95	36.95	2.51	1.33	0.52	0.29	0.00

黄淮 A 组生育期与抗性表（2）

试点单位	编号品种名称	播种期(月/日)	成熟期(月/日)	全生育期(天)	比对照±(天数)	苗期生长势	成熟一致性	耐旱、渍性(强、中、弱)	抗倒性(直、斜、倒)	抗寒性冻害率(%)	抗寒性冻害指数	菌核病病害率(%)	菌核病病害指数	病毒病病害率(%)	病毒病病害指数	不育株率(%)
陕西杨凌农业新品种示范园		9/18	5/25	249	0	中	齐	中	倒	100	55	0	0	0	0	—
陕西崇文油菜中心		9/18	5/22	246	2	强	齐	—	中	100	75	0	0	0	0	0
陕西宝鸡市农科所		9/14	5/26	254	-1	强	中	强	直	100	62.05	32.72	24.09	0	0	0
陕西富平区试站		9/24	5/26	244	1	强	齐	强	直	100	77.9	5.8	3.6	0	0	0
河南农业科学院经作所	HQ103 素优2177	9/20	5/29	251	2	强	齐	强	斜	100	41.3	6.4	4.8	5.8	1.8	1
河南遂平县农科院		9/28	5/24	238	0	强	齐	强	倒	0	0	0	0	0	0	1.6
河南信阳市农科院		9/27	5/16	231	-1	强	齐	强	直	0	0	0	0	—	—	0
安徽宿州种子公司		9/25	5/28	245	-3	中	齐	强	直	95	19.6	0	0	0	0	0.3
江苏淮阴市农科所		9/29	5/28	241	1	中	中	强	直	19.44	5.79	5.56	4.17	0	0	0
甘肃成县种子站		9/18	5/30	254	4	中	不齐	中	倒	100	40	0	0	0	0	0
山西农业科学院棉花所		9/14	5/19	247	1	强	齐	强	直	15	2	0	0	0	0	0
平 均 值				245.5	0.5				中+	66.31	34.42	4.59	3.33	0.58	0.18	0.29
陕西杨凌农业新品种示范园		9/18	5/24	248	-1	强	齐	中	直	100	55	0	0	0	0	—
陕西崇文油菜中心		9/18	5/17	241	-3	强	齐	—	强	100	75	0	0	0	0	0
陕西宝鸡市农科所		9/14	5/25	253	-2	强	齐	强	直	100	50.91	19.6	10.71	0	0	0
陕西富平区试站		9/24	5/21	239	-4	强	齐	强	直	100	63.8	0	0	0	0	0
河南农业科学院经作所	HQ104 DX015	9/20	5/26	248	-1	强	齐	强	直	100	47.9	5.8	4.3	5.8	2.2	1
河南遂平县农科院		9/28	5/21	235	-3	强	齐	强	直	11.3	2.8	6.4	5.2	0	0	2.6
河南信阳市农科院		9/27	5/13	228	-4	强	齐	强	直	0	0	10	22.5	0	0	0.8
安徽宿州种子公司		9/25	5/30	247	-1	强	中	强	斜	96	11.2	1	3	0	0	5.56
江苏淮阴市农科所		9/29	5/27	240	0	中	齐	强	斜	29.63	9.49	2.78	2.08	—	—	0
甘肃成县种子站		9/18	5/22	246	-4	强	齐	强	直	100	53.75	0	0	0	0	0.12
山西农业科学院棉花所		9/14	5/17	245	-1	强	齐	强	直	0	0	0	0	0	0	0
平 均 值				242.7	-2.2				强	66.99	33.62	4.14	4.34	0.58	0.22	1.01

黄淮 A 组生育期与抗性表（3）

试点单位	编号品种名称	播种期（月/日）	成熟期（月/日）	全生育期（天）	比对照（±天数）	苗期生长势	成熟一致性	耐旱、渍性（强、中、弱）	抗倒性（直、斜、倒）	抗寒性 冻害率（%）	抗寒性 冻害指数	菌核病 病害率（%）	菌核病 病害指数	病毒病 病害率（%）	病毒病 病害指数	不育株率（%）
陕西杨陵新品种示范园		9/18	5/26	250	1	强	齐	中	倒	100	50	0	0	0	0	—
陕西荣交油菜中心		9/18	5/19	243	-1	强	齐	—	强	100	75	3	3	0	0	23
陕西宝鸡市农科所		9/14	5/26	254	-1	强	齐	强	直	100	53.13	24.52	17.92	0	0	3.64
陕西富平区试站		9/24	5/24	242	-1	强	齐	强	直	100	71.4	0	0	0	0	3
河南农业科学院经作所	HQ105 晋杂优1号*	9/20	5/30	252	3	强	齐	强	倒	100	46.8	13	8	2.9	2.5	7
河南遂平县农科所		9/28	5/24	238	0	强	齐	强	倒	29	7.3	3.2	2.8	0	0	16
河南信阳市农科院		9/27	5/18	233	1	强	中	强	斜	0	0	20	32.5	0	0	10
安徽宿州种子公司		9/25	5/29	246	-2	中	齐	强	斜	87.5	16.4	0	0	0	0	0
江苏淮阴市农科所		9/29	5/28	241	1	强	不齐	强	直	34.26	11.11	4.63	1.85	—	—	26.85
甘肃成县种子站		9/18	5/25	249	-1	强	齐	强	斜	100	43.75	0	0	0	0	2.5
山西农业科学院棉花所		9/14	5/18	246	0	强	齐	强	直	0	0	0	0	0	0	0.15
平 均 值				244.9	0.0				中	68.25	34.08	6.21	6.01	0.29	0.25	9.21
陕西杨陵新品种示范园		9/18	5/25	249	0	中	齐	中	直	100	50	0	0	0	0	—
陕西荣交油菜中心		9/18	5/20	244	0	强	齐	—	强	100	75	0	0	0	0	0.5
陕西宝鸡市农科所		9/14	5/27	255	0	强	齐	强	直	100	51.85	18.18	10.91	0	0	0
陕西富平区试站		9/24	5/25	243	0	强	齐	强	直	100	75.6	0	0	0	0	0.3
河南农业科学院经作所	HQ106 秦优7号（CK）	9/20	5/27	249	0	强	齐	强	斜	100	47.2	2.6	1.6	6.4	2.2	1
河南遂平县农科所		9/28	5/24	238	0	强	齐	强	直	0	0	3.2	0.8	0	0	0
河南信阳市农科院		9/27	5/17	232	0	强	齐	强	斜	0	0	0	0	0	0	0
安徽宿州种子公司		9/25	5/31	248	0	中	齐	强	直	90	12.8	0	0	0	0	0.5
江苏淮阴市农科所		9/29	5/27	240	0	强	齐	强	直	21.3	6.48	1.85	1.85	—	—	0.93
甘肃成县种子站		9/18	5/26	250	0	强	齐	强	直	100	41.25	0	0	0	0	0
山西农业科学院棉花所		9/14	5/18	246	0	强	齐	强	直	20	2	0	0	0	0	0
平 均 值				244.9	0.0				强	66.48	32.93	2.35	1.38	0.64	0.22	0.32

黄淮 A 组生育期与抗性性表 (4)

试点单位	编号品种名称	播种期(月/日)	成熟期(月/日)	全生育期(天)	比对照(±天数)	苗期生长势	成熟一致性	耐旱渍性(强、中、弱)	抗倒性(直、斜、倒)	抗寒性 冻害率(%)	抗寒性 冻害指数	菌核病 病害率(%)	菌核病 病害指数	病毒病 病害率(%)	病毒病 病害指数	不育株率(%)
陕西杨凌新品种示范园		9/18	5/24	248	-1	中	齐	弱	直	100	50	0	0	0	0	—
陕西崇交油菜中心		9/18	5/18	242	-2	强	齐	—	强	100	75	0.5	0.5	3.33	2.9	2.5
陕西宝鸡市农科所		9/14	5/27	255	0	强	齐	强	直	100	53.13	30.77	17.31	0	0	1.92
陕西富平区试站		9/24	5/23	241	-2	强	齐	强	直	100	67.9	0	0	0	0	0
河南农业科学院经作所	HQ107 秦优188	9/20	5/27	249	0	强	齐	强	倒	100	45.1	4.3	4.3	6.9	2.1	3
河南遂平县农科所		9/28	5/22	236	-2	强	齐	强	直	25.8	6.5	1.6	1.2	0	0	1.6
河南信阳市农科院		9/27	5/15	230	-2	强	齐	强	直	0	0	0	0	0	0	5.3
安徽宿州种子公司		9/25	5/31	248	0	强	齐	强	斜	100	10.2	1	3	0	0	0
江苏淮阴市农科所		9/29	5/27	240	0	中	中	强	直	21.3	6.71	2.78	0.69	—	—	4.63
甘肃成县种子站		9/18	5/24	248	-2	中	齐	中	直	100	62.5	0	0	0	0	0
山西农业科学院棉花所		9/14	5/18	246	0	强	齐	强	直	0	0	0	0	0	0	0.14
平　均　值				243.9	-1.0				强-	67.92	34.28	3.72	2.45	1.02	0.50	1.91
陕西杨凌新品种示范园		9/18	5/24	248	-1	强	齐	中	斜	100	50	0	0	0	0	—
陕西崇交油菜中心		9/18	5/21	245	1	强	齐	—	强	100	75	1.64	0.41	0	0	0
陕西宝鸡市农科所		9/14	5/27	255	0	强	齐	强	直	100	51.85	16.67	9.26	0	0	0
陕西富平区试站		9/24	5/24	242	-1	强	齐	强	直	100	86	0	0	0	0	0
河南农业科学院经作所	HQ108 2013*	9/20	5/27	249	0	强	齐	强	直	100	50.7	3.4	2.2	5.6	2.5	0
河南遂平县农科所		9/28	5/24	238	0	强	齐	强	直	0	0	3.2	3.2	0	0	6.4
河南信阳市农科院		9/27	5/17	232	0	强	齐	强	斜	0	0	0	0	0	0	15
安徽宿州种子公司		9/25	5/30	247	-1	弱	齐	强	直	97.5	11.1	1.85		0	0	0.8
江苏淮阴市农科所		9/29	5/27	240	0	强	中	强	直	21.3	6.02	1.85	1.16	—	—	0
甘肃成县种子站		9/18	5/24	248	-2	强	齐	强	直	100	62.5	0	0	0	0	0
山西农业科学院棉花所		9/14	5/18	246	0	强	齐	强	直	0	0	0	0	0	0	0.01
平　均　值				244.5	-0.4				强	65.35	35.74	2.43	1.48	0.56	0.25	2.22

黄淮 A 组生育期与抗性性表（5）

试点单位	编号品种名称	播种期(月/日)	成熟期(月/日)	全生育期(天)	比对照(±天数)	苗期生长势	成熟一致性	耐旱、渍性(强、中、弱)	抗倒性(直、斜、倒)	抗寒性 冻害率(%)	抗寒性 冻害指数	菌核病 病害率(%)	菌核病 病害指数	病毒病 病害率(%)	病毒病 病害指数	不育株率(%)
陕西杨凌新品种示范园		9/18	5/26	250	1	强	齐	中	倒	100	50	0	0	0	0	—
陕西杂交油菜中心		9/18	5/17	241	-3	强	齐	—	强	100	76	3.33	2.9	0	0	2.5
陕西宝鸡市农科所		9/14	5/26	254	-1	强	齐	强	直	100	57.73	27.59	16.81	0	0	0
陕西富平区试站		9/24	5/23	241	-2	强	齐	强	直	100	61.2	0	0	0	0	0
河南农业科学院经作所	HQ109	9/20	5/27	249	0	强	齐	强	斜	100	46.2	5.1	3.2	7.6	3.2	2
河南遂平县农科所	ZY1014	9/28	5/20	234	-4	强	齐	强	倒	19.4	4.8	14.4	11.6	0	0	0
河南信阳市农科院		9/27	5/16	231	-1	强	齐	强	直	0	0	10	10	0	0	2.6
安徽宿州种子公司		9/25	5/31	248	0	强	齐	强	直	95	16.2	0	0	0	0	0
江苏淮阴市农科所		9/29	5/26	239	-1	中	齐	强	倒	23.15	6.71	2.78	0.69	—	—	3.7
甘肃成县种子站		9/18	5/25	249	-1	中	齐	强	直	100	57.5	0	0	0	0	1.39
山西农业科学院棉花所		9/14	5/17	245	-1	强	齐	强	直	0	0	0	0	0	0	0.12
平均值				243.7	-1.2				中	67.05	34.21	5.75	4.11	0.76	0.32	1.23
陕西杨凌新品种示范园		9/18	5/26	250	1	强	齐	弱	直	100	75	0	0	0	0	—
陕西杂交油菜中心		9/18	5/21	245	1	强	不齐	—	强	100	81.5	1.64	0.82	0	0	0
陕西宝鸡市农科所		9/14	5/27	255	0	强	中	强	直	100	67.86	35.19	28.85	0	0	3.77
陕西富平区试站		9/24	5/27	245	2	强	中	强	直	100	85.1	0	0	0	0	0
河南农业科学院经作所	HQ110	9/20	5/26	248	-1	强	齐	强	直	100	60.9	4.9	2.2	7.4	3.1	1
河南遂平县农科所	川杂	9/28	5/22	236	-2	强	齐	强	直	25.8	6.50	14.4	12.0	0	0	0
河南信阳市农科院	NH2993	9/27	5/15	230	-2	强	齐	强	直	0	0	0	0	0	0	0
安徽宿州种子公司		9/25	5/29	246	-2	中	齐	强	直	100	10.3	0	0	0	0	0.3
江苏淮阴市农科所		9/29	5/27	240	0	中	中	强	直	23.15	6.94	1.85	1.16	—	—	6.48
甘肃成县种子站		9/18	5/26	250	0	强	中	弱	直	100	77.5	0	0	0	0	0
山西农业科学院棉花所		9/14	5/17	245	-1	强	齐	强	直	25	3	0	0	0	0	0.05
平均值				244.5	-0.4				强	70.36	43.15	5.27	4.09	0.74	0.31	1.16

黄淮A组生育期与抗性表（6）

试点单位	编号品种名称	播种期（月/日）	成熟期（月/日）	全生育期（天）	比对照（±天数）	苗期生长势	成熟一致性	耐旱渍性（强、中、弱）	抗倒性（直、斜、倒）	抗寒性 冻害率（%）	冻害指数	菌核病 病害率（%）	病害指数	病毒病 病害率（%）	病害指数	不育株率（%）
陕西杨陵新品种示范园		9/18	5/26	250	1	强	齐	中	倒	100	60	0	0	0	0	—
陕西荣交油菜中心		9/18	5/20	244	0	强	齐	—	强	100	75	0	0	0	0	6
陕西宝鸡市农科所		9/14	5/26	254	-1	强	齐	强	直	100	54.63	24.53	14.62	0	0	1.92
陕西富平区试站		9/24	5/24	242	-1	强	齐	强	直	100	67.5	13.1	4.5	0	0	0.7
河南农业科学院经作所		9/20	5/28	250	1	强	齐	强	倒	100	41.3	8	7.2	3	1.3	3
河南遂平县农科所	HQ111 ZY1011*	9/28	5/22	236	-2	强	齐	强	直	16.1	4.00	10	40	0	0	3.2
河南信阳市农科院		9/27	5/15	230	-2	强	齐	强	直	0	0	0	0	0	0	0
安徽宿州种子公司		9/25	5/29	246	-2	中	中	强	直	100	16.5	3.7	1.62	—	—	0
江苏淮阴市农科所		9/29	5/28	241	1	中	中	强	直	26.85	8.1	0	0	0	0	5.56
甘肃成县种子站		9/18	5/24	248	-2	强	齐	强	直	100	40	0	0	0	0	0
山西农业科学院棉花所		9/14	5/18	246	0	强	齐	强	直	0	0	0	0	0	0	0.11
平均值				244.3	-0.6				强 –	67.54	33.37	5.39	6.18	0.30	0.13	2.05
陕西杨陵新品种示范园		9/18	5/24	248	-1	强	齐	弱	直	100	50	0	0	0	0	0
陕西荣交油菜中心		9/18	5/18	242	-2	强	齐	—	强	100	78	0	0	0	0	0
陕西宝鸡市农科所		9/14	5/26	254	-1	强	齐	强	直	100	56.25	29.82	19.74	0	0	0
陕西富平区试站		9/24	5/23	241	-2	强	中	强	直	100	77.5	0	0	0	0	0
河南农业科学院经作所		9/20	5/27	249	0	强	齐	强	直	100	54.7	6.1	6.1	2.4	0.9	0
河南遂平县农科所	HQ112 绵新油38	9/28	5/21	235	-3	强	齐	强	直	32.3	8.1	3.2	2.4	0	0	1
河南信阳市农科院		9/27	5/16	231	-1	强	齐	强	直	0	0	0	0	0	0	0
安徽宿州种子公司		9/25	5/29	246	-2	强	齐	强	直	80	13.2	0	0	0	0	0
江苏淮阴市农科所		9/29	5/28	241	1	强	不齐	强	直	31.48	9.95	2.78	0.69	—	—	0
甘肃成县种子站		9/18	5/26	250	0	中	中	中	直	100	55	0	0	0	0	0
山西农业科学院棉花所		9/14	5/18	246	0	强	齐	强	直	10	1	0	0	0	0	0
平均值				243.9	-1.0				强	68.53	36.70	3.81	2.63	0.24	0.09	0.10

2012—2013 年度国家冬油菜品种区域试验汇总报告（黄淮 B 组）

一、试验概况

（一）供试品种（系）

参试品种（系）包括对照共 12 个。

编号	品种名称	申报类型	芥酸（%）	硫苷（μmol/g）	含油量（%）	供 种 单 位
HQ201	陕油 19 *	双低杂交	0.0	21.11	43.20	西北农林科技大学农学院
HQ202	H1609	双低杂交	0.0	19.02	43.32	陕西荣华农业科技有限公司
HQ203	CH15	双低杂交	0.0	21.07	43.09	西北农林科技大学农学院
HQ204	H1608	双低杂交	0.0	22.22	44.73	陕西荣华农业科技有限公司
HQ205	高科油 1 号	双低杂交	0.0	21.10	40.54	杨凌农业高科技发展股份有限公司
HQ206	XN1201	双低杂交	0.0	18.92	40.55	杨凌金诺种业有限公司
HQ207	双油 116	双低杂交	0.2	19.13	43.86	河南省农业科学院经济作物研究所
HQ208	秦优 7 号（CK）	双低杂交	0.2	20.39	41.98	陕西省杂交油菜中心
HQ209	杂 03 – 92	双低杂交	0.0	24.18	43.50	西北农林科技大学农学院
HQ210	双油 118	双低杂交	0.2	19.26	42.54	河南省农业科学院经济作物研究所
HQ211	盐油杂 3 号	双低杂交	0.0	24.74	44.82	江苏沿海地区农科所/盐城明天种业
HQ212	BY03	双低杂交	0.0	21.20	41.48	宝鸡市农业科学研究所

注：（1）"＊"表示两年区试品种（系）；（2）品质检测由农业部油料及制品质量监督检验测试中心检测，芥酸于 2012 年 8 月测播种前各育种单位参试品种的种子；硫苷、含油量于 2013 年 7 月测收获后各抽样试点的混合种子

（二）参试单位及联系人

组别	参试单位	参试地点	联系人
黄淮 A 组	陕西省农作物新品种引进示范园	陕西省杨凌市	马 兵
	陕西省农垦科研中心	陕西省大荔市	郑 磊
	陕西省宝鸡市农科所	陕西省宝鸡市	梅万虎
	陕西省国家旱地区试站	陕西省富平县	李安民
	河南省农业科学院经作所	河南省郑州市	朱家成
	河南省遂平县农科所	河南省遂平县	冯顺山
	河南信阳市农科所	河南省信阳市	王友华
	安徽宿州市种子公司	安徽省宿州市	刘 飞
	江苏省淮阴市农科所	江苏省淮安市	刘葛山
	甘肃成县种子管理站	甘肃省成县	朱斌峰
	山西省农业科学院棉花所	山西省运城市	咸拴狮

（三）试验设计及田间管理

各试点均按统一试验方案严格执行，采用随机区组排列，3 次重复，小区净面积为 20m²。各试点种植密度为 2.3 万~2.7 万株/亩。分别于 9/10~9/30 日直播。其观察记载、田间调查和室内考种均按实施方案进行。各点试验地前作有水稻、大豆、小麦、玉米、花生等，其土壤肥力中等，栽培管理水平同当地大田生产，治虫不防病。底肥种类有磷酸二铵、硫酸钾、复合肥、硼砂等，追肥以尿素为主。

（四）气候特点及其影响

播种期间气温正常，土壤墒情适宜，出苗好，长势稳健。越冬期，气温较常年偏低，11 月下旬气温骤降，各品种出现不同程度的冻害。立春后，气温回升缓慢，降雨偏少，油菜发育进程延长。4月上中旬的倒春寒，导致分段结实，但对产量影响不大。盛花期以后，天气以晴好为主，日照充足，气温偏高，昼夜温差较大，对油菜开花结实、角果发育、籽粒灌浆、增重与产量形成均十分有利。

总体来说，本年度气候条件有利于油菜的生长发育，未发生严重冻害、病害、虫害。后期天气晴朗，日照充足，有利于油菜籽粒产量形成与收获，试验产量水平高于往年。

二、试验结果

（一）产量结果

1. 方差分析表（试点效应固定）

变异来源	自由度	平方和	均方	F 值	概率（小于0.05 显著）
试点内区组	22	5 288.11111	240.36869	1.79084	0.018
品　　种	11	22 830.54545	2 075.50413	15.46332	0.000
试　　点	10	473 402.82828	47 340.28283	352.70363	0.000
品种×试点	110	64 551.60537	586.83278	4.37213	0.000
误　　差	242	32 481.51584	134.22114		
总　变　异	395	598 554.60606			

试验总均值 = 227.960759943182

误差变异系数 CV（%）= 5.082

多重比较结果（LSD 法）　　LSD0 0.05 = 5.6187　　LSD0 0.01 = 7.4155

品种	品种均值	比对照（%）	0.05 显著性	0.01 显著性
H1608	241.96880	7.52379	a	A
陕油 19 *	236.36880	5.03530	ab	AB
H1609	234.49400	4.20222	bc	BC
BY03	233.83240	3.90822	bc	BC
XN1201	230.30420	2.34036	cd	BCD
CH15	228.10720	1.36408	de	CD
双油 116	227.63850	1.15583	de	CDE
秦优 7 号（CK）	225.03750	0.00000	def	DEF
双油 118	223.92840	-0.49284	efg	DEF
高科油 1 号	220.56780	-1.98620	fg	EFG
盐油杂 3 号	218.33340	-2.97908	gh	FG
杂 03 - 92	214.94960	-4.48275	h	G

2. 品种稳定性分析（Shukla 稳定性方差）

变异来源	自由度	平方和	均方	F 值	概率（小于0.05 显著）
区　　组	22	5 284.00000	240.18180	1.78920	0.019
环　　境	10	473 406.00000	47 340.60000	352.65730	0.000
品　　种	11	22 831.94000	2 075.63100	15.46213	0.000
互　　作	110	64 548.06000	586.80060	4.37129	0.000
误　　差	242	32 486.00000	134.23970		
总变异	395	598 556.00000			

各品种 Shukla 方差及其显著性检验（F 测验）

品种	DF	Shukla 方差	F 值	概率	互作方差	品种均值	Shukla 变异系数
油 19 *	10	79.62232	1.7794	0.065	34.8758	236.3688	3.7751%
H1609	10	138.56180	3.0966	0.001	93.8152	234.4940	5.0198%
CH15	10	231.93510	5.1833	0.000	187.1885	228.1072	6.6764%
H1608	10	11.38632	0.2545	0.990	0.0000	241.9688	1.3945%
高科油 1 号	10	250.68060	5.6022	0.000	205.9340	220.5678	7.1782%
XN1201	10	216.24880	4.8327	0.000	171.5022	230.3041	6.3852%
双油 116	10	237.49640	5.3076	0.000	192.7498	227.6385	6.7699%
秦优 7 号（CK）	10	75.13975	1.6792	0.086	30.3932	225.0375	3.8519%
杂 03 - 92	10	132.38490	2.9585	0.002	87.6383	214.9496	5.3528%
双油 118	10	404.35710	9.0366	0.000	359.6106	223.9284	8.9799%
盐油杂 3 号	10	391.29600	8.7447	0.000	346.5495	218.3335	9.0601%
BY03	10	79.07180	4.0019	0.000	134.3252	233.8324	5.7228%
误差	242	44.74655					

　　各品种 Shukla 方差同质性检验（Bartlett 测验）Prob. = 0.00057 极显著，不同质，各品种稳定性差异极显著。

各品种 Shukla 方差的多重比较（F 测验）

品种	Shukla 方差	0.05 显著性	0.01 显著性
双油 118	404.35710	a	A
盐油杂 3 号	391.29600	ab	A
高科油 1 号	250.68060	ab	AB
双油 116	237.49640	ab	AB
CH15	231.93510	abc	AB
XN1201	216.24880	abcd	AB
BY03	179.07180	abcd	AB
H1609	138.56180	abcd	AB
杂 03 - 92	132.38490	bcd	AB
陕油 19 *	79.62232	cd	B
秦优 7 号（CK）	75.13975	d	B
H1608	11.38632	e	C

（二）主要经济性状

　　各试点详细调查记载了油菜参试品种的主要经济性状、主要农艺性状和抗逆性，具体包括单株有效角果数、每角粒数、千粒重、单株产量、株高、有效分枝部位、分枝数、结荚密度、主花序有效长、主花序有效角、不育株率、生育期、菌核病（发病率、病情指数）、病毒病（发病率、病情指数）、抗寒性（受冻率、冻害指数）、苗期生长势和成熟期一致性、抗倒性等，详见各相关附表。主要产量构成情况如下。

　　1. 单株有效角果数

　　单株有效角果数平均幅度为 243.81 ~ 284.71 个。其中，H1609 为最少，XN1201 为最多，CK 秦优 7 号 255.86 个，CK2011—2012 年为 259.29 个。

2. 每角粒数

每角粒数平均幅度 20.87~24.90 粒。其中，XN1201 为最少，H1609 为最多，CK 秦优 7 号 23.20，CK2011—2012 年为 24.97 粒。

3. 千粒重

千粒重平均幅度为 3.12~3.69g。其中，双油 118 为最低，陕油 19 为最高，CK 秦优 7 号 3.28 克，CK2011—2012 年为 3.21g。

（三）成熟期比较

在参试品种（系）中，各品种生育期在 243.0~245.2 天。CK 秦优 7 号：244.6 天，2011—2012 年为 242.6 天，生育期延迟 2.0 天。

（四）抗逆性比较

1. 菌核病

菌核病平均发病率幅度 2.42%~6.61%；比 2011—2012 年的 12.32~23.47 有较大幅度的降低，病情指数幅度为 1.52~7.09，比 2011—2012 年的 9.10~24.63 也有大幅度下降。CK 秦优 7 号发病率 2.42%，病情指数 1.52；2011—2012 年发病率 17.26%，病情指数 13.46。

2. 病毒病

病毒病发病率平均幅度为 0.00%~0.73%。病情指数幅度为 0.00~0.49。CK 秦优 7 号病率 0.49%，病情指数 0.22，2011—2012 年发病率 0.55%，病情指数 0.63。

（五）不育株率

本组参试品种的不育株率变幅在 0.20~9.20，其中，双油 116 为最高，其次为高科油 1 号，8.66%，其余品种均在 3.0% 以下。CK 秦优 7 号 0.49%。

三、品种综述

根据对照品种秦优 7 号的表现，本组试验采用本组产量均值、产油量均值作工作对照（简称对照），对试验结果进行数据处理和分析，并以此为依据评价参试品种。

1. H1608

陕西荣华农业科技有限公司提供，试验编号 HQ204。

该品种株高较高，生长势较好，一致性好，分枝性中等。11 个点试验全部增产，平均亩产 241.97kg，比对照增产 6.15%，增产极显著，居试验第 1 位。平均产油量 108.23kg/亩，比对照增产 10.93%，11 个试点全部增产。株高 173.36cm，分枝数 8.24 个，生育期平均 244.6 天，与对照相当。单株有效角果数为 259.19 个，每角粒数 22.47 粒，千粒重 3.44g，不育株率 0.43%。菌核病发病率为 3.75%、病情指数为 2.65，病毒病发病率 0.26%，病情指数为 010；菌核病鉴定结果均为中感，受冻率 67.05%，冻害指数 34.84，抗倒性强 -。芥酸含量 0.0，硫苷含量 22.22μmol/g（饼），含油量 44.73%。

主要优缺点：品质达双低标准，丰产性好，产油量高，抗倒性较强，抗病性较差，熟期适中。

结论：产量、产油量达标，继续试验，同步进入生产试验。

2. 陕油 19

西北农林科技大学农学院提供，试验编号 HQ201。

该品种株高适中，生长势较好，一致性较好，分枝性中等。11 个点试验 10 个点增产，1 个点减产，平均亩产 236.37kg，比对照增产 3.69%，增产显著，居试验第 2 位。平均产油量 102.11kg/亩，比对照增产 4.66%，10 个点增产，1 个点减产。株高 165.81cm，分枝数 8.66 个，生育期平均 243.0 天，比对照早熟 1.6 天。单株有效角果数为 270.25 个，每角粒数 21.78 粒，千粒重 3.69g，不育株率 0.20%。菌核病发病率为 3.47%、病情指数为 2.61，病毒病发病率 0.27%、病情指数均为 0.18；菌核病鉴定结果均为中感，受冻率 67.84%，冻害指数 32.87，抗倒性强。芥酸含量 0.0，硫苷含量 21.11μmol/g（饼），含油量 43.20%。

2011—2012 年度国家冬油菜区域（黄淮区 A 组，试验编号 QH110）试验中：11 个点试验 10 个点增产，1 个点减产，平均亩产 209.06kg，比对照增产 2.42%，增产不显著，居试验第 3 位。平均产油量 89.95kg/亩，比对照增产 3.70%，11 个试点 10 个点增产，1 个点减产。株高 160.96cm，分枝数 8.92 个，生育期平均 241.5 天，比对照早熟 1.1 天。单株有效角果数为 266.55 个，每角粒数 23.32 粒，千粒重 3.77g，不育株率 0.29%。菌核病、病毒病发病率分别为 14.13%、0.00%，病情指数分别为 16.58、0.00，菌核病病鉴定结果为低抗，受冻率 74.32%，冻害指数 37.39，抗倒性强 −。芥酸含量 0.0，硫苷含量 23.80μmol/g（饼），含油量 43.02%。

综合 2011—2013 两年试验结果：共 22 个试验点，20 个点增产，2 个点减产，平均亩产 222.71kg，比对照增产 3.05%。单株有效角果数 268.40 个，每角粒数为 22.55 粒，千粒重 3.73g。菌核病发病率 8.80%，病情指数为 9.60，病毒病发生率为 0.14%，病情指数为 0.09，菌核病病鉴定结果为中感，抗倒性强 −，不育株率平均为 3.54%。含油量平均为 43.11%，2 年芥酸含量分别为 0.0 和 0.0，硫苷含量分别为 23.80μmol/g（饼）和 21.11μmol/g（饼）。两年平均产油量 96.03kg/亩，比对照增产 4.18%，20 个点增产，2 个点减产。

主要优缺点：品质达双低标准，丰产性一般，产油量较高，稳产性较差，抗病性中等，抗倒性较强，熟期适中。

结论：产量、产油量未达标，完成试验。

3. H1609

陕西荣华农业科技有限公司提供，试验编号 HQ202。

该品种株高适中，生长势较好，一致性较好，分枝性中等。11 个点试验 8 个点增产，3 个点减产，平均亩产 234.49kg，比对照增产 2.87%，增产不显著，居试验第 3 位。平均产油量 101.58kg/亩，比对照增产 4.11%，8 个点增产，3 个点减产。株高 159.53cm，分枝数 8.45 个，生育期平均 245.2 天，比对照迟熟 0.5 天。单株有效角果数为 243.81 个，每角粒数 24.90 粒，千粒重 3.45g，不育株率 0.16%。菌核病发病率为 3.81%、病情指数为 3.66，病毒病发病率 0.30%、病情指数为 0.13；菌核病鉴定结果均为低感，受冻率 65.42%，冻害指数 35.96，抗倒性中。芥酸含量 0.0，硫苷含量 19.02μmol/g（饼），含油量 43.32%。

主要优缺点：丰产性一般，产油量较高，品质达双低标准，抗倒性中，抗病性一般，熟期适中。

结论：产油量达标，继续试验。

4. BY03

陕西省宝鸡市农业科学研究所提供，试验编号 HQ212。

该品种株高较高，生长势一般，一致性较好，分枝性中等。11 个点试验 8 个点增产，3 个点减产，平均亩产 233.83kg，比对照增产 2.58%，不显著，居试验第 4 位。平均产油量 96.66kg/亩，比对照减产 0.59%，5 个点增产，6 个点减产。株高 173.11cm，分枝数 7.80 个，生育期平均 244.1 天，比对照早熟 0.5 天。单株有效角果数为 246.51 个，每角粒数 24.77 粒，千粒重 3.24g，不育株率 1.51%。菌核病发病率为 3.14%、病情指数 1.96，病毒病发病率 0.00，病情指数 0.00，本组最高；菌核病鉴定结果均为中感，受冻率 66.69%，冻害指数 34.95，抗倒性强 −。芥酸含量 0.0，硫苷含量 21.20μmol/g（饼），含油量 41.48%。

主要优缺点：品质达双低标准，丰产性一般，产油量一般，抗倒性强 −，抗病性较差，熟期适中。

结论：产量、产油量未达标，终止试验。

5. XN1201

杨凌金诺种业有限公司提供，试验编号 HQ206。

该品种株高较高，生长势一般，一致性较好，分枝性中等。11 个点试验 6 个点增产，5 个点减产，平均亩产 230.30kg，比对照增产 1.03%，不显著，居试验第 5 位。平均产油量 93.39kg/亩，比对照减产 4.29%，3 个点增产，8 个点减产。株高 177.57cm，分枝数 7.34 个，生育期平均 243.6 天，比对照早熟 1.0 天。单株有效角果数为 284.71 个，每角粒数 20.87 粒，千粒重 3.12g，不育株率 2.08%。菌核病发病率为 6.61%、病情指数 7.09，病毒病发病率 0.26%、病情指数均为 0.09；菌核病鉴定结果均为低感，受冻率 67.52%，冻害指数 34.03，抗倒性中。芥酸含量 0.0，硫苷含量 19.82μmol/g（饼），含油量 40.55%。

主要优缺点：品质达双低标准，丰产性一般，产油量低，抗倒性中，抗病性一般，熟期适中。

结论：产量、产油量未达标，建议终止试验。

6. CH15

西北农林科技大学农学院提供，试验编号 HQ203。

该品种株高较高，生长势一般，一致性较好，分枝性中等。11 个点试验 4 个点增产，7 个点减产，平均亩产 228.11kg，比对照增产 0.06%，不显著，居试验第 6 位。平均产油量 98.29kg/亩，比对照增产 0.74%，5 个点增产，6 个点减产。株高 177.33cm，分枝数 7.96 个，生育期平均 243.7 天，比对照早熟 0.9 天。单株有效角果数为 261.78 个，每角粒数 23.40 粒，本组最多，千粒重 3.30g，不育株率 1.61%。菌核病发病率为 4.32%、病情指数为 2.81，病毒病发病率 0.73%，病情指数为 0.49；菌核病鉴定结果为低感，受冻率 67.10%，冻害指数 34.28，抗倒性强－。芥酸含量 0.0，硫苷含量 21.07μmol/g（饼），含油量 43.09%。

主要优缺点：品质达双低标准，丰产性一般，产油量较低，稳产性较差，抗病性中等，抗倒性较强，熟期适中。

结论：产量、产油量未达标，终止试验。

7. 双油 116

河南省农业科学院经济作物研究所选育，试验编号 HQ207。

该品种株高较高，生长势较好，一致性较好，分枝性中等。11 个点试验 6 个点增产，5 个点减产，平均亩产 227.64kg，比对照减产 0.14%，不显著，居试验第 7 位。平均产油量 99.84kg/亩，比对照减产 2.33%，8 个点增产，3 个点减产。株高 175.02cm，分枝数 8.55 个，生育期平均 245.3 天，比对照迟熟 0.6 天。单株有效角果数为 281.96 个，每角粒数 22.50 粒，千粒重 3.26g，不育株率 9.20%。菌核病发病率为 3.28%、病情指数 2.38，病毒病发病率 0.24%、病情指数 0.09；菌核病鉴定结果均为低感，受冻率 68.57%，冻害指数 37.55，抗倒性强。芥酸含量 0.2%，硫苷含量 19.13μmol/g（饼），含油量 43.86%。

主要优缺点：品质达双低标准，丰产性差，产油量低，抗倒性强，抗病性一般，熟期适中。

结论：产量、产油量未达标，建议终止试验。

8. 双油 118

河南省农业科学院经济作物研究所，试验编号 HQ207。

该品种株高适中，生长势一般，一致性较好，分枝性中等。11 个点试验 6 个点增产，5 个点减产，平均亩产 223.93kg，比对照减产 1.77%，不显著，居试验第 10 位。平均产油量 95.26kg/亩，比对照减产 2.37%，5 个点增产，6 个点减产。株高 161.42cm，分枝数 7.74 个，生育期平均 241.5 天，比对照早熟 1.2 天。单株有效角果数为 265.80 个，每角粒数 24.87 粒，千粒重 3.10g，不育株率 2.26%。菌核病发病率为 16.05%、病情指数为 15.41，病毒病发病率 0.91%、病情指数 2.05；菌核病鉴定结果均为低感，受冻率 74.09%，冻害指数 37.18，抗倒性中。芥酸含量 0.2%，硫苷含量 19.26μmol/g（饼），含油量 42.54%。

主要优缺点：品质达双低标准，丰产性差，产油量低，抗倒性中，抗病性一般，熟期适中。

结论：产量、产油量未达标，终止试验。

9. 高科油 1 号

杨凌农业高科技发展股份有限公司提供，试验编号 HQ205。

该品种株高适中，生长势一般，一致性较好，分枝性中等。11 个点试验 3 个点增产，8 个点减产，平均亩产 220.57kg，比对照减产 3.24%，居试验第 9 位。平均产油量 89.42kg/亩，比对照减产 8.35%，1 个点增产，10 个点减产。株高 167.97cm，分枝数 7.68 个，生育期平均 243.5 天，比对照早熟 1.2 天。单株有效角果数为 280.92 个，每角粒数 22.37 粒，千粒重 3.39g，不育株率 3.06%。菌核病发病率为 4.65%、病情指数为 6.29，病毒病发病率 0.36%、病情指数均为 0.21；菌核病鉴定结果为低感，受冻率 67.16%，冻害指数 37.61，抗倒性强－。芥酸含量 0.0，硫苷含量 21.10μmol/g（饼），含油量 40.54%。

主要优缺点：品质达双低标准，丰产性差，产油量低，抗倒性较强，抗病性一般，熟期适中。

结论：产量、产油量未达标，终止试验。

10. 盐油杂 3 号

江苏省沿海地区农科所选育，试验编号 HQ211。

该品种株高适中，生长势一般，一致性较好，分枝性中等。11 个点试验 3 个点增产，8 个点减产，平均亩产 218.33kg，比对照减产 4.22%，极显著，居试验第 11 位。平均产油量 97.86kg/亩，比对照增产 0.30%，7 个点增产，4 个点减产。株高 160.93cm，分枝数 7.50 个，生育期平均 245.1 天，比对照迟熟 0.5 天。单株有效角果数为 279.54 个，每角粒数 23.04 粒，千粒重 3.39g，不育株率 1.33%。菌核病发病率为 4.54%、病情指数为 2.22，病毒病发病率 0.41%、病情指数为 0.18；发病率为本组最高，菌核病鉴定结果均为低感，受冻率 65.99%，冻害指数 36.55，抗倒性强。芥酸含量 0.0，硫苷含量 24.74μmol/g（饼），含油量 44.82%。

主要优缺点：品质达双低标准，丰产性差，产油量一般，抗病性一般，抗倒性强，熟期适中。

结论：产量、产油量未达标，终止试验。

11. 杂 03-92

西北农林科技大学农学院选育，试验编号 HQ209。

该品种株高适中，生长势一般，一致性好，分枝性中等。11 个试点 2 点增产，9 点减产，平均亩产 214.95kg，比对照减产 5.71% 极显著，居试验第 12 位。平均产油量 93.50kg/亩，比对照减产 4.17%，11 个试点中，3 个点增产，8 个点减产。株高 161.64cm，分枝数 8.67 个，生育期平均 243.3 天，比对照早熟 1.4 天。单株有效角果数为 280.24 个，每角粒数 21.84 粒，千粒重 3.40g，不育株率 0.99%。菌核病发病率为 5.50%、病情指数为 4.32，病毒病发病率 0.31%、病情指数为 0.21；菌核病鉴定结果为中感，受冻率 65.40%，冻害指数 33.44，抗倒性强。芥酸含量 0.0，硫苷含量 24.18μmol/g（饼），含油量 43.50%。

主要优缺点：品质达双低标准，丰产性差，产油量低，抗倒性强，抗病性较差，熟期适中。

结论：产量、产油量未达标，终止试验。

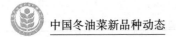

2012—2013 年全国冬油菜品种区域试验（黄淮 B 组）原始产量表

试点	品种名	小区产量（kg）				试点	品种名	小区产量（kg）			
		I	II	III	平均值			I	II	III	平均值
陕西杨凌	陕油 19 *	6.480	6.880	6.720	6.693	陕西富平	陕油 19 *	6.369	6.702	6.747	6.606
	H1609	7.090	7.340	7.720	7.383		H1609	6.216	6.142	6.525	6.294
	CH15	6.900	7.080	7.040	7.007		CH15	6.183	6.087	6.385	6.218
	H1608	6.930	6.980	6.840	6.917		H1608	6.822	6.871	6.907	6.867
	高科油 1 号	6.030	6.520	6.460	6.337		高科油 1 号	5.943	5.988	6.189	6.040
	XN1201	6.340	6.660	6.920	6.640		XN1201	6.609	6.492	6.439	6.513
	双油 116	6.290	6.320	6.220	6.277		双油 116	6.587	6.804	6.667	6.686
	秦优 7 号（CK）	6.460	6.540	6.120	6.373		秦优 7 号（CK）	6.258	6.204	6.181	6.214
	杂 03 - 92	6.050	6.060	6.060	6.057		杂 03 - 92	5.421	6.081	6.096	5.866
	双油 118	6.860	6.580	6.480	6.640		双油 118	6.702	6.560	6.768	6.677
	盐油杂 3 号	6.190	6.240	6.120	6.183		盐油杂 3 号	5.683	5.569	4.959	5.404
	BY03	7.000	6.960	7.360	7.107		BY03	5.937	6.213	6.072	6.074
陕西大荔	陕油 19 *	9.235	8.990	8.947	9.057	河南郑州	陕油 19 *	7.618	7.540	7.362	7.507
	H1609	8.753	8.883	8.660	8.765		H1609	6.418	7.743	6.752	6.971
	CH15	8.501	8.608	8.404	8.504		CH15	6.915	7.009	7.106	7.010
	H1608	9.061	9.334	9.241	9.212		H1608	7.695	7.954	7.555	7.735
	高科油 1 号	8.857	8.430	8.434	8.574		高科油 1 号	5.952	7.114	6.768	6.611
	XN1201	9.181	8.562	8.598	8.780		XN1201	6.886	5.602	6.383	6.290
	双油 116	7.976	8.049	7.884	7.970		双油 116	7.694	7.584	7.830	7.703
	秦优 7 号（CK）	9.004	8.944	8.982	8.977		秦优 7 号（CK）	6.966	7.118	7.038	7.041
	杂 03 - 92	8.635	8.106	8.006	8.249		杂 03 - 92	6.279	9.064	6.449	7.264
	双油 118	8.555	8.480	8.179	8.405		双油 118	7.478	7.685	7.852	7.672
	盐油杂 3 号	7.664	7.684	7.389	7.579		盐油杂 3 号	6.309	7.192	7.558	7.020
	BY03	9.088	8.736	9.063	8.962		BY03	7.123	7.770	7.286	7.393
陕西宝鸡	陕油 19 *	7.252	7.165	7.39	7.269	河南遂平	陕油 19 *	8.730	8.474	8.818	8.674
	H1609	7.05	6.773	6.655	6.826		H1609	8.574	7.840	8.796	8.403
	CH15	7.63	7.515	7.028	7.391		CH15	8.726	8.140	8.690	8.519
	H1608	7.083	6.586	6.95	6.873		H1608	8.324	8.950	8.070	8.448
	高科油 1 号	6.055	5.22	5.291	5.522		高科油 1 号	8.106	7.736	8.194	8.012
	XN1201	6.861	7.215	6.783	6.953		XN1201	8.896	7.238	8.540	8.225
	双油 116	6.477	7.01	7.048	6.845		双油 116	8.578	8.116	7.902	8.199
	秦优 7 号（CK）	7.055	6.572	6.641	6.756		秦优 7 号（CK）	8.558	8.048	7.422	8.009
	杂 03 - 92	6.532	5.845	5.722	6.033		杂 03 - 92	7.992	8.128	8.688	8.269
	双油 118	4.885	5.117	5.334	5.112		双油 118	7.598	7.048	7.369	7.338
	盐油杂 3 号	5.572	4.925	5.541	5.346		盐油杂 3 号	8.882	8.152	9.186	8.740
	BY03	7.345	7.213	7.489	7.349		BY03	7.388	7.698	8.556	7.881

（续表）

试点	品种名	小区产量（kg）I	II	III	平均值	试点	品种名	小区产量（kg）I	II	III	平均值
河南信阳	陕油19*	7.770	8.010	7.460	7.747	甘肃成县	陕油19*	5.635	5.351	6.408	5.798
	H1609	8.480	8.230	8.710	8.473		H1609	5.17	5.139	5.779	5.363
	CH15	7.320	6.600	6.660	6.860		CH15	5.914	5.342	5.105	5.454
	H1608	7.440	7.980	8.870	8.097		H1608	6.152	6.31	5.72	6.061
	高科油1号	8.230	8.380	8.410	8.340		高科油1号	4.251	4.985	5.038	4.758
	XN1201	7.630	7.700	7.580	7.637		XN1201	6.205	5.826	6.603	6.211
	双油116	7.730	7.640	7.720	7.697		双油116	4.412	4.1	5.304	4.605
	秦优7号（CK）	7.140	7.160	7.660	7.320		秦优7号（CK）	5.669	5.321	4.875	5.288
	杂03-92	7.520	7.350	7.870	7.580		杂03-92	4.873	5.508	5.241	5.207
	双油118	7.580	7.540	8.240	7.787		双油118	5.503	5.551	4.969	5.341
	盐油杂3号	7.400	7.480	7.460	7.447		盐油杂3号	5.606	5.851	6.038	5.832
	BY03	7.370	6.610	7.710	7.230		BY03	5.421	5.687	6.194	5.767
安徽宿州	陕油19*	5.430	5.740	6.200	5.790	山西运城	陕油19*	8.227	8.114	6.744	7.695
	H1609	6.100	6.260	5.230	5.863		H1609	8.100	7.860	7.514	7.825
	CH15	5.350	5.420	5.070	5.280		CH15	7.270	7.016	7.869	7.385
	H1608	5.670	5.480	6.370	5.840		H1608	8.210	8.125	7.348	7.894
	高科油1号	5.680	5.490	5.840	5.670		高科油1号	7.547	7.345	8.204	7.699
	XN1201	6.100	6.270	5.810	6.060		XN1201	7.697	7.406	7.062	7.388
	双油116	5.690	5.460	5.800	5.650		双油116	8.033	8.161	7.121	7.772
	秦优7号（CK）	5.510	5.320	5.340	5.390		秦优7号（CK）	6.969	7.485	6.972	7.142
	杂03-92	4.920	4.220	5.080	4.740		杂03-92	6.698	5.964	7.005	6.556
	双油118	5.840	5.910	5.750	5.833		双油118	8.115	7.617	7.527	7.753
	盐油杂3号	5.260	5.720	5.870	5.617		盐油杂3号	6.530	7.541	7.529	7.200
	BY03	6.260	5.930	6.230	6.140		BY03	7.394	7.592	8.117	7.701
江苏淮安	陕油19*	5.203	5.100	5.194	5.166	平均值	陕油19*				7.091
	H1609	5.181	5.098	5.368	5.216		H1609				7.035
	CH15	5.685	5.608	5.650	5.648		CH15				6.843
	H1608	6.050	5.858	5.814	5.907		H1608				7.259
	高科油1号	5.300	5.186	5.189	5.225		高科油1号				6.617
	XN1201	5.364	5.243	5.300	5.302		XN1201				6.909
	双油116	5.798	5.608	5.749	5.718		双油116				6.829
	秦优7号（CK）	5.804	5.648	5.803	5.752		秦优7号（CK）				6.751
	杂03-92	5.087	5.200	5.050	5.112		杂03-92				6.448
	双油118	5.306	5.300	5.411	5.339		双油118				6.718
	盐油杂3号	5.603	5.750	5.697	5.683		盐油杂3号				6.550
	BY03	5.544	5.538	5.600	5.561		BY03				7.015

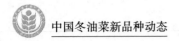

中国冬油菜新品种动态

黄淮 B 组经济性状表（1）

区试单位	编号品种名	株高（cm）	分枝部位（cm）	有效分枝数（个）	主花序 有效长度（cm）	主花序 有效角果数	主花序 角果密度	单株有效角果数	每角粒数	千粒重（g）	单株产量（g）
陕西杨凌新品种示范园		182.2	70.8	10.0	52.8	64.8	1.2	256.0	12.6	3.50	11.3
陕西杂交油菜中心		156.4	64.4	7.1	49.9	53.8	1.1	182.7	26.8	3.93	19.2
陕西宝鸡农科所		142.2	35.2	9.0	47.0	47.4	1.0	212.8	17.4	3.70	13.7
陕西富平区试站		164.0	36.3	10.0	68.7	68.7	1.0	434.3	25.5	3.98	43.1
河南农业科学院经作所		165.8	69.4	9.0	47.6	66.8	1.4	220.2	25.1	3.35	18.2
河南遂平县农科所	HQ201 陕油 19 *	195.2	84.0	8.7	53.7	72.2	1.3	316.1	17.9	4.30	17.4
河南信阳市农科院		149.3	63.6	6.6	49.1	57.4	1.2	174.4	22.3	2.97	11.3
安徽宿州种子公司		162.4	24.8	8.8	62.2	55.4	0.9	278.4	24.2	3.24	20.6
江苏淮阴市农科所		177.8	49.8	8.1	67.8	61.2	0.9	235.4	17.0	3.60	12.3
甘肃成县种子站		167.3	43.4	8.7	68.2	84.0	1.2	391.4	23.7	3.82	22.7
山西农业科学院棉花所		161.3	55.5	9.3	53.1	64.2	1.2	271.1	27.1	4.17	23.9
平　均　值		165.81	54.29	8.66	56.37	63.26	1.13	270.25	21.78	3.69	19.43
陕西杨凌新品种示范园		182.8	63.4	10.8	53.8	70.6	1.3	218.8	17.4	3.40	13.0
陕西杂交油菜中心		151.8	75.6	5.4	47.1	53.2	1.1	140.0	29.0	3.17	12.8
陕西宝鸡农科所		135.6	45.2	8.0	50.6	60.4	1.2	205.4	18.2	3.35	12.5
陕西富平区试站		150.3	31.0	10.3	59.0	70.3	1.2	406.3	28.6	3.82	43.2
河南农业科学院经作所		163.8	82.0	8.8	37.2	48.8	1.3	155.0	29.7	2.60	16.7
河南遂平县农科所	HQ202 H1609	197.3	103.1	7.9	46.6	68.3	1.5	225.5	27.3	4.19	17.4
河南信阳市农科院		145.2	67.5	6.8	50.9	62.6	1.2	167.3	29.6	2.86	14.8
安徽宿州种子公司		150.8	22.2	10.6	56.6	63.2	1.1	268.9	25.5	3.69	24.3
江苏淮阴市农科所		158.8	59.0	7.8	53.2	46.6	0.9	171.2	17.1	3.72	9.6
甘肃成县种子站		157.7	39.4	9.2	61.0	74.5	1.2	427.3	18.7	3.65	16.8
山西农业科学院棉花所		160.7	81.9	7.3	44.2	67.3	1.5	296.2	32.8	3.54	19.3
平　均　值		159.53	60.99	8.45	50.93	62.35	1.23	243.81	24.90	3.45	18.22
陕西杨凌新品种示范园		204.2	82.4	9.0	63.4	74.2	1.2	280.2	14.6	3.00	12.3
陕西杂交油菜中心		159.2	70.9	6.6	52.5	54.5	1.0	175.7	25.7	3.20	14.5
陕西宝鸡农科所		144.0	46.4	7.0	48.0	47.8	1.0	214.0	18.2	3.60	14.0
陕西富平区试站		167.0	41.0	7.7	70.7	74.0	1.1	448.7	28.9	3.28	46.1
河南农业科学院经作所		183.0	71.9	9.8	57.8	51.4	0.9	319.8	25.2	3.03	23.3
河南遂平县农科所	HQ203 CH15	207.0	105.1	7.9	52.2	71.0	1.4	273.2	22.2	3.52	18.1
河南信阳市农科院		153.3	87.1	4.8	48.2	54.9	1.1	143.5	18.4	2.98	11.1
安徽宿州种子公司		194.0	48.4	9.4	84.8	77.0	0.9	250.2	25.0	3.44	21.2
江苏淮阴市农科所		187.6	65.5	9.0	58.6	63.8	1.1	182.2	20.9	3.39	9.9
甘肃成县种子站		181.2	60.5	8.7	68.3	71.7	1.1	371.0	25.1	3.55	18.3
山西农业科学院棉花所		170.1	76.9	7.7	52.7	67.6	1.3	221.1	33.3	3.26	22.7
平　均　值		177.33	68.74	7.96	59.75	64.35	1.10	261.78	23.40	3.30	19.23

268

黄淮 B 组经济性状表（2）

| 区试单位 | 编号品种名 | 株 高（cm） | 分枝部位（cm） | 有效分枝数（个） | 主花序 | | | 单株有效角果数 | 每角粒数 | 千粒重（g） | 单株产量（g） |
					有效长度（cm）	有效角果数	角果密度				
陕西杨凌新品种示范园		183.0	81.6	7.8	56.6	62.0	1.1	247.8	15.2	3.20	12.1
陕西杂交油菜中心		164.9	77.4	6.2	55.4	58.2	1.1	171.4	26.2	3.60	16.2
陕西宝鸡农科所		159.0	52.2	9.4	56.0	63.0	1.1	212.8	18.4	3.35	13.1
陕西富平区试站		165.7	51.4	9.7	55.7	68.0	1.2	383.0	27.0	3.74	30.3
河南农业科学院经作所		184.0	88.8	8.6	43.8	64.2	1.5	230.8	26.3	3.12	19.9
河南遂平县农科所	HQ204 H1608	211.9	107.5	7.7	50.4	69.9	1.4	234.3	25.3	3.70	17.4
河南信阳市农科院		156.2	81.7	4.6	52.1	63.7	1.2	154.0	24.4	2.96	10.2
安徽宿州种子公司		164.6	24.8	9.4	65.0	64.0	1.0	322.8	22.5	3.37	23.5
江苏淮阴市农科所		168.2	58.2	8.8	60.2	66.8	1.1	252.0	18.6	3.50	10.4
甘肃成县种子站		180.6	52.7	10.3	65.8	71.2	1.1	402.3	20.4	3.65	25.4
山西农业科学院棉花所		168.9	76.8	8.1	50.3	67.1	1.3	239.9	22.8	3.64	21.1
平 均 值		173.36	68.46	8.24	55.57	65.28	1.19	259.19	22.47	3.44	18.15
陕西杨凌新品种示范园		192.6	78.8	9.2	64.2	77.0	1.2	360.6	8.8	3.20	10.1
陕西杂交油菜中心		159.3	73.0	5.8	54.1	56.3	1.0	178.8	22.7	3.07	12.4
陕西宝鸡农科所		129.8	43.4	5.8	55.0	52.8	1.0	195.2	16.4	3.20	10.2
陕西富平区试站		148.7	35.7	8.3	68.7	68.3	1.0	405.0	28.8	3.32	31.0
河南农业科学院经作所		182.6	85.8	8.6	47.8	65.4	1.4	301.0	23.4	3.12	22.6
河南遂平县农科所	HQ205 高科油 1号	202.1	104.5	7.4	55.7	80.4	1.4	321.3	21.8	3.83	19.6
河南信阳市农科院		149.0	69.0	6.2	51.0	63.3	1.2	201.5	27.4	3.03	13.3
安徽宿州种子公司		171.2	36.6	9.4	70.0	59.8	0.9	267.2	24.2	3.68	22.4
江苏淮阴市农科所		176.6	60.6	8.2	60.4	55.4	0.9	226.4	18.9	3.68	10.4
甘肃成县种子站		166.5	49.2	8.1	70.2	78.3	1.1	382.9	26.3	3.52	20.6
山西农业科学院棉花所		169.3	77.0	7.5	54.9	73.5	1.3	250.2	27.4	3.62	22.4
平 均 值		167.97	64.92	7.68	59.27	66.41	1.12	280.92	22.37	3.39	17.73
陕西杨凌新品种示范园		203.6	90.0	7.8	64.0	81.4	1.3	288.8	12.9	3.00	11.2
陕西杂交油菜中心		168.3	88.6	5.4	53.0	59.3	1.1	182.7	23.3	3.07	13.1
陕西宝鸡农科所		163.8	46.2	6.6	53.4	53.6	1.0	212.9	18.4	3.15	12.3
陕西富平区试站		174.0	46.0	9.0	70.0	73.3	1.1	505.3	24.0	3.30	39.7
河南农业科学院经作所		183.0	95.2	6.6	47.6	48.4	1.0	210.4	20.4	2.68	14.9
河南遂平县农科所	HQ206 XN1201	206.7	107.8	7.2	52.7	79.1	1.5	327.9	20.6	3.40	17.6
河南信阳市农科院		159.9	78.2	4.8	57.5	72.7	1.3	199.1	19.5	2.93	11.0
安徽宿州种子公司		181.2	46.4	8.4	69.0	81.4	1.2	305.4	24.7	3.35	24.7
江苏淮阴市农科所		162.2	42.2	8.8	64.2	67.2	1.0	187.6	18.7	2.78	8.6
甘肃成县种子站		181.2	59.4	8.0	70.5	89.6	1.3	434.6	20.5	3.50	26.3
山西农业科学院棉花所		169.4	70.3	8.1	56.7	73.5	1.3	277.1	26.5	3.16	22.8
平 均 值		177.57	70.03	7.34	59.87	70.86	1.18	284.71	20.87	3.12	18.39

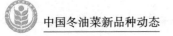

黄淮 B 组经济性状表（3）

区试单位	编号品种名	株高（cm）	分枝部位（cm）	有效分枝数（个）	主花序			单株有效角果数	每角粒数	千粒重（g）	单株产量（g）
					有效长度（cm）	有效角果数	角果密度				
陕西杨凌新品种示范园		179.0	75.4	9.0	53.6	53.2	1.0	224.0	15.7	3.10	10.9
陕西杂交油菜中心		164.7	79.1	6.5	53.6	51.8	1.0	175.3	23.7	3.17	13.2
陕西宝鸡农科所		140.0	47.0	8.0	53.0	53.4	1.0	210.8	17.9	3.20	12.1
陕西富平区试站		172.7	31.0	11.7	74.0	74.3	1.0	656.3	27.2	3.68	37.3
河南农业科学院经作所		186.8	72.6	8.0	48.8	65.8	1.3	242.4	21.2	3.19	20.5
河南遂平县农科所	HQ207 双油116	209.0	99.7	9.0	49.9	70.7	1.4	376.9	23.1	3.35	21.8
河南信阳市农科院		159.2	81.1	5.3	50.2	60.4	1.2	162.4	21.9	3.26	12.8
安徽宿州种子公司		194.0	37.0	11.4	76.2	77.6	1.0	298.6	25.1	3.25	23.9
江苏淮阴市农科所		175.4	56.0	9.0	66.4	67.0	1.0	234.4	18.2	3.27	12.0
甘肃成县种子站		173.8	45.6	7.8	65.2	61.8	1.0	313.0	22.5	3.30	13.9
山西农业科学院棉花所		170.6	82.2	8.3	48.6	63.3	1.3	207.5	31.0	3.13	18.7
平　均　值		175.02	64.25	8.55	58.14	63.57	1.10	281.96	22.50	3.26	17.91
陕西杨凌新品种示范园		186.0	80.0	7.8	49.6	51.4	1.0	259.8	12.4	3.30	10.7
陕西杂交油菜中心		173.8	86.4	5.8	49.2	56.0	1.1	171.1	26.8	2.90	13.3
陕西宝鸡农科所		143.2	51.4	7.6	49.6	52.0	1.1	197.1	18.7	3.25	12.0
陕西富平区试站		167.7	40.0	8.7	69.7	69.3	1.0	429.0	30.2	3.06	32.3
河南农业科学院经作所	HQ208 秦优7号（CK）	184.8	109.2	7.4	43.4	58.2	1.4	215.4	25.5	2.93	18.4
河南遂平县农科所		202.4	105.3	6.7	50.5	63.3	1.3	246.5	23.2	3.67	15.8
河南信阳市农科院		160.9	74.7	5.1	55.2	48.4	0.9	143.7	27.4	2.86	10.5
安徽宿州种子公司		184.8	25.6	9.8	82.6	74.0	0.9	291.1	22.2	3.46	22.2
江苏淮阴市农科所		174.8	53.6	8.9	69.0	70.4	1.0	226.8	20.4	3.83	10.9
甘肃成县种子站		180.3	52.4	8.4	64.8	68.5	1.1	389.5	19.7	3.55	24.2
山西农业科学院棉花所		172.3	79.1	8.0	51.7	65.7	1.3	244.5	28.8	3.27	22.9
平　均　值		175.55	68.88	7.65	57.75	61.56	1.09	255.86	23.20	3.28	17.56
陕西杨凌新品种示范园		174.8	67.4	10.8	56.4	72.2	1.3	367.8	7.8	3.60	10.3
陕西杂交油菜中心		151.9	67.6	7.3	51.4	57.9	1.1	190.2	22.6	3.30	14.2
陕西宝鸡农科所		131.4	38.4	8.2	50.4	59.8	1.1	195.4	18.3	3.25	11.6
陕西富平区试站		154.7	29.0	9.7	72.3	78.0	1.1	522.3	28.8	3.62	28.8
河南农业科学院经作所	HQ209 杂03-92	167.6	90.2	7.2	42.6	59.2	1.4	199.6	27.3	3.00	18.9
河南遂平县农科所		191.3	95.6	7.7	48.7	69.1	1.4	279.2	20.6	3.78	17.4
河南信阳市农科院		156.9	77.2	8.0	46.9	62.3	1.3	214.9	25.1	3.18	14.2
安徽宿州种子公司		168.0	28.4	9.6	77.8	70.8	0.9	230.1	24.7	3.56	19.9
江苏淮阴市农科所		168.0	40.0	9.0	61.2	64.2	1.0	198.4	18.3	3.37	10.9
甘肃成县种子站		158.7	44.9	9.4	55.2	75.5	1.4	451.6	18.8	3.38	21.9
山西农业科学院棉花所		154.7	68.1	8.5	45.3	64.1	1.4	233.1	28.0	3.36	19.2
平　均　值		161.64	58.80	8.67	56.13	66.65	1.22	280.24	21.84	3.40	17.03

黄淮 B 组经济性状表（4）

区试单位	编号品种名	株 高（cm）	分枝部位（cm）	有效分枝数（个）	主花序			单株有效角果数	每角粒数	千粒重（g）	单株产量（g）
					有效长度（cm）	有效角果数	角果密度				
陕西杨凌新品种示范园		190.8	75.6	8.4	63.4	78.2	1.2	286.8	14.5	2.70	11.2
陕西杂交油菜中心		156.8	83.4	6.0	46.1	48.4	1.1	149.7	29.6	2.93	13.0
陕西宝鸡农科所		145.4	35.0	7.6	60.2	56.0	0.9	156.8	18.6	3.05	8.9
陕西富平区试站		157.3	41.3	9.3	59.0	65.7	1.1	474.0	35.1	3.44	40.9
河南农业科学院经作所		174.4	87.0	7.8	43.0	58.2	1.4	276.8	27.8	2.94	21.2
河南遂平县农科所	HQ210 双油118	197.8	108.0	7.2	48.9	66.4	1.4	236.2	26.2	3.41	15.2
河南信阳市农科院		154.0	84.4	5.3	46.3	55.3	1.2	121.8	27.2	2.96	15.7
安徽宿州种子公司		180.8	38.8	9.6	74.8	60.2	0.8	330.5	23.1	3.25	24.3
江苏淮阴市农科所		166.4	70.6	7.8	54.6	58.6	1.1	196.2	21.1	3.12	10.5
甘肃成县种子站		155.4	53.2	8.1	63.6	74.2	1.2	309.4	19.2	3.36	24.7
山西农业科学院棉花所		163.0	81.4	7.8	46.4	63.2	1.4	293.1	35.1	3.12	19.6
平　均　值		167.46	68.97	7.72	55.12	62.22	1.16	257.39	25.23	3.12	18.66
陕西杨凌新品种示范园		169.8	66.0	8.8	52.4	60.8	1.2	307.6	10.4	3.10	9.9
陕西杂交油菜中心		142.5	66.1	6.8	37.0	38.8	1.1	182.3	24.8	3.20	14.5
陕西宝鸡农科所		130.4	35.0	7.0	51.6	54.6	1.1	180.4	18.8	3.15	10.7
陕西富平区试站		148.0	32.3	9.7	63.7	62.3	1.0	539.0	28.4	3.68	51.4
河南农业科学院经作所		173.0	80.8	7.8	48.6	71.6	1.5	295.0	26.7	3.13	22.6
河南遂平县农科所	HQ211 盐油杂 3号	194.7	106.7	7.0	49.0	76.6	1.6	290.1	22.8	3.91	19.8
河南信阳市农科院		152.7	82.9	5.3	48.7	61.2	1.3	161.9	28.0	3.02	11.7
安徽宿州种子公司		171.8	46.2	8.0	68.6	72.4	1.1	281.3	24.2	3.50	23.1
江苏淮阴市农科所		161.2	66.0	7.2	55.8	68.8	1.2	229.4	17.2	3.62	11.4
甘肃成县种子站		165.6	62.0	7.8	61.1	75.6	1.2	379.8	23.4	3.50	19.2
山西农业科学院棉花所		160.5	72.6	7.1	50.5	70.2	1.4	228.1	28.7	3.43	14.5
平　均　值		160.93	65.15	7.50	53.38	64.81	1.23	279.54	23.04	3.39	18.98
陕西杨凌新品种示范园		202.4	93.8	8.0	59.0	67.0	1.1	186.4	20.2	2.90	11.2
陕西杂交油菜中心		173.6	86.9	6.1	55.1	52.3	1.0	163.3	23.0	3.10	11.6
陕西宝鸡农科所		148.4	47.6	9.0	53.0	53.2	1.0	213.4	19.5	3.20	13.3
陕西富平区试站		153.0	20.7	10.0	69.3	76.7	1.1	503.0	26.8	3.00	31.8
河南农业科学院经作所		189.2	96.2	8.0	44.4	58.4	1.3	200.2	30.8	3.00	19.9
河南遂平县农科所	HQ212 BY03	214.8	107.5	7.0	56.3	74.1	1.3	278.9	23.3	3.45	15.4
河南信阳市农科院		158.3	86.8	4.6	48.1	55.0	1.1	124.4	30.8	3.52	10.6
安徽宿州种子公司		159.4	24.0	9.0	65.0	74.8	1.2	279.2	24.4	3.81	25.3
江苏淮阴市农科所		170.0	57.0	8.0	60.6	66.4	1.1	234.0	17.1	3.15	12.0
甘肃成县种子站		164.3	45.3	8.3	65.8	72.4	1.1	344.5	25.3	3.32	—
山西农业科学院棉花所		170.8	85.2	7.8	48.3	61.5	1.3	184.3	30.6	3.19	16.5
平　均　值		173.11	68.27	7.80	56.83	64.71	1.13	246.51	24.77	3.24	16.76

黄淮 B 组生育期与抗性表（1）

试点单位	编号品种名称	播种期（月/日）	成熟期（月/日）	全生育期（天）	比对照（±天数）	苗期生长势	成熟一致性	耐旱、渍性（强、中、弱）	抗倒性（直、斜、倒）	抗寒性 冻害率（%）	抗寒性 冻害指数	菌核病 病害率（%）	菌核病 病害指数	病毒病 病害率（%）	病毒病 病害指数	不育株率（%）
陕西杨凌新品种示范园		9/18	5/23	247	-2	中	齐	弱	直	100	50	0	0	0	0	—
陕西荣交油菜中心		9/18	5/18	242	-2	强	齐	—	强	100	76	0	0	0	0	0
陕西宝鸡农科所		9/14	5/26	254	-1	强	齐	强	直	100	55.77	19.23	14.42	0	0	0
陕西富平区试站		9/24	5/23	241	-2	强	齐	强	直	100	69.4	0	0	0	0	0
河南农业科学院经作所	HQ201 陕油19*	9/20	5/25	247	-2	强	齐	强	直	100	50	4.5	3.8	2.7	1.8	1
河南遂平县农科所		9/28	5/22	236	-2	强	齐	强	直	27.4	6.9	8	6.8	0	0	0
河南信阳市农科院		9/27	5/16	231	-1	强	齐	强	斜	0	0	0	0	0	0	0.01
安徽宿州种子公司		9/25	5/27	244	-3	强	齐	强	直	97.5	9.5	6.48	0	.	.	0.01
江苏淮阴市农科所		9/29	5/26	239	-1	中	中	强	直	21.3	6.48	6.48	3.7	—	—	1
甘肃成县种子站		9/18	5/23	247	-1	强	齐	强	直	100	37.5	0	0	0	0	1
山西农业科学院棉花所		9/14	5/17	245	-1	强	齐	强	直	0	0	0	0	0	0	0
平均值				243.0	-1.6	强	齐	强	直	67.84	32.87	3.47	2.61	0.27	0.18	0.20
陕西杨凌新品种示范园		9/18	5/25	249	0	强	齐	中	倒	100	50	0	0	0	0	—
陕西荣交油菜中心		9/18	5/23	247	0	强	齐	—	强	100	75.5	0	0	0	0	0
陕西宝鸡农科所		9/14	5/27	255	3	强	齐	强	直	100	58.96	24.53	13.21	0	0	0
陕西富平区试站		9/24	5/25	243	0	强	齐	强	直	100	86.9	0	0	0	0	0
河南农业科学院经作所	HQ202 H1609	9/20	5/29	251	2	强	齐	强	倒	100	58.9	3	2.3	3	1.3	1.6
河南遂平县农科所		9/28	5/22	236	-2	强	齐	强	直	0	0	1.6	1.6	0	0	0
河南信阳市农科院		9/27	5/17	232	0	强	齐	强	倒	0	0	10	22.5	0	0	0
安徽宿州种子公司		9/25	5/30	247	0	强	齐	强	直	90	13.8	0	0	0	0	0
江苏淮阴市农科所		9/29	5/27	240	0	中	中	强	直	29.63	9.03	2.78	0.69	—	—	0
甘肃成县种子站		9/18	5/26	250	2	强	齐	中	斜	100	42.5	0	0	0	0	0
山西农业科学院棉花所		9/14	5/19	247	1	强	齐	强	直	0	0	0	0	0	0	0
平均值				245.2	0.5	强	齐	强	中	65.42	35.96	3.81	3.66	0.30	0.13	0.16

黄淮 B 组生育期与抗性表（2）

试点单位	编号品种名称	播种期（月/日）	成熟期（月/日）	全生育期（天）	比对照（±天数）	苗期生长势	成熟一致性	耐旱渍性（强、中、弱）	抗倒性（直、斜、倒）	抗寒性 冻害率（%）	抗寒性 冻害指数	菌核病 病害率（%）	菌核病 病害指数	病毒病 病害率（%）	病毒病 病害指数	不育株率（%）
陕西杨凌新品种示范园	HQ203 CH15	9/18	5/24	248	-1	强	齐	弱	倒	100	50	0	0	0	0	—
陕西荣交油菜中心		9/18	5/19	243	-1	强	齐	—	强	100	75	0	0	1.67	1.67	1
陕西宝鸡农科所		9/14	5/27	255	0	强	齐	强	直	100	52.5	23.08	14.9	0	0	1.82
陕西富平区试站		9/24	5/23	241	-2	强	齐	强	直	100	76.2	0	0	0	0	1
河南农业科学院经作所		9/20	5/27	249	0	强	齐	强	直	100	58.2	7	6.3	5.6	3.2	0
河南遂平县农科所		9/28	5/23	237	-1	强	齐	强	直	9.7	2.4	9.6	8.4	0	0	3.2
河南信阳市农科院		9/27	5/14	229	-3	强	齐	强	直	0	0	0	0	0	0	0
安徽宿州种子公司		9/25	5/29	246	-1	强	齐	强	斜	92.5	8.2	3.2	0.17	0	0	0.02
江苏淮阴市农科所		9/29	5/27	240	0	强	不齐	强	直	25.93	8.1	4.63	1.16	—	—	4.63
甘肃成县种子站		9/18	5/23	247	-1	强	中	强	直	100	46.25	0	0	0	0	4.33
山西农业科学院棉花所		9/14	5/18	246	0	强	齐	强	直	10	0.2	0	0	0	0	0.06
平均值				243.7	-0.9	强+	齐	强	强-	67.10	34.28	4.32	2.81	0.73	0.49	1.61
陕西杨凌新品种示范园	HQ204 H1608	9/18	5/25	249	0	强	齐	中	倒	100	50	0	0	0	0	—
陕西荣交油菜中心		9/18	5/23	247	3	强	齐	—	强	100	77.5	0	0	0	0	0
陕西宝鸡农科所		9/14	5/26	254	-1	强	齐	强	直	100	55.56	24.53	16.98	0	0	0
陕西富平区试站		9/24	5/24	242	-1	强	齐	强	直	100	75.6	0	0	0	0	0
河南农业科学院经作所		9/20	5/27	249	0	强	齐	强	倒	100	54.8	6.4	5.1	2.6	1	1
河南遂平县农科所		9/28	5/23	237	-1	强	齐	强	直	19.4	4.8	4.8	3.6	0	0	3.2
河南信阳市农科院		9/27	5/16	231	-1	强	齐	强	斜	0	0	0	0	0	0	0
安徽宿州种子公司		9/25	5/28	245	-2	中	齐	强	直	95	13.3	0	0	0	0	0.01
江苏淮阴市农科所		9/29	5/27	240	0	中	齐	强	直	23.15	6.71	5.56	3.47	—	—	0
甘肃成县种子站		9/18	5/26	250	2	强	齐	强	直	100	45	0	0	0	0	0
山西农业科学院棉花所		9/14	5/19	247	1	强	齐	强	直	0	0	0	0	0	0	0.11
平均值				244.6	0.0	强	齐	强	强-	67.05	34.84	3.75	2.65	0.26	0.10	0.43

黄淮 B 组生育期与抗性性表（3）

试点单位	编号品种名称	播种期（月/日）	成熟期（月/日）	全生育期（天）	比对照（±天数）	苗期生长势	成熟一致性	耐旱、渍性（强、中、弱）	抗倒性（直、斜、倒）	抗寒性 冻害率（%）	抗寒性 冻害指数	菌核病 病害率（%）	菌核病 病害指数	病毒病 病害率（%）	病毒病 病害指数	不育株率（%）
陕西杨凌新品种示范园		9/18	5/23	247	-2	中	齐	弱	直	100	60	0	0	0	0	—
陕西杂交油菜中心		9/18	5/19	243	-1	强	齐	—	强	100	79.5	0	0	0	0	9.5
陕西宝鸡农科所		9/14	5/26	254	-1	强	齐	强	直	100	56.73	25.93	18.06	0	0	8.93
陕西富平区试站		9/24	5/23	241	-2	强	齐	强	直	100	77.3	0	0	0	0	0.7
河南农业科学院经作所	HQ205 高科油1号	9/20	5/27	249	0	强	齐	强	倒	100	54.1	6	5.7	3.6	2.1	8
河南遂平县农科所		9/28	5/21	235	-3	强	齐	强	直	21	5.2	6.4	4	0	0	14.4
河南信阳市农科院		9/27	5/16	231	-1	强	齐	强	直	0	0	10	40	0	0	15
安徽宿州种子公司		9/25	5/28	245	-2	强	齐	强	斜	90	15.6	0	0	0	0	25.93
江苏淮阴市农科所		9/29	5/28	241	1	中	中	强	直	27.78	9.03	2.78	1.39	—	—	3.67
甘肃成县种子站		9/18	5/22	246	-2	强	齐	弱	直	100	56.25	0	0	0	0	0.42
山西农业科学院棉花所		9/14	5/18	246	0	强	齐	强	直	0	0	0	0	0	0	0
平均值				243.5	-1.2	强	齐	强	强	67.16	37.61	4.65	6.29	0.36	0.21	8.66
陕西杨凌新品种示范园		9/18	5/24	248	-1	强	齐	弱	倒	100	50	0	0	0	0	—
陕西杂交油菜中心		9/18	5/19	243	-1	强	齐	—	中	100	75	1.67	1.67	1.64	0.41	0
陕西宝鸡农科所		9/14	5/26	254	-1	强	齐	强	直	100	53.77	23.08	14.42	0	0	1.96
陕西富平区试站		9/24	5/23	241	-2	强	齐	强	直	100	69.4	0	0	0	0	0.3
河南农业科学院经作所	HQ206 XN1201	9/20	5/27	249	0	强	齐	强	倒	100	51	10.1	5.8	1	0.5	0
河南遂平县农科所		9/28	5/21	235	-3	强	齐	强	倒	17.7	4.4	3.2	2.4	0	0	0
河南信阳市农科院		9/27	5/16	231	-1	强	齐	强	直	0	0	30	52.5	0	0	0
安徽宿州种子公司		9/25	5/28	245	-2	中	齐	强	直	100	14.4	0	0	0	0	0
江苏淮阴市农科所		9/29	5/28	241	1	中	中	强	直	25	7.64	4.63	1.16	—	—	12.04
甘肃成县种子站		9/18	5/23	247	-1	强	齐	强	直	100	48.75	0	0	0	0	0
山西农业科学院棉花所		9/14	5/18	246	0	强	齐	强	直	0	0	0	0	0	0	0.09
平均值				243.6	-1.0	强	齐	强	中	67.52	34.03	6.61	7.09	0.26	0.09	1.44

黄淮 B 组生育期与抗性表（4）

试点单位	编号品种名称	播种期(月/日)	成熟期(月/日)	全生育期(天)	比对照(±天数)	苗期生长势	成熟一致性	耐旱渍性(强、中、弱)	抗倒性(直、斜、倒)	抗寒性 冻害率(%)	抗寒性 冻害指数	菌核病 病害率(%)	菌核病 病害指数	病毒病 病害率(%)	病毒病 病害指数	不育株率(%)
陕西杨凌新品种示范园	HQ207 双油116	9/18	5/26	250	1	强	齐	中	直	100	65	0	0	0	0	—
陕西杂交油菜中心		9/18	5/22	246	2	强	中	—	强	100	77.5	1.67	1.25	0	0	27
陕西宝鸡农科所		9/14	5/27	255	0	强	齐	强	直	100	56.26	24	18	0	0	5.45
陕西富平区试站		9/24	5/26	244	1	强	齐	强	直	100	80.5	0	0	0	0	7
河南农业科学院经作所		9/20	5/29	251	2	强	齐	强	直	100	49.3	3.5	2.1	2.4	0.9	7
河南遂平县农科所		9/28	5/24	238	0	强	齐	强	直	30.6	7.7	3.2	3.2	0	0	9.5
河南信阳市农科院		9/27	5/17	232	0	强	齐	强	斜	0	0	0	0	0	0	10
安徽宿州种子公司		9/25	5/27	244	-3	强	齐	强	斜	95	9.2	0	0	0	0	0
江苏淮阴市农科所		9/29	5/28	241	1	中	中	强	直	28.7	8.8	3.7	1.62	—	—	19.44
甘肃成县种子站		9/18	5/26	250	2	中	齐	中	直	100	58.75	0	0	0	0	6.33
山西农业科学院棉花所		9/14	5/19	247	1	强	齐	强	直	0	0	0	0	0	0	0.24
平均值				245.3	0.6	强	齐	强	强	68.57	37.55	3.28	2.38	0.24	0.09	9.20
陕西杨凌新品种示范园	HQ208 秦优7号(CK)	9/18	5/25	249	0	中	齐	中	直	100	50	0	0	0	0	—
陕西杂交油菜中心		9/18	5/20	244	0	强	齐	—	强	100	75.5	0	0	0	0	0
陕西宝鸡农科所		9/14	5/27	255	0	强	齐	强	直	100	55	18.18	10.91	0	0	0
陕西富平区试站		9/24	5/25	243	0	强	齐	强	直	100	81.4	0	0	0	0	0
河南农业科学院经作所		9/20	5/27	249	0	强	齐	强	直	100	47.4	2.5	1.9	4.9	2.2	0
河南遂平县农科所		9/28	5/24	238	0	强	齐	强	直	0	0	3.2	3.2	0	0	2
河南信阳市农科院		9/27	5/17	232	0	强	齐	强	斜	0	0	0	0	0	0	
安徽宿州种子公司		9/25	5/30	247	0	强	齐	强	斜	82.5	15.6	0	0	0	0	
江苏淮阴市农科所		9/29	5/27	240	0	强	中	弱	直	23.15	6.48	2.78	0.69	—	—	1.85
甘肃成县种子站		9/18	5/24	248	0	中	齐	强	斜	100	56.25	0	0	0	0	1
山西农业科学院棉花所		9/14	5/18	246	0	强	齐	强	直	0	0	0	0	0	0	0
平均值				244.6	0.0	强	齐	强	强	64.15	35.24	2.42	1.52	0.49	0.22	0.49

黄淮 B 组生育期与抗性表（5）

试点单位	编号品种名称	播种期（月/日）	成熟期（月/日）	全生育期（天）	比对照（±天数）	苗期生长势	成熟一致性	耐旱渍性（强、中、弱）	抗倒性（直、斜、倒）	抗寒性 冻率（%）	抗寒性 冻害指数	菌核病 病害率（%）	菌核病 病害指数	病毒病 病害率（%）	病毒病 病害指数	不育株率（%）
河南杨凌新品种示范园	HQ209 杂03-92	9/18	5/23	247	-2	强	齐	中	直	100	45	0	0	0	0	—
陕西杂交油菜中心		9/18	5/18	242	-2	强	齐	—	强	100	75.5	0	0	0	0	0.5
陕西宝鸡农科所		9/14	5/26	254	-1	强	齐	强	直	100	57.55	27.45	22.55	0	0	1.87
陕西富平区试站		9/24	5/24	242	-1	强	齐	强	直	100	84.8	0	0	0	0	0.3
河南农业科学院经作所		9/20	5/26	248	-1	强	齐	强	斜	100	46.2	5.2	3.6	3.1	2.1	3
河南遂平县农科院		9/28	5/19	233	-5	强	齐	强	直	0	0	1.6	1.6	0	0	0
河南信阳市农科院		9/27	5/17	232	0	强	齐	强	直	0	0	0	0	0	0	0
安徽宿州种子公司		9/25	5/28	245	-2	中	齐	强	直	100	13.8	0	0	—	—	0.01
江苏淮阴市农科所		9/29	5/27	240	0	强	中	强	斜	19.44	6.25	3.7	2.31	0	0	1.85
甘肃成县种子站		9/18	5/24	248	0	中	齐	弱	直	100	38.75	22.5	17.5	0	0	2.33
山西农业科学院棉花所		9/14	5/17	245	-1	强	齐	强	直	0	0	0	0	0	0	0.04
平均值				243.3	-1.4	强	齐	强	直	65.40	33.44	5.50	4.32	0.31	0.21	0.99
河南杨凌新品种示范园	HQ210 双油118	9/18	5/26	250	1	强	齐	中	倒	100	45	0	0	0	0	—
陕西杂交油菜中心		9/18	5/22	246	2	强	中	—	强	100	76.5	0	0	0	0	0.5
陕西宝鸡农科所		9/14	5/26	254	-1	强	中	强	直	100	63.21	33.96	24.06	0	0	0
陕西富平区试站		9/24	5/28	246	3	强	齐	强	直	100	87.5	0	0	0	0	0.7
河南农业科学院经作所		9/20	5/27	249	0	强	齐	强	斜	100	50.4	4.7	4.7	2.4	1.2	0
河南遂平县农科院		9/28	5/23	237	-1	强	齐	强	倒	8.1	2	6.4	6	0	0	3.2
河南信阳市农科院		9/27	5/17	232	0	强	齐	强	倒	0	0	0	0	0	0	5
安徽宿州种子公司		9/25	5/29	246	-1	强	齐	强	直	92.5	16.3	3	0.3	0	0	0.02
江苏淮阴市农科所		9/29	5/27	240	0	中	不齐	强	斜	19.44	5.56	1.85	0.46	—	—	0
甘肃成县种子站		9/18	5/25	249	1	强	齐	中	直	100	57.5	0	0	0	0	0
山西农业科学院棉花所		9/14	5/18	246	0	强	齐	强	中	0	0	0	0	0	0	0.01
平均值				245.0	0.4	强	齐-	强	中	65.46	36.72	4.54	3.23	0.24	0.12	0.94

黄淮 B 组生育期与抗性表（6）

试点单位	编号 品种名称	播种期（月/日）	成熟期（月/日）	全生育期（天）	比对照（±天数）	苗期生长势	成熟一致性	耐旱渍性（强、中、弱）	抗倒性（直、斜、倒）	抗寒性 冻害率（%）	抗寒性 冻害指数	菌核病 病害率（%）	菌核病 病害指数	病毒病 病害率（%）	病毒病 病害指数	不育株率（%）
陕西杨凌农新品种示范园	HQ211 盐油杂 3 号	9/18	5/24	248	-1	中	齐	中	直	100	60	0	0	0	0	—
陕西荣交油菜中心		9/18	5/22	246	2	强	中	—	强	100	76	3.33	2.9	0	0	1.5
陕西宝鸡农农科所		9/14	5/26	254	-1	强	齐	强	直	100	59.43	35.48	13.71	0	0	0
陕西富平区试站		9/24	5/25	243	0	强	中	强	直	100	88.7	0	0	0	0	0
河南农业科学院经作所		9/20	5/29	251	2	强	齐	强	直	100	54.9	3.1	2.6	4.1	1.8	2
河南遂平县农科所		9/28	5/25	239	1	强	齐	强	直	0	0	8	5.2	0	0	0
河南信阳市农科院		9/27	5/16	231	-1	强	齐	强	直	0	0	0	0	0	0	5
安徽宿州种子公司		9/25	5/29	246	-1	强	齐	强	斜	100	16.9	0	0	0	0	0.03
江苏淮阴市农科所		9/29	5/28	241	1	中	中	强	直	25.93	7.41	0	0	—	—	4.63
甘肃成县种子站		9/18	5/26	250	2	强	齐	强	直	100	38.75	0	0	0	0	0
山西农业科学院棉花所		9/14	5/19	247	1	强	齐	强	直	0	0	0	0	0	0	0.09
平均值				245.1	0.5	强	齐	强	强	65.99	36.55	4.54	2.22	0.41	0.18	1.33
陕西杨凌农新品种示范园	HQ212 BY03	9/18	5/24	248	-1	强	齐	中	倒	100	45	0	0	0	0	—
陕西荣交油菜中心		9/18	5/21	245	1	强	齐	—	中	100	75	0	0	0	0	1.5
陕西宝鸡农农科所		9/14	5/27	255	0	强	齐	强	直	100	53.07	17.65	9.62	0	0	1.82
陕西富平区试站		9/24	5/23	241	-2	强	齐	强	直	100	77.2	0	0	0	0	0.7
河南农业科学院经作所		9/20	5/28	250	1	强	齐	强	斜	100	48.9	5.6	5.3	0	0	4
河南遂平县农科所		9/28	5/23	237	-1	强	齐	强	倒	14.5	3.6	4.8	3.6	0	0	3.2
河南信阳市农科院		9/27	5/16	231	-1	强	齐	强	斜	0	0	0	0	0	0	0
安徽宿州种子公司		9/25	5/28	245	-2	中	齐	强	直	95	14.5	0	0	0	0	3.7
江苏淮阴市农科所		9/29	5/28	241	1	中	中	强	斜	24.07	7.18	6.48	3.01	—	—	0
甘肃成县种子站		9/18	5/23	247	-1	强	齐	中	直	100	60	0	0	0	0	0.13
山西农业科学院棉花所		9/14	5/17	245	-1	强	齐	强	直	0	0	0	0	0	0	
平均值				244.1	-0.5	强	齐	强	强 -	66.69	34.95	3.14	1.96	0.00	0.00	1.51

2012—2013 年度国家冬油菜品种区域试验汇总报告
（早熟组）

一、试验概况

（一）供试品种

本轮参试品种共 12 个。

编号	品种名称	申报类型	芥酸（%）	硫苷（μmol/g）	含油量（%）	供 种 单 位
JQ101	S0016	双低杂交	0.6	34.55	41.80	四川广汉市三星堆油菜研究所
JQ102	青杂 10 号（CK）	双低杂交	0.2	18.42	43.94	青海省农林科学院春油菜研究所
JQ103	旱油 1 号	常规双低	0.1	20.82	42.13	浙江省农业科学院作核所
JQ104	07 杂 696	双低杂交	0.0	17.62	40.34	四川省南充市农业科学院
JQ105	早 619	双低杂交	0.0	20.68	42.06	江西省宜春市农业研究所
JQ106	川杂 NH017	双低杂交	0.0	22.84	45.97	四川省农业科学院作物研究所
JQ107	C117	双低杂交	0.0	28.74	41.11	湖南省作物研究所
JQ108	DH1206	双低杂交	0.0	19.08	41.90	云南省农业科学院经济作物研究所
JQ109	E05019	双低杂交	0.0	25.24	40.04	云南省农业科学院经济作物研究所
JQ110	黔杂 J1201	双低杂交	0.1	19.95	40.92	贵州省油料研究所
JQ111	早 01J4	双低杂交	0.2	37.06	41.79	贵州省油菜研究所
JQ112	554	双低杂交	0.0	17.68	43.49	青海省农林科学院春油菜研究所

注：（1）"＊"表示两年区试品种（系）；（2）品质检测由农业部油料及制品质量监督检验测试中心检测，芥酸于 2012 年 8 月测播种前各育种单位参试品种的种子；硫苷、含油量于 2013 年 7 月测收获后各抽样试点的混合种子

（二）参试单位

参试单位	参试地点	联系人
云南省玉溪市农科院	云南省玉溪市	刘坚坚
云南省保山市隆阳区农业技术推广所	云南省保山市	杨玉珠
江西省吉安市农科所	江西省吉安县	欧阳凤仔
江西省会昌县种子管理站	江西省会昌县	廖会花，郭丽娜
广西省桂林市农科所	广西省桂林市	张宗急，廖云云
福建省浦城县种子管理站	福建省浦城县	钟建伟
贵州省安顺市农科所	贵州省安顺市	杨天英
湖南省永州市农科所	湖南省永州市	李成业
广东省韶关市农科所	广东省韶关市	谢金宏，童小荣

（三）试验设计及田间管理

各试点均能按统一试验方案严格执行，采用随机区组排列，3 次重复，小区净面积为 20m²。直播

密度要求 2.3 万～2.7 万株。大部分试点均按实施方案进行田间调查、记载和室内考种，数据记录完整。各点试验地前作有水稻、大豆、玉米、烤烟，其土壤肥力中等偏上，栽培管理水平同当地大田生产或略高于当地生产水平，防虫不治病。基肥或追肥以复合肥、鸡粪、过磷酸钙、碳铵、尿素、硼砂拌均匀进行撒施或点施。

（四）气候特点及其影响

早熟组试验跨度大，各试点气候变化差异大，大部分试点播种期间气候与墒情适宜，利于出苗生长，少数试点出现干旱少雨，但采取了灌水抗旱保苗等措施，出苗整齐，同时苗期温光条件好，油菜生长发育旺盛，初花期雨水充足，各品种长势良好，生长后期因春雨来临，大风降雨天气多，部分参试品种出现不同程度的倒伏。后期气候晴朗干燥，有利于早熟油菜的成熟与收获。玉溪点早期干旱少雨，影响播种出苗，后期持续干旱，气温高，导致高温逼熟。永州点四月份气温低，不利于油菜结实。保山 4 月份出现高温高湿，白粉病较重。

总体来说，本年度气候有利于油菜的生长发育与产量形成，产量水平高于往年。

二、试验结果 *

（一）产量结果

1. 方差分析表（试点效应固定）

变异来源	自由度	平方和	均方	F 值	概率（小于 0.05 显著）
试点内区组 10	945.49653	94.54965	0.54409	0.855	
品　　　种	11	36 811.55556	3 346.50505	19.25763	0.000
试　　　点	4	503 722.84444	125 930.71111	724.67461	0.000
品种×试点	44	146 068.25136	3 319.73299	19.10357	0.000
误　　　差	110	19 115.30767	173.77552		
总　变　异	179	706 663.45556			

　　试验总均值 = 182.299240451389

　　误差变异系数 CV（%）= 7.231

　　多重比较结果（LSD 法）　　LSD0 0.05 = 9.5789　　LSD0 0.01 = 12.6596

品种	品种均值	比对照（%）	0.05 显著性	0.01 显著性
S0016	212.48230	17.69116	a	A
07 杂 696	196.40230	8.78464	b	B
川杂 NH017	194.77570	7.88366	b	BC
黔杂 J1201	190.31340	5.41209	bc	BCD
C117	184.48900	2.18602	cd	BCDE
DH1206	183.25120	1.50042	cde	CDEF
青杂 10 号（CK）	180.54230	0.00000	def	DEF
早 619	176.76010	-2.09493	def	EFG
554	174.49120	-3.35163	ef	EFG
早 01J4	171.44900	-5.03668	fg	FG
E05019	164.91560	-8.65542	gh	GH
旱油 1 号	157.71780	-12.64217	h	H

＊ 广东韶关、湖南永州、福建浦城、江西吉安点报废，未纳入汇总

2. 品种稳定性分析（Shukla 稳定性方差）

变异来源	自由度	平方和	均方	F 值	概率（小于 0.05 显著）
区 组	10	945. 11110	94. 51111	0. 54388	0. 855
环 境	4	503 722. 40000	125 930. 60000	724. 68350	0. 000
品 种	11	36 810. 57000	3 346. 41500	19. 25737	0. 000
互 作	44	146 069. 90000	3 319. 77000	19. 10404	0. 000
误 差	110	19 115. 06000	173. 77320		
总变异	179	706 663. 00000			

各品种 Shukla 方差及其显著性检验（F 测验）

品种	DF	Shukla 方差	F 值	概率	互作方差	品种均值	Shukla 变异系数（%）
S0016	4	2 065. 86400	35. 6648	0. 000	2 007. 9400	212. 4823	21. 3909
青杂 10 号（CK）	4	601. 70750	10. 3878	0. 000	543. 7830	180. 5423	13. 5867
旱油 1 号	4	823. 55680	14. 2178	0. 000	765. 6323	157. 7178	18. 1956
07 杂 696	4	498. 80950	8. 6114	0. 000	440. 8851	196. 4023	11. 3716
旱 619	4	8. 18783	0. 1414	0. 966	0. 0000	176. 7601	1. 6188
川杂 NH017	4	218. 82760	3. 7778	0. 006	160. 9032	194. 7757	7. 5948
C117	4	1 851. 37600	31. 9619	0. 000	1 793. 4510	184. 4890	23. 3226
DH1206	4	81. 94339	1. 4147	0. 234	24. 0190	183. 2512	4. 9398
E05019	4	5 183. 06500	89. 4798	0. 000	5 125. 1410	164. 9157	43. 6547
黔杂 J1201	4	57. 61438	0. 9946	0. 414	0. 0000	190. 3134	3. 9884
旱 01J4	4	936. 42990	16. 1664	0. 000	878. 5055	171. 4490	17. 8485
554	4	951. 06640	16. 4191	0. 000	893. 1420	174. 4912	17. 6739
误差	110	57. 92441					

各品种 Shukla 方差同质性检验（Bartlett 测验）Prob. = 0.00002 极显著，不同质，各品种稳定性差异极显著。

各品种 Shukla 方差的多重比较（F 测验）

品种	Shukla 方差	0. 05 显著性	0. 01 显著性
E05019	5 183. 06500	a	A
S0016	2 065. 86400	ab	AB
C117	1 851. 37600	ab	AB
554	951. 06640	abc	ABC
旱 01J4	936. 42990	abc	ABC
旱油 1 号	823. 55680	abc	ABCD
青杂 10 号（CK）	601. 70750	bc	ABCD
07 杂 696	498. 80950	bcd	ABCD
川杂 NH017	218. 82760	cde	BCD
DH1206	81. 94339	de	CDE
黔杂 J1201	57. 61438	e	DE
旱 619	8. 18783	f	E

（二）主要经济性状

1. 单株有效角果数

单株有效角果数平均幅度为 143. 16～192. 18 个。CK183. 70，CK2011—2012 年为 201. 98。

2. 每角粒数

每角粒数平均幅度 17. 56～22. 00 粒。CK20. 86 粒，CK2011—2012 年为 19. 42 粒。

3. 千粒重

千粒重平均幅度为 3.54～3.94g。CK 3.81g，CK2011—2012 年为 3.34g。

（三）成熟期比较

在参试品种（系）中，各品种全生育期在 170.6～183.0 天，品种熟期相差大，极差 12.4 天。CK 为 173.4 天，2011—2012 年为 188.8 天。

（四）抗逆性比较

1. 菌核病

菌核病平均发病率幅度 3.62%～6.24%，病情指数幅度为 1.70～3.40。

2. 病毒病

田间未发现病毒病。

（五）不育株率

所有品种不育株率变幅 0.06%～2.63%，其中 FD1105，最高 10 棚 63 育 19 最低。CK131 为 0.77%。

三、品种综述

本年度本组蒲城、永州、吉安等试点到方案规定时间未能正常成熟，韶关点平均产量不达标，产量与品质均不能反映品种真实状况，故不纳入汇总。对试验结果进行数据处理、统计分析与评价各参试品种。

1. S0016

四川广汉市三星堆油菜研究所选育，试验编号 JQ101。

该品种平均亩产 214.48kg，比对照增产 17.69%，极显著，居试验第 1 位。5 个试点全部增产。平均产油量 88.82kg/亩，比对照增产 11.96%，居试验第 2 位，5 个试点全部增产。株高 171.06cm，分枝数 7.20 个，生育期平均 174.6 天，比对照迟熟 1.2 天。单株有效角果数为 184.76 个，每角粒数 21.58 粒，千粒重 3.80g，不育株率 0.91%。菌核病发病率为 0.26%，病情指数为 0.05，田间未发现病毒病，菌核病鉴定结果为中感，受冻率 2.44%，冻害指数 1.46，抗倒性中＋。芥酸含量 0.6%，硫苷含量 34.55μmol/g（饼），含油量 41.80%。

主要优缺点：丰产性好，产油量高，品质未达双低标准，抗倒性中等，抗病性较差，熟期早。

结论：硫苷含量超标，终止试验。

2. 07 杂 696

四川省南充市农科院选育，试验编号 JQ104。

该品种 5 个点试验，4 个点增产，1 个点减产，平均亩产 196.40kg，比对照增产 8.78%，极显著，居试验第 2 位。平均产油量 79.23kg/亩，比对照减产 0.13%。3 个点增产，2 个点减产。株高 178.52cm，分枝数 7.18 个，生育期平均 182.0 天，比对照迟熟 8.6 天。单株有效角果数为 184.94 个，每角粒数 22.00 粒，千粒重 3.57g，不育株率 0.37%。菌核病发病率为 0.14%，病情指数为 0.03，田间未发现病毒病。菌核病鉴定结果为低感，受冻率 0.88%，冻害指数 0.38，抗倒性中＋。芥酸含量 0.0，硫苷含量 17.62μmol/g（饼），含油量 40.34%。

主要优缺点：品质达双低标准，丰产性好，产油量一般，抗倒性中等，抗病性一般，熟期偏迟。

结论：熟期未达标，终止试验。

3. 川杂 NH017

四川省农科院作物所选育，试验编号 JQ106。

该品种 5 个点试验，4 个点增产，1 个点减产，平均亩产 194.78kg，比对照增产 7.88%，极显著，居试验第 3 位。平均产油量 89.54kg/亩，比对照增产 12.87%，4 个点增产，1 个点减产。株高 176.16cm，分枝数 7.26 个，生育期平均 181.0 天，比对照迟熟 7.6 天。单株有效角果数为 182.14

个，每角粒数 19.80 粒，千粒重 3.64g，不育株率 0.03%。菌核病发病率为 0.12%，病情指数为 0.03，菌核病鉴定结果为低感，病毒病发病率为 1.40%，病情指数为 0.03。受冻率 0.54%，冻害指数 0.21，抗倒性中。芥酸含量 0.0，硫苷含量 22.84μmol/g（饼），含油量 45.97%。

主要优缺点：品质达双低标准，丰产性好，产油量高，抗病性一般，抗倒性中，熟期较迟。

结论：熟期未达标，终止试验。

4. 黔杂 J1201

贵州省农科院油料所选育，试验编号 JQ110。

该品种 5 个点试验，4 个点增产，1 个点减产，平均亩产 190.31kg，比对照增产 5.41%，极显著，居试验第 4 位。平均产油量 77.88kg/亩，比对照减产 1.83%，3 个点增产，2 个点减产。株高 181.66cm，分枝数 7.58 个，生育期平均 180.2 天，比对照迟熟 6.8 天。单株有效角果数为 188.92 个，每角粒数 18.70 粒，千粒重 3.56g，不育株率 0.65%。菌核病发病率为 1.58%，病情指数为 0.07，菌核病鉴定结果为低感，病毒病发病率为 0.04%，病情指数为 0.01，受冻率 0.82%，冻害指数 0.50，抗倒性中。芥酸含量 0.1%，硫苷含量 19.95μmol/g（饼），含油量 40.92%。

主要优缺点：品质达双低标准，丰产性较好，产油量一般，抗病性一般，抗倒性中，熟期较迟。

结论：熟期未达标，终止试验。

5. C117

湖南省农科院作物所选育，试验编号 JQ107。

该品种 5 个点试验，4 个点增产，1 个点减产，平均亩产 184.49kg，比对照增产 2.19%，不显著，居试验第 5 位。平均产油量 75.84kg/亩，比对照减产 4.40%，3 个点增产，2 个点减产。株高 177.6cm，分枝数 7.26 个，生育期平均 182.2 天，比对照迟熟 8.8 天。单株有效角果数为 191.96 个，每角粒数 20.62 粒，千粒重 3.61g，不育株率 0.72%。菌核病发病率为 1.02%，病情指数为 0.02，菌核病鉴定结果为低感，田间未发现病毒病，受冻率 1.02%，冻害指数 0.52，抗倒性强中＋。芥酸含量 0.0，硫苷含量 28.74μmol/g（饼），含油量 41.11%。

主要优缺点：品质达双低标准，丰产性一般，产油量低，抗病性一般，抗倒性中，熟期迟。

结论：产量、产油量未达标，终止试验。

6. DH106

云南省农科院经作所选育，试验编号 JQ108。

该品种 5 个点试验，3 个点增产，2 个点减产，平均亩产 183.25kg，比对照增产 1.50%，不显著，居试验第 6 位。平均产油量 76.78kg/亩，比对照减产 3.21%，2 个点增产，3 个点减产。株高 194.12cm，分枝数 5.8 个，生育期平均 179.2 天，比对照晚熟 5.8 天。单株有效角果数为 179.36 个，每角粒数 20.42 粒，千粒重 3.94g，不育株率 17.17%。菌核病、病毒病发病率分别为 0.16%、0.0，病情指数分别为 0.03、0.0，菌核病鉴定结果为中感，受冻率 2.70%，冻害指数 1.56，抗倒性中。芥酸含量 0.0，硫苷含量 19.08μmol/g（饼），含油量 41.90%。

主要优缺点：品质达双低标准，丰产性差，产油量低，抗病性较差，抗倒性中，熟期迟。

结论：产量、产油量不达标，终止试验。

7. 早 619

江西省宜春市农科所选育，试验编号 JQ105。

该品种 5 个点试验，3 个点增产，2 个点减产，平均亩产 176.76kg，比对照减产 2.09%，不显著，居试验第 8 位。平均产油量 74.35kg/亩，比对照减产 6.28%，2 个点增产，3 个点减产。株高 175.98cm，分枝数 5.70 个，生育期平均 177.8 天，比对照迟熟 4.4 天。单株有效角果数为 162.08 个，每角粒数 19.27 粒，千粒重 3.76g，不育株率 1.02%。菌核病、病毒病发病率分别为 1.24%、0.0，病情指数分别为 0.03、0.0，菌核病鉴定结果为低抗，受冻率 0.66%，冻害指数 0.24，抗倒性较强。芥酸含量 0.0，硫苷含量 20.68μmol/g（饼），含油量 42.06%。

主要优缺点：品质达双低标准，丰产性一般，产油量低，抗病性较好，抗倒性中等，熟期迟。

结论：产量、产油量未达标，终止试验。

8.554

青海省农林科学院春油菜研究所选育，试验编号 JQ112。

该品种 5 个点试验，2 个点增产，3 个点减产，平均亩产 174.49kg，比对照减产 3.35%，极显著，居试验第 9 位。平均产油量 75.89kg/亩，比对照减产 4.34%，2 个点增产，3 个点减产。株高 177.50cm，分枝数 6.66 个，生育期平均 170.6 天，比对照早熟 2.8 天。单株有效角果数为 143.16 个，每角粒数 20.86 粒，千粒重 3.69g，不育株率 0.51%。菌核病、病毒病发病率分别为 0.22%、1.60%，病情指数分别为 0.10、0.03，菌核病鉴定结果为中感，受冻率 3.66%，冻害指数 2.44，抗倒性中。芥酸含量 0.0，硫苷含量 17.68μmol/g（饼），含油量 43.49%。

主要优缺点：熟期早，品质达双低标准，丰产性一般，产油量较低，抗病性较差，抗倒性一般。

结论：熟期达标，继续试验。

9. 早01J4

贵州省油菜所选育，试验编号 JQ111。

该品种 5 个点试验，2 个点增产，3 个点减产，平均亩产 171.45kg，比对照减产 5.04%，极显著，居试验第 10 位。平均产油量 71.65kg/亩，比对照减产 9.68%，2 个点增产，3 个点减产。株高 184.98cm，分枝数 7.40 个，生育期平均 182.6 天，比对照迟熟 9.2 天。单株有效角果数为 186.76 个，每角粒数 19.96 粒，千粒重 3.57g，不育株率 1.19%。菌核病、病毒病发病率分别为 0.16%、0.00%，病情指数分别为 0.03、0.00，菌核病鉴定结果为低感，受冻率 0.78%，冻害指数 0.24，抗倒性中 +。芥酸含量 0.2%，硫苷含量 37.06μmol/g（饼），含油量 41.79%。

主要优缺点：品质未达双低标准，丰产性差，产油量低，抗病性一般，抗倒性中 +，熟期迟。

结论：产量、产油量、品质未达标，终止试验。

10. E05019

云南省农科院经作所选育，试验编号 JQ109。

该品种 5 个点试验，4 个点增产，1 个点减产，平均亩产 164.92kg，比对照减产 8.66%，极显著，居试验第 11 位。平均产油量 66.03kg/亩，比对照减产 16.76%，2 个点增产，3 个点减产。株高 192.6cm，分枝数 7.90 个，生育期平均 180.6 天，比对照晚熟 7.2 天。单株有效角果数为 182.78 个，每角粒数 17.56 粒，千粒重 3.60g，不育株率 27.48%。菌核病、病毒病发病率分别为 0.20%、1.20%，病情指数分别为 0.05、0.02，菌核病鉴定结果为中感，受冻率 1.66%，冻害指数 0.86，抗倒性中 −。芥酸含量 0.0，硫苷含量 25.24μmol/g（饼），含油量 40.04%。

主要优缺点：品质达双低标准，丰产性差，产油量低，熟期较晚，抗病性较差，抗倒性一般，熟期迟。

结论：产量、产油量未达标，终止试验。

11. 早油 1 号

常规双低油菜品种，浙江省农科院作核所选育，试验编号 JQ103。

该品种 5 个点试验，3 个点增产，2 个点减产，平均亩产 157.72kg，比对照减产 12.64%，极显著，居试验第 12 位。平均产油量 66.45kg/亩，比对照减产 16.24%，3 个点增产，2 个点减产。株高 174.22cm，分枝数 7.50 个，生育期平均 183.0 天，比对照迟熟 9.6 天。单株有效角果数为 192.18 个，每角粒数 19.88 粒，千粒重 3.54g，不育株率 0.51%。菌核病、病毒病发病率分别为 0.18%、0.00%，病情指数分别为 0.04、0.00，菌核病鉴定结果为低抗，受冻率 0.64%，冻害指数 0.32，抗倒性中 +。芥酸含量 0.1%，硫苷含量 20.82μmol/g（饼），含油量 42.13%。

主要优缺点：品质达双低标准，丰产性差，产油量低，熟期晚，抗病性较好，抗倒性一般，熟期迟。

结论：产量、产油量未达标，终止试验。

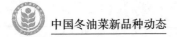

2012—2013 年全国冬油菜品种区域试验（早熟组）原始产量表

试点	品种名	小区产量（kg）				试点	品种名	小区产量（kg）			
		I	II	III	平均值			I	II	III	平均值
云南隆阳	S0016	10.420	9.330	10.380	10.043	广西桂林	S0016	3.864	3.480	3.769	3.704
	青杂 10 号（CK）	8.485	9.270	8.630	8.795		青杂 10 号（CK）	3.311	3.147	3.733	3.397
	旱油 1 号（常规）	7.419	5.710	6.560	6.563		旱油 1 号（常规）	3.971	3.948	4.335	4.085
	07 杂 696	9.975	9.405	8.060	9.147		07 杂 696	4.949	4.810	4.914	4.891
	早 619	7.394	8.277	7.422	7.698		早 619	3.682	4.097	3.999	3.926
	川杂 NH017	9.112	8.975	10.120	9.402		川杂 NH017	4.313	4.636	4.357	4.435
	C117	8.440	9.985	9.011	9.145		C117	4.860	4.864	5.086	4.937
	DH1206	8.852	7.845	6.885	7.861		DH1206	4.423	4.796	4.428	4.549
	E05019	4.482	3.195	4.750	4.142		E05019	4.496	4.635	4.545	4.559
	黔杂 J1201	9.370	8.908	8.822	9.033		黔杂 J1201	4.123	4.096	4.528	4.249
	早 01J4	7.495	8.550	8.085	8.043		早 01J4	4.792	4.748	4.612	4.717
	554	7.270	8.210	9.180	8.220		554	3.896	4.112	3.963	3.990
云南玉溪	S0016	8.452	8.363	8.423	8.413	江西会昌	S0016	3.412	3.560	3.302	3.425
	青杂 10 号（CK）	7.292	6.905	6.250	6.816		青杂 10 号（CK）	3.134	3.226	3.100	3.153
	旱油 1 号（常规）	4.048	4.524	4.464	4.345		旱油 1 号（常规）	3.297	3.140	3.343	3.260
	07 杂 696	5.298	5.387	5.089	5.258		07 杂 696	4.091	4.240	4.069	4.133
	早 619	6.339	5.952	6.339	6.210		早 619	3.678	3.782	3.591	3.684
	川杂 NH017	6.548	5.863	5.863	6.091		川杂 NH017	3.515	3.760	3.545	3.607
	C117	4.256	3.363	4.345	3.988		C117	4.263	4.380	4.137	4.260
	DH1206	6.190	6.101	7.440	6.577		DH1206	3.380	3.332	3.168	3.293
	E05019	6.667	6.637	7.262	6.855		E05019	3.960	4.106	3.954	4.007
	黔杂 J1201	6.250	5.982	6.339	6.190		黔杂 J1201	3.625	3.780	3.555	3.653
	早 01J4	4.167	4.048	4.464	4.226		早 01J4	3.920	3.929	3.811	3.887
	554	7.024	7.083	7.292	7.133		554	2.798	2.611	2.531	2.647
贵州安顺	S0016	6.562	6.254	6.046	6.287	平均值	S0016				6.374
	青杂 10 号（CK）	4.753	5.096	4.912	4.920		青杂 10 号（CK）				5.416
	旱油 1 号（常规）	5.108	5.592	5.514	5.405		旱油 1 号（常规）				4.732
	07 杂 696	6.193	6.095	5.806	6.031		07 杂 696				5.892
	早 619	4.995	4.902	5.093	4.997		早 619				5.303
	川杂 NH017	5.664	5.547	5.831	5.681		川杂 NH017				5.843
	C117	5.322	5.450	5.258	5.343		C117				5.535
	DH1206	5.123	5.234	5.266	5.208		DH1206				5.498
	E05019	5.270	5.044	5.209	5.174		E05019				4.947
	黔杂 J1201	5.223	5.606	5.434	5.421		黔杂 J1201				5.709
	早 01J4	4.562	4.984	4.985	4.844		早 01J4				5.143
	554	4.026	4.312	4.213	4.184		554				5.235

早熟组经济性状表（1）

试点单位	编号 品种名	株 高 (cm)	分枝部位 (cm)	有效分枝数 (个)	主花序 有效长度 (cm)	主花序 有效角果数	主花序 角果密度	单株有效角果数	每角粒数	千粒重 (g)	单株产量 (g)
广西桂林市农科所		199.6	77.6	6.5	76.0	71.9	0.9	72.0	24.7	3.49	28.3
贵州安顺市农科所		150.0	64.8	7.0	40.4	57.6	1.4	165.2	16.8	4.46	13.2
江西会昌县种子站	JQ101 S0016	167.1	59.1	7.4	53.5	63.2	1.2	202.2	26.0	3.11	15.1
云南隆阳区农技所		164.0	79.9	8.0	40.8	53.9	1.3	247.2	16.5	4.27	17.5
云南玉溪市农科所		174.6	76.7	7.1	57.0	37.5	0.6	237.2	23.9	3.67	20.8
平 均 值		171.06	71.62	7.20	53.54	56.82	1.09	184.76	21.58	3.80	18.98
广西桂林市农科所		207.4	94.4	6.3	79.4	80.1	1.0	63.5	23.3	3.52	23.2
贵州安顺市农科所		181.1	74.1	6.0	57.9	76.0	1.3	134.7	15.8	4.20	10.6
江西会昌县种子站	JQ102 青杂10号 (CK)	185.3	49.3	6.7	76.1	53.6	0.7	228.3	25.3	3.44	13.1
云南隆阳区农技所		181.5	85.4	6.7	59.0	80.1	1.4	254.8	16.0	3.80	15.5
云南玉溪市农科所		174.6	76.7	7.1	57.0	37.5	0.6	237.2	23.9	4.10	23.2
平 均 值		185.98	75.98	6.56	65.88	65.62	1.00	183.70	20.86	3.81	17.12
广西桂林市农科所		201.3	100.8	8.8	57.0	75.8	1.3	83.3	22.2	2.92	23.6
贵州安顺市农科所		150.6	62.9	6.6	46.9	69.5	1.5	149.5	15.0	4.38	11.7
江西会昌县种子站	JQ103 旱油1号 (常规)	176.2	74.2	8.7	51.2	64.6	1.3	218.9	24.9	3.21	16.6
云南隆阳区农技所		162.2	82.6	7.5	44.6	57.2	1.3	212.4	15.3	3.68	12.0
云南玉溪市农科所		180.8	73.1	5.9	64.5	60.3	0.9	296.8	22.0	3.50	22.9
平 均 值		174.22	78.72	7.50	52.84	65.48	1.26	192.18	19.88	3.54	17.36
广西桂林市农科所		206.3	100.7	8.0	70.0	85.5	1.2	94.3	24.3	3.15	25.1
贵州安顺市农科所		179.1	79.0	8.0	54.8	71.7	1.3	160.2	16.4	3.78	12.8
江西会昌县种子站	JQ104 07杂696	167.0	57.8	6.4	70.4	65.0	0.9	230.0	25.2	3.07	17.1
云南隆阳区农技所		182.0	96.8	7.4	61.0	75.2	1.4	254.8	17.6	3.56	15.9
云南玉溪市农科所		158.2	77.0	6.1	50.5	46.5	0.9	185.6	26.5	4.30	21.1
平 均 值		178.52	82.26	7.18	61.46	68.78	1.10	184.94	22.00	3.57	18.40
广西桂林市农科所		195.7	88.0	6.4	74.1	82.5	1.1	72.1	23.1	3.75	20.6
贵州安顺市农科所		161.4	75.0	5.1	52.8	70.2	1.3	153.5	16.0	3.50	10.4
江西会昌县种子站	JQ105 旱619	169.5	64.1	5.7	60.5	59.4	1.0	156.1	21.0	3.88	9.3
云南隆阳区农技所		182.8	86.7	5.9	62.7	70.8	1.1	225.9	14.3	4.23	13.6
云南玉溪市农科所		170.5	87.3	5.4	54.2	53.9	1.0	202.6	22.0	3.43	15.3
平 均 值		175.98	80.22	5.70	60.86	67.36	1.11	162.08	19.27	3.76	13.84
广西桂林市农科所		223.7	104.1	9.4	71.7	89.3	1.2	97.4	23.8	3.26	26.6
贵州安顺市农科所		165.4	78.7	7.2	46.6	64.1	1.4	149.9	17.2	3.97	12.4
江西会昌县种子站	JQ106 川杂 NH017	179.4	67.1	7.2	53.3	66.6	1.3	200.7	22.6	3.14	14.5
云南隆阳区农技所		173.1	77.3	7.1	64.7	79.5	1.2	267.9	16.6	3.64	16.2
云南玉溪市农科所		139.2	69.0	5.4	44.3	56.4	1.3	194.8	18.8	4.17	15.3
平 均 值		176.16	79.24	7.26	56.12	71.18	1.27	182.14	19.80	3.64	17.00

早熟组经济性状表（2）

试点单位	编号品种名	株高（cm）	分枝部位（cm）	有效分枝数（个）	主花序 有效长度（cm）	主花序 有效角果数	主花序 角果密度	单株有效角果数	每角粒数	千粒重（g）	单株产量（g）
广西桂林市农科所		210.1	94.7	8.8	63.1	69.2	1.1	89.9	22.5	3.44	26.9
贵州安顺市农科所		168.9	67.1	6.4	48.6	72.6	1.5	154.8	15.3	3.82	11.2
江西会昌县种子站	JQ107	168.8	44.5	8.4	61.6	63.8	1.0	275.9	24.1	3.74	22.5
云南隆阳区农技所	C117	172.2	74.7	8.2	59.4	73.2	1.2	251.6	16.3	3.75	15.4
云南玉溪市农科所		168.0	83.6	4.5	55.2	50.0	0.9	187.6	24.9	3.30	15.4
平　均　值		177.60	72.92	7.26	57.58	65.76	1.14	191.96	20.62	3.61	18.28
广西桂林市农科所		238.2	118.4	7.5	71.4	71.6	1.0	77.6	27.8	3.26	27.3
贵州安顺市农科所		171.7	75.6	6.4	51.9	66.4	1.3	170.8	14.5	3.75	11.5
江西会昌县种子站	JQ108	174.8	65.6	6.1	56.7	60.6	1.1	196.2	26.8	3.65	15.0
云南隆阳区农技所	DH1206	214.4	100.0	6.6	68.5	51.0	0.7	251.3	10.3	5.43	14.1
云南玉溪市农科所		171.5	90.8	6.0	51.3	59.5	1.2	200.9	22.7	3.60	16.4
平　均　值		194.12	90.08	6.52	59.96	61.82	1.06	179.36	20.42	3.94	16.86
广西桂林市农科所		234.9	99.5	10.2	68.8	85.8	1.2	101.3	24.1	2.95	24.2
贵州安顺市农科所		178.2	66.5	6.9	52.1	71.0	1.4	158.6	13.5	3.62	11.2
江西会昌县种子站	JQ109	173.8	56.4	8.1	50.7	63.4	1.3	315.8	24.7	3.04	25.1
云南隆阳区农技所	E05019	197.5	68.7	9.8	71.7	37.0	0.5	204.0	7.3	5.21	7.7
云南玉溪市农科所		178.6	104.0	4.5	46.8	42.6	0.9	134.2	18.2	3.20	7.8
平　均　值		192.60	79.02	7.90	58.02	59.96	1.05	182.78	17.56	3.60	15.20
广西桂林市农科所		210.1	93.7	8.5	70.7	80.9	1.1	97.6	22.1	3.28	27.8
贵州安顺市农科所		169.9	49.0	7.5	58.8	71.9	1.2	152.3	15.0	4.28	12.2
江西会昌县种子站	JQ110	191.2	55.9	8.8	56.2	53.1	1.0	276.3	23.4	3.25	19.4
云南隆阳区农技所	黔杂 J1201	175.7	71.8	8.2	63.7	60.8	1.0	249.6	16.2	3.79	15.3
云南玉溪市农科所		161.4	97.9	4.5	38.1	50.5	1.3	168.8	16.8	3.20	9.1
平　均　值		181.66	73.66	7.58	57.50	63.44	1.12	188.92	18.70	3.56	16.76
广西桂林市农科所		221.4	114.1	9.1	62.9	81.1	1.3	86.5	22.8	3.42	26.0
贵州安顺市农科所		166.8	79.9	7.1	45.1	69.9	1.6	140.0	13.7	3.86	9.8
江西会昌县种子站	JQ111	175.0	74.8	8.4	52.5	64.0	1.2	211.3	23.3	3.63	18.4
云南隆阳区农技所	早01J4	184.8	97.3	6.8	59.4	72.9	1.2	249.4	14.9	3.87	14.4
云南玉溪市农科所		176.9	85.6	5.6	59.2	59.7	1.0	246.6	25.1	3.07	19.0
平　均　值		184.98	90.34	7.40	55.82	69.52	1.25	186.76	19.96	3.57	17.52
广西桂林市农科所		197.2	52.5	8.4	68.8	59.1	0.9	74.3	23.8	3.39	22.5
贵州安顺市农科所		179.8	83.8	6.2	41.4	65.9	1.6	133.2	12.8	4.20	9.4
江西会昌县种子站	JQ112	155.3	51.7	5.6	63.6	55.1	0.9	130.1	27.0	3.78	8.1
云南隆阳区农技所	554	173.6	73.0	7.3	58.5	84.5	1.5	231.3	17.3	3.71	14.9
云南玉溪市农科所		181.6	89.1	5.8	54.2	41.4	0.8	146.9	23.4	3.37	11.6
平　均　值		177.50	70.02	6.66	57.30	61.20	1.14	143.16	20.86	3.69	13.30

早熟组生育期与抗性性表（1）

试点单位	编号品种名称	播种期(月/日)	成熟期(月/日)	全生育期(天)	比对照(±天数)	苗期生长势	成熟一致性	耐旱、渍性(强、中、弱)	抗倒性(直、斜、倒)	抗寒性 冻害率(%)	抗寒性 冻害指数	菌核病 病害率(%)	菌核病 病害指数	病毒病 病害率(%)	病毒病 病害指数	不育株率(%)
广西桂林市农科所	JQ101 S0016	10/15	4/6	173	4	弱	齐	强	中	0	0	1.30	0.23	0	0	0.83
贵州安顺市农科所		10/15	4/21	188	-1	强	齐	强	直	0	0	0	0	0	0	0
江西会昌县种子站		10/20	4/11	173	1	中	齐	强	倒	0	0	0	0	0	0	—
云南隆阳区农技所		10/20	4/14	176	2	强	中	强	斜	12.2	7.3	0	0	0	0	0.5
云南玉溪市农科所		10/15	3/27	163	0	强	齐	强	直	0	0	0	0	0	0	2.32
平 均 值				174.6	1.2				中+	2.44	1.46	0.26	0.05	0.00	0.00	0.91
广西桂林市农科所	JQ102 青杂10号(CK)	10/15	4/2	169	0	强	不齐	强	中	0	0	1.50	0.28	0	0	0
贵州安顺市农科所		10/15	4/22	189	0	强	中	强	直	0	0	0	0	5.0	0.1	0.5
江西会昌县种子站		10/20	4/10	172	0	强	中	强	直	0	0	0	0	0	0	—
云南隆阳区农技所		10/20	4/12	174	0	强	中	强	斜	17.8	11.4	0	0	0	0	3.7
云南玉溪市农科所		10/15	3/27	163	0	强	齐	强	直	6.96	2.24	0	0	0	0	0
平 均 值				173.4	0.0				中+	4.95	2.73	0.30	0.06	1.00	0.02	1.05
广西桂林市农科所	JQ103 早油1号(常规)	10/15	4/16	183	14	中	齐	中	中	0	0	0.90	0.22	0	0	0
贵州安顺市农科所		10/15	4/24	191	2	强	齐	强	直	0	0	0	0	0	0	0
江西会昌县种子站		10/20	4/12	174	2	强	齐	强	直	0	0	0	0	0	0	—
云南隆阳区农技所		10/20	4/27	189	15	中	中	中	斜	3.2	1.6	0	0	0	0	2.03
云南玉溪市农科所		10/15	4/11	178	15	强	齐	中	直	0	0	0	0	0	0	0
平 均 值				183.0	9.6				中+	0.64	0.32	0.18	0.04	0.00	0.00	0.51
广西桂林市农科所	JQ104 07杂696	10/15	4/12	179	10	中	中	弱	中	0	0	0.70	0.15	0	0	0
贵州安顺市农科所		10/15	4/25	192	3	强	齐	强	直	0	0	0	0	0	0	0
江西会昌县种子站		10/20	4/13	175	3	中	齐	强	直	0	0	0	0	0	0	—
云南隆阳区农技所		10/20	4/24	186	12	强	中	强	斜	4.4	1.9	0	0	0	0	0.3
云南玉溪市农科所		10/15	4/11	178	15	强	齐	中	直	0	0	0	0	0	0	1.16
平 均 值				182.0	8.6				中+	0.88	0.38	0.14	0.03	0.00	0.00	0.37

早熟组生育期与抗性表 (2)

试点单位	编号 品种名称	播种期 (月/日)	成熟期 (月/日)	全生育期 (天)	比对照 (±天数)	苗期生长势	成熟一致性	耐旱、渍性 (强、中、弱)	抗倒性 (直、斜、倒)	抗寒性 冻害率 (%)	冻害指数	菌核病 病害率 (%)	病害指数	病毒病 病害率 (%)	病害指数	不育株率 (%)
广西桂林市农科所	JQ105 早619	10/15	4/6	173	4	弱	齐	强	中	0	0	0.20	0.01	0	0	0.50
贵州安顺市农科所		10/15	4/23	190	1	强	齐	强	直	0	0	6.0	0.1	0	0	0
江西会昌县种子站		10/20	4/8	170	-2	强	齐	强	直	0	0	0	0	0	0	—
云南隆阳区农技所		10/20	4/23	185	11	强	中	强	斜	3.3	1.2	0	0	0	0	0.4
云南玉溪市农科所		10/15	4/4	171	8	强	齐	中	直	0	0	0	0	0	0	3.19
平 均 值				177.8	4.4				中+	0.66	0.24	1.24	0.03	0.00	0.00	1.02
广西桂林市农科所	JQ106 川杂 NH017	10/15	4/12	179	10	中	齐	强	中	0	0	0.60	0.14	0	0	0
贵州安顺市农科所		10/15	4/25	192	3	强	齐	强	直	0	0	5.0	0	7.0	0.1	0
江西会昌县种子站		10/20	4/12	174	2	强	齐	强	中	0	0	0	0	0	0	—
云南隆阳区农技所		10/20	4/26	188	14	中	齐	中	斜	2.7	1.0	0	0	0	0	0.1
云南玉溪市农科所		10/15	4/5	172	9	弱	齐	强	直	0	0	0	0	0	0	0
平 均 值				181.0	7.6				中	0.54	0.21	0.12	0.03	1.40	0.03	0.03
广西桂林市农科所	JQ107 C117	10/15	4/16	183	14	中	齐	强	中	0	0	0.10	0.00	0	0	0
贵州安顺市农科所		10/15	4/25	192	3	强	齐	强	直	0	0	5.0	0.1	0	0	0
江西会昌县种子站		10/20	4/11	173	1	强	齐	强	直	0	0	0	0	0	0	—
云南隆阳区农技所		10/20	4/25	187	13	中	齐	中	斜	5.1	2.6	0	0	0	0	2.6
云南玉溪市农科所		10/15	4/9	176	13	强	齐	强	直	0	0	0	0	0	0	0.29
平 均 值				182.2	8.8				中+	1.02	0.52	1.02	0.02	0.00	0.00	0.72
广西桂林市农科所	JQ108 DH1206	10/15	4/10	177	8	中	不齐	强	中	0	0	0.80	0.14	0	0.0	0
贵州安顺市农科所		10/15	4/24	191	2	强	齐	强	直	0	0	0	0	0.0	0.0	1.0
江西会昌县种子站		10/20	4/10	172	0	强	齐	强	中	0	0	0	0	0	0	—
云南隆阳区农技所		10/20	4/25	187	13	强	中	强	斜	13.5	7.8	0	0	0.01	0.06	63.9
云南玉溪市农科所		10/15	4/2	169	6	强	齐	强	直	0	0	0	0	0	0	3.77
平 均 值				179.2	5.8				中	2.70	1.56	0.16	0.03	0.00	0.01	17.17

早熟组生育期与抗性表（3）

试点单位	编号 品种名称	播种期（月/日）	成熟期（月/日）	全生育期（天）	比对照（±天数）	苗期生长势	成熟一致性	耐旱渍性（强、中、弱）	抗倒性（直、斜、倒）	抗寒性 冻害率（%）	抗寒性 冻害指数	菌核病 病害率（%）	菌核病 病害指数	病毒病 病害率（%）	病毒病 病害指数	不育株率（%）
广西桂林市农科所	JQ109 E05019	10/15	4/12	179	10	中	不齐	中	中	0	0	1.00	0.23	0	0	0
贵州安顺市农科所		10/15	4/25	192	3	强	中	强	斜	0	0	0	0	6.0	0.1	1.5
江西会昌县种子站		10/20	4/12	174	2	强	齐	强	倒	0	0	0	0	0	0	—
云南隆阳区农技所		10/20	4/27	189	15	中	中	中	斜	8.3	4.3	0	0	0	0	100.0
云南玉溪市农科所		10/15	4/2	169	6	强	齐	强	直	0	0	0	0	0	0	8.41
平 均 值				180.6	7.2				中-	1.66	0.86	0.20	0.05	1.20	0.02	27.48
广西桂林市农科所	JQ110 黔杂J1201	10/15	4/7	174	5	中	不齐	弱	中	0	0	0.90	0.21	0	0	0
贵州安顺市农科所		10/15	4/25	192	3	中	齐	强	直	0	0	7.0	0.1	0.0	0.0	0.8
江西会昌县种子站		10/20	4/14	176	4	强	齐	强	直	0	0	0	0	0	0	—
云南隆阳区农技所		10/20	4/25	187	13	中	中	中	斜	4.1	2.5	0	0	0.20	0.04	1.2
云南玉溪市农科所		10/15	4/5	172	9	强	齐	强	斜	0	0	0	0	0	0	0.58
平 均 值				180.2	6.8				中	0.82	0.50	1.58	0.07	0.04	0.01	0.65
广西桂林市农科所	JQ111 早01J4	10/15	4/17	184	15	强	齐	强	中	0	0	0.80	0.14	0	0	0
贵州安顺市农科所		10/15	4/23	190	1	强	齐	强	直	0	0	0	0	0	0	1.0
江西会昌县种子站		10/20	4/13	175	3	强	齐	强	直	0	0	0	0	0	0	—
云南隆阳区农技所		10/20	4/26	188	14	强	齐	强	斜	3.9	1.2	0	0	0	0	2.9
云南玉溪市农科所		10/15	4/9	176	13	强	齐	中	直	0	0	0	0	0	0	0.87
平 均 值				182.6	9.2				中+	0.78	0.24	0.16	0.03	0.00	0.00	1.19
广西桂林市农科所	JQ112 554	10/15	4/1	168	-1	强	齐	强	中	0	0	1.10	0.49	0	0	0
贵州安顺市农科所		10/15	4/22	189	0	强	中	强	斜	0	0	0	0	8.0	0.2	0
江西会昌县种子站		10/20	4/10	172	0	强	中	强	直	0	0	0	0	0	0	—
云南隆阳区农技所		10/20	4/6	168	-6	强	齐	强	倒	18.3	12.2	0	0	0	0	0.3
云南玉溪市农科所		10/15	3/20	156	-7	强	齐	强	直	0	0	0	0	0	0	1.74
平 均 值				170.6	-2.8				中-	3.66	2.44	0.22	0.10	1.60	0.03	0.51

2012—2013 年度国家冬油菜品种生产试验汇总报告

一、试验目的

根据全国油菜区试管理条例和全国品种审定要求，对于参加全国油菜区域试验表现突出的新品种（组合），需要进一步鉴定其在不同生态条件下的丰产性、适应性（稳产性），客观评价其应用价值，为国家品种审定和大面积推广应用提供更科学的依据。

二、参试品种和承担单位

组别	参试品种	承试单位	单位地点	联系人
长江上游	D257 正油 319 黔杂 ZW11-5、 SWU09V16 07 杂 696 宜油 21 绵杂 06-3228 南油 12 号（CK）	贵州湄潭县种子站 贵州黔南州种子站 四川省原良种试验站 四川省内江市种子站 云南腾冲县农技推广中心 重庆市三峡农科所	贵州省湄潭县 贵州省都匀市 四川省双流县 四川省内江市 云南省腾冲县 重庆市万州区	李天海 龙　凤 赵迎春 黄辉耀 王　佐 伊淑丽
长江中游	圣光 87 F0803 SWU09V16 CE5 H29J24 国油杂 101 C1679 同油杂 2 号 699（常规） 德齐油 518 中油杂 2 号（CK）	江西省宜春农科所 江西省九江市农科所 湖南省慈利县旱作所 湖南省农作所物良种引进示范中心 湖北荆楚种业 湖北黄冈市农科所	江西省宜春市 江西省九江县 湖南省慈利县 湖南省长沙市 湖北省荆州市 湖北省黄冈市	周贱根 江满霞 李宏志 袁国飞 周晓彬 熊　飞
长江下游	98033 中 11-ZY293 M417（常规） 浙杂 0903 绵新油 38 FC03（常规） 沪油 039（常规） 86155 卓信 058 秦优 10 号（CK）	江苏省中江种业 江苏省常熟市农科所 上海市农技推广中心 浙江省湖州市农科院 浙江省嘉兴市农科院 安徽省铜陵县农业技术推广所 安徽省农科院作物所	江苏省六合区 江苏省常熟市 上海市 浙江省湖州市 浙江省嘉兴市 安徽省铜陵县 安徽省合肥市	罗德祥 唐政辉 李秀玲 任　韵 姚祥坦 彭玉菊 陈凤祥

（续表）

组别	参试品种	承试单位	单位地点	联系人
黄淮区	2013 秦优 7 号（CK）	陕西省宝鸡市农科所	陕西省宝鸡市	梅万虎
		陕西省国家旱地区试站	陕西省富平县	李安民
		河南省唐河县种子站	河南省唐河县	张书法
		河南省农科院棉油所	河南省郑州市	朱家成
		江苏省淮阴市农科所	江苏省淮安市	刘葛山
		江苏省盐城市沿海地区农科所	江苏省盐城市	单忠德

三、田间设计与管理

试验按方案要求采用大区随机区组排列，设两次重复，小区净面积0.1亩，长江上游区生产试验的对照为南油12号；长江中游区生产试验的对照为中油杂2号；长江下游区生产试验的对照为秦优10号；黄淮区组生产试验对照为秦优7号。试验中的其他要求与区域试验相同。

四、试验结果

（一）上游组*

上游组产量结果（见下页表）

1. SS106－宜油21

平均亩产 203.37kg，比对照南油 12 号增产 17.27%，产量居第一位，增产极显著。产油量 85.58kg/亩，产油量比对照南油 12 号增产 18.88%，居第四位。生产试验品质检测结果：芥酸 0.9%；硫苷 38.27μmol/g 饼；含油量 42.08%。

结论：硫苷超标，完成试验。

2. SS104－07 杂 696

平均亩产 189.63kg，比对照南油 12 号增产 9.34%，产量居第二位，增产极显著。产油量 80.63kg/亩，产油量比对照南油 12 号增产 12.01%，居第六位。生产试验品质检测结果：芥酸 0；硫苷 20.26 μmol/g 饼；含油量 42.52%。

结论：各项指标达标。

3. SS101－绵杂 06-322

平均亩产 189.43kg，比对照南油 12 号增产 9.23%，产量居第三位，增产极显著。产油量 81.27kg/亩，产油量比对照南油 12 号增产 12.89%，产油量居第五位。生产试验品质检测结果：芥酸 50.2%，硫苷 38.01μmol/g 饼；含油量 42.90%。

结论：硫苷超标，完成试验。

4. SS108－正油 319

平均亩产 188.48kg，比对照南油 12 号增产 8.68%，产量居第四位，增产极显著。产油量 89.00kg/亩，产油量比对照南油 12 号产 23.63%，居第一位。生产试验品质检测结果：芥酸 0.4%，硫苷 29.83μmol/g 饼；含油量 47.22%。

结论：各项指标达标。

5. SS107－SWU09V16

平均亩产 188.24kg，比对照南油 12 号增产 8.54%，产量居第五位，增产极显著。产油量

---

* 贵州黔南州试点报废，未纳入汇总

86.36kg/亩，产油量增比对照南油 12 号产 19.97%，居第四位。生产试验品质检测结果：芥酸 0，硫苷 26.76μmol/g 饼；含油量 45.88%。

结论：各项指标达标。

6. SS105 – D257

平均亩产 182.74kg，比对照南油 12 号增产 5.37%，产量居第六位，增产显著。产油量 87.81kg/亩，产油量比对照南油 12 号增产 21.97%，居第二位。生产试验品质检测结果：芥酸 0，硫苷 29.24 μmol/g 饼；含油量 48.05%。

结论：各项指标达标。

7. SS102 – 黔杂 ZW11-5

平均亩产 171.83kg，比对照南油 12 号减产 0.92%，产量居第八位，减产不显著。产油量 78.37kg/亩，产油量比对照南油 12 号增产 8.87%，产油量居第七位。生产试验品质检测结果：芥酸 0，硫苷 29.79 μmol/g 饼；含油量 45.61%。

结论：单年产量未达标，生产试验减产，完成试验。

长江上游组生产试验产量结果

编号 参试号	试点单位	产量对照及位次						产油量对照及位次			
		Ⅰ （kg）	Ⅱ （kg）	小区平均产量 （kg）	折亩产 （Kg）	比对照 （±%）	产量位次	含油量	产油量 （kg/亩）	比对照 （±%）	产油量位次
SS101 绵杂 06-322	贵州湄潭	20.346	20.239	20.293	202.82	24.67		42.90	87.01	28.85	
	四川内江	12.936	11.112	12.024	120.18	−10.23		42.90	51.56	−7.22	
	四川双流	16.530	17.130	16.830	168.22	11.68	3	42.90	72.16	15.42	5
	云南腾冲	24.724	25.362	25.043	250.31	14.09		42.90	107.38	17.91	
	重庆三峡	21.749	19.400	20.575	205.64	2.54		42.90	88.22	5.98	
	平均值	19.257	18.649	18.953	189.43	9.23		42.90	81.27	12.89	
SS102 黔杂 ZW11-5	贵州湄潭	13.750	15.250	14.500	144.93	−10.91		45.61	66.10	−2.12	
	四川内江	11.204	12.517	11.861	118.55	−11.45		45.61	54.07	−2.70	
	四川双流	17.330	16.410	16.870	168.62	11.94	8	45.61	76.91	23.00	7
	云南腾冲	19.508	21.861	20.685	206.74	−5.77		45.61	94.30	3.54	
	重庆三峡	24.067	20.020	22.044	220.33	9.87		45.61	100.49	20.72	
	平均值	17.172	17.212	17.192	171.83	−0.92		45.61	78.37	8.87	
SS103 南油 12 （CK）	贵州湄潭	16.238	16.315	16.277	162.68	—		41.51	67.53	—	
	四川内江	12.965	13.823	13.394	133.87	—		41.51	55.57	—	
	四川双流	14.760	15.380	15.070	150.63	—	7	41.51	62.52	—	8
	云南腾冲	21.657	22.243	21.950	219.39	—		41.51	91.07	—	
	重庆三峡	20.968	19.160	20.064	200.54	—		41.51	83.24	—	
	平均值	17.318	17.384	17.351	173.42	—		41.51	71.99	—	

（续表）

编号 参试号	试点单位	产量对照及位次						产油量对照及位次			
		I （kg）	II （kg）	小区平均产量 （kg）	折亩产 （Kg）	比对照 （±%）	产量位次	含油量	产油量 （kg/亩）	比对照 （±%）	产油量位次
SS104 07 杂696	贵州湄潭	17.836	18.130	17.983	179.74	10.48		42.52	76.43	13.17	
	四川内江	15.056	14.323	14.690	146.82	9.67		42.52	62.43	12.34	
	四川双流	15.650	15.940	15.795	157.87	4.81	32	42.52	67.13	7.36	6
	云南腾冲	24.133	24.754	24.444	244.31	11.36		42.52	103.88	14.07	
	重庆三峡	21.921	21.980	21.951	219.40	9.40		42.52	93.29	12.06	
	平均值	18.919	19.025	18.972	189.63	9.34		42.52	80.63	12.01	
SS105 D257	贵州湄潭	17.112	17.165	17.139	171.30	5.30		48.05	82.31	21.89	
	四川内江	14.477	14.080	14.279	142.71	6.60		48.05	68.57	23.40	
	四川双流	16.970	17.030	17.000	169.92	12.81	6	48.05	81.64	30.58	2
	云南腾冲	22.445	22.169	22.307	222.96	1.63		48.05	107.13	17.64	
	重庆三峡	20.522	20.860	20.691	206.81	3.13		48.05	99.37	19.37	
	平均值	18.305	18.261	18.283	182.74	5.37		48.05	87.81	21.97	
SS106 宜油21	贵州湄潭	21.932	22.135	22.034	220.23	35.37		42.08	92.67	37.23	
	四川内江	14.517	13.595	14.056	140.49	4.94		42.08	59.12	6.38	
	四川双流	17.060	17.320	17.190	171.81	14.07	1	42.08	72.30	15.63	4
	云南腾冲	26.212	25.687	25.950	259.37	18.22		42.08	109.14	19.84	
	重庆三峡	22.768	22.240	22.504	224.93	12.16		42.08	94.65	13.70	
	平均值	20.498	20.195	20.347	203.37	17.27		42.08	85.58	18.88	
SS107 SWU09V16	贵州湄潭	16.232	14.609	15.421	154.13	-5.26		45.88	70.71	4.71	
	四川内江	14.136	11.616	12.876	128.70	-3.87		45.88	59.05	6.25	
	四川双流	17.130	16.820	16.975	169.67	12.64	5	45.88	77.84	24.50	3
	云南腾冲	27.348	27.848	27.598	275.84	25.73		45.88	126.56	38.97	
	重庆三峡	22.791	19.800	21.296	212.85	6.14		45.88	97.66	17.31	
	平均值	19.527	18.139	18.833	188.24	8.54		45.88	86.36	19.97	
SS108 正油319	贵州湄潭	16.333	18.375	17.354	173.45	6.62		47.22	81.91	21.29	
	四川内江	13.918	14.376	14.147	141.40	5.62		47.22	66.77	20.15	
	四川双流	16.810	16.940	16.875	168.67	11.98	4	47.22	79.64	27.38	1
	云南腾冲	26.413	27.106	26.760	267.46	21.91		47.22	126.30	38.68	
	重庆三峡	20.486	17.820	19.153	191.44	-4.54		47.22	90.40	8.59	
	平均值	18.792	18.923	18.858	188.48	8.68		47.22	89.00	23.63	

方差分析表（试点效应固定）

变异来源	自由度	平方和	均方	F 值	概率（小于0.05 显著）
试点内区组	5	1 482.78125	296.55625	4.65550	0.002
品　　　种	7	7 070.60000	1 010.08571	15.85686	0.000
试　　　点	4	113 201.95000	28 300.48750	444.27611	0.000
品种×试点	28	14 286.61094	510.23610	8.00996	0.000
误　　　差	35	2 229.50781	63.70022		
总　变　异	79	138 271.45000			

试验总均值 = 185.892163085938

误差变异系数 CV（%）＝　4.293

多重比较结果（LSD 法）　　LSD0 0.05 = 7.2814　　LSD0 0.01 = 9.7442

品种	品种均值	比对照（%）	0.05 显著性	0.01 显著性
宜油 21	203.36440	17.26538	a	A
07 杂 696	189.62830	9.34475	b	B
绵杂 06-322	189.43340	9.23236	b	B
正油 319	188.48290	8.68427	b	B
SWU09V16	188.23600	8.54191	b	B
D257	182.73870	5.37205	b	BC
南油 12（CK）	173.42240	0.00000	c	CD
黔杂 ZW11-5	171.83120	−0.91755	c	D

经济性状结果：

长江上游组生产试验经济性状和抗逆性

编号 参试号	试点单位	考种数据				生育期		菌核病		病毒病		抗倒性
		全株有效角果	每角粒数	千粒重（g）	不育株率	全生育期（d）	比对照（±d）	发病率（%）	病情指数	发病率（%）	病情指数	
SS101 绵杂 06-322	贵州湄潭	278.3	9.6	4.08	0.2	206	−3	16.1	14.27	5.3	6.75	直
	四川内江	229.8	10.5	3.26	1.33	176	−6	4	3	—	—	直
	四川双流	437.7	22.3	2.20	0	207	−5	4	2.4	0	0	直
	云南腾冲	561.6	16.5	3.85	0	219	−2	12	10.0	0	0	中
	重庆三峡	302.4	23.6	4.02	0	201	1	0	0	0	0	斜
	平均值	361.95	16.50	3.48	0.31	201.8	−3	7.22	4.92	1.33	1.69	
SS102 黔杂 ZW11-5	贵州湄潭	210.8	10.4	3.76	0.2	210	1	13.7	12.53	8.4	7.28	倒
	四川内江	252.2	7.7	3.52	0	180	−2	8.67	11.33	—	—	直
	四川双流	395.7	21.0	2.67	0	213	1	2	1.4	0	0	直
	云南腾冲	495.7	22.5	3.92	0	220	−1	56	46.7	—	—	中
	重庆三峡	289	20.5	3.97	0	198	−2	3	2.25	0	0	斜
	平均值	328.67	16.42	3.57	0.04	204.2	−0.6	16.67	14.84	2.80	2.43	
SS103 南油 12 （CK）	贵州湄潭	247.6	9.5	3.75	0.6	209	—	15.4	14.84	13.7	16.75	倒
	四川内江	246.5	9.1	3.1	0	182	—	2	2.83	2.5	1.88	直
	四川双流	374.0	21.2	2.40	0	212	—	0	0	0	0	直
	云南腾冲	478.5	17.6	3.78	0	221	—	23	19.2	0	0	中
	重庆三峡	212.2	23.8	3.40	2	200	—	1	0.25	0	0	斜
	平均值	311.76	16.24	3.29	0.52	204.8	—	8.28	7.42	3.24	3.73	

（续表）

编号 参试号	试点单位	考种数据				生育期		菌核病		病毒病		抗倒性
		全株有 效角果	每角 粒数	千粒重 （g）	不育 株率	全生育 期（d）	比对照 （±d）	发病率 （%）	病情 指数	发病率 （%）	病情 指数	
SS104 07 杂 696	贵州湄潭	228.4	11.4	3.68	0.4	208	−1	12.6	11.35	7.6	8.34	倒
	四川内江	271.7	11.7	2.6	2.22	178	−4	2.44	3.33	—	—	直
	四川双流	455.3	18.0	2.47	0	209	−3	0.03	2	1	1	直
	云南腾冲	383.1	21.2	3.62	0	218	−3	17	14.2	0	0	中
	重庆三峡	259.8	21.1	3.51	0	200	0	0	0	0	0	斜
	平均值	319.67	16.68	3.18	0.52	202.6	−2.2	6.41	6.18	2.15	2.34	
SS105 D257	贵州湄潭	216.3	11.2	3.83	0.1	210	1	14.4	12.75	10.2	9.11	直
	四川内江	254.7	9.1	3.2	3.56	178	−4	4.22	3.17	—	—	直
	四川双流	376.3	19.6	3.40	0	214	2	0	0	0	0	直
	云南腾冲	377.4	20.8	4.43	0	224	3	21	17.5	0	0	中
	重庆三峡	205.4	24.8	4.15	0	204	4	0	0	0	0	斜
	平均值	286.03	17.10	3.80	0.73	206.0	1.2	7.92	6.68	2.55	2.28	
SS106 宜油 21	贵州湄潭	305.4	9.8	4.07	0	204	−5	8.4	7.65	7.6	8.45	直
	四川内江	258.9	11.3	3	0	175	−7	6	5	2	3.33	直
	四川双流	338.0	23.2	2.93	0	209	−3	0	0	0	0	直
	云南腾冲	412.2	20.4	4.57	0	220	−1	14	11.7	0	0	中
	重庆三峡	293.2	27.2	3.90	0	198	−2	0	0	0	0	斜
	平均值	321.54	18.38	3.69	0.00	201.2	−3.6	5.68	4.87	1.92	2.36	
SS107 SWU09V16	贵州湄潭	172.2	9.6	5.28	0.3	208	−1	13.3	15.22	9.5	10.31	直
	四川内江	325.7	8.4	3.1	0	178	−4	3.78	4.5	—	—	直
	四川双流	339.3	18.3	3.20	0	212	0	0	0	0	0	直
	云南腾冲	454.5	18.2	4.93	0	221	0	8	6.6	0	0	直
	重庆三峡	233.2	21.1	4.38	0	201	1	0	0	0	0	直
	平均值	304.99	15.12	4.18	0.06	204.0	−0.8	5.02	5.26	2.38	2.58	
SS108 正油 319	贵州湄潭	188.6	10.1	5.09	0.2	209	0	7.63	8.75	8.7	9.25	直
	四川内江	262	8.5	3.32	0.89	176	−6	2.89	4.17	4.17	3.75	直
	四川双流	309.7	19.1	4.07	0	210	−2	1	1	0	0	直
	云南腾冲	552.1	15.3	4.52	0	220	−1	13	10.8	0	0	中
	重庆三峡	202.8	19.4	4.62	0	201	1	0	0	0	0	斜
	平均值	303.03	14.48	4.32	0.22	203.2	−1.6	4.90	4.94	2.57	2.60	

（二）长江中游组

长江中游一组产量结果见下表*。

1. SZ101 – 国油杂 101

平均亩产 188.00kg，比对照中油杂 2 号增产 9.86%，产量居第一位，增产极显著。产油量 87.36kg/亩，产油量比对照中油杂 2 号增产 16.72%，居第三位。生产试验品质测试结果：芥酸 0.2%；硫苷 24.46μmol/g 饼；含油量 46.47%。

结论：各项指标达标。

2. SZ104 – CE5

平均亩产 187.12kg，比对照中油杂 2 号增产 9.35%，产量居第二位，增产极显著。产油量 91.28kg/亩，产油量比对照中油杂 2 号增产 21.95%，居第一位。生产试验品质测试结果：芥酸 0.6%；硫苷 27.83μmol/g 饼；含油量 48.78%。

结论：各项指标达标。

3. SZ103 – H29J24

平均亩产 182.65kg，比对照中油杂 2 号增产 6.73%，产量居第三位，增产显著。产油量 89.88kg/亩，产油量比对照中油杂 2 号增产 20.08%，居第二位。生产试验品质测试结果：芥酸 0.2%；硫苷 21.30μmol/g 饼；含油量 49.21%。

结论：各项指标达标。

4. SZ102 – C1679

平均亩产 177.91kg，比对照中油杂 2 号增产 3.97%，产量居第四位，增产不显著。产油量 80.52kg/亩，产油量比对照中油杂 2 号增产 7.58%，居第五位。生产试验品质测试结果：芥酸 0；硫苷 17.74 μmol/g 饼；含油量 45.26%。

结论：各项指标达标。

5. SZ105 –699（常规品种）

平均亩产 174.30kg，比对照中油杂 2 号增产 1.86%，产量居第五位，增产不显著。产油量 85.34kg/亩，产油量比对照中油杂 2 号增产 14.01%，居第四位。生产试验品质测试结果：芥酸 0；硫苷 18.86 μmol/g 饼；含油量 48.96%。常规自交种田间鉴定的一致性和稳定性合格。

结论：各项指标达标。

长江上游组生产试验产量结果

编号 参试号	试点单位	产量对照及位次						产油量对照及位次			
		I（kg）	II（kg）	小区平均产量（kg）	折亩产（kg）	比对照（±%）	产量位次	含油量	产油量（kg/亩）	比对照（±%）	产油量位次
SZ101 国油杂101	湖北黄冈	23.760	23.065	23.413	234.01	7.20		46.47	108.74	13.89	
	湖北荆楚	20.054	21.943	20.999	209.88	7.13		46.47	97.53	13.82	
	湖南慈利	17.589	18.613	18.101	180.92	13.77	1	46.47	84.07	20.87	3
	江西九江	18.544	17.340	17.942	179.33	19.05		46.47	83.34	26.48	
	江西宜春	13.185	14.000	13.593	135.86	3.11		46.47	63.13	9.55	
	平均值	18.626	18.992	18.809	188.00	9.86		46.47	87.36	16.72	

---

* 湖南长沙点报废，未纳入汇总

（续表）

编号 参试号	试点单位	产量对照及位次						产油量对照及位次			
		I （kg）	II （kg）	小区平 均产量 （kg）	折亩产 （kg）	比对照 （±%）	产量位次	含油量	产油量 （kg/亩）	比对照 （±%）	产油量 位次
SZ102 C1679	湖北黄冈	20.905	21.900	21.403	213.92	-2.00		45.26	96.82	1.40	
	湖北荆楚	22.127	21.923	22.025	220.14	12.37		45.26	99.64	16.27	
	湖南慈利	16.747	17.655	17.201	171.92	8.11	4	45.26	77.81	11.87	5
	江西九江	16.057	14.394	15.226	152.18	1.03		45.26	68.88	4.54	
	江西宜春	13.840	12.455	13.148	131.41	-0.27		45.26	59.48	3.20	
	平均值	17.935	17.665	17.800	177.91	3.97		45.26	80.52	7.58	
SZ103 H29J24	湖北黄冈	19.920	21.900	20.910	209.00	-4.26		49.21	102.85	7.71	
	湖北荆楚	22.805	22.079	22.442	224.31	14.50		49.21	110.38	28.82	
	湖南慈利	16.690	15.812	16.251	162.43	2.14	3	49.21	79.93	14.91	2
	江西九江	18.088	18.438	18.263	182.54	21.18		49.21	89.83	36.34	
	江西宜春	12.905	14.100	13.503	134.96	2.43		49.21	66.41	15.24	
	平均值	18.082	18.466	18.274	182.65	6.73		49.21	89.88	20.08	
SZ104 CE5	湖北黄冈	23.740	25.070	24.405	243.93	11.74		48.78	118.99	24.62	
	湖北荆楚	20.943	22.200	21.572	215.61	10.06		48.78	105.17	22.74	
	湖南慈利	14.765	15.536	15.151	151.43	-4.78	2	48.78	73.87	6.20	1
	江西九江	18.806	16.171	17.489	174.80	16.04		48.78	85.27	29.42	
	江西宜春	15.530	14.455	14.993	149.85	13.73		48.78	73.10	26.84	
	平均值	18.757	18.686	18.722	187.12	9.35		48.78	91.28	21.95	
SZ105 699（常规）	湖北黄冈	22.280	22.140	22.210	221.99	1.69		48.96	108.69	13.83	
	湖北荆楚	19.689	20.034	19.862	198.52	1.33		48.96	97.19	13.42	
	湖南慈利	16.802	16.165	16.484	164.75	3.60	5	48.96	80.66	15.97	4
	江西九江	14.949	15.691	15.320	153.12	1.66		48.96	74.97	13.79	
	江西宜春	12.865	13.775	13.320	133.13	1.04		48.96	65.18	13.10	
	平均值	17.317	17.561	17.439	174.30	1.86		48.96	85.34	14.01	
SZ106 中油杂2号 （CK）	湖北黄冈	21.185	22.495	21.840	218.29	—		43.74	95.48	—	
	湖北荆楚	19.406	19.795	19.601	195.91	—		43.74	85.69	—	
	湖南慈利	16.326	15.495	15.911	159.03	—	6	43.74	69.56	—	6
	江西九江	15.417	14.724	15.071	150.63	—		43.74	65.89	—	
	江西宜春	13.695	12.670	13.183	131.76	—		43.74	57.63	—	
	平均值	17.206	17.036	17.121	171.12	—		43.74	74.85	—	

方差分析表（试点效应固定）

变异来源	自由度	平方和	均方	F 值	概率（小于 0.05 显著）
试点内区组	5	483.32292	96.66458	1.67438	0.178
品　　种	5	2 371.93333	474.38667	8.21713	0.000
试　　点	4	62 337.00000	15 584.25000	269.94381	0.000
品种×试点	20	4 454.91562	222.74578	3.85831	0.001
误　　差	25	1 443.28646	57.73146		
总 变 异	59	71 090.45833			

试验总均值 = 180.18447265625

误差变异系数 CV（%）= 4.217

多重比较结果（LSD 法）　LSD0 0.05 = 6.9998　LSD0 0.01 = 9.4804

品种	品种均值	比对照（%）	0.05 显著性	0.01 显著性
国油杂 101	187.99910	9.86227	a	A
CE5	187.12250	9.35003	a	AB
H29J24	182.64580	6.73391	ab	ABC
C1679	177.91410	3.96886	bc	BCD
699（常规）	174.30290	1.85856	c	CD
中油杂 2 号（CK）	171.12250	0.00000	c	D

经济性状结果：

长江中游一组生产试验经济性状和抗逆性

编号 参试号	试点单位	考种数据				生育期		菌核病		病毒病		抗倒性
		全株有效角果	每角粒数	千粒重（g）	不育株率	全生育期（d）	比对照（±d）	发病率（%）	病情指数	发病率（%）	病情指数	
SZ101 国油杂 101	湖北黄冈	249.9	20.4	3.52	2	219	0	6	3	—	—	直
	湖北荆楚	156.4	21.6	3.42	0	222	−1	11.11	7.07	2.03	1.27	直
	湖南慈利	195.6	20.2	3.83	0	211	2	0	0	0	0	直
	江西九江	163.0	24.8	4.16	0	219	3	5	1.25	0	0	直
	江西宜春	263.8	19.2	3.85	0.8	209	−1	2.62	1.56	0	0	直
	平 均 值	205.74	21.24	3.76	0.56	216.0	0.6	4.95	2.58	0.51	0.32	
SZ102 C1679	湖北黄冈	186.1	18.6	3.72	3	218	−1	14	6	—	—	直
	湖北荆楚	171.1	20.9	3.54	3.86	219	−4	10.28	5.84	0.93	0.64	斜
	湖南慈利	185.4	19.6	4.08	1	207	−2	0	0	0	0	直
	江西九江	151.0	18.8	4.48	4	213	−3	5	1.25	0	0	直
	江西宜春	287.8	19.8	3.90	9.9	208	−2	3.23	2.27	0	0	直
	平 均 值	196.28	19.54	3.94	4.35	213.0	−2.4	6.50	3.07	0.23	0.16	
SZ103 H29J24	湖北黄冈	129.8	18.2	3.89	0	219	0	4	1	—	—	直
	湖北荆楚	163	21.5	3.63	0.58	224	1	5.88	2.94	0.98	0.73	斜
	湖南慈利	191.6	18.4	3.57	1.5	208	−1	1.8	0.8	0	0	直
	江西九江	177.0	20.8	4.46	0	216	0	10	2.5	0	0	直
	江西宜春	224.8	21.2	3.75	0	209	−1	4.85	2.88	0	0	直
	平 均 值	177.24	20.02	3.86	0.42	215.2	−0.2	5.31	2.02	0.25	0.18	

（续表）

编号 参试号	试点单位	考种数据				生育期		菌核病		病毒病		抗倒性
		全株有效角果	每角粒数	千粒重（g）	不育株率	全生育期（d）	比对照（±d）	发病率（%）	病情指数	发病率（%）	病情指数	
SZ104 CE5	湖北黄冈	204.6	19.5	3.75	1	217	−2	10	6.5	—	—	直
	湖北荆楚	162.5	19.8	3.84	0.73	222	−1	9.35	4.67	1.05	0.89	直
	湖南慈利	187.7	18.6	3.52	2	208	−1	2.5	1.2	0	0	直
	江西九江	149.5	24.0	4.44	0	216	0	15	5	0	0	直
	江西宜春	264.5	22.3	4.00	1.6	211	1	2.62	1.81	0	0	直
	平 均 值	193.76	20.84	3.91	1.07	214.8	−0.6	7.89	3.84	0.26	0.22	
SZ105 699（常规）	湖北黄冈	204.7	20.3	3.53	0	218	−1	8	3	—	—	直
	湖北荆楚	121.9	20.7	4.76	0	221	−2	9.09	4.72	1.4	1.05	斜
	湖南慈利	181.3	19.5	4.12	0	207	−2	1.5	0.7	0	0	直
	江西九江	132.5	20.8	5.14	0	216	0	10	2.5	0	0	直
	江西宜春	222.0	21.5	4.20	0	209	−1	5.45	3.83	0	0	直
	平 均 值	172.48	20.56	4.35	0.00	214.2	−1.2	6.81	2.95	0.35	0.26	
SZ106 中油杂 2 号（CK）	湖北黄冈	218.9	19.7	3.85	2	219	—	2	0.5	—	—	直
	湖北荆楚	154.8	19.8	3.7	2.63	223	—	15.24	9.65	2.62	1.96	斜
	湖南慈利	182.4	19.2	3.73	1.5	209	—	2	1.1	0	0	直
	江西九江	148.2	21.2	4.3	0	216	—	10	3.75	0	0	直
	江西宜春	203.6	20.8	4.00	2.8	210	—	3.23	2.27	0	0	直
	平 均 值	181.58	20.14	3.92	1.79	215.4	—	6.49	3.45	0.66	0.49	

长江中游二组试验结果：

1. SZ205 - 同油杂 2 号

平均亩产 184.40kg，比对照中油杂 2 号增产 8.03%，产量居第一位，增产极显著。产油量 83.13kg/亩，产油量比对照中油杂 2 号增产 12.89%，居第一位。生产试验品质测试结果：芥酸 0.4%；硫苷 22.98μmol/g 饼；含油量 45.08%。

结论：各项指标达标。

2. SZ201 - 德齐油 518

平均亩产 182.90kg，比对照中油杂 2 号增产 7.16%，产量居第二位，增产显著。产油量 78.34kg/亩，产油量比对照中油杂 2 号增产 6.39%，居第四位。生产试验品质测试结果：芥酸 0；硫苷 19.12 μmol/g 饼；含油量 42.83%。

结论：各项指标达标。

3. SZ206 - F0803

平均亩产 178.25kg，比对照中油杂 2 号增产 4.43%，产量居第三位，增产不显著。产油量 81.07kg/亩，产油量比对照中油杂 2 号增产 10.10%，居第二位。生产试验品质测试结果：芥酸 0.2%；硫苷 24.53μmol/g 饼；含油量 45.48%。

结论：各项指标达标。

4. SZ202 - SWU09V16

平均亩产 175.22kg，比对照中油杂 2 号增产 2.66%，产量居第四位，增产不显著。产油量

80.14kg/亩，产油量比对照中油杂 2 号增产 8.84%，居第三位。生产试验品质测试结果：芥酸 0；硫苷 23.69μmol/g 饼；含油量 45.74%。

结论：产量未达标，完成试验。

5. SZ203 - 圣光 87

平均亩产 173.81kg，比对照中油杂 2 号增产 1.83%，产量居第五位，增产不显著。产油量 75.68kg/亩，产油量比对照中油杂 2 号增产 2.78%，居第五位。生产试验品质测试结果：芥酸 0；硫苷 29.37 μmol/g 饼；含油量 43.54%。

结论：各项指标达标。

长江中游二组生产试验产量结果

编号 参试号	试点单位	产量对照及位次						产油量对照及位次			
		I (kg)	II (kg)	小区平均产量 (kg)	折亩产 (kg)	比对照 (±%)	产量位次	含油量	产油量 (kg/亩)	比对照 (±%)	产油量位次
SZ201 德齐油 518	湖北黄冈	18.840	19.840	19.340	193.30	-4.12		42.83	82.79	-4.80	
	湖北荆楚	20.647	21.625	21.136	211.26	15.80		42.83	90.48	14.97	
	湖南慈利	18.653	17.812	18.233	182.23	14.70		42.83	78.05	13.87	
	湖南长沙	13.882	16.342	15.112	151.05	-11.71	2	42.83	64.69	-12.34	4
	江西九江	19.427	18.680	19.054	190.44	15.01		42.83	81.57	14.18	
	江西宜春	17.160	16.680	16.920	169.12	17.01		42.83	72.43	16.17	
	平 均 值	18.102	18.497	18.299	182.90	7.16		42.83	78.34	6.39	
SZ202 SWU09V16	湖北黄冈	19.790	20.790	20.290	202.80	0.59		45.74	92.76	6.66	
	湖北荆楚	19.290	19.019	19.155	191.45	4.94		45.74	87.57	11.27	
	湖南慈利	16.075	16.822	16.449	164.40	3.48		45.74	75.20	9.71	
	湖南长沙	17.417	17.414	17.416	174.07	1.75	4	45.74	79.62	7.88	3
	江西九江	16.029	17.340	16.685	166.76	0.71		45.74	76.28	6.78	
	江西宜春	15.860	14.520	15.190	151.82	5.05		45.74	69.44	11.38	
	平 均 值	17.410	17.651	17.531	175.22	2.66		45.74	80.14	8.84	
SZ203 圣光 87	湖北黄冈	22.750	21.280	22.015	220.04	9.15		43.54	95.81	10.16	
	湖北荆楚	19.362	18.350	18.856	188.47	3.31		43.54	82.06	4.27	
	湖南慈利	16.064	15.316	15.690	156.82	-1.30		43.54	68.28	-0.38	
	湖南长沙	17.500	18.912	18.206	181.97	6.37	5	43.54	79.23	7.35	5
	江西九江	17.231	15.580	16.406	163.97	-0.98		43.54	71.39	-0.06	
	江西宜春	12.565	13.770	13.168	131.61	-8.94		43.54	57.30	-8.09	
	平 均 值	17.579	17.201	17.390	173.81	1.83		43.54	75.68	2.78	
SZ204 中油杂 2 号 (CK)	湖北黄冈	19.590	20.750	20.170	201.60	—		43.14	86.97	—	
	湖北荆楚	17.672	18.832	18.252	182.43	—		43.14	78.70	—	
	湖南慈利	15.486	16.306	15.896	158.88	—		43.14	68.54	—	
	湖南长沙	16.969	17.263	17.116	171.08	—	6	43.14	73.80	—	6
	江西九江	17.342	15.793	16.568	165.59	—		43.14	71.44	—	
	江西宜春	13.950	14.970	14.460	144.53	—		43.14	62.35	—	
	平 均 值	16.835	17.319	17.077	170.68	—		43.14	73.63	—	

（续表）

编号 参试号	试点单位	产量对照及位次						产油量对照及位次			
		I （kg）	II （kg）	小区平均产量 （kg）	折亩产 （kg）	比对照 （±%）	产量位次	含油量	产油量 （kg/亩）	比对照 （±%）	产油量位次
SZ205 同油杂2号	湖北黄冈	22.445	23.070	22.758	227.46	12.83		45.08	102.54	17.90	
	湖北荆楚	21.093	20.678	20.886	208.75	14.43		45.08	94.11	19.57	
	湖南慈利	18.025	17.362	17.694	176.85	11.31		45.08	79.72	16.31	
	湖南长沙	15.753	15.790	15.772	157.64	−7.86	1	45.08	71.06	−3.71	1
	江西九江	18.573	16.748	17.661	176.52	6.60		45.08	79.57	11.39	
	江西宜春	15.770	16.080	15.925	159.17	10.13		45.08	71.75	15.08	
	平 均 值	18.610	18.288	18.449	184.40	8.03		45.08	83.13	12.89	
SZ206 F0803	湖北黄冈	22.315	19.990	21.153	211.42	4.87		45.48	96.15	10.56	
	湖北荆楚	19.376	18.655	19.016	190.06	4.18		45.48	86.44	9.83	
	湖南慈利	14.816	15.712	15.264	152.56	−3.98		45.48	69.39	1.23	
	湖南长沙	17.851	19.040	18.446	184.36	7.77	3	45.48	83.85	13.61	2
	江西九江	19.040	17.319	18.180	181.71	9.73		45.48	82.64	15.68	
	江西宜春	14.540	15.350	14.945	149.38	3.35		45.48	67.94	8.96	
	平 均 值	17.990	17.678	17.834	178.25	4.43		45.48	81.07	10.10	

方差分析表（试点效应固定）

变异来源	自由度	平方和	均方	F 值	概率（小于0.05显著）
试点内区组	6	580.20833	96.70139	1.61221	0.178
品　　　种	5	1 709.61111	341.92222	5.70054	0.001
试　　　点	5	27 143.94444	5 428.78889	90.50895	0.000
品种×试点	25	7 186.75998	287.47040	4.79272	0.000
误　　　差	30	1 799.42057	59.98069		
总　变　异	71	38 419.94444			

试验总均值＝177.543009440104

误差变异系数 CV（%）＝4.362

多重比较结果（LSD法）　　LSD0 0.05＝6.4816　　LSD0 0.01＝8.6949

品种	品种均值	比对照%	0.05 显著性	0.01 显著性
同油杂2号	184.39700	8.03423	a	A
德齐油518	182.89860	7.15634	a	AB
F0803	178.24760	4.43142	ab	ABC
SWU09V16	175.21750	2.65611	bc	BC
圣光87	173.81320	1.83337	bc	C
中油杂2号（CK）	170.68390	0.00000	c	C

经济性状结果：

长江中游二组生产试验经济性状和抗逆性

编号 参试号	试点单位	考种数据				生育期		菌核病		病毒病		抗倒性
		全株有 效角果	每角 粒数	千粒重 （g）	不育 株率	全生育 期（d）	比对照 （±d）	发病率 （%）	病情 指数	发病率 （%）	病情 指数	
SZ201 德齐油518	湖北黄冈	243.4	18.9	3.76	0	216	−2	12	10	—	—	直
	湖北荆楚	172.3	18.6	3.89	0	221	−3	4.86	3.13	2.08	1.56	斜
	湖南慈利	196.8	20.3	4.02	1	208	−1	0	0	0	0	直
	湖南长沙	157.2	17.96	4.10	0	215	5	3.14	2.86	0	0	中
	江西九江	198.6	18.4	4.64	0	215	1	5	1.25	0	0	直
	江西宜春	285.2	20.0	4.20	0	209	−2	2.82	1.41	—	—	直
	平 均 值	208.92	19.03	4.10	0.17	214.0	−0.33	4.64	3.11	0.52	0.39	
SZ202 SWU09V16	湖北黄冈	196.2	19.1	3.64	1	216	−2	20	7	—	—	直
	湖北荆楚	140.7	17.8	4.34	0	223	−1	3.31	2.48	0.83	0.62	直
	湖南慈利	187.4	18.8	4.05	0	209	0	0	0	0	0	直
	湖南长沙	164.6	16.4	4.20	0	211	1	0.76	0.7	0	0	中
	江西九江	147.8	22.6	4.62	0	216	2	5	1.25	0	0	直
	江西宜春	299.2	21.2	4.00	0	210	−1	1.41	0.65	—	—	直
	平 均 值	189.32	19.32	4.14	0.17	214.2	−0.17	5.08	2.01	0.21	0.16	
SZ203 圣光87	湖北黄冈	174.7	20.1	3.64	1	217	−1	10	5.5	—	—	直
	湖北荆楚	145.2	23	3.16	0	220	−4	8.53	4.07	1.55	1.16	斜
	湖南慈利	191.3	19.4	3.64	1.2	208	−1	2	1.1	0	0	直
	湖南长沙	175.6	17.31	4.30	0	204	−6	4.65	3.3	0	0	中
	江西九江	110.7	24.4	3.58	0	213	−1	30	8.75	0	0	直
	江西宜春	276.0	19.8	3.75	0	205	−6	3.03	1.96	—	—	斜
	平 均 值	178.92	20.62	3.68	0.37	211.2	−3.17	9.70	4.11	0.39	0.29	
SZ204 中油杂2号 （CK）	湖北黄冈	175.6	20.3	3.65	0	218	0	26	14.5	—	—	直
	湖北荆楚	137.4	20	3.71	2.17	224	0	21.78	11.14	2.16	1.97	斜
	湖南慈利	184.5	19.1	3.75	1.3	209	0	2	1.2	0	0	直
	湖南长沙	159.4	16.81	4.00	0	210	0	3.14	2.57	0	0	中
	江西九江	169.5	18.8	4.26	0	214	0	15	3.75	0	0	直
	江西宜春	215.7	21.5	3.95	3.2	211	0	3.43	1.76	—	—	直
	平 均 值	173.68	19.42	3.89	1.11	214.3	0.00	11.89	5.82	0.54	0.49	
SZ205 同油杂2号	湖北黄冈	216.1	20.5	3.88	0	217	−1	12	6	—	—	直
	湖北荆楚	175.1	24.6	2.82	0.95	222	−2	18.08	7.34	2.26	1.41	斜
	湖南慈利	192.7	20.1	3.86	0	210	1	1.5	0.6	0	0	直
	湖南长沙	181.0	21.12	4.90	0	214	4	2.82	2.19	0	0	中
	江西九江	137.4	25.0	4.48	0	217	3	10	2.5	0	0	直
	江西宜春	273.0	20.7	3.85	1.1	211	0	2.62	1.81	—	—	直
	平 均 值	195.88	22.00	3.97	0.34	215.2	0.83	7.84	3.41	0.57	0.35	

（续表）

编号 参试号	试点单位	考种数据				生育期		菌核病		病毒病		抗倒性
		全株有 效角果	每角 粒数	千粒重 （g）	不育 株率	全生育 期（d）	比对照 （±d）	发病率 （%）	病情 指数	发病率 （%）	病情 指数	
	湖北黄冈	148.5	19.4	3.87	1	219	1	16	7.5	—	—	直
	湖北荆楚	148.6	20.9	3.74	2.89	223	−1	9.71	4.61	2.83	2.18	斜
	湖南慈利	182.3	19.4	3.91	2	208	−1	2.5	1.2	0	0	直
SZ206 F0803	湖南长沙	173.5	18.4	4.60	0	208	−2	3.03	2.43	0	0	中
	江西九江	144.9	24.0	4.20	0	215	1	15	3.75	0	0	直
	江西宜春	259.3	21.0	4.05	1.4	209	−2	3.63	2.07	—	—	直
	平 均 值	176.18	20.52	4.06	1.22	213.7	−0.67	8.31	3.59	0.71	0.55	

（三）长江下游组

长江下游生产一组试验结果：

1. SX105－沪油 039（常规品种）

平均亩产 211.22kg，比对照秦优 10 号增产 8.88%，产量居第一位，增产极显著。产油量 93.28kg/亩，产油量比对照秦优 10 号增产 8.54%，居第三位。生产试验品质测试结果：芥酸 0；硫苷 17.38μmol/g 饼；含油量 44.16%。常规自交种田间鉴定的一致性和稳定性合格。

结论：各项指标达标。

2. SX103－86155

平均亩产 209.41kg，比对照秦优 10 号增产 7.95%，产量居第二位，增产极显著。产油量 101.73kg/亩，产油量比对照秦优 10 号增产 18.38%，居第一位。生产试验品质测试结果：芥酸 0.1%；硫苷 18.62μmol/g 饼；含油量 48.58%。

结论：各项指标达标。

3. SX102－M417（常规品种）

平均亩产 209.41kg，比对照秦优 10 号增产 7.95%，产量居第三位，增产极显著。产油量 99.87kg/亩，产油量比对照秦优 10 号增产 16.21%，居第二位。生产试验品质测试结果：芥酸 0.6%；硫苷 25.35 μmol/g 饼；含油量 47.69%。常规自交种田间鉴定的一致性和稳定性合格。

结论：各项指标达标。

4. SX101－卓信 058

平均亩产 198.56kg，比对照秦优 10 号增产 2.35%，产量居第四位，增产不显著。产油量 90.19kg/亩，产油量比对照秦优 10 号增产 4.94%，居第四位。生产试验品质测试结果：芥酸 0；硫苷 23.11 μmol/g 饼；含油量 45.42%。

结论：各项指标达标。

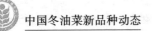

长江下游一组生产试验产量结果

编号 参试号	试点单位	产量对照及位次						产油量对照及位次			
		I （kg）	II （kg）	小区平 均产量 （kg）	折亩产 （kg）	比对照 （±%）	产量位次	含油量	产油量 （kg/亩）	比对照 （±%）	产油量 位次
SX101 卓信058	安徽合肥	24.132	22.269	23.201	231.89	-1.31	4	45.42	105.32	1.18	4
	安徽铜陵	19.227	19.894	19.561	195.51	6.17		45.42	88.80	8.85	
	江苏常熟	20.960	22.115	21.538	215.27	-7.49		45.42	97.77	-5.15	
	上海农技中心	17.990	17.560	17.775	177.66	23.44		45.42	80.69	26.56	
	浙江嘉兴	16.928	17.402	17.165	171.57	-2.89		45.42	77.92	-0.44	
	中江种业	19.521	19.962	19.742	197.32	5.80		45.42	89.62	8.47	
	浙江湖州	20.480	19.680	20.080	200.70	0.83		45.42	91.16	3.38	
	平 均 值	19.891	19.840	19.866	198.56	2.35		45.42	90.19	4.94	
SX102 M417 （常规）	安徽合肥	25.649	23.476	24.563	245.50	4.48	3	47.69	117.08	12.47	2
	安徽铜陵	17.621	17.121	17.371	173.62	-5.72		47.69	82.80	1.50	
	江苏常熟	23.611	23.678	23.645	236.33	1.56		47.69	112.70	9.34	
	上海农技中心	17.520	18.640	18.080	180.71	25.56		47.69	86.18	35.16	
	浙江嘉兴	17.778	18.103	17.941	179.32	1.49		47.69	85.52	9.26	
	中江种业	19.043	19.181	19.112	191.03	2.43		47.69	91.10	10.26	
	浙江湖州	26.360	25.540	25.950	259.37	30.30		47.69	123.69	40.28	
	平 均 值	21.083	20.820	20.952	209.41	7.95		47.69	99.87	16.21	
SX103 86155	安徽合肥	24.125	23.474	23.800	237.88	1.23	2	48.58	115.56	11.01	1
	安徽铜陵	17.746	18.622	18.184	181.75	-1.30		48.58	88.29	8.23	
	江苏常熟	20.821	24.007	22.414	224.03	-3.72		48.58	108.83	5.58	
	上海农技中心	18.510	18.400	18.455	184.46	28.16		48.58	89.61	40.54	
	浙江嘉兴	19.482	19.657	19.570	195.60	10.71		48.58	95.02	21.41	
	中江种业	19.557	20.076	19.817	198.07	6.20		48.58	96.22	16.46	
	浙江湖州	24.150	24.700	24.425	244.13	22.65		48.58	118.60	34.50	
	平 均 值	20.627	21.277	20.952	209.42	7.95		48.58	101.73	18.38	
SX104 秦优10号 （CK）	安徽合肥	23.183	23.836	23.510	234.98	—	5	44.30	104.10	—	5
	安徽铜陵	17.767	19.081	18.424	184.15	—		44.30	81.58	—	
	江苏常熟	23.450	23.111	23.281	232.69	—		44.30	103.08	—	
	上海农技中心	14.540	14.260	14.400	143.93	—		44.30	63.76	—	
	浙江嘉兴	17.799	17.554	17.677	176.68	—		44.30	78.27	—	
	中江种业	18.680	18.639	18.660	186.50	—		44.30	82.62	—	
	浙江湖州	20.800	19.030	19.915	199.05	—		44.30	88.18	—	
	平 均 值	19.460	19.359	19.409	194.00	—		44.30	85.94	—	

（续表）

编号 参试号	试点单位	产量对照及位次						产油量对照及位次			
		I （kg）	II （kg）	小区平 均产量 （kg）	折亩产 （kg）	比对照 （±%）	产量位次	含油量	产油量 （kg/亩）	比对照 （±%）	产油量 位次
	安徽合肥	26.221	24.473	25.347	253.34	7.82		44.16	111.88	7.48	
	安徽铜陵	18.184	19.686	18.935	189.26	2.77		44.16	83.58	2.45	
	江苏常熟	23.927	24.488	24.208	241.96	3.98		44.16	106.85	3.65	
SX105 沪油039 （常规）	上海农技中心	19.530	19.660	19.595	195.85	36.08	1	44.16	86.49	35.65	3
	浙江嘉兴	19.728	17.112	18.420	184.11	4.21		44.16	81.30	3.88	
	中江种业	20.766	21.155	20.961	209.50	12.33		44.16	92.52	11.98	
	浙江湖州	19.990	20.940	20.465	204.55	2.76		44.16	90.33	2.44	
	平 均 值	21.192	21.073	21.133	211.22	8.88		44.16	93.28	8.54	

方差分析表（试点效应固定）

变异来源	自由度	平方和	均方	F 值	概率（小于 0.05 显著）
试点内区组	7	790.65000	112.95000	2.20405	0.065
品　　种	4	3 346.68571	836.67143	16.32638	0.000
试　　点	6	40 197.65714	6 699.60952	130.73277	0.000
品种×试点	24	9 324.35960	388.51498	7.58128	0.000
误　　差	28	1 434.90469	51.24660		
总 变 异	69	55 094.25714			

试验总均值 = 204.520438058036

误差变异系数 CV（%）= 3.500

多重比较结果（LSD 法）　　LSD0 0.05 = 5.5467　　LSD0 0.01 = 7.4949

品种	品种均值	比对照（%）	0.05 显著性	0.01 显著性
沪油039（常规）	211.22310	8.88012	a	A
86155	209.41470	7.94796	a	A
M417（常规）	209.41040	7.94575	a	A
卓信058	198.55800	2.35159	b	B
秦优10号	193.99600	0.00000	b	B

经济性状结果：

长江下游一组生产试验经济性状和抗逆性

编号 参试号	试点单位	考种数据				生育期		菌核病		病毒病		抗倒性
		全株有 效角果	每角 粒数	千粒重 （g）	不育 株率	全生育 期（d）	比对照 （±d）	发病率 （%）	病情 指数	发病率 （%）	病情 指数	
	安徽合肥	227.2	21.3	4.16	0.3	229	0	11.45	5.24	—	—	直
	安徽铜陵	299.5	25.9	4.10	0	231	−1	3.95	1.07	0	0	直
	江苏常熟	284.2	22.36	4.28	0.72	236	1	18	9	—	—	直
SX101 卓信058	上海农技中心	273.6	24.5	3.54	0	237	0	32	11.5	0	0	直
	浙江嘉兴	407.8	25.2	3.93	0	229	2	56.7	16.7	0	0	直
	中江种业	368.8	19.2	4.13	2	240	1	26.54	22.55	0	0	直
	浙江湖州	401.8	19.0	4.50	—	237	4	0	—	0	—	直
	平 均 值	323.27	22.49	4.09	0.50	234.1	1	21.23	11.01	0.00	0.00	
	安徽合肥	237.5	20.4	4.54	0	227	−2	13.89	6.3	—	—	直
	安徽铜陵	347.0	24.0	4.06	0	231	−1	6.46	3.23	0	0	直
	江苏常熟	433.6	19.04	4.78	0	236	1	8	4	—	—	直
SX102 M417 （常规）	上海农技中心	282.8	21.4	4.06	0	238	1	20	8	0	0	直
	浙江嘉兴	372.0	23.4	4.34	0	228	1	56.7	16.7	0	0	直
	中江种业	370.2	19.4	4.06	0	241	2	10.49	5.71	0	0	中
	浙江湖州	407.3	19.0	4.24	—	238	5	0	—	0	—	直
	平 均 值	350.06	20.95	4.30	0.00	234.1	1	16.51	7.32	0.00	0.00	
	安徽合肥	403.3	17.1	4.80	0	229	0	17.99	8.86	—	—	直
	安徽铜陵	314.0	21.8	4.23	2.86	229	−3	2.51	0.93	0	0	直
	江苏常熟	487.3	16.46	4.34	1.1	235	0	12.1	8.37	—	—	斜
SX103 86155	上海农技中心	233.3	24.7	4.45	0	237	0	34	10.5	0	0	直
	浙江嘉兴	487.1	23.2	4.23	0	227	0	66.7	29.2	0	0	直
	中江种业	330.5	21.2	4.19	0	241	2	9.63	5.4	0	0	直
	浙江湖州	405.9	20.0	4.54	—	234	1	0	—	0	—	直
	平 均 值	380.20	20.64	4.40	0.66	233.1	0	20.42	10.54	0.00	0.00	
	安徽合肥	251.9	22.3	3.33	0	229	0	11.82	5.17	—	—	倒
	安徽铜陵	339.5	28.2	3.09	0	232	0	2.78	0.55	0	0	直
	江苏常熟	618.4	23.98	3.4	0	235	0	10	6.5	—	—	直
SX104 秦优10号 （CK）	上海农技中心	238.8	21.4	3.15	0	237	0	54	24	0	0	直
	浙江嘉兴	534.8	29.0	3.09	0	227	0	70	23.3	0	0	直
	中江种业	430.2	21.5	3.08	1	239	0	24.07	15.58	0	0	直
	浙江湖州	389.7	22.0	3.16	—	233	0	0	—	0	—	直
	平 均 值	400.47	24.05	3.19	0.17	233.1	0	24.67	12.52	0.00	0.00	

（续表）

编号 参试号	试点单位	考种数据				生育期		菌核病		病毒病		抗倒性
		全株有 效角果	每角 粒数	千粒重 （g）	不育 株率	全生育 期（d）	比对照 （±d）	发病率 （%）	病情 指数	发病率 （%）	病情 指数	
SX105 沪油039 （常规）	安徽合肥	275.4	20.2	4.87	0	228	-1	4.11	1.68	—	—	倒
	安徽铜陵	287.5	25.8	4.05	0	230	-2	3.16	0.78	0	0	直
	江苏常熟	432.4	20.98	4.69	0	235	0	14.6	4.7	—	—	直
	上海农技中心	315.5	21.7	3.82	0	239	2	38	14	0	0	直
	浙江嘉兴	504.8	24.9	3.99	1.04	228	1	56.7	17.5	3.3	3.3	直
	中江种业	358.2	23.5	4.10	0	241	2	4.8	3.58	0	0	直
	浙江湖州	396.8	19.0	4.54	—	235	2	0	—	0	—	直
	平 均 值	367.23	22.30	4.29	0.17	233.7	0.6	17.34	7.04	0.66	0.83	

长江下游二组产量结果：

1. SX206－FC03（常规品种）

平均亩产 207.54kg，比对照秦优 10 号增产 8.29%，产量居第一位，增产极显著。产油量 93.60kg/亩，比对照秦优 10 号增产 6.82%，居第四位。生产试验品质测试结果：芥酸 0；硫苷 18.83μmol/g 饼；含油量 45.10%。常规自交种田间鉴定一致性和稳定性合格。

结论：各项指标达标。

2. SX201－98033

平均亩产 203.06kg，比对照秦优 10 号增产 5.95%，产量居第二位，增产极显著。产油量 93.69kg/亩，比对照秦优 10 号增产 6.93%，居第三位。生产试验品质测试结果：芥酸 0；硫苷 21.70μmol/g 饼；含油量 46.14%。

结论：各项指标达标。

3. SX203－浙杂 0903

平均亩产 200.97kg，比对照秦优 10 号增产 4.86%，产量居第三位，增产显著。产油量 99.68kg/亩，比对照秦优 10 号增产 13.76%，居第一位。生产试验品质测试结果：芥酸 0.4%；硫苷 23.48μmol/g 饼；含油量 49.60%。

结论：各项指标达标。

4. SX205－绵新油 38

平均亩产 195.89kg，比对照秦优 10 号增产 2.21%，产量居第四位，增产不显著。产油量 89.35kg/亩，比对照秦优 10 号增产 1.96%，居第五位。生产试验品质测试结果：芥酸 0；硫苷 24.40μmol/g 饼；含油量 45.61%。

结论：各项指标达标。

5. SZ204－中 11-ZY293

平均亩产 191.07kg，比对照秦优 10 号减产 0.31%，产量居第六位，减产不显著。产油量 96.24kg/亩，比对照秦优 10 号增产 9.83%，居第二位。生产试验品质测试结果：芥酸 0；硫苷 24.30μmol/g 饼；含油量 50.37%。

结论：各项指标达标。

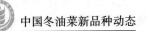

长江下游一组生产试验产量结果

编号 参试号	试点单位	产量对照及位次						产油量对照及位次			
		I （kg）	II （kg）	小区平均产量 （kg）	折亩产 （kg）	比对照 （±%）	产量位次	含油量	产油量 （kg/亩）	比对照 （±%）	产油量位次
SX201 98033	安徽合肥	24.793	24.172	24.483	244.70	10.24		46.14	112.91	11.26	
	安徽铜陵	13.850	14.250	14.050	140.43	-6.64		46.14	64.79	-5.79	
	江苏常熟	21.686	22.331	22.009	219.98	1.52		46.14	101.50	2.45	
	上海农技中心	16.230	15.050	15.640	156.32	0.35	2	46.14	72.13	1.27	3
	浙江嘉兴	18.737	18.971	18.854	188.45	0.74		46.14	86.95	1.66	
	中江种业	20.918	20.413	20.666	206.55	11.88		46.14	95.30	12.91	
	浙江湖州	27.250	25.780	26.515	265.02	17.77		46.14	122.28	18.85	
	平均值	20.495	20.138	20.317	203.06	5.95		46.14	93.69	6.93	
SX202 秦优10号 （CK）	安徽合肥	22.516	21.899	22.208	221.97	—		45.72	101.48	—	
	安徽铜陵	14.850	15.250	15.050	150.43	—		45.72	68.77	—	
	江苏常熟	21.610	21.750	21.680	216.69	—		45.72	99.07	—	
	上海农技中心	15.890	15.280	15.585	155.77	—	5	45.72	71.22	—	6
	浙江嘉兴	18.384	19.048	18.716	187.07	—		45.72	85.53	—	
	中江种业	18.594	18.349	18.472	184.62	—		45.72	84.41	—	
	浙江湖州	23.730	21.300	22.515	225.04	—		45.72	102.89	—	
	平均值	19.368	18.982	19.175	191.66	—		45.72	87.62	—	
SX203 浙杂0903	安徽合肥	23.275	21.833	22.554	225.43	1.56		49.60	111.81	10.18	
	安徽铜陵	15.600	15.300	15.450	154.42	2.66		49.60	76.59	11.37	
	江苏常熟	22.495	21.309	21.902	218.91	1.02		49.60	108.58	9.60	
	上海农技中心	14.010	15.120	14.565	145.58	-6.54	3	49.60	72.21	1.39	1
	浙江嘉兴	18.768	19.032	18.900	188.91	0.98		49.60	93.70	9.55	
	中江种业	20.354	19.888	20.121	201.11	8.93		49.60	99.75	18.17	
	浙江湖州	27.550	26.960	27.255	272.42	21.05		49.60	135.12	31.33	
	平均值	20.293	19.920	20.107	200.97	4.86		49.60	99.68	13.76	
SX204 中11-ZY293	安徽合肥	22.160	20.963	21.562	215.51	-2.91		50.37	108.55	6.97	
	安徽铜陵	14.400	14.650	14.525	145.18	-3.49		50.37	73.13	6.33	
	江苏常熟	20.850	20.356	20.603	205.93	-4.97		50.37	103.73	4.70	
	上海农技中心	16.030	17.470	16.750	167.42	7.48	6	50.37	84.33	18.41	2
	浙江嘉兴	18.601	18.971	18.786	187.77	0.37		50.37	94.58	10.58	
	中江种业	20.276	20.119	20.198	201.88	9.34		50.37	101.68	20.47	
	浙江湖州	20.910	21.870	21.390	213.79	-5.00		50.37	107.69	4.67	
	平均值	19.032	19.200	19.116	191.07	-0.31		50.37	96.24	9.83	

（续表）

编号 参试号	试点单位	产量对照及位次						产油量对照及位次			
		I（kg）	II（kg）	小区平均产量（kg）	折亩产（kg）	比对照（±%）	产量位次	含油量	产油量（kg/亩）	比对照（±%）	产油量位次
SX205 绵新油38	安徽合肥	23.698	22.356	23.027	230.16	3.69		45.61	104.97	3.44	
	安徽铜陵	15.650	15.550	15.600	155.92	3.65		45.61	71.12	3.41	
	江苏常熟	20.008	22.462	21.235	212.24	-2.05		45.61	96.80	-2.29	
	上海农技中心	17.650	16.540	17.095	170.87	9.69	4	45.61	77.93	9.42	5
	浙江嘉兴	18.720	18.194	18.457	184.48	-1.38		45.61	84.14	-1.62	
	中江种业	19.457	20.030	19.744	197.34	6.89		45.61	90.01	6.63	
	浙江湖州	21.340	22.730	22.035	220.24	-2.13		45.61	100.45	-2.37	
	平 均 值	19.503	19.695	19.599	195.89	2.21		45.61	89.35	1.96	
SX206 FC03（常规）	安徽合肥	23.411	23.246	23.329	233.17	5.05		45.10	105.16	3.62	
	安徽铜陵	15.350	15.150	15.250	152.42	1.33		45.10	68.74	-0.05	
	江苏常熟	23.140	22.944	23.042	230.31	6.28		45.10	103.87	4.84	
	上海农技中心	17.130	16.500	16.815	168.07	7.89	1	45.10	75.80	6.43	4
	浙江嘉兴	18.910	18.606	18.758	187.49	0.22		45.10	84.56	-1.13	
	中江种业	21.129	20.501	20.815	208.05	12.69		45.10	93.83	11.16	
	浙江湖州	28.680	26.010	27.345	273.31	21.45		45.10	123.26	19.81	
	平 均 值	21.107	20.422	20.765	207.55	8.29		45.10	93.60	6.82	

方差分析表（试点效应固定）

变异来源	自由度	平方和	均方	F 值	概率（小于0.05显著）
试点内区组	7	479.95833	68.56548	1.47349	0.209
品　　种	5	3 044.57143	608.91429	13.08574	0.000
试　　点	6	88 109.42857	14 684.90476	315.58272	0.000
品种×试点	30	8 554.57701	285.15257	6.12801	0.000
误　　差	35	1 628.64323	46.53266		
总 变 异	83	101 817.17857			

试验总均值 = 198.364397321429

误差变异系数 CV（%）= 3.439

多重比较结果（LSD 法）　LSD0 0.05 = 5.2597　LSD0 0.01 = 7.0387

品种	品种均值	比对照（%）	0.05 显著性	0.01 显著性
FC03（常规）	207.54420	8.29092	a	A
S98033	203.06360	5.95306	ab	A
浙杂0903	200.96680	4.85900	bc	AB
绵新油38	195.89140	2.21083	cd	BC
秦优10号	191.65430	0.00000	d	C
中11-ZY293	191.06600	-0.30694	d	C

经济性状结果：

长江下游二组生产试验经济性状和抗逆性

编号 参试号	试点单位	考种数据				生育期		菌核病		病毒病		抗倒性
		全株有效角果	每角粒数	千粒重（g）	不育株率（%）	全生育期（d）	比对照（±d）	发病率（%）	病情指数	发病率（%）	病情指数	
SX201 98033	安徽合肥	218.1	22.2	4.69	0	228	−2	7.96	3.72	—	—	直
	安徽铜陵	297.5	22.8	4.15	4.17	229	3	5	2.13	0	0	直
	江苏常熟	309.0	22.98	4.64	0	237	2	6	3.5			直
	上海农技中心	243.7	20.9	4.07	0	238	1	22	13.5	0	0	直
	浙江嘉兴	396.5	26.5	4.06	5.21	229	2	46.7	11.7	0	0	直
	中江种业	399.2	22.1	3.98	1	240	1	6.79	4.94	0	0	直
	浙江湖州	419.3	21.0	4.31	—	238	5	0	—	0	—	直
	平 均 值	326.19	22.64	4.27	1.73	234.1	1.7	13.49	6.58	0.00	0.00	
SX202 秦优10号（CK）	安徽合肥	310.4	24.6	3.35	0.61	230	0	9.55	4.25	—	—	倒
	安徽铜陵	304.6	24.7	3.35	2.5	226	0	8	3.5	0	0	直
	江苏常熟	504.2	22.24	3.37	0	235	0	14	8.5			直
	上海农技中心	242.2	23.1	3.39	0	237	0	38	20.5	0	0	直
	浙江嘉兴	445.1	26.3	3.12	0	227	0	66.7	25.8	0	0	直
	中江种业	420.2	21.6	3.11	1	239	0	28.89	17.18	0	0	直
	浙江湖州	421.8	22.0	3.26	—	233	0	0	—	0	—	直
	平 均 值	378.36	23.51	3.28	0.69	232.4	0.0	23.59	13.29	0.00	0.00	
SX203 浙杂0903	安徽合肥	299.3	20.8	4.03	4.57	229	−1	14.07	6.21	—	—	直
	安徽铜陵	316.8	25.4	4.05	1.67	227	1	6.5	2.88	0	0	直
	江苏常熟	508.8	22.64	3.95	0.2	237	2	18	9	—	—	斜
	上海农技中心	215.3	24.4	3.70	0	237	0	52	32.5	0	0	直
	浙江嘉兴	459.5	29.0	3.68	0	228	1	66.7	20.8	0	0	直
	中江种业	366.6	24.8	3.63	5	239	0	21.61	12.17	0	0	直
	浙江湖州	419.9	22.0	4.35	—	237	4	0	—	0	—	直
	平 均 值	369.46	24.15	3.91	1.91	233.4	1.0	25.55	13.93	0.00	0.00	
SX204 中11-ZY293	安徽合肥	268.3	20	4.75	0	230	0	12.28	6.37	—	—	直
	安徽铜陵	280.3	23.8	4.20	0.83	228	2	7	3.38	0	0	直
	江苏常熟	429.6	23.92	4.45	1	235	0	22	13.5	—	—	直
	上海农技中心	312.6	23.9	3.09	0	238	1	36	12.5	0	0	直
	浙江嘉兴	642.1	21.3	3.98	1.04	229	2	70	24.2	0	0	直
	中江种业	410.4	20.9	4.05	0	241	2	11.11	7.72	0	0	直
	浙江湖州	401.6	19.0	4.49	—	238	5	0	—	0	—	直
	平 均 值	392.13	21.83	4.14	0.48	234.1	1.7	22.63	11.28	0.00	0.00	

编号 参试号	试点单位	考种数据				生育期		菌核病		病毒病		抗倒性
		全株有效角果	每角粒数	千粒重（g）	不育株率（%）	全生育期（d）	比对照（±d）	发病率（%）	病情指数	发病率（%）	病情指数	
SX205 绵新油38	安徽合肥	268.5	24.1	3.95	0	228	-2	7.87	3.62	—	—	直
	安徽铜陵	234.5	21.0	3.80	0.83	227	1	14	5	0	0	直
	江苏常熟	369.6	22.66	4.23	0	235	0	18	12	—	—	直
	上海农技中心	337.6	20.1	3.40	0	237	0	24	12.5	0	0	直
	浙江嘉兴	441.1	25.4	3.66	0	227	0	60	20	6.7	4.2	直
	中江种业	418.2	23.6	3.33	0	239	0	9.26	6.73	0	0	直
	浙江湖州	398.3	21.0	4.10	—	233	0	0		0		直
	平 均 值	352.54	22.55	3.78	0.14	232.3	-0.1	19.02	9.98	1.34	1.05	
SX206 FC03 （常规）	安徽合肥	270.3	27.4	4.56	0	228	-2	16.78	7.25	—	—	直
	安徽铜陵	276.4	27.6	4.30	0.83	228	2	8	3.38	0	0	直
	江苏常熟	480.6	25.16	4.39	0	235	0	16	9.5	—	—	直
	上海农技中心	270.0	22.7	3.97	0	237	0	46	29.5	0	0	直
	浙江嘉兴	378.3	27.1	4.03	0	228	1	90	30	0	0	直
	中江种业	400.5	23.0	4.07	0	241	2	6.79	4.14	0	0	直
	浙江湖州	422.6	21.0	5.02	—	236	3	0		0		直
	平 均 值	356.96	24.85	4.33	0.14	233.3	0.9	26.22	13.96	0.00	0.00	

（四）黄淮组

黄淮组产量结果：

1-2013

平均亩产 235.80kg，比对照秦优 7 号增产 2.77%，产量居第一位，增产不显著。产油量 108.21kg/亩，比对照秦优 7 号增产 11.65%，居第一位。生产试验品质测试结果：芥酸 0；硫苷 23.47μmol/g 饼；含油量 45.89%。

结论：各项指标达标。

黄淮组生产试验产量结果

编号 参试号	试点单位	产量对照及位次						产油量对照及位次			
		I（kg）	II（kg）	小区平均产量（kg）	折亩产（kg）	比对照（±%）	产量位次	含油量	产油量（kg/亩）	比对照（±%）	产油量位次
SH101 秦优7号 （CK）	陕西宝鸡	21.300	23.400	22.350	223.39	—		42.24	94.36	—	
	陕西富平	19.970	18.470	19.220	192.10	—		42.24	81.15	—	
	河南唐河	24.690	26.670	25.680	256.67	—		42.24	108.42	—	
	河南郑州	22.301	25.664	23.983	239.71	—	2	42.24	101.25	—	2
	江苏淮阴	19.248	18.364	18.806	187.97	—		42.24	79.40	—	
	江苏盐城	26.124	29.262	27.693	276.79	—		42.24	116.92	—	
	平 均 值	22.272	23.638	22.955	229.44	—		42.24	96.92	—	

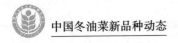

（续表）

编号 参试号	试点单位	产量对照及位次						产油量对照及位次			
		I （kg）	II （kg）	小区平 均产量 （kg）	折亩产 （kg）	比对照 （±%）	产量位次	含油量	产油量 （kg/亩）	比对照 （±%）	产油量 位次
SH102 2013	陕西宝鸡	22.700	24.300	23.500	234.88	5.15		45.89	107.79	14.23	
	陕西富平	21.340	20.510	20.925	209.15	8.87		45.89	95.98	18.28	
	河南唐河	25.220	26.800	26.010	259.97	1.29		45.89	119.30	10.04	
	河南郑州	24.518	24.602	24.560	245.48	2.41	1	45.89	112.65	11.26	1
	江苏淮阴	18.508	18.897	18.703	186.93	-0.55		45.89	85.78	8.04	
	江苏盐城	26.763	28.940	27.852	278.38	0.57		45.89	127.75	9.26	
	平 均 值	23.175	24.008	23.592	235.80	2.77		45.89	108.21	11.65	

方差分析表（试点效应固定）

变异来源	自由度	平方和	均方	F 值	概率（小于 0.05 显著）
试点内区组	6	1 802.43750	300.40625	5.07584	0.034
品　　种	1	242.83333	242.83333	4.10305	0.089
试　　点	5	23 447.20833	4 689.44167	79.23550	0.000
品种×试点	5	227.37760	45.47552	0.76838	0.605
误　　差	6	355.10156	59.18359		
总　变　异	23	26 074.95833			

试验总均值 = 232.610493977865

误差变异系数 CV（%）= 3.307

多重比较结果（LSD 法）　LSD0 0.05 = 7.6947　LSD0 0.01 = 11.6520

品种	品种均值	比对照（%）	0.05 显著性	0.01 显著性
2013	235.79300	2.77435	a	A
秦优 7 号（CK）	229.42790	0.00000	a	A

经济性状结果：

黄淮组生产试验经济性状和抗逆性

编号 参试号	试点单位	考种数据				生育期		菌核病		病毒病		抗倒性
		全株有 效角果	每角 粒数	千粒重 （g）	不育 株率 （%）	全生育 期（d）	比对照 （±d）	发病率 （%）	病情 指数	发病率 （%）	病情 指数	
SH101 秦优 7 号 （CK）	陕西宝鸡	198.6	19.4	3.30	0.0	255	—	15.90	9.44	0	0	直
	陕西富平	438.0	28.7	2.78	0.0	243	—	0.00	0.00	0	0	直
	河南唐河	244.2	25.5	3.51	1.0	227	—	8.90	5.80	0	0	直
	河南郑州	212.8	23.0	3.19	0.0	249	—	2.70	1.50	6	2.2	斜
	江苏淮阴	232.6	19.3	3.91	1.9	240	—	3.70	1.62	—	—	斜
	江苏盐城	497.2	24.1	3.15	0.0	252	—	38.30	20.20	—	—	斜
	平 均 值	303.90	23.33	3.31	0.48	244.3	—	11.58	6.43	1.50	0.55	

（续表）

编号 参试号	试点单位	考种数据				生育期		菌核病		病毒病		抗倒性
		全株有 效角果	每角 粒数	千粒重 （g）	不育 株率 （%）	全生育 期（d）	比对照 （±d）	发病率 （%）	病情 指数	发病率 （%）	病情 指数	
SH102 2013	陕西宝鸡	201.6	18.8	3.65	0.0	255	0	14.08	8.94	0	0	直
	陕西富平	415.0	27.1	4.02	0.0	244	1	0	0	0	0	直
	河南唐河	231.2	24.9	3.35	0.0	228	1	7.8	6.7	0	0	直
	河南郑州	265.0	23.9	3.49	0.0	249	0	3.6	2.3	5.2	2.5	直
	江苏淮阴	230.4	19.3	3.86	0.0	240	0	1.85	0.46	—	—	直
	江苏盐城	512.7	21.7	3.58	0.0	253	1	39.6	25.9			斜
	平 均 值	309.32	22.62	3.66	0.00	244.8	0.50	11.16	7.38	1.30	0.63	

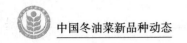

2012—2013 年度国家冬油菜品种试验 DNA 指纹检测报告

——毛细管电泳荧光检测法

中国农业科学院油料作物研究所

一、试验目的

受全国农业技术推广服务中心的委托，中国农业科学院油料作物研究所承担了 2012—2013 年度国家区试油菜品种的 DNA 指纹检测工作，以便为新品种审定和管理提供决策依据。品种 DNA 指纹检测的主要目的是：

（1）检测本年度区试品种的特异性，通过品种间相似系数判别品种特异性高低及是否存在与推广品种雷同或近似的材料。

（2）检测两年区试过程中续试品种一致性及是否存在亲本更换等问题。

二、材料与方法

（一）材料

试验材料为参加 2012—2013 年度长江上、中、下游区及黄淮区、早熟组及生产试验的国家区试冬油菜新品种合计 214 份（包含不同组别参选的重复品种以及对照品种），实则本年度参试材料中常规种 18 份，杂交种 141 份（表 7 - 1），其中，42 份为第二年续试品种（用 * 标注）。

表 7 - 1　2012—2013 年国家区试指纹检测参试品种清单

序号	名称	类型	育种单位	序号	名称	类型	育种单位
1	18C	常规双低	绵阳新宇种业有限公司	9	正油 319 *	双低杂交	四川正达农业科技有限公司
2	滁核 0602	双低杂交	滁州市农业科学研究所	10	杂 1249	双低杂交	成都市农林科学院作物所
3	宜油 24	双低杂交	宜宾市农业科学院	11	YG268	双低杂交	中国农业科学院油料研究所
4	南油 12 号（CK）	双低杂交	四川省南充市农科所	12	12 杂 683	双低杂交	重庆市农业科学院
5	D257 *	双低杂交	贵州油研种业有限公司	13	两优 589	双低杂交	江西省宜春市农业科学研究所
6	绵杂 07 - 55	双低杂交	四川国豪种业股份有限公司	14	黔杂 ZW11-5 *	双低杂交	贵州省油料研究所
7	黔杂 ZW1281	双低杂交	贵州省油料研究所	15	瑞油 58 - 2350	双低杂交	贵州省油料研究所
8	大地 19	常规双低	中国农业科学院油料作物研究所	16	渝油 27	双低杂交	西南大学

序号	名称	类型	育种单位	序号	名称	类型	育种单位
17	南油 12 号 (CK)	双低杂交	四川省南充市农科所	40	华 11 崇 32	双低杂交	华中农业大学
18	D57	常规双低	贵州禾睦福种子有限公司	41	蓉油 14	双低杂交	成都市农林科学院作物所
19	Njnky11-83/0603	双低杂交	内江市农科院重庆中一种业公司联合	42	12 杂 656	双低杂交	四川同路农业科技有限责任公司
20	98P37	双低杂交	武汉中油种业科技有限公司	43	杂 0982 *	双低杂交	成都市农林科学院
21	汉油 9 号	双低杂交	陕西汉中市农业科学研究所	44	SWU10V01	双低杂交	重庆利农一把手农业科技有限公司
22	H82J24	双低杂交	贵州省油菜研究所	45	南油 12 号 (CK)	双低杂交	四川省南充市农科所
23	双油 119	双低杂交	河南省农业科学院经济作物研究所	46	新油 418	双低杂交	四川新丰种业有限公司
24	08 杂 621	双低杂交	四川南充市农业科学院	47	SY09-6	双低杂交	陕西三原县种子管理站
25	双油 118	双低杂交	河南省农业科学院经济作物研究所	48	川杂 NH1219	双低杂交	四川农业科学院作物研究所
26	Zn1102 *	双低杂交	重庆市中一种业公司	49	152GP36	双低杂交	中国农业科学院油料作物研究所
27	圣光 128	双低杂交	华中农业大学	50	中油杂 2 号 (CK)	双低杂交	中国农业科学院油料作物研究所
28	YG126	双低杂交	武汉中油阳光时代种业科技有限公司	51	双油 116	双低杂交	河南省农业科学院经济作物研究所
29	DF1208	双低杂交	云南省农业科学经济作物研究所	52	同油杂 2 号 *	双低杂交	安徽同创种业有限公司
30	152G200	双低杂交	中国农业科学院油料作物研究所	53	华 12 崇 45	双低杂交	华中农业大学/重庆三峡农业科学院
31	川杂 09NH01	双低杂交	四川农业科学院作物研究所	54	F0803 *	双低杂交	湖南湘穗种业有限公司
32	南油 12 号 (CK)	双低杂交	四川省南充市农科所	55	德油杂 2000	双低杂交	湖北富悦农业集团有限公司
33	黔杂 2011 - 2	双低杂交	贵州省油料研究所	56	正油 319	双低杂交	四川正达农业科技有限责任公司
34	H29J24	双低杂交	贵州省油菜研究所	57	SWU09V16 *	双低杂交	西南大学
35	H2108	双低杂交	陕西荣华杂交油菜种子有限公司	58	F8569 *	双低杂交	湖北荆楚种业
36	SWU09V16 *	双低杂交	西南大学	59	赣油杂 50	双低杂交	江西省农业科学院作物研究所
37	天禾油 1201	双低杂交	安徽天禾农业科技有限股份公司	60	T5533	双低杂交	湖南春云种业有限公司
38	绵杂 06 - 322 *	双低杂交	四川省绵阳市农科所	61	宁杂 21 号	双低杂交	江苏省农业科学院经济作物研究所
39	双油杂 1 号	双低杂交	河南省农业科学院经济作物研究所	62	圣光 87 *	双低杂交	华中农业大学

（续表）

序号	名称	类型	育种单位	序号	名称	类型	育种单位
63	新油 842 *	双低杂交	四川新丰种业公司	86	ZY200	常规双低	中国农业科学院油料作物研究所
64	2013	双低杂交	陕西省杂交油菜研究中心	87	华齐油 3 号	双低杂交	安徽华韵生物科技有限公司
65	9M415 *	双低杂交	江西省农业科学院作物所	88	华 2010 - P64 -7	双低杂交	华中农业大学
66	国油杂 101 *	双低杂交	武汉国英种业有限公司	89	F1548	双低杂交	湖南省作物研究所
67	常杂油 3 号	双低杂交	常德市农业科学研究所	90	11611 *	常规双低	中国农业科学院油料作物研究所
68	华 11P69 东	双低杂交	华中农业大学	91	T2159 *	双低杂交	天下农种业公司
69	丰油 10 号 *	双低杂交	河南省农业科学院经作所	92	CE5 *	双低杂交	谷神科技有限公司
70	中油杂 2 号 （CK）	双低杂交	中国农业科学院油料研究所	93	11606	常规双低	中国农业科学院油料作物研究所
71	华 108	常规双低	华中农业大学	94	中油杂 2 号 （CK）	双低杂交	中国农业科学院油料研究所
72	中农油 11 号 *	双低杂交	湖北中农种业公司	95	徽杂油 9 号	双低杂交	安徽徽商同创高科种业有限公司
73	科乐油 1 号	双低杂交	四川科乐油菜研究开发有限公司	96	卓信 012	双低杂交	贵州卓信农业科学研究所
74	98P37	双低杂交	武汉中油种业科技有限公司	97	12X26	常规双低	武汉中油阳光时代种业科技有限公司
75	两优 669 *	双低杂交	江西省宜春市农科所	98	秦优 507	双低杂交	咸阳市农业科学研究院
76	中油杂 2 号 （CK）	双低杂交	中国农业科学院油料研究所	99	绿油 218	双低杂交	安徽绿雨种业股份有限公司
77	GS50 *	双低杂交	安徽国盛农业科技公司	100	徽豪油 12	双低杂交	安徽国豪农业科技有限公司
78	大地 89	双低杂交	中国农业科学院油料作物研究所	101	黔杂 J1208	双低杂交	贵州省油料研究所
79	德齐 12	双低杂交	安徽华韵生物科技有限公司	102	沪油 039 *	常规双低	上海市农业科学院作物栽培研究所
80	9M049 *	双低杂交	江西省农业科学院作物所	103	秦优 10 号 （CK）	双低杂交	咸阳市农业科学研究院
81	秦优 28	双低杂交	咸阳市农业科学研究院	104	9M050	双低杂交	江西省农业科学院作物研究所
82	油 982	双低杂交	湖南隆平高科亚华棉油种业公司	105	F1529	双低杂交	湖南省作物研究所
83	7810	双低杂交	四川华丰种业有限责任公司	106	中 11-ZY293 *	双低杂交	中国农业科学院油料作物研究所
84	H29J24 *	双低杂交	金色农华江西分公司	107	HQ355 *	双低杂交	江苏淮阴农科所
85	C1679 *	双低杂交	湖南省常德职业技术学院	108	F219	常规双低	合肥丰乐种业股份有限公司

（续表）

序号	名称	类型	育种单位	序号	名称	类型	育种单位
109	JH0901 *	双低杂交	荆州市晶华种业公司	132	18C	常规双低	绵阳新宇种业有限公司
110	YG128	双低杂交	武汉中油阳光时代种业科技有限公司	133	苏 ZJ-5	常规双低	江苏太湖地区农业科学研究所
111	2013	双低杂交	陕西省杂交油菜研究中心	134	106047	双低杂交	武汉中油阳光时代种业科技有限公司
112	陕西 19	双低杂交	西北农林科技大学农学院	135	亿油 8 号 *	双低杂交	安徽绿艺种业有限公司
113	6-22	双低杂交	湖北富悦农业集团有限公司	136	秦油 876 *	双低杂交	安徽未来种业有限公司
114	核杂 12 号 *	双低杂交	上海市农业科学院作物栽培研究所	137	向农 08	双低杂交	上海农科种子种苗有限公司
115	10HPB7	双低杂交	江苏省农业科学院经济作物研究所	138	浙杂 0902	双低杂交	浙江省农业科学院作核所
116	创优 9 号	常规双低	安徽盛创农业科技有限公司	139	福油 23	双低杂交	绵阳市地神农作物研究所
117	08 杂 621 *	双低杂交	四川省南充市农科所	140	D157	双低杂交	贵州禾睦福种子有限公司
118	秦优 10 号 CK	双低杂交	咸阳市农业科学研究院	141	徽豪油 28 *	双低杂交	安徽国豪农业科技有限公司
119	浙杂 0903 *	双低杂交	浙江省农业科学院作核所	142	核杂 14 号	双低杂交	上海市农业科学院作物所
120	瑞油 12	双低杂交	安徽国瑞种业有限公司	143	秦优 10 号 CK	双低杂交	咸阳市农业科学研究院
121	圣光 87	双低杂交	华中农业大学	144	凡 341	常规双低	浙江省农业科学院作核所
122	FC03 *	常规双低	安徽合肥丰乐种业有限公司	145	优 0737	双低杂交	里下河地区农科所/金土地种业公司
123	秦优 10 号 CK	双低杂交	咸阳市农业科学研究院	146	S0016	双低杂交	四川广汉市三星堆油菜研究所
124	中 11R1927	双低杂交	武汉中油种业科技有限公司	147	131（CK）	双低杂交	青海省农林科学院春油菜研究所
125	M417 *	常规双低	浙江省农业科学院作核所	148	旱油 1 号	常规双低	浙江省农业科学院作核所
126	华油杂 87 *	双低杂交	武汉大天源生物科技股份公司	149	07 杂 696	双低杂交	四川省南充市农业科学院
127	沪油 065	常规双低	上海市农业科学院	150	旱 619	双低杂交	江西省宜春市农业研究所
128	绵新油 38 *	双低杂交	四川省绵阳新宇种业公司	151	川杂 NH017	双低杂交	四川省农业科学院作物研究所
129	T1208	双低杂交	湖北亿农种业	152	C117	双低杂交	湖南省作物研究所
130	核优 218	双低杂交	安徽省农业科学院作物研究所	153	DH1206	双低杂交	云南省农业科学院经济作物研究所
131	98033 *	双低杂交	江苏省农业科学院经作所	154	E05019	双低杂交	云南省农业科学院经济作物研究所

（续表）

序号	名称	类型	育种单位	序号	名称	类型	育种单位
155	黔杂J1201	双低杂交	贵州省油料研究所	178	杂03-92	双低杂交	西北农林科技大学农学院
156	旱01J4	双低杂交	贵州省油菜研究所	179	双油118	双低杂交	河南省农业科学院经济作物研究所
157	554	双低杂交	青海省农林科学院春油菜研究所	180	盐油杂3号	双低杂交	江苏沿海地区农科所/盐城明天种业
158	YC1115	双低杂交	山西省农业科学院棉花所	181	BY03	双低杂交	宝鸡市农业科学研究所
159	HL1209	双低杂交	西北农林科技大学农学院	182	绵杂06-322	双低杂交	四川省绵阳市农科所
160	秦优2177	双低杂交	陕西省杂交油菜研究中心	183	黔杂ZW11-5	双低杂交	贵州省油料研究所
161	DX015	双低杂交	陕西鼎新农大科技发展有限公司	184	南油12	双低杂交	四川省南充市农科所
162	晋杂优1号*	双低杂交	山西省农业科学院棉花所	185	07杂696	双低杂交	四川省南充市农业科学院
163	秦优7号（CK）	双低杂交	陕西省杂交油菜中心	186	D257	双低杂交	贵州油研种业有限公司
164	秦优188	双低杂交	陕西三原县种子管理站	187	宜油21	双低杂交	宜宾市农业科学院
165	2013*	双低杂交	陕西省杂交油菜中心	188	SWU09V16	双低杂交	西南大学
166	ZY1014	双低杂交	西北农林科技大学农学院	189	正油319	双低杂交	四川正达农业科技有限公司
167	川杂NH2993	双低杂交	四川省农业科学院作物研究所	190	同油杂101	双低杂交	安徽同创种业有限公司
168	ZY1011*	双低杂交	西北农林科技大学	191	C1679	双低杂交	湖南省常德职业技术学院
169	绵新油38	双低杂交	绵阳新宇种业有限公司	192	H29J24	双低杂交	贵州省油菜研究所
170	陕油19*	双低杂交	西北农林科技大学农学院	193	CE5	双低杂交	谷神科技有限公司
171	H1609	双低杂交	陕西荣华农业科技有限公司	194	699	常规双低	大地希望公司
172	CH15	双低杂交	西北农林科技大学农学院	195	中油杂2号	双低杂交	中国农业科学院油料研究所
173	H1608	双低杂交	陕西荣华农业科技有限公司	196	德齐油518	双低杂交	安徽齐民济生种业有限公司
174	高科油1号	双低杂交	杨凌农业高科技发展股份有限公司	197	SWU09V16	双低杂交	西南大学
175	XN1201	双低杂交	杨凌金诺种业有限公司	198	圣光87	双低杂交	华中农业大学
176	双油116	双低杂交	河南省农业科学院经济作物研究所	199	中油杂2号	双低杂交	中国农业科学院油料研究所
177	秦优7号（CK）	双低杂交	陕西省杂交油菜中心	200	同油杂2号	双低杂交	安徽同创种业有限公司

（续表）

序号	名称	类型	育种单位	序号	名称	类型	育种单位
201	F0803	双低杂交	湖南湘穗种业有限公司	208	秦优 10 号	双低杂交	咸阳市农业科学研究院
202	卓信 058	双低杂交	贵州国豪农业有限公司	209	浙杂 0903	双低杂交	浙江省农业科学院作核所
203	M417	常规双低	浙江省农业科学院作核所	210	中 11-ZY293	双低杂交	中国农业科学院油料作物研究所
204	86155	双低杂交	中油种业	211	绵新油 38	双低杂交	四川省绵阳新宇种业公司
205	秦优 10 号	双低杂交	咸阳市农业科学研究院	212	FC03	常规双低	安徽合肥丰乐种业有限公司
206	沪油 039	常规双低	上海市农业科学院作物栽培研究所	213	秦优 7 号	双低杂交	陕西省杂交油菜中心
207	98033	双低杂交	江苏省农业科学院经作所	214	2013	双低杂交	陕西省杂交油菜研究中心

（二）DNA 提取

为排除田间自生苗和播种时种子人为混杂造成品种误检的可能，DNA 提取材料全部取自室内。每个品种随机选取 50～100 粒种子，在培养钵中生长至 5～6 片真叶时，混合采集生长健壮、整齐一致的 30 棵以上幼苗，用 SDS 法或 CTAB 法大量提取总 DNA。

（三）SSR 指纹分析

2012—2013 年度中国农业科学院油料所种质资源研究室继续采用毛细管电泳荧光检测法即利用 ABI 遗传分析仪 3730XL 系统来完成本年度冬油菜区试新品种指纹检测任务。在检测引物的选择上遵循多态性高低、识别度、染色体上的分布、位置及重复性高低等指标，选择了一套适合区试指纹检测的 40 对核心引物用于本年度的品种检测工作。

SSR 反应体系总体积为 20μl 体系：2μl DNA 模板；1μl Buffer；0.8μl Mg^{2+}；0.2μl dNTP；0.1U Tag 酶；5.15μl ddH$_2$O。SSR 反应程序：94℃（3min）1 个循环；94℃（30sec），60℃（30sec），72℃（45sec），10 个循环，每个循环退火温度降低 0.5℃；94℃（30sec），55℃（30sec），72℃（45sec），30 个循环；72℃（5min）1 个循环，4℃（30min），1 个循环。

（四）数据收集和统计分析

SSR 扩增产物以 0 和 1 统计建立 DNA 指纹数据库。在相同峰值上，有带记为 1，无带记为 0，以 ROX500 为内标对扩增产物进行分子量大小的比对和记载。为保证数据的准确、可靠性，数据的统计均由 2 人独立记录，然后校对、确认。

品种间的 DICE 遗传相似性系数用下面公式计算：

$$DICE = \frac{2a}{2a + b + c}$$

式中，a 为品种 i 和品种 j 共有带型数目，b 为品种 i 特有带型数目，c 为品种 j 特有带型数目。数据处理及分析在 NTSYS-pc2.1 和 SPSS 软件以及 Excel 2003 中进行。

三、检测结果

（一）参试材料特异性指纹检测结果

品种 DNA 指纹特异性：依据最新《油菜品种区域试验技术规程》，所有参试品种以 40 对基本核心引物检测，产生的 DNA 指纹谱带数据用于计算遗传相似系数，与其他品种遗传相似系数 <93% 的

品种通过特异性鉴定。遗传相似系数 >93% 的品种需提供与相似品种农艺性状差异的证明材料。

中国农业科学院油料作物研究所：以 40 对基本核心引物得到 141 个多态性标记，通过计算品种间的遗传相似性系数，并进行聚类分析和特异性等级划分。相似系数小于 90% 的即特异性高的品种 141 份（不含对照品种及重复品种保留一份），占测试品种的 88.6%，相似系数在 90% ~93% 的即特异性较高的品种 14 份，相似系数大于 93% 即特异性低的品种 4 份。（表 7-2，图 7-1）

表 7-2　2012—2013 年度参试油菜品种的特异性等级划分

遗传相似系数标准	特异性	品种清单
<90%	高	18C、大地 19、D57、华 108、ZY200、11611 *、11606、12X26、沪油 039 *、F219、创优 9 号、FC03 *、M417 *、苏 ZJ-5、凡 341、旱油 1 号、699、M417、沪油 065、卓信 058、卓信 012、中油杂 2 号（CK）、中 11-ZY293、中 11R1927、正油 319、浙杂 0903、浙杂 0902、旱 619、旱 01J4、杂 1249、杂 0982、杂 03-92、渝油 27、油 982、优 0737、亿油 8 号、宜油 24、宜油 21、盐油杂 3 号、新油 842、向农 08、同油杂 2 号、同油杂 101、天禾油 1201、双油杂 1 号、双油 118、双油 116、圣光 87、圣光 128、陕油 19、瑞油 58-2350、瑞油 12、蓉油 14、秦优 7 号（CK）、秦优 507、秦优 28、秦优 2177、秦优 10 号（CK）、黔杂 ZW1281、黔杂 ZW11-5、黔杂 J1208、黔杂 J1201、宁杂 21 号、南油 12 号（ck）、绵杂 07-55、绵新油 38、绿油 218、两优 669、两优 589、科乐油 1 号、晋杂优 1 号、徽杂油 9 号、徽豪油 28、徽豪油 12、华齐油 3 号、华 2010-P64-7、华 12崇 45、华 11 崇 32、华 11P69 东、核杂 14 号、核杂 12 号、核优 218、汉油 9 号、国油杂 101、高科油 1 号、赣油杂 50、丰油 10 号、德油杂 2000、德齐油 518、德齐 12、大地 89、川杂 NH1219、川杂 NH017、滁核 0602、常杂油 3 号、ZY1014、ZY1011、Zn1102、YG268、YG128、YG126、XN1201、T5533、T2159 *、T1208、SY09-6、SWU10V01、SWU09V16、S0016、Njnky11-83/0603、HQ355、HL1209、H82J24、H29J24、H2108、H1609、H1608、GS50、F8569、F1548、F1529、F0803、E05019、DX015、DH1206、DF1208、D257、D157、CH15、C1679、C117、BY03、9M415、9M050、9M049、98P37、131（CK）、12 杂 683、12 杂 656、10HPB7、106047、98033、86155、6-22、7810、2013、554、
90% ~93%	较高	双油 119_ 92.5%_ 黔杂 2011-2、07 杂 696_ 92.4%_ 08 杂 621、152G200_ 92.2%_ 152GP36、新油 418_ 91.7%_ 秦油 876 *、YC1115_ 91.3%_ 绵杂 06-322 *、CE5 *_ 90.3%_ 中农油 11 号 *、JH0901 *_ 90.2%_ 华油杂 87 *
>93%	低	川杂 NH2993/川杂 09NH01（94.8%）　　秦优 188/福油 23（93%）

（二）续试品种的年度间一致性检测结果

相同品种年度间一致性：依据最新《油菜品种区域试验技术规程》，所有续试品种以 20 对基本核心引物检测，利用获得的待测品种在 20 个引物位点的 DNA 指纹谱带数据计算遗传相似系数，相同品种参试材料年度间遗传相似系数应 >90%。

续试品种的年度间一致性检测由中国农业科学院油料作物研究所负责完成。2012—2013 年度共有 42 份续试品种，通过比较同一个品种两年间种子样品的 DNA 指纹差异，可以判断品种是否发生了更换和其稳定性。对 42 份参试样品共检测 20 对 SSR 引物。为了减少检测误差，同一个品种两个年份的 DNA 样品的 PCR 产物点样在相邻的泳道上，以便于比对判读。利用获得的 DNA 分子指纹数据计算了品种间的遗传相似系数，并对品种年度间的遗传相似性程度进行划分。遗传相似性越高，说明品种的真实可靠，没有更换。反之，遗传相似性低的，一定程度表明其稳定性较差，存在具有替换品种的可能性。2012—2013 年度间一致性好（95% ~100%）的品种共 34 份，占所有续试品种的 80.95%，一致性程度较好（90% ~95%）的品种共 8 份，占所有续试品种的 19.04%，一致性程度低的（<90%）品种无。（表 7-3，图 7-2）

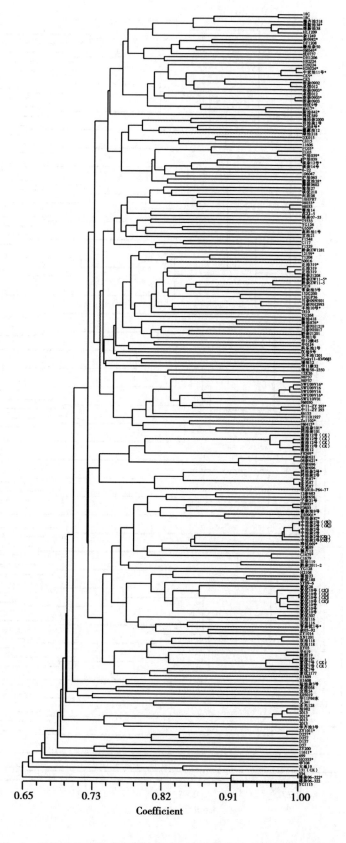

图 7 – 1   2012—2013 年度国家冬油菜区试参试材料指纹检测聚类图

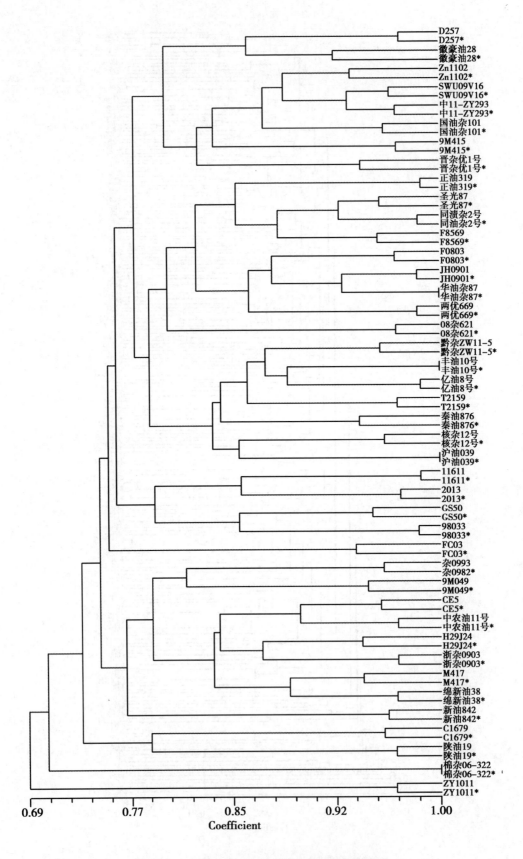

图 7 - 2　42 份 2012—2013 年度间续试材料聚类图

表 7 – 3　续试油菜品种的一致性等级划分（中油所）

名称	2011—2012 编号	2012—2013 编号	相似系数（％）	区间	一致性
绵杂 06-322	11-33	12_ 38	100.00		
丰油 10 号	11-88	12_ 69	100.00		
沪油 039	11-134	12_ 102	100.00		
华油杂 87	11-108	12_ 126	100.00		
正油 319	11-20	12_ 9	98.70		
11611	11-77	12_ 90	98.60		
亿油 8 号	11-131	12_ 135	98.60		
同油杂 2 号	11-80	12_ 52	98.50		
98033	11-94	12_ 131	98.50		
两优 669	11-87	12_ 75	98.40		
JH0901	11-172	12_ 109	98.40		
D257	11-3	12_ 5	97.10		
2013	11-157	12_ 165	97.10		
T2159	11-46	12_ 91	97.00		
9M415	11-64	12_ 65	97.00		
中农油 11 号	11-71	12_ 72	97.00		
浙杂 0903	11-112	12_ 119	97.00	95%～100%	好
08 杂 621	11-92	12_ 117	96.90		
中 11-ZY293	11-101	12_ 106	96.90		
绵新油 38	11-113	12_ 128	96.90		
F0803	11-48	12_ 54	96.80		
陕油 19	11-142	12_ 170	96.80		
SWU09V16	11-34	12_ 36	96.40		
新油 842	11-91	12_ 63	96.20		
国油杂 101	11-69	12_ 66	96.00		
核杂 12 号	11-117	12_ 114	96.00		
杂 0982	11-8	12_ 43	95.90		
C1679	11-79	12_ 85	95.90		
黔杂 ZW11-5	11-32	12_ 14	95.70		
圣光 87	11-51	12_ 62	95.70		
CE5	11-55	12_ 92	95.70		
F8569	11-56	12_ 58	95.50		
GS50	11-90	12_ 77	95.10		
ZY1011	11-137	12_ 168	95.10		

(续表)

名称	2011—2012 编号	2012—2013 编号	相似系数（%）	区间	一致性
9M049	11-72	12_ 80	94.70		
H29J24	11-58	12_ 84	94.30		
M417	11-107	12_ 125	94.30		
晋杂优 1 号	11-155	12_ 162	94.30	90% ~95%	较好
秦油 876	11-124	12_ 136	94.10		
FC03	11-110	12_ 122	93.90		
Zn1102	11-15	12_ 26	93.50		
徽豪油 28	11-123	12_ 141	92.30		

四、结论

通过本检测，可以得出如下主要结果。

（1）2012—2013 年度参试品种特异性：

中国农业科学院油料作物研究所：相似系数小于 90% 的即特异性高的品种 141 份（不含对照品种及重复品种保留一份），占测试品种的 88.6%，相似系数在 90% ~93% 的即特异性较高的品种 14 份，特异性低即相似系数大于 93% 的品种 4 份。

（2）2012—2013 年度间续试品种一致性：

中国农业科学院油料作物研究所：2012—2013 年度间一致性好及较好即相似系数在 90% ~100% 之间的品种共 42 份，占所有续试品种的 100%，一致性程度低即相似系数 <90% 的品种无。

2012—2013 年度国家冬油菜品种试验 DNA 指纹检测报告

华中农业大学

一、实验目的

利用 SSR 技术检测 2012—2013 年度国家冬油菜区域试验 186 份参试品种 DNA 指纹的特异性；探索利用新型的 SNP 技术分析油菜品种 DNA 指纹的可行性。

二、实验材料和方法

1. 实验材料

2012—2013 年度供检测材料有 186 份，实验号、样品号和品种名称见表 8 - 1。样品号为区域试验主持单位中国农业科学院油料作物研究所 2012 年 9 月分发种子时提供，2013 年 6 月下旬提供材料名称和参试区域。

346 份材料（2012—2013 年度 183 份、2011—2012 年度 163 份）用于 SNP 分析，其中 43 份为 2012 年续试品种（用 * 标注）。2011—2012 年度参试品种列于表 8 - 2。

2. 实验方法

2.1 DNA 提取

每份材料随机取 50 粒种子，均匀地放入装有滤纸的培养皿，发芽，每天浇水两次，培养 7 天，幼苗长约 10cm，采用混合取样方法，采集幼苗于离心管中，用 CTAB 小量法提取 DNA。

2.2 SSR 分析方法

SSR 引物共 49 对，其中 20 对引物为与中国农业科学院油料作物研究所共用引物。引物名称、染色体位置和多态性扩增带列于表 8 - 3。

采用与 2010—2011 年度相同的方法进行 PCR 反应及扩增产物检测、数据分析方法等，详见《中国冬油菜新品种动态——2010—2011 年度国家冬油菜品种区域试验汇总报告》（全国农业推广服务中心编，中国农业科学技术出版社，2012 年 6 月，P333 ~ 336）。

2.3 SNP 分析方法

利用华中农业大学对 500 余份甘蓝型油菜品系（自交系或者 DH 系）SNP 芯片分析结果，按照下面条件挑选了 112 个单位点 SNP 标记：尽量均匀地分布在油菜整个基因组，具有较高的多态性，等位基因的频率比较平衡，最少等位基因的频率在 15% 以上，准确性高、重复率达到 98% 以上。

依据 SNP 信息选择了 29 个 SNP 标记设计引物，在 Sequenom Mass-ARRAY 质谱检测平台上进行分析。SNP 分析的流程包括：①设计引物（包括 PCR 扩增引物和单碱基延伸引物）；②多重反应的设计；③ PCR 扩增、SAP 处理、单碱基延伸；④点样制备检测用芯片阵列；⑤ MALDI-TOF 质谱检测；⑥数据分析、给出分型报告。

将 SNP 的数据转换成 0 和 1 数据，统计建立 DNA 指纹数据库。具体原理是相对的等位基因分别记为 1 和 0，这个对应原则一旦确定之后，所有品系包括不同来源或不同年份的都依照这一原则进行转化，数据准确、可重复。

表 8-1　国家冬油菜区域试验 2012—2013 年度参试品种

实验号	参试组	样品号	材料名称	实验号	参试组	样品号	材料名称	实验号	参试组	样品号	材料名称
1	上游	SQ101	18C	63	中游	ZQ203	新油842*	125	下游	XQ304	M417*
2	上游	SQ102	滁核0602	64	中游	ZQ204	2013	126	下游	XQ305	华油杂87*
3	上游	SQ103	宜油24	65	中游	ZQ205	9M415*	127	下游	XQ306	沪油065
4	上游	SQ104	南油12号（CK）	66	中游	ZQ206	国油杂101*	128	下游	XQ307	绵新油38*
5	上游	SQ105	D257*	67	中游	ZQ207	常杂油3号	129	下游	XQ308	T1208
6	上游	SQ106	绵杂07-55	68	中游	ZQ208	华11P69东	130	下游	XQ309	核优218
7	上游	SQ107	黔杂ZW281	69	中游	ZQ209	丰油10号*	131	下游	XQ310	98033*
8	上游	SQ108	大地19	70	中游	ZQ210	中油杂2号（CK）	132	下游	XQ311	18C
9	上游	SQ109	正油319*	71	中游	ZQ211	华108	133	下游	XQ312	苏ZJ-5
10	上游	SQ110	杂1249	72	中游	ZQ212	中农油11号*	134	下游	XQ401	106047
11	上游	SQ111	YG268	73	中游	ZQ301	科乐油1号	135	下游	XQ402	亿油8号*
12	上游	SQ112	12杂683	74	中游	ZQ302	98P37	136	下游	XQ403	秦油876*
13	上游	SQ201	两优589	75	中游	ZQ303	两优669*	137	下游	XQ404	向农08
14	上游	SQ202	黔杂ZW1-5*	76	中游	ZQ304	中油杂2号（CK）	138	下游	XQ405	浙杂0902
15	上游	SQ203	瑞油58-2350	77	中游	ZQ305	GS50*	139	下游	XQ406	福油23
16	上游	SQ204	渝油27	78	中游	ZQ306	大地89	140	下游	XQ407	D157
17	上游	SQ205	南油12号（CK）	79	中游	ZQ307	德齐12	141	下游	XQ408	徽豪油28*
18	上游	SQ206	D57	80	中游	ZQ308	9M049*	142	下游	XQ409	核杂14号
19	上游	SQ207	Njnky11-83/0603	81	中游	ZQ309	秦优28	143	下游	XQ410	秦优10号（CK）
20	上游	SQ208	98P37	82	中游	ZQ310	油982	144	下游	XQ411	凡341
21	上游	SQ209	汉油9号	83	中游	ZQ311	7810	145	下游	XQ412	优0737
22	上游	SQ210	H82J24	84	中游	ZQ312	H29J24*	146	黄淮	HQ101	YC1115
23	上游	SQ211	双油119	85	中游	ZQ401	C1679*	147	黄淮	HQ102	HL1209
24	上游	SQ212	08杂621	86	中游	ZQ402	ZY200	148	黄淮	HQ103	秦优2177
25	上游	SQ301	双油118	87	中游	ZQ403	华齐油3号	149	黄淮	HQ104	DX015
26	上游	SQ302	Zn1102*	88	中游	ZQ404	华2010-P64-7	150	黄淮	HQ105	晋杂优1号*
27	上游	SQ303	圣光128	89	中游	ZQ405	F1548	151	黄淮	HQ106	秦优7号（CK）
28	上游	SQ304	YG126	90	中游	ZQ406	11611*	152	黄淮	HQ107	秦优188
29	上游	SQ305	DF1208	91	中游	ZQ407	T2159*	153	黄淮	HQ108	2013*
30	上游	SQ306	152G200	92	中游	ZQ408	CE5*	154	黄淮	HQ109	ZY1014
31	上游	SQ307	川杂09NH01	93	中游	ZQ409	11606	155	黄淮	HQ110	川杂NH2993
32	上游	SQ308	南油12号（CK）	94	中游	ZQ410	中油杂2号（CK）	156	黄淮	HQ111	ZY1011*
33	上游	SQ309	黔杂2011-2	95	中游	ZQ411	徽杂油9号	157	黄淮	HQ112	绵新油38
34	上游	SQ310	H29J24	96	中游	ZQ412	卓信012	158	黄淮	HQ201	陕油19*
35	上游	SQ311	H2108	97	中游	ZQ413	12X26	159	黄淮	HQ202	H1609
36	上游	SQ312	SWU09V16*	98	下游	XQ101	秦优507	160	黄淮	HQ203	CH15
37	上游	SQ401	天禾油1201	99	下游	XQ102	绿油218	161	黄淮	HQ204	H1608
38	上游	SQ402	绵杂06-322*	100	下游	XQ103	徽豪油12	162	黄淮	HQ205	高科油1号
39	上游	SQ403	双油杂1号	101	下游	XQ104	黔杂J1208	163	黄淮	HQ206	XN1201
40	上游	SQ404	华11崇32	102	下游	XQ105	沪油039*	164	黄淮	HQ207	双油116
41	上游	SQ405	蓉油14	103	下游	XQ106	秦优10号（CK）	165	黄淮	HQ208	秦优7号（CK）
42	上游	SQ406	12杂656	104	下游	XQ107	9M050	166	黄淮	HQ209	杂03-92
43	上游	SQ407	杂0982*	105	下游	XQ108	F1529	167	黄淮	HQ210	双油118
44	上游	SQ408	SWU10V01	106	下游	XQ109	中11-ZY293*	168	黄淮	HQ211	盐油杂3号
45	上游	SQ409	南油12号（CK）	107	下游	XQ110	HQ355*	169	黄淮	HQ212	BY03
46	上游	SQ410	新油418	108	下游	XQ111	F219	170	早熟	JQ101	S0016
47	上游	SQ411	SY09-6	109	下游	XQ112	JH0901*	171	早熟	JQ102	131（CK）
48	上游	SQ412	川杂NH219	110	下游	XQ201	YG128	172	早熟	JQ103	早油1号
49	中游	ZQ101	152GP36	111	下游	XQ202	2013	173	早熟	JQ104	07杂696
50	中游	ZQ102	中油杂2号（CK）	112	下游	XQ203	陕西19	174	早熟	JQ105	早619
51	中游	ZQ103	双油116	113	下游	XQ204	6-22	175	早熟	JQ106	川杂NH017
52	中游	ZQ104	同油杂2号*	114	下游	XQ205	核杂12号*	176	早熟	JQ107	C117
53	中游	ZQ105	华12崇45	115	下游	XQ206	10HPB7	177	早熟	JQ108	DH1206
54	中游	ZQ106	F0803*	116	下游	XQ207	创优9号	178	早熟	JQ109	E05019
55	中游	ZQ107	德油杂2000	117	下游	XQ208	08杂621*	179	早熟	JQ110	黔杂J1201
56	中游	ZQ108	正油319	118	下游	XQ209	秦优10号（CK）	180	早熟	JQ111	早01J4
57	中游	ZQ109	SWU09V16*	119	下游	XQ210	浙杂0903*	181	早熟	JQ112	554
58	中游	ZQ110	F8569*	120	下游	XQ211	瑞油12	182	上游	SS101	绵杂06-322
59	中游	ZQ111	赣油杂50	121	下游	XQ212	圣光87	183	上游	SS106	宜油21
60	中游	ZQ112	T5533	122	下游	XQ301	FC03*	184	中游	SZ105	699
61	中游	ZQ201	宁杂21号	123	下游	XQ302	秦优10号（CK）	185	中游	SZ201	德齐油518
62	中游	ZQ202	圣光87*	124	下游	XQ303	中11R1927	186	下游	SX104	秦优10号

注：SNP 分析不包括实验号为 13、142、163 的 3 个样品

表 8-2　国家冬油菜区域试验 2011—2012 年度参试品种

实验号	参试组	样品号	材料名称	实验号	参试组	样品号	材料名称	实验号	参试组	样品号	材料名称
1	早熟	qg101	233	59	下游	qx303	NJ1003	117	中游	qz405	广源18
2	早熟	qg102	大地95	60	下游	qx304	86155	118	中游	qz406	YG116
3	早熟	qg103	FD1102	61	下游	qx305	核杂12号	119	中游	qz407	F9631
4	早熟	qg104	早0904	62	下游	qx306	陕油18	120	中游	qz408	两优669
5	早熟	qg105	川早NH1105	63	下游	qx307	洋油827	121	中游	qz409	丰油10号
6	早熟	qg106	D1009	64	下游	qx308	7417	122	中游	qz411	2010P74-14
7	早熟	qg107	10棚63育19	65	下游	qx309	滁0433	123	中游	qz412	GS50
8	早熟	qg108	黔杂J102	66	下游	qx310	楚0708	124	中游	qz413	新油842
9	早熟	qg109	Q0115	67	下游	qx312	徽豪油28	125	上游	qs101	699
10	早熟	qg110	FD1105	68	下游	qx313	秦油876	126	上游	qs102	037-18
11	早熟	qg111	SWU1112	69	下游	qx401	华浙油10号	127	上游	qs103	D257
12	早熟	QG112	131	70	下游	qx402	CYZ0910	128	上游	QS104	南油12
13	黄淮	qh101	富油杂148	71	下游	qx403	国盛油6号	129	上游	QS105	JH0901
14	黄淮	qh104	CH98	72	下游	qx405	苏YJ-3	130	上游	qs106	98P40
15	黄淮	qh105	ZY1011	73	下游	qx406	H1730	131	上游	qs107	11DH05
16	黄淮	qh106	07H195	74	下游	qx408	核杂102	132	上游	QS108	油研10号
17	黄淮	qh107	郑大9656	75	下游	qx410	亿油8号	133	上游	qs109	杂0982
18	黄淮	qh108	T16	76	下游	qx411	秦优13	134	上游	QS110	G142
19	黄淮	qh109	V08-8	77	下游	qx412	FRC02	135	上游	QS111	YG106
20	黄淮	qh110	陕油19	78	下游	qx413	沪油039	136	上游	qs112	MY177
21	黄淮	qh111	秦荣5号	79	中游	qz101	T2159	137	上游	qs113	赣两优3号
22	黄淮	qh112	HZ03	80	中游	qz103	P075	138	上游	QS201	1033019
23	黄淮	qh113	杂双7号	81	中游	qz104	F0803	139	上游	qs203	07杂696
24	黄淮	qh201	CH1012	82	中游	qz106	D0118	140	上游	qs204	Zn1102
25	黄淮	qh202	杂优105	83	中游	qz108	油07-4	141	上游	QS205	K706
26	黄淮	qh203	杂75	84	中游	qz109	圣光87	142	上游	qs206	9M050
27	黄淮	qh204	09-46	85	中游	qz110	DT28	143	上游	qs207	丰油9号
28	黄淮	qh205	秦优168	86	中游	qz111	大地11	144	上游	QS208	汉油杂06-8
29	黄淮	qh206	ZY1007	87	中游	qz112	丰油杂8号	145	上游	qs209	正油319
30	黄淮	qh207	双油092	88	中游	qz113	CE5	146	上游	qs211	宁杂21号
31	黄淮	qh208	H102	89	中游	qz201	F8569	147	上游	qs212	汉油杂9816
32	黄淮	qh210	HZ01	90	中游	qz202	中创油11	148	上游	QS213	K801
33	黄淮	qh211	晋杂优1号	91	中游	qz203	H29J24	149	上游	qs301	新宇油8号
34	黄淮	qh212	富油6号	92	中游	qz204	J520	150	上游	qs302	远杂459
35	黄淮	qh213	杂优2013	93	中游	qz205	南油12	151	上游	qs303	鄂油2001
36	下游	qx101	08杂621	94	中游	qz206	秦荣4号	152	上游	qs304	ZY1012
37	下游	qx102	C935	95	中游	qz207	国豪油5号	153	上游	qs306	川杂NH245
38	下游	qx103	98033	96	中游	qz210	天油杂3号	154	上游	qs307	禾盛油555
39	下游	qx104	SY06-20	97	中游	qz211	9M415	155	上游	qs308	11606
40	下游	qx105	秦油7号	98	中游	qz212	09-15	156	上游	QS309	宜油21
41	下游	qx106	中11-P073	99	中游	qz213	G101	157	上游	qs310	黔杂ZW11-5
42	下游	qx107	核优517	100	中游	qz301	中油杂2号	158	上游	qs311	绵杂06-322
43	下游	qx108	向农07	101	中游	qz302	德齐油518	159	上游	qs313	SWU09V16
44	下游	qx109	新油23	102	中游	qz303	国油杂101	160	上游	QS402	杂20783
45	下游	qx110	中11-ZY293	103	中游	qz304	2011J×P11-2	161	上游	qs403	富油杂108
46	下游	qx111	秦油10号	104	中游	qz305	中农油11	162	上游	qs404	华861
47	下游	qx112	优7310	105	中游	qz306	9M049	163	上游	qs405	黔杂2011-1
48	下游	qx113	06杂-9	106	中游	qz307	H108	164	上游	qs406	先油286
49	下游	qx201	10HY1	107	中游	qz308	中11-P036	165	上游	qs408	新油231
50	下游	qx203	NJ0801	108	中游	qz309	NJ0801	166	上游	QS409	德齐油09-1
51	下游	qx206	M417	109	中游	qz310	圣光108	167	上游	qs410	YG118
52	下游	qx207	华油杂87	110	中游	qz311	11611	168	上游	qs411	H21J24
53	下游	qx209	卓信058	111	中游	qz312	G212A×H03	169	上游	qs412	天禾油1101
54	下游	qx210	FC03	112	中游	qz313	C1679	170	上游	qs413	创杂油5号
55	下游	qx211	双油杂1号	113	中游	qz401	同油杂2号	171	上游	sz102	华航901
56	下游	qx212	浙杂0903	114	中游	qz402	创杂油5号	172	上游	sz103	丰油9号
57	下游	qx213	绵新油38	115	中游	qz403	106047				
58	下游	qx301	秦齐油9号	116	中游	qz404	华农油C299				

注：SNP 分析不包括实验号为 32、74、75、78、113、120、163、167、170 的 8 个样品

表 8-3　SSR 引物名称、染色体位置及其两年度的多态型扩增标记数目

名称	连锁群	多态型带数		名称	连锁群	多态型带数	
		2012—2013	2011—2012			2012—2013	2011—2012
BrGMS311 *	N9	2	2	BRAS067	N1/N9	2	2
BrGMS085	N10	2	2	BRAS069	N13	1	1
BRAS084	N1/N11	2	2	CB10006	N6	1	1
BoGMS738 *	N12	2	2	CB10036	N3/N13	2	2
BoGMS486	N12	2	2	CB10045	N4/N18	2	2
BnGMS509 *	N18	2	2	CB10278	N7	1 **	2
BRMS-042	N3	2	2	CB10288	N14	1	1
BnGMS003 *	N18	1 **	2	CB10358	N13	2	2
BnEMS0158 *	N15	2	2	CB10373	N18	1	1
CB10258	N11	2	2	CB10526	N16	1	1
CB10330 *	N6	1	1	CB10534	N17	2	2
CB10427 *	N13	2	2	CB10587	N11	6	6
Na10-C06	N16	1	1	MR156	N10	2	2
BoGMS545 *	N17	1	1	BoGMS584	N9	2	2
BoGMS1493 *	N16	1	1	BnGMS633 *	N11	1	1
CB10369	N1/N11	2	2	BnGMS490 *	N14	2	2
BoGMS17 *	N4	2	2	BnGMS452 *	N8	2	2
CB10597	N1/N11	2	2	CB10524 *	N10	2	2
CN59	N6/N17	2 **	3	BoGMS929 *	N6	3	3
Na10-D09	N9	2	2	BrGMS410 *	N7	3	3
Ol13-G05	N12	2	2	011B05 *	N3	2	2
Ol12-F11	N1/N11	2	2	CB10172 *	N2	1	1
Ol12-F02	N15	2	2	Na10D07 *	N10	3 **	2
BRAS050	N19	1	1	BrGMS110 *	N1	2 **	1
BRAS063	N5	1	1	合计/平均		90/1.84	91/1.86

注:"＊"表示与中国农业科学院油料作物研究所共有引物;"＊＊"表示引物 2012—2013 年度扩增的多态型标记数目与 2011—2012 年度的不一致

三、实验结果与分析

(一)SSR 技术分析 2012—2013 年度参试品种 DNA 指纹的特异性

49 对引物在 186 份材料间得到 90 条、平均每对引物扩增出 1.84 条有差异的扩增带(多态型带)。186 份材料的遗传相似性系数变幅为 0.40~0.91,平均值为 0.63。样品 4(南油 12 号)和样品 17(南油 12 号)的遗传相似性系数最高,为 0.93,其余品种间的遗传相似性系数均小于 0.93,说明本年度参试品种具有特异性。

本年度所用的 SSR 引物与 2011—2012 年度的完全相同。绝大多数引物扩增稳定、得到相同数目的多态型带,但是,少数引物扩增出的多态型带数不一致,如引物 BnGMS003、CN59 和 CB10036 在

2012—2013 年度各少了 1 条、而引物 Na10D07 和 BrGMS110 各多了 1 条（表 8 - 3）。

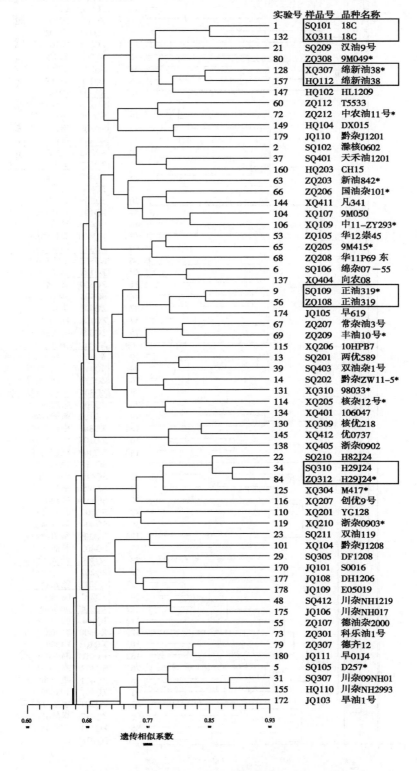

图 8 - 1　2012—2013 年度 186 份参试品种的聚类图（SSR 检测技术）（待续）

注：方框表示相同品种的重复样品

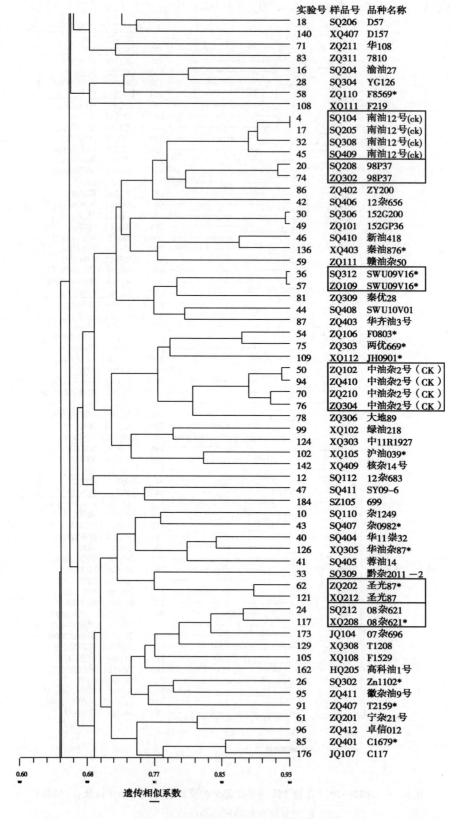

实验号	样品号	品种名称
18	SQ206	D57
140	XQ407	D157
71	ZQ211	华108
83	ZQ311	7810
16	SQ204	渝油27
28	SQ304	YG126
58	ZQ110	F8569*
108	XQ111	F219
4	SQ104	南油12号(ck)
17	SQ205	南油12号(ck)
32	SQ308	南油12号(ck)
45	SQ409	南油12号(ck)
20	SQ208	98P37
74	ZQ302	98P37
86	ZQ402	ZY200
42	SQ406	12杂656
30	SQ306	152G200
49	ZQ101	152GP36
46	SQ410	新油418
136	XQ403	秦油876*
59	ZQ111	赣油杂50
36	SQ312	SWU09V16*
57	ZQ109	SWU09V16*
81	ZQ309	秦优28
44	SQ408	SWU10V01
87	ZQ403	华齐油3号
54	ZQ106	F0803*
75	ZQ303	两优669*
109	XQ112	JH0901*
50	ZQ102	中油杂2号（CK）
94	ZQ410	中油杂2号（CK）
70	ZQ210	中油杂2号（CK）
76	ZQ304	中油杂2号（CK）
78	ZQ306	大地89
99	XQ102	绿油218
124	XQ303	中11R1927
102	XQ105	沪油039*
142	XQ409	核杂14号
12	SQ112	12杂683
47	SQ411	SY09-6
184	SZ105	699
10	SQ110	杂1249
43	SQ407	杂0982*
40	SQ404	华11崇32
126	XQ305	华油杂87*
41	SQ405	蓉油14
33	SQ309	黔杂2011—2
62	ZQ202	圣光87*
121	XQ212	圣光87
24	SQ212	08杂621
117	XQ208	08杂621*
173	JQ104	07杂696
129	XQ308	T1208
105	XQ108	F1529
162	HQ205	高科油1号
26	SQ302	Zn1102*
95	ZQ411	徽杂油9号
91	ZQ407	T2159*
61	ZQ201	宁杂21号
96	ZQ412	卓信012
85	ZQ401	C1679*
176	JQ107	C117

0.60　　0.68　　0.77　　0.85　　0.93

遗传相似系数

图 8 - 1 续　2012—2013 年度 186 份参试品种的聚类图（SSR 检测技术）（待续）

注：方框表示相同品种的重复样品

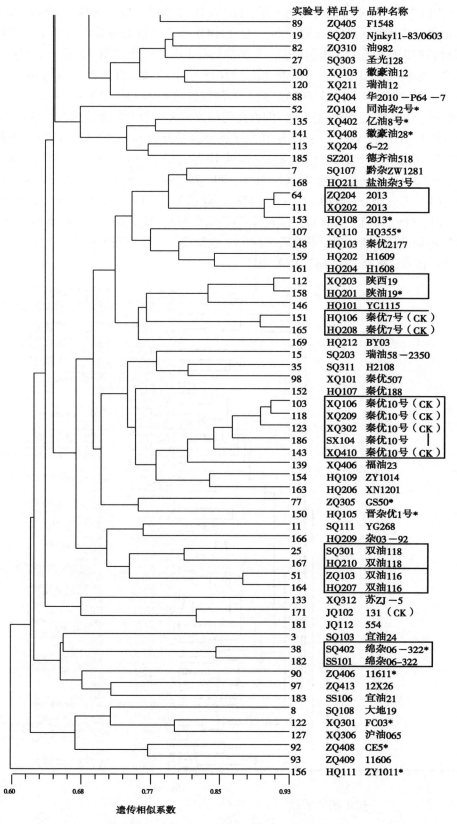

实验号	样品号	品种名称
89	ZQ405	F1548
19	SQ207	Njnky11-83/0603
82	ZQ310	油982
27	SQ303	圣光128
100	XQ103	徽豪油12
120	XQ211	瑞油12
88	ZQ404	华2010-P64-7
52	ZQ104	同油杂2号*
135	XQ402	亿油8号*
141	XQ408	徽豪油28*
113	XQ204	6-22
185	SZ201	德齐油518
7	SQ107	黔杂ZW1281
168	HQ211	盐油杂3号
64	ZQ204	2013
111	XQ202	2013
153	HQ108	2013*
107	XQ110	HQ355*
148	HQ103	秦优2177
159	HQ202	H1609
161	HQ204	H1608
112	XQ203	陕西19
158	HQ201	陕油19*
146	HQ101	YC1115
151	HQ106	秦优7号（CK）
165	HQ208	秦优7号（CK）
169	HQ212	BY03
15	SQ203	瑞油58-2350
35	SQ311	H2108
98	XQ101	秦优507
152	HQ107	秦优188
103	XQ106	秦优10号（CK）
118	XQ209	秦优10号（CK）
123	XQ302	秦优10号（CK）
186	SX104	秦优10号
143	XQ410	秦优10号（CK）
139	XQ406	福油23
154	HQ109	ZY1014
163	HQ206	XN1201
77	ZQ305	GS50*
150	HQ105	晋杂优1号*
11	SQ111	YG268
166	HQ209	杂03-92
25	SQ301	双油118
167	HQ210	双油118
51	ZQ103	双油116
164	HQ207	双油116
133	XQ312	苏ZJ-5
171	JQ102	131（CK）
181	JQ112	554
3	SQ103	宜油24
38	SQ402	绵杂06-322*
182	SS101	绵杂06-322
90	ZQ406	11611*
97	ZQ413	12X26
183	SS106	宜油21
8	SQ108	大地19
122	XQ301	FC03*
127	XQ306	沪油065
92	ZQ408	CE5*
93	ZQ409	11606
156	HQ111	ZY1011*

0.60   0.68   0.77   0.85   0.93

遗传相似系数

图 8-1 续　2012—2013 年度 186 份参试品种的聚类图（SSR 检测技术）

注：方框表示相同品种的重复样品

图 8-1 为以 NTSYS-pc2.1 软件绘制基于 UPGMA 法的 2012—2013 年度国家油区域试验 186 份品种的聚类图。以遗传相似系数 0.64 为节点，186 份国家油菜区试品种分为 A-E 五大类群。A 类群最大，占全部材料的 92%，包括 171 份材料。B 类群只有 3 份材料（苏 ZJ-5，131，554），C 类群 6 份材料（宜油 24，绵杂 06-322*，绵杂 06-322，11611*，12X26，宜油 21），D 类群 5 份材料（大地 19，FC03*，沪油 065，CE5*，11606），而 E 类群仅包括 1 份材料（ZY1011*）。

在 186 份样品中有 17 组名称相同，它们彼此间的遗传关系最近、遗传相似系数高于或接近 0.85、均聚在一起（图 8-1 方框所示）。这 17 组样品名称和编号分别为：18C（1、132），绵新油 38（128、157），正油 319（9、56），H29J24（34、84），南油 12 号（CK）（4、17、32、45），98P37（20、74），SWU09V16（36、57），中油杂 2 号（CK）（50、70、76、94），圣光 87（62、121），08 杂 621（24、117），2013（64、111、153），陕油 19（112、158），秦优 7 号（CK）（151、165），秦优 10 号（CK）（103、118、123、143、186），双油 118（25、167），双油 116（51、164），绵杂 06-322（38、182）。

有些名称不同的品种遗传相似系数高于 0.85，也聚在了一起（图 8-1）。

（二）SNP 技术分析参试品种的 DNA 指纹

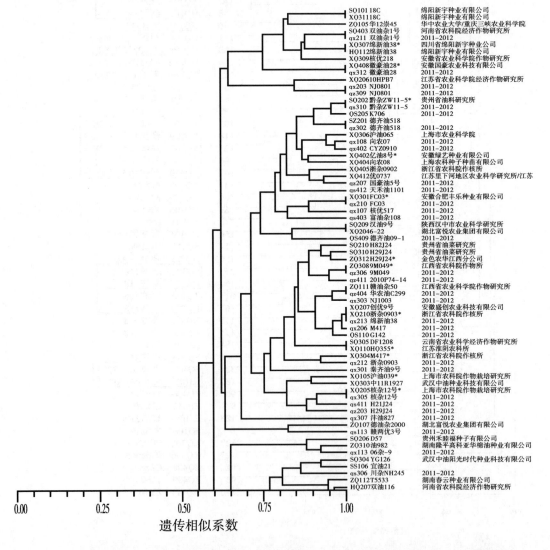

图 8-2.1　2011—2012 和 2012—2013 两年度 346 份品种的聚类图（SNP 检测技术）

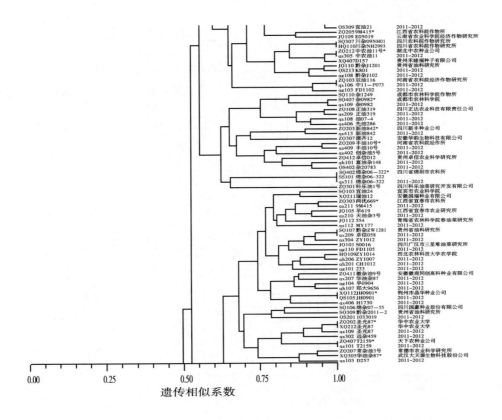

图 8 – 2.2　2011—2012 和 2012—2013 两年度 346 份品种的聚类图（SNP 检测技术）

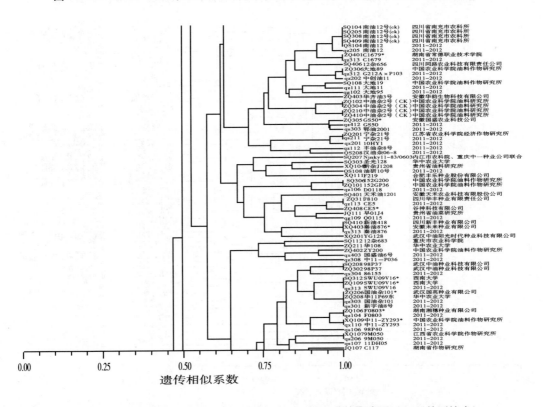

图 8 – 2.3　2011—2012 和 2012—2013 两年度 346 份品种的聚类图（SNP 检测技术）

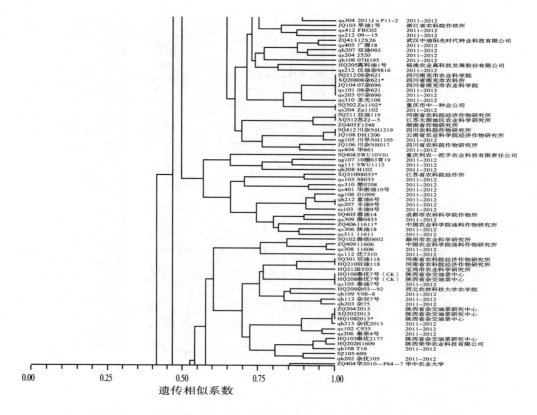

图 8 - 2.4　2011—2012 和 2012—2013 两年度 346 份品种的聚类图（SNP 检测技术）

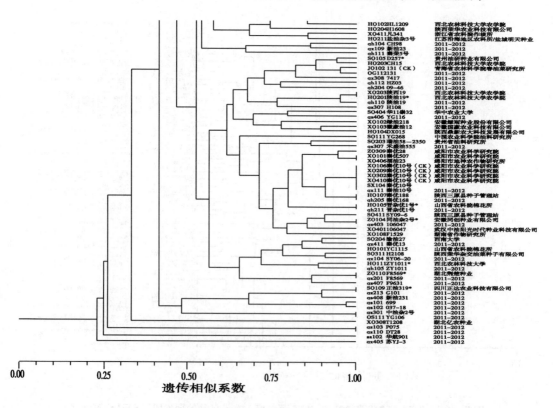

图 8 - 2.5　2011—2012 和 2012—2013 两年度 346 份品种的聚类图（SNP 检测技术）

1. 2012—2013 年度对照品种 DNA 指纹的 SNP 检测结果

对照品种秦优 7 号、秦优 10 号、中油杂 2 号和南油 12 号在 2012—2013 年度重复的次数分别为 2、4、4 和 5 次。依据 56 个 SNP 标记计算品种间遗传相似性系数，秦优 7 号、秦优 10 号相似系数在 99% 以上，南油 12 号的相似系数在 97% 以上，中油杂 2 号的相似系数在 95% 以上。4 个对照的重复样品都聚在了一起。另外，除了中油杂 2 号，其余 3 个对照两年度的样品也聚在了一起（图 8 - 2）。

2. 2011—2012 和 2012—2013 年度重复品种的 SNP 检测结果

在两年度 346 份样品中，有 54 个品种参加两点及以上试验或为续试品种，包括 4 个对照品种（秦优 10 号、秦优 7 号、中油杂 2 号、南油 12 号）。

根据 SNP 检测结果计算这 54 个品种不同样品间的遗传相似系数，大于 95% 的品种有 44 个品种、介于 90% 和 95% 之间的有 6 个品种、小于 90% 的有 4 个品种（表 8 - 4）。

表 8 - 4　续试或多点品种的一致性（SNP 检测方法）

品种名称	品种数	遗传相似系数
699，2013，11606，07 杂 696，08 杂 621，18C，98P37，9M049 *，9M050，C1679 *，CE5 *，F0803 *，F8569 *，FC03 *，GS50 *，H29J24 *，JH0901 *，NJ0801，SWU09V16 *，T2159 *，Zn1102 *，德齐油 518，丰油 10 号 *，国油杂 101 *，核杂 12 号 *，华油杂 87 *，徽豪油 28 *，晋杂优 1 号 *，绵新油 38 *，绵杂 06-322，南油 12（CK），宁杂 21 号，黔杂 ZW11-5 *，秦优 10 号（CK），秦优 7 号（CK），秦油 876 *，陕油 19 *，圣光 87 *，双油 118，双油杂 1 号，杂 0982 *，正油 319，中 11-ZY293 *，中油杂 2 号（CK）	44	> 95%
浙杂 0903 *，ZY1011 *，新油 842 *，M417，双油 116，丰油 9 号	6	90% ~ 95%
9M415 *，D257 *，106047，宜油 21	4	< 90%

在图 8 - 2 的聚类图上，有 55 组样品间的遗传相似系数达 100%、即完全相同。绝大多数为参加不同区域或不同年份的相同品种，但是，有少数为不同品种，如赣油杂 50 与华农油 C299、创优 9 号与浙杂 0903、DF1208 与 HQ355 等。

四、小结

（1）SSR 技术检测 2012—2013 年度国家冬油菜区域试验 186 份参试品种 DNA 指纹，49 对引物得到了 90 个多态型标记；样品 4（南油 12 号）和样品 17（南油 12 号）的遗传相似性系数最高、达 93%，其余品种间的遗传相似性系数均小于 0.93，说明本年度参试品种具有特异性。

（2）在实验所用的 49 对 SSR 引物中，44 对在 2011—2012 和 2012—2013 两年度的多态型扩增标记数目相同，依然有 5 对引物产生了不同数目的多态型扩增标记，不利于利用 SSR 标记技术构建油菜品种 DNA 指纹库。

（3）SNP 技术分析油菜品种 DNA 指纹，检测到包括 4 个对照品种（秦优 10 号、秦优 7 号、中油杂 2 号、南油 12 号）的参加两点及以上区域或两年份的 54 个品种的重复样品具有较高的遗传相似性、并聚在一起，说明 SNP 技术构建油菜 DNA 指纹库是可行的，但有不同品种遗传相似系数达 100% 表明 SNP 用于构建油菜 DNA 指纹库还需要进一步的完善。

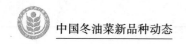

2012—2013 年度国家冬油菜品种区域试验菌核病抗性鉴定总结报告

（中国农业科学院油料作物研究所农业部油料作物生物学重点
实验室油菜病害与抗病性课题组）

人工病圃诱发鉴定结果

一、材料与方法

（一）试验材料和地点

供试油菜材料为参加国家冬油菜品种区域试验的品种（系、组合），共177份（其中，包括5份对照）。另增设一个抗病对照，品种为中油821，系本课题组留种。试验地点为中国农科院油料所阳逻试验基地人工病圃。按统一规定，所有品种只用代号，在结果统计分析完成后索取品种名进行解密。

（二）试验设计

1. 菌核病人工病圃构建和病害诱发

①人工病圃位于阳逻试验基地，共两块，每块面积约3亩。②为避免自生苗，采用两块地轮流种植方式，每年油菜收后（5~9月）灌水催芽和翻耕3次。③在试验地安装人工喷雾系统，本系统由以色列进口，喷头有效射程为2m（直径4m），高度约3m，出水为细雾。④播种后在每行中施一粒菌核（每厢所施菌核连线呈"S"或"之"形），以保证试验地含丰富的、分布均匀的菌核。⑤在油菜初花期至终花期进行喷雾，从上午8点开始，每2小时一次，每次60秒，每天8次。

2. 试验设计

按区域品种来源将长江上、中、下游、黄淮区和早熟组的品种各安排在一个随机区组试验（因品种数太多，不能在一个随机区组中安排所有品种）中，随机区组重复3次，小区面积2.5m×1.33m，行宽0.33m，定苗后每行约15~18株（约合13 000株/亩）。为了弥补大区间品种因不在同一个区组中而不能直接比较的不足，在试验（大区和区组）布局上采用能进行移动平均统计分析的试验设计。试验四周设置保护行。

3. 播种和田间管理

长江上、中、下游和黄淮区品种9月26日播种，10月2日出苗，11月7日定苗；早熟组品种11月1日播种，11月7日出苗，12月1日定苗。底肥亩施复合肥（N、P、K）50kg，越冬前亩施尿素7.5kg。薹期不中耕培土，以免破坏子囊盘。花期不施用杀菌剂，不摘除老黄叶。其他按常规大田管理措施，但注意全部农事操作一致性（如一人完成或每人完成一个重复，且半天或一天内完成），成熟前不在小区中走动（不破坏原植株分布结构）。

（三）病害调查

于收获前3天调查菌核病。各小区逐行逐株调查，每个重复由一人完成（中途不能换人），所有小区在两天内调查完毕。其他调查注意事项见讨论部分。试验材料中，初花期最早的小区在 3 月 2 日，盛花期最晚的小区在 4 月 8 日，成熟期在 5 月 9～13 日。

成熟期菌核病调查分级标准（5 级）：

0 级：全株茎、枝、果轴无症状。

1 级：全株 1/3 以下分枝数（含果轴，下同）发病或主茎有小型病斑；全株受害角果数（含病害引起的非生理性早熟和不结实角果数，下同）在 1/4 以下。

2 级：全株 1/3～2/3 分枝数发病，或分枝发病数在 1/3 以下而主茎中上部有大型病斑；全株受害角果数达 1/4～2/4。

3 级：全株 2/3 以上分枝数发病，或分枝发病数在 2/3 以下而主茎中下部有大型病斑；全株受害角果数达 2/4～3/4。

4 级：全株绝大部分分枝发病，或主茎有多个病斑，或主茎下部有大型绕茎病斑；全株受害角果数达 3/4 以上。

（四）数据统计和分析

对感病对照发病率 P＞15％的试验（方为有效抗病鉴定试验）进行数据统计分析。根据调查的病害级别计算每个小区的病情指数，用病情指数衡量病害严重度。

$$ID = \sum_{i=1}^{K}(Ni \times Gi) \div (4 \times \sum_{i=1}^{k}Ni)$$

其中 Gi 为病害级别，Ni 为调查株数，$i = 1，2，3，\cdots，k$。然后进行方差分析，所用软件为 DPS 数据处理系统（唐启义，农业出版社，北京，2010），方差分析中品种效应为固定效应。

针对发病率、病情指数和相对抗性指数求品种频度分布图，针对发病率、病情指数和相对抗性指数求重复间数据相关性，用此检验区组/重复设置效果，田间菌源分布和病害压力均一性。

（五）品种（系、组合）抗病等级划分

根据病情指数计算相对抗性指数 RRI，据 RRI 划定每个品种的抗病等级。

$$RRI = \ln\frac{100 - IDck}{IDck} - \ln\frac{100 - ID}{ID}$$

其中，ln 为自然对数，ID_{ck} 为对照的病情指数，ID 为供试材料的病情指数。然后按下列标准划分等级：RRI ≤ -1.2 为高抗，-1.2 ＜ RRI ≤ -0.7 为中抗，-0.7 ＜ RRI ≤ 0 为低抗，0 ＜ RRI ≤ 0.9 为低感，0.9 ＜ RRI ≤ 2.0 为中感，RRI ＞ 2.0 为高感。

二、结果与分析

（一）数据有效性分析

1. 病害压力

在本菌核病病圃中，抗病对照（未另设感病对照）发病率变幅在 0％～44.12％，平均为 17.07％，供试材料发病率变幅在 2.17％～84.85％，平均为 23.07％。表明病害压力大于 15％，数据有效。

2. 发病率和病情指数次数分布

进一步对所有小区的数据进行分析，可知发病率和病情指数均趋于正态分布（图 9-1、图 9-2）。多数品种的发病率在 5％～35％，病情指数在 5～30。多数品系的抗性相近，少数品系的抗性明显好于或者差于其他品系。

3. 重复间数据相关性分析

从各区组的相关性分析（表 9-1）可知，除个别区组间外，发病率和病情指数都是极显著相关的（P＜0.01），表明田间菌源和病害压力的分布是均匀或一致的，区组控制效果显著。

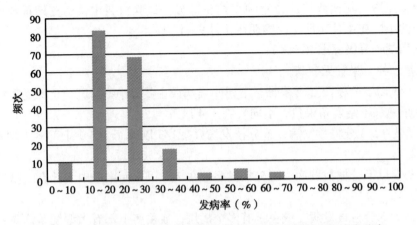

图 9 - 1　2012—2013 年度国家冬油菜区域试验品种菌核病发病率分布

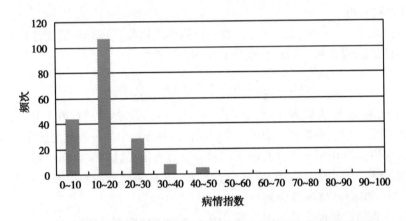

图 9 - 2　2012—2013 年度国家冬油菜区域试验品种菌核病病情指数分布

表 9 - 1　2012—2013 年度国家冬油菜区域试验材料菌核病抗性鉴定重复间数据相关性

（a）长江上游区

重复	发病率				病情指数			
	平均值（%）	标准差（%）	相关系数		平均值（%）	标准差（%）	相关系数	
			R^2	R^3			R^2	R^3
R1	20.44	12.04	0.6274 **	0.6456 **	16.26	9.73	0.7619 **	0.6692 **
R2	28.67	12.64		0.5634 **	16.91	9.53		0.6775 **
R3	26.08	13.06			17.45	10.85		

相关系数临界值，a = 0.05 时，r = 0.2759；a = 0.01 时，r = 0.3575，df = 50

（b）长江中游区

重复	发病率				病情指数			
	平均值（%）	标准差（%）	相关系数		平均值（%）	标准差（%）	相关系数	
			R^2	R^3			R^2	R^3
R1	16.59	8.04	0.5987 **	0.4606 **	14.41	6.44		0.5835 **
R2	23.83	10.15		0.6813 **	14.01	7.29		
R3	20.42	9.94			13.15	7.48		

相关系数临界值，a = 0.05 时，r = 0.2732；a = 0.01 时，r = 0.3542，df = 51

（c）长江下游区

重复	发病率				病情指数			
	平均值（%）	标准差（%）	相关系数 R^2	相关系数 R^3	平均值（%）	标准差（%）	相关系数 R^2	相关系数 R^3
R1	18.36	9.15	0.4432**	0.4133**	15.29	8.91		0.4477**
R2	18.78	8.99		0.5434**	11.49	7.12		
R3	20.37	9.96			13.52	7.80		

相关系数临界值，a=0.05 时，r=0.2759；a=0.01 时，r=0.3575，df=50

（d）黄淮区和早熟组

重复	发病率				病情指数			
	平均值（%）	标准差（%）	相关系数 R^2	相关系数 R^3	平均值（%）	标准差（%）	相关系数 R^2	相关系数 R^3
R1	29.31	17.68	0.6223**	0.7261**	21.35	12.18		0.6181**
R2	27.14	14.38		0.6969**	17.87	10.57		
R3	31.90	20.99			20.17	12.77		

相关系数临界值，a=0.05 时，r=0.3202；a=0.01 时，r=0.4128，df=37

（e）总体

重复	发病率				病情指数			
	平均值（%）	标准差（%）	相关系数 R^2	相关系数 R^3	平均值（%）	标准差（%）	相关系数 R^2	相关系数 R^3
R1	20.60	12.59	0.5646**	0.6521**	16.51	9.57		0.6228**
R2	24.43	12.06		0.6338**	14.88	8.89		
R3	24.18	14.24			15.78	10.06		

相关系数临界值，a=0.05 时，r=0.1417；a=0.01 时，r=0.1855，df=191

4. 同一品种多次鉴定结果间比较

2012—2013 年度，共有 16 个品种因参加了多个区组的试验从而进行了多次鉴定。以中油 821 为对照，这 16 个品种多次鉴定的病情指数和相对抗性指数间无显著性差异，抗病等级一致（表9-2），从而表明了本病圃鉴定结果具有较好的稳定性和可重复性。

表9-2 2012—2013年度16个品种菌核病抗性多次鉴定结果统计

品种 名称	田间 编号	平均 病指	RRI	抗性 等级	品种 名称	田间 编号	平均 病指	RRI	抗性 等级
08杂621	SQ212	15.00	0.45	低感	正油319*	SQ109	12.94	0.27	低感
	XQ208	14.70	0.68	低感		ZQ108	17.58	0.66	低感
18C	SQ101	21.95	0.91	中感	2013	ZQ204	13.88	0.38	低感
	XQ311	22.05	1.18	中感		XQ202	15.93	0.78	低感
98P37	SQ208	17.36	0.62	低感		HQ108	15.65	0.65	低感
	ZQ302	17.40	0.65	低感	南油12号	SQ104	11.71	0.16	低感
H29J24	SQ310	6.25	-0.53	低抗		SQ205	11.48	0.14	低感
	ZQ312	6.54	-0.45	低抗		SQ308	11.01	0.09	低感
SWU09V16*	SQ312	14.08	0.37	低感		SQ409	10.93	0.08	低感
	ZQ109	16.85	0.61	低感	中油杂2号	ZQ102	12.52	0.26	低感
绵新油38*	XQ307	16.26	0.80	低感		ZQ304	12.14	0.23	低感
	HQ112	13.48	0.47	低感		ZQ210	11.83	0.20	低感
陕油19	XQ203	20.94	1.11	中感		ZQ410	11.62	0.18	低感
	HQ201	19.85	0.94	中感	秦优10号	XQ410	6.47	-0.23	低抗
圣光87*	ZQ202	14.77	0.46	低感		XQ209	6.45	-0.23	低抗
	XQ212	16.41	0.81	低感		XQ302	5.42	-0.42	低抗
双油116	ZQ103	15.48	0.51	低感		XQ106	5.30	-0.44	低抗
	HQ207	16.38	0.70	低感	秦优7号	HQ106	16.24	0.69	低感
双油118	SQ301	17.12	0.60	低感		HQ208	14.11	0.53	低感
	HQ210	15.70	0.65	低感					

同时，2004—2013年9年间，中油杂2号、秦优7号两个品种分别作为长江中游和黄淮区的对照品种参加了全国区域试验。以中油821为对照，这两个品种在9年间的抗病等级和抗性指数相对较稳定（表9-3、图9-3），其抗病等级在大多数年份均相同或仅在相邻级别变动，抗性指数变化幅度较小，进一步表明了本病圃鉴定结果具有较好的稳定性和可重复性。

表9-3 2004—2013年中油杂2号和秦优7号菌核病抗性统计

年份	中油杂2号				秦优7号			
	发病率（%）	病指	RRI	抗级	发病率（%）	病指	RRI	抗级
2004—2005	73.95	62.75	0.42	低感	55.43	41.95	-0.16	低抗
2005—2006	61.72	31.72	-0.08	低抗	50.98	24.91	-0.66	低抗
2006—2007	6.55	3.72	0.12	低感	4.15	2.26	-0.33	低抗
2007—2008	34.78	29.97	-0.12	低抗	24.66	20.83	-0.32	低抗
2008—2009	24.50	13.80	0.64	低感	16.80	8.50	0.43	低感
2009—2010	94.00	45.06	-0.01	低抗	99.24	36.66	-0.29	低抗
2010—2011	26.62	12.55	0.48	低感	21.22	12.74	0.28	低感
2011—2012	32.57	19.21	0.63	低感	18.32	14.80	0.47	低感
2012—2013	16.32	12.03	0.22	低感	19.20	15.18	0.61	低感

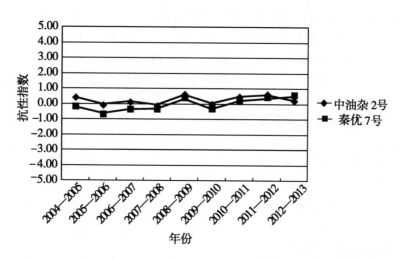

图 9 - 3　2004—2013 年中油杂 2 号和秦优 7 号菌核病抗性指数变化趋势图

（二）参试品种（系、组合）的抗病性评价

参试的 177 个品种（系、组合）中，大多数品种的发病率和病情指数与对照中油 821 无显著性差异（$P > 0.05$）（附表 9 - 1 ~ 附表 9 - 10），仅少数和对照有显著差异，但长江上、中、下游、黄淮区和早熟组内部品种间差异是显著的（$P < 0.05$）。

长江上游区：大多数品种的发病率在 10% ~ 35%，病情指数在 8 ~ 28，和对照相比差异不显著（$P > 0.05$）；部分品种间发病率和病情指数的差异是显著的（$P < 0.05$）。以中油 821 为对照计算抗病等级，无高抗品种；中抗品种有 3 个，分别为 D57、蓉油 14 和 SY09 - 6；低抗品种有 5 个，分别为H29J24、ZN1102、SWU10V01、杂 0982 和双油 119；高感品种有 2 个，为双油杂 1 号和 NJNKY11 -83/0603；中感品种有 12 个，分别为黔杂 ZW11 - 5、华 11 崇 32、渝油 27、152G200、川杂 NH1219、宜油 21、黔杂 2011-2、07 杂 696、两优 589、大地 19、18C 和绵杂 07 - 55；低感品种有 24 个，分别为 YG126、YG268、天禾油 1201、98P37、双油 118、黔杂 ZW1281、12 杂 683、滁核 0602、DF1208、08 杂 621、H82J24、圣光 128、SWU09V16、瑞油 58 - 2350、绵杂 06 - 322、汉油 9 号、H2108、正油319、杂 1249、川杂 09NH01、宜油 24、12 杂 656、新油 418 和 D257。

长江中游区：大多数品种的发病率在 10% ~ 26%，病情指数在 8 ~ 20，和对照相比差异不显著（$P > 0.05$）；部分品种间发病率和病情指数的差异是显著的（$P < 0.05$）。以中油 821 为对照计算抗病等级，无高抗和中抗品种；低抗品种有 12 个，分别为秦优 28、H29J24、华 108、F1548、中农油 11 号、科乐油 1 号、CE5、新油 842、F0803、T5533、徽杂油 9 号和 11606；高感品种有 1 个，为德油杂 2000；中感品种有 1 个，为 152GP36；低感品种有 33 个，分别为 T2159、德齐 12、华 11P69 东、丰油 10 号、赣油杂 50、正油 319、98P37、GS50、常杂油 3 号、SWU09V16、C1679、华 12 崇 45、双油 116、德齐油 518、油 982、11611、圣光 87、两优 669、9M415、2013、国油杂 101、卓信 012、7810、同油杂 2 号、华2010 - P64 - 7、ZY200、华齐油 3 号、12X26、9M049、699、宁杂 21 号、大地 89 和 F8569。

长江下游区：大多数品种的发病率在 10% ~ 29%，病情指数在 7 ~ 22，和对照相比差异不显著（$P > 0.05$）；部分品种间发病率和病情指数的差异是显著的（$P < 0.05$）。以中油 821 为对照计算抗病等级，无高抗品种；中抗品种有 1 个，为绿油 218；低抗品种有 5 个，分别为徽豪油 12、9M050、86155、中 11-ZY293 和华油杂 87；高感品种有 1 个，为 6-22；中感品种有 10 个，分别为 M417、106047、创优 9号、18C、陕油 19、T1208、核优 218、F219、10HPB7 和核杂 14 号；低感品种有 29 个，分别为圣光 87、绵新油 38、2013、F1529、FC03、向农 08、沪油 039、98033、08 杂 621、黔杂 J1208、核杂 12 号、中11R1927、沪油 065、福油 23、YG128、亿油 8 号、卓信 058、秦油 876、浙杂 0902、凡 341、D157、

JH0901、苏 ZJ － 5、优 0737、徽豪油 28、HQ355、瑞油 12、秦优 507 和浙杂 0903。

黄淮区：大多数品种的发病率在 12% ～35%，病情指数在 9～31，和对照相比差异不显著（$P >$ 0.05）；部分品种间发病率和病情指数的差异是显著的（$P < 0.05$）。以中油 821 为对照计算抗病等级，无高抗和中抗品种；低抗品种有 1 个，为 YC1115；高感品种有 2 个，为 ZY1014 和川杂 NH2993；中感品种有 6 个，分别为 ZY1011、杂 03-92、晋杂优 1 号、BY03、H1608 和陕油 19；低感品种有 13 个，分别为双油 116、CH15、双油 118、2013、XN1201、DX015、绵新油 38、H1609、秦优 2177、盐油杂 3 号、HL1209、秦优 188 和高科油 1 号。

早熟组：大多数品种的发病率在 24% ～60%，病情指数在 13～37，和对照相比差异不显著（$P >$ 0.05）；部分品种间发病率和病情指数的差异是显著的（$P < 0.05$）。以中油 821 为对照计算抗病等级，无高抗和中抗品种；低抗品种有 2 个，为旱油 1 号和早 619；无高感品种；中感品种有 4 个，分别为 S0016、E05019、554 和 DH1206；低感品种有 5 个，为黔杂 J1201、07 杂 696、川杂 NH017、早 01J4 和 C117。

（三）两年结果比较与综合评价

2011—2012 和 2012—2013 两个年度间共有 43 份相同材料（表 9 – 4），这些材料中有个别在两个年度的不同区试组中。43 份材料在两年度间的病情指数呈极显著相关（r = 0.6808）（$P < 0.01$），以中油 821 为对照计算抗性指数，抗性指数 RRI 也呈极显著相关（r = 0.7640）（$P < 0.01$），结果表明本鉴定试验在年度间有很高的可重复性。在这 43 份材料中，26 份材料在两年度间抗病等级相同，15 份材料在相邻等级跳跃一个抗病等级，2 份材料在相邻等级跳跃二个或以上抗病等级。

以中油 821 为对照划分抗性等级，无高抗和中抗品种；低抗品种有 6 个，分别为新油 842、中农油 11 号、华油杂 87、F0803、D257 和 CE5；无高感品种；中感品种有 6 个，分别为 ZY1011、08 杂 621、晋杂优 1 号、M417、核杂 12 号和黔杂 ZW11—5；低感品种有 31 个，分别为 T2159、FC03、GS50、2013、C1679、沪油 039、绵新油 38、丰油 10 号、两优 669、F8569、正油 319、秦油 876、亿油 8 号、杂 0982、陕油 19、ZN1102、9M415、圣光 87、同油杂 2 号、98033、JH0901、11611、SWU09V16、徽豪油 28、浙杂 0903、9M049、HQ355、绵杂 06-322、国油杂 101、H29J24 和中 11 – ZY293。

表 9 – 4　2011—2012 和 2012—2013 年度国家冬油菜区域试验品种菌核病抗性比较

材料名称	2011—2012 年度人工病圃			2012—2013 年度人工病圃			两年综合评价	
	平均病指	RRI	抗病等级	平均病指	RRI	抗病等级	RRI	抗病等级
ZY1011	26.88	1.39	中感	30.98	1.53	中感	1.46	中感
08 杂 621	40.11	1.82	中感	14.70	0.68	低感	1.35	中感
晋杂优 1 号	24.98	1.29	中感	27.60	1.37	中感	1.33	中感
M417	26.93	1.23	中感	25.84	1.39	中感	1.30	中感
核杂 12 号	28.52	1.31	中感	14.34	0.66	低感	1.03	中感
黔杂 ZW11 – 5	18.56	0.47	低感	30.48	1.36	中感	0.94	中感
T2159	22.72	0.84	低感	21.04	0.89	低感	0.86	低感
FC03	21.07	0.90	中感	15.40	0.74	低感	0.83	低感
GS50	24.69	0.95	中感	17.36	0.65	低感	0.81	低感
2013	18.20	0.89	低感	15.65	0.65	低感	0.77	低感
C1679	24.09	0.92	中感	15.80	0.54	低感	0.75	低感
沪油 039	18.24	0.72	低感	15.19	0.72	低感	0.72	低感
绵新油 38	16.94	0.63	低感	16.26	0.80	低感	0.71	低感
丰油 10 号	18.60	0.59	低感	19.46	0.79	低感	0.69	低感
两优 669	23.20	0.87	低感	14.20	0.41	低感	0.67	低感
F8569	26.37	1.04	中感	10.74	0.09	低感	0.66	低感
正油 319	26.15	0.92	中感	12.94	0.27	低感	0.65	低感

（续表）

材料名称	2011—2012 年度人工病圃			2012—2013 年度人工病圃			两年综合评价	
	平均病指	RRI	抗病等级	平均病指	RRI	抗病等级	RRI	抗病等级
秦油 876	19.68	0.82	低感	11.20	0.37	低感	0.63	低感
亿油 8 号	18.36	0.73	低感	11.86	0.44	低感	0.60	低感
杂 0982	26.66	0.94	中感	9.33	-0.09	低抗	0.55	低感
陕油 19	7.58	-0.11	低抗	19.85	0.94	中感	0.52	低感
ZN1102	25.45	0.88	低感	8.20	-0.24	低抗	0.46	低感
9M415	16.84	0.47	低感	14.19	0.41	低感	0.44	低感
圣光 87	15.79	0.39	低感	14.77	0.46	低感	0.42	低感
同油杂 2 号	17.42	0.51	低感	12.99	0.31	低感	0.42	低感
98033	9.61	-0.02	低抗	15.09	0.71	低感	0.37	低感
JH0901	17.10	0.37	低感	10.51	0.30	低感	0.34	低感
11611	13.29	0.19	低感	15.16	0.49	低感	0.34	低感
徽豪油 28	13.20	0.34	低感	9.79	0.22	低感	0.29	低感
浙杂 0903	14.18	0.42	低感	8.46	0.06	低感	0.27	低感
9M049	13.71	0.23	低感	12.03	0.22	低感	0.22	低感
SWU09V16	13.11	0.06	低感	14.08	0.37	低感	0.21	低感
HQ355	11.18	0.13	低感	9.76	0.22	低感	0.17	低感
绵杂 06 - 322	12.79	0.03	低感	13.29	0.30	低感	0.16	低感
国油杂 101	9.95	-0.14	低抗	13.87	0.38	低感	0.13	低感
H29J24	17.14	0.49	低感	6.54	-0.45	低抗	0.13	低感
中 11 - ZY293	12.44	0.27	低感	7.34	-0.09	低抗	0.12	低感
CE5	11.57	0.03	低感	9.00	-0.10	低抗	-0.03	低抗
D257	11.26	-0.11	低抗	10.19	0.00	低感	-0.06	低抗
F0803	10.60	-0.07	低抗	9.04	-0.10	低抗	-0.08	低抗
华油杂 87	8.25	-0.19	低抗	7.88	-0.02	低抗	-0.11	低抗
中农油 11 号	9.53	-0.18	低抗	8.34	-0.19	低抗	-0.19	低抗
新油 842	7.71	-0.42	低抗	9.02	-0.10	低抗	-0.26	低抗

注：两年的病情指数相关系数 $r = 0.7804$，RRI 相关系数 $R = 0.6703$，$P_{0.05} = 0.3246$，$p_{0.01} = 0.4182$，$df = 36$；综合评价抗病等级的对照是各自区试组中的中油 821，加权求 RRI

三、结论与讨论

（1）上述鉴定结果所述的抗病性包含了因生育期等因素所致的避病性。

（2）本年度所鉴定材料的抗病性大多属于低感类别，表现为抗病的材料较少，无高抗材料，中抗材料仅 4 份，低抗材料 25 份。

（3）比较病圃历年的鉴定数据，表明该成熟病圃所获得的数据具有较高的稳定性、准确性和可重复性。

（4）本年度早熟组 12 份材料较往年迟播 1 个月左右，因此，花期较往年推迟，菌核病的发生也比往年要轻，但病害压力适中。

（5）尽管本试验病圃的田间菌源分布均匀，病害压力一致，区组控制效果显著，但这并不意味着所有品种在该次鉴定中的等级和位次在更多次的鉴定中均保持不变。因为尽管区组间相关性显著，但不能保证在自然条件下所有小区获得了同样的病原数量和同样的小区环境。然而，对于那些品种鉴定为感病的，特别是高感的结果是定性。提高可靠性的方法之一是多年和/或多点鉴定。另外，控制植株密度一致和保障所有品种/小区的植株正常生长也是获得准确和精确鉴定结果的重要环节。

（6）一个好的病圃应能够准确地鉴定出品种的相对抗性，能够区分出品种间差异不大的抗性，这种抗性（位次）不应在重复试验间有较大的变化。根据前几年国家区试抗病性鉴定结果和我们以前的研究总结，要达到这个目的，病圃的病害压力要适宜（太大或太小均不行，且年度间要保持一致），病害压力或诱发势在田间要均匀一致。这种诱发势的均一性由多种因素所控制，特别是田间病源的一致性和诱导病害发生发展的外界因素（如小区的小气候，这又主要由喷雾的质量决定的）在小区间的均一性。检验这种均一性的方法是：调查菌核在田间的分布，田间植株中部湿度测定，按一定原理在田间布置对照品种以测定其发病的均一性，区组间病害值的相关性等指标。

附表 9–1　2012—2013 年度国家冬油菜区域试验长江上游品种（系、组合）菌核病发病率比较

田间代号	品种名称	品种类型	平均发病率（%）	5% 显著水平
SQ403	双油杂 1 号	双低杂交	62.40	a
SQ207	NJNKY11-83/0603	双低杂交	60.03	a
SQ202	黔杂 ZW11-5 *	双低杂交	42.72	b
SQ412	川杂 NH1219	双低杂交	37.87	bc
SQ101	18C	常规双低	36.87	bcd
SQ404	华 11 崇 32	双低杂交	36.46	bcde
SQ306	152G200	双低杂交	33.61	bcdef
SS104	07 杂 696	双低杂交	32.58	bcdefg
SS106	宜油 21	双低杂交	32.17	bcdefgh
SQ309	黔杂 2011-2	双低杂交	31.87	bcdefgh
SQ204	渝油 27	双低杂交	30.80	bcdefghi
SQ106	绵杂 07-55	双低杂交	29.98	bcdefghi
SQ304	YG126	双低杂交	29.78	bcdefghi
SQ107	黔杂 ZW1281	双低杂交	29.55	bcdefghij
SQ108	大地 19	常规双低	29.29	bcdefghij
SQ208	98P37	双低杂交	29.22	bcdefghij
SQ111	YG268	双低杂交	29.18	bcdefghij
SQ201	两优 589	双低杂交	28.90	bcdefghij
SQ401	天禾油 1201	双低杂交	27.76	bcdefghijk
SQ402	绵杂 06-322 *	双低杂交	26.71	cdefghijkl
SQ102	滁核 0602	双低杂交	26.67	cdefghijkl
SQ212	08 杂 621	双低杂交	25.81	cdefghijkl
SQ112	12 杂 683	双低杂交	25.30	cdefghijkl
SQ312	SWU09V16 *	双低杂交	24.79	cdefghijklm
SQ305	DF1208	双低杂交	24.09	cdefghijklmn
SQ109	正油 319 *	双低杂交	24.08	cdefghijklmn
SQ103	宜油 24	双低杂交	23.70	cdefghijklmn
SQ301	双油 118	双低杂交	22.55	cdefghijklmn
SQ203	瑞油 58-2350	双低杂交	21.87	defghijklmn
SQ410	新油 418	双低杂交	21.85	defghijklmn
SQ303	圣光 128	双低杂交	20.09	fghijklmno
SQ311	H2108	双低杂交	20.00	fghijklmno
SQ302	ZN1102 *	双低杂交	19.97	fghijklmno
SQ209	汉油 9 号	双低杂交	19.96	fghijklmno
SQ307	川杂 09NH01	双低杂交	19.78	fghijklmno
SQ210	H82J24	双低杂交	19.49	fghijklmno

（续表）

田间代号	品种名称	品种类型	平均发病率（%）	5% 显著水平
SQ110	杂 1249	双低杂交	19.28	fghijklmno
CK	中油 821		18.55	fghijklmno
	南油 12 号（CK）	双低杂交	18.26	fghijklmno
SQ105	D257 *	双低杂交	17.56	fghijklmno
SQ406	12 杂 656	双低杂交	16.55	ghijklmno
SQ211	双油 119	双低杂交	15.59	ijklmno
SQ408	SWU10V01	双低杂交	13.69	jklmno
SQ407	杂 0982 *	双低杂交	12.17	klmno
SQ310	H29J24	双低杂交	11.22	lmno
SQ411	SY09-6	双低杂交	9.28	mno
SQ405	蓉油 14	双低杂交	8.23	no
SQ206	D57	常规双低	5.37	o

附表 9 – 2 2012—2013 年度国家冬油菜区域试验长江中游品种（系、组合）菌核病发病率比较

田间代号	品种名称	品种类型	平均发病率（%）	5% 显著水平
ZQ107	德油杂 2000	双低杂交	60.95	a
ZQ101	152GP36	双低杂交	35.91	b
ZQ109	SWU09V16 *	双低杂交	34.86	bc
ZQ307	德齐 12	双低杂交	28.22	bcd
ZQ209	丰油 10 号 *	双低杂交	26.77	bcde
ZQ208	华 11P69 东	双低杂交	26.00	bcde
ZQ407	T2159 *	双低杂交	25.93	bcdef
ZQ108	正油 319	双低杂交	25.44	bcdef
ZQ207	常杂油 3 号	双低杂交	25.38	bcdef
ZQ111	赣油杂 50	双低杂交	24.58	bcdefg
ZQ302	98P37	双低杂交	24.21	bcdefg
ZQ305	GS50 *	双低杂交	23.90	cdefgh
ZQ401	C1679 *	双低杂交	23.43	cdefgh
ZQ303	两优 669 *	双低杂交	23.10	cdefghi
ZQ310	油 982	双低杂交	21.90	defghi
SZ105	699	常规双低	21.87	defghi
ZQ104	同油杂 2 号 *	双低杂交	21.59	defghi
ZQ105	华 12 崇 45	双低杂交	20.92	defghij
SZ201	德齐油 518	双低杂交	20.69	defghij
ZQ406	11611 *	常规双低	20.61	defghijk
ZQ404	华 2010-P64-7	双低杂交	20.35	defghijk
ZQ311	7810	双低杂交	20.05	defghijk
ZQ205	9M415 *	双低杂交	19.63	defghijk
ZQ206	国油杂 101 *	双低杂交	19.62	defghijk
ZQ306	大地 89	双低杂交	19.53	defghijk
ZQ301	科乐油 1 号	双低杂交	19.37	defghijk
ZQ412	卓信 012	双低杂交	19.28	defghijk
ZQ204	2013	双低杂交	18.77	defghijk
ZQ402	ZY200	常规双低	18.49	defghijk
ZQ202	圣光 87 *	双低杂交	18.31	defghijk

（续表）

田间代号	品种名称	品种类型	平均发病率（%）	5%显著水平
ZQ103	双油 116	双低杂交	18.10	defghijk
ZQ403	华齐油 3 号	双低杂交	17.69	defghijk
ZQ413	12X26	常规双低	17.54	defghijk
ZQ308	9M049 *	双低杂交	16.77	defghijk
ZQ411	徽杂油 9 号	双低杂交	16.62	defghijk
ZQ409	11606	常规双低	16.47	defghijk
	中油杂 2 号（CK）	双低杂交	16.32	defghijk
ZQ112	T5533	双低杂交	16.21	defghijk
ZQ405	F1548	双低杂交	15.59	efghijk
ZQ201	宁杂 21 号	双低杂交	15.48	efghijk
ZQ203	新油 842 *	双低杂交	15.14	efghijk
ZQ110	F8569 *	双低杂交	14.82	efghijk
ZQ408	CE5 *	双低杂交	14.34	efghijk
CK	中油 821		13.42	fghijk
ZQ212	中农油 11 号 *	双低杂交	12.07	ghijk
ZQ106	F0803 *	双低杂交	11.52	hijk
ZQ312	H29J24 *	双低杂交	10.87	ijk
ZQ309	秦优 28	双低杂交	8.71	jk
ZQ211	华 108	常规双低	8.15	k

附表 9 – 3　2012—2013 年度国家冬油菜区域试验长江下游品种（系、组合）菌核病发病率比较

田间代号	品种名称	品种类型	平均发病率（%）	5%显著水平
XQ204	6 – 22	双低杂交	46.91	a
XQ311	18C	常规双低	30.94	b
XQ304	M417 *	常规双低	30.06	bc
XQ111	F219	常规双低	28.92	bcd
XQ401	106047	双低杂交	28.33	bcde
XQ206	10HPB7	双低杂交	27.75	bcdef
XQ207	创优 9 号	常规双低	26.27	bcdefg
XQ309	核优 218	双低杂交	25.53	bcdefgh
XQ308	T1208	双低杂交	25.15	bcdefgh
XQ203	陕油 19	双低杂交	24.78	bcdefgh
XQ402	亿油 8 号 *	双低杂交	24.17	bcdefghi
XQ409	核杂 14 号	双低杂交	23.83	bcdefghi
XQ306	沪油 065	常规双低	23.64	bcdefghi
XQ404	向农 08	双低杂交	23.58	bcdefghi
XQ108	F1529	双低杂交	22.85	bcdefghij
XQ307	绵新油 38 *	双低杂交	22.84	bcdefghij
XQ205	核杂 12 号 *	双低杂交	21.98	bcdefghijk
XQ212	圣光 87	双低杂交	21.94	bcdefghijk
XQ104	黔杂 J1208	双低杂交	21.77	bcdefghijk
XQ301	FC03 *	常规双低	21.33	bcdefghijk
XQ211	瑞油 12	双低杂交	21.11	bcdefghijk
XQ105	沪油 039 *	常规双低	21.07	bcdefghijk
XQ406	福油 23	双低杂交	20.12	bcdefghijk

（续表）

田间代号	品种名称	品种类型	平均发病率（%）	5%显著水平
XQ202	2013	双低杂交	19.13	bcdefghijk
XQ303	中 11R1927	双低杂交	19.06	bcdefghijk
XQ201	YG128	双低杂交	19.00	bcdefghijk
XQ310	98033 ∗	双低杂交	18.58	bcdefghijk
XQ112	JH0901 ∗	双低杂交	17.98	bcdefghijk
XQ208	08 杂 621 ∗	双低杂交	17.91	bcdefghijk
XQ210	浙杂 0903 ∗	双低杂交	17.82	bcdefghijk
XQ403	秦油 876 ∗	双低杂交	17.80	bcdefghijk
XQ405	浙杂 0902	双低杂交	17.32	bcdefghijk
XQ407	D157	双低杂交	17.28	bcdefghijk
XQ408	徽豪油 28 ∗	双低杂交	15.89	cdefghijk
XQ411	凡 341	常规双低	15.59	defghijk
XQ312	苏 ZJ - 5	常规双低	15.45	defghijk
SX101	卓信 058	双低杂交	15.29	defghijk
CK	中油 821		13.90	efghijk
XQ412	优 0737	双低杂交	12.93	ghijk
XQ305	华油杂 87 ∗	双低杂交	12.24	ghijk
XQ109	中 11 - ZY293 ∗	双低杂交	11.87	ghijk
XQ107	9M050	双低杂交	11.15	hijk
XQ110	HQ355 ∗	双低杂交	11.14	hijk
XQ101	秦优 507	双低杂交	11.03	hijk
SX103	86155	双低杂交	10.29	ijk
	秦优 10 号（CK）	双低杂交	9.43	jk
XQ102	绿油 218	双低杂交	8.28	k
XQ103	徽豪油 12	双低杂交	8.13	k

附表 9 - 4　2012—2013 年度国家冬油菜区域试验黄淮区品种（系、组合）菌核病发病率比较

田间代号	品种名称	品种类型	平均发病率（%）	5%显著水平
Q109	ZY1014	双低杂交	52.13	a
HQ110	川杂 NH2993	双低杂交	51.03	a
HQ111	ZY1011 ∗	双低杂交	37.97	b
HQ209	杂 03 - 92	双低杂交	34.05	bc
HQ105	晋杂优 1 号 ∗	双低杂交	30.63	bcd
HQ204	H1608	双低杂交	25.90	cde
HQ212	BY03	双低杂交	25.61	cde
HQ201	陕油 19 ∗	双低杂交	24.78	cdef
HQ207	双油 116	双低杂交	22.62	cdefg
HQ108	2013 ∗	双低杂交	21.01	defg
HQ104	DX015	双低杂交	19.64	defg
HQ206	XN1201	双低杂交	19.36	defg
	秦优 7 号（CK）	双低杂交	19.20	defg
HQ210	双油 118	双低杂交	19.14	defg
HQ112	绵新油 38	双低杂交	18.90	defg
HQ203	CH15	双低杂交	18.29	defg
HQ202	H1609	双低杂交	17.68	efg

（续表）

田间代号	品种名称	品种类型	平均发病率（%）	5%显著水平
HQ211	盐油杂 3 号	双低杂交	16.50	efg
HQ103	秦优 2177	双低杂交	15.21	efg
HQ101	YC1115	双低杂交	14.94	efg
HQ205	高科油 1 号	双低杂交	13.57	efg
CK	中油 821		12.07	fg
HQ107	秦优 188	双低杂交	12.07	fg
HQ102	HL1209	双低杂交	10.68	g

附表 9-5 2012—2013 年度国家冬油菜区域试验早熟组品种（系、组合）菌核病发病率比较

田间代号	品种名称	品种类型	平均发病率（%）	5%显著水平
JQ109	E05019	双低杂交	65.74	a
JQ112	554	双低杂交	59.11	ab
JQ108	DH1206	双低杂交	58.02	ab
JQ101	S0016	双低杂交	53.41	ab
JQ110	黔杂 J1201	双低杂交	51.88	abc
JQ102	131（CK）	双低杂交	49.94	abc
JQ104	07 杂 696	双低杂交	48.43	abcd
JQ106	川杂 NH017	双低杂交	37.73	abcde
JQ107	C117	双低杂交	36.76	bcde
JQ111	早 01J4	双低杂交	24.99	cde
CK	中油 821		22.10	de
JQ105	早 619	双低杂交	20.40	e
JQ103	早油 1 号	常规双低	18.40	e

附表 9-6 2012—2013 年度国家冬油菜区域试验长江上游品种（系、组合）
菌核病病情指数和抗病等级比较

田间代号	品种名称	品种类型	平均病指	5%显著水平	RRI	抗性等级
SQ403	双油杂 1 号	双低杂交	47.08	a	2.06	高感
SQ207	NJNKY11-83/0603	双低杂交	45.72	a	2.01	高感
SQ202	黔杂 ZW11-5 *	双低杂交	30.48	b	1.36	中感
SQ404	华 11 崇 32	双低杂交	30.12	b	1.34	中感
SQ204	渝油 27	双低杂交	27.69	bc	1.22	中感
SQ306	152G200	双低杂交	27.51	bc	1.21	中感
SQ412	川杂 NH1219	双低杂交	27.32	bc	1.20	中感
SS106	宜油 21	双低杂交	25.18	bcd	1.09	中感
SQ309	黔杂 2011-2	双低杂交	24.91	bcde	1.08	中感
SS104	07 杂 696	双低杂交	23.86	bcdef	1.02	中感
SQ201	两优 589	双低杂交	23.79	bcdef	1.02	中感
SQ108	大地 19	常规双低	22.27	bcdefg	0.93	中感
SQ101	18C	常规双低	21.95	bcdefgh	0.91	中感
SQ106	绵杂 07-55	双低杂交	21.76	bcdefgh	0.90	中感
SQ304	YG126	双低杂交	20.03	bcdefghi	0.80	低感
SQ111	YG268	双低杂交	19.80	bcdefghi	0.78	低感

（续表）

田间代号	品种名称	品种类型	平均病指	5%显著水平	RRI	抗性等级
SQ401	天禾油 1201	双低杂交	19.07	cdefghij	0.73	低感
SQ208	98P37	双低杂交	17.36	cdefghijk	0.62	低感
SQ301	双油 118	双低杂交	17.12	cdefghijk	0.60	低感
SQ107	黔杂 ZW1281	双低杂交	16.29	defghijkl	0.54	低感
SQ112	12 杂 683	双低杂交	15.74	defghijkl	0.50	低感
SQ102	滁核 0602	双低杂交	15.39	defghijklm	0.48	低感
SQ305	DF1208	双低杂交	15.08	defghijklm	0.45	低感
SQ212	08 杂 621	双低杂交	15.00	defghijklm	0.45	低感
SQ210	H82J24	双低杂交	14.28	defghijklmn	0.39	低感
SQ303	圣光 128	双低杂交	14.11	efghijklmn	0.37	低感
SQ312	SWU09V16 *	双低杂交	14.08	efghijklmn	0.37	低感
SQ203	瑞油 58 – 2350	双低杂交	13.82	fghijklmn	0.35	低感
SQ402	绵杂 06 – 322 *	双低杂交	13.29	fghijklmn	0.30	低感
SQ209	汉油 9 号	双低杂交	13.02	fghijklmn	0.28	低感
SQ311	H2108	双低杂交	12.98	fghijklmn	0.28	低感
SQ109	正油 319 *	双低杂交	12.94	fghijklmn	0.27	低感
SQ110	杂 1249	双低杂交	12.47	ghijklmn	0.23	低感
SQ307	川杂 09NH01	双低杂交	12.29	ghijklmn	0.21	低感
SQ103	宜油 24	双低杂交	12.08	ghijklmn	0.20	低感
SQ406	12 杂 656	双低杂交	11.94	ghijklmn	0.18	低感
SQ410	新油 418	双低杂交	11.60	ghijklmn	0.15	低感
	南油 12 号（CK）	双低杂交	11.28	ghijklmn	0.12	低感
SQ105	D257 *	双低杂交	10.19	ijklmn	0.00	低感
CK	中油 821		10.16	ijklmn	0.00	
SQ211	双油 119	双低杂交	9.61	ijklmn	– 0.06	低抗
SQ407	杂 0982 *	双低杂交	9.33	ijklmn	– 0.09	低抗
SQ408	SWU10V01	双低杂交	9.30	ijklmn	– 0.10	低抗
SQ302	ZN1102 *	双低杂交	8.20	jklmn	– 0.24	低抗
SQ310	H29J24	双低杂交	6.25	klmn	– 0.53	低抗
SQ411	SY09 – 6	双低杂交	5.29	lmn	– 0.70	中抗
SQ405	蓉油 14	双低杂交	4.38	mn	– 0.90	中抗
SQ206	D57	常规双低	3.41	n	– 1.16	中抗

附表 9 – 7　2012—2013 年度国家冬油菜区域试验长江中游品种（系、组合）
菌核病病情指数和抗病等级比较

田间代号	品种名称	品种类型	平均病指	5%显著水平	RRI	抗性等级
ZQ107	德油杂 2000	双低杂交	45.19	a	2.02	高感
ZQ101	152GP36	双低杂交	22.83	b	0.99	中感
ZQ407	T2159 *	双低杂交	21.04	bc	0.89	低感
ZQ307	德齐 12	双低杂交	20.56	bcd	0.86	低感
ZQ208	华 11P69 东	双低杂交	20.20	bcde	0.83	低感
ZQ209	丰油 10 号 *	双低杂交	19.46	bcdef	0.79	低感
ZQ111	赣油杂 50	双低杂交	18.19	bcdefg	0.71	低感
ZQ108	正油 319	双低杂交	17.58	bcdefgh	0.66	低感

田间代号	品种名称	品种类型	平均病指	5%显著水平	RRI	抗性等级
ZQ302	98P37	双低杂交	17.40	bcdefgh	0.65	低感
ZQ305	GS50 *	双低杂交	17.36	bcdefgh	0.65	低感
ZQ207	常杂油 3 号	双低杂交	17.16	bcdefgh	0.63	低感
ZQ109	SWU09V16 *	双低杂交	16.85	bcdefghi	0.61	低感
ZQ401	C1679 *	双低杂交	15.80	bcdefghij	0.54	低感
ZQ105	华 12 崇 45	双低杂交	15.66	bcdefghij	0.52	低感
ZQ103	双油 116	双低杂交	15.48	bcdefghij	0.51	低感
SZ201	德齐油 518	双低杂交	15.47	bcdefghij	0.51	低感
ZQ310	油 982	双低杂交	15.18	bcdefghij	0.49	低感
ZQ406	11611 *	常规双低	15.16	bcdefghij	0.49	低感
ZQ202	圣光 87 *	双低杂交	14.77	bcdefghijk	0.46	低感
ZQ303	两优 669 *	双低杂交	14.20	bcdefghijk	0.41	低感
ZQ205	9M415 *	双低杂交	14.19	bcdefghijk	0.41	低感
ZQ204	2013	双低杂交	13.88	bcdefghijk	0.38	低感
ZQ206	国油杂 101 *	双低杂交	13.87	bcdefghijk	0.38	低感
ZQ412	卓信 012	双低杂交	13.77	bcdefghijk	0.37	低感
ZQ311	7810	双低杂交	13.19	cdefghijk	0.32	低感
ZQ104	同油杂 2 号 *	双低杂交	12.99	cdefghijk	0.31	低感
ZQ404	华 2010 - P64 - 7	双低杂交	12.93	cdefghijk	0.30	低感
ZQ402	ZY200	常规双低	12.58	cdefghijk	0.27	低感
ZQ403	华齐油 3 号	双低杂交	12.39	cdefghijk	0.25	低感
ZQ413	12X26	常规双低	12.15	cdefghijk	0.23	低感
ZQ308	9M049 *	双低杂交	12.03	cdefghijk	0.22	低感
	中油杂 2 号（CK）	双低杂交	12.03	cdefghijk	0.22	低感
SZ105	699	常规双低	11.66	cdefghijk	0.18	低感
ZQ201	宁杂 21 号	双低杂交	11.61	cdefghijk	0.18	低感
ZQ306	大地 89	双低杂交	11.18	defghijk	0.14	低感
ZQ110	F8569 *	双低杂交	10.74	efghijk	0.09	低感
CK	中油 821		9.90	fghijk	0.00	
ZQ409	11606	常规双低	9.67	ghijk	- 0.03	低抗
ZQ411	徽杂油 9 号	双低杂交	9.15	ghijk	- 0.09	低抗
ZQ112	T5533	双低杂交	9.07	ghijk	- 0.10	低抗
ZQ106	F0803 *	双低杂交	9.04	ghijk	- 0.10	低抗
ZQ203	新油 842 *	双低杂交	9.02	ghijk	- 0.10	低抗
ZQ408	CE5 *	双低杂交	9.00	ghijk	- 0.10	低抗
ZQ301	科乐油 1 号	双低杂交	8.55	ghijk	- 0.16	低抗
ZQ212	中农油 11 号 *	双低杂交	8.34	hijk	- 0.19	低抗
ZQ405	F1548	双低杂交	7.21	ijk	- 0.35	低抗
ZQ211	华 108	常规双低	7.12	jk	- 0.36	低抗
ZQ312	H29J24 *	双低杂交	6.54	jk	- 0.45	低抗
ZQ309	秦优 28	双低杂交	5.18	k	- 0.70	低抗

附表 9 – 8　2012—2013 年度国家冬油菜区域试验长江下游品种（系、组合）
菌核病病情指数和抗病等级比较

田间代号	品种名称	品种类型	平均病指	5% 显著水平	RRI	抗性等级
XQ204	6 – 22	双低杂交	39.50	a	2.02	高感
XQ304	M417 *	常规双低	25.84	b	1.39	中感
XQ401	106047	双低杂交	22.88	bc	1.23	中感
XQ207	创优 9 号	常规双低	22.06	bcd	1.18	中感
XQ311	18C	常规双低	22.05	bcd	1.18	中感
XQ203	陕油 19	双低杂交	20.94	bcde	1.11	中感
XQ308	T1208	双低杂交	20.17	bcdef	1.07	中感
XQ309	核优 218	双低杂交	19.59	bcdefg	1.03	中感
XQ111	F219	常规双低	18.86	bcdefgh	0.98	中感
XQ206	10HPB7	双低杂交	18.72	bcdefgh	0.97	中感
XQ409	核杂 14 号	双低杂交	18.51	bcdefgh	0.96	中感
XQ212	圣光 87	双低杂交	16.41	bcdefghi	0.81	低感
XQ307	绵新油 38 *	双低杂交	16.26	bcdefghi	0.80	低感
XQ202	2013	双低杂交	15.93	bcdefghi	0.78	低感
XQ108	F1529	双低杂交	15.82	bcdefghi	0.77	低感
XQ301	FC03 *	常规双低	15.40	bcdefghi	0.74	低感
XQ404	向农 08	双低杂交	15.24	bcdefghi	0.73	低感
XQ105	沪油 039 *	常规双低	15.19	bcdefghi	0.72	低感
XQ310	98033 *	双低杂交	15.09	bcdefghi	0.71	低感
XQ208	08 杂 621 *	双低杂交	14.70	bcdefghi	0.68	低感
XQ104	黔杂 J1208	双低杂交	14.60	bcdefghi	0.68	低感
XQ205	核杂 12 号 *	双低杂交	14.34	bcdefghij	0.66	低感
XQ303	中 11R1927	双低杂交	14.17	cdefghij	0.64	低感
XQ306	沪油 065	常规双低	13.46	cdefghij	0.58	低感
XQ406	福油 23	双低杂交	13.06	cdefghij	0.55	低感
XQ201	YG128	双低杂交	12.84	cdefghij	0.53	低感
XQ402	亿油 8 号 *	双低杂交	11.86	cdefghij	0.44	低感
SX101	卓信 058	双低杂交	11.53	cdefghij	0.40	低感
XQ403	秦油 876 *	双低杂交	11.20	cdefghij	0.37	低感
XQ405	浙杂 0902	双低杂交	11.19	cdefghij	0.37	低感
XQ411	凡 341	常规双低	10.82	defghij	0.33	低感
XQ407	D157	双低杂交	10.60	defghij	0.31	低感
XQ112	JH0901 *	双低杂交	10.51	defghij	0.30	低感
XQ312	苏 ZJ – 5	常规双低	10.12	efghij	0.26	低感
XQ412	优 0737	双低杂交	9.81	efghij	0.22	低感
XQ408	徽豪油 28 *	双低杂交	9.79	efghij	0.22	低感
XQ110	HQ355 *	双低杂交	9.76	efghij	0.22	低感
XQ211	瑞油 12	双低杂交	9.63	efghij	0.20	低感
XQ101	秦优 507	双低杂交	8.71	fghij	0.09	低感
XQ210	浙杂 0903 *	双低杂交	8.46	fghij	0.06	低感
CK	中油 821		8.00	ghij	0.00	
XQ305	华油杂 87 *	双低杂交	7.88	ghij	– 0.02	低抗
XQ109	中 11 – ZY293 *	双低杂交	7.34	hij	– 0.09	低抗
SX103	86155	双低杂交	7.15	hij	– 0.12	低抗
XQ107	9M050	双低杂交	6.65	ij	– 0.20	低抗

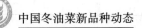

（续表）

田间代号	品种名称	品种类型	平均病指	5%显著水平	RRI	抗性等级
XQ103	徽豪油 12	双低杂交	5.93	ij	− 0.32	低抗
	秦优 10 号（CK）	双低杂交	5.91	ij	− 0.33	低抗
XQ102	绿油 218	双低杂交	2.75	j	− 1.12	中抗

附表 9 – 9 2012—2013 年度国家冬油菜区域试验黄淮区品种（系、组合）菌核病病情指数和抗病等级比较

田间代号	品种名称	品种类型	平均病指	5%显著水平	RRI	抗性等级
HQ109	ZY1014	双低杂交	45.15	a	2.14	高感
HQ110	川杂 NH2993	双低杂交	42.06	a	2.01	高感
HQ111	ZY1011 *	双低杂交	30.98	b	1.53	中感
HQ209	杂 03 – 92	双低杂交	28.09	bc	1.39	中感
HQ105	晋杂优 1 号 *	双低杂交	27.60	bc	1.37	中感
HQ212	BY03	双低杂交	22.09	bcd	1.07	中感
HQ204	H1608	双低杂交	20.60	bcde	0.98	中感
HQ201	陕油 19 *	双低杂交	19.85	cde	0.94	中感
HQ207	双油 116	双低杂交	16.38	def	0.70	低感
HQ203	CH15	双低杂交	15.74	def	0.66	低感
HQ210	双油 118	双低杂交	15.70	def	0.65	低感
HQ108	2013 *	双低杂交	15.65	def	0.65	低感
	秦优 7 号（CK）	双低杂交	15.18	def	0.61	低感
HQ206	XN1201	双低杂交	15.16	def	0.61	低感
HQ104	DX015	双低杂交	14.29	def	0.54	低感
HQ112	绵新油 38	双低杂交	13.48	def	0.47	低感
HQ202	H1609	双低杂交	13.46	def	0.47	低感
HQ103	秦优 2177	双低杂交	12.64	def	0.40	低感
HQ211	盐油杂 3 号	双低杂交	10.34	def	0.17	低感
HQ102	HL1209	双低杂交	9.60	ef	0.09	低感
HQ107	秦优 188	双低杂交	9.51	ef	0.08	低感
HQ205	高科油 1 号	双低杂交	9.44	ef	0.07	低感
CK	中油 821		8.85	ef	0.00	
HQ101	YC1115	双低杂交	7.73	f	− 0.15	低抗

附表 9 – 10 2012—2013 年度国家冬油菜区域试验早熟组品种（系、组合）菌核病病情指数和抗病等级比较

田间代号	品种名称	品种类型	平均病指	5%显著水平	RRI	抗性等级
JQ101	S0016	双低杂交	36.62	a	1.39	中感
JQ109	E05019	双低杂交	36.53	a	1.38	中感
JQ112	554	双低杂交	33.87	ab	1.27	中感
JQ108	DH1206	双低杂交	32.39	abc	1.20	中感
JQ102	131（CK）	双低杂交	27.37	abcd	0.96	中感
JQ110	黔杂 J1201	双低杂交	25.20	abcd	0.85	低感
JQ104	07 杂 696	双低杂交	25.19	abcd	0.85	低感
JQ106	川杂 NH017	双低杂交	19.50	abcd	0.52	低感
JQ111	早 01J4	双低杂交	14.68	bcd	0.17	低感
JQ107	C117	双低杂交	13.80	bcd	0.10	低感

（续表）

田间代号	品种名称	品种类型	平均病指	5% 显著水平	RRI	抗性等级
CK	中油821		12.62	cd	0.00	
JQ103	旱油1号	常规双低	10.72	d	−0.19	低抗
JQ105	早619	双低杂交	8.98	d	−0.38	低抗

各区试点自然侵染鉴定（资料汇总分析）

一、材料与方法

（一）材料和试验地点

参试油菜材料为国家冬油菜品种区域试验的品种（系、组合）共181份（附表11），对照品种长江上游区为南油12号，中游区为中油杂2号，下游区为秦优10号，黄淮区为秦优7号，早熟组为131。由全国农业技术推广服务中心统一供种和安排试验。试验地为各区试点试验田。

（二）试验设计

各试验点统一按随机区组试验设计，随机区组重复3次，小区净面积20m²。长江上、中、下游和黄淮组移栽密度为0.8万株/亩，直播密度为2.3万~2.7万株/亩，早熟组直播密度在2.0万~2.5万株/亩。播种和田间管理按常规大田管理措施，或按略高于当地生产水平。整个生育期不施用杀菌剂，不摘除老黄叶。

（三）病害调查

按国家冬油菜品种区域试验统一标准进行，每个区试点每份材料调查1~3个重复，每个重复调查100株。

（四）数据取舍和统计分析

数据取自《国家冬油菜新品种区域试验总结》，各点菌核病发病率和病情指数均分别有一组数据（平均值）。在选取数据时，只要一个点所有参试品种的菌核病发病率没有大于5%的，则该点数据删去，不作统计分析，即规定病害压力大于5%（最感的品种的发病率大于5%，在病圃鉴定中规定大于15%），方为有效抗病鉴定试验。以点作为重复进行差异显著性分析，所用软件为DPS数据处理系统（唐启义，农业出版社，北京，2010），方差分析中品种效应为固定效应。

（五）品种（系、组合）抗病等级划分

根据病情指数计算相对抗性指数RRI，按照RRI划定每个品种的抗病等级。

$$RRI = \ln \frac{100 - IDck}{IDck} - \ln \frac{100 - ID}{ID}$$

其中，ln为自然对数，ID为待评价材料病情指数，ID_{CK}为各组的对照品种，或依人工病圃鉴定获得的各组对照品种和中油821的病情指数计算获得一组转换系数，再用这组转换系数分别乘以各组对照品种的病害值，获得各点推导的中油821的病情指数。然后用这些中油821的病情指数作为对照计算RRI，再按下列标准划分等级：RRI ≤ −1.2为高抗，−1.2 < RRI ≤ −0.7为中抗，−0.7 < RRI ≤ 0为低抗，0 < RRI ≤ 0.9为低感，0.9 < RRI ≤ 2.0为中感，RRI > 2.0为高感。

二、结果与分析

（一）病害压力与数据相关性分析

总的来说，试验点的菌核病发病率较低，因而鉴定/区分抗性水平的有效性低。试验点内有菌核病的发病率大于5%的试验点数分别是：上游区A组4个，上游区B组4个，上游区C组4个，上游区D组6个，中游区A组3个，中游区B组3个，中游区C组2个，中游区D组6个，下游区A组6

个，下游区 B 组 7 个，下游区 C 组 8 个，下游区 D 组 8 个，黄淮区 A 组 5 个，黄淮区 B 组 6 个，早熟组 2 个。所有品种的发病率小于 5% 的试验点的数据删去，不参加求平均值和统计分析。

对病害压力大于 5% 的试验点的参试品种菌核病病情指数或相对抗性指数（RRI）的相关性进行分析，表明组内品种间发病率和病情指数的相关性很低，甚至出现负相关（表 9 - 5 ~ 表 9 - 19）。

表 9 - 5　上游 A 组试验点参试品种菌核病病情指数相关性分析

试验点	平均值	标准差	相关系数		
			四川内江农业科学院	四川南充农科所	重庆西南大学
陕西勉县原种场	2.52	1.05	-0.3612	0.0874	0.1620
四川内江农业科学院	6.04	2.57		-0.0673	0.4457
四川南充农科所	8.95	3.93			-0.0263
重庆西南大学	1.47	1.51			

* 和 ** 分别表示相关显著和极显著，相关系数临界值 $r_{0.05} = 0.5760$，$r_{0.01} = 0.7079$，df = 11，表 9 - 6 至表 9 - 11、表 9 - 14 至表 9 - 17 和表 9 - 19 同

表 9 - 6　上游 B 组试验点参试品种菌核病病情指数相关性分析

试验点	平均值	标准差	相关系数		
			四川内江农业科学院	四川南充农科所	重庆西南大学
陕西勉县原种场	4.03	2.02	0.1813	-0.0479	0.2024
四川内江农业科学院	3.48	1.51		-0.1276	0.0110
四川南充农科所	3.13	2.05			-0.0659
重庆西南大学	1.35	2.02			

表 9 - 7　上游 C 组试验点参试品种菌核病病情指数相关性分析

试验点	平均值	标准差	相关系数		
			四川内江农业科学院	四川南充农科所	重庆西南大学
陕西勉县原种场	5.42	1.93	0.3356	0.2857	0.4804
四川南充农科所	5.92	4.92		0.0908	0.1868
四川宜宾农业科学院	11.53	6.90			0.2697
重庆西南大学	1.42	3.25			

表 9 - 8　上游 D 组试验点参试品种菌核病病情指数相关性分析

试验点	平均值	标准差	相关系数				
			陕西勉县原种场	四川南充农科所	四川宜宾农业科学院	云南腾冲农技站	重庆西南大学
贵州安顺研究所	0.03	0.05	0.4201	0.5784 *	0.2478	0.5593	0.3355
陕西勉县原种场	5.05	0.85		0.3408	0.6816 *	0.2553	0.2530
四川南充农科所	2.94	2.30			-0.076	0.7241 **	-0.1676
四川宜宾农业科学院	10.07	5.98				0.1512	0.3060
云南腾冲农技站	14.17	6.71					0.1102
重庆西南大学	0.95	2.02					

表 9 – 9　中游 A 组试验点参试品种菌核病病情指数相关性分析

试验点	平均值	标准差	相关系数	
			湖南省作物所	江西九江市农科所
湖北宜昌市农科所	2.73	1.19	0.5685	0.2425
湖南省作物所	1.74	1.49		0.0296
江西九江市农科所	3.41	5.01		

表 9 – 10　中游 B 组试验点参试品种菌核病病情指数相关性分析

试验点	平均值	标准差	相关系数	
			湖南衡阳市农科所	江西九江市农科所
湖北宜昌市农科所	1.01	0.54	0.1658	0.4893
湖南衡阳市农科所	3.88	1.97		0.2593
江西九江市农科所	2.08	3.08		

表 9 – 11　中游 C 组试验点参试品种菌核病病情指数相关性分析

试验点	平均值	标准差	相关系数
			江西九江市农科所
湖南省作物所	3.08	3.67	− 0.1259
江西九江市农科所	1.80	0.75	

表 9 – 12　中游 D 组试验点参试品种菌核病病情指数相关性分析

试验点	平均值	标准差	相关系数				
			湖南常德市农科所	湖南衡阳市农科所	湖南省作物所	江西九江市农科所	中国农业科学院油料所
湖北襄阳市农科院	5.30	2.00	0.3720	− 0.0718	0.4262	− 0.3022	0.4202
湖南常德市农科所	3.27	2.37		− 0.0173	0.3463	0.3384	0.3045
湖南衡阳市农科所	2.06	2.57			− 0.1508	0.4138	0.1816
湖南省作物所	2.77	2.48				0.2082	0.5602*
江西九江市农科所	1.48	1.49					0.0369
中国农业科学院油料所	0.77	1.55					

　　*和**分别表示相关显著和极显著，相关系数临界值 $r_{0.05} = 0.5529$，$r_{0.01} = 0.6835$，df = 12，表 9 – 13、表 9 – 18 同

表9-13　下游 A 组试验点参试品种菌核病病情指数相关性分析

试验点	平均值	标准差	相关系数				
			江苏农科院经作所	江苏扬州市农科所	浙江农科院作核所	浙江嘉兴市农业科学院	上海市农业科学院
安徽全椒县农科所	3.01	1.44	0.5494	0.1067	0.4607	0.5016	0.4460
江苏农业科学院经作所	23.74	7.28		0.5742	0.3797	0.1569	0.4049
江苏扬州市农科所	4.63	3.61			0.4533	0.2178	0.2183
浙江农业科学院作核所	14.82	5.79				0.5113	-0.0557
浙江嘉兴市农业科学院	33.34	6.60					0.2197
上海市农业科学院	7.23	2.99					

表9-14　下游 B 组试验点参试品种菌核病病情指数相关性分析

试验点	平均值	标准差	相关系数					
			安徽滁州市农科所	江苏农科院经作所	江苏扬州市农科所	浙江农科院作物所	浙江嘉兴市农业科学院	上海市农业科学院
安徽芜湖市种子站	4.98	1.83	0.5799 *	0.5580	0.1105	0.1933	0.3006	0.1979
安徽滁州市农科所	10.69	5.78		0.2791	-0.0394	-0.3818	0.2419	0.0825
江苏农业科学院经作所	21.35	10.12			0.3313	0.2851	0.1134	0.0783
江苏扬州市农科所	4.13	3.79				-0.1384	0.2997	0.0653
浙江农业科学院作物所	15.82	4.58					-0.2017	-0.0727
浙江嘉兴市农业科学院	32.16	3.29						0.4068
上海市农业科学院	8.40	2.72						

表9-15　下游 C 组试验点参试品种菌核病病情指数相关性分析

试验点	平均值	标准差	相关系数						
			全椒县农科所	芜湖市种子站	江苏农业科学院经作所	扬州市农业科学所	嘉兴市农业科学院	浙江农科院作物所	上海市农业科学院
安徽巢湖市农科所	5.13	1.80	0.5739	-0.0148	0.2886	0.1523	0.6060 *	0.3959	-0.0290
安徽全椒县农科所	7.36	1.33		0.0492	0.2958	0.2311	0.4406	0.3217	0.1358
安徽芜湖市种子站	5.28	1.83			0.2888	0.2101	-0.1364	0.1450	0.0806
江苏农业科学院经作所	20.14	4.63				0.6238 *	0.4482	0.2847	0.5132
江苏扬州市农科所	3.00	2.61					0.1851	0.3521	0.4879
浙江嘉兴市农业科学院	27.20	5.27						0.1407	-0.1545
浙江农科院作物所	12.54	5.07							0.1041
上海市农业科学院	8.25	4.09							

表 9 – 16 下游 D 组试验点参试品种菌核病病情指数相关性分析

试验点	平均值	标准差	相关系数						
			滁州市农科所	铜陵县农科所	江苏农科院经作所	扬州市农科所	浙江农科院作物所	嘉兴市农科院	上海市农科院
安徽巢湖市农科所	6.95	2.05	−0.1429	0.2776	−0.0424	0.4582	0.1008	0.3832	0.0053
安徽滁州市农科所	13.05	5.24		−0.4217	0.3259	−0.3284	−0.2807	−0.2387	−0.4918
安徽铜陵县农科所	1.94	1.92			0.4782	0.4905	0.1155	0.3777	0.2929
江苏农业科学院经作所	18.66	7.62				0.0116	−0.1821	0.2739	−0.0922
江苏扬州市农科所	2.96	1.99					0.4594	−0.1692	0.1218
浙江农业科学院作核所	11.63	4.09						−0.0606	−0.2427
浙江嘉兴市农科院	26.00	4.88							0.0569
上海市农业科学院	9.46	2.24							

表 9 – 17 黄淮 A 组试验点参试品种菌核病病情指数相关性分析

试验点	平均值	标准差	相关系数			
			河南农科院经作所	遂平县农科所	信阳市农科院	淮阴市农科所
陕西宝鸡市农科所	16.74	6.32	0.0840	0.4787	−0.1226	0.3296
河南农业科学院经作所	4.18	1.81		−0.3125	0.5326	−0.0046
河南遂平县农科所	4.60	3.85			0.2329	−0.0329
河南信阳市农科院	4.17	6.69				0.0242
江苏淮阴市农科所	1.58	1.05				

表 9 – 18 黄淮 B 组试验点参试品种菌核病病情指数相关性分析

试验点	平均值	标准差	相关系数				
			河南农科院经作所	河南遂平县农科所	河南信阳市农科院	江苏淮阴市农科所	甘肃成县种子站
陕西宝鸡农科所	15.90	4.29	0.1227	0.0243	−0.1173	−0.0583	0.4875
河南农业科学院经作所	4.10	1.59			0.3700	0.3114	0.2743	−0.0991
河南遂平县农科所	4.13	2.09			−0.3798	0.0095	−0.3815
河南信阳市农科院	4.17	9.00				−0.2181	−0.1457
江苏淮阴市农科所	1.64	1.22					0.1736
甘肃成县种子站	1.46	5.05					

表 9 – 19 早熟组试验点参试品种菌核病病情指数相关性分析

试验点	平均值	标准差	相关系数
			湖南永州市农科所
贵州安顺市农科所	0.03	0.05	0.0291
湖南永州市农科所	6.63	1.95	

（二）对照转换及其有效性分析

为了用一个统一的标准对所有品种的抗性等级进行评价，根据人工病圃中鉴定的中油 821 和各区试组对照（南油 12 号、中油杂 2 号、秦优 10 号、秦优 7 号、131）的病情指数分别计算了转换系数，并用此系数再求得各区试组的中油 821 的病情指数（称计算的中油 821 病害值），再以中油 821 为共同对照，对所有试验组的品种进行抗病等级划分。以各组自己的对照求得的 RRI 和以计算的中油 821 为对照求得的 RRI 之间是极显著相关的（r = 0.7832**）。

（三）各区试点自然侵染鉴定的抗病性

根据各区试点病指平均数计算的 RRI（以计算的中油 821 为对照）而划分的抗病性（附表 9 – 11），可简要归纳以下几点。

（1）感病品种合计 97 个，占 53.59%；抗病品种合计 84 个，占 46.41%。其中，低感和低抗品种最多，分别有 67 个和 68 个；其次是中感和中抗品种，分别为 29 个和 14 个；高感和高抗品种较少，分别为 1 个和 2 个。

（2）长江上游区：无高感品种；中感品种有 3 个，分别为两优 589、08 杂 621 和 98P37；低感品种有 32 个；无高抗品种；中抗品种有 3 个，分别为新油 418、SY09-6 和双油 118；低抗品种有 10 个。

（3）长江中游区：高感品种有 1 个，为两优 669；中感品种有 6 个，分别为 F8569、油 982、德齐 12、152GP36、圣光 87 和 98P37；低感品种有个 19 个；高抗品种有 2 个，为 SWU09V16 和 9M415；中抗品种有 2 个，为徽杂油 9 号和 CE5；低抗品种有 19 个。

（4）长江下游区：无感病品种；无高抗品种；中抗品种有 9 个，分别为秦优 507、徽豪油 12、6-22、核优 218、2013、HQ355、沪油 039、9M050 和 98033；低抗品种有 39 个。

（5）黄淮区：无高感品种；中感品种有 11 个；低感品种有 13 个；无抗病品种。

（6）早熟组：无高感品种；中感品种有 9 个；低感品种有 3 个；无抗病品种。

（四）区试点自然侵染鉴定结果与人工病圃鉴定结果比较分析

（1）各区试组的病害压力偏低。即使以 5% 作为病害压力标准，仍有 43% 以上的点数据无效。

（2）各区试点品种的发病率、病情指数、RRI 和抗病等级差异或变幅明显缩小，降低了抗病性检测的准确度和灵敏度。

（3）总体来说，根据数据有效的试验点（平均数）所鉴定的菌核病抗性水平（等级）要高于人工病圃鉴定的抗性水平（等级）。在这两种方法中，有 71 份材料的抗病等级相同，82 份材料在相邻等级跳跃 1 个抗病等级，二者合计 153 份；抗病等级存在较大差异的材料仅 28 份（24 份材料在相邻等级跳跃 2 个抗病等级，4 份材料在相邻等级跳跃 3 个抗病等级）。因此，二者具有较高的吻合度，与上述的相关性结果一致。从而表明，只要病害压力适中，试验程序和调查规范，大田自然侵染鉴定和人工病圃诱发鉴定一起将能较准确地鉴定出参试品种的抗性水平。

三、结论和讨论

（1）鉴于本年度多数试点的病害压力偏低、数据差异性或变幅偏小、各点间数据相关性不高等原因，建议改善或建立病害抗性鉴定能力。

（2）鉴于 5% 是个显著性测验的概率限，本总结人为规定最感品种发病率大于 5%（即病害压力）的试验方为有效。实际上以 5% 为限偏低了，但是为了能取得更多的试验点的数据进行分析，在选取数据时，还是规定病害压力大于 5%。

（3）同一组试验材料各点发病率变化较大以及各点间发病相关性低或不相关，其原因可能主要为：①地点间病原变异和品种生长变异。因大量试验表明各地田间菌核病菌优势群体的致病力没有差异，因此病原变异因素可排除。品种在不同地点的生长势和开花期可能有所不同，从而可能影响了一些品种在各地的发病率和发病严重度不同。②试验过程中的人为因素。除品种本身因素外，相关性低或不相关的原因不排除田间菌原分布或病害压力不均匀，仅调查一个重复，以及有些点调查不规范等。

（4）鉴于本年度各区试点间数据相关性低或无相关性，多数试验点病害压力偏小，因此，当某一特定品种的抗病等级在各区试点鉴定的结果和人工病圃鉴定的结果间不一致时，建议采用人工病圃的鉴定结果。

附表 9 - 11　2012—2013 年度国家冬油菜区域试验品种菌核病抗性大田病圃鉴定结果与
自然侵染鉴定结果比较

区组	品种	自然侵染鉴定结果					病圃鉴定结果（以中油 821 为 CK）		
		各区试点平均病指	以各区组自己的 CK		以换算的中油 821 为 CK				
			RRI	抗病等级	RRI	抗病等级	平均病指	RRI	抗病等级
上游 A 组	18C	5.09	0.14	低感	0.52	低感	21.95	0.91	中感
	滁核 0602	2.41	- 0.64	低抗	- 0.26	低抗	15.39	0.48	低感
	宜油 24	3.17	- 0.36	低抗	0.02	低感	12.08	0.20	低感
	南油 12 号（CK）	4.46	0.00		0.38	低感	11.71	0.16	低感
	D257 *	3.89	- 0.14	低抗	0.24	低感	10.19	0.00	低感
	绵杂 07 - 55	3.98	- 0.12	低抗	0.26	低感	21.76	0.90	中感
	黔杂 ZW1281	5.19	0.16	低感	0.54	低感	16.29	0.54	低感
	大地 19	6.71	0.43	低感	0.81	低感	22.27	0.93	中感
	正油 319 *	4.52	0.01	低感	0.39	低感	12.94	0.27	低感
	杂 1249	5.45	0.21	低感	0.59	低感	12.47	0.23	低感
	YG268	6.67	0.42	低感	0.81	低感	19.80	0.78	低感
	12 杂 683	5.41	0.20	低感	0.58	低感	15.74	0.50	低感
	中油 821	3.09	- 0.38	低抗	0.00		10.16	0.00	
上游 B 组	两优 589	4.72	0.74	低感	1.11	中感	23.79	1.02	中感
	黔杂 ZW11-5 *	3.37	0.39	低感	0.76	低感	30.48	1.36	中感
	瑞油 58 - 2350	2.91	0.24	低感	0.61	低感	13.82	0.35	低感
	渝油 27	3.35	0.38	低感	0.76	低感	27.69	1.22	中感
	南油 12 号（CK）	2.31	0.00		0.37	低感	11.48	0.14	低感
	D57	1.26	- 0.62	低抗	- 0.24	低抗	3.41	- 1.16	中抗
	Njnky11-83/0603	3.14	0.32	低感	0.69	低感	45.72	2.01	高感
	98P37	3.86	0.53	低感	0.90	中感	17.36	0.62	低感
	汉油 9 号	2.42	0.05	低感	0.42	低感	13.02	0.28	低感
	H82J24	2.24	- 0.03	低抗	0.34	低感	14.28	0.39	低感
	双油 119	2.13	- 0.08	低抗	0.29	低感	9.61	- 0.06	低抗
	08 杂 621	4.28	0.64	低感	1.01	中感	15.00	0.45	低感
	中油 821	1.60	- 0.37	低抗	0.00		10.16	0.00	
上游 C 组	双油 118	1.66	- 1.54	高抗	- 1.15	中抗	17.12	0.60	低感
	Zn1102 *	5.75	- 0.26	低抗	0.13	低感	8.20	- 0.24	低抗
	圣光 128	2.88	- 0.98	中抗	- 0.59	低抗	14.11	0.37	低感
	YG126	8.88	0.21	低感	0.60	低感	20.03	0.80	低感
	DF1208	10.12	0.35	低感	0.74	低感	15.08	0.45	低感
	152G200	6.66	- 0.10	低抗	0.29	低感	27.51	1.21	中感
	川杂 09NH01	6.89	- 0.07	低抗	0.32	低感	12.29	0.21	低感
	南油 12 号（CK）	7.32	0.00		0.39	低感	11.01	0.09	低感
	黔杂 2011 - 2	4.43	- 0.53	低抗	- 0.14	低抗	24.91	1.08	中感
	H29J24	3.01	- 0.94	中抗	- 0.55	低抗	6.25	- 0.53	低抗
	H2108	10.47	0.39	低感	0.78	低感	12.98	0.28	低感
	SWU09V16 *	4.81	- 0.45	低抗	- 0.06	低抗	14.08	0.37	低感
	中油 821	5.08	- 0.39	低抗	0.00		10.16	0.00	

（续表）

区组	品种	各区试点平均病指	自然侵染鉴定结果 以各区组自己的CK RRI	抗病等级	以换算的中油821为CK RRI	抗病等级	病圃鉴定结果（以中油821为CK）平均病指	RRI	抗病等级
上游D组	天禾油1201	3.65	-0.87	中抗	-0.48	低抗	19.07	0.73	低感
	绵杂06-322*	5.74	-0.40	低抗	0.00	低抗	13.29	0.30	低感
	双油杂1号	6.84	-0.21	低抗	0.18	低感	47.08	2.06	高感
	华11崇32	8.65	0.05	低感	0.44	低感	30.12	1.34	中感
	蓉油14	4.36	-0.68	低抗	-0.29	低抗	4.38	-0.90	中抗
	12杂656	5.83	-0.38	低抗	0.02	低感	11.94	0.18	低感
	杂0982*	6.07	-0.34	低抗	0.06	低感	9.33	-0.09	低抗
	SWU10V01	5.60	-0.42	低抗	-0.03	低抗	9.30	-0.10	低抗
	南油12号（CK）	8.29	0.00		0.39	低感	10.93	0.08	低感
	新油418	2.69	-1.19	中抗	-0.79	中抗	11.60	0.15	低感
	SY09-6	2.22	-1.38	高抗	-0.99	中抗	5.29	-0.70	中抗
	川杂NH1219	6.46	-0.27	低抗	0.12	低感	27.32	1.20	中感
	中油821	5.75	-0.39	低抗	0.00		10.16	0.00	
中游A组	152GP36	5.17	0.78	低感	0.97	中感	22.83	0.99	中感
	中油杂2号（CK）	2.44	0.00		0.19	低感	12.52	0.26	低感
	双油116	1.47	-0.52	低抗	-0.33	低抗	15.48	0.51	低感
	同油杂2号*	1.81	-0.31	低抗	-0.12	低抗	12.99	0.31	低感
	华12崇45	1.87	-0.27	低抗	-0.08	低抗	15.66	0.52	低感
	F0803*	1.84	-0.29	低抗	-0.10	低抗	9.04	-0.10	低抗
	德油杂2000	3.08	0.24	低感	0.43	低感	45.19	2.02	高感
	正油319	2.89	0.17	低感	0.36	低感	17.58	0.66	低感
	SWU09V16*	0.23	-2.37	高抗	-2.18	高抗	16.85	0.61	低感
	F8569*	7.49	1.18	中感	1.36	中感	10.74	0.09	低感
	赣油杂50	1.26	-0.67	低抗	-0.49	低抗	18.19	0.71	低感
	T5533	1.93	-0.24	低抗	-0.05	低抗	9.07	-0.10	低抗
	中油821	2.03	-0.19	低抗	0.00		9.90	0.00	
中游B组	宁杂21号	2.89	0.02	低感	0.20	低感	11.61	0.18	低感
	圣光87*	5.83	0.75	低感	0.94	中感	14.77	0.46	低感
	新油842*	1.28	-0.81	中抗	-0.62	低抗	9.02	-0.10	低抗
	2013	1.23	-0.85	中抗	-0.66	低抗	13.88	0.38	低感
	9M415*	0.43	-1.91	高抗	-1.72	高抗	14.19	0.41	低感
	国油杂101*	1.77	-0.48	低抗	-0.30	低抗	13.87	0.38	低感
	常杂油3号	1.96	-0.38	低抗	-0.19	低抗	17.16	0.63	低感
	华11P69东	2.84	0.00	低抗	0.19	低感	20.20	0.83	低感
	丰油10号*	1.76	-0.49	低抗	-0.30	低抗	19.46	0.79	低感
	中油杂2号（CK）	2.84	0.00		0.19	低感	11.83	0.20	低感
	华108	3.74	0.28	低感	0.47	低感	7.12	-0.36	低抗
	中农油11号*	1.24	-0.84	中抗	-0.66	低抗	8.34	-0.19	低抗
	中油821	2.37	-0.19	低抗	0.00		9.90	0.00	

（续表）

区组	品种	各区试点平均病指	以各区组自己的 CK		以换算的中油 821 为 CK		病圃鉴定结果（以中油 821 为 CK）		
			RRI	抗病等级	RRI	抗病等级	平均病指	RRI	抗病等级
中游C组	科乐油 1 号	1.07	−0.17	低抗	0.02	低感	8.55	−0.16	低抗
	98P37	2.64	0.75	低感	0.94	中感	17.40	0.65	低感
	两优 669 *	7.57	1.86	中感	2.04	高感	14.20	0.41	低感
	中油杂 2 号（CK）	1.26	0.00		0.19	低感	12.14	0.23	低感
	GS50 *	1.64	0.26	低感	0.45	低感	17.36	0.65	低感
	大地 89	2.13	0.53	低感	0.72	低感	11.18	0.14	低感
	德齐 12	2.89	0.85	低感	1.03	中感	20.56	0.86	低感
	9M049 *	1.94	0.44	低感	0.62	低感	12.03	0.22	低感
	秦优 28	0.57	−0.81	中抗	−0.62	低抗	5.18	−0.70	低抗
	油 982	3.70	1.10	中感	1.29	中感	15.18	0.49	低感
	7810	2.39	0.65	低感	0.83	低感	13.19	0.32	低感
	H29J24 *	1.57	0.22	低感	0.41	低感	6.54	−0.45	低抗
	中油 821	1.05	−0.19	低抗	0.00		9.90	0.00	
中游D组	C1679 *	1.57	−0.79	中抗	−0.60	低抗	15.80	0.54	低感
	ZY200	3.50	0.04	低感	0.23	低感	12.58	0.27	低感
	华齐油 3 号	2.28	−0.41	低抗	−0.22	低抗	12.39	0.25	低感
	华 2010 - P64 - 7	4.19	0.22	低感	0.41	低感	12.93	0.30	低感
	F1548	2.02	−0.53	低抗	−0.34	低抗	7.21	−0.35	低抗
	11611 *	2.07	−0.50	低抗	−0.32	低抗	15.16	0.49	低感
	T2159 *	5.16	0.44	低感	0.63	低感	21.04	0.89	低感
	CE5 *	1.27	−1.00	中抗	−0.81	中抗	9.00	−0.10	低抗
	11606	1.79	−0.65	低抗	−0.47	低抗	9.67	−0.03	低抗
	中油杂 2 号（CK）	3.38	0.00		0.19	低感	11.62	0.18	低感
	徽杂油 9 号	1.01	−1.23	高抗	−1.04	中抗	9.15	−0.09	低抗
	卓信 012	2.86	−0.17	低抗	0.02	低感	13.77	0.37	低感
	12X26	2.81	−0.19	低抗	0.00	低抗	12.15	0.23	低感
下游A组	中油 821	2.81	−0.19	低抗	0.00		9.90	0.00	
	秦优 507	12.90	−0.21	低抗	−0.70	中抗	8.71	0.09	低感
	绿油 218	13.50	−0.16	低抗	−0.65	低抗	2.75	−1.12	中抗
	徽豪油 12	12.86	−0.21	低抗	−0.71	中抗	5.93	−0.32	低抗
	黔杂 J1208	18.74	0.24	低感	−0.26	低抗	14.60	0.68	低感
	沪油 039 *	10.58	−0.43	低抗	−0.93	中抗	15.19	0.72	低感
	秦优 10 号（CK）	15.42	0.00		−0.50	低抗	5.30	−0.44	低抗
	9M050	10.21	−0.47	低抗	−0.97	中抗	6.65	−0.20	低抗
	F1529	19.26	0.27	低感	−0.23	低抗	15.82	0.77	低感
	中 11-ZY293 *	13.17	−0.18	低抗	−0.68	低抗	7.34	−0.09	低抗
	HQ355 *	11.67	−0.32	低抗	−0.82	中抗	9.76	0.22	低感
	F219	17.31	0.14	低感	−0.36	低抗	18.86	0.98	中感
	JH0901 *	17.91	0.18	低感	−0.32	低抗	10.51	0.30	低感
	中油 821	23.03	0.50	低感	0.00		8.00	0.00	

区组	品种	自然侵染鉴定结果					病圃鉴定结果（以中油821为CK）		
		各区试点平均病指	以各区组自己的CK		以换算的中油821为CK		平均病指	RRI	抗病等级
			RRI	抗病等级	RRI	抗病等级			
下游B组	YG128	17.94	0.33	低感	−0.15	低抗	12.84	0.53	低感
	2013	10.52	−0.29	低抗	−0.78	中抗	15.93	0.78	低感
	陕油19	16.24	0.21	低感	−0.28	低抗	20.94	1.11	中感
	6-22	11.05	−0.24	低抗	−0.72	中抗	39.50	2.02	高感
	核杂12号*	12.74	−0.08	低抗	−0.56	低抗	14.34	0.66	低感
	10HPB7	11.80	−0.16	低抗	−0.65	低抗	18.72	0.97	中感
	创优9号	13.31	−0.03	低抗	−0.51	低抗	22.06	1.18	中感
	08杂621*	18.68	0.38	低感	−0.11	低抗	14.70	0.68	低感
	秦优10号（CK）	13.61	0.00		−0.48	低抗	6.45	−0.23	低抗
	浙杂0903*	12.84	−0.07	低抗	−0.55	低抗	8.46	0.06	低感
	瑞油12	13.36	−0.02	低抗	−0.50	低抗	9.63	0.20	低感
	圣光87	15.06	0.12	低感	−0.36	低抗	16.41	0.81	低感
	中油821	20.34	0.48	低感	0.00		8.00	0.00	
下游C组	FC03*	11.46	−0.03	低抗	−0.50	低抗	15.40	0.74	低感
	秦优10号（CK）	11.81	0.00		−0.47	低抗	5.42	−0.42	低抗
	中11R1927	14.04	0.20	低感	−0.27	低抗	14.17	0.64	低感
	M417*	10.67	−0.11	低抗	−0.58	低抗	25.84	1.39	中感
	华油杂87*	10.56	−0.13	低抗	−0.60	低抗	7.88	−0.02	低抗
	沪油065	10.94	−0.09	低抗	−0.56	低抗	13.46	0.58	低感
	绵新油38*	10.98	−0.08	低抗	−0.55	低抗	16.26	0.80	低感
	T1208	14.52	0.24	低感	−0.23	低抗	20.17	1.07	中感
	核优218	9.09	−0.29	低抗	−0.76	中抗	19.59	1.03	中感
	98033*	6.80	−0.61	低抗	−1.08	中抗	15.09	0.71	低感
	18C	10.72	−0.11	低抗	−0.58	低抗	22.05	1.18	中感
	苏ZJ-5	11.78	0.00	低抗	−0.47	低抗	10.12	0.26	低感
	中油821	17.65	0.47	低感	0.00		8.00	0.00	
下游D组	106047	12.88	0.27	低感	−0.19	低抗	22.88	1.23	中感
	亿油8号*	14.21	0.39	低感	−0.07	低抗	11.86	0.44	低感
	秦油876*	10.90	0.08	低感	−0.37	低抗	11.20	0.37	低感
	向农08	11.95	0.19	低感	−0.27	低抗	15.24	0.73	低感
	浙杂0902	9.87	−0.03	低抗	−0.49	低抗	11.19	0.37	低感
	福油23	12.33	0.22	低感	−0.24	低抗	13.06	0.55	低感
	D157	12.01	0.19	低感	−0.27	低抗	10.60	0.31	低感
	徽豪油28*	11.35	0.13	低感	−0.33	低抗	9.79	0.22	低感
	核杂14号	12.14	0.21	低感	−0.25	低抗	18.51	0.96	中感
	秦优10号（CK）	10.11	0.00		−0.46	低抗	6.47	−0.23	低抗
	凡341	8.28	−0.22	低抗	−0.68	低抗	10.82	0.33	低感
	优0737	9.96	−0.02	低抗	−0.48	低抗	9.81	0.22	低感
	中油821	15.10	0.46	低感	0.00		8.00	0.00	

（续表）

区组	品种	各区试点平均病指	以各区组自己的 CK		以换算的中油 821 为 CK		病圃鉴定结果（以中油 821 为 CK）		
			RRI	抗病等级	RRI	抗病等级	平均病指	RRI	抗病等级
黄淮A组	YC1115	6.63	0.82	低感	0.97	中感	7.73	-0.15	低抗
	HL1209	2.93	-0.04	低抗	0.11	低感	9.60	0.09	低感
	秦优 2177	7.33	0.93	中感	1.08	中感	12.64	0.40	低感
	DX015	6.46	0.79	低感	0.94	中感	14.29	0.54	低感
	晋杂优 1 号 *	10.11	1.28	中感	1.43	中感	27.60	1.37	中感
	秦优 7 号（CK）	3.03	0.00		0.15	低感	16.24	0.69	低感
	秦优 188	4.70	0.46	低感	0.60	低感	9.51	0.08	低感
	2013 *	3.16	0.04	低感	0.19	低感	15.65	0.65	低感
	ZY1014	8.46	1.08	中感	1.23	中感	45.15	2.14	高感
	川杂 NH2993	8.84	1.13	中感	1.28	中感	42.06	2.01	高感
	ZY1011 *	7.59	0.97	中感	1.11	中感	30.98	1.53	中感
	绵新油 38	5.79	0.68	低感	0.82	低感	13.48	0.47	低感
	中油 821	2.63	-0.15	低抗	0.00		8.85	0.00	
黄淮B组	陕油 19 *	4.79	0.56	低感	0.71	低感	19.85	0.94	中感
	H1609	4.63	0.53	低感	0.68	低感	13.46	0.47	低感
	CH15	5.13	0.64	低感	0.78	低感	15.74	0.66	低感
	H1608	4.86	0.58	低感	0.73	低感	20.60	0.98	中感
	高科油 1 号	6.53	0.89	低感	1.04	中感	9.44	0.07	低感
	XN1201	8.96	1.24	中感	1.38	中感	15.16	0.61	低感
	双油 116	4.15	0.41	低感	0.56	低感	16.38	0.70	低感
	秦优 7 号（CK）	2.78	0.00		0.15	低感	14.11	0.53	低感
	杂 03 - 92	7.93	1.10	中感	1.25	中感	28.09	1.39	中感
	双油 118	5.87	0.78	低感	0.93	中感	15.70	0.65	低感
	盐油杂 3 号	3.59	0.26	低感	0.41	低感	10.34	0.17	低感
	BY03	3.59	0.26	低感	0.41	低感	22.09	1.07	中感
	中油 821	2.41	-0.15	低抗	0.00		8.85	0.00	
早熟组	S0016	1.46	-0.81	中抗	0.25	低感	36.62	1.39	中感
	131（CK）	3.21	0.00		1.06	中感	27.37	0.96	中感
	旱油 1 号	3.07	-0.05	低抗	1.01	中感	10.72	-0.19	低抗
	07 杂 696	3.36	0.05	低感	1.11	中感	25.19	0.85	低感
	早 619	3.27	0.02	低感	1.08	中感	8.98	-0.38	低抗
	川杂 NH017	2.48	-0.27	低抗	0.79	低感	19.50	0.52	低感
	C117	2.39	-0.31	低抗	0.75	低感	13.80	0.10	低感
	DH1206	4.64	0.38	低感	1.44	中感	32.39	1.20	中感
	E05019	4.52	0.36	低感	1.42	中感	36.53	1.38	中感
	黔杂 J1201	4.30	0.30	低感	1.36	中感	25.20	0.85	低感
	早 01J4	2.92	-0.10	低抗	0.96	中感	14.68	0.17	低感
	554	4.38	0.32	低感	1.38	中感	33.87	1.27	中感
	中油 821	1.14	-1.06	中抗	0.00		12.62	0.00	

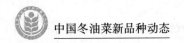

2012—2013 年度国家冬油菜品种试验品质检测报告

1 检测目的

受全国农业技术推广服务中心的委托，农业部油料及制品质量监督检验测试中心承担了 2012—2013 年度国家区试油菜品种的品质分析检测工作，以便为新品种审定和管理提供决策依据。品种品质分析检测的主要目的是：

（1）检测本年度区试品种的品质质量特性，分析我国双低油菜品种品质质量水平。

（2）通过区试品种的品质质量检测结果，采用我国双低油菜品种审定标准判定区试品种的续试或审定。

2 材料与方法

2.1 材料

试验材料为参加 2012—2013 年度长江上、中、下游区、黄淮区、早熟组及生产试验组国家区试的冬油菜品种，共收到全国油菜区试品质检测样品 401 份，样品经油菜区试主持单位统一将各区试点样品混样、分样、编码，由中国农业科学院油料作物研究所油菜区试组送样，送样人为罗丽霞。其中 187 份样品检测了芥酸含量，收样日期为 2012 年 9 月 24 日。214 份样品检测了含油量和硫苷，收到样品日期为 2013 年 6 月 27 日。

2.2 方法

2.2.1 芥酸检测

芥酸检测采用气相色谱法，检测标准为 GB/T 17377—2008，结果表示为油菜籽芥酸占总脂肪酸的百分比（%）。

2.2.2 硫代葡萄糖苷肪检测

硫代葡萄糖苷检测采用液相色谱法，检测标准为 NY/T 1582—2007，结果表示为 8.5% 水杂下饼粕中硫代葡萄糖苷含量（μmol/g）

2.2.3 含油量检测

含油量检测采用经典方法即索氏抽提法，检测标准为 NY/T 1285—2007，结果表示为干基菜籽中含油量（%）

2.3 国内外油菜品质分析主要方法比较

表 10 - 1　国内外油菜品质分析主要方法

项目	中国检测方法	油菜主要生产国加拿大检测方法	国际方法
硫苷	HPLC　NY/T 1582 - 2007 结果以干基饼粕中硫苷含量表示	HPLC　ISO 9167：1 - 1992（E）光谱法 ISO 9167：3 - 2007（E）结果表示为含 8.5% 水分油菜籽中硫苷含量	ISO 9167：1 - 1992（E）AK 1 - 1992

（续表）

项目	中国检测方法	油菜主要生产国 加拿大检测方法	国际方法
芥酸	GC GB/T 17377 - 2008	GC ISO 5508：1990（E） NMR ISO 10565：1992（E）	GC ISO 5508：1990（E）
含油量	索氏抽提 NY/T 1285 - 2007 结果表示为干基菜籽中含油量	ISO 734 - 1：2006 结果表示为含 8.5% 水分油菜籽中含油量	索氏抽提 ISO 734 - 1：2006

3　检测结果

3.1　全国结果分析

2012—2013 年度 187 份品种样品检测结果表明：芥酸含量最高值为 1.4%，最低值为 0.05%，平均值为 0.16% 见表 10 - 2，其样品芥酸含量检测结果分布见图 10 - 1。214 份品种样品检测硫代葡萄糖苷含量最高值为 39.62μmol/g 饼，最低值为 17.37μmol/g 饼，平均值为 23.62μmol/g 饼见表 10 - 3，其样品硫代葡萄糖苷含量检测结果分布见图 10 - 2。214 份品种样品检测含油量含量结果最高值为 50.37%，最低值为 38.57%，平均值为 43.96% 见表 10 - 4，其样品含油量检测结果分布见图 10 - 3。

表 10 - 2　2012—2013 年度样品芥酸检测结果汇总　　　　　　　　　　（%）

	最高值	最低值	平均值
上 游 区	0.6	0.05	0.16
中 游 区	1.4	0.05	0.23
下 游 区	0.6	0.05	0.13
黄 淮 区	0.4	0.05	0.1
早 熟 组	0.6	0.05	0.13
全 国	1.4	0.05	0.16

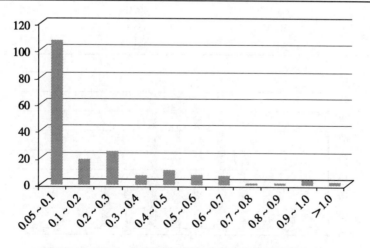

图 10 - 1　2011—2012 年度样品芥酸含量检测结果分布

表 10 - 3　2012—2013 年度样品硫代葡萄糖苷检测结果汇总

	最高值 μmol/g（8.5%）	最低值 μmol/g（8.5%）	平均值 μmol/g（8.5%）
上游区	29.97	17.00	24.17
中游区	31.05	17.61	22.43
下游区	39.62	17.41	24.09

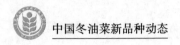

（续表）

	最高值 μmol/g（8.5%）	最低值 μmol/g（8.5%）	平均值 μmol/g（8.5%）
黄淮区	37.20	18.92	22.83
早熟组	37.06	17.62	23.56
生产试验	38.27	17.38	24.30
全　国	39.62	17.00	23.59

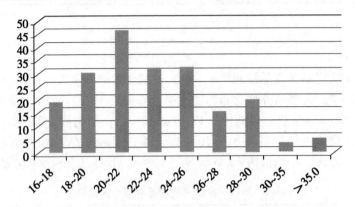

图 10 - 2　2012—2013 年度品种硫代葡萄糖苷含量检测结果分布

表 10 - 4　2010—2011 年度样品含油量检测结果汇总　　　　　　（%）

	最高值	最低值	平均值
上游区	47.44	39.20	42.74
中游区	48.58	39.15	44.02
下游区	50.34	42.30	45.36
黄淮区	45.36	38.57	42.13
早熟组	45.97	40.04	42.12
生产试验	50.37	41.51	45.60
全　国	50.37	38.57	43.96

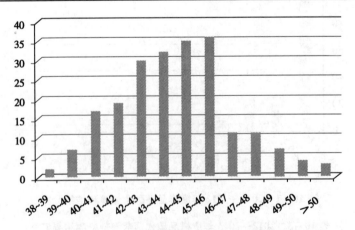

图 10 - 3　2012—2013 年度样品含油量检测结果分布

　　2012—2013 年度区试品种双低油菜籽硫苷平均值 23.59μmol/g，单项达标率 96.73%；芥酸含量平均值 0.16%，单项达标率 99.46%。与 2011—2012 年度相比，硫苷、芥酸含量平均值和单项达标率均有明显提升。结果见表 10 - 5、图 10 - 4。

表 10 - 5　2005—2013 年区试油菜品种双低达标率　　　　　　　（%）

芥酸 （%）	硫苷 μmol/g （8.5%水杂）	2005— 2006	2006— 2007	2007— 2008	2008— 2009	2009— 2010	2010— 2011	2011— 2012	2012— 2013
≤0.5	≤25.0	53.1	77.66	69.83	64.02	69.73	60.41	60.6	66.82
≤0.5	≤30.0	66.37	89.36	78.45	74.39	85.03	85.28	89.41	90.32
≤1.0	≤30.0	76.11	95.74	88.79	82.93	85.95	85.28	94.85	96.73
≤1.0	≤40.0	78.76	95.74	94.83	85.98	85.95	85.28	97.06	99.46
≤2.0	≤40.0	89.38	97.87	98.28	95.12	97.84	95.43	98.97	100

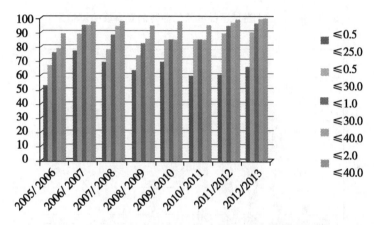

图 10 - 4　2005—2013 年区试油菜品种双低达标率变幅

3.2　各区试组结果分析

3.2.1　长江上游地区结果分析

长江上游地区检测芥酸的样品共有 48 份，最高值为 0.6%，最低值为 0.05%，平均值为 0.16%，其品种芥酸含量检测结果分布见图 10 - 5。检测硫代葡萄糖苷的样品共有 48 份，最高值为 29.97μmol/g 饼，最低值为 17.37μmol/g 饼，平均值为 24.33μmol/g 饼，其品种硫代葡萄糖苷含量检测结果分布见图 10 - 6。检测含油量的样品共有 48 份，最高值为 47.44%，最低值为 39.20%，平均值为 42.74%，其品种含油量检测结果分布见图 10 - 7。

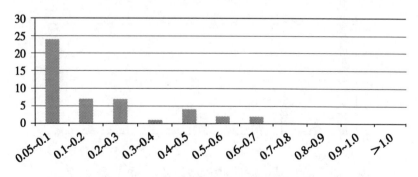

图 10 - 5　长江上游地区品种芥酸含量检测结果分布

3.2.2　长江中游地区结果分析

长江中游地区检测芥酸的样品共有 49 份，最高值为 1.4%，最低值为 0.05%，平均值为 0.23%，其品种芥酸含量检测结果分布见图 10 - 8。检测硫代葡萄糖苷的样品共有 49 份，最高值为 31.05μmol/g 饼，最低值为 17.64μmol/g 饼，平均值为 22.53μmol/g 饼，其品种硫代葡萄糖苷含量检

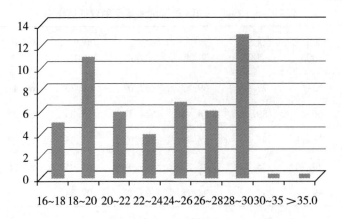

图 10 - 6　长江上游地区品种硫代葡萄糖苷含量检测结果分布

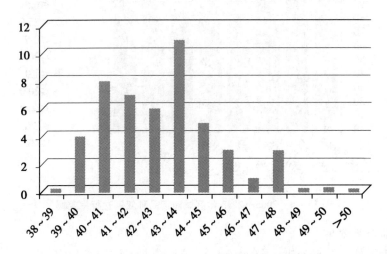

图 10 - 7　长江上游地区品种含油量检测结果分布

测结果分布见图 10 - 9。检测含油量的样品共有 49 份，最高值为 48.58%，最低值为 39.15%，平均值为 44.02%，其品种含油量检测结果分布见图 10 - 10。

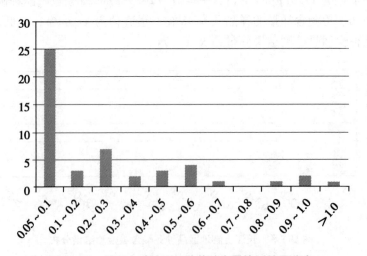

图 10 - 8　长江中游地区品种芥酸含量检测结果分布

3.2.3　长江下游地区结果分析

长江下游地区检测芥酸的样品共有 48 份，最高值为 0.6%，最低值为 0.05%，平均值为 0.13%，其品种芥酸含量检测结果分布见图 10 - 11。检测硫代葡萄糖苷的样品共有 48 份，最高值为

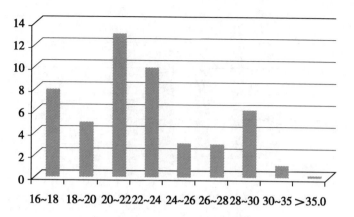

图 10 – 9　长江中游地区品种硫代葡萄糖苷含量检测结果分布

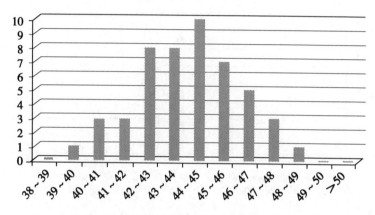

图 10 – 10　长江中游地区品种含油量检测结果分布

39.62μmol/g 饼，最低值为 18.26μmol/g 饼，平均值为 24.23μmol/g 饼，其品种硫代葡萄糖苷含量检测结果分布见图 10 – 12。检测含油量的样品共有 48 份，最高值为 50.34%，最低值为 42.30%，平均值为 45.36%，其品种含油量检测结果分布见图 10 – 13。

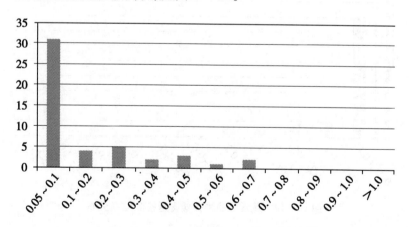

图 10 – 11　长江下游地区品种芥酸含量检测结果分布

3.2.4　黄淮地区结果分析

黄淮地区检测芥酸的样品共有 24 份，最高值为 0.4%，最低值为 0.05%，平均值为 0.10%，其品种芥酸含量检测结果分布见图 10 – 14。检测硫代葡萄糖苷的样品共有 24 份，最高值为 37.06μmol/g 饼，最低值为 19.02μmol/g 饼，平均值为 23.00μmol/g 饼，其品种硫代葡萄糖苷含量检测结果分布

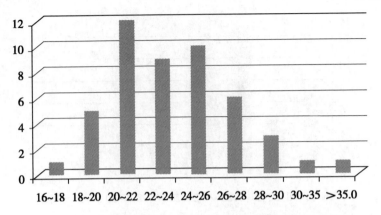

图 10 - 12　长江下游地区品种硫代葡萄糖苷含量检测结果分布

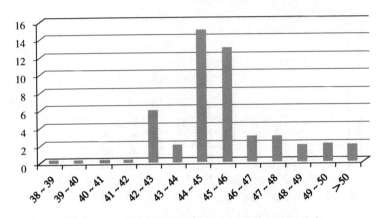

图 10 - 13　长江下游地区品种含油量检测结果分布

见图 10 - 15。检测含油量的样品共有 24 份，最高值为 45.36%，最低值为 38.57%，平均值为 42.13%，其品种含油量检测结果分布见图 10 - 16。

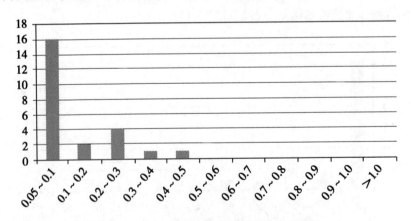

图 10 - 14　黄淮区品种芥酸含量检测结果分布

3.2.5　早熟组结果分析

早熟组检测芥酸的样品共有 12 份，最高值为 0.6%，最低值为 0.05%，平均值为 0.13%，其品种芥酸含量检测结果分布见图 10 - 17。检测硫代葡萄糖苷的样品共有 12 份，最高值为 37.06μmol/g 饼，最低值为 17.68μmol/g 饼，平均值为 24.10μmol/g 饼，其品种硫代葡萄糖苷含量检测结果分布见图 10 - 18。检测含油量的样品共有 12 份，最高值为 45.97%，最低值为 40.04%，平均值为 42.12%，其品种含油量检测结果分布见图 10 - 19。

370

黄淮区–硫苷含量分布

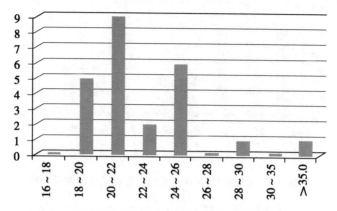

图 10 – 15　黄淮区品种硫代葡萄糖苷含量检测结果分布

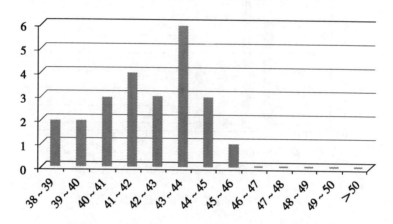

图 10 – 16　黄淮区品种含油量检测结果分布

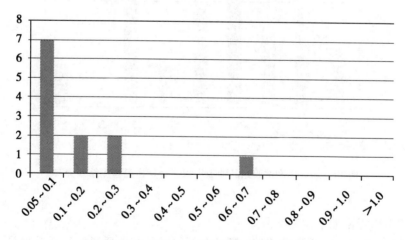

图 10 – 17　早熟组品种芥酸含量检测结果分布

3.2.6　生产试验组结果分析

生产试验组检测硫代葡萄糖苷的样品共有 33 份，最高值为 38.27μmol/g 饼，最低值为 17.53μmol/g 饼，平均值为 24.52μmol/g 饼，其品种硫代葡萄糖苷含量检测结果分布见图 10 – 20。检测含油量的样品共有 33 份，最高值为 50.37%，最低值为 41.51%，平均值为 45.60%，其品种含油量检测结果分布见图 10 – 21。

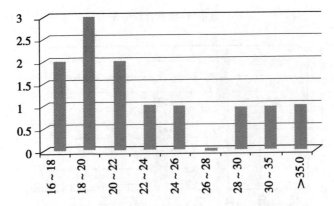

图 10 - 18　早熟组品种硫代葡萄糖苷含量检测结果分布

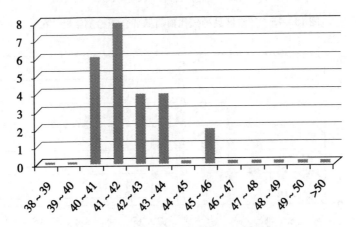

图 10 - 19　早熟组品种含油量检测结果分布

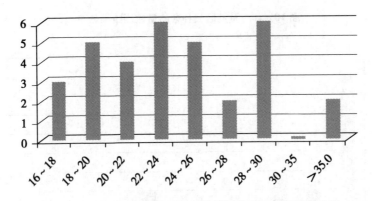

图 10 - 20　生产试验组品种硫代葡萄糖苷含量检测结果分布

4　结论

通过本检测，可以得出如下主要结果。

4.1　2012—2013 年度 187 份品种芥酸、硫苷分析：品种芥酸质量明显提升趋势，其中，约 99％ 的品种芥酸含量在 1％ 以下，芥酸含量低于 0.2％ 的品种占 75％；硫苷含量逐年降低，硫苷含量 30umol/g 以下的品种已占到 95％；双低品种品质与国际接轨。

4.2　2012—2013 年度 214 份品种含油量检测：区试品种含油量逐年上升，总体水平明显高于 2011—2012 年度，且平均达到 43.96％，达到国际标准。

近 5 年各油菜主产省硫苷、芥酸、含油量等主要品质质量指标含量变化情况综合分析可知，双低 油菜籽为敏感性靠前的农作物品种，其质量安全水平受政策、气候、管理水平等多因素的影响，需要

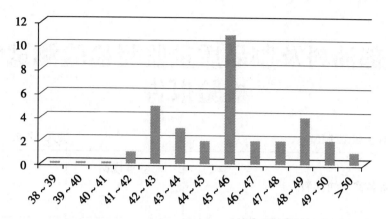

图 10 - 21　生产试验组品种含油量检测结果分布

对其品质质量状况进行连续不间断跟踪，及时掌握其质量状况，引导双低油菜品种区域试验、生产与消费，优质与优价，促进双低油菜产业稳步健康发展。

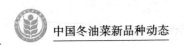
农业部油料及制品质量监督检验测试中心
检验报告

№ 20121169-20121355   共 12 页   第 1 页

产（样）品名称	油菜籽	型号规格	——————
		商　　标	——————
受（送）检单位	国家油菜区试组	检验类别	委托
生产单位	——————	样品等级、状态	正常
抽样地点	——————	抽（到）样日期	2012 年 09 月 24 日
样品数量	15g*187	抽（送）样者	罗莉霞
抽样基数	——————	原编号或生产日期	——————
检验依据	——————	检验项目	芥酸
所用主要仪器	气相色谱仪 YLSB076	实验环境条件	温度：22℃ 湿度：55%RH
检验结论	本报告对该来样仅提供数据，不做判定 签发日期：2013年7月3日		
备注	——————		

批准：张文   审核：丁小霞   制表：印南日
2013.07.03   2013.07.03   2013.07.03

农业部油料及制品质量监督检验测试中心检验报告

样品名称	样品原编号	检测编号	检验项目	检测结果	指标	单项结论	检测依据
18C	SQ101	20121169	芥酸（%）	0.4	—	—	GB/T 17377—2008
滁核 0602	SQ102	20121170	芥酸（%）	0.2	—	—	GB/T 17377—2008
宜油 24	SQ103	20121171	芥酸（%）	0.5	—	—	GB/T 17377—2008
南油 12	SQ104	20121172	芥酸（%）	0.0	—	—	GB/T 17377—2008
D257	SQ105	20121173	芥酸（%）	0.0	—	—	GB/T 17377—2008
绵杂 07—55	SQ106	20121174	芥酸（%）	0.6	—	—	GB/T 17377—2008
黔杂 ZW1281	SQ107	20121175	芥酸（%）	0.0	—	—	GB/T 17377—2008
大地 19	SQ108	20121176	芥酸（%）	0.0	—	—	GB/T 17377—2008
正油 319	SQ109	20121177	芥酸（%）	0.4	—	—	GB/T 17377—2008
杂 1249	SQ110	20121178	芥酸（%）	0.2	—	—	GB/T 17377—2008
YG268	SQ111	20121179	芥酸（%）	0.0	—	—	GB/T 17377—2008
12 杂 683	SQ112	20121180	芥酸（%）	0.0	—	—	GB/T 17377—2008
两优 589	SQ201	20121181	芥酸（%）	0.0	—	—	GB/T 17377—2008
黔杂 ZW11—5	SQ202	20121182	芥酸（%）	0.0	—	—	GB/T 17377—2008
瑞油 58—2350	SQ203	20121183	芥酸（%）	0.0	—	—	GB/T 17377—2008
渝油 27	SQ204	20121184	芥酸（%）	0.2	—	—	GB/T 17377—2008
南油 12	SQ205	20121185	芥酸（%）	0.0	—	—	GB/T 17377—2008

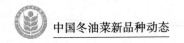
农业部油料及制品质量监督检验测试中心
检验报告

样品名称	样品原编号	检测编号	检验项目	检测结果	指标	单项结论	检测依据
D57	SQ206	20121186	芥酸（%）	0.0	—	—	GB/T 17377—2008
NJNKY11—83/0603	SQ207	20121187	芥酸（%）	0.5	—	—	GB/T 17377—2008
98P37	SQ208	20121188	芥酸（%）	0.0	—	—	GB/T 17377—2008
汉油 9 号	SQ209	20121189	芥酸（%）	0.2	—	—	GB/T 17377—2008
H82J24	SQ210	20121190	芥酸（%）	0.4	—	—	GB/T 17377—2008
双油 119	SQ211	20121191	芥酸（%）	0.4	—	—	GB/T 17377—2008
08 杂 621	SQ212	20121192	芥酸（%）	0.0	—	—	GB/T 17377—2008
双油 118	SQ301	20121193	芥酸（%）	0.2	—	—	GB/T 17377—2008
ZN1102	SQ302	20121194	芥酸（%）	0.1	—	—	GB/T 17377—2008
圣光 128	SQ303	20121195	芥酸（%）	0.0	—	—	GB/T 17377—2008
YG126	SQ304	20121196	芥酸（%）	0.0	—	—	GB/T 17377—2008
DF1208	SQ305	20121197	芥酸（%）	0.1	—	—	GB/T 17377—2008
152G200	SQ306	20121198	芥酸（%）	0.0	—	—	GB/T 17377—2008
川杂 09NH01	SQ307	20121199	芥酸（%）	0.1	—	—	GB/T 17377—2008
南油 12	SQ308	20121200	芥酸（%）	0.0	—	—	GB/T 17377—2008
黔杂 2011—2	SQ309	20121201	芥酸（%）	0.1	—	—	GB/T 17377—2008
H29J24	SQ310	20121202	芥酸（%）	0.2	—	—	GB/T 17377—2008

农业部油料及制品质量监督检验测试中心
检验报告

样品名称	样品原编号	检测编号	检验项目	检测结果	指标	单项结论	检测依据
H2108	SQ311	20121203	芥酸（%）	0.1	—	—	GB/T 17377—2008
SWU09V16	SQ312	20121204	芥酸（%）	0.0	—	—	GB/T 17377—2008
天禾油 1201	SQ401	20121205	芥酸（%）	0.0	—	—	GB/T 17377—2008
绵杂 06—322	SQ402	20121206	芥酸（%）	50.2	—	—	GB/T 17377—2008
双油杂 1 号	SQ403	20121207	芥酸（%）	0.1	—	—	GB/T 17377—2008
华 11 崇 32	SQ404	20121208	芥酸（%）	0.6	—	—	GB/T 17377—2008
蓉油 14	SQ405	20121209	芥酸（%）	0.2	—	—	GB/T 17377—2008
12 杂 656	SQ406	20121210	芥酸（%）	0.0	—	—	GB/T 17377—2008
杂 0982	SQ407	20121211	芥酸（%）	0.1	—	—	GB/T 17377—2008
SWU10V01	SQ408	20121212	芥酸（%）	0.0	—	—	GB/T 17377—2008
南油 12	SQ409	20121213	芥酸（%）	0.0	—	—	GB/T 17377—2008
新油 418	SQ410	20121214	芥酸（%）	0.3	—	—	GB/T 17377—2008
SY09—6	SQ411	20121215	芥酸（%）	0.0	—	—	GB/T 17377—2008
川杂 NH1219	SQ412	20121216	芥酸（%）	0.0	—	—	GB/T 17377—2008
152GP36	ZQ101	20121217	芥酸（%）	0.0	—	—	GB/T 17377—2008
中油杂 2 号	ZQ102	20121218	芥酸（%）	0.0	—	—	GB/T 17377—2008
双油 116	ZQ103	20121219	芥酸（%）	0.2	—	—	GB/T 17377—2008

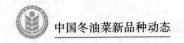

农业部油料及制品质量监督检验测试中心
检验报告

样品名称	样品原编号	检测编号	检验项目	检测结果	指标	单项结论	检测依据
同油杂 2 号	ZQ104	20121220	芥酸（%）	0.4	—	—	GB/T 17377—2008
华 12 崇 45	ZQ105	20121221	芥酸（%）	0.5	—	—	GB/T 17377—2008
F0803	ZQ106	20121222	芥酸（%）	0.2	—	—	GB/T 17377—2008
德油杂 2000	ZQ107	20121223	芥酸（%）	0.2	—	—	GB/T 17377—2008
正油 319	ZQ108	20121224	芥酸（%）	0.5	—	—	GB/T 17377—2008
SWU09V16	ZQ109	20121225	芥酸（%）	0.0	—	—	GB/T 17377—2008
F8569	ZQ110	20121226	芥酸（%）	0.0	—	—	GB/T 17377—2008
赣油杂 50	ZQ111	20121227	芥酸（%）	0.9	—	—	GB/T 17377—2008
T5533	ZQ112	20121228	芥酸（%）	0.0	—	—	GB/T 17377—2008
宁杂 21 号	ZQ201	20121229	芥酸（%）	0.4	—	—	GB/T 17377—2008
圣光 87	ZQ202	20121230	芥酸（%）	0.0	—	—	GB/T 17377—2008
新油 842	ZQ203	20121231	芥酸（%）	0.5	—	—	GB/T 17377—2008
2013	ZQ204	20121232	芥酸（%）	0.0	—	—	GB/T 17377—2008
9M415	ZQ205	20121233	芥酸（%）	0.8	—	—	GB/T 17377—2008
国油杂 101	ZQ206	20121234	芥酸（%）	0.2	—	—	GB/T 17377—2008
常杂油 3 号	ZQ207	20121235	芥酸（%）	0.9	—	—	GB/T 17377—2008
华 11P69 东	ZQ208	20121236	芥酸（%）	0.0	—	—	GB/T 17377—2008

农业部油料及制品质量监督检验测试中心
检验报告

No 20121169－20121355

共 12 页　第 6 页

样品名称	样品原编号	检测编号	检验项目	检测结果	指标	单项结论	检测依据
丰油 10 号	ZQ209	20121237	芥酸（%）	0.3	—	—	GB/T 17377—2008
中油杂 2 号	ZQ210	20121238	芥酸（%）	0.0	—	—	GB/T 17377—2008
华 108	ZQ211	20121239	芥酸（%）	0.0	—	—	GB/T 17377—2008
中农油 11 号	ZQ212	20121240	芥酸（%）	0.0	—	—	GB/T 17377—2008
科乐油 1 号	ZQ301	20121241	芥酸（%）	0.2	—	—	GB/T 17377—2008
98P37	ZQ302	20121242	芥酸（%）	0.0	—	—	GB/T 17377—2008
两优 669	ZQ303	20121243	芥酸（%）	0.0	—	—	GB/T 17377—2008
中油杂 2 号	ZQ304	20121244	芥酸（%）	0.0	—	—	GB/T 17377—2008
GS50	ZQ305	20121245	芥酸（%）	0.0	—	—	GB/T 17377—2008
大地 89	ZQ306	20121246	芥酸（%）	0.0	—	—	GB/T 17377—2008
德齐 12	ZQ307	20121247	芥酸（%）	0.0	—	—	GB/T 17377—2008
9M049	ZQ308	20121248	芥酸（%）	1.4	—	—	GB/T 17377—2008
秦优 28	ZQ309	20121249	芥酸（%）	0.0	—	—	GB/T 17377—2008
油 982	ZQ310	20121250	芥酸（%）	0.0	—	—	GB/T 17377—2008
7810	ZQ311	20121251	芥酸（%）	0.0	—	—	GB/T 17377—2008
H29J24	ZQ312	20121252	芥酸（%）	0.2	—	—	GB/T 17377—2008
C1679	ZQ401	20121253	芥酸（%）	0.0	—	—	GB/T 17377—2008

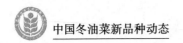
农业部油料及制品质量监督检验测试中心
检验报告

样品名称	样品原编号	检测编号	检验项目	检测结果	指标	单项结论	检测依据
ZY200	ZQ402	20121254	芥酸（%）	0.0	—	—	GB/T 17377—2008
华齐油 3 号	ZQ403	20121255	芥酸（%）	0.1	—	—	GB/T 17377—2008
华 2010—P64—7	ZQ404	20121256	芥酸（%）	0.4	—	—	GB/T 17377—2008
F1548	ZQ405	20121257	芥酸（%）	0.0	—	—	GB/T 17377—2008
11611	ZQ406	20121258	芥酸（%）	0.5	—	—	GB/T 17377—2008
T2159	ZQ407	20121259	芥酸（%）	0.1	—	—	GB/T 17377—2008
CE5	ZQ408	20121260	芥酸（%）	0.6	—	—	GB/T 17377—2008
11606	ZQ409	20121261	芥酸（%）	0.0	—	—	GB/T 17377—2008
中油杂 2 号	ZQ410	20121262	芥酸（%）	0.0	—	—	GB/T 17377—2008
徽杂油 9 号	ZQ411	20121263	芥酸（%）	0.2	—	—	GB/T 17377—2008
卓信 012	ZQ412	20121264	芥酸（%）	0.3	—	—	GB/T 17377—2008
12X26	ZQ413	20121265	芥酸（%）	0.1	—	—	GB/T 17377—2008
秦优 507	XQ101	20121266	芥酸（%）	0.0	—	—	GB/T 17377—2008
绿油 218	XQ102	20121267	芥酸（%）	0.0	—	—	GB/T 17377—2008
徽豪油 12	XQ103	20121268	芥酸（%）	0.0	—	—	GB/T 17377—2008
黔杂 J1208	XQ104	20121269	芥酸（%）	0.1	—	—	GB/T 17377—2008
沪油 039	XQ105	20121270	芥酸（%）	0.0	—	—	GB/T 17377—2008

农业部油料及制品质量监督检验测试中心
检验报告

样品名称	样品原编号	检测编号	检验项目	检测结果	指标	单项结论	检测依据
秦优 10 号	XQ106	20121271	芥酸（%）	0.0	—	—	GB/T 17377—2008
9M050	XQ107	20121272	芥酸（%）	0.0	—	—	GB/T 17377—2008
F1529	XQ108	20121273	芥酸（%）	0.0	—	—	GB/T 17377—2008
中 11—ZY293	XQ109	20121274	芥酸（%）	0.0	—	—	GB/T 17377—2008
HQ355	XQ110	20121275	芥酸（%）	0.0	—	—	GB/T 17377—2008
F219	XQ111	20121276	芥酸（%）	0.0	—	—	GB/T 17377—2008
JH0901	XQ112	20121277	芥酸（%）	0.2	—	—	GB/T 17377—2008
YG128	XQ201	20121278	芥酸（%）	0.0	—	—	GB/T 17377—2008
2013	XQ202	20121279	芥酸（%）	0.0	—	—	GB/T 17377—2008
陕油 19	XQ203	20121280	芥酸（%）	0.0	—	—	GB/T 17377—2008
6—22	XQ204	20121281	芥酸（%）	0.0	—	—	GB/T 17377—2008
核杂 12 号	XQ205	20121282	芥酸（%）	0.2	—	—	GB/T 17377—2008
10HPB7	XQ206	20121283	芥酸（%）	0.4	—	—	GB/T 17377—2008
创优 9 号	XQ207	20121284	芥酸（%）	0.2	—	—	GB/T 17377—2008
08 杂 621	XQ208	20121285	芥酸（%）	0.0	—	—	GB/T 17377—2008
秦优 10 号	XQ209	20121286	芥酸（%）	0.0	—	—	GB/T 17377—2008
浙杂 0903	XQ210	20121287	芥酸（%）	0.4	—	—	GB/T 17377—2008

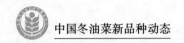

农业部油料及制品质量监督检验测试中心
检验报告

样品名称	样品原编号	检测编号	检验项目	检测结果	指标	单项结论	检测依据
瑞油 12	XQ211	20121288	芥酸（%）	0.0	—	—	GB/T 17377—2008
圣光 87	XQ212	20121289	芥酸（%）	0.0	—	—	GB/T 17377—2008
FC03	XQ301	20121290	芥酸（%）	0.0	—	—	GB/T 17377—2008
秦优 10 号	XQ302	20121291	芥酸（%）	0.0	—	—	GB/T 17377—2008
中 11R1927	XQ303	20121292	芥酸（%）	0.0	—	—	GB/T 17377—2008
M417	XQ304	20121293	芥酸（%）	0.6	—	—	GB/T 17377—2008
华油杂 87	XQ305	20121294	芥酸（%）	0.1	—	—	GB/T 17377—2008
沪油 065	XQ306	20121295	芥酸（%）	0.0	—	—	GB/T 17377—2008
绵新油 38	XQ307	20121296	芥酸（%）	0.0	—	—	GB/T 17377—2008
T1208	XQ308	20121297	芥酸（%）	0.1	—	—	GB/T 17377—2008
核优 218	XQ309	20121298	芥酸（%）	0.0	—	—	GB/T 17377—2008
98033	XQ310	20121299	芥酸（%）	0.0	—	—	GB/T 17377—2008
18C	XQ311	20121300	芥酸（%）	0.2	—	—	GB/T 17377—2008
苏 ZJ—5	XQ312	20121301	芥酸（%）	0.0	—	—	GB/T 17377—2008
106047	XQ401	20121302	芥酸（%）	0.0	—	—	GB/T 17377—2008
亿油 8 号	XQ402	20121303	芥酸（%）	0.0	—	—	GB/T 17377—2008
秦油 876	XQ403	20121304	芥酸（%）	0.5	—	—	GB/T 17377—2008

农业部油料及制品质量监督检验测试中心
检验报告

№ 20121169 – 20121355

样品名称	样品原编号	检测编号	检验项目	检测结果	指标	单项结论	检测依据
向农 08	XQ404	20121305	芥酸（%）	0.3	—	—	GB/T 17377—2008
浙杂 0902	XQ405	20121306	芥酸（%）	0.2	—	—	GB/T 17377—2008
福油 23	XQ406	20121307	芥酸（%）	0.6	—	—	GB/T 17377—2008
D157	XQ407	20121308	芥酸（%）	0.1	—	—	GB/T 17377—2008
徽豪油 28	XQ408	20121309	芥酸（%）	0.0	—	—	GB/T 17377—2008
核杂 14 号	XQ409	20121310	芥酸（%）	0.4	—	—	GB/T 17377—2008
秦优 10 号	XQ410	20121311	芥酸（%）	0.0	—	—	GB/T 17377—2008
凡 341	XQ411	20121312	芥酸（%）	0.3	—	—	GB/T 17377—2008
优 0737	XQ412	20121313	芥酸（%）	0.0	—	—	GB/T 17377—2008
YC1115	HQ101	20121314	芥酸（%）	0.3	—	—	GB/T 17377—2008
HC1209	HQ102	20121315	芥酸（%）	0.0	—	—	GB/T 17377—2008
秦优 2177	HQ103	20121316	芥酸（%）	0.0	—	—	GB/T 17377—2008
DX015	HQ104	20121317	芥酸（%）	0.0	—	—	GB/T 17377—2008
晋杂优 1 号	HQ105	20121318	芥酸（%）	0.1	—	—	GB/T 17377—2008
秦优 7 号	HQ106	20121319	芥酸（%）	0.0	—	—	GB/T 17377—2008
秦优 188	HQ107	20121320	芥酸（%）	0.4	—	—	GB/T 17377—2008
2013	HQ108	20121321	芥酸（%）	0.0	—	—	GB/T 17377—2008

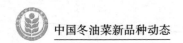
农业部油料及制品质量监督检验测试中心
检验报告

样品名称	样品原编号	检测编号	检验项目	检测结果	指标	单项结论	检测依据
ZY1014	HQ109	20121322	芥酸（%）	0.0	—	—	GB/T 17377—2008
川杂 NH2993	HQ110	20121323	芥酸（%）	0.0	—	—	GB/T 17377—2008
ZY011	HQ111	20121324	芥酸（%）	0.2	—	—	GB/T 17377—2008
绵新油 38	HQ112	20121325	芥酸（%）	0.1	—	—	GB/T 17377—2008
陕油 19	HQ201	20121326	芥酸（%）	0.0	—	—	GB/T 17377—2008
H1609	HQ202	20121327	芥酸（%）	0.0	—	—	GB/T 17377—2008
CH15	HQ203	20121328	芥酸（%）	0.0	—	—	GB/T 17377—2008
H1608	HQ204	20121329	芥酸（%）	0.0	—	—	GB/T 17377—2008
高科油 1 号	HQ205	20121330	芥酸（%）	0.0	—	—	GB/T 17377—2008
XN1201	HQ206	20121331	芥酸（%）	0.0	—	—	GB/T 17377—2008
双油 116	HQ207	20121332	芥酸（%）	0.2	—	—	GB/T 17377—2008
秦优 7 号	HQ208	20121333	芥酸（%）	0.2	—	—	GB/T 17377—2008
杂 03—92	HQ209	20121334	芥酸（%）	0.0	—	—	GB/T 17377—2008
双油 118	HQ210	20121335	芥酸（%）	0.2	—	—	GB/T 17377—2008
盐油杂 3 号	HQ211	20121336	芥酸（%）	0.0	—	—	GB/T 17377—2008
BY03	HQ212	20121337	芥酸（%）	0.0	—	—	GB/T 17377—2008
S0016	JQ101	20121338	芥酸（%）	0.6	—	—	GB/T 17377—2008

农业部油料及制品质量监督检验测试中心
检验报告

样品名称	样品原编号	检测编号	检验项目	检测结果	指标	单项结论	检测依据
131	JQ102	20121339	芥酸（%）	0.2	—	—	GB/T 17377—2008
早油 1 号	JQ103	20121340	芥酸（%）	0.1	—	—	GB/T 17377—2008
07 杂 696	JQ104	20121341	芥酸（%）	0.0	—	—	GB/T 17377—2008
早 619	JQ105	20121342	芥酸（%）	0.0	—	—	GB/T 17377—2008
川杂 NH017	JQ106	20121343	芥酸（%）	0.0	—	—	GB/T 17377—2008
C117	JQ107	20121344	芥酸（%）	0.0	—	—	GB/T 17377—2008
DH1206	JQ108	20121345	芥酸（%）	0.0	—	—	GB/T 17377—2008
E05019	JQ109	20121346	芥酸（%）	0.0	—	—	GB/T 17377—2008
黔杂 J1201	JQ110	20121347	芥酸（%）	0.1	—	—	GB/T 17377—2008
早 01J4	JQ111	20121348	芥酸（%）	0.2	—	—	GB/T 17377—2008
554	JQ112	20121349	芥酸（%）	0.0	—	—	GB/T 17377—2008
07 杂 696	SS104	20121350	芥酸（%）	0.0	—	—	GB/T 17377—2008
宜油 21	SS106	20121351	芥酸（%）	0.9	—	—	GB/T 17377—2008
699	SZ105	20121352	芥酸（%）	0.0	—	—	GB/T 17377—2008
德齐油 518	SZ201	20121353	芥酸（%）	0.0	—	—	GB/T 17377—2008
卓信 058	SX101	20121354	芥酸（%）	0.0	—	—	GB/T 17377—2008
86155	SX103	20121355	芥酸（%）	0.1	—	—	GB/T 17377—2008

备注：芥酸检出限 0.05%。检测结果为相对含量。

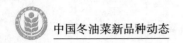

农业部油料及制品质量监督检验测试中心
检验报告

№ 20130496-20130709 共 25 页 第 1 页

产（样）品名称	油菜籽	型号规格	-----
		商　标	-----
受（送）检单位	国家油菜区试组	检验类别	委托
生产单位	-----	样品等级、状态	正常
抽样地点	-----	抽（到）样日期	2013 年 06 月 27 日
样品数量	60g*214	抽（送）样者	张芳，罗莉霞
抽样基数	-----	原编号或生产日期	-----
检验依据	-----	检验项目	硫苷，含油量
所用主要仪器	液相色谱仪 YLSB012	实验环境条件	温度：23~25℃ 湿度：50%~58%RH
检验结论		本报告对该来样仅提供数据，不做判定。 签发日期：2013 年 07 月 30 日	
备注	-----		

批准：张文
2013.07.30

审核：丁小霞
2013.07.30

制表：印南日
2013.07.30

386

农业部油料及制品质量监督检验测试中心
检验报告

样品名称	样品原编号	检测编号	检验项目	检测结果	指标	单项结论	检测依据
ZQ103 双油 116	1	20130496	硫苷（μmol/g 饼）	20.86	—	—	NY/T 1582—2007
			含油量（%）	42.48	—	—	NY/T 1285—2007
ZQ105 华 12 崇 45	2	20130497	硫苷（μmol/g 饼）	22.21	—	—	NY/T 1582—2007
			含油量（%）	43.61	—	—	NY/T 1285—2007
ZQ106F0803 *	3	20130498	硫苷（μmol/g 饼）	17.84	—	—	NY/T 1582—2007
			含油量（%）	44.30	—	—	NY/T 1285—2007
ZQ108 正油 319	4	20130499	硫苷（μmol/g 饼）	31.05	—	—	NY/T 1582—2007
			含油量（%）	46.46	—	—	NY/T 1285—2007
ZQ102 中油杂 2 号（CK）	5	20130500	硫苷（μmol/g 饼）	21.78	—	—	NY/T 1582—2007
			含油量（%）	40.59	—	—	NY/T 1285—2007
ZQ107 德油杂 2000	7	20130502	硫苷（μmol/g 饼）	26.02	—	—	NY/T 1582—2007
			含油量（%）	42.64	—	—	NY/T 1285—2007
ZQ104 同油杂 2 号 *	6	20130501	硫苷（μmol/g 饼）	24.21	—	—	NY/T 1582—2007
			含油量（%）	40.44	—	—	NY/T 1285—2007
ZQ111 赣油杂 50	8	20130503	硫苷（μmol/g 饼）	21.46	—	—	NY/T 1582—2007
			含油量（%）	47.09	—	—	NY/T 1285—2007
ZQ101152GP36	9	20130504	硫苷（μmol/g 饼）	23.54	—	—	NY/T 1582—2007
			含油量（%）	47.02	—	—	NY/T 1285—2007

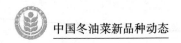

农业部油料及制品质量监督检验测试中心
检验报告

样品名称	样品原编号	检测编号	检验项目	检测结果	指标	单项结论	检测依据
ZQ109SWU 09V16 *	10	20130505	硫苷（μmol/g 饼）	25.07	—	—	NY/T 1582—2007
			含油量（%）	45.74	—	—	NY/T 1285—2007
ZQ112T5533	11	20130506	硫苷（μmol/g 饼）	29.81	—	—	NY/T 1582—2007
			含油量（%）	44.24	—	—	NY/T 1285—2007
ZQ110F8569 *	12	20130507	硫苷（μmol/g 饼）	20.99	—	—	NY/T 1582—2007
			含油量（%）	42.83	—	—	NY/T 1285—2007
ZQ210 中油杂 2 号（CK）	13	20130508	硫苷（μmol/g 饼）	18.01	—	—	NY/T 1582—2007
			含油量（%）	42.00	—	—	NY/T 1285—2007
ZQ209 丰油 10 号 *	14	20130509	硫苷（μmol/g 饼）	20.07	—	—	NY/T 1582—2007
			含油量（%）	43.12	—	—	NY/T 1285—2007
ZQ201 宁杂 21 号	15	20130510	硫苷（μmol/g 饼）	23.16	—	—	NY/T 1582—2007
			含油量（%）	43.48	—	—	NY/T 1285—2007
ZQ203 新油 842 *	16	20130511	硫苷（μmol/g 饼）	29.92	—	—	NY/T 1582—2007
			含油量（%）	45.94	—	—	NY/T 1285—2007
ZQ2059M415 *	17	20130512	硫苷（μmol/g 饼）	29.93	—	—	NY/T 1582—2007
			含油量（%）	44.16	—	—	NY/T 1285—2007
ZQ206 国油杂 101 *	18	20130513	硫苷（μmol/g 饼）	23.33	—	—	NY/T 1582—2007
			含油量（%）	45.12	—	—	NY/T 1285—2007

农业部油料及制品质量监督检验测试中心
检验报告

样品名称	样品原编号	检测编号	检验项目	检测结果	指标	单项结论	检测依据
ZQ212 中农油 11 号 *	19	20130514	硫苷（μmol/g 饼）	21.77	—	—	NY/T 1582—2007
			含油量（%）	45.52	—	—	NY/T 1285—2007
ZQ2042013	20	20130515	硫苷（μmol/g 饼）	20.26	—	—	NY/T 1582—2007
			含油量（%）	46.75	—	—	NY/T 1285—2007
ZQ211 华 108	21	20130516	硫苷（μmol/g 饼）	17.86	—	—	NY/T 1582—2007
			含油量（%）	46.40	—	—	NY/T 1285—2007
ZQ202 圣光 87 *	22	20130517	硫苷（μmol/g 饼）	22.02	—	—	NY/T 1582—2007
			含油量（%）	43.00	—	—	NY/T 1285—2007
ZQ208 华 11P69 东	23	20130518	硫苷（μmol/g 饼）	17.93	—	—	NY/T 1582—2007
			含油量（%）	44.08	—	—	NY/T 1285—2007
ZQ207 常杂油 3 号	24	20130519	硫苷（μmol/g 饼）	24.22	—	—	NY/T 1582—2007
			含油量（%）	46.28	—	—	NY/T 1285—2007
ZQ305GS50 *	25	20130520	硫苷（μmol/g 饼）	22.82	—	—	NY/T 1582—2007
			含油量（%）	42.96	—	—	NY/T 1285—2007
ZQ306 大地 89	26	20130521	硫苷（μmol/g 饼）	17.84	—	—	NY/T 1582—2007
			含油量（%）	44.12	—	—	NY/T 1285—2007
ZQ3117810	27	20130522	硫苷（μmol/g 饼）	18.83	—	—	NY/T 1582—2007
			含油量（%）	46.51	—	—	NY/T 1285—2007

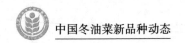

农业部油料及制品质量监督检验测试中心
检验报告

样品名称	样品原编号	检测编号	检验项目	检测结果	指标	单项结论	检测依据
ZQ310 油 982	28	20130523	硫苷（μmol/g 饼）	22.82	—	—	NY/T 1582—2007
			含油量（%）	44.52	—	—	NY/T 1285—2007
ZQ304 中油杂 2 号（CK）	29	20130524	硫苷（μmol/g 饼）	17.64	—	—	NY/T 1582—2007
			含油量（%）	42.22	—	—	NY/T 1285—2007
ZQ3089M049 *	30	20130525	硫苷（μmol/g 饼）	22.79	—	—	NY/T 1582—2007
			含油量（%）	45.02	—	—	NY/T 1285—2007
ZQ303 两优 669 *	31	20130526	硫苷（μmol/g 饼）	26.58	—	—	NY/T 1582—2007
			含油量（%）	44.79	—	—	NY/T 1285—2007
ZQ307 德齐 12	32	20130527	硫苷（μmol/g 饼）	21.33	—	—	NY/T 1582—2007
			含油量（%）	41.76	—	—	NY/T 1285—2007
ZQ309 秦优 28	33	20130528	硫苷（μmol/g 饼）	21.86	—	—	NY/T 1582—2007
			含油量（%）	43.68	—	—	NY/T 1285—2007
ZQ30298P37	34	20130529	硫苷（μmol/g 饼）	17.81	—	—	NY/T 1582—2007
			含油量（%）	44.42	—	—	NY/T 1285—2007
ZQ301 科乐油 1 号	35	20130530	硫苷（μmol/g 饼）	18.75	—	—	NY/T 1582—2007
			含油量（%）	44.26	—	—	NY/T 1285—2007
ZQ312H29J24 *	36	20130531	硫苷（μmol/g 饼）	22.21	—	—	NY/T 1582—2007
			含油量（%）	48.58	—	—	NY/T 1285—2007

农业部油料及制品质量监督检验测试中心
检验报告

No 20130496－20130709　　　　　　　　　　　　　共 25 页　第 6 页

样品名称	样品原编号	检测编号	检验项目	检测结果	指标	单项结论	检测依据
ZQ40611611 *	37	20130532	硫苷（μmol/g 饼）	29.91	—	—	NY/T 1582—2007
			含油量（%）	42.80	—	—	NY/T 1285—2007
ZQ40911606	38	20130533	硫苷（μmol/g 饼）	21.99	—	—	NY/T 1582—2007
			含油量（%）	43.66	—	—	NY/T 1285—2007
ZQ403 华齐油 3 号	39	20130534	硫苷（μmol/g 饼）	20.46	—	—	NY/T 1582—2007
			含油量（%）	39.15	—	—	NY/T 1285—2007
ZQ404 华 2010—P64—7	40	20130535	硫苷（μmol/g 饼）	17.61	—	—	NY/T 1582—2007
			含油量（%）	47.70	—	—	NY/T 1285—2007
ZQ407T2159 *	41	20130536	硫苷（μmol/g 饼）	29.64	—	—	NY/T 1582—2007
			含油量（%）	42.56	—	—	NY/T 1285—2007
ZQ402ZY200	42	20130537	硫苷（μmol/g 饼）	19.13	—	—	NY/T 1582—2007
			含油量（%）	44.53	—	—	NY/T 1285—2007
ZQ408CE5 *	43	20130538	硫苷（μmol/g 饼）	26.50	—	—	NY/T 1582—2007
			含油量（%）	45.02	—	—	NY/T 1285—2007
ZQ412 卓信 012	44	20130539	硫苷（μmol/g 饼）	22.17	—	—	NY/T 1582—2007
			含油量（%）	45.38	—	—	NY/T 1285—2007
ZQ401C1679 *	45	20130540	硫苷（μmol/g 饼）	18.38	—	—	NY/T 1582—2007
			含油量（%）	43.47	—	—	NY/T 1285—2007

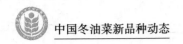
农业部油料及制品质量监督检验测试中心
检验报告

样品名称	样品原编号	检测编号	检验项目	检测结果	指标	单项结论	检测依据
ZQ411 徽杂油 9 号	46	20130541	硫苷（μmol/g 饼）	21.01	—	—	NY/T 1582—2007
			含油量（%）	43.09	—	—	NY/T 1285—2007
ZQ410 中油杂 2 号（CK）	47	20130542	硫苷（μmol/g 饼）	17.73	—	—	NY/T 1582—2007
			含油量（%）	40.31	—	—	NY/T 1285—2007
ZQ405F1548	48	20130543	硫苷（μmol/g 饼）	29.05	—	—	NY/T 1582—2007
			含油量（%）	41.86	—	—	NY/T 1285—2007
ZQ41312X26	49	20130544	硫苷（μmol/g 饼）	20.81	—	—	NY/T 1582—2007
			含油量（%）	41.41	—	—	NY/T 1285—2007
SZ103H29J24	50	20130545	硫苷（μmol/g 饼）	21.30	—	—	NY/T 1582—2007
			含油量（%）	49.21	—	—	NY/T 1285—2007
SZ105699	51	20130546	硫苷（μmol/g 饼）	18.86	—	—	NY/T 1582—2007
			含油量（%）	48.96	—	—	NY/T 1285—2007
SZ106 中油杂 2 号	52	20130547	硫苷（μmol/g 饼）	19.35	—	—	NY/T 1582—2007
			含油量（%）	43.74	—	—	NY/T 1285—2007
SZ102C1679	53	20130548	硫苷（μmol/g 饼）	17.74	—	—	NY/T 1582—2007
			含油量（%）	45.26	—	—	NY/T 1285—2007
SZ104CE5	54	20130549	硫苷（μmol/g 饼）	27.83	—	—	NY/T 1582—2007
			含油量（%）	48.78	—	—	NY/T 1285—2007

农业部油料及制品质量监督检验测试中心
检验报告

样品名称	样品原编号	检测编号	检验项目	检测结果	指标	单项结论	检测依据
SZ101 国油杂 101	55	20130550	硫苷（μmol/g 饼）	24.46	—	—	NY/T 1582—2007
			含油量（%）	46.47	—	—	NY/T 1285—2007
SZ205 同油杂 2 号	56	20130551	硫苷（μmol/g 饼）	22.98	—	—	NY/T 1582—2007
			含油量（%）	45.08	—	—	NY/T 1285—2007
SZ204 中油杂 2 号	57	20130552	硫苷（μmol/g 饼）	21.19	—	—	NY/T 1582—2007
			含油量（%）	43.14	—	—	NY/T 1285—2007
SZ206F0803	58	20130553	硫苷（μmol/g 饼）	24.53	—	—	NY/T 1582—2007
			含油量（%）	45.48	—	—	NY/T 1285—2007
SZ202SWU09V16	59	20130554	硫苷（μmol/g 饼）	23.69	—	—	NY/T 1582—2007
			含油量（%）	45.74	—	—	NY/T 1285—2007
SZ203 圣光 87	60	20130555	硫苷（μmol/g 饼）	29.37	—	—	NY/T 1582—2007
			含油量（%）	43.54	—	—	NY/T 1285—2007
SZ201 德齐油 518	61	20130556	硫苷（μmol/g 饼）	19.12	—	—	NY/T 1582—2007
			含油量（%）	42.83	—	—	NY/T 1285—2007
SQ305DF1208	62	20130557	硫苷（μmol/g 饼）	26.34	—	—	NY/T 1582—2007
			含油量（%）	42.20	—	—	NY/T 1285—2007
SQ306152G200	63	20130558	硫苷（μmol/g 饼）	18.55	—	—	NY/T 1582—2007
			含油量（%）	45.75	—	—	NY/T 1285—2007

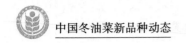
农业部油料及制品质量监督检验测试中心
检验报告

样品名称	样品原编号	检测编号	检验项目	检测结果	指标	单项结论	检测依据
SQ303 圣光 128	64	20130559	硫苷（μmol/g 饼）	29.97	—	—	NY/T 1582—2007
			含油量（%）	40.75	—	—	NY/T 1285—2007
SQ301 双油 118	65	20130560	硫苷（μmol/g 饼）	23.81	—	—	NY/T 1582—2007
			含油量（%）	40.76	—	—	NY/T 1285—2007
SQ308 南油 12 号（CK）	66	20130561	硫苷（μmol/g 饼）	18.55	—	—	NY/T 1582—2007
			含油量（%）	39.20	—	—	NY/T 1285—2007
SQ310H29J24	67	20130562	硫苷（μmol/g 饼）	25.18	—	—	NY/T 1582—2007
			含油量（%）	43.56	—	—	NY/T 1285—2007
SQ311H2108	68	20130563	硫苷（μmol/g 饼）	24.66	—	—	NY/T 1582—2007
			含油量（%）	43.65	—	—	NY/T 1285—2007
SQ307 川杂 09NH01	69	20130564	硫苷（μmol/g 饼）	19.21	—	—	NY/T 1582—2007
			含油量（%）	44.15	—	—	NY/T 1285—2007
SQ304YG126	70	20130565	硫苷（μmol/g 饼）	23.23	—	—	NY/T 1582—2007
			含油量（%）	41.40	—	—	NY/T 1285—2007
SQ309 黔杂 2011—2	71	20130566	硫苷（μmol/g 饼）	17.80	—	—	NY/T 1582—2007
			含油量（%）	39.83	—	—	NY/T 1285—2007
SQ302Zn1102 *	72	20130567	硫苷（μmol/g 饼）	21.08	—	—	NY/T 1582—2007
			含油量（%）	43.12	—	—	NY/T 1285—2007

农业部油料及制品质量监督检验测试中心
检验报告

样品名称	样品原编号	检测编号	检验项目	检测结果	指标	单项结论	检测依据
SQ312SWU 09V16 *	73	20130568	硫苷（μmol/g 饼）	20.51	—	—	NY/T 1582—2007
			含油量（%）	43.34	—	—	NY/T 1285—2007
SQ407 杂 0982 *	74	20130569	硫苷（μmol/g 饼）	17.47	—	—	NY/T 1582—2007
			含油量（%）	42.40	—	—	NY/T 1285—2007
SQ409 南油 12 号（CK）	75	20130570	硫苷（μmol/g 饼）	20.22	—	—	NY/T 1582—2007
			含油量（%）	40.00	—	—	NY/T 1285—2007
SQ40612 杂 656	76	20130571	硫苷（μmol/g 饼）	17.00	—	—	NY/T 1582—2007
			含油量（%）	41.27	—	—	NY/T 1285—2007
SQ403 双油杂 1 号	77	20130572	硫苷（μmol/g 饼）	19.96	—	—	NY/T 1582—2007
			含油量（%）	41.00	—	—	NY/T 1285—2007
SQ402 绵杂 06—322 *	78	20130573	硫苷（μmol/g 饼）	29.50	—	—	NY/T 1582—2007
			含油量（%）	41.59	—	—	NY/T 1285—2007
SQ408SWU10V01	79	20130574	硫苷（μmol/g 饼）	27.04	—	—	NY/T 1582—2007
			含油量（%）	42.76	—	—	NY/T 1285—2007
SQ411SY09—6	80	20130575	硫苷（μmol/g 饼）	29.30	—	—	NY/T 1582—2007
			含油量（%）	41.15	—	—	NY/T 1285—2007
SQ405 蓉油 14	81	20130576	硫苷（μmol/g 饼）	23.38	—	—	NY/T 1582—2007
			含油量（%）	42.13	—	—	NY/T 1285—2007

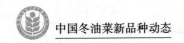

农业部油料及制品质量监督检验测试中心
检验报告

样品名称	样品原编号	检测编号	检验项目	检测结果	指标	单项结论	检测依据
SQ401 天禾油 1201	82	20130577	硫苷（μmol/g 饼）	26.15	—	—	NY/T 1582—2007
			含油量（%）	46.66	—	—	NY/T 1285—2007
SQ404 华 11 崇 32	83	20130578	硫苷（μmol/g 饼）	27.43	—	—	NY/T 1582—2007
			含油量（%）	40.38	—	—	NY/T 1285—2007
SQ410 新油 418	84	20130579	硫苷（μmol/g 饼）	29.88	—	—	NY/T 1582—2007
			含油量（%）	40.78	—	—	NY/T 1285—2007
SQ412 川杂 NH1219	85	20130580	硫苷（μmol/g 饼）	29.48	—	—	NY/T 1582—2007
			含油量（%）	45.48	—	—	NY/T 1285—2007
SQ110 杂 1249	86	20130581	硫苷（μmol/g 饼）	18.66	—	—	NY/T 1582—2007
			含油量（%）	43.36	—	—	NY/T 1285—2007
SQ107 黔杂 ZW1281	87	20130582	硫苷（μmol/g 饼）	29.95	—	—	NY/T 1582—2007
			含油量（%）	44.44	—	—	NY/T 1285—2007
SQ102 滁核 0602	88	20130583	硫苷（μmol/g 饼）	29.31	—	—	NY/T 1582—2007
			含油量（%）	39.81	—	—	NY/T 1285—2007
SQ104 南油 12 号（CK）	89	20130584	硫苷（μmol/g 饼）	17.37	—	—	NY/T 1582—2007
			含油量（%）	39.73	—	—	NY/T 1285—2007
SQ10118C	90	20130585	硫苷（μmol/g 饼）	26.73	—	—	NY/T 1582—2007
			含油量（%）	43.74	—	—	NY/T 1285—2007

农业部油料及制品质量监督检验测试中心
检验报告

样品名称	样品原编号	检测编号	检验项目	检测结果	指标	单项结论	检测依据
SQ111YG268	91	20130586	硫苷（μmol/g 饼）	29.94	—	—	NY/T 1582—2007
			含油量（%）	47.44	—	—	NY/T 1285—2007
SQ108 大地 19	92	20130587	硫苷（μmol/g 饼）	17.59	—	—	NY/T 1582—2007
			含油量（%）	44.78	—	—	NY/T 1285—2007
SQ11212 杂 683	93	20130588	硫苷（μmol/g 饼）	24.01	—	—	NY/T 1582—2007
			含油量（%）	44.57	—	—	NY/T 1285—2007
SQ106 绵杂 07—55	94	20130589	硫苷（μmol/g 饼）	29.86	—	—	NY/T 1582—2007
			含油量（%）	43.38	—	—	NY/T 1285—2007
SQ103 宜油 24	95	20130590	硫苷（μmol/g 饼）	29.64	—	—	NY/T 1582—2007
			含油量（%）	42.12	—	—	NY/T 1285—2007
SQ109 正油 319 *	96	20130591	硫苷（μmol/g 饼）	29.86	—	—	NY/T 1582—2007
			含油量（%）	47.18	—	—	NY/T 1285—2007
SQ105D257 *	97	20130592	硫苷（μmol/g 饼）	26.33	—	—	NY/T 1582—2007
			含油量（%）	47.14	—	—	NY/T 1285—2007
SQ204 渝油 27	98	20130593	硫苷（μmol/g 饼）	24.20	—	—	NY/T 1582—2007
			含油量（%）	42.67	—	—	NY/T 1285—2007
SQ203 瑞油 58—2350	99	20130594	硫苷（μmol/g 饼）	25.58	—	—	NY/T 1582—2007
			含油量（%）	41.26	—	—	NY/T 1285—2007

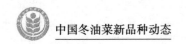
农业部油料及制品质量监督检验测试中心
检验报告

样品名称	样品原编号	检测编号	检验项目	检测结果	指标	单项结论	检测依据
SQ207Njnky11—83/0603	100	20130595	硫苷（μmol/g 饼）	25.95	—	—	NY/T 1582—2007
			含油量（%）	44.12	—	—	NY/T 1285—2007
SQ209 汉油 9 号	101	20130596	硫苷（μmol/g 饼）	22.10	—	—	NY/T 1582—2007
			含油量（%）	41.72	—	—	NY/T 1285—2007
SQ202 黔杂 ZW11—5 *	102	20130597	硫苷（μmol/g 饼）	29.14	—	—	NY/T 1582—2007
			含油量（%）	43.70	—	—	NY/T 1285—2007
SQ206D57	103	20130598	硫苷（μmol/g 饼）	29.46	—	—	NY/T 1582—2007
			含油量（%）	43.78	—	—	NY/T 1285—2007
SQ205 南油 12 号（CK）	104	20130599	硫苷（μmol/g 饼）	19.76	—	—	NY/T 1582—2007
			含油量（%）	40.04	—	—	NY/T 1285—2007
SQ20898P37	105	20130600	硫苷（μmol/g 饼）	20.96	—	—	NY/T 1582—2007
			含油量（%）	43.60	—	—	NY/T 1285—2007
SQ201 两优 589	106	20130601	硫苷（μmol/g 饼）	19.72	—	—	NY/T 1582—2007
			含油量（%）	40.30	—	—	NY/T 1285—2007
SQ21208 杂 621	107	20130602	硫苷（μmol/g 饼）	20.61	—	—	NY/T 1582—2007
			含油量（%）	40.83	—	—	NY/T 1285—2007
SQ211 双油 119	108	20130603	硫苷（μmol/g 饼）	25.94	—	—	NY/T 1582—2007
			含油量（%）	43.58	—	—	NY/T 1285—2007

农业部油料及制品质量监督检验测试中心
检验报告

样品名称	样品原编号	检测编号	检验项目	检测结果	指标	单项结论	检测依据
SQ210H82J24	109	20130604	硫苷（μmol/g 饼）	21.95	—	—	NY/T 1582—2007
			含油量（%）	45.04	—	—	NY/T 1285—2007
SS10407 杂 696	110	20130605	硫苷（μmol/g 饼）	20.26	—	—	NY/T 1582—2007
			含油量（%）	42.52	—	—	NY/T 1285—2007
SS103 南油 12	111	20130606	硫苷（μmol/g 饼）	17.53	—	—	NY/T 1582—2007
			含油量（%）	41.51	—	—	NY/T 1285—2007
SS105D257	112	20130607	硫苷（μmol/g 饼）	29.24	—	—	NY/T 1582—2007
			含油量（%）	48.05	—	—	NY/T 1285—2007
SS102 黔杂 ZW11—5	113	20130608	硫苷（μmol/g 饼）	29.79	—	—	NY/T 1582—2007
			含油量（%）	45.61	—	—	NY/T 1285—2007
SS108 正油 319	114	20130609	硫苷（μmol/g 饼）	29.83	—	—	NY/T 1582—2007
			含油量（%）	47.22	—	—	NY/T 1285—2007
SS106 宜油 21	115	20130610	硫苷（μmol/g 饼）	38.27	—	—	NY/T 1582—2007
			含油量（%）	42.08	—	—	NY/T 1285—2007
SS107SWU09V16	116	20130611	硫苷（μmol/g 饼）	26.76	—	—	NY/T 1582—2007
			含油量（%）	45.88	—	—	NY/T 1285—2007
SS101 绵杂 06—322	117	20130612	硫苷（μmol/g 饼）	38.01	—	—	NY/T 1582—2007
			含油量（%）	42.90	—	—	NY/T 1285—2007

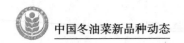中国冬油菜新品种动态

农业部油料及制品质量监督检验测试中心
检验报告

样品名称	样品原编号	检测编号	检验项目	检测结果	指标	单项结论	检测依据
JQ106 川杂 NH017	118	20130613	硫苷（μmol/g 饼）	22.84	—	—	NY/T 1582—2007
			含油量（%）	45.97	—	—	NY/T 1285—2007
JQ102131（CK）	119	20130614	硫苷（μmol/g 饼）	18.42	—	—	NY/T 1582—2007
			含油量（%）	43.94	—	—	NY/T 1285—2007
JQ10407 杂 696	120	20130615	硫苷（μmol/g 饼）	17.62	—	—	NY/T 1582—2007
			含油量（%）	40.34	—	—	NY/T 1285—2007
JQ108DH1206	121	20130616	硫苷（μmol/g 饼）	19.08	—	—	NY/T 1582—2007
			含油量（%）	41.90	—	—	NY/T 1285—2007
JQ105 早 619	122	20130617	硫苷（μmol/g 饼）	20.68	—	—	NY/T 1582—2007
			含油量（%）	42.06	—	—	NY/T 1285—2007
JQ101S0016	123	20130618	硫苷（μmol/g 饼）	34.55	—	—	NY/T 1582—2007
			含油量（%）	41.80	—	—	NY/T 1285—2007
JQ107C117	124	20130619	硫苷（μmol/g 饼）	28.74	—	—	NY/T 1582—2007
			含油量（%）	41.11	—	—	NY/T 1285—2007
JQ103 旱油 1 号	125	20130620	硫苷（μmol/g 饼）	20.82	—	—	NY/T 1582—2007
			含油量（%）	42.13	—	—	NY/T 1285—2007
JQ110 黔杂 J1201	126	20130621	硫苷（μmol/g 饼）	19.95	—	—	NY/T 1582—2007
			含油量（%）	40.92	—	—	NY/T 1285—2007

农业部油料及制品质量监督检验测试中心
检验报告

样品名称	样品原编号	检测编号	检验项目	检测结果	指标	单项结论	检测依据
JQ112554	127	20130622	硫苷（μmol/g 饼）	17.68	—	—	NY/T 1582—2007
			含油量（%）	43.49	—	—	NY/T 1285—2007
JQ109E05019	128	20130623	硫苷（μmol/g 饼）	25.24	—	—	NY/T 1582—2007
			含油量（%）	40.04	—	—	NY/T 1285—2007
JQ111 早 01J4	129	20130624	硫苷（μmol/g 饼）	37.06	—	—	NY/T 1582—2007
			含油量（%）	41.79	—	—	NY/T 1285—2007
XQ109 中 11—ZY293 *	130	20130625	硫苷（μmol/g 饼）	22.64	—	—	NY/T 1582—2007
			含油量（%）	50.32	—	—	NY/T 1285—2007
XQ102 绿油 218	131	20130626	硫苷（μmol/g 饼）	26.64	—	—	NY/T 1582—2007
			含油量（%）	45.09	—	—	NY/T 1285—2007
XQ106 秦优 10 号（CK）	132	20130627	硫苷（μmol/g 饼）	26.59	—	—	NY/T 1582—2007
			含油量（%）	46.13	—	—	NY/T 1285—2007
XQ111F219	133	20130628	硫苷（μmol/g 饼）	23.47	—	—	NY/T 1582—2007
			含油量（%）	47.76	—	—	NY/T 1285—2007
XQ103 徽豪油 12	134	20130629	硫苷（μmol/g 饼）	25.95	—	—	NY/T 1582—2007
			含油量（%）	45.52	—	—	NY/T 1285—2007
XQ108F1529	135	20130630	硫苷（μmol/g 饼）	29.72	—	—	NY/T 1582—2007
			含油量（%）	44.07	—	—	NY/T 1285—2007

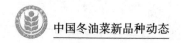

农业部油料及制品质量监督检验测试中心
检验报告

样品名称	样品原编号	检测编号	检验项目	检测结果	指标	单项结论	检测依据
XQ1079M050	136	20130631	硫苷（μmol/g 饼）	24.30	—	—	NY/T 1582—2007
			含油量（%）	45.69	—	—	NY/T 1285—2007
XQ101 秦优 507	137	20130632	硫苷（μmol/g 饼）	29.80	—	—	NY/T 1582—2007
			含油量（%）	46.66	—	—	NY/T 1285—2007
XQ110HQ355 *	138	20130633	硫苷（μmol/g 饼）	20.22	—	—	NY/T 1582—2007
			含油量（%）	44.29	—	—	NY/T 1285—2007
XQ105 沪油 039 *	139	20130634	硫苷（μmol/g 饼）	20.85	—	—	NY/T 1582—2007
			含油量（%）	45.30	—	—	NY/T 1285—2007
XQ104 黔杂 J1208	140	20130635	硫苷（μmol/g 饼）	18.40	—	—	NY/T 1582—2007
			含油量（%）	45.44	—	—	NY/T 1285—2007
XQ112JH0901 *	141	20130636	硫苷（μmol/g 饼）	21.36	—	—	NY/T 1582—2007
			含油量（%）	44.42	—	—	NY/T 1285—2007
XQ210 浙杂 0903 *	142	20130637	硫苷（μmol/g 饼）	25.60	—	—	NY/T 1582—2007
			含油量（%）	49.01	—	—	NY/T 1285—2007
XQ211 瑞油 12	143	20130638	硫苷（μmol/g 饼）	28.68	—	—	NY/T 1582—2007
			含油量（%）	47.88	—	—	NY/T 1285—2007
XQ201YG128	144	20130639	硫苷（μmol/g 饼）	21.84	—	—	NY/T 1582—2007
			含油量（%）	45.81	—	—	NY/T 1285—2007

农业部油料及制品质量监督检验测试中心
检验报告

样品名称	样品原编号	检测编号	检验项目	检测结果	指标	单项结论	检测依据
XQ203 陕西 19	145	20130640	硫苷（μmol/g 饼）	28.73	—	—	NY/T 1582—2007
			含油量（%）	45.02	—	—	NY/T 1285—2007
XQ2022013	146	20130641	硫苷（μmol/g 饼）	23.70	—	—	NY/T 1582—2007
			含油量（%）	47.95	—	—	NY/T 1285—2007
XQ209 秦优 10 号（CK）	147	20130642	硫苷（μmol/g 饼）	29.81	—	—	NY/T 1582—2007
			含油量（%）	44.18	—	—	NY/T 1285—2007
XQ20808 杂 621 *	148	20130643	硫苷（μmol/g 饼）	17.41	—	—	NY/T 1582—2007
			含油量（%）	42.34	—	—	NY/T 1285—2007
XQ205 核杂 12 号 *	149	20130644	硫苷（μmol/g 饼）	21.78	—	—	NY/T 1582—2007
			含油量（%）	44.42	—	—	NY/T 1285—2007
XQ20610HPB7	150	20130645	硫苷（μmol/g 饼）	25.68	—	—	NY/T 1582—2007
			含油量（%）	44.00	—	—	NY/T 1285—2007
XQ212 圣光 87	151	20130646	硫苷（μmol/g 饼）	25.88	—	—	NY/T 1582—2007
			含油量（%）	42.88	—	—	NY/T 1285—2007
XQ2046—22	152	20130647	硫苷（μmol/g 饼）	18.56	—	—	NY/T 1582—2007
			含油量（%）	42.78	—	—	NY/T 1285—2007
XQ207 创优 9 号	153	20130648	硫苷（μmol/g 饼）	23.94	—	—	NY/T 1582—2007
			含油量（%）	46.84	—	—	NY/T 1285—2007

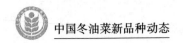 中国冬油菜新品种动态

农业部油料及制品质量监督检验测试中心
检验报告

样品名称	样品原编号	检测编号	检验项目	检测结果	指标	单项结论	检测依据
XQ305 华油杂 87 ＊	154	20130649	硫苷（μmol/g 饼）	18.90	—	—	NY/T 1582—2007
			含油量（%）	43.99	—	—	NY/T 1285—2007
XQ302 秦优 10 号（CK）	155	20130650	硫苷（μmol/g 饼）	27.19	—	—	NY/T 1582—2007
			含油量（%）	44.10	—	—	NY/T 1285—2007
XQ301FC03 ＊	156	20130651	硫苷（μmol/g 饼）	21.28	—	—	NY/T 1582—2007
			含油量（%）	44.64	—	—	NY/T 1285—2007
XQ307 绵新油 38 ＊	157	20130652	硫苷（μmol/g 饼）	23.86	—	—	NY/T 1582—2007
			含油量（%）	44.38	—	—	NY/T 1285—2007
XQ309 核优 218	158	20130653	硫苷（μmol/g 饼）	18.93	—	—	NY/T 1582—2007
			含油量（%）	44.12	—	—	NY/T 1285—2007
XQ304M417 ＊	159	20130654	硫苷（μmol/g 饼）	21.94	—	—	NY/T 1582—2007
			含油量（%）	49.22	—	—	NY/T 1285—2007
XQ306 沪油 065	160	20130655	硫苷（μmol/g 饼）	24.08	—	—	NY/T 1582—2007
			含油量（%）	44.32	—	—	NY/T 1285—2007
XQ303 中 11R1927	161	20130656	硫苷（μmol/g 饼）	22.36	—	—	NY/T 1582—2007
			含油量（%）	50.34	—	—	NY/T 1285—2007
XQ312 苏 ZJ—5	162	20130657	硫苷（μmol/g 饼）	18.26	—	—	NY/T 1582—2007
			含油量（%）	45.26	—	—	NY/T 1285—2007

农业部油料及制品质量监督检验测试中心
检验报告

样品名称	样品原编号	检测编号	检验项目	检测结果	指标	单项结论	检测依据
XQ31098033 *	163	20130658	硫苷（μmol/g 饼）	22.51	—	—	NY/T 1582—2007
			含油量（%）	45.48	—	—	NY/T 1285—2007
XQ308T1208	164	20130659	硫苷（μmol/g 饼）	21.75	—	—	NY/T 1582—2007
			含油量（%）	44.53	—	—	NY/T 1285—2007
XQ31118C	165	20130660	硫苷（μmol/g 饼）	21.49	—	—	NY/T 1582—2007
			含油量（%）	44.54	—	—	NY/T 1285—2007
XQ405 浙杂 0902	166	20130661	硫苷（μmol/g 饼）	25.81	—	—	NY/T 1582—2007
			含油量（%）	45.10	—	—	NY/T 1285—2007
XQ402 亿油 8 号 *	167	20130662	硫苷（μmol/g 饼）	23.61	—	—	NY/T 1582—2007
			含油量（%）	42.30	—	—	NY/T 1285—2007
XQ406 福油 23	168	20130663	硫苷（μmol/g 饼）	39.62	—	—	NY/T 1582—2007
			含油量（%）	44.76	—	—	NY/T 1285—2007
XQ408 徽豪油 28 *	169	20130664	硫苷（μmol/g 饼）	25.90	—	—	NY/T 1582—2007
			含油量（%）	45.06	—	—	NY/T 1285—2007
XQ401106047	170	20130665	硫苷（μmol/g 饼）	20.75	—	—	NY/T 1582—2007
			含油量（%）	43.78	—	—	NY/T 1285—2007
XQ409 核杂 14 号	171	20130666	硫苷（μmol/g 饼）	23.41	—	—	NY/T 1582—2007
			含油量（%）	42.68	—	—	NY/T 1285—2007

农业部油料及制品质量监督检验测试中心
检验报告

样品名称	样品原编号	检测编号	检验项目	检测结果	指标	单项结论	检测依据
XQ412 优 0737	172	20130667	硫苷（μmol/g 饼）	25.23	—	—	NY/T 1582—2007
			含油量（%）	45.52	—	—	NY/T 1285—2007
XQ404 向农 08	173	20130668	硫苷（μmol/g 饼）	24.47	—	—	NY/T 1582—2007
			含油量（%）	44.16	—	—	NY/T 1285—2007
XQ403 秦油 876 *	174	20130669	硫苷（μmol/g 饼）	34.87	—	—	NY/T 1582—2007
			含油量（%）	42.49	—	—	NY/T 1285—2007
XQ411 凡 341	175	20130670	硫苷（μmol/g 饼）	21.10	—	—	NY/T 1582—2007
			含油量（%）	48.86	—	—	NY/T 1285—2007
XQ407D157	176	20130671	硫苷（μmol/g 饼）	21.56	—	—	NY/T 1582—2007
			含油量（%）	48.36	—	—	NY/T 1285—2007
XQ410 秦优 10 号（CK）	177	20130672	硫苷（μmol/g 饼）	26.01	—	—	NY/T 1582—2007
			含油量（%）	45.32	—	—	NY/T 1285—2007
SX105 沪油 039	178	20130673	硫苷（μmol/g 饼）	17.38	—	—	NY/T 1582—2007
			含油量（%）	44.16	—	—	NY/T 1285—2007
SX104 秦优 10 号	179	20130674	硫苷（μmol/g 饼）	29.21	—	—	NY/T 1582—2007
			含油量（%）	44.30	—	—	NY/T 1285—2007
SX102M417	180	20130675	硫苷（μmol/g 饼）	25.35	—	—	NY/T 1582—2007
			含油量（%）	47.69	—	—	NY/T 1285—2007

农业部油料及制品质量监督检验测试中心
检验报告

样品名称	样品原编号	检测编号	检验项目	检测结果	指标	单项结论	检测依据
SX10386155	181	20130676	硫苷（μmol/g 饼）	18.62	—	—	NY/T 1582—2007
			含油量（%）	48.58	—	—	NY/T 1285—2007
SX101 卓信 058	182	20130677	硫苷（μmol/g 饼）	23.11	—	—	NY/T 1582—2007
			含油量（%）	45.42	—	—	NY/T 1285—2007
SX204 中 11—ZY293	183	20130678	硫苷（μmol/g 饼）	24.30	—	—	NY/T 1582—2007
			含油量（%）	50.37	—	—	NY/T 1285—2007
SX20198033	184	20130679	硫苷（μmol/g 饼）	21.70	—	—	NY/T 1582—2007
			含油量（%）	46.14	—	—	NY/T 1285—2007
SX203 浙杂 0903	185	20130680	硫苷（μmol/g 饼）	23.48	—	—	NY/T 1582—2007
			含油量（%）	49.60	—	—	NY/T 1285—2007
SX202 秦优 10 号	186	20130681	硫苷（μmol/g 饼）	28.75	—	—	NY/T 1582—2007
			含油量（%）	45.72	—	—	NY/T 1285—2007
SX206FC03	187	20130682	硫苷（μmol/g 饼）	18.83	—	—	NY/T 1582—2007
			含油量（%）	45.10	—	—	NY/T 1285—2007
SX205 绵新油 38	188	20130683	硫苷（μmol/g 饼）	24.40	—	—	NY/T 1582—2007
			含油量（%）	45.61	—	—	NY/T 1285—2007
HQ1082013 *	189	20130684	硫苷（μmol/g 饼）	20.85	—	—	NY/T 1582—2007
			含油量（%）	45.36	—	—	NY/T 1285—2007

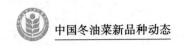
农业部油料及制品质量监督检验测试中心
检验报告

样品名称	样品原编号	检测编号	检验项目	检测结果	指标	单项结论	检测依据
HQ106 秦优 7 号（CK）	190	20130685	硫苷（μmol/g 饼）	25.20	—	—	NY/T 1582—2007
			含油量（%）	41.80	—	—	NY/T 1285—2007
HQ101YC1115	191	20130686	硫苷（μmol/g 饼）	25.12	—	—	NY/T 1582—2007
			含油量（%）	39.69	—	—	NY/T 1285—2007
HQ111ZY1011 *	192	20130687	硫苷（μmol/g 饼）	19.92	—	—	NY/T 1582—2007
			含油量（%）	41.41	—	—	NY/T 1285—2007
HQ104DX015	193	20130688	硫苷（μmol/g 饼）	24.51	—	—	NY/T 1582—2007
			含油量（%）	38.57	—	—	NY/T 1285—2007
HQ109ZY1014	194	20130689	硫苷（μmol/g 饼）	21.93	—	—	NY/T 1582—2007
			含油量（%）	38.82	—	—	NY/T 1285—2007
HQ105 晋杂优 1 号 *	195	20130690	硫苷（μmol/g 饼）	25.81	—	—	NY/T 1582—2007
			含油量（%）	39.18	—	—	NY/T 1285—2007
HQ102HL1209	196	20130691	硫苷（μmol/g 饼）	29.91	—	—	NY/T 1582—2007
			含油量（%）	43.12	—	—	NY/T 1285—2007
HQ110 川杂 NH2993	197	20130692	硫苷（μmol/g 饼）	23.53	—	—	NY/T 1582—2007
			含油量（%）	42.08	—	—	NY/T 1285—2007
HQ107 秦优 188	198	20130693	硫苷（μmol/g 饼）	37.20	—	—	NY/T 1582—2007
			含油量（%）	40.96	—	—	NY/T 1285—2007

农业部油料及制品质量监督检验测试中心
检验报告

样品名称	样品原编号	检测编号	检验项目	检测结果	指标	单项结论	检测依据
HQ103 秦优 2177	199	20130694	硫苷（μmol/g 饼）	21.38	—	—	NY/T 1582—2007
			含油量（%）	44.36	—	—	NY/T 1285—2007
HQ112 绵新油 38	200	20130695	硫苷（μmol/g 饼）	20.17	—	—	NY/T 1582—2007
			含油量（%）	42.11	—	—	NY/T 1285—2007
HQ207 双油 116	201	20130696	硫苷（μmol/g 饼）	19.13	—	—	NY/T 1582—2007
			含油量（%）	43.86	—	—	NY/T 1285—2007
HQ206XN1201	202	20130697	硫苷（μmol/g 饼）	18.92	—	—	NY/T 1582—2007
			含油量（%）	40.55	—	—	NY/T 1285—2007
HQ205 高科油 1 号	203	20130698	硫苷（μmol/g 饼）	21.10	—	—	NY/T 1582—2007
			含油量（%）	40.54	—	—	NY/T 1285—2007
HQ203CH15	204	20130699	硫苷（μmol/g 饼）	21.07	—	—	NY/T 1582—2007
			含油量（%）	43.09	—	—	NY/T 1285—2007
HQ209 杂 03－92	205	20130700	硫苷（μmol/g 饼）	24.18	—	—	NY/T 1582—2007
			含油量（%）	43.50	—	—	NY/T 1285—2007
HQ208 秦优 7 号（CK）	206	20130701	硫苷（μmol/g 饼）	20.39	—	—	NY/T 1582—2007
			含油量（%）	41.98	—	—	NY/T 1285—2007
HQ202H1609	207	20130702	硫苷（μmol/g 饼）	19.02	—	—	NY/T 1582—2007
			含油量（%）	43.32	—	—	NY/T 1285—2007

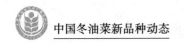 中国冬油菜新品种动态

农业部油料及制品质量监督检验测试中心
检验报告

样品名称	样品原编号	检测编号	检验项目	检测结果	指标	单项结论	检测依据
HQ201 陕油 19 *	208	20130703	硫苷（μmol/g 饼）	21.11	—	—	NY/T 1582—2007
			含油量（%）	43.20	—	—	NY/T 1285—2007
HQ210 双油 118	209	20130704	硫苷（μmol/g 饼）	19.26	—	—	NY/T 1582—2007
			含油量（%）	42.54	—	—	NY/T 1285—2007
HQ204H1608	210	20130705	硫苷（μmol/g 饼）	22.22	—	—	NY/T 1582—2007
			含油量（%）	44.73	—	—	NY/T 1285—2007
HQ211 盐油杂 3 号	211	20130706	硫苷（μmol/g 饼）	24.74	—	—	NY/T 1582—2007
			含油量（%）	44.82	—	—	NY/T 1285—2007
HQ212BY03	212	20130707	硫苷（μmol/g 饼）	21.20	—	—	NY/T 1582—2007
			含油量（%）	41.48	—	—	NY/T 1285—2007
SH101 秦优 7 号	213	20130708	硫苷（μmol/g 饼）	23.21	—	—	NY/T 1582—2007
			含油量（%）	42.24	—	—	NY/T 1285—2007
SH1022013	214	20130709	硫苷（μmol/g 饼）	23.57	—	—	NY/T 1582—2007
			含油量（%）	45.89	—	—	NY/T 1285—2007